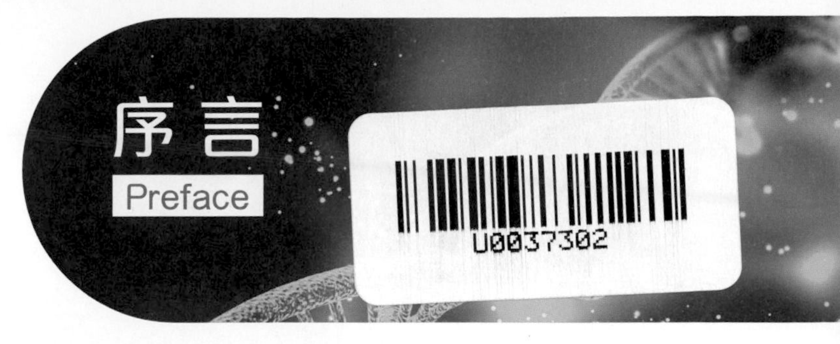

時代進步的飛快，讀者在日常生活中，容易由許多媒體來取得新的資訊，這些資訊可以藉由學習基礎的生物學來更容易理解，或得到其他更多更正確的資訊。

比如美國科學家發明一種稱爲「組織奈米轉染」(Tissue Nanotransfection，TNT)的技術，它是利用奈米晶片將特定的生物因子轉染入成年細胞內，使成熟細胞轉換成其他有需要的細胞。該技術除了可以有助修復受損組織，更可以恢復器官、血管和神經細胞等老化組織的功能。

又如近幾年來，坊間有一個相當熱門的名詞：「生酮飲食」。許多想減肥的人士或血糖控制不佳的糖尿病患者趨之若鶩，認爲生酮飲食對人體具有許多好的效果，可以用來減肥保持身材，或是控制糖尿病等；但是大部分具有醫學相關背景的專業人士，則對生酮飲食持審慎保留的態度。

因此我與元培科技大學的兩位老師，施科念主任、蔡文翔老師以及師範大學的黃仲義老師、鍾德磊老師、朱于飛老師一起來合作編寫此書。我們希望此新版的「生物學」，除了充實讀者基本的生物學知識外，更能將其應用於生活中所面對的問題，並以科學的方法來剖析和解決問題，將本書所闡訴的生物學理念內化爲自己未來專業知識及人生價值觀的一部分。因此我們除了增加更多適合醫護相關學校的內容外，也編寫一些如奈米轉染、基因剪輯、COVID-19 等與該章節相關的引文，來提供讀者了解生物學。並在此書的最後，提供一些題目讓讀者複習與參考。

感謝施科念主任、蔡文翔老師、黃仲義老師、鍾德磊老師、朱于飛老師，一起合力編寫，將此書出版。

王愛義

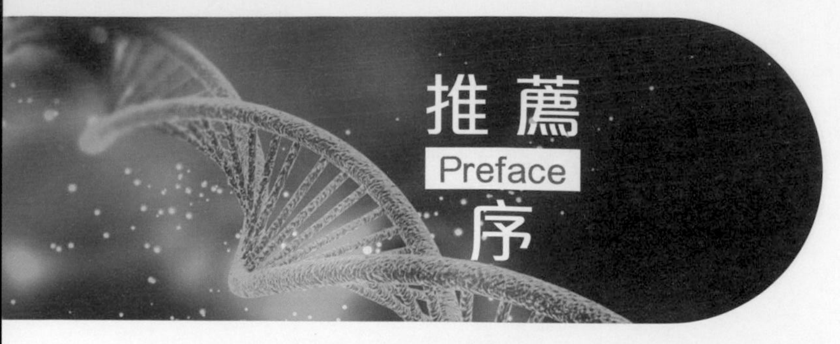

生物學是生命科學的基礎，廣泛研究生命的所有面向。由於分子生物學的發展及生物醫學的廣泛應用，生物學對生活的影響，不可同日而語。

《生物學》的作者們都有豐富的生物學教學經驗。本書內文共分爲 17 章節，分別介紹細胞的化學組成、細胞的構造、能量觀念和細胞呼吸、細胞的生殖、生物的遺傳、基因的構造與功能、病毒與細菌介紹、人類的皮膚、骨骼、肌肉、消化、循環、免疫、呼吸、泌尿、神經、內分泌與生殖系統等。

本書提供了精要的生物學概念，除了涵蓋傳統必備的生物學知識，也提供許多新穎的補充知識。本書內容雖精要，但對於一般學習生物學所必須瞭解的觀念要點，仍敘述詳盡，毫不含糊。

本書內容主要針對生物學的知識有深入淺出的描述與介紹，內容涵蓋基因遺傳、細胞、微生物、人類的免疫系統等；並且，每一章節也都有清楚的圖表，是一本値得推薦作爲學習生物科學的教科書。

國立臺灣師範大學

生命科學系 教授

僑生先修部 主任

吳忠信

目錄

Contents

CH1 緒論

CH2 細胞的化學組成

CH3 細胞的構造

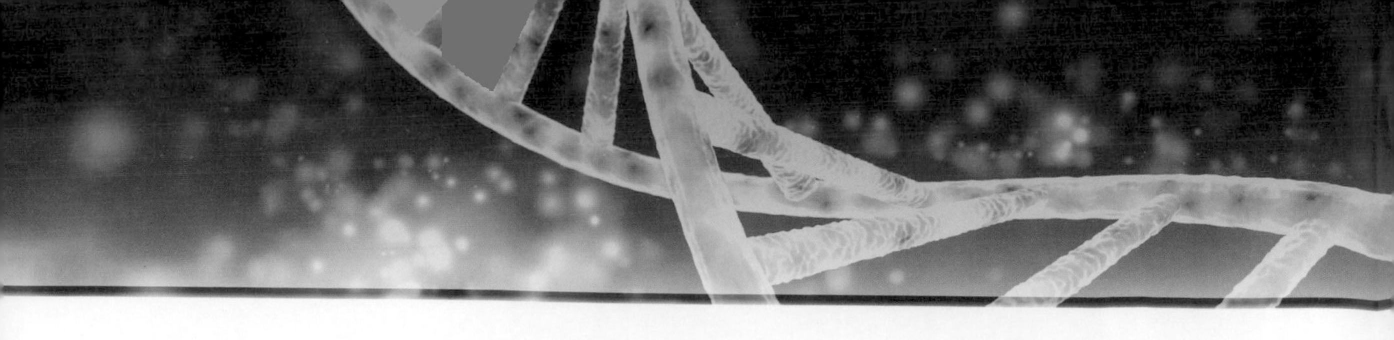

CH4 能量觀念和細胞呼吸

CH5 細胞的生殖

CH6 生物的遺傳

CH7 基因的構造與功能

CH8 病毒與細菌介紹

CH9 人類的皮膚、骨骼與肌肉系統

CH10 人類的消化系統

CH11 人類的循環系統

CH12 人類的免疫系統

CH13 人類的呼吸作用

CH14 人類體液恆定與泌尿系統

CH15 人類的神經系統

CH16 人類的內分泌系統

CH17 生殖系統

附錄

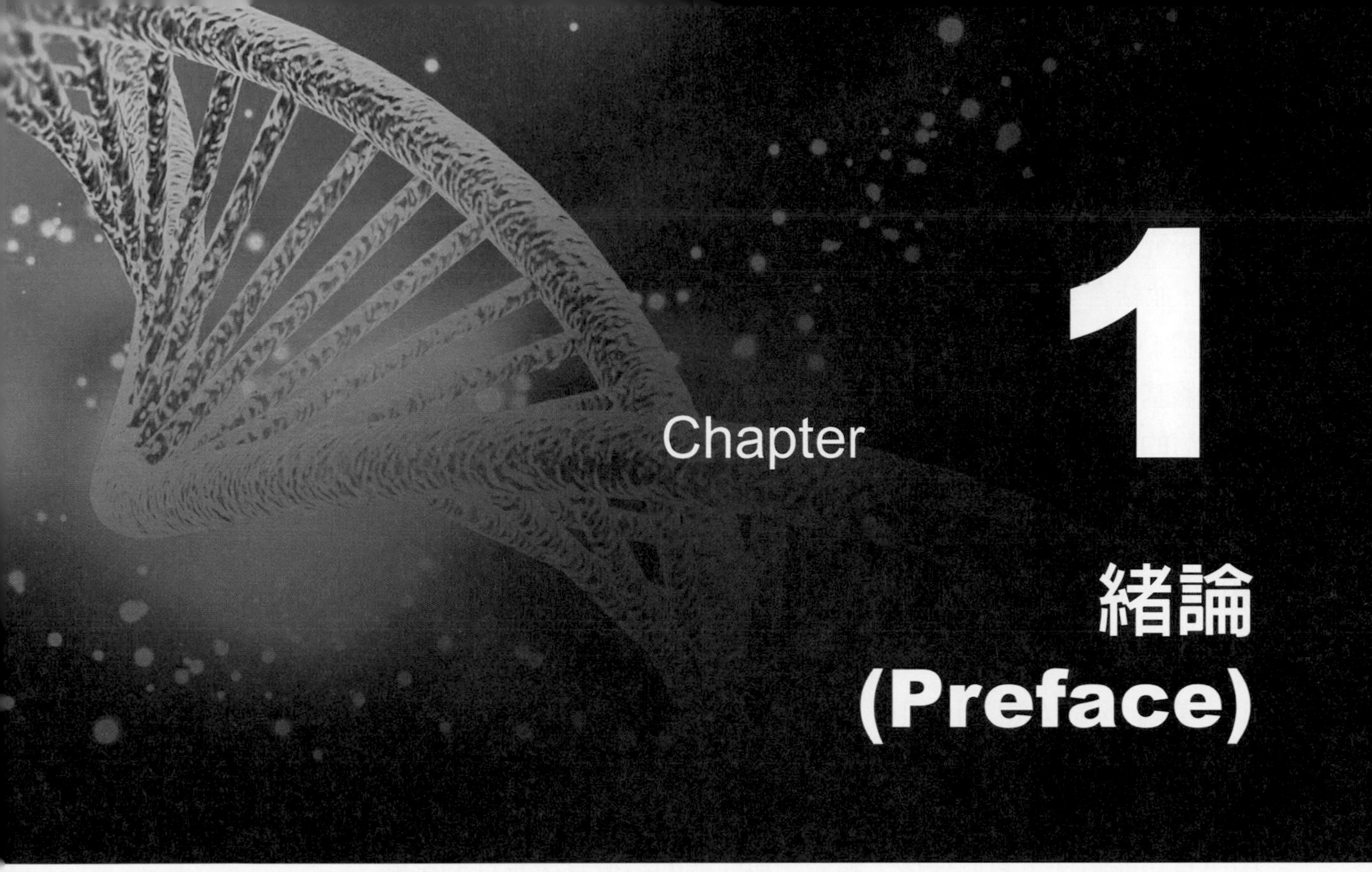

「人類基因組計畫」

(The Human Genome Project)

2016 年國際著名期刊「科學」(*Science*) 刊出對人類有極大貢獻的「人類基因組計畫」(Human Genome Project-Write) 的計畫書。「人類基因組計畫 (“HGP-read”) 名義上於 2004 年完成，目的是在對人類基因組進行定序，並改進 DNA 定序的技術、成本和品質。這是生物學的第一個基因組規模的計畫，當時被某些人認爲是有爭議的計畫。現在它被認爲是偉大探索的壯舉之一，它已經徹底改變了科學和醫學。雖然 DNA 定序、分析和編輯繼續以極快的速度發展，但在細胞中構建 DNA 序列的能力侷限於少數短片段，所以限制對生物系統操縱和理解的能力。因此從動物和植物基因組，包括人類基因組的資料可了解基因藍圖，這反過來又推動了大規模合成和編輯基因組工具和方法的開發，因此，提出人類基因組計畫 - 寫 (Human Genome Project–Write, HGP-write)」

「人類基因組計畫」是在 1989 年，由美國 國家衛生研究院 (NIH) 成立了人類基因體研究中心，邀請華生 (James D. Watson)- DNA 雙螺旋結構的發現者，擔任該中心主任，並結合美、英、德、法、日、大陸等 18 個國家的研究人員，進行人類染色體 (指單倍體) 中，遺傳密碼 30 億個 DNA 鹼基序列的解讀工作，再繪製人類基因組圖譜，辨識鹼基序列所對應的基因，確定每個基因精確的化學結構，了解它們在健康與疾病所扮演的角色，達到破解人類遺傳信息的目的。也因爲此項計畫的進行，從此揭開人類基因體解讀序幕。經由跨國跨學科學者的努力，終於在 2001 年人類基因組計畫公布人類基因組工作草圖，也開啓生物資訊分析的新紀元。希望能藉由所收集到的資訊提供 21 世紀的醫學和人類生物學研究的參考，對人類疾病的遺傳基礎能有根本性的深入瞭解。在研究過程中發展的一些新技術將被應用到許多生物醫學的領域中。

美國 國家人類基因組研究所 (NHGRI) 在 2003 年 9 月發起 DNA 元件百科全書 (Encyclopedia of DNA Elements，ENCODE)，目的在將已定序基因的無字天書作適當註解，找出人類基因體的功能，包括：RNA 轉錄調節相關區域、基因註解等項目組中所有功能組件，對於往後人類醫學與疾病的治療有決定性的影響。

Science PERSPECTIVES

Cite as: J. D. Boeke *et al.*, *Science* 10.1126/science.aaf6850 (2016).

The Genome Project-Write

Jef D. Boeke,*† George Church,* Andrew Hessel,* Nancy J. Kelley,* Adam Arkin, Yizhi Cai, Rob Carlson, Aravinda Chakravarti, Virginia W. Cornish, Liam Holt, Farren J. Isaacs, Todd Kuiken, Marc Lajoie, Tracy Lessor, Jeantine Lunshof, Matthew T. Maurano, Leslie A. Mitchell, Jasper Rine, Susan Rosser, Neville E. Sanjana, Pamela A. Silver, David Valle, Harris Wang, Jeffrey C. Way, Luhan Yang

*These authors contributed equally to this work.
†Corresponding author. Email: jef.boeke@nyumc.org
The list of author affiliations is available in the supplementary materials.

We need technology and an ethical framework for genome-scale engineering

1-1 生物學的發展

生物學 (Biology) 簡單的說是研究「生物與生命現象的科學」。早期科學家對自然的領域即有非常廣泛的研究，他們感興趣的範疇包括天文學、地質學、礦物學、數學、物理學、化學、動物學、植物學等，統稱爲自然史學 (natural history) 或博物學。而生物學 (biology) 一詞最早是出現在德國歷史學家 (同時也是氣象學家與數學家) 漢

諾夫 (Michael Christoph Hanov) 於 1766 年的著作中。1802 年，法國自然學家拉馬克 (Jean-Baptiste Pierre Antoine de Monet, Chevalier de Lamarck) 在他的著作中賦予「生物學」一詞更廣泛的意義，他也成爲第一個在現代意義上使用此術語的人。

"Biology" 一詞由希臘語 **"Bios"** (Life，即生命之意) 與 "Logos" (Speech，即講述之意) 所組成，故生物學即是論述生命之科學，其研究的內容包括：生物之**形態**、**構造**、**機能**、**演化**、**發生**以及**生物與環境的關係**等。紀元前 300 多年希臘與羅馬時代，有關生物的零星知識經由亞里斯多德 (Aristotle)(圖 1-1a) 之整理與闡述，乃成爲斐然可觀而有系統的生物學，亞氏因獲得「生物學鼻祖」之稱呼，著有動物史 (*Historia animalium*) 等書，故生物學之能成爲有系統的知識是始自希臘和羅馬。

紀元後，古希臘名醫蓋倫 (Claudius Galen)(圖 1-1b) 是歷史上第一位著名的實驗生理學家；他曾進行多次的生理實驗，利用猿、豬的解剖而描述分析人類神經和血管的機能。往後於中世紀時代約 1000 年間 (200 ～ 1200AD)，在歐洲因人們沉醉於宗教，對科學之研究很少。

這段時間中國梁代有陶弘景 (約 6 世紀時) 整理古代神農本草經並爲其作註，編本草經集注七卷，記載藥物七百三十種。明代 (16 世紀) 李時珍 (圖 1-1c) 以科學的精神研究中藥，實地考察，綜合各領域的科學知識，編成本草綱目一書；全書近二百萬字，收集一千八百九十二種藥物，19 世紀的達爾文曾稱此書爲「中國古代的百科全書」。

(a) 亞里斯多德

(b) 蓋倫

(c) 李時珍

圖 1-1　生物學發展重要的科學家 (a) 亞里斯多德 (b) 蓋倫 (c) 李時珍

歐洲到了文藝復興 (Renaissance) 時期，若干學者對於無數動植物之構造、機能及其生活習性亦有更正確的研究成果。繼而有英國醫師哈威 (William Harvey) 及英國解剖學家亨特 (John Hunter) 等人，著重於人體構造及機能研究，因而奠定了解剖學及生理學的基礎。解剖學家與醫生衛沙利亞斯 (圖 1-2)(Andreas Vesalius) 更仔細解剖人體，並根據其觀察繪製精細的解剖圖，著有人體的構造 (*De humani corporis fabrica*)，被認爲是近代人體解剖學的創始人。

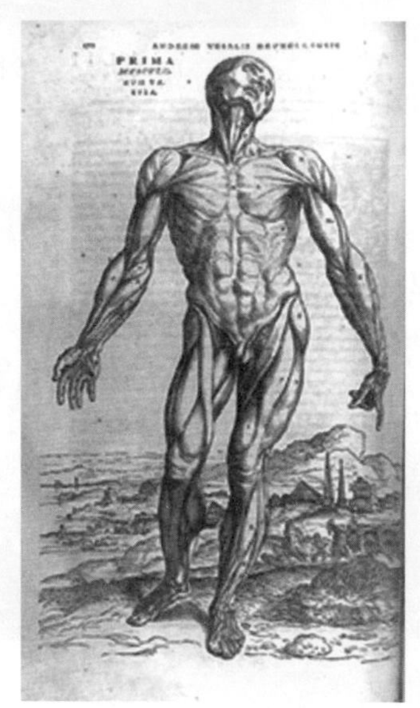

圖 1-2　衛沙利亞斯與其所繪之人體解剖圖

16 世紀末，荷蘭人詹森 (Janssen) 父子發明了顯微鏡，最早的顯微鏡只能將物體放大 3 ～ 10 倍，此後顯微鏡不斷改良。1661 年，義大利解剖學家馬爾比其 (Marcello Malpighi) 利用顯微鏡發現青蛙肺部的微血管，支持了哈威 (William Harvey) 血液循環的理論。之後英人虎克 (Robert Hooke) 也用改良的顯微鏡發現了細胞。1670 年代，荷蘭布商與博物學家雷文霍克 (圖 1-3)(Antonie van Leeuwenhoek) 以其自製的顯微鏡觀察到水中微生物及造成蛀牙的細菌，被尊稱爲「微生物學之父」。

接著 18 世紀時，分類學家林奈 (Carl von Linné) 創立生物分類法則，奠定了現代生物學命名法「**二名法**」(binomial nomenclature) 的基礎，是現代生物分類學之父。到了近代 19 世紀初，許來登 (Matthias Schleiden) 與許旺 (Theodor Schwann) 創立了**細胞學說** (cell theory)。1859 年，達爾文 (Charles Robert Darwin) 在物種起源 (*On the*

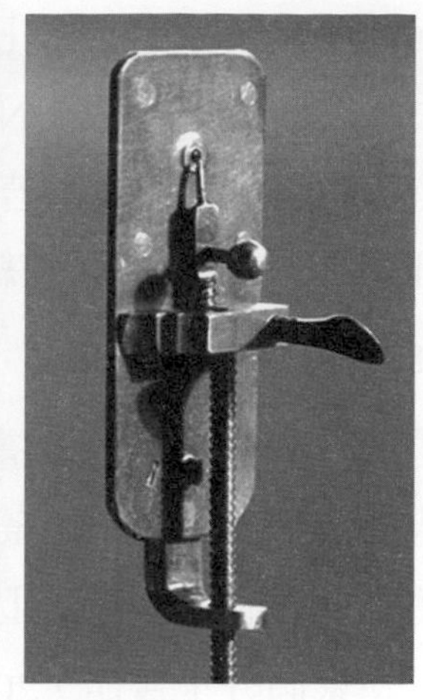

圖 1-3　「微生物學之父」雷文霍克與其自製的顯微鏡。

Origin of Species) 一書中發表了著名的演化論。此時記述生物學已到了頂峰。19 世紀及其後期，由於顯微鏡構造及顯微鏡技術之日益進步，故細胞學、組織學、解剖學、生理學、發生學等發展迅速。

進入 20 世紀後，科學家以分子的觀點爲基礎來解釋基因的作用，並發展出**分子生物學** (molecular biology)。1931 年，德國物理學家魯斯卡 (圖 1-4)(Ernst August Friedrich Ruska) 與克諾爾 (Max Knoll) 製作了第一台電子顯微鏡的原型機，並於 1933 年做出第一台穿透式電子顯微鏡；由於電子的波長只有可見光的十萬分之一，因此電子顯微鏡在解析度上遠超過光學顯微鏡，生物學家得以了解許多細胞內的超顯微構造及其機能。

圖 1-4　電子顯微鏡的發明人魯斯卡與第一部電子顯微鏡。

80 年代以來，生物學已開始邁向高度科技之時代，生化、遺傳學家利用某種生物之去氧核糖核酸分子 (DNA) 嵌入另一生物之 DNA 分子上，後者於是具有前者之遺傳性質。利用此種技術，若將人體之某種基因，如控制胰島素 (insulin) 合成的基因，嵌入細菌之 DNA，便可在細菌細胞內產生與人體相同之胰島素，此一方法稱爲**基因工程** (genetic engineering)。

國際「人類基因體計畫」(Human Genome Project) 從 1990 年正式展開，目的在定序人類基因體組 (genome) 上的 DNA 序列 (約含有 **30** 億個鹼基對)，鑑別基因在染色體上的位置並繪製基因圖譜 (genetic map)，進而了解基因的功能。通過許多國家的科學家們分工合作，2003 年美國 國家衛生院「人類基因體計畫」主持人柯林斯 (Francis Sellers Collins) 博士宣佈整個計畫已完成；截至目前爲止，大多數染色體上的 DNA 皆已定序 (除了少數難以定序的片段)。數據顯示在人類基因組中大約只有 20,000 至 25,000 個基因，遠遠低於多數科學家先前的估計。

總之，生物自古以來就跟人類日常生活關係密切，在生物科技進步的今天，人類可應用遺傳工程的研究成果來改良農作物、家畜、家禽之品種，增加食物產量及防治各種遺傳疾病。近來由於對居住環境的重視，更應發展高科技的生物技術，應用於環境的保護及整個地球生態的平衡，如減少有毒物質 (農藥) 的使用，發展生物防治法以生物剋制生物，施用有機肥料等，以降低對地球生態環境的破壞。

1-2 生命的特徵

凡生物都具有生命現象，有關生物之生命特徵包括**體制** (organization)、**新陳代謝** (metabolism)、**生長** (growth) 與**發育** (development)、**生殖** (reproduction) 與**遺傳** (heredity)、**運動** (movement)、**感應** (response) 及**恆定** (homeostasis) 等特徵。

(一) 體制

生物體都是由細胞 (cells) 構成，細胞是生物體功能的基本單位。有些最簡單的生物是由單一個細胞組成例如細菌，稱之爲單細胞生物，而人體是由是由多種型態、功能不同的細胞共同組成稱之爲多細胞生物。細菌屬於原核細胞構造較爲簡單，多細胞生物爲眞核生物 (eukaryotes)，它們的細胞具有細胞核與較複雜的胞器。

組織 (tissues) 是一群形態相似特化的細胞，組成特定的結構執行某專一的功能，動物主要有上皮組織、結締組織、肌肉組織與神經組織等四種組織；植物依其形態與功能可分爲保護組織、薄壁組織、支持組織、分生組織及輸導組織等五種。生物體爲完成特定的功能會由兩個以上的組織組成器官 (organs)，例如動物的心臟、腦、肝臟、胃等和植物的根、莖、葉等都是器官。不同的器官結合來完成某種特殊功能即形成系統（system），人體的系統包括皮膚系統、骨骼系統、肌肉系統、消化系統、呼吸系統、循環系統、排泄系統、神經系統、內分泌系統、生殖系統等 10 個系統。各個系統互相配合組成一個完整的生物體 (organism)(圖 1-5)。

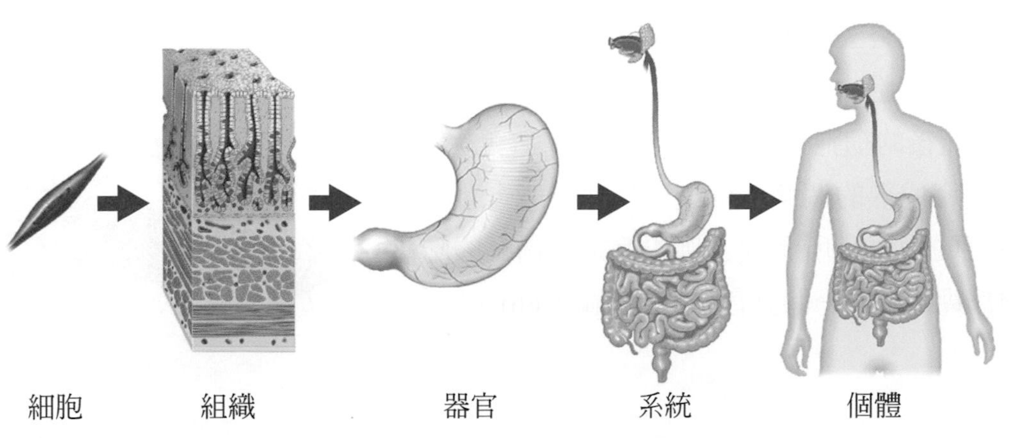

圖 1-5 組成一個生命個體的體制

生物體之間以及生物體與環境之間經常會存在著複雜的交互關係，因而組成更高層次的體制。在同一個地方生活的相同物種即稱爲族群 (population)，例如生活在校園池塘中的貢德氏赤蛙 (Rana guentheri) 就是一個族群。同一時間生活於相同棲地的不同族群，例如池塘中的天鵝、野鴨、魚、水草及各種昆蟲，這些生物共同生活在一起，即構成一個群落 (community)。同一地區的所有生物與自然環境 (例如土壤、水) 會形成一個生態系 (ecosystem)，而地球上各種不同生態系的組合即稱之爲生物圈 (biosphere)。

(二) 新陳代謝

新陳代謝爲生命體的基本功能，它是細胞或生物體要維持正常的生理機能所進行化學作用的總稱，當生物體的代謝停止生命就停止。新陳代謝可分爲異化作用 (catabolism) 與同化作用 (anabolism)。異化作用又稱爲分解，它是細胞將大分子物質分解爲小分子進而合成 ATP，提供細胞活動所需能量的過程，例如：多醣在細胞分解爲單醣或是進一步將葡萄糖在呼吸作用中分解爲二氧化碳、水與能量的過程。同化作用又稱爲合成，它是將小分子物質合成爲大分子，將養分儲存起來或是建構成細胞架構的過程，例如：植物將光合作用製造的葡萄糖合成爲澱粉儲存的過程。

(三) 生長與發育

生物都會生長，生長指的是體積增大，它包括兩個層面：一爲細胞吸收養分而長大，體積增加；另一個則是細胞進行分裂，數目增加。例如毛蟲由一齡長到五齡，體積增大而外型沒有太大改變，則稱爲生長 (圖 1-6a)。多細胞生物在發育的過程中細胞會進行分化，分化後的細胞呈現不同的型態、構造與功能，因此發育成熟的個體在外型與生理機能上也會與未發育的個體有所不同。例如毛蟲經過蛹的階段轉變爲蝴蝶就是一個發育的過程 (圖 1-6b)。

(a)

(四) 生殖與遺傳

生物都要繁衍後代以產生新的個體，並且將親代的特徵遺傳給子代。生殖方式分爲無性生殖與有性生殖；無性生殖產生的後代其遺傳特性與親代完全相同，有性生殖則需要經過配子結合才能產生子代，子代的遺傳變異較大。這兩種生殖方式將在後面章節介紹。

(五) 運動

凡生物皆會運動，運動的方式很多，單細胞生物可藉由纖毛、鞭毛或僞足來運動 。一般植物的運動較爲緩慢，需要長時間觀察，但有些植物可進行迅速且明顯的運動，例如含羞草、捕蠅草的觸發運動 (圖 1-7)，或是睡蓮的睡眠運動等。

圖 1-7　含羞草的觸發運動

(六) 感應

生物會對自然界的各種刺激有所感應，也就是要接受外界的訊息，這些刺激包括：聲音、光、電、溫度、壓力和化學分子。生物必須以特殊的

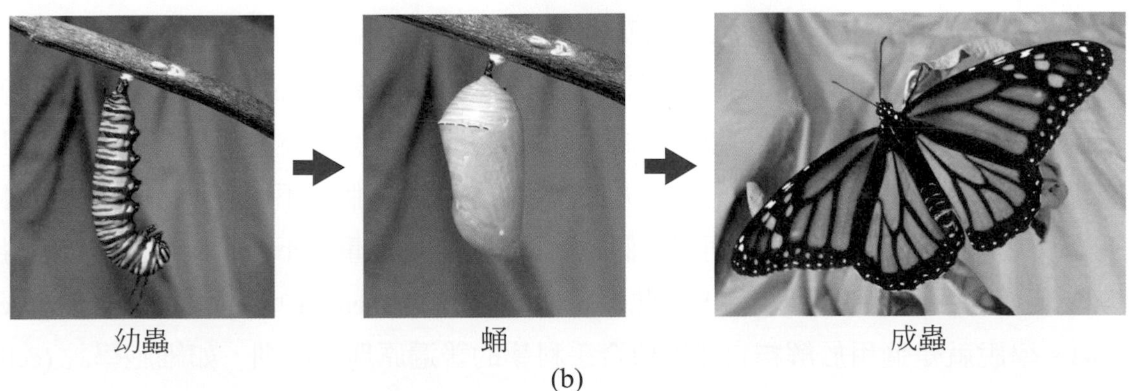

幼蟲　蛹　成蟲

(b)

圖 1-6　生長與發育。(a) 大樺斑蝶 (*Danaus plexippus*) 一齡幼蟲生長到五齡幼蟲。幼蟲體積增加，外型改變不大。(b) 幼蟲發育到成蟲必須經過蛹的階段。

機制或接受器來接收這些刺激並產生適當的反應。例如植物的莖、葉、花具有向光性(感應光線)，而根具有向地性(感應重力)；許多昆蟲在夜晚具有趨光性(感應光線)；蒼蠅會受到腐肉氣味的吸引(化學趨性)等。由這些例子我們可以知道，感應是生物要與環境發生關係所必須具備的能力。

(七)恆定

生物生存的外在環境經常有劇烈的變化，但是生物必須維持體內或細胞內各種狀態的穩定，這樣的穩定性有利於維持正常的生理機能與各種化學反應的進行。一般生物體內需要維持穩定的要素很多，包括:溫度、酸鹼度(pH值)、水份、鹽類濃度、糖濃度等。例如人體的溫度經常維持在36℃，而血液的pH值則保持在7.4。

1-3 科學方法

科學是以邏輯與系統性的方法發現宇宙中事物如何運作，同時也是宇宙所有經由發現所積累的知識體。其目的在對於所觀察到的現象作合理的解釋，並建立一些可預測事物間關係的法則。爲達到上述目的所運作的合理、精確而有系統的方法謂之科學方法。

科學方法的步驟如圖1-8，第一步是進行**觀察(observation)**，對所發生的現象觀察並記錄，接著**提出問題(question)**，問題不外乎下列三種之一：那是什麼(what)、爲何如此(why)、如何造成(how)，之後就是收集相關的資料與參考文獻。整理後的資料經過仔細的分析、歸納(induction)和演繹(deduction)，便可提出假設或**假說(hypothesis)**，假說是對於觀察的本質或某一事件可能之關連性的一種嘗試性說明，也是暫時性的、推理性的說明。故假說的正確性必須由**實驗(experiment)**來證明。如果實驗的結果與假說不一致，很顯然的，不是假說錯誤就是試驗方法有誤，因此就得修改假說或更換試驗方法。假若實驗方法正確，結果又與假說不吻合，那麼假說就必須修改或放棄，然後再觀察、再修正假說，再實驗，如此重複不已。一旦假說能獲得各種不同實驗的證實和與支持，則此假說便成爲**學說(theory)**或**科學定律(scientific law)**。學說就是適用於解釋自然現象合乎科學的普遍原理或法則，如細胞學說(cell theory)、天擇說(theory of natural selection)等著名的學說。

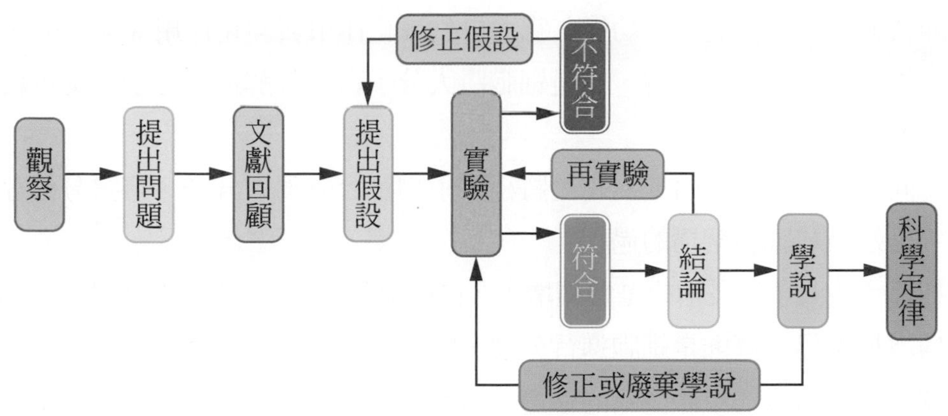

圖 1-8　科學方法的研究步驟

本章複習

1-1　生物學的發展

- 生物學 (Biology) 是研究「生物與生命現象的科學」
- 亞里斯多德有系統的整理與闡述生物學，因此獲得「生物學鼻祖」之稱。
- 衛沙利亞斯仔細解剖人體，並根據其觀察繪製精細的解剖圖，著有人體的構造，被認爲是近代人體解剖學的創始人。
- 雷文霍克以其自製的顯微鏡觀察到水中微生物及造成蛀牙的細菌，被尊稱爲「微生物學之父」。
- 林奈創立生物分類法則，奠定了現代生物學命名法二名法 (binomial nomenclature) 的基礎，是現代生物分類學之父。
- 許來登與許旺共同創立了細胞學說。
- 魯斯卡與克諾爾做出第一台穿透式電子顯微鏡，使生物學家得以了解許多細胞內的超顯微構造及其機能。
- 美國國家衛生院「人類基因體計畫」已將人類大多數染色體上的 DNA 皆已定序。

1-2　生命的特徵

- 生物體都具有生命現象，生物之生命特徵包括體制、新陳代謝、生長與發育、生殖與遺傳、運動、感應及恆定等。
- 生物圈體制由簡至繁爲細胞→組織→器官→系統→生物體→族群→群落→生態系→生物圈。

- 新陳代謝爲生命體的基本功能，它可分爲異化作用與同化作用。
  - 異化作用又稱爲分解，它是細胞將大分子物質分解爲小分子，提供細胞活動所需能量的過程。
  - 同化作用又稱爲合成。它是將小分子物質合成爲大分子，將養分儲存起來或是建構成細胞架構的過程。
- 生物都會生長，生長指的是體積增大，包括兩個層面：一爲細胞吸收養份而長大，體積增加；另一個則是細胞進行分裂，數目增加。
- 生物都要繁衍後代以產生新的個體，並且將親代的特徵遺傳給子代。生殖方式分爲無性生殖與有性生殖；無性生殖產生的後代其遺傳特性與親代完全相同，有性生殖則需要經過配子結合才能產生子代，子代的遺傳變異較大。
- 凡生物皆會運動，運動的方式很多，單細胞生物以僞足來運動，植物的觸發運動 (例如：含羞草) 等。
- 生物會對自然界的各種刺激有所感應，也就是要接受外界的訊息，這些刺激包括：聲音、光、電、溫度、壓力和化學分子。
- 生物生存的外在環境經常有劇烈的變化，但是生物必須維持體內或細胞內各種狀態的恆定，包括：溫度、酸鹼度 (pH 值)、水份、鹽類濃度、糖濃度等。

1-3 科學方法

- 科學方法就是利用某些程序來解答自然界發現的問題，並將所觀察到的現象提出解釋進而創立法則以預測這些現象之間的關係。
- 科學方法的步驟爲觀察→提出問題→文獻回顧→提出假設→實驗→結論→學說→科學定律。

Chapter 2

細胞的化學組成 (The chemical constitution of cell)

氣候變遷與健康

自工業革命以降，人類活動例如：工業對於石化燃料的大量需求、汽機車排放廢氣、冷凝劑等，使得大氣中各種溫室效應氣體(二氧化碳、氧氮化合物、臭氧、甲烷、氟氯碳化物等)累積。從太陽釋放的輻射能量較高，波長較短，當它穿過大氣層時可以穿透這些氣體。但是當這些輻射被地表反射後波長會變長，波長變長的輻射會被溫室效應氣體阻擋，不容易散失於大氣外，因此形成溫室效應導致地球的溫度逐年增高。溫度上升的結果使得北極冰層、冰川溶化，導致海平面上升，也使得極端氣候變得更加劇烈和頻繁。

2017 年在新加坡舉行的政府間氣候變化專門委員會 (IPCC) 所發表的第三次評估報告中指出 20 世紀全球平均地表溫度已增加 0.6℃，海平面已上升 0.1 至 0.2 公尺，預估在 1990 年至 2100 年期間全球平均溫度將上升 1.4~5.8℃。只有減少溫室氣體排放，穩定溫室效應氣體大氣濃度才可延遲和減少氣候變遷所造成的損失。當二氧化碳濃度穩定在 450 ppm (幾十年) 和 1000 ppm(約 2 世紀) 之間，到 2100 年全球平均地表溫度增加將限制在 1.2~3.5℃。IPCC 在 2014 年所提出的第五次氣候變遷評估報告

(AR5) 明確指出溫度與雨量改變，將影響生物的生長與分布。而溫度上升所造成的光化學反應是二次空氣污然物 (如：臭氧與懸浮微粒) 的主要原因之一。這些汙染源會導致呼吸道及心臟血管等疾病的增加，嚴重衝擊人類的健康。在極端氣候超常高溫環境中，花粉及其它致敏原的量也會較高，這些正也是引起哮喘的元兇，而全球約有 3 億哮喘患者，持續的氣溫上升將使這些患者負擔加重。極端的氣候造成的海平面上升，將破壞家園、醫療設施及其它必要的服務設施。

在距海洋 60 公里以內的陸地，爲世界上半數人口聚居的地區。人們可能因爲海平面上升被迫遷移，使得包括從心理健康到傳染病等一系列健康影響的風險升高。也因爲極端的氣候造成降水模式改變導致洪水，人民也因爲缺乏安全飲用水導致腹瀉的風險；病媒蚊、蟲的孳生將增加傳染性疾病發生的機率。世界衛生組織在 2018 年提出幾個氣候變遷與健康的重要事實，(1) 氣候變遷是影響著健康的社會和環境決定因素 - 乾淨的空氣，安全的飲用水，充足的食物和安全的居所。(2) 在 2030 年至 2050 年之間，氣候變化預計每年將造成大約 25 萬人因營養不良、瘧疾、腹瀉和熱效應而死亡。(3) 到 2030 年，健康帶來的直接損失費用 (不包含對農業、飲水和環境衛生等健康部門的費用) 估計在每年 20~40 億美元之間。

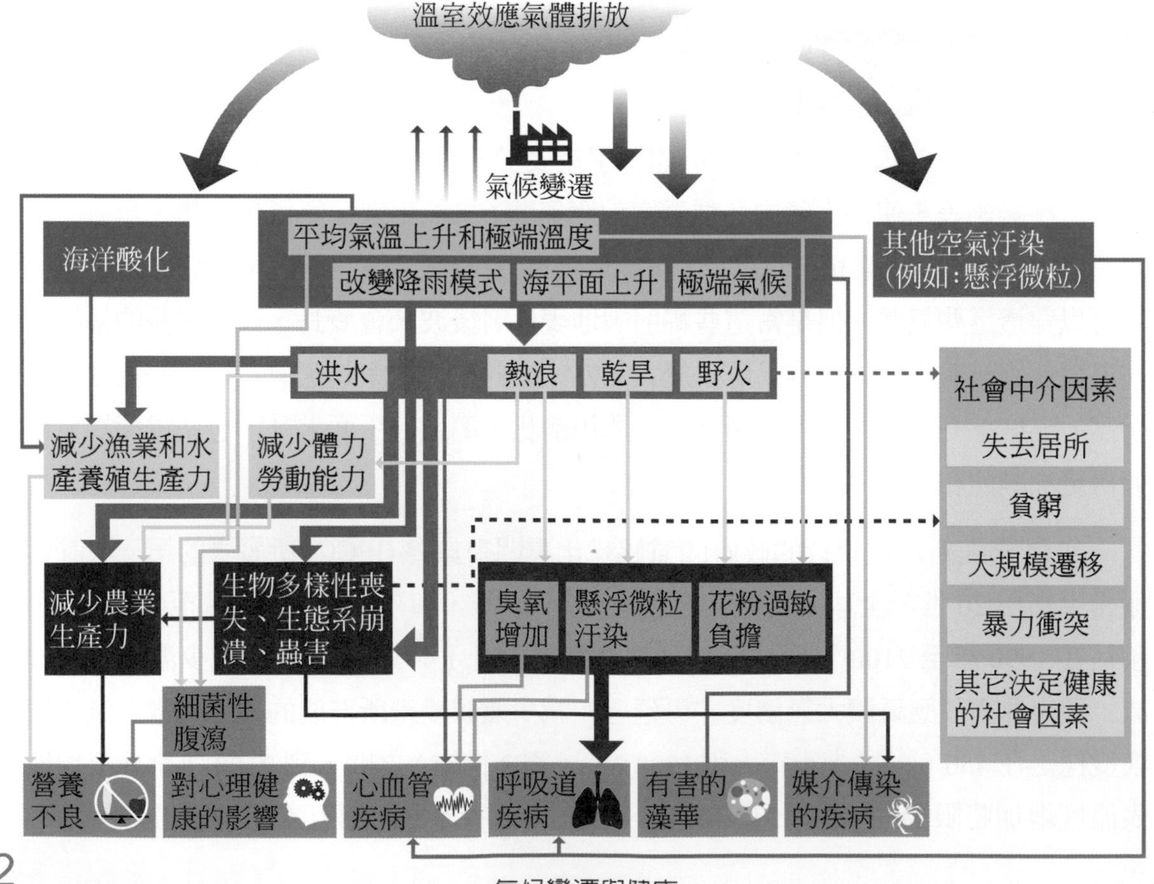

氣候變遷與健康

爲何溫室效應氣體會影響環境進而衝擊到人類的健康？爲了說明我們必須先了解所有的物質都是由原子組成，原子間藉由化學反應形成各種分子，生物體又是由很多化學分子所構成，要學習生物學必須先有基礎的化學知識，本章將介紹細胞中重要的化學組成。

2-1　原子的構造

地球是由各種不同環境與物種所構成的生態系，而世界上所有的物質都是由簡單的原子 (atom) 所構成 (圖 2-1)。原子是用化學方法無法再細分的粒子，由單一原子所組成的純物質即稱之爲元素 (element)，例如：鑽石和石墨都是由碳 (carbon) 原子所形成的同素異形體 (圖 2-2)。目前已發現的元素有 118 種，其中 92 種爲自然界存在，其餘 26 種爲人爲製造，這些元素會被依原子序數增加的順序排列在週期表上 (圖 2-3)，原子序數即代表元素在原子核中質子的數目。

自然界存在的元素中有 25 種是生命所必需的元素，其中碳 (C)、氫 (H)、氧 (O) 和氮 (N) 4 種元素佔人體重量的 96.3%，剩下的 3.7% 是由鈣、磷、鉀、硫、鈉、氯、鎂等 7 種元素組成。另外還有 14 種佔人體重量小於 0.01% 的微量元素，雖然微量元素含量非常少量，卻是生活上必需。例如：鐵雖然只佔人體的 0.004%，卻是血紅素組成的要素，而血紅素是血液循環中攜帶氧氣的重要物質。碘是合成甲狀腺素必須的物質，人體每日約需 0.15 mg 的碘，如果攝取不足可能會導致甲狀腺腫大。

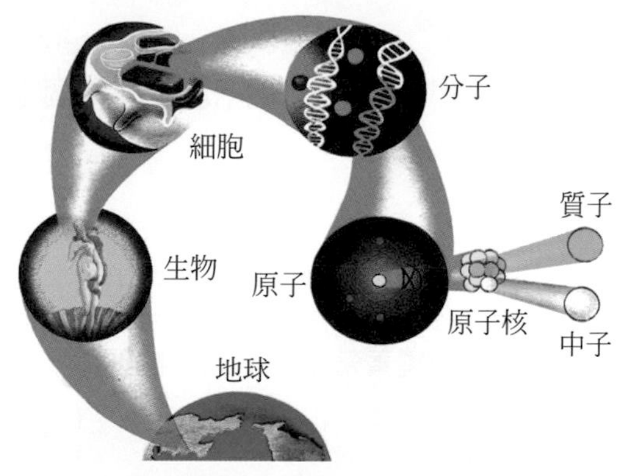

圖 2-1　地球是由原子所組成。將地球以不同層次的放大，最後我們可發現構成地球的最基本組成為原子。圖中 DNA 分子中的碳原子，是由 6 個質子與 6 個中子所構成的。

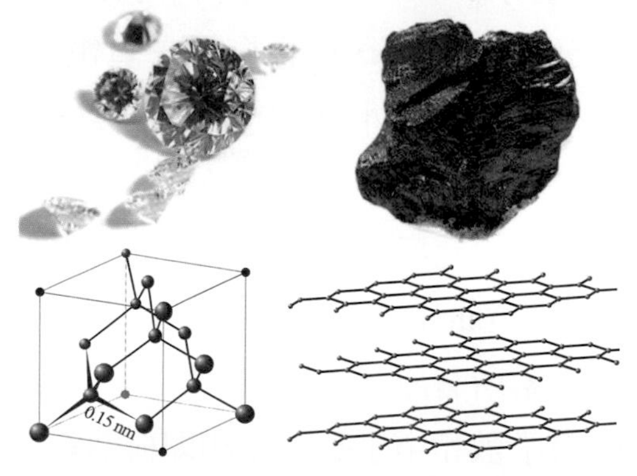

圖 2-2　鑽石與石墨。鑽石與石墨都是由碳元素組成，但是因為結構不同所以在價值上有天壤之別。

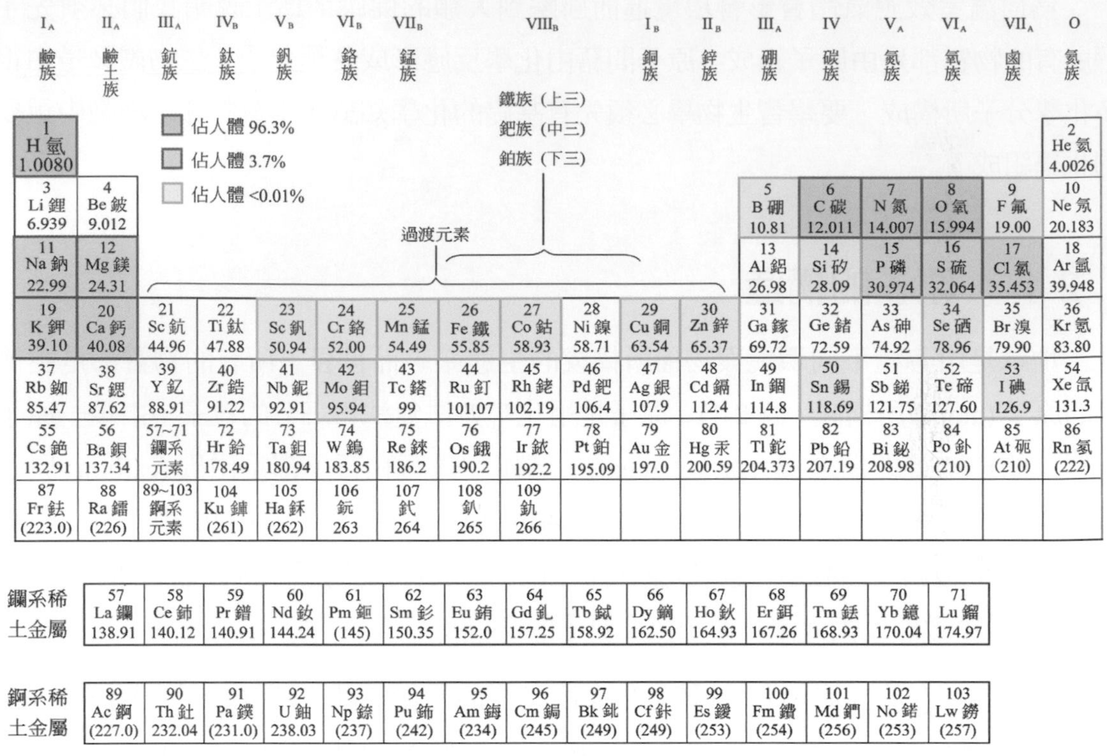

I_A	II_A	III_A	IV_B	V_B	VI_B	VII_B	VIII_B			I_B	II_B	III_A	IV	V_A	VI_A	VII_A	O
鹼族	鹼土族	鈧族	鈦族	釩族	鉻族	錳族	鐵族 (上三) 鈀族 (中三) 鉑族 (下三)			銅族	鋅族	硼族	碳族	氮族	氧族	鹵族	氦族
1 H 氫 1.0080																	2 He 氦 4.0026
3 Li 鋰 6.939	4 Be 鈹 9.012											5 B 硼 10.81	6 C 碳 12.011	7 N 氮 14.007	8 O 氧 15.994	9 F 氟 19.00	10 Ne 氖 20.183
11 Na 鈉 22.99	12 Mg 鎂 24.31											13 Al 鋁 26.98	14 Si 矽 28.09	15 P 磷 30.974	16 S 硫 32.064	17 Cl 氯 35.453	18 Ar 氬 39.948
19 K 鉀 39.10	20 Ca 鈣 40.08	21 Sc 鈧 44.96	22 Ti 鈦 47.88	23 Sc 釩 50.94	24 Cr 鉻 52.00	25 Mn 錳 54.49	26 Fe 鐵 55.85	27 Co 鈷 58.93	28 Ni 鎳 58.71	29 Cu 銅 63.54	30 Zn 鋅 65.37	31 Ga 鎵 69.72	32 Ge 鍺 72.59	33 As 砷 74.92	34 Se 硒 78.96	35 Br 溴 79.90	36 Kr 氪 83.80
37 Rb 銣 85.47	38 Sr 鍶 87.62	39 Y 釔 88.91	40 Zr 鋯 91.22	41 Nb 鈮 92.91	42 Mo 鉬 95.94	43 Tc 鎝 99	44 Ru 釕 101.07	45 Rh 銠 102.19	46 Pd 鈀 106.4	47 Ag 銀 107.9	48 Cd 鎘 112.4	49 In 銦 114.8	50 Sn 錫 118.69	51 Sb 銻 121.75	52 Te 碲 127.60	53 I 碘 126.9	54 Xe 氙 131.3
55 Cs 銫 132.91	56 Ba 鋇 137.34	57~71 鑭系元素	72 Hr 鉿 178.49	73 Ta 鉭 180.94	74 W 鎢 183.85	75 Re 錸 186.2	76 Os 鋨 190.2	77 Ir 銥 192.2	78 Pt 鉑 195.09	79 Au 金 197.0	80 Hg 汞 200.59	81 Tl 鉈 204.373	82 Pb 鉛 207.19	83 Bi 鉍 208.98	84 Po 釙 (210)	85 At 砈 (210)	86 Rn 氡 (222)
87 Fr 鍅 (223.0)	88 Ra 鐳 (226)	89~103 錒系元素	104 Ku 鑪 (261)	105 Ha 錛 (262)	106 鈨 263	107 鉽 264	108 釟 265	109 釚 266									

鑭系稀土金屬	57 La 鑭 138.91	58 Ce 鈰 140.12	59 Pr 鐠 140.91	60 Nd 釹 144.24	61 Pm 鉕 (145)	62 Sm 釤 150.35	63 Eu 銪 152.0	64 Gd 釓 157.25	65 Tb 鋱 158.92	66 Dy 鏑 162.50	67 Ho 鈥 164.93	68 Er 鉺 167.26	69 Tm 銩 168.93	70 Yb 鐿 170.04	71 Lu 鎦 174.97
錒系稀土金屬	89 Ac 錒 (227.0)	90 Th 釷 232.04	91 Pa 鏷 (231.0)	92 U 鈾 238.03	93 Np 錼 (237)	94 Pu 鈽 (242)	95 Am 鋂 (234)	96 Cm 鋦 (245)	97 Bk 鉳 (249)	98 Cf 鉲 (249)	99 Es 鑀 (253)	100 Fm 鐨 (254)	101 Md 鍆 (256)	102 No 鍩 (253)	103 Lw 鐒 (257)

圖 2-3　化學元素週期表

原子是保有元素特性的最小單位，它是由質子 (proton)、電子 (electron) 和中子 (neutron) 等三種次原子粒子組成 (圖 2-4)。質子 (單一正電荷) 和中子 (電中性) 集中於原子核，而電子 (單一負電荷) 則環繞於原子核外的軌道，電中性的原子含有相同的質子數與電子數，它的淨電荷爲零。元素在週期表上的位置即稱爲原子序 (atomic number)，它代表這個特定元素所有原子的質子數目。一個原子的質子數和中子數的總和即稱爲質量數 (mass number)，它約略等於原子的質量。元素中所有的原子都含有相同的質子數和電子數，但是它們的中子數不一定相同，如果不同原子具有相同的質子數但是中子數不同者即稱之爲**同位素 (isotope)**。同一元素的同位素它們的質量雖然不同但是卻有相同的化學特性，因此在生物醫學上常使用放射性同位素做爲示蹤劑，因爲放射性同

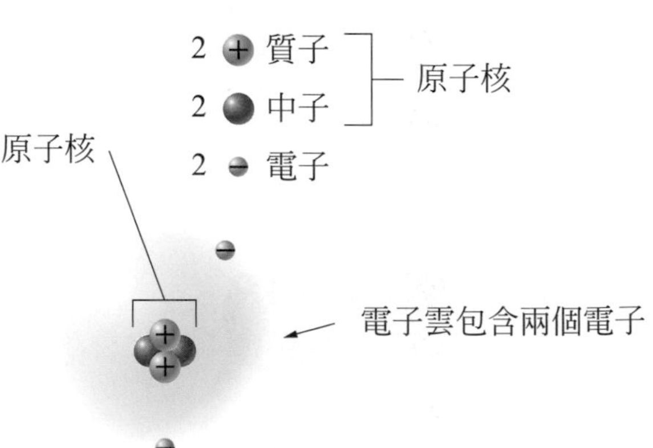

圖 2-4　氦原子模型，圖顯示氦原子由質子中子電子等三種次原子粒子組成，帶負電的電子圍繞著帶正電的原子核運轉。

位素在蛻變過程所釋放的輻射，宛如發報器一樣發出訊號讓我們可以追蹤該元素在生物體的分布或是代謝過程。自然界中由兩種或兩種以上的元素所組成的物質即稱之爲**化合物 (compound)**，例如：呼吸作用產生的二氧化碳 (CO_2) 和日常生活中瓦斯的成分甲烷 (CH_4) 都是化合物 (圖 2-5)，組成人體的大分子物質基本上也都是由碳 (C)、氫 (H)、氧 (O)、氮 (N) 等多種元素所組成。

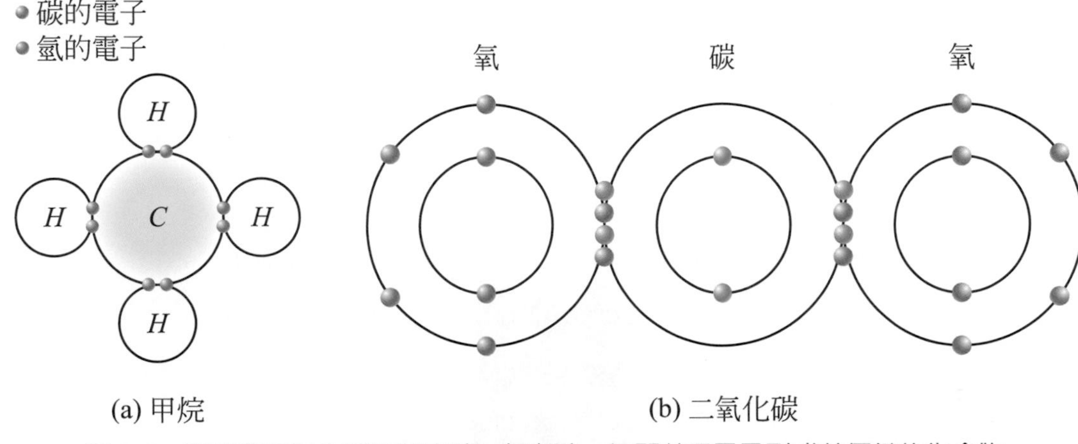

圖 2-5　甲烷與二氧化碳是藉由碳、氫與碳、氧間共用電子形成共價鍵的化合物

2-2　化學鍵結與分子

化合物中組成的原子，原子與原子間可藉由化學反應轉移、共用電子或吸引力形成化學鍵 (chemical bond)，將原子接合在一起。化學鍵的種類可分爲**共價鍵 (covalent bond)**、**離子鍵 (ionic bond)** 及**氫鍵 (hydrogen bond)** 等三種，以下將分別介紹這三種鍵結。

(一) 共價鍵

化合物中組成的二個原子共用一或多對電子，讓彼此滿足八隅體電子結構，所形成的化學鍵結即稱之爲共價鍵。例如：最普遍的燃料分子 - 甲烷 (CH_4)(圖 2-5a)，它是由 1 個碳原子分別與 4 個氫原子共享一對電子，形成四個單鍵的化合物。圖中另一個例子二氧化碳 (CO_2) (圖 2-5b)，是由 1 個碳原子分別與 2 個氧原子共享二對電子，形成二個雙鍵的化合物。如果共價化合物中原子間電荷的分佈不均勻，電子傾向某一原子即稱之爲極性共價鍵，反之電子分配均勻即稱之爲非極性共價鍵。

(二) 離子鍵

化合物中組成的二個原子，其中一個原子傾向失去電子形成正離子，另一個原子傾向奪取電子形成負離子，此種相反電荷的正離子與負離子以靜電吸引力產生鍵結即稱之為離子鍵。食鹽是離子鍵最佳的例子 (圖 2-6)，它是由氯和鈉兩種元素組成，當低游離能的鈉原子接近高電子親和力的氯原子時，鈉原子會失去一個電子形成正一價的鈉離子，而氯原子會獲得一個電子形成負一價的氯離子，而鈉離子 (Na^+) 與氯離子 (Cl^-) 再以相反的電荷互相吸引形成鍵結。

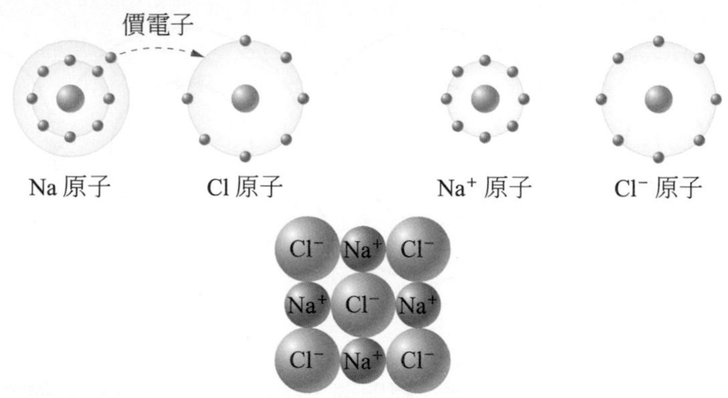

圖 2-6　離子鍵是在兩種電性不同之原子間所建立起來的，當 Na 將價電子給了 Cl，兩者便形成正負離子而產生吸引力

(三) 氫鍵

氫鍵是一種分子間或分子內的作用力，它發生在氫與電負性較強的原子 (例如：F、O、N) 形成共價鍵時，此時氫會類似氫離子 (H^+) 的狀態，能吸引鄰近電子親和力較大之 F、O、N 原子上的電子，此種吸引力即稱為氫鍵。例如：圖 2-7a 中的水分子 (H_2O) 是由 2 個氫原子與 1 個氧原子以共價單鍵結合，由於氧原子對電子的吸引力比氫原子強，因此在水分子中電子的分佈並不均勻，使得氫原子約略帶正電氧原子約略帶負電，使水成為極性分子，並在不同水分子間形成氫鍵。氫鍵雖為一種弱鍵，但在眾多的氫鍵作用之下使水具有重要的物理特性，這些特性也對生物體造成很大的影響。生物體中常見可形成氫鍵的官能基有：羥基 (– OH)、胺基 (– NH_2) 與羧基 (– COOH)(圖 2-7b)，這些官能基因具有極性，能與水形成氫鍵，使分子易溶於水並可形成氫鍵。

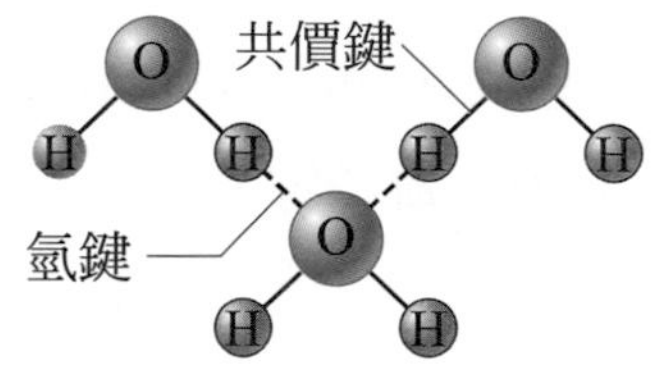

(a) 水分子之間的氫鍵

(b) 生物體中常見可形成氫鍵的官能基

圖 2-7　氫鍵

2-3 細胞內的化學組成

生物體的最基本組成爲細胞，而細胞是由原生質 (protoplasm) 所構成。19 世紀中，植物學家默爾 (Hugo von Mohl) 以原生質一詞指稱植物細胞中黏稠、具有顆粒並呈現半流體的物質，之後英人赫胥黎 (T. H. Huxley) 稱原生質爲生命的物質基礎 (The physical basis of life)。原生質的組成複雜，含有碳、氫、氧、氮、磷、硫等元素，及這些元素組合成的各種有機與無機化合物。有機化合物主要成分是碳與氫，也可能含有氧、氮、硫、磷等元素，細胞內的有機化合物爲生物體內重要的生物分子，包含醣類 (carbohydrates)、蛋白質 (proteins)、脂質 (lipids)、核酸 (nucleic acids) 等；無機物則包括水、無機鹽及各種元素。

(一) 醣類

醣類是生物體內提供能量的主要來源，醣類由 C、H、O 三種元素所組成，其通式爲 $(CH_2O)_n$，分子中碳、氫、氧的比值爲 1：2：1 與水相同，故亦稱爲碳水化合物。它在細胞中含量約 1%，氧化後會釋出能量，也是細胞中貯藏能量的物質，醣類可分爲**單醣 (monosaccharides)**、**雙醣 (disaccharides)** 與**多醣 (polysaccharides)**。

1. 單醣

單醣是最簡單的醣類，不能再水解爲更小的分子，最常見的單醣例子爲葡萄糖 (glucose)、果糖 (fructose)、半乳糖 (galactose) 等三種糖，此三種糖有相同的原子組成，他們的分子式都是 $C_6H_{12}O_6$，但是化學結構中原子的排列卻不同，因而有不同的特性，稱之爲**異構物 (isomers)** 其結構式如圖 2-8。當單糖在水中溶解時，單醣的一端與另外一端會鍵結形成環形結構，例如圖 2-9 中葡萄糖溶解於水中，分子結構從棒狀轉變爲環狀結構，當葡萄糖分子 1 號碳與 2 號碳上的羥基 (− OH) 位於同在一平面時稱爲 α 形式葡萄糖，反之則稱爲 β 形式葡萄糖。

葡萄糖	果糖	半乳糖
	H	
H−C=O	H−C=OH	H−C=O
H−C−OH	C−O	H−C−OH
HO−C−H	HO−C−H	HO−C−H
H−C−OH	H−C−OH	HO−C−H
H−C−OH	H−C−OH	H−C−OH
H−C−OH	H−C−OH	H−C−OH
H	H	H

圖 2-8 單醣的棒狀化學式 (stick formulas)

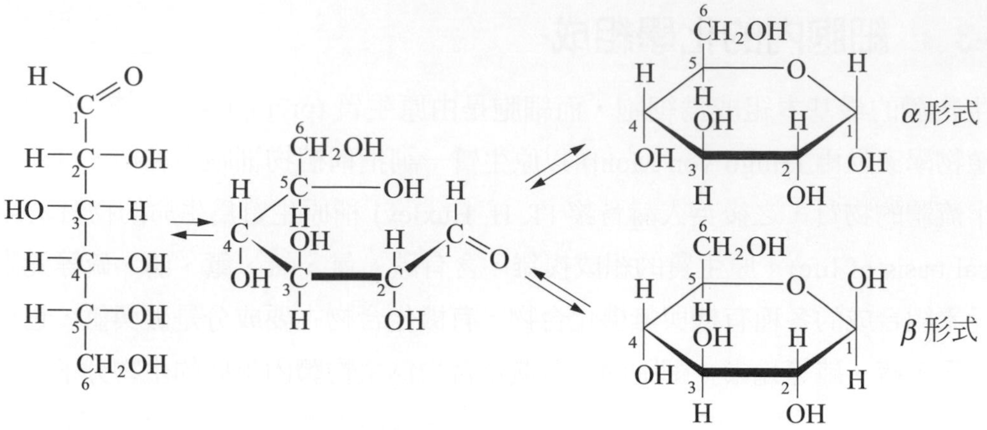

圖 2-9　葡萄糖分子結構在水溶液中的轉變

葡萄糖常存在於水果、蜂蜜以及哺乳類動物的血液中，是生物體正常生理活動所需能量的主要來源，它在哺乳類血液和組織內的總量約為體重的 0.1%。血液中的葡萄糖就是我們常稱的血糖，血糖的濃度必須維持恆定，長期高血糖可能發生糖尿病，導致眼睛失明和腎臟疾病；但濃度過低，則使某些腦細胞的敏感性增加，以致對極微弱的刺激就引起反應，容易造成肌肉痙攣、昏迷或死亡。由於它能直接被人體吸收利用，在醫學上會注射葡萄糖以補充病人體內的糖分，而運動員在運動時也經常以葡萄糖補充能量。

2. 雙醣

兩分子的單醣接合時，會失去一分子水，產生新的化學鍵將兩個單醣連接形成雙醣，此種接合過程會脫去一分子水的反應稱為**脫水合成 (dehydration synthesis)**。相反的，雙醣也可加入一分子水將它分解為二個單醣，此種過程稱之為**水解 (hydrolysis)**，此反應為脫水化合的逆反應。日常生活中常見的雙醣有三種：麥芽糖 (maltose)、蔗糖 (sucrose)、乳糖 (lactose)，他們的通式為 $C_{12}H_{22}O_{11}$，是由兩分子單醣脫水化合而成。例如：麥芽糖是由兩分子葡萄糖結合而成 (圖 2-10a)，蔗糖是一分子的葡萄糖和一分子的果糖結合而成 (圖 2-10b)，乳糖是由一分子葡萄糖與一分子半乳糖結合而成。

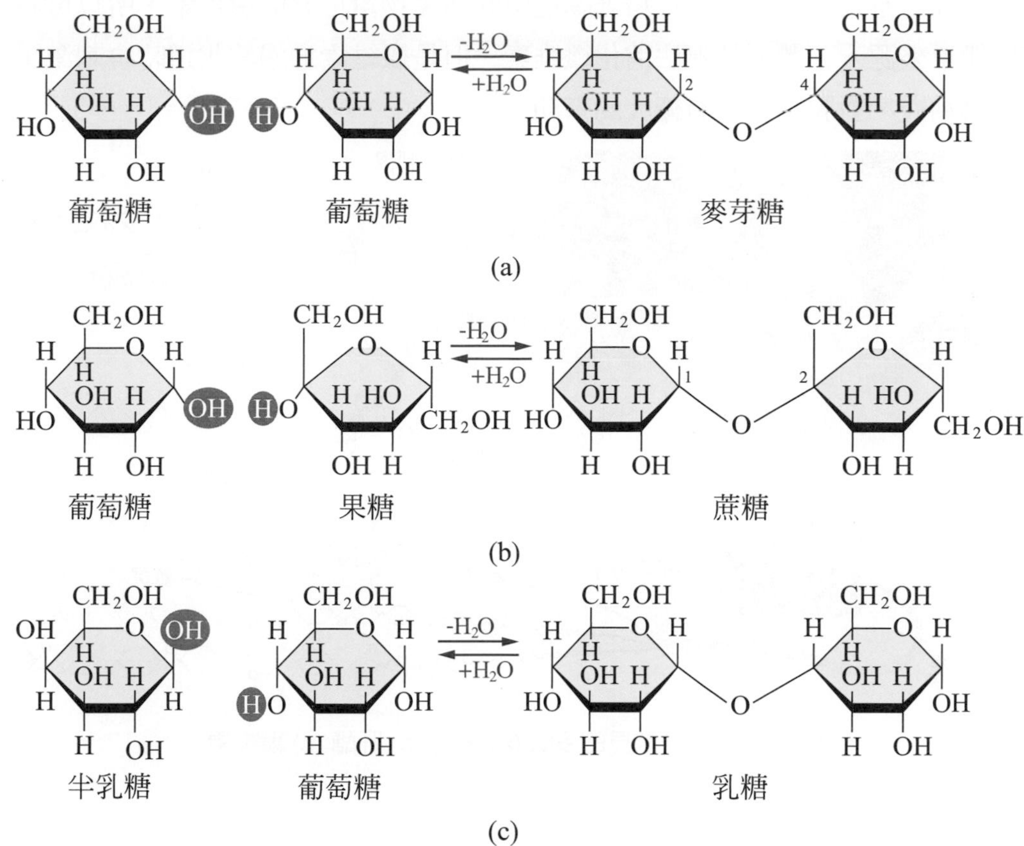

圖 2-10 (a) 麥芽糖合成過程中的脫水化合反應。(b) 蔗糖合成過程中的脫水化合反應。(c) 乳糖合成過程中的脫水化合反應

3. 多醣

多醣是由單醣經由脫水合成所形成的長鏈，亦即是由單醣所形成的聚合體。圖 2-11 顯示三種常見的多醣澱粉 (starch)、肝醣 (glycogen) 和纖維素 (cellulose)，它們都是由許多葡萄糖單體脫水合成。多醣組成的基本單位雖相同，但由於葡萄糖的結構與鍵結方式的差異，使得三種多醣具有截然不同的特性。

澱粉 (圖 2-11a) 是由葡萄糖單體聚合成的長鏈，也是植物儲存多醣的方式，例如在馬鈴薯塊莖細胞就儲存有澱粉顆粒，當植物需要能量時澱粉可轉化為單糖，成為提供植物能量的來源。肝醣與澱粉類似也是葡萄糖聚合體，但是肝醣除了直鏈部分，另有許多分枝 (圖 2-11b)，動物過剩的葡萄糖會以肝糖形式儲存肝細胞與肌肉細胞。當細胞需要能量時肝糖就會被水解成葡萄糖，成為細胞能量的來源。

纖維素 (圖 2-11c) 是植物細胞壁重要組成分子，它是葡萄糖長鏈分子間藉由氫鍵相互吸引所形成的堅韌結構。人體因缺乏分解纖維素的酶，因此無法以纖維素作

爲能量來源，草食性動物則可以藉著腸道中的微生物幫忙分解纖維素，所以可將纖維素作爲能量來源。人體雖然無法消化纖維素，但是纖維素通過消化道時會刺激腸內襯細胞分泌黏液，對腸道健康有極大的幫助。

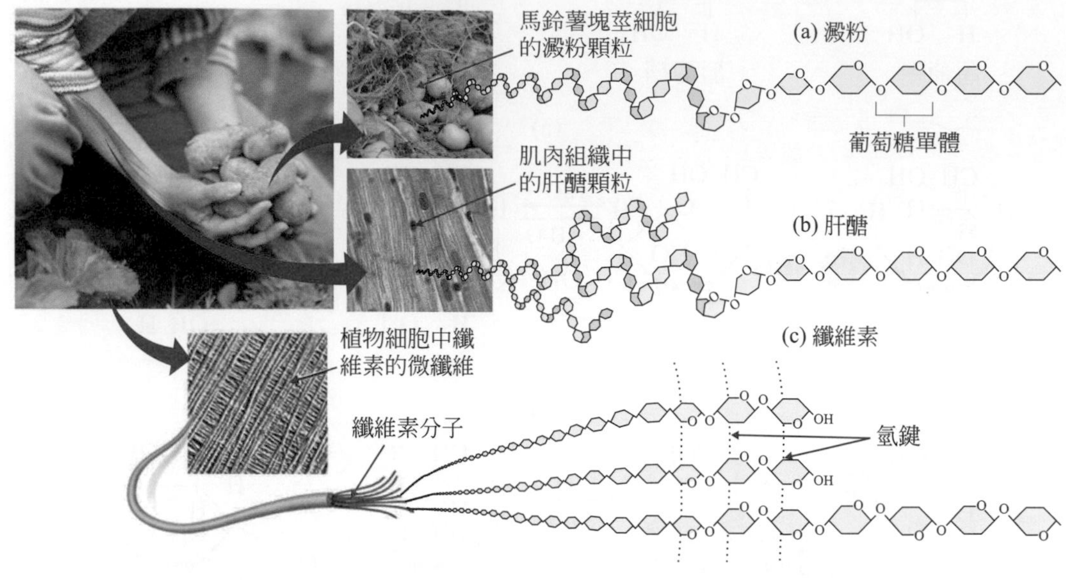

圖 2-11　三種常見的多醣 (a) 澱粉 (b) 肝醣 (c) 纖維素

(二) 蛋白質

蛋白質是由胺基酸 (amino acid) 單體所形成的聚合物，蛋白質在細胞中含量約 15%，爲生物體內含量最多且最重要的有機物，種類多而複雜。蛋白質在生物體中有不同的形式，依其功能可分爲 (1) 運輸蛋白：人體紅血球中之血紅素協助氧氣的運送；(2) 收縮蛋白：人體肌肉的肌動蛋白與肌凝蛋白協助運動；(3) 儲存蛋白：植物種子與蛋中都富含幫助生長所需的儲存蛋白；(4) 酶：人體中的各種消化酶可幫助消化作用中的化學反應；(5) 結構蛋白：動物的犄角、毛髮等都是屬於結構蛋白。

1. 胺基酸

所有的蛋白質都是由胺基酸單體串連在一起，每一個胺基酸是由 C、H、O、N、S 等元素構成。胺基酸的化學結構都是以四個共價鍵結的碳原子爲中心，同時接有胺基 (－ NH_2)、羧基 (－ COOH)，以及一個側鏈 (R 基)(圖 2-12a)。R 基可由 0 ～多個的碳原子形成，人體共有 20 種胺基酸，而這些胺基酸的差異就是在 R 基的不同，它也賦予胺基酸獨特的化學性質。最簡單的胺基酸是甘胺酸 (glycine)，它的 R 基不是碳而是接上一個氫原子 (圖 2-12b)；而丙胺酸 (alanine) 的 R 基則是接一個甲基 (－ CH_3)(圖 2-12c)。

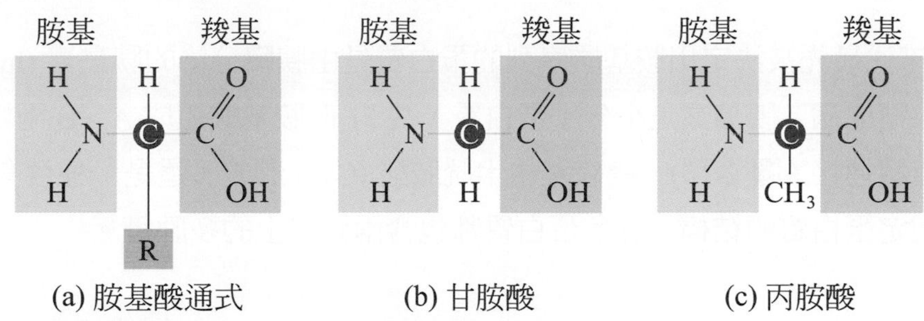

圖 2-12　(a) 胺基酸基本結構。R 代表不同數目碳原子形成的側鏈。(b) 甘胺酸是最簡單的胺基酸。(c) 丙胺酸的 R 基含有一個甲基 (CH_3)

胺基酸與蛋白質在水溶液中具有緩衝 (buffer) 功能，當溶液中的鹼性 (OH^-) 離子增加時，胺基酸中的羧基 (－COOH) 會釋放出氫離子與之中和形成水 (圖 2-13)，反之若溶液中代表酸性的氫離子 (H^+) 增加時，胺基 (－NH_2) 則會與氫離子結合，減少 pH 值的變化，對生物體來說是很重要的天然緩衝劑。

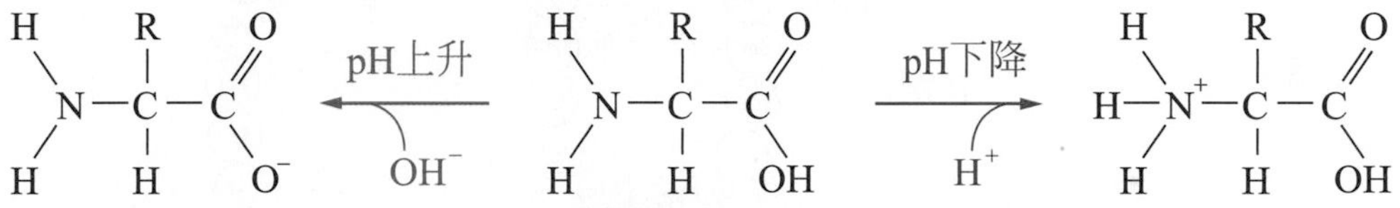

pH上升　OH^-　　pH下降　H^+

圖 2-13　胺基酸在酸性與鹼性環境下變化

大多數的蛋白質由數百至數千個胺基酸單位所構成，兩個胺基酸在結合時，其中一個胺基酸的胺基 (－NH_2) 會與另一個胺基酸的羧基 (－COOH) 化合形成胜鍵 (peptide bond，或稱肽鍵)，過程中會脫去一分子水，合成的分子稱爲雙胜 (dipeptide)(圖 2-14)，同樣的道理三個胺基酸化合會形成三胜 (tripeptide)，而多個胺基酸化合就形成多胜 (polypeptide)；這種鏈狀結構的一端保留著游離的胺基而另一端保留一個游離的羧基，所以多胜鏈的兩端分別稱爲 N 端與 C 端。細胞中由胺基酸形成多胜鏈的反應在核糖體上進行，詳細過程將在後面章節討論。

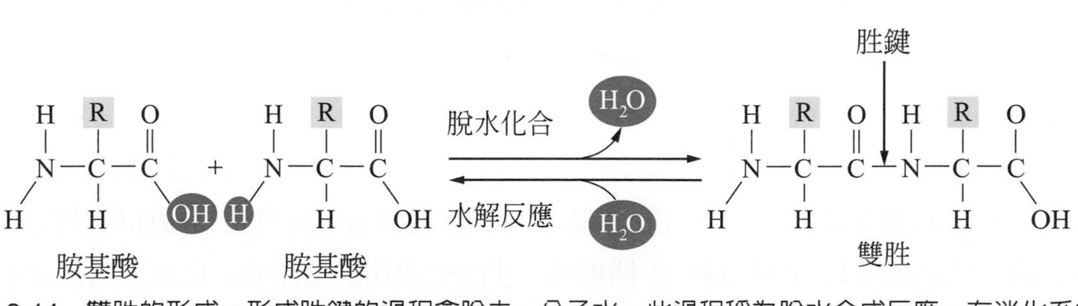

胜鍵
脫水化合　H_2O
水解反應　H_2O
胺基酸　胺基酸　雙胜

圖 2-14　雙胜的形成。形成胜鍵的過程會脫去一分子水，此過程稱為脫水合成反應。在消化系統中，雙胜也可以被酶分解為兩個胺基酸，過程中需要加入一分子水，稱為水解反應。

1950 年代最先被決定出胺基酸序列的蛋白質是由胰臟分泌的胰島素 (insulin)，缺乏時會導致糖尿病。胰島素是小分子蛋白質，共 51 個胺基酸組成 A、B 兩條多胜鏈，中間以雙硫鍵連接 (圖 2-15)。雙硫鍵由半胱胺酸 (Cys) 形成，這是一種含有硫的胺基酸，用以穩定蛋白質的結構。許多蛋白質都包含兩條以上的多胜鏈。

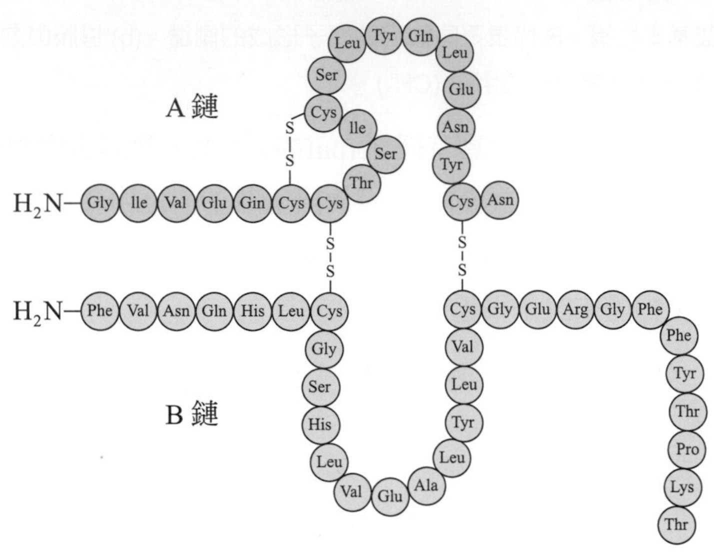

圖 2-15　胰島素由 A、B 兩條多胜鏈組成，分子間以雙硫鍵 (－ S － S －) 結合。

2. 蛋白質的結構

從簡單的胺基酸到複雜的蛋白質一般用四種層級來進行描述，分別爲蛋白質的第一到第四級結構。組成多胜鏈的胺基酸序列 (sequence) 稱爲一級結構 (圖 2-15、圖 2-16a)，從一級結構中我們可以知道胺基酸的種類、數目與排列順序，由於胺基酸的 R group 具有親水與疏水等不同特性，所以一級結構將來也會直接影響多胜鏈的折疊及蛋白質的立體形狀。由於胺基酸分子彼此間會形成氫鍵，使得多胜鏈能纏繞成簡單的形狀稱爲二級結構，二級結構有兩種，分別爲 α 螺旋 (α － helix) 與 β 褶板 (β － pleated sheets)(圖 2-16b)。在 α - 螺旋中，每一個胺基酸羧基上的氧 (C=O) 會與另一個胺基酸醯胺 (N － H) 的氫形成氫鍵，是一個十分穩定的結構。而 β 褶板是由鋸齒狀的胺基酸長鏈並排而成，鄰近的長鏈之間以氫鍵相連，具有容易彎曲的特性。蛋白質的三級結構是以 α 螺旋與 β 褶板進一步的彎曲和折疊而成，形狀更爲複雜 (圖 2-16c)。在這個層級，每一個原子在空間上都必須有正確的相對位置。氫鍵、親水性交互作用力、疏水性交互作用力、雙硫鍵質皆對於穩定正確的三級結構相當重要。

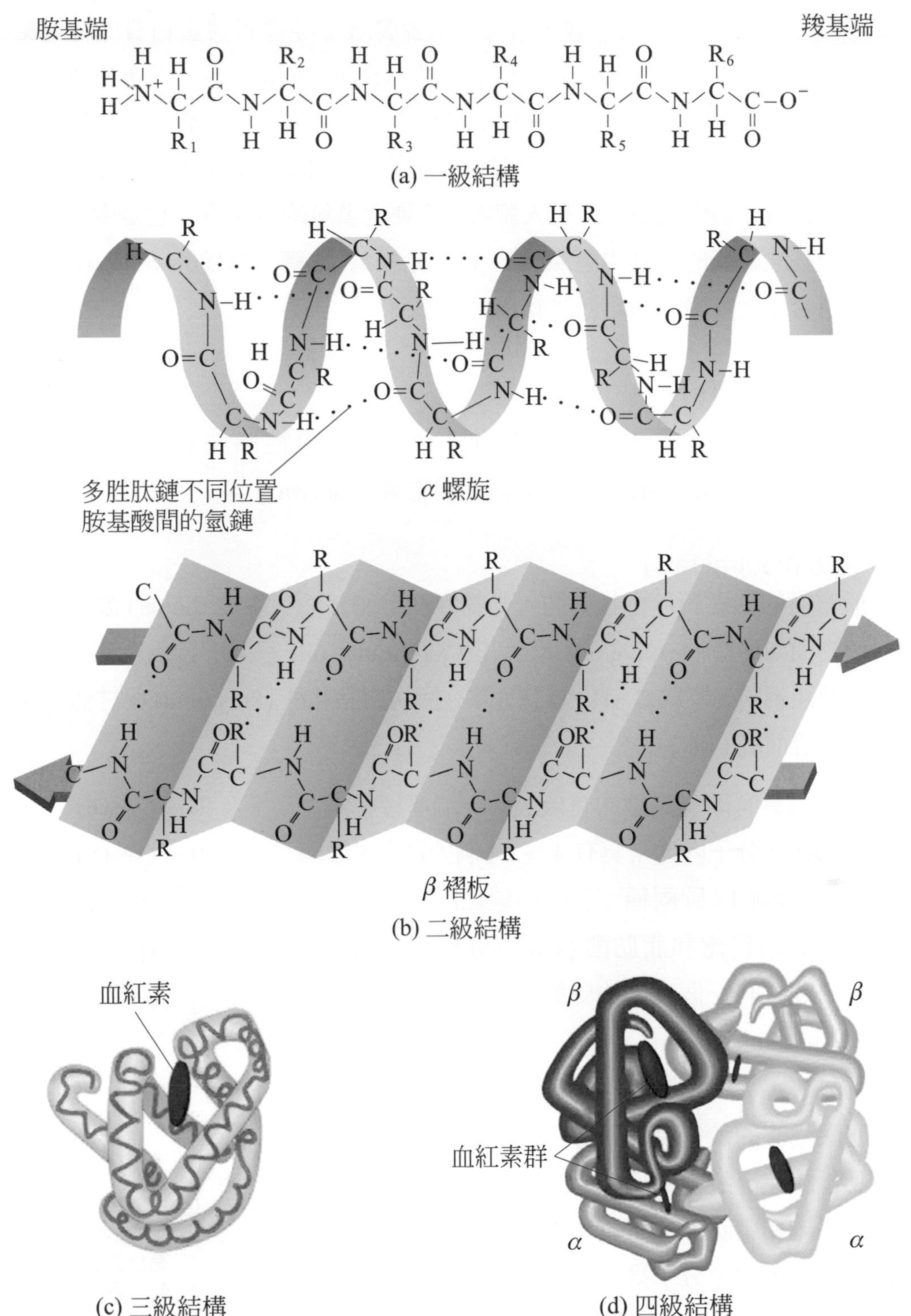

圖 2-16 蛋白質四級結構

很多因子例如：熱、酸、鹼、酒精、重金屬離子等會破壞蛋白質的穩定結構，蛋白質的形狀改變就等於喪失功能，稱爲**變性** (denaturation)。若一個蛋白質由兩條以上多胜鏈組成就會形成四級結構，在四級結構中，每一條多胜鏈皆已形成特定的三級結構，然後組合在一起形成完整而具有功能的蛋白質即爲四級結構 (圖 2-16d)。以血紅素 (hemoglobin) 爲例，血紅素是人體內負責運送氧氣的蛋白質，它是由四條多胜鏈共 574 個胺基酸組成的，其中兩條爲 α 鏈，兩條爲 β 鏈，單獨的 α 或 β 鏈稱爲三級結構，組合成血紅素就稱爲四級結構。

(三) 脂質 (Lipids)

脂質屬於非極性的化合物，不溶於水，包括中性脂肪 (neutral fats) 、磷脂 (phospholipids)、類固醇 (steroids)、脂溶性維生素與蠟 (wax) 等。

1. 中性脂肪 (neutral fats)

一般常見的油脂屬於中性脂肪，動物性油脂如豬油、牛油 (butter) 溫度低時常呈固態；植物油如橄欖油 (olive oil) 以及花生油 (peanut oil) 室溫下皆爲液態。組成脂肪的原子與醣類相同，皆爲 C、H、O 三元素，脂肪由脂肪酸 (fatty acid) 與甘油 (glycerol) 兩種分子化合而成 (圖 2-17)。

脂肪酸爲具有碳氫長鏈的有機酸，一端連接著羧基 (－ COOH)，分子內通常具有 4 ～ 24 個碳原子，最常見的爲 16 碳與 18 碳兩種；若碳與碳之間的鍵結全爲單鍵「－」稱爲**飽和脂肪酸** (saturated fatty acid)，若碳與碳之間含有一個以上的雙鍵「＝」則稱爲**不飽和脂肪酸** (unsaturated fatty acid)(圖 2-18)。脂肪的特性由脂肪酸決定；動物脂肪含有較多的飽和脂肪酸，飽和脂肪酸爲直的碳氫長鏈，分子排列緊密，形成脂肪時流動性較差，故室溫低時易呈固態；植物性油脂含有較多不飽和脂肪酸，不飽和脂肪酸的雙鍵會造成碳氫鏈轉折，可避免分子排列過於緊密，形成油脂時流動性較佳，室溫下爲液態。

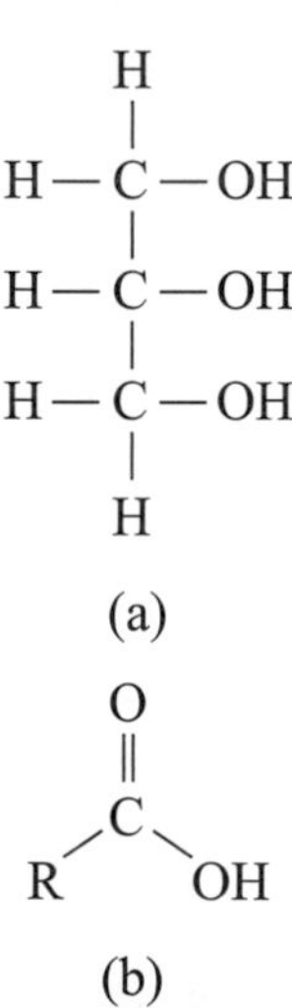

圖 2-17　(a) 甘油分子結構。
(b) 脂肪酸通式，R 基為長碳鏈，通常具有 4 ～ 24 個碳原子。

甘油分子具有三個羥基 (－ OH)，每個羥基都可以與脂肪酸的羧基 (－ COOH) 化合形成**酯鍵** (ester bond)，並放出一分子水，當一個甘油分子與三個脂肪酸結合後即形成一分子中性脂肪，放出三分子水 (圖 2-19) 所以中性脂肪又稱爲三醯基甘油 (triacylglycerol) 或三酸甘油酯 (triglyceride)。參與反應的三個脂肪酸可以相同亦可不同，因此可形成各種不同的脂肪。這個反應也可以進行逆反應，稱爲水解。消化系統中的脂肪酶可將中性脂肪水解爲甘油與脂肪酸，過程中需加入三分子水。

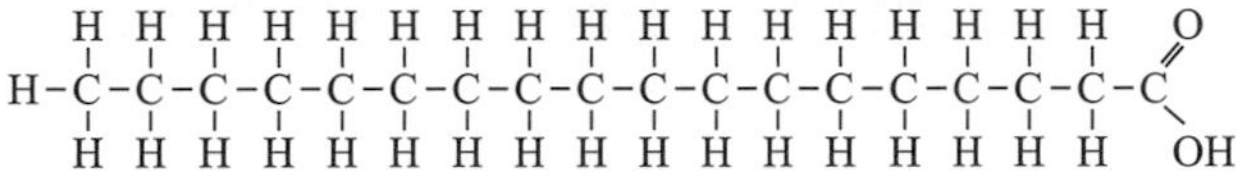

(a) 硬脂酸

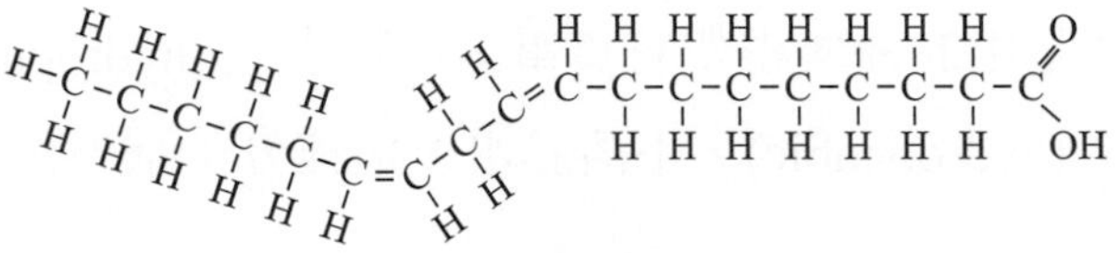

(b) 亞麻油酸

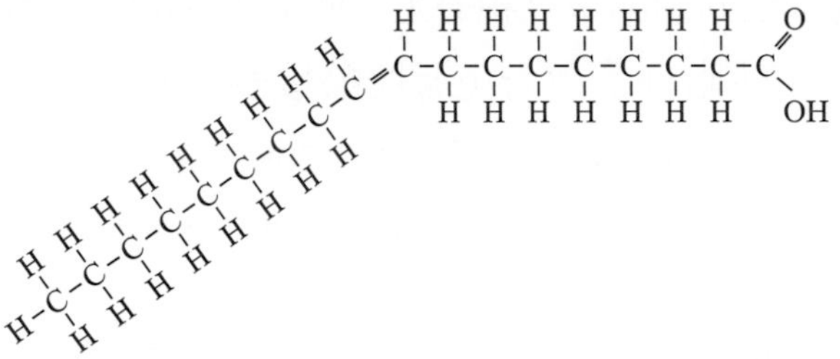

(c) 油酸

圖 2-18 飽和與不飽和脂肪酸。(a) 硬脂酸是一種飽和脂肪酸。(b) 亞麻油酸與 (c) 油酸屬於不飽和脂肪酸。

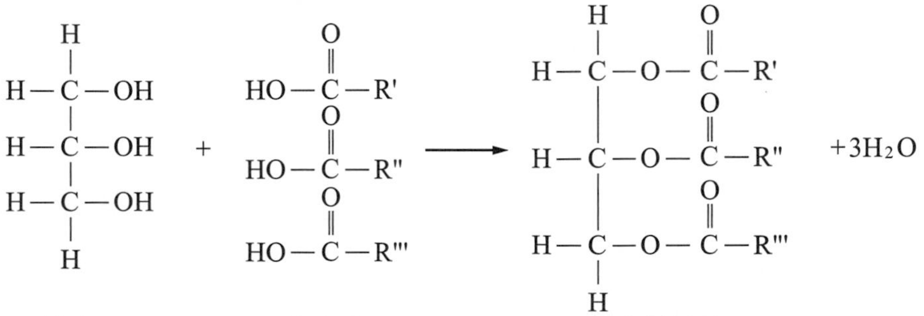

甘油 + 脂肪酸 → 三酸甘油酯 $+3H_2O$

圖 2-19 脂肪的形成。一分子甘油與三分子脂肪酸可形成一分子中性脂肪，放出三分子水。

動物皮下脂肪可以防止體溫散失，例如某些海豹胸部的皮下脂肪厚達 6 公分，有利於在北極地區維持正常活動。動物的內臟周圍也有脂肪，可保護器官免於受到機械性傷害。而脂肪酸的長鏈上附有很多氫原子，在每條碳氫鏈上均蘊含化學能，氧化脂肪酸可釋出化學能供應身體所需能量。皮膚中的皮脂腺可分泌油脂，潤滑皮膚與毛髮。

2. 磷脂質

磷脂質是構成動植物細胞膜系的主要成份，包括細胞膜、核膜及各種膜系胞器皆由磷脂組成。

磷脂與中性脂肪的組成方式相似，只是在磷脂分子中，甘油是與二個脂肪酸及一個磷酸根結合。磷脂中的磷酸根帶有負電，爲親水性 (hydrophilic)，易溶於水；而脂肪酸長鏈爲疏水性 (hydrophobic)，不溶於水，這種分子稱爲**兩性分子 (amphiphile)** (圖 2-20a)。

當磷脂聚集時親水性的頭部會互相靠近，而疏水性的脂肪酸長鏈也會互相靠近，在水溶液中爲求穩定，磷脂分子會避免脂肪酸接觸到水，自然形成微膠粒 (micelle) 或雙層磷脂 (phospholipid bilayer) 的結構 (圖 2-20b)，在這些結構中親水性的頭部皆朝外而疏水性的尾部則包埋在內，細胞膜的構造即是雙層磷脂膜。

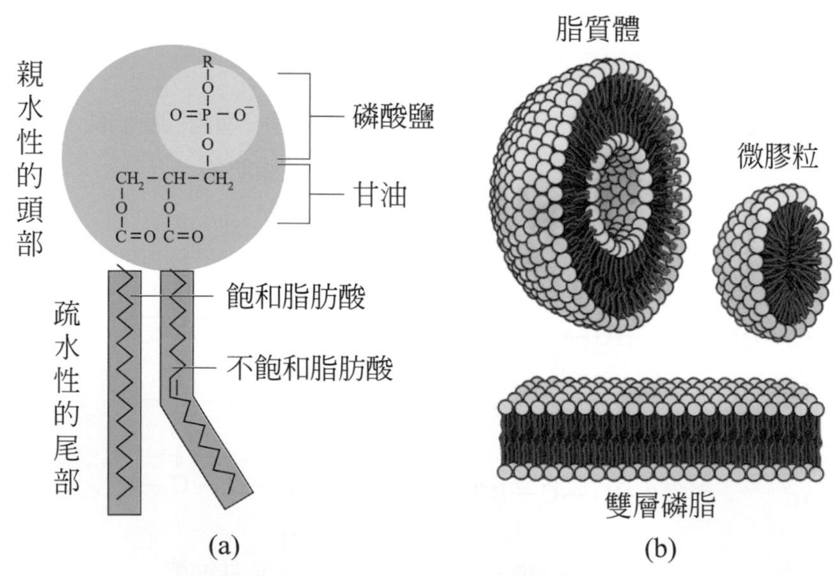

圖 2-20 (a) 磷脂分子具有親水性的頭部與疏水性的尾部。
(b) 磷脂在水溶液中形成的穩定結構。

3. 類固醇

所有類固醇均以四個碳環爲架構 (圖 2-21)，分子形狀雖與脂肪相去甚遠但碳氫數目眾多，亦爲疏水性，常與脂質共存。類固醇種類很多，但是附於其上的側鏈與官能基則各有不同。生物體重要的類固醇有雌、雄性激素 (sex hormones)、腎上腺皮質素 (cortisol) 和膽固醇 (cholesterol) 等。膽固醇首先在膽汁中被發現，是肝臟製造膽汁的原料之一，細胞膜除了磷脂之外也含有許多膽固醇，可幫助維持膜的穩定及流動性，同時它也是合成其它固醇類激素的原料，對人體非常重要。人體自然就會合成膽固醇，但如果血液中膽固醇濃度過高則容易累積在血管壁，造成動脈硬化。

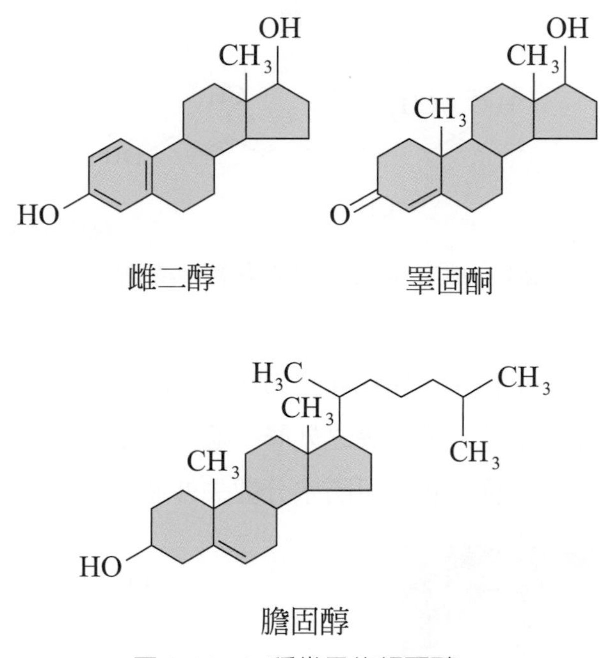

圖 2-21　三種常見的類固醇。

4. 脂溶性維生素

類胡蘿蔔素 (carotenoids) 及脂溶性維生素 A、D、E、K 亦爲脂質的有機物質。維生素 A 可經由胡蘿蔔素轉變而來 (圖 2-22)；而維生素 D 屬於固醇類的化合物，在陽光照射下人體可自然合成維生素 D_3。脂溶性維生素易與脂肪共存，在人體內會儲存於肝細胞中不易代謝，故食用不可過量。

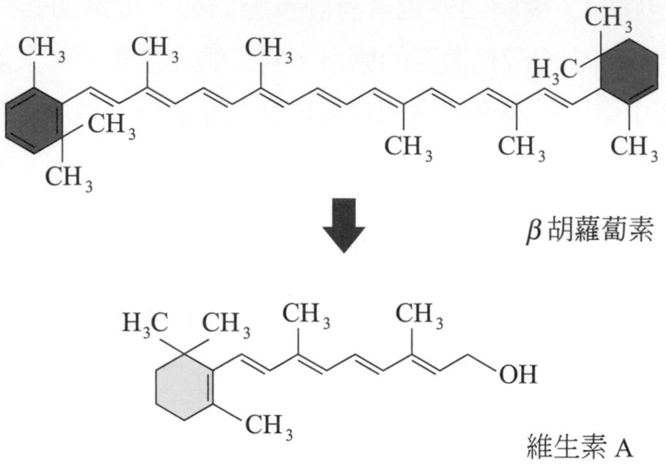

圖 2-22　維生素 A 由 β 胡蘿蔔素轉變而來。

5. 蠟

蠟的主要組成成分爲碳氫長鏈鍵結而形成的**酯類**如蜂蠟 (圖 2-23)。蠟通常分泌於葉、果實、動物皮膚、羽毛及毛皮等之外層。蠟亦爲植物角質的重要成分。一般角質常覆蓋於莖、葉及果實表面，除了可防水分散失外並可爲生物體抵抗病原侵入。

圖 2-23　蜂蠟

(四) 核酸 (Nucleic acid)

核酸包括**去氧核糖核酸 (deoxyribonucleic acid，簡寫爲 DNA)** 與**核糖核酸 (ribonucleic acid，簡寫爲 RNA)** 兩種 (圖 2-24)。構成核酸的單位是**核苷酸 (nucleotides)**，核苷酸是由含氮鹼基、五碳糖和磷酸根所組成。含氮鹼基總共有五種，其中嘌呤類包含腺嘌呤 (Adenine，簡寫 A) 與鳥糞嘌呤 (Guanine，簡寫 G) 兩種，嘧啶類有胸腺嘧啶 (Thymine，簡寫 T)、胞嘧啶 (Cytosine，簡寫 C) 與脲嘧啶 (Uracil ，簡寫 U) 三種。

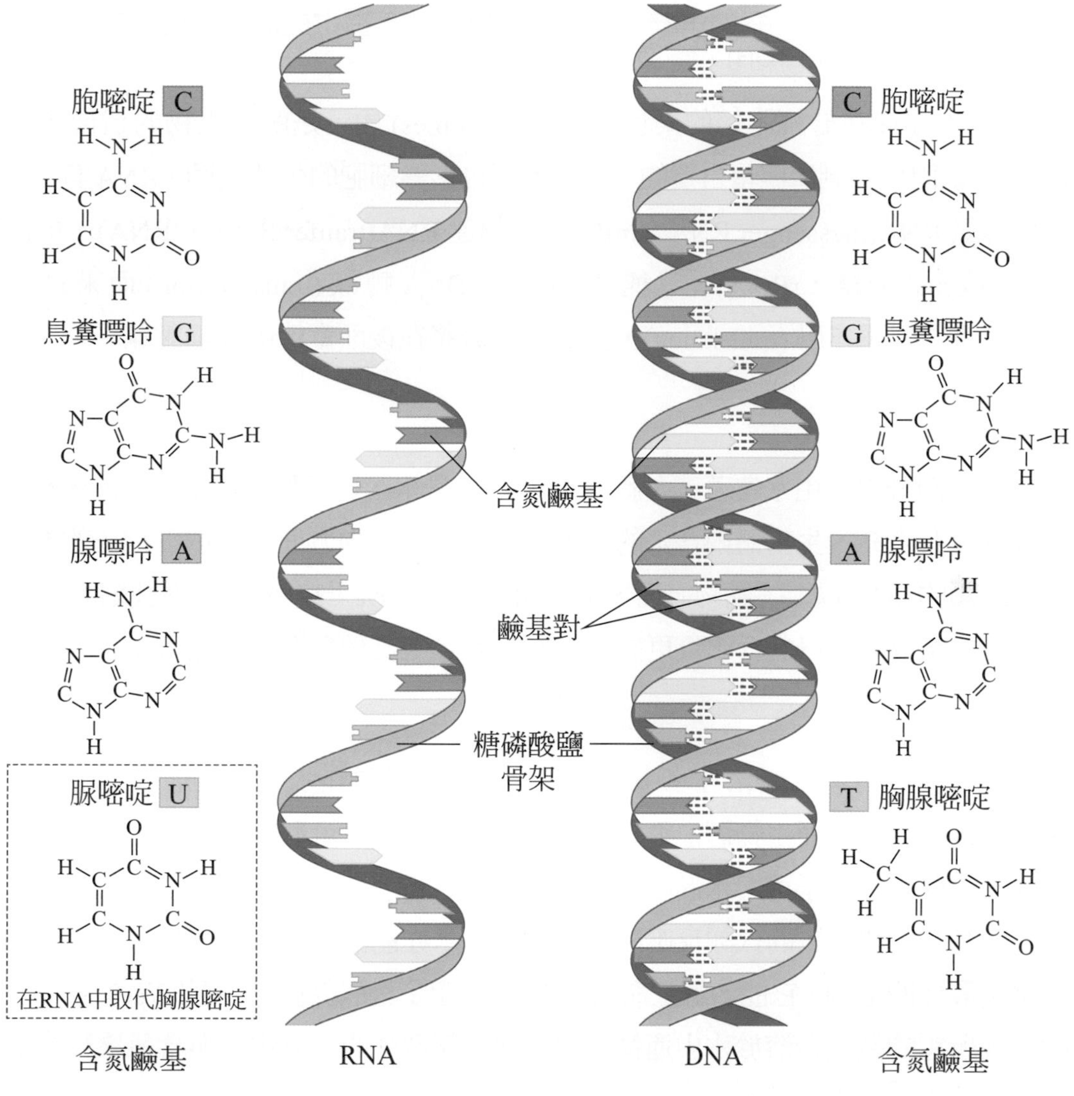

圖 2-24　DNA 與 RNA

組成 DNA 與 RNA 的核苷酸有兩點不同：(1) 在 DNA 中的五碳糖是去氧核糖 (deoxyribose)；在 RNA 中爲核糖 (ribose)(圖 2-25)。(2) 在 DNA 中出現的含氮鹼基有 A、T、C、G 四種；在 RNA 中爲 A、U、C、G 四種。

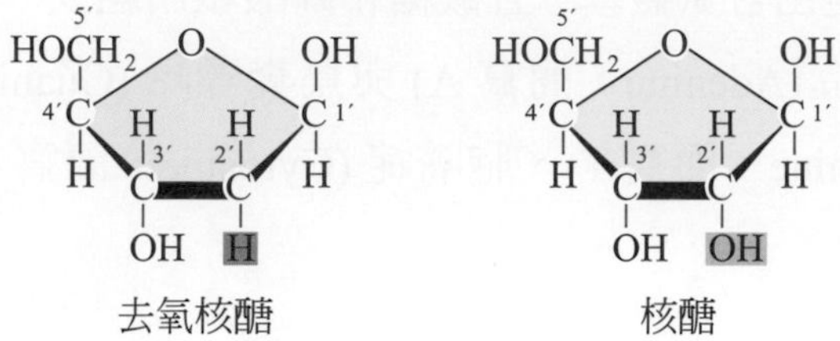

去氧核醣　　核醣

圖 2-25　去氧核糖與核糖。在去氧核糖的二號碳連接兩個氫原子，在核糖的二號碳連接一個氫原子與一個羥基 (− OH)。

DNA 主要存在於細胞核的染色體 (chromosomes) 內，是所有生物的遺傳物質，DNA 上的基因可控制酶與蛋白質的合成，因而也影響細胞的生理活動。RNA 有三種，分別爲傳訊 RNA(messenger RNA，mRNA)、轉運 RNA(tranfer RNA，tRNA)、核糖體 RNA(ribosomal RNA，rRNA)，三種 RNA 皆由 DNA 轉錄 (transcription) 而來且參與合成蛋白質的轉譯作用 (translation)，關於這部分將在後面章節中詳細討論。

(五) 水

地球上四分之三由水覆蓋，人體內大約 70% 是水，是細胞內含量最多的無機物，沒有水就沒有生命，生物體內含水的比率各不相同；植物方面，自休眠孢子的 8% 到若干果蔬類的 90% 以上；動物方面，人類自骨骼的 20%，皮膚 60% 到腦細胞之 85% 不等，有些動物如水母其含水量更高達 95%。水還有其他重要特性如下：

1. 水是最佳溶劑

細胞中大部分物質皆溶在水中，許多化學反應必須在水中方能進行。水因爲具有形成氫鍵的能力，而生物體中重要的有機分子常常含有可形成氫鍵的羥基、胺基與羧基等，這些有機分子可與水形成氫鍵增加它們的溶解度，例如：血液中的養分如葡萄糖、胺基酸，讓生物的代謝反應能順利進行。水亦能溶解離子性鹽類與極性分子，所以水是最佳的溶劑。它能溶解生命所需的各種溶質，使這些物質可以被運送，例如：細胞呼吸所需的氧氣皆溶於水中運輸，而新陳代謝產生的二氧化碳與含氮廢物亦需先溶於水中然後在排出體外。

2. 比熱容與汽化熱

比熱容簡稱比熱。水的比熱為 1 cal/g℃，比起一般溶液，例如酒精 (0.587cal/g℃) 或甲醇 (0.424cal/g℃) 都要大。水在加熱時氫鍵可吸收大量熱能，因此溫度上升較慢。當水由液態變成氣態亦需要吸收熱能，用以打斷氫鍵，水的汽化熱為 40.8 kJ/mol，當我們流汗時，水分蒸散會帶走皮膚表面大量的熱能，使人感到涼爽。這種較高的吸熱和放熱的能力使其具有調節體溫的作用，生物體可藉此抵抗外界環境劇烈的溫度變化。

3. 內聚力

氫鍵會將水分子凝聚在一起，這種吸引力稱為**內聚力** (cohesion)。當葉片蒸散作用發生時，水分經由植物體內的導管細胞由下往上運輸，由於內聚力的影響，導管內的水柱不會中斷，而是形成一股由根到莖到葉的連續性水流。水的**表面張力** (surface tension) 也是內聚力造成的；當玻璃杯注滿水時，杯口的水面會微微隆起，此時水並不會立刻流下來，或是水黽等昆蟲可在水上行走，這些都是因為有表面張力的關係。

4. pH 值與緩衝液

水有輕微的解離度，可產生氫離子 (H^+) 與氫氧根離子 (OH^-)，因而具有導電性 ：

$$H_2O \leftrightharpoons H^+ + OH^-$$

H^+ 與 OH^- 濃度的大小，可決定溶液的酸鹼值，當 H^+ 濃度大於 OH^- 濃度時為酸性；當 H^+ 濃度小於 OH^- 濃度時為鹼性，而純水中 H^+ 與 OH^- 之濃度相等，所以水為中性。化學家用 pH (potential of hydrogen) 表示溶液中的氫離子濃度；pH 值即是氫離子濃度倒數的對數值 ：

$$pH = -\log_{10}[H^+] = \log_{10}\frac{1}{[H^+]}$$

$$[H^+] = [OH^-] \Rightarrow pH = 7 \quad \text{呈中性}$$

$$[H^+] > [OH^-] \Rightarrow pH < 7 \quad \text{呈酸性}$$

$$[H^+] < [OH^-] \Rightarrow pH > 7 \quad \text{呈鹼性}$$

pH 值的大小，和細胞的各種生理作用，尤其是酶的作用，有極其密切的關係。日常生活中常見物品的 pH 值如圖 2-26。

生物體液含有緩衝劑 (buffers)，所謂的緩衝劑就是在溶液中有過多的酸 (H^+) 它會接受 H^+，在溶液中有過多的鹼 (OH^-)，它會釋放 H^+ 中和鹼，使溶液的 pH 值變化減到最小 (圖 2-27)，也就是說緩衝劑能接受或供給氫離子。常見的緩衝劑有三種：弱酸、弱鹼以及弱酸弱鹼反應形成的鹽類，將緩衝劑溶於水可製成緩衝溶液 (buffer solution)，例如人體血液內由碳酸及重碳酸根離子所構成的緩衝系統。

$$CO_2 + H_2O \rightleftharpoons H_2CO_3 \rightleftharpoons H^+ + HCO_3^- \rightleftharpoons 2H^+ + CO_3^{-2}$$

當血液或體液內 H^+ 過多時，重碳酸根離子 (HCO_3^-) 可與 H^+ 結合而形成碳酸 (H_2CO_3)，此時反應向左進行。而當氫氧根離子 (OH^-) 過多時，碳酸可釋出 H^+ 與 OH^- 中和而形成水，此時反應向右進行。藉此維持體內 pH 值的恆定。除了碳酸，人體內尚有磷酸 (H_3PO_4) 形成的緩衝系統；此外血紅素以及血漿中的胺基酸、蛋白質皆具有緩衝的功能。

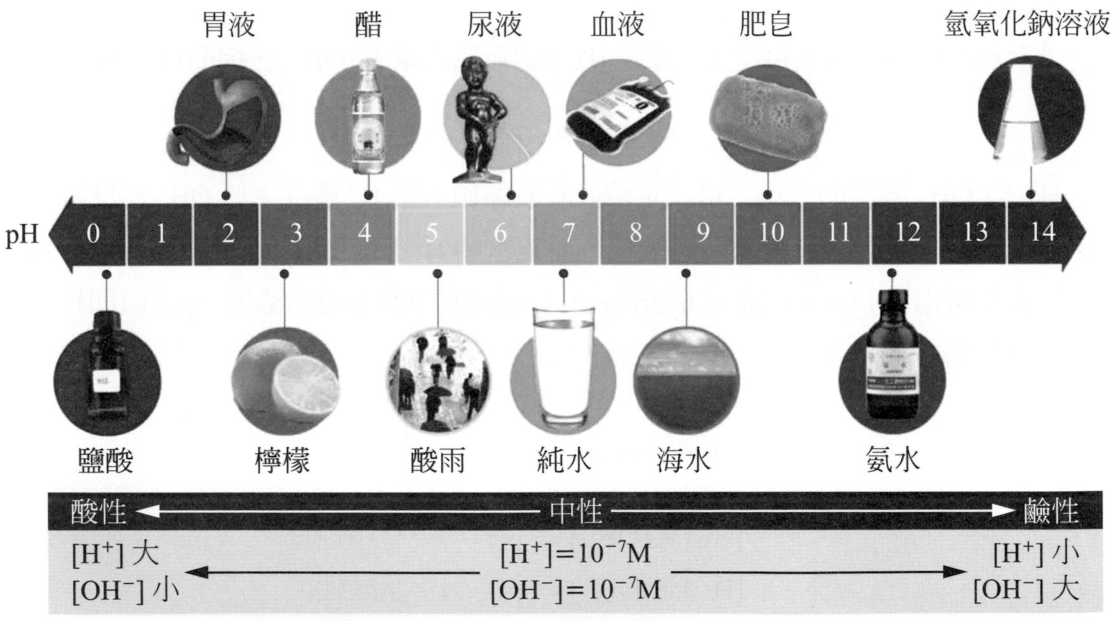

圖 2-26　日常生活中常見的物品的 pH 值

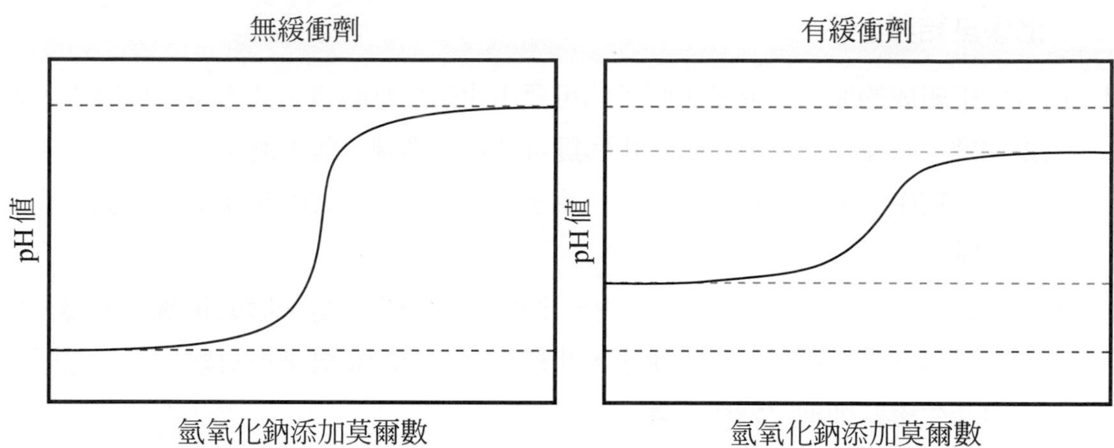

圖 2-27 緩衝液對溶液 pH 值的影響
以氫氧化鈉滴定鹽酸的實驗中，含有緩衝劑的一組（右圖），其 pH 值變化較小。

(六) 無機鹽

生物體中無機鹽種類很多，約占重量的 1%，每一種都具有特殊的生理功能。無機鹽中常見的陽離子有 Na^{+}、K^{+}、Ca^{+2}、Mg^{+2} 等；陰離子有 Cl^{-}、HCO_3^{-}、PO_4^{-3}、SO_4^{-2}、NO_3^{-} 等。其中鈉、鉀與神經衝動的產生有關，鈣離子參與肌肉收縮與血液凝固，而骨骼的成分主要爲磷酸鈣，植物的葉綠素中含有鎂原子，碳酸氫根在血液中具有酸鹼緩衝的功能等。

本章複習

2-1 原子的構造

- 世界上所有的物質都是由簡單的原子所構成，原子是用化學方法無法再細分的粒子，由單一原子所組成的純物質即稱之爲元素兩種或兩種以上的元素所組成的物質即稱之爲化合物。
- 原子是由質子、電子和中子等三種次原子粒子組成。
- 元素在週期表上的位置即稱爲原子序，它代表這個特定元素所有原子的質子數目。
- 一個原子的質子數和中子數的總和即稱爲質量數，它約略等於原子的質量。
- 不同原子具有相同的質子數但是中子數不同者即稱之爲同位素，同位素的質量雖然不同但是卻有相同的化學特性。

2-2 化學鍵結與分子

- 化合物中組成的原子，原子與原子間可藉由化學反應轉移、共用電子或吸引力形成化學鍵，將原子接合在一起。化學鍵可分爲共價鍵、離子鍵及氫鍵等三種。
    - 化合物中組成的二個原子共用一或多對電子，所形成的化學鍵結即稱之爲共價鍵。
    - 化合物中組成的二個原子，其中一個原子傾向失去電子形成正離子，另一個原子傾向奪取電子形成負離子，此種相反電荷的正離子與負離子以靜電吸引力產生鍵結即稱之爲離子鍵。
    - 氫與電負性較強的原子 (例如：F、O、N) 形成共價鍵時，此時氫會類似氫離子 (H^+) 的狀態，能吸引鄰近電子親和力較大之 F、O、N 原子上的電子，此種吸引力即稱爲氫鍵。
        - 生物體中常見可形成氫鍵的官能基有：羥基 (– OH)、胺基 (– NH_2) 與羧基 (– COOH)。

2-3 細胞內的化學組成

- 生物體的最基本組成爲細胞，而細胞是由原生質所構成。原生質的組成複雜，各種有機與無機化合物。有機化合物包含醣類、蛋白質、脂質、核酸等；無機物則包括水、無機鹽及各種元素。
- 醣類是生物體內提供能量的主要來源，其通式爲 $(CH_2O)_n$ 故亦稱爲碳水化合物。醣類可分爲單醣、雙醣與多醣。
    - 單醣是最簡單的醣類，最常見的單醣爲葡萄糖、果糖、半乳糖，這三種糖有相同的原子組成，但它們化學結構中原子的排列卻不同，稱之爲異構物。
    - 兩分子之單醣接合時，會失去一分子水，形成雙醣，此種接合過程會脫去一分子水的反應稱爲脫水合成。相反的，雙醣也可加入一分子水將它分解爲二個單醣，此種過程稱之爲水解。
    - 日常生活中常見的雙醣有三種：麥芽糖、蔗糖、乳糖，麥芽糖是由兩分子葡萄糖結合而成；蔗糖是一分子的葡萄糖和一分子的果糖結合而成；乳糖是由一分子葡萄糖與一分子半乳糖結合而成。
    - 常見的多醣有澱粉、肝醣、纖維素三種，它們都是由許多葡萄糖單體脫水合成。

- ♦ 澱粉是由葡萄糖單體聚合成的長鏈，也是植物儲存多醣的方式，當植物需要能量時澱粉可轉化爲單糖，成爲提供植物能量的來源。
- ♦ 肝醣也是葡萄糖聚合體，但是肝醣除了直鏈部分，另有許多分枝，動物過剩的葡萄糖會以肝糖形式儲存肝細胞與肌肉細胞。當細胞需要能量時肝醣就會被水解成葡萄糖，成爲細胞能量的來源。
- ♦ 纖維素是植物細胞壁重要組成分子，它是葡萄糖長鏈分子間藉由氫鍵相互吸引所形成。人體雖然無法消化纖維素，但是纖維素通過消化道時會刺激腸內襯細胞分泌黏液，有助腸道健康。

■ 蛋白質是由胺基酸單體所形成的聚合物，蛋白質在細胞中含量約 15%，爲生物體內含量最多且最重要的有機物。

- 生物體中蛋白質有幾種形式存在，依其功能可分爲 (1) 運輸蛋白：例如人體紅血球中之血紅素；(2) 收縮蛋白：例如人體肌肉的肌動蛋白與肌凝蛋白；(3) 儲存蛋白：例如植物種子與蛋中的儲存蛋白；(4) 酶：例如人類的消化酶；(5) 結構蛋白：例如動物的犄角、毛髮等。
- 所有的蛋白質都是由 20 種胺基酸串連在一起，胺基酸的化學結構都是以四個共價鍵結的碳原子爲中心，同時接有胺基與羧基，以及一個側鏈 (R 基)。
- 從簡單的胺基酸到複雜的蛋白質一般用四種層級來進行描述，分別爲蛋白質的第一到第四級結構。
  - ♦ 組成多胜鏈的胺基酸序列稱爲一級結構，從一級結構中我們可以知道胺基酸的種類、數目與排列順序。
  - ♦ 由於胺基酸分子彼此間會形成氫鍵，使得多胜鏈能纏繞成簡單的形狀稱爲二級結構，二級結構有兩種，分別爲 α 螺旋與 β 褶板。
  - ♦ 蛋白質的三級結構是以 α 螺旋與 β 褶板進一步的彎曲和折疊而成，形狀更爲複雜。
  - ♦ 若一個蛋白質由兩條以上多胜鏈組成就會形成四級結構。

■ 脂質屬於非極性的化合物，不溶於水，包括中性脂肪、磷脂、類固醇、脂溶性維生素與蠟等。

- 一分子甘油與三分子脂肪酸可形成一分子中性脂肪，中性脂肪的碳氫長鏈中；若碳與碳之間的鍵結全爲單鍵稱爲飽和脂肪酸，若碳與碳之間含有一個以上的雙鍵則稱爲不飽和脂肪酸。

- 磷脂質是構成動植物細胞膜系的主要成份，包括細胞膜、核膜及各種膜系胞器皆由磷脂組成。

■ 核酸包括去氧核糖核酸 (DNA) 與核糖核酸 (RNA) 兩種。構成核酸的單位是核苷酸，核苷酸是由含氮鹼基、五碳醣和磷酸根所組成。

- DNA 與 RNA 的組成有兩點不同：(1) 在 DNA 中的五碳糖是去氧核糖；在 RNA 中爲核糖。(2) 在 DNA 中含氮鹼基有 A、T、C、G 四種；在 RNA 中爲 A、U、C、G 四種。
- DNA 主要存在於細胞核的染色體內，是所有生物的遺傳物質，DNA 上的基因可控制與蛋白質的合成，RNA 皆由 DNA 轉錄而來且參與合成蛋白質的轉譯作用。

■ 人體內大約 70% 是水，是細胞內含量最多的無機物，沒有水就沒有生命。水尙有其他重要的特性：

- 水是最佳溶劑： 水因爲具有形成氫鍵的能力，細胞中大部分物質皆溶在水中，許多化學反應必須在水中方能進行。
- 比熱容與汽化熱：水具有較高的吸熱和放熱的能力使其具有調節體溫的作用，生物體可藉此抵抗外界環境劇烈的溫度變化。
- 氫鍵會將水分子凝聚在一起，這種吸引力稱爲內聚力。葉片的蒸散作用與水的表面張力都是內聚力造成的。
- pH 值與緩衝液：
  - ♦ H^+ 與 OH^- 濃度的大小，可決定溶液的酸鹼值，而純水中 H^+ 與 OH^- 之濃度相等，所以水爲中性。
  - ♦ pH 值即是氫離子濃度倒數的對數值如下式：

$$pH = -\log_{10}[H^+] = \log_{10}\frac{1}{[H^+]}$$

- 緩衝劑就是在溶液中有過多的酸 (H^+) 它會接受 H^+，在溶液中有過多的鹼 (OH^-)，它會釋放 H^+ 中和鹼，使溶液的 pH 值變化減到最小，也就是說緩衝劑能接受或供給氫離子

■ 生物體中無機鹽種類很多，約占重量的 1%，每一種都具有特殊的生理功能。

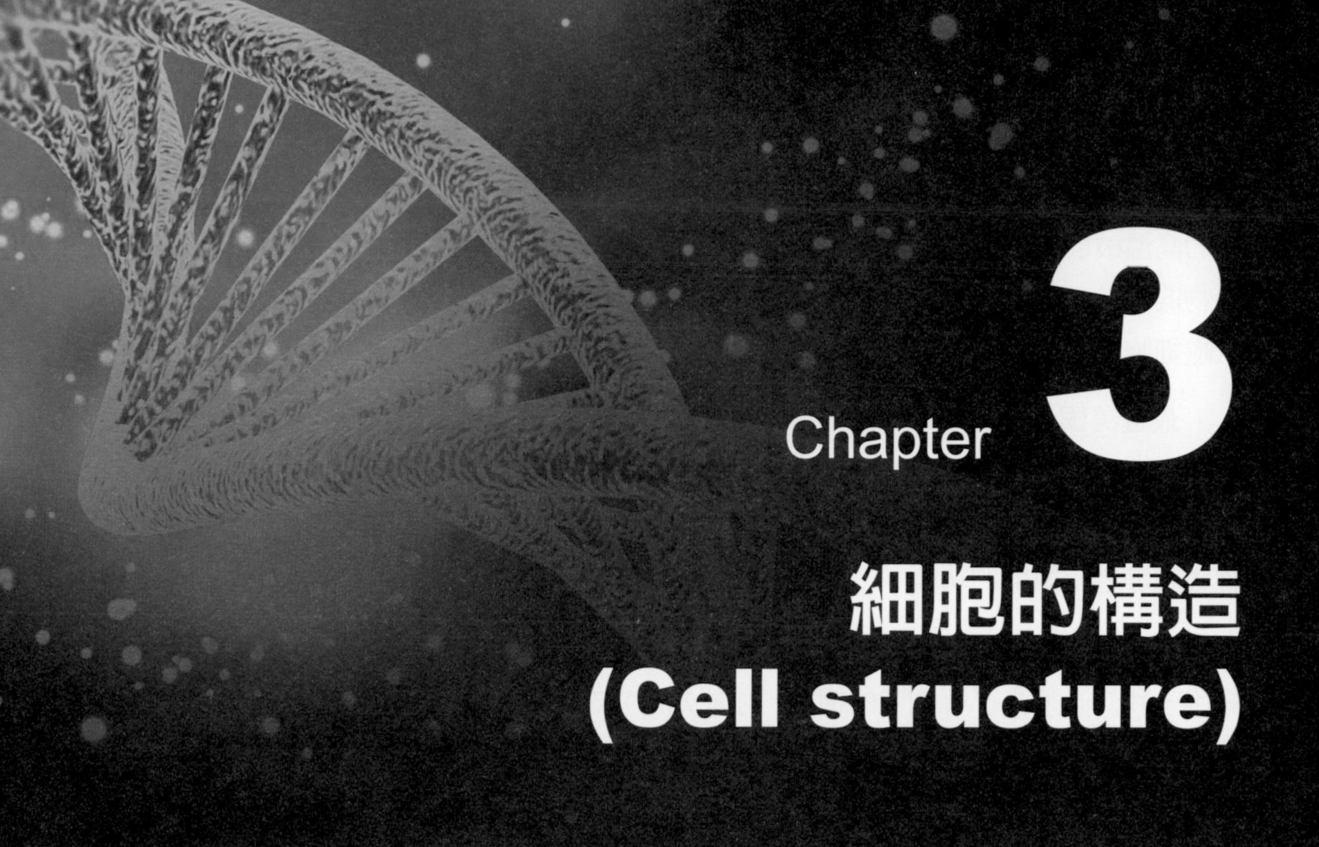

Chapter 3

細胞的構造 (Cell structure)

奈米細胞

效法自然的仿生概念已被整合到癌症治療的藥物輸送系統中，奈米粒子藉由細胞膜能獲得天然細胞的各種功能。細胞膜包覆技術已經突破了常見奈米系統的限制 (在循環中快速被移除)，更有效率在體內導航。由於細胞膜表面分子的各種功能，以細胞膜爲基礎的奈米粒子能夠與腫瘤的複雜生物微環境相互作用。各種不同細胞膜已經被用來搭載奈米粒子，並開發了不同的腫瘤標靶以增強抗腫瘤藥物遞送療法。在這裡，我們將重點介紹奈米細胞的最新進展。

癌症長期以來一直是全球性威脅，也是造成死亡的第二大原因。化療爲治療癌症最常用的方法之一，但是由於抗癌藥物的低靶向能力和嚴重的副作用，因此化療的結果仍然是令人不滿意的。爲了解決這些問題，標靶藥物遞送系統 (TDDS) 尤其是細胞膜爲基礎的奈米顆粒 TDDS 已經被深入研究和開發。一種新的近紅外激光響應，模擬紅血球奈米粒子系統已被製造，用於延長藥物於血液循環的時間，控製藥物釋放和協同化療 / 光熱療法。Su 研究團隊曾經將酰胺染料 (DiR) 插入紅血球 (RBC) 細胞膜殼中，然後將紫杉醇加載到對光敏感聚合物的奈米顆粒核中。結果顯示，它可被光誘導的高溫破壞，讓紫杉醇快速的釋放。在活體實驗也證實它有可能作爲對抗乳癌轉移藥物的傳輸系統。Xuan 等人曾經利用黃金奈米粒子接合到巨噬細胞膜上，修飾過的巨噬細胞膜顯著增強轉移性乳癌細胞的細胞攝取，抑制乳癌轉移到肺部。

最近美國科學家發明一種稱爲「組織奈米轉染」(Tissue Nanotransfection，TNT) 的技術，它是利用奈米晶片將特定的生物因子轉染入成年細胞內，使成熟細胞轉換成其他有需要的細胞。該技術除了可以有助修復受損組織，更可以恢復器官、血管和神經細胞等老化組織的功能。

這些不同仿生奈米細胞如何促進人類的健康，引申出本章的主題：生命的組成 - 細胞，我們必須先了解細胞的構造，才能知悉它在生命運作上所扮演的角色，進而對人類的健康做出最大的貢獻。

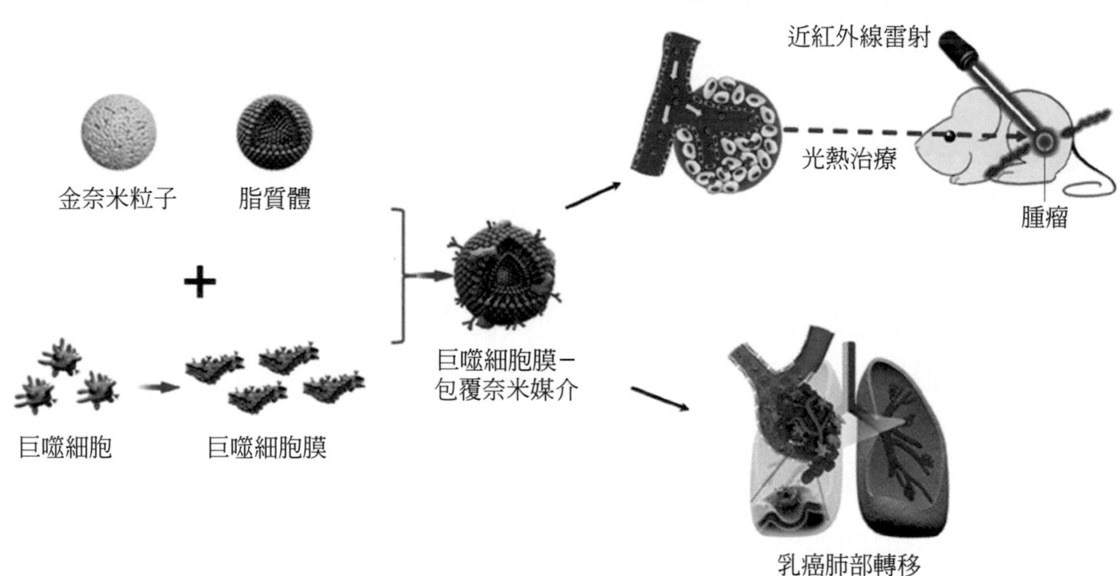

3-1　原核細胞與真核細胞

細胞為構成生物體的最小單位，能表現出基本的生命現象，包括自外界吸收營養、新陳代謝、運動與繁殖後代等。**原核細胞 (prokaryotes)** 包括細菌與藍綠藻 (圖 3-1)，為較原始的細胞，這類細胞多數具有細胞壁，缺少細胞核及膜狀的胞器，細胞體積較小，構造簡單，有些種類具有鞭毛可運動，關於原核細胞將在後面章節詳細討論。一般動、植物細胞皆屬於**眞核細胞 (eukaryotes)**，體積較原核細胞大，構造複雜 (圖 3-2、3-3)，具有細胞核及各種由膜組成的胞器，統稱為**內膜系統 (endomembrane system)**。

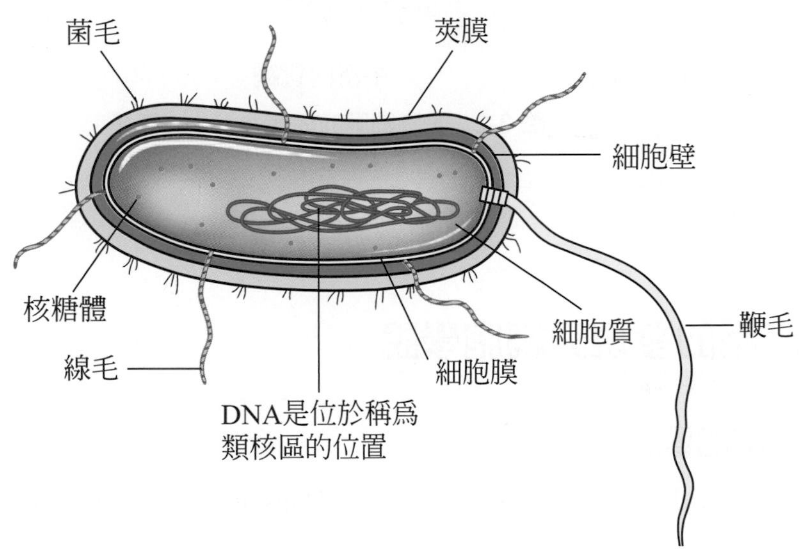

圖 3-1　原核細胞構造簡單，僅具有細胞壁、細胞膜、DNA、核糖體、鞭毛等構造缺乏大多數的胞器

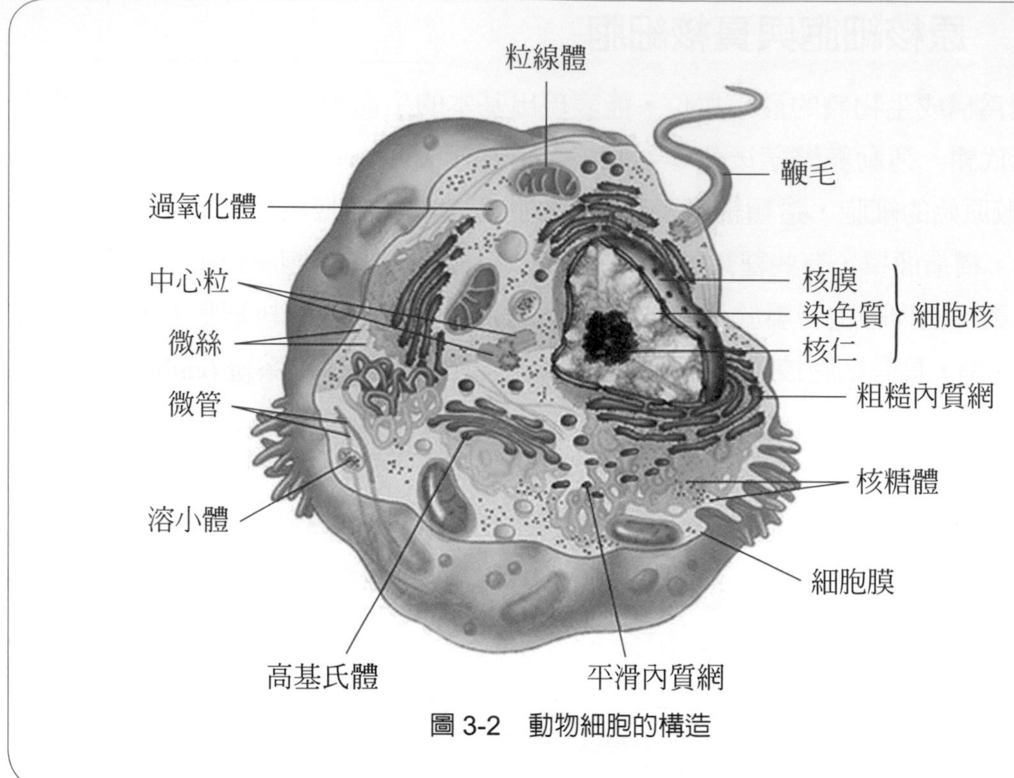

圖 3-2　動物細胞的構造

3-2 細胞的發現與細胞學說

(一) 早期細胞的觀察

最早的顯微鏡在 1590 年由荷蘭人詹森父子 (Hans and Zacharias Janssen) 所發明，之後雷文霍克 (Antony van Leeuwen-hoek)，以自製顯微鏡觀察池水中的微生物。英國科學家虎克 (Robert Hooke) 製作倍率較高的顯微鏡 (圖 3-4) 用來觀察植物和動物組織，將其發現記載於所著之顯微圖譜 (*Micrographia*) 中，且於 1665 年正式發表。虎克用鋒利的刀片將橡樹 (oak) 樹皮外表切成薄片，以顯微鏡觀察，看到了如蜂窩狀的小空格 (圖 3-5a)，虎克稱其爲“cell”，中名譯爲「細胞」。但虎克所觀察的部分事實上是木栓組織的死細胞，其內涵物皆已消失，所看到的僅是**細胞壁 (cell wall)**，呈空格狀 (圖 3-5b)。

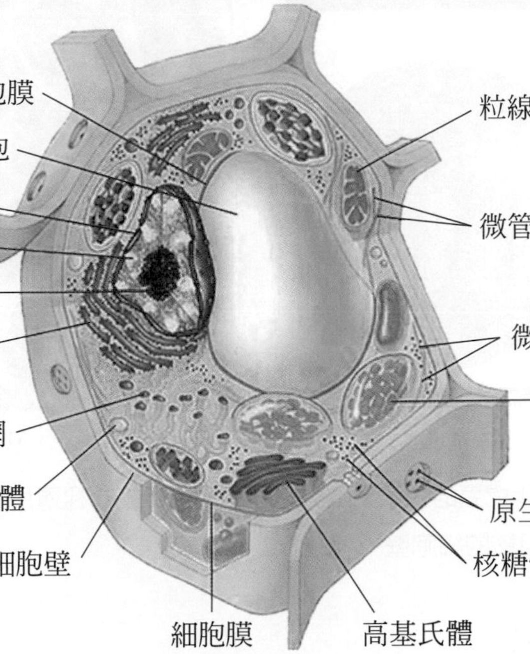

液泡膜
中央液泡
細胞核
核膜
染色質
核仁
粗糙內質網
平滑內質網
過氧化體
細胞壁
細胞膜
高基氏體
粒線體
微管
微絲
葉綠體
原生質絲
核糖體

圖 3-3 植物細胞的構造

Fig: 5.
Fig: 6.
MICROGRAPHIA:
OR SOME
Physiological Descriptions
OF
MINUTE BODIES
MADE BY
MAGNIFYING GLASSES.
WITH
OBSERVATIONS and INQUIRIES thereupon.
By R. HOOKE, Fellow of the ROYAL SOCIETY.
LONDON, Printed by Jo. Martyn, and Ja. Allestry, Printers to the ROYAL SOCIETY, and are to be sold at their Shop at the Bell in S. Paul's Church-yard. M DC LX V.

(a) (b)

圖 3-4 (a) 虎克自製的顯微鏡。(b) 顯微圖譜 (*Micrographia*)。

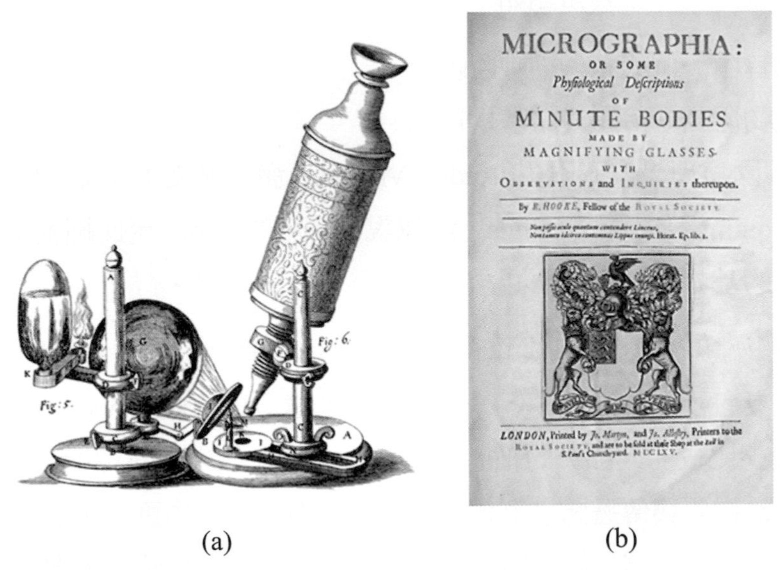

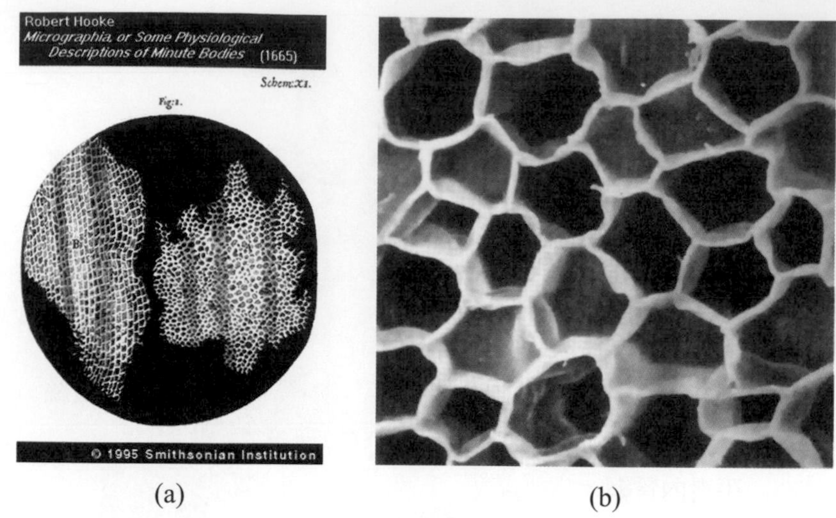

(a) (b)

圖 3-5 (a)1665 年虎克的顯微圖譜中刊登的虎克所繪木栓薄片顯微鏡的構造圖。
(b) 木栓組織的細胞壁。

(二) 細胞學說

細胞學說 (cell theory) 是由植物學家許來登 (Matthias Schleiden) 與解剖學家許旺 (Theodor Schwann) 分別在 1838 年和 1839 年提出的。許來登於 1838 年宣布細胞是構成植物體的基本單位，1839 年許旺將範圍擴大至動物界。細胞學說是 19 世紀科學史上最重要的學說之一，主要重點如下：

1. 所有生物皆由一個或多個細胞所組成。
2. 細胞是生物體結構與組成的基本單位。

1855 年德國病理學家菲爾紹 (Rudolf Virchow) 發表論文：「每一個細胞都來自另一個細胞」(“omnis cellulae e cellula”)，以說明細胞的來源。至此細胞學說趨於完備，「細胞是生命的基本單位」這個觀念也逐漸為世人所了解。

細胞是生物體構造上的基本單位，同時也是功能上的單位。細胞分化之後，形狀不同的細胞具有不同的機能，但是細胞的基本構造是一樣的。圖 3-6 為細胞與其他各種物質的大小比較，大部分的細胞都很微小，約在微米 (μm) 的範圍。小的細胞比大的細胞在運輸物質與傳遞訊息上會更有效率；細胞內的物質，例如各種酵素和離子經常需要傳遞到細胞各處，細胞體積如果過大則運輸較為耗時，小細胞在這方面較為有利。在相同體積下，細胞較大與細胞較小它們的總表面積會有極大的差異，體積較小者表面積會增加 3 倍 (圖 3-7)。細胞靠著細胞膜與外界環境交換各種物質並接受訊息，較大的總表面積使這群細胞更容易與環境互動。

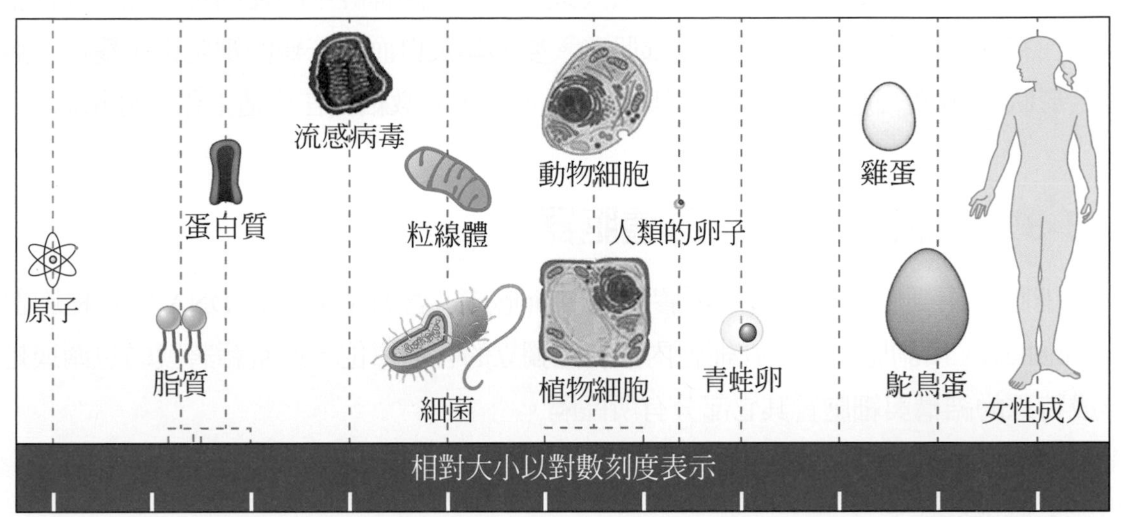

圖 3-6 細胞與其他各種物質的大小比較。動物體內最大的細胞為卵細胞，而粒線體則與某些細菌的大小相當。

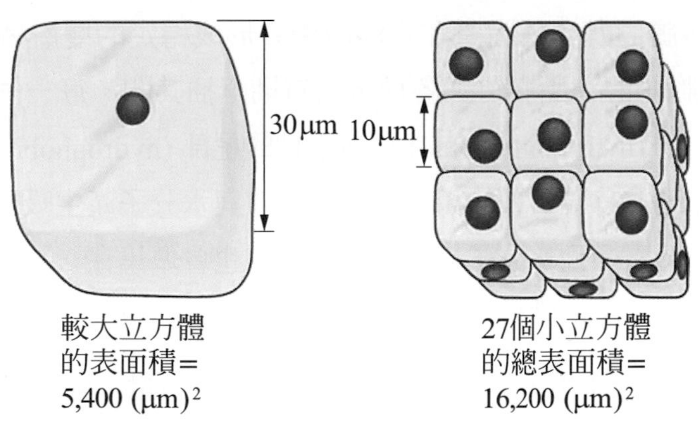

圖 3-7 細胞的體積越小總表面積越大。

人體細胞直徑約在 5 ～ 20 微米 (μm)，其中最小的是精子，最大的爲卵細胞 (圖 3-6)。動物界中最大的細胞是鳥類的卵，卵黃的部份就是一個成熟的卵細胞，卵白與卵殼是母鳥輸卵管分泌的物質。鴕鳥的卵是現有的卵細胞中最大者；最小的細胞是細菌。人體神經細胞纖維的長度可達一公尺以上；如周圍神經中的運動神經元，其細胞本體在脊髓，而神經纖維可伸至腿部肌肉。變形蟲及白血球一類的細胞則可變形，無固定形狀。 雖然細胞有不同的外形與功能，但是大多數細胞在構造上仍十分相似。

3-3 細胞的構造與各種胞器

細胞是由細胞膜包含著一團膠狀物質所形成，含有遺傳物質 DNA 與各種胞器 (organelles)。所謂胞器則是在細胞內部功能獨立的各種單位，通常藉著膜的包圍或是形成特殊的結構與細胞質其它部分有所區隔。

(一) 細胞膜

1. 細胞膜的構造

細胞是藉著細胞膜與外界區隔開來，細胞可以藉細胞膜調節物質的進出並維持細胞內部的恆定，而植物細胞之細胞膜外尚有一層細胞壁。細胞膜相當薄，大約只有 6 ～ 12 nm 厚，故只能用電子顯微鏡來觀察。

細胞膜是由脂質與多種蛋白質組成，脂質中最重要的爲磷脂質 (phospholipid)，其它尚有醣脂質與膽固醇；磷脂質在水溶液中會形成穩定的**雙層磷脂 (phospholipid bilayer)** 結構，而膽固醇、醣脂質與各種蛋白質則穿插其間。每一個磷脂質分子都包含一個親水性的頭部 (hydrophilic head) 與疏水性的尾部 (hydrophobic tails)，在水溶液中，親水性的頭部因含有帶負電的磷酸根，因此會與水分子產生吸引力，而位於膜的外側；疏水性的尾部因受到水分子排擠，彼此之間也會聚集在一起，位於磷脂雙層的內側，這種現象稱爲**「疏水性作用力」(hydrophobic forces)**。

親水與疏水這兩種作用力皆屬於凝聚分子的微弱力量，強度上遠不及共價鍵，因此磷脂分子間並不是固定的緊密鍵結，而是較爲鬆散的排列，分子間也能相對移動，加上中間又穿插了膽固醇與結構彎曲的不飽和脂肪酸，使得細胞膜具有流動性。此外細胞膜上鑲嵌著各種蛋白質，這些蛋白質也能在細胞膜上移動，就像冰山漂流在大海 (液態的細胞膜) 上，這種結構就是最被廣爲接受的**流體鑲嵌模型 (fluid mosaic model)**(圖 3-8)。

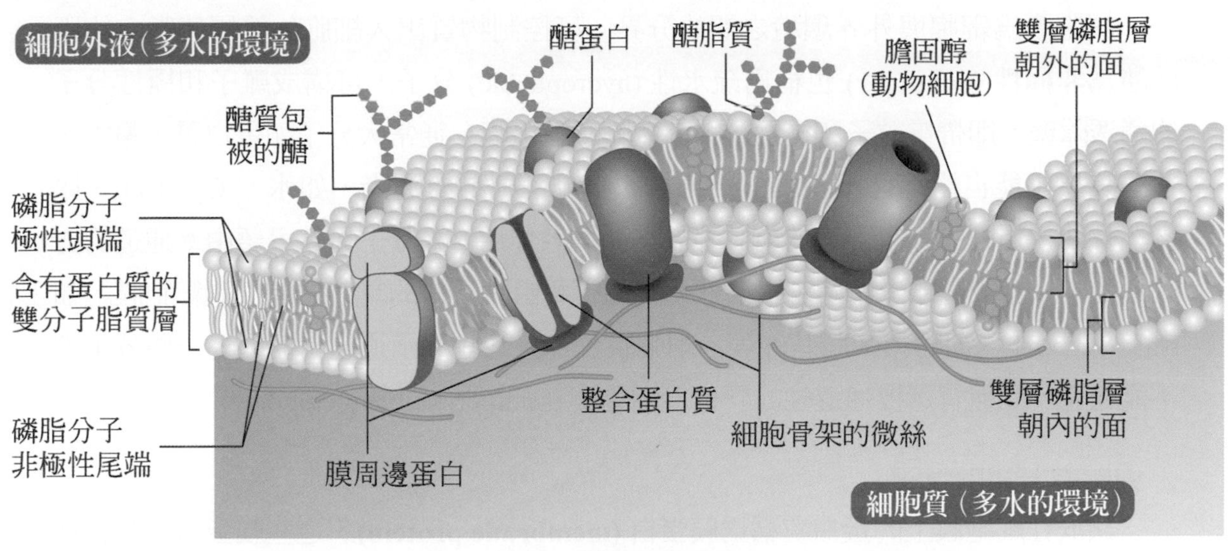

圖 3-8 細胞膜的結構

在電子顯微鏡下，細胞膜看起來像是兩條黑線 (親水性的磷酸根) 中間被明亮區 (厭水性的脂肪酸層) 分開 (如圖 3-9)。細胞膜與細胞內的各種膜系胞器皆由雙層磷脂組成，大多數的膜系胞器爲單層膜，例如：內質網、高基氏體、過氧化體與溶小體等；細胞核、粒線體與葉綠體等三種胞器則爲雙層膜。而少數的胞器並非由膜組成，如核糖體與中心粒，核糖體的主要成份爲蛋白質與 rRNA，中心粒的主要成份爲微管蛋白 (microtubule)。

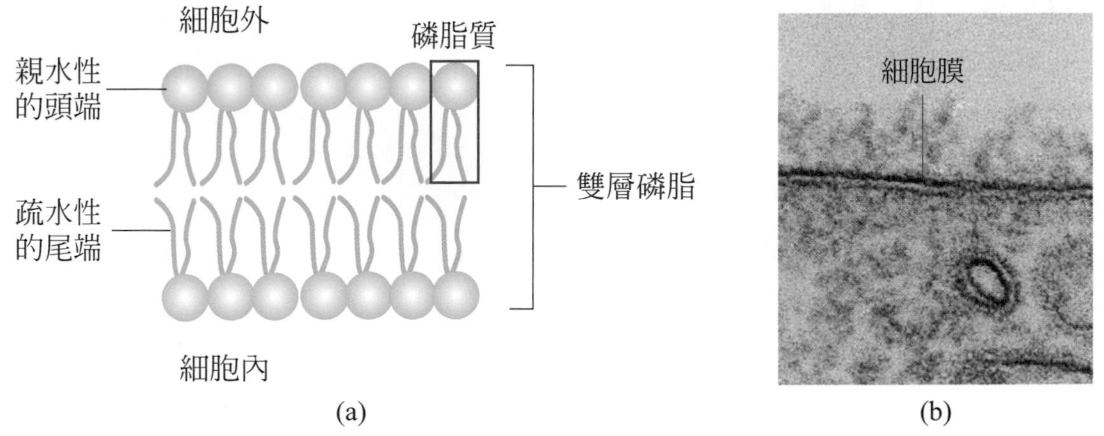

圖 3-9 電子顯微鏡下的細胞膜。(a) 細胞膜及組成各種胞器的膜皆由雙層磷脂組成，親水性的磷酸根朝向膜的外側，疏水性的脂肪酸則包埋在膜的內側。(b) 在電子顯微鏡下，細胞膜上下兩層磷酸根顏色較暗，而中間的明亮區域則為脂肪酸層。

細胞膜為細胞與外界環境之間的分界，可控制物質出入細胞。雙層磷脂中的脂肪酸為**非極性 (nonpolar)** 也稱為疏水性 (hydrophobic) 分子，可構成離子和極性分子的通透障壁，即帶電粒子和極性分子不能隨意進出膜。通常大分子如蛋白質、澱粉、核酸等皆不能自由通過細胞膜；不帶電的小分子則易於通過，如水、 O_2、CO_2、尿素、甘油、類固醇等，通過的方式主要是藉擴散作用 (水分子另外可藉由水通道的方式通過)。 而帶電離子與其它水溶性分子則須藉由膜蛋白的幫助才能通過細胞膜，如 Na^+、K^+、Cl^-、葡萄糖、胺基酸等，細胞膜可容許某些分子通過，而另外一些分子卻不能通過，此種有選擇通透性的膜稱為半透膜 (semipermeable membrane)。

2. 細胞膜上的蛋白質

鑲嵌在細胞膜上的蛋白質稱為**膜蛋白 (membrane protein)**，這些膜蛋白具有各種特殊的功能。例如細胞膜上的醣蛋白 (glycoprotein)，具有能讓細胞自我辨識與接受外界訊息的功能。醣蛋白上的醣分子可形成不同的分枝與外形，而每個生物個體的醣蛋白皆不相同，免疫系統可依此辨認自身於外來的細胞。胰島素 (insulin) 是一種激素 (hormone)，經血液運輸，可讓肝臟將血糖轉換為肝醣儲存在細胞中，而肝細胞的細胞膜上就具有特殊醣蛋白，能做為接受器 (receptor) 與胰島素結合，將外界訊息傳入細胞，引起一連串反應，讓細胞能將血液中的的葡萄糖運輸至細胞內，進而合成肝醣。接受器與化學分子的結合具有專一性，因此細胞膜上有各式各樣的接受器。

此外，膜上的蛋白質依其功能尚可分為酶 (enzyme)、通道 (channel)、運輸 (transport)、電子傳遞 (electron transfer) 與細胞間的連接 (intercellular junction)(圖 3-10) 等。各種細胞膜所含有的蛋白質數目和種類不相同，故功能不同的細胞膜含有不同的蛋白質。

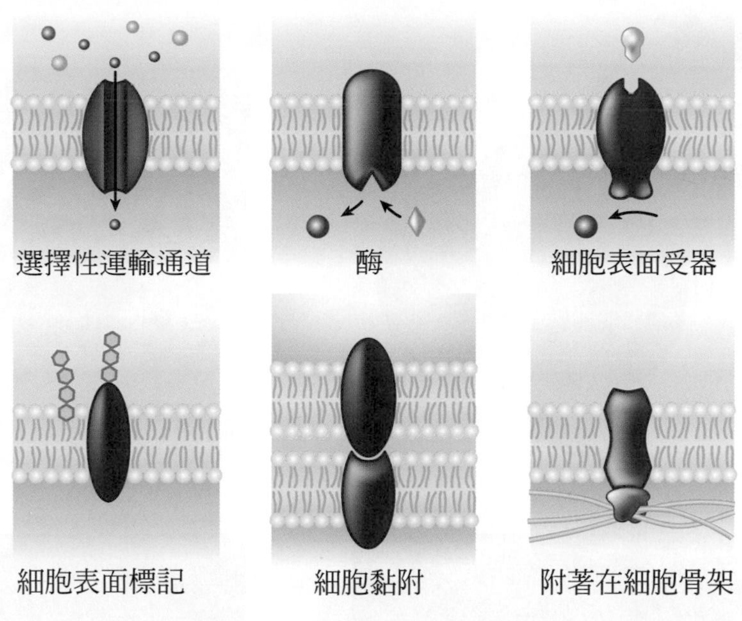

圖 3-10　膜蛋白的各種功能。

(二) 細胞核

細胞核是細胞的生命中樞，含有染色體與遺傳基因，決定細胞和生物的遺傳特徵，控制細胞的生化反應。

細胞核的形狀通常爲球形或橢圓形，亦有不規則形狀，例如某些白血球。大多數的細胞具有一個細胞核，但也有雙核的細胞，例如某些肝細胞或真菌的細胞。人類骨骼肌細胞的細胞核數目很多，爲多核 。而哺乳動物的紅血球在成熟過程中，失去其細胞核。細胞核的位置通常位居中央，但也有些是接近邊緣的。

細胞核包含**核膜 (nuclear envelope)**、**核質 (nucleoplasm)**、**染色體 (chromosomes)**、**核仁 (nucleolus)**(圖 3-11)。分述如下：

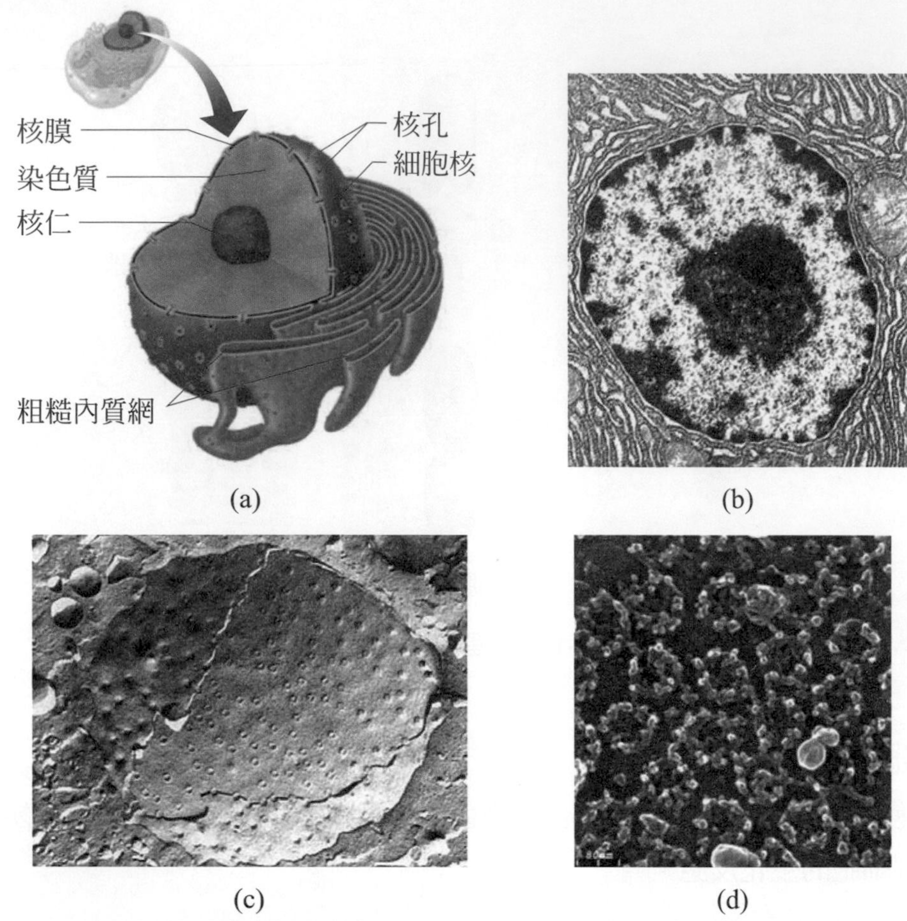

圖 3-11　細胞核的構造。(a) 細胞核包含核膜、核仁與核質，核膜為雙層膜且外膜與內質網相連。(b) 電子顯微鏡下的細胞核 (約放大 20,000 倍)，核內的黑色團塊為核仁。(c) 以掃描式電子顯微鏡觀察核膜表面，可看到許多核孔。(d) 核孔由多種蛋白質組成。

1. 核膜

核膜由雙層膜組成，可以調節物質的進出，雙層核膜的外膜經常與粗糙內質網 (RER) 的膜相連 (圖 3-11a)。以電子顯微鏡觀察，核膜上有許多小孔稱爲核孔 (圖 3-11c)，由多種蛋白質組成 (圖 3-11d)，核內的物質如 RNA、核糖體次單元可通過這些孔道到達細胞質，而細胞質中的蛋白質與酶亦可經由核孔進入細胞核。

2. 核質與染色質

核質是核內半流動的膠狀物質，內含有酶、染色質等構造。**染色質 (chromatin)** 是由 DNA 與組蛋白 (histone) 纏繞而成，細胞未分裂時 DNA 與組蛋白纏繞鬆散，就像一團絲狀的網狀物散佈於核質中，在顯微鏡下不容易觀察。細胞分裂前 DNA 會進行複製，而在細胞分裂的前期 (prophase)，染色質會透過彎折與螺旋纏繞得更加緊密，而逐漸變得粗短，形成桿狀的**染色體 (chromosome)**，此時在顯微鏡下較容易觀察。

每一種生物細胞核內的染色體數目並不相同。例如果蠅有 8 個、雄蜂 16 個、雌蜂 32 個、人 46 個、猩猩 48 個、水稻 24 個，瓶爾小草屬 (*Ophioglossum*) 是已知生物中染色體數目最多的，高達 1,200 條以上。

3. 核仁

核仁爲核質中大小及形狀不規則的緻密團塊 (圖 3-11b)，主要是由核糖體 RNA (rRNA) 及蛋白質組成的。在各種不同的細胞中核仁的數目不一，可能 2~3 個，不過在同一種動物或植物體內，細胞所含核仁數目是固定的。在不分裂的細胞中才能觀察到核仁，當細胞開始分裂時核仁便逐漸消失，分裂完成後再出現。核仁是合成核糖體次單元的地方，rRNA 在此處與蛋白質進行組合，形成核糖體次單元，然後再運往細胞質。

(三) 核糖體

核糖體 (ribosomes) 是所有生物細胞合成蛋白質的場所，無論原核細胞或眞核細胞皆有此胞器。核糖體由大、小兩個次單元組成 (圖 3-12)，這二個次單元，都是在核仁中製造，當細胞質中要進行轉譯作用 (translation) 時，大、小兩個次單元才會組合成爲完整的核糖體，然後將胺基酸以特定的順序連接起來形成蛋白質。粗糙內質網上附著許多核糖體，這些核糖體製造的多數爲分泌性蛋白質，合成之後會運送至細胞外；有些核糖體游離在細胞質內，製造的蛋白質大多爲細胞本身利用。在一條 mRNA 上經常可以發現許多核糖體附著其上，這種構造稱爲**聚核糖體 (polyribosomes)**，可同時製造出大量蛋白質。在分泌蛋白質旺盛的細胞中即擁有豐富的粗糙內質網及複核糖體。

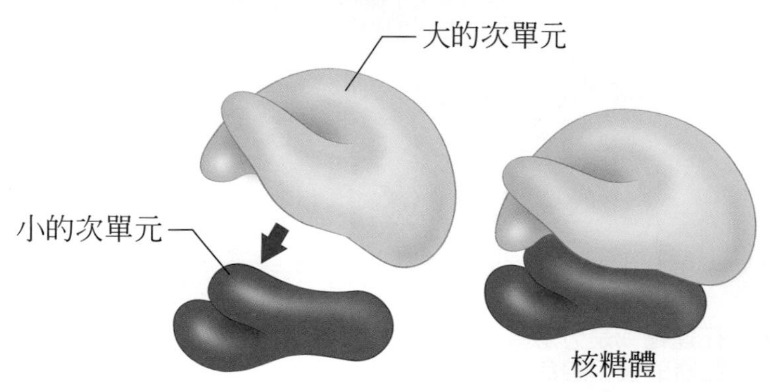

圖 3-12 核糖體具有大、小兩個次單元。

(四) 內質網

內質網 (endoplasmic reticulum；ER) 的膜折疊成扁平囊狀或管狀，內部則形成連續的空間而與細胞質隔離，其大小與外型在不同的細胞中差異很大，一般要在電子顯微鏡下才能觀察。內質網膜內充滿液體，呈網狀延伸於細胞質中，有的管開口於細胞膜與細胞外界的液體相通，有些則與細胞核膜相連接。細胞內有些胞器的膜彼此之間會互相連結，或可經由運輸囊將膜的一小部分分離再與其它的膜互相融合，我們將這些彼此可以互相分離或融合的膜看成一個整體，稱爲**內膜系統 (endomembrane system)**(圖 3-13)，包含核膜、內質網、高基氏體、溶小體、細胞膜及各種囊泡等。

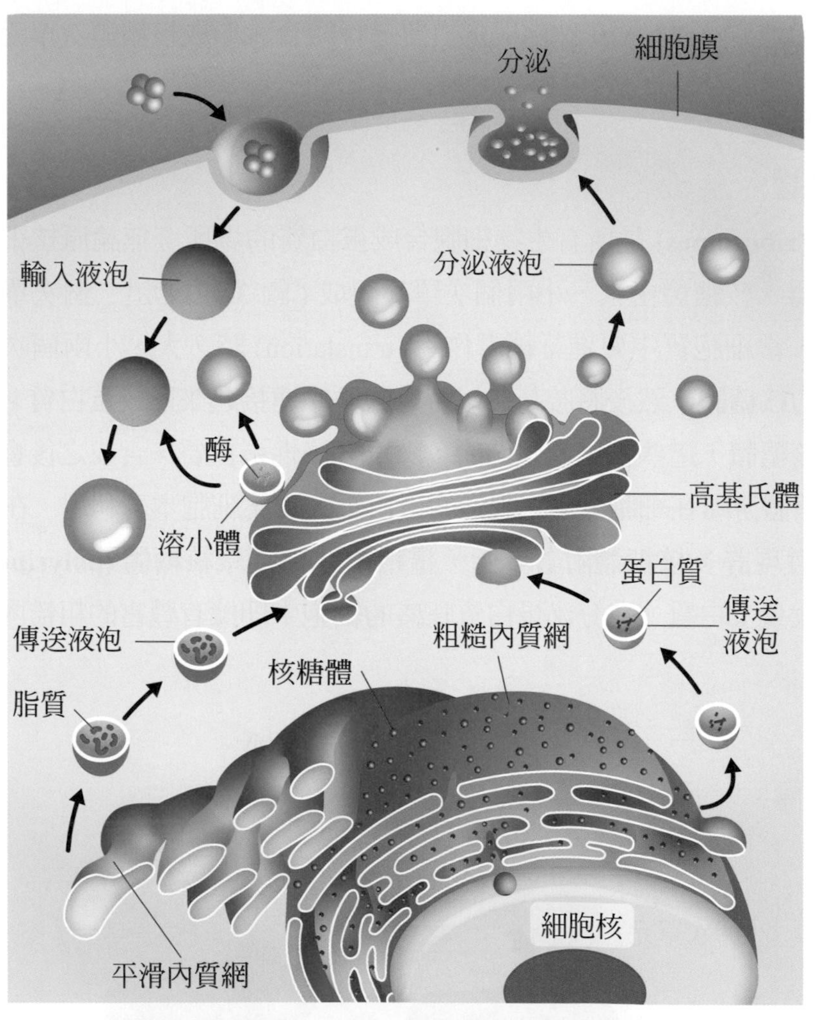

圖 3-13　內膜系統。在運輸或是分泌蛋白質時，許多胞器的膜會分離出運輸囊，而這些運輸囊又可以與其他胞器的膜相融合。

內質網分為粗糙和平滑兩種 (圖 3-14a)。粗糙內質網 (rough endoplasmic reticulum；RER) 的膜上附著許多核糖體，這些核糖體主要合成分泌性蛋白質。當蛋白質多胜鏈形成後會被送入粗糙內質網中，並附加上特殊的寡醣 (oligosaccharides)，再經由運輸囊 (transport vesicles) 送到高基氏體 (Golgi apparatus) 修飾。故在分泌蛋白質的細胞內 RER 的含量特別多，如胰臟細胞 (分泌消化酶)、未成熟的卵細胞 (青蛙的卵) 等。平滑內質網 (smooth endoplasmic reticulum；SER) 呈管狀，膜上不具核糖體，含有許多合成脂質的酶，是合成包括磷脂質與膽固醇等脂質的場所，因此在發育中的種子及動物體內能分泌類固醇激素 (steroid hormone) 的細胞具有很發達的 SER，例如睪丸中分泌睪固酮 (testosterone) 的細胞。而肝細胞的 SER 可將藥物及有潛在毒性的代謝副產物去除活性，具有解毒的功能。骨骼肌中 SER 形成特殊型式的肌漿網 (sarcoplasmic reticulum)，可貯存及釋出鈣離子 (Ca^{+2})，與肌肉的收縮有密切關係。

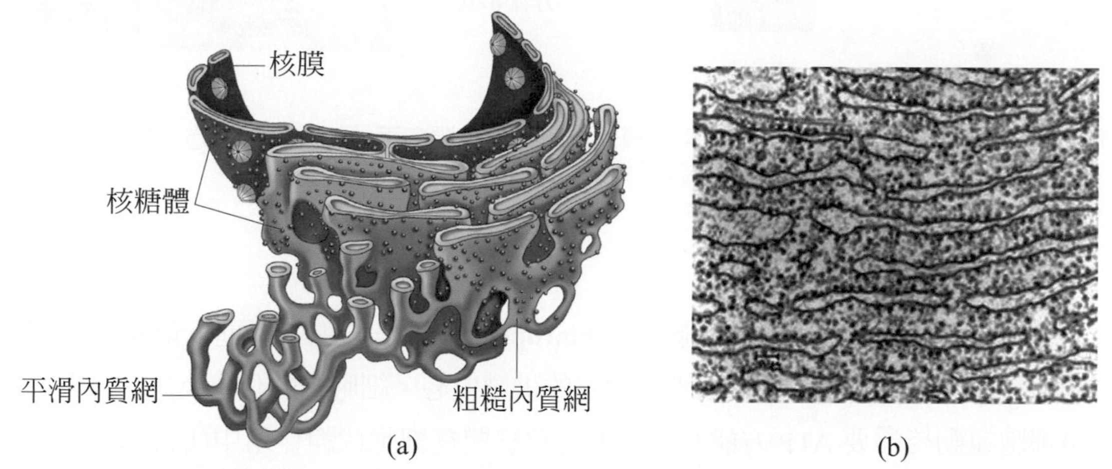

圖 3-14　內質網。(a) 粗糙內質網常與核膜外膜相連，平滑內質網又與粗糙內質網相連。(b) 粗糙內質網表面附著的核糖體 (黑色小顆粒)。

(五) 高基氏體

高基氏體 (Golgi apparatus) 是 1898 年由細胞學家卡米洛．高基 (Camillo Golgi) 發現的，並以他的名字命名。除了成熟的精子和紅血球以外，它存在於一般真核生物細胞中。在電子顯微鏡下觀察高基氏體是由層層的盤狀膜相疊，形成有如成堆的薄餅，通常一堆有 8 個或更少，高基氏體扁平膜的兩端經常鼓起或形成泡狀，分泌物即貯存於此 (圖 3-15b)。待細胞欲釋放物質時，可將分泌物移至邊緣的泡狀構造中，包裝成囊泡運送至細胞外。大多數的分泌性蛋白質為醣蛋白，在 ER 中附於蛋白質上的寡醣，在此處以特殊方式進行修剪或延長，然後由高基氏體膜包裝起來移向細胞膜釋出。故高基氏體具有修飾、濃縮及儲存分泌物的功能。一般而言，動物組織的腺細胞(分泌細胞)內的高基氏體特別發達。

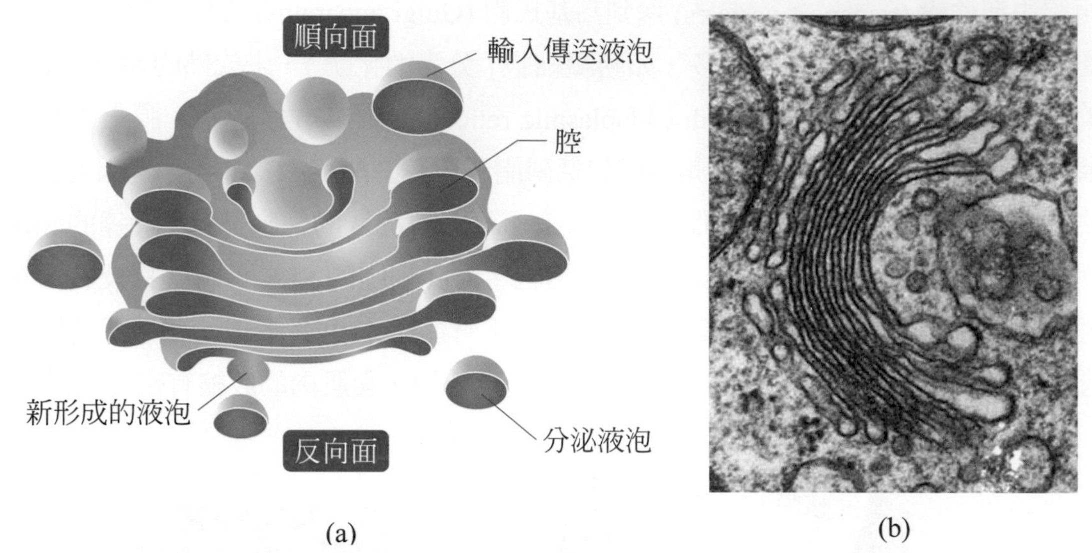

圖 3-15　高基氏體。(a) 靠近細胞核與內質網的一面稱為順向面，朝向細胞膜方向的一面稱為反向面。(b) 囊狀膜的兩端經常鼓起或成泡狀，可儲存分泌物。

(六) 粒線體

粒線體 (mitochondria) 與**葉綠體 (chloroplasts)** 皆是細胞中能進行能量轉換產生 ATP 的胞器，而粒線體更被稱爲細胞能量的供應中心。細胞內的化學反應、物質的運輸與細胞運動皆需要 ATP 方能進行，因此粒線體在細胞代謝作用中所扮演的角色是非常重要的。上述這兩種胞器都由雙層膜包圍，但是它們卻不屬於前述的內膜系統，一方面因爲這兩種胞器的膜並不會跟其它胞器的膜互相交流，另一方面它們的膜蛋白有一部分是由其自身的 DNA 所製造，並不是來自於內質網。

粒線體是呈桿狀、橢圓球狀的小體 (圖 3-16)，長度約 2 ～ 8μm，大小與某些細菌相當。動物細胞粒線體的數量通常比植物細胞多，一個細胞可能含有數十乃至數千個粒線體。消耗能量較多的細胞有較豐富的粒線體，如肌肉細胞、部份神經細胞及吸收或分泌的細胞。在活細胞中，粒線體可移動、改變形狀，並可與其它粒線體連成長條，甚至兩個粒線體可相互結合或一分爲二。

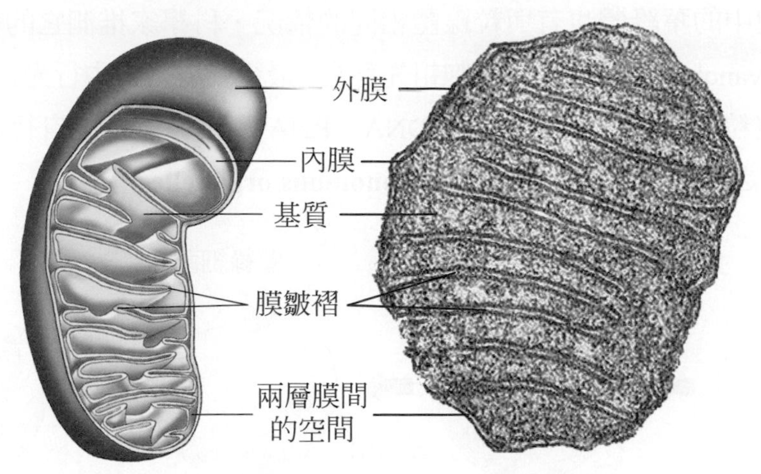

圖 3-16　粒線體由內、外兩層膜組成。

在電子顯微鏡下觀察，粒線體外膜較為平滑，對物質也較沒有選擇性。內膜對物質的進出有較嚴格的管控，並向內形成許多皺摺，稱為**粒線體嵴 (cristae)**(圖 3-16)，內膜增大的表面積上包埋許多負責電子傳遞的蛋白質以及 ATP 合成酶 (ATP synthase)。內膜之內為基質 (matrix)，基質中含有許多酶與輔酶，可進行葡萄糖氧化的克氏循環 (Krebs cycle) 反應。此外粒線體中含有 DNA 及核糖體，能自製小部份本身所需的蛋白質。

內共生學說

粒線體的種種特徵使科學家相信它的起源很可能來自於原核細胞 (圖 3-17)，也就是某一種好氧性 (aerobic) 的細菌。當細菌被眞核細胞吞噬後並沒有被消化，而是與寄主形成了共生關係，寄主細胞為其提供養份，而好氧細菌則能產生能量 (ATP) 供寄主細胞利用，這就是內共生學說 (endosymbiotic theory)，支持內共生學說的證據有：

1. 粒線體擁有自己的 DNA、RNA 及核糖體，能自行合成少量蛋白質。
2. 粒線體 DNA 是環狀的，與細菌相同。
3. 粒線體的核糖體類似細菌。
4. 具有自我分裂的能力，能一分為二，分裂方式類似細菌的二分裂法。
5. 大小與細菌相當。
6. 雙層膜的外膜可能為寄主的細胞膜，而內膜則是細菌的細胞膜。

植物細胞中的葉綠體也有與粒線體相同的情況，科學家推測它的前身可能是某種藍綠細菌(cyanobacteria)被眞核細胞祖先呑食，最後變成細胞中行光合作用的場所。由於葉綠體與粒線體皆「擁有自己的 DNA、RNA 及核糖體，能自行合成少量蛋白質」，我們稱之爲**半自主性胞器 (semiautonomous organelles)**。

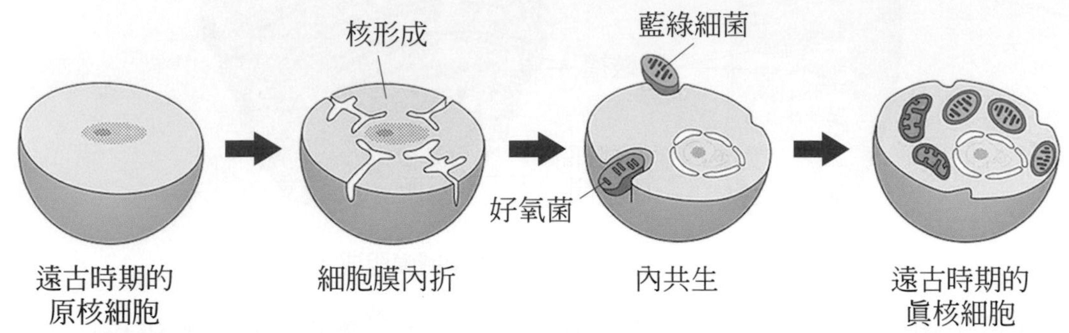

圖 3-17　內共生學說 (endosymbiotic theory)。粒線體與葉綠體可能是遠古時期的真核細胞將原核細胞納入後共存而形成。

(七) 葉綠體及其他質粒體

植物細胞中有一類特殊的胞器稱爲**質粒體 (plastids)**，質粒體又稱質體，它是一個龐大的家族，與食物合成及貯藏有關 (圖 3-18)。例如白色體 (leucoplasts)，它是植物貯藏澱粉及其它物質的中心，在貯藏根、貯藏莖或種子的子葉或胚乳內都含有白色體，有人將專門貯存澱粉的白色體稱爲造粉體 (amyloplasts)。雜色體 (chromoplasts) 內含許多胡蘿蔔素與葉黃素，能讓成熟果實與花朵呈現橘色和黃色。葉綠體也是質粒體的一員，負責行光合作用。不管是葉綠體、白色體或是雜色體都是由**原質粒體 (proplastids)** 發育而來，三者因所在的器官或是環境因素影響它們的發育，彼此之間可因外在因子誘導而互相轉變。

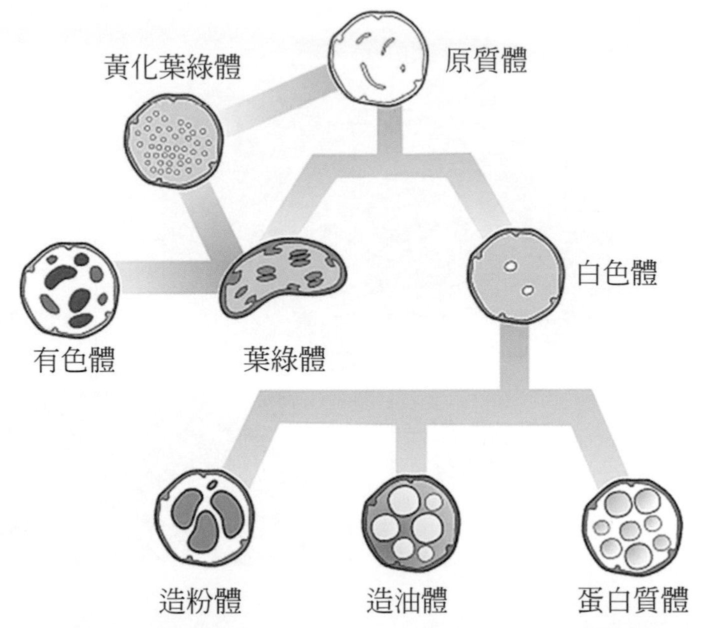

圖 3-18　質體皆由原質體分化而來，彼此可因外在因子誘導而互相轉變。

在高等植物細胞的葉綠體是由不含有色素的內外兩層膜所包圍而成，長度 4 ～ 6 μm，每個光合作用細胞中葉綠體數並不相同，約在 20 ～ 100 個之間。葉綠體中有葉綠素 (chlorophyll)，葉綠素能吸收光能，將水分解，使光能轉變成化學能，產生腺嘌呤核苷三磷酸 (ATP)，並將 CO_2 還原成葡萄糖並釋放氧氣。葉綠體內膜內部是由**類囊體 (thylakoid)** 與**基質 (stroma)** 組成 (圖 3-19)，類囊體膜是葉綠體內膜往內延伸所形成，有些地方的類囊體會聚集堆疊成餅狀稱為**葉綠餅 (grana)** ，而葉綠餅之間則由基質膜 (stroma lamellae) 相連。在類囊體周圍的液態物質稱為基質，是光合作用暗反應進行的場所。

高等植物的光合作用色素皆位於類囊體膜上，常見有四種，即葉綠素 a (chlorophyll a)、葉綠素 b (chlorophyll b)、胡蘿蔔素 (carotene) 及葉黃素 (xanthophyll)，能吸收光能，並可將光能轉換為化學能。葉綠素 a、b 在自然界分佈最廣，一般高等植物和綠藻類 (green algae) 都有。胡蘿蔔素與葉黃素有輔助葉綠素吸收光能的作用，亦存在於果實中，形成果實之各種顏色。

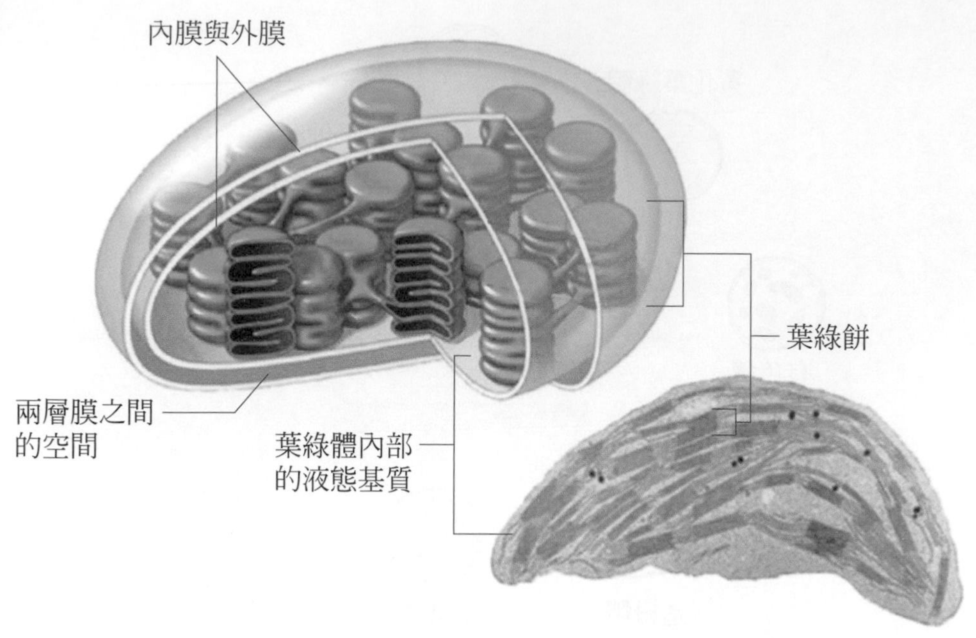

圖 3-19　葉綠體由內外兩層膜包圍而成，內含基質與類囊體膜。

(八) 溶小體

溶小體 (lysosomes) 通常存在於動物細胞，內含有約 40 種酶，能分解細胞中的各種大型分子，如蛋白質、多醣類和核酸。溶小體是由高基氏體產生的，散佈於細胞質內 ，平時所含的酶被膜包著，以防止細胞內物質被分解，但當細胞失去生活能力或死亡時，溶小體會將其所含的酶釋入細胞質，而將整個細胞自我分解。例如胸腺的退化、死細胞和衰老細胞的分解或自溶，以及蝌蚪在變態時尾部細胞的消失，都是溶小體的作用。在胚胎發育過程中，手指及腳趾的分化，亦是由溶小體中的酶做選擇性的溶解，將指或趾間的組織破壞。

當吞噬作用進行時，例如白血球吞噬細菌或是變形蟲吞噬微生物，外來物會被細胞膜形成的囊泡包圍起來，這種囊泡稱為食泡 (food vacuole)，此時溶小體會與之融合，將所含的消化酶釋放到食泡中分解外來物質，這種消化方式稱為**胞內消化 (intracellular digestion)**(圖 3-20a)。溶小體的酶亦可瓦解老化或已損壞的胞器，分解後的養份可被細胞吸收再次利用 (圖 3-20b)。

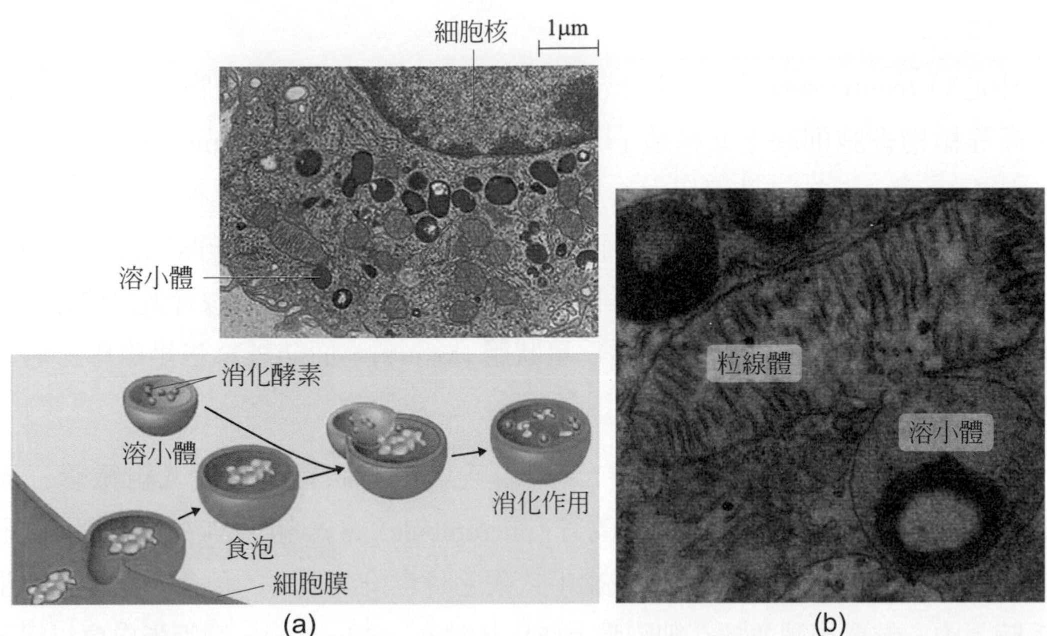

圖 3-20 溶小體的功能。(a) 經由細胞膜攝入的食物包在食泡中，溶小體可將所包含的酶釋入食泡中，將大分子物質分解為小分子。 (b) 溶小體與老化或已損壞的胞器 (粒腺體) 融合，將其分解。

(九) 過氧化體

過氧化體 (peroxisomes) 普遍存在於眞核細胞，其內含有胺基酸氧化酶、脂肪酸氧化酶與觸酶 (catalase)。胺基酸與脂肪酸會在過氧化體中進行氧化，氧化過程會產生過氧化氫，過氧化氫對細胞具有毒性，會破壞細胞膜與蛋白質進而殺死細胞，而觸酶可將它分解爲水與氧氣，保護細胞免受其害。

$$2H_2O_2 \xrightarrow{\text{觸酶}} 2H_2O + O_2$$

肝細胞和腎細胞內的過氧化體具有解毒功能，可分解某些化合物的毒性。酒精會影響神經與心血管系統，由於其容易通過細胞膜的特性，因此在人體中作用十分廣泛迅速。我們所喝入的酒精有部分會在肝細胞的過氧化體內被氧化成乙醛，以減少酒精的負面影響 。但乙醛仍具有細胞毒性，需進一步氧化方能轉變爲無害的物質。長期過量飲酒者的肝臟易受到損害，就是受到乙醛的影響。

而在植物種子 (如花生) 細胞中則含有另一種特殊的過氧化體稱爲**乙二醛體 (glyoxysomes)**，所含的酶有助於將種子內貯存的油脂轉變成糖，以供幼嫩植物生長所需。

(十) 中心粒

中心粒 (centrioles) 位於細胞核附近，存在大部份的動物細胞及原生生物細胞中 (高等植物細胞則缺乏此構造)，它與動物細胞的有絲分裂 (mitosis) 有關。每個細胞皆有兩個中心粒，且兩個中心粒成垂直排列 (圖 3-21a)，此種構造與其機能的關係尚在研究之中。中心粒位於細胞質的一塊緻密區域中，這一區域統稱爲**中心體 (centrosomes)**，一個中心體包含兩個中心粒。有絲分裂開始時，微管蛋白會在中心體附近開始累積，形成放射狀構造稱爲**星狀體 (asters)**，而紡錘絲也是由中心體延伸出來。

在電子顯微鏡下顯示，中心粒爲一中空之短桿狀構造，由九組**微管三聯體 (microtubule triplets)** 構成，三個微管 (microtubule) 爲一組，排列成環狀，記爲 9×3(圖 3-21b)。中心粒在細胞形成纖毛或鞭毛時也扮演重要的角色；當細胞要生長鞭毛時，中心粒會複製並插在細胞膜上作爲基體 (basal bodies)，微管蛋白會以爲基體爲核心向外延伸，形成鞭毛。同時在小老鼠胚胎早期發育的研究顯示，中心體的有無關係著胚胎發育及成體的形狀是否正常。

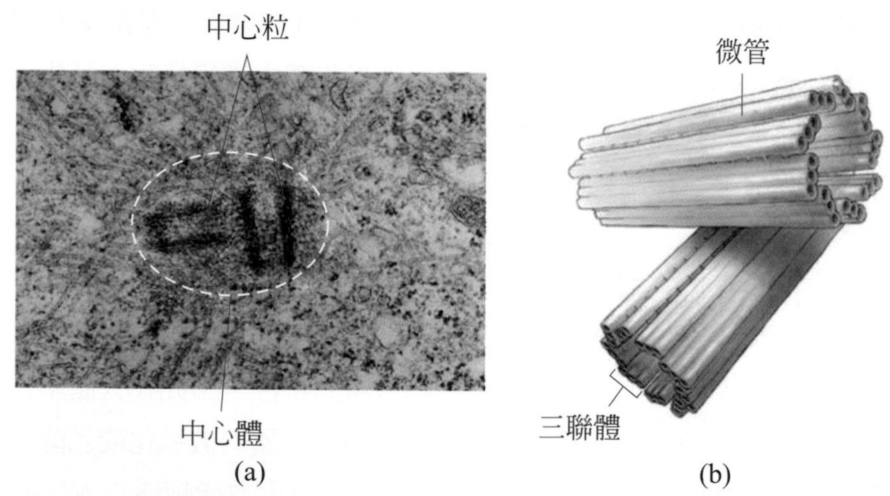

圖 3-21　中心粒。(a) 電子顯微鏡下可以觀察到一個中心體由兩個中心粒組成，且兩個中心粒成垂直排列。(b) 中心粒的微管排列方式為 9×3。

(十一) 細胞骨架

真核細胞的細胞質中含有許多絲狀蛋白質稱爲**細胞骨架 (cytoskeleton)** (圖 3-22)。這些蛋白質能夠不斷分解與合成，因此骨架也處在不斷組成與拆解的狀態中，藉此細胞可以改變形狀。但穩定的細胞骨架有助於特定之功能，如維持細胞架構、促進細胞運動、使細胞固著在一起、促進細胞質內物質的運輸以及固定胞器的位置等。根據絲狀蛋白的組成與粗細一般將細胞骨架分成：微管 (microtubules)、間絲 (intermediate filament) 與微絲 (microfilaments) 等三類 (圖 3-23)。

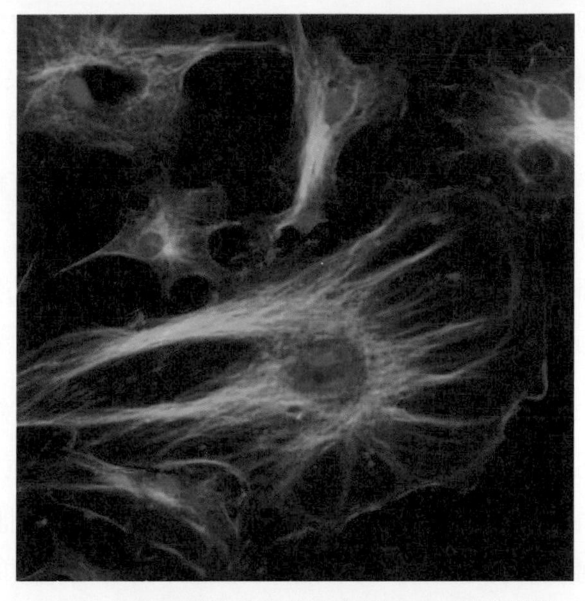

圖 3-22　細胞骨架。螢光顏色顯示不同的絲狀蛋白，綠色代表微管，紅色代表微絲，藍色為細胞核。

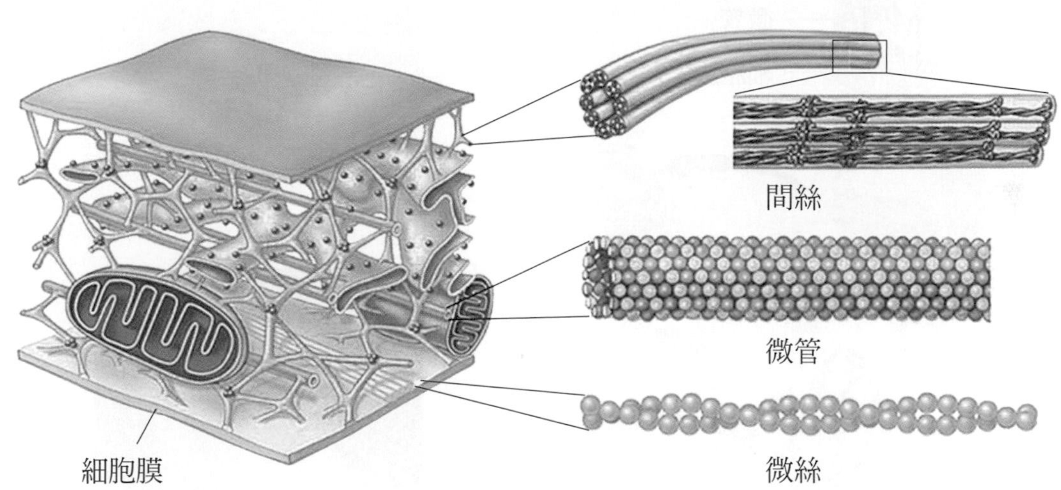

圖 3-23　三種細胞骨架的大小。微管是細胞骨架中最粗者，其次為間絲，最細的是微絲。

微管是一種中空小管，直徑 25 nm，由二種微管蛋白 (tubulin) 所組成，在維持細胞內部結構、細胞運動及細胞分裂上都扮演重要的角色。許多可以自由活動的細胞具有由細胞膜上的基體 (basal bodies) 衍生而來的鞭毛 (flagellum)，它是由九組微管圍繞於中央的兩條微管所組成，形成 9 加 2 排列 (圖 3-24a)，例如人體的精子就是利用鞭毛進行游動 (圖 3-24b)。有些細胞表面具有纖毛 (cilia)，在結構上與鞭毛相似只是較短，例如草履蟲的細胞表面就密佈纖毛 (圖 3-24c)。此外，當動、植物細胞有絲分裂時，微管組合形成紡錘絲 (spindle fiber) 與紡錘體 (spindle)，可以幫助染色體移向細胞兩極移動。

間絲直徑 10 nm，由六種主要的蛋白質組成，隨細胞種類不同而有差異。主要能強化細胞形狀並且固定胞器的位置。微絲直徑 7~8 nm，由**肌動蛋白 (actin)** 組成，負責細胞內原生質的流動、細胞運動及改變細胞形狀。例如變形蟲和白血球會以變形運動的方式爬行，以及動物細胞分裂時細胞膜的內縮皆是微絲所負責。此外，肌動蛋白也是組成肌肉細胞的重要蛋白質之一。

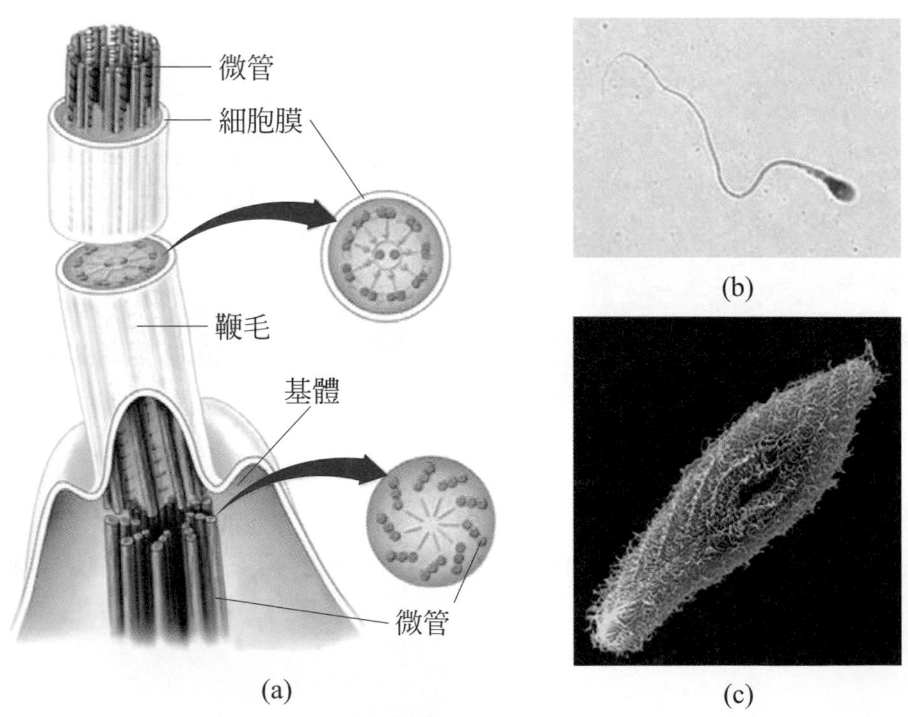

圖 3-24　鞭毛與纖毛。(a) 鞭毛是由九組微管圍繞於中央的兩條微管所組成，形成 9+2 排列；基體是由中心粒分裂而來，微管排列方式為 9X3。(b) 人類精子的鞭毛。(c) 草履蟲的表面密佈著纖毛。

(十二) 液泡

液泡 (vacuole) 是由膜圍成的大型囊狀構造，通常存在於植物與原生生物的細胞中。 在植物細胞內液泡常位於中央，佔據很大的空間 (圖 3-25a)，其中最主要的成份是水，可產生膨壓 (turgor pressure) 以維持細胞形狀，並可暫時貯存無機鹽類，調節細胞內的 pH 值。在花、葉或果實中的液泡含有**花青素 (anthocyanin)**，花青素在酸性環境下呈現紅色到紫色，在鹼性環境下呈藍色 。有些植物到了秋天，溫度降低葉綠素分解而消失，花青素、胡蘿蔔素、葉黃素等顏色顯露出來，使葉片呈現紅色或橙紅色。

在單細胞生物中也常出現較小型的液泡，例如草履蟲的**伸縮泡 (contractile vacuole)**(圖 3-25b) 以及變形蟲和草履蟲的**食泡 (food vacuole)**。伸縮泡可協助單細胞生物排除體內多餘的水份；而食泡中則包含食物或是小分子養分，待分解消化後可被細胞吸收利用。在動、植物細胞中另有磷脂雙層所形成的小囊泡 (vesicles)，通常負責物質的運輸，例如**運輸囊 (transport vesicle)**。

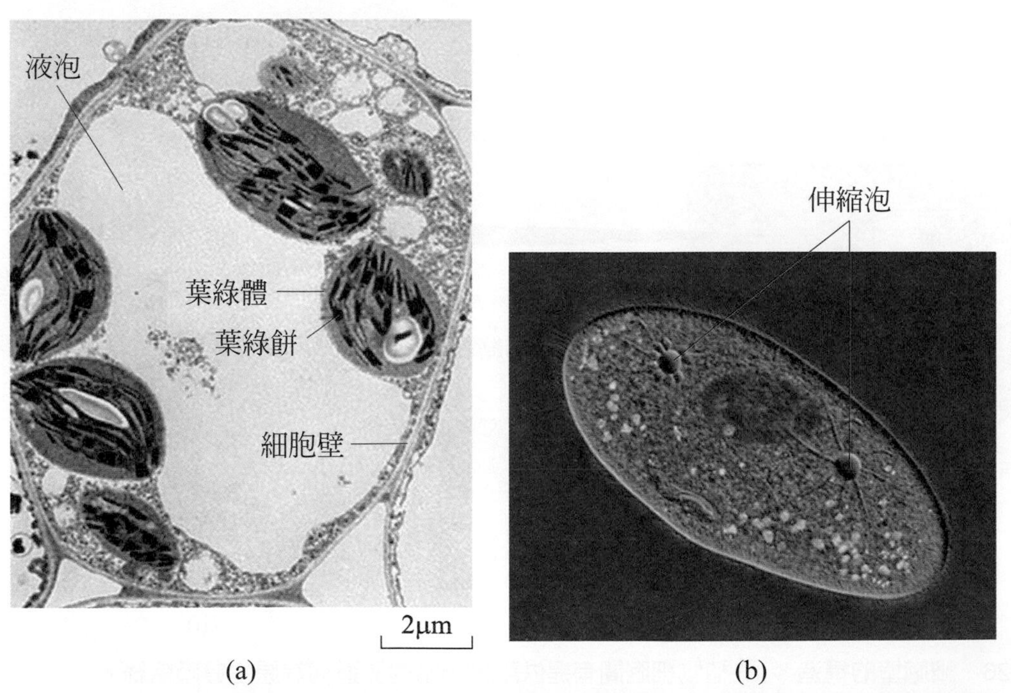

圖 3-25 液泡。(a) 高等植物的液泡通常位於細胞中央，胞器與細胞核皆被推擠到細胞邊緣。 (b) 草履蟲具有兩個伸縮泡，呈輻射狀，可利用主動運輸的方式將細胞中多餘的水分排出。

(十三) 細胞壁

細胞壁 (cell wall) 通常存在於細菌、原生生物、眞菌及植物細胞。大多數細胞壁含有碳水化合物，通常有支持的功能並可抵抗機械壓力。原核生物與眞核生物細胞壁的化學組成不同。細菌的細胞壁主要成份是**胜多醣 (peptidoglycan) 也稱肽聚醣**，眞菌的細胞壁由**幾丁質 (chitin)** 組成，植物細胞的細胞壁主要成分爲**纖維素 (cellulose)**，纖維素性韌不易破裂 可維持細胞的形狀，避免植物細胞因外力而變形或過度延展，故有保護及支持的功能。

相鄰兩個植物細胞之間具有一層黏性物質稱爲**中膠層 (middle lamella)**(圖 3-26b)，富含果膠質，可將兩個細胞黏結在一起 。所有的植物細胞在生長時首先會形成壁比較薄的**初級細胞壁 (primary wall)**，它含有果膠質與少量纖維素，柔軟而具有彈性，使植物細胞可以繼續生長增大。植物細胞壁的厚度依細胞種類而有很大的不同，當細胞完全成長後，有些細胞會繼續分泌以纖維素和**木質素 (lignin)** 形成**次級細胞壁 (secondary wall)**，將初級細胞壁向外推擠。木質素的累積會使細胞壁更爲堅硬，能夠抵抗外界機械性的壓力並具有支持功能，稱爲**木質化 (lignification)**。

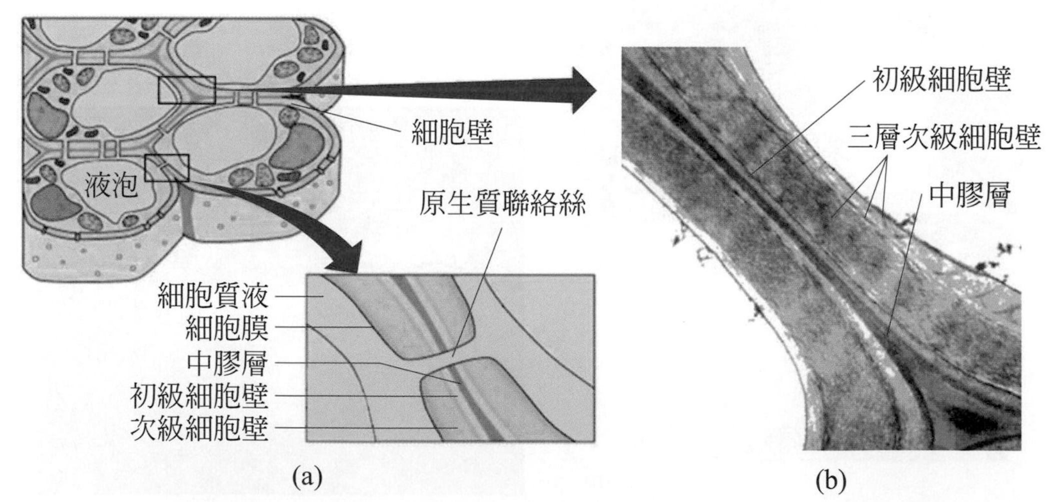

圖 3-26　細胞壁的構造。(a) 植物細胞間有提供訊息聯絡的孔道稱為原生質聯絡絲。(b) 細胞壁的組成由內而外分別為次級細胞壁、初級細胞壁與中膠層。

3-4　物質通過細胞膜的方式

細胞膜除了將細胞與外界環境隔開，並且可以控制物質進出細胞，細胞膜對物質的通透性取決於該物質的大小、極性與帶電性，一般來說小分子、非極性 (疏水性)、不帶電的物質較容易通過細胞膜。細胞膜是一種具有**選擇性的透膜 (selectively permeable membrane)** (圖 3-27)，這種特性也存在於細胞內各種胞器的膜上。對於本身不容易通過膜的物質則可以藉由膜蛋白來協助運輸，一般而言物質通過細胞膜的機制有擴散作用、滲透作用、促進性擴散、主動運輸、內噬與胞吐作用等 (表 3-1)。

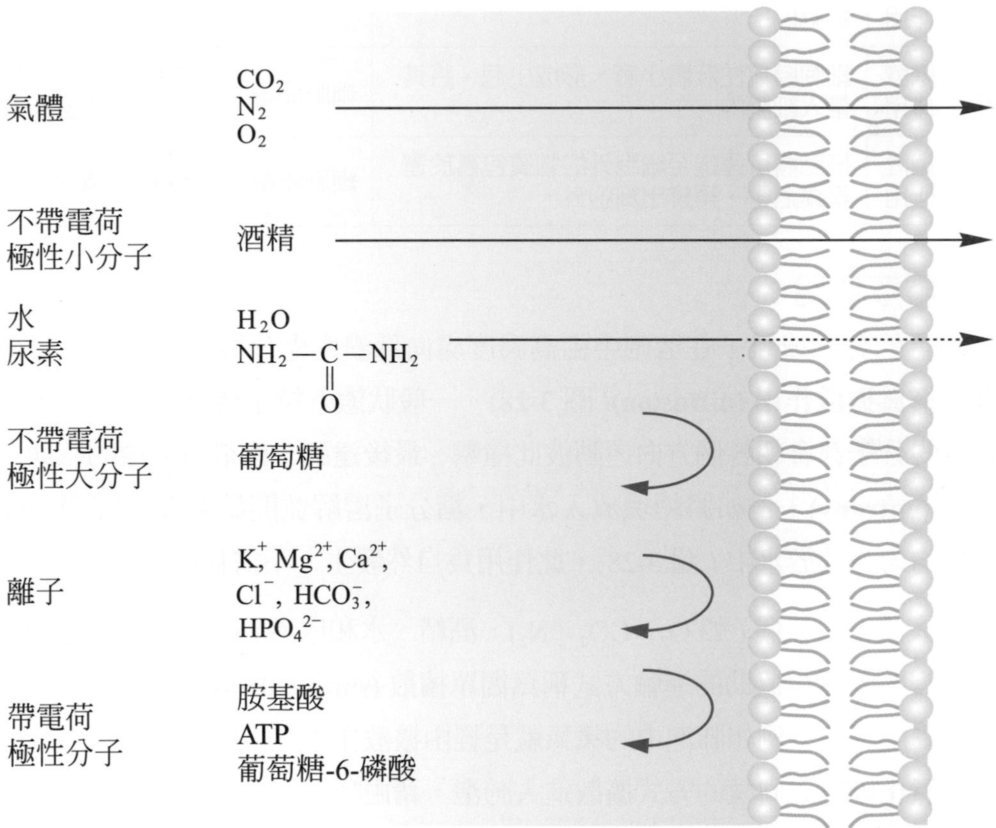

圖 3-27　細胞膜是一種具有選擇性的半透膜，氣體與小的非極性分子 (如酒精) 容易通過細胞膜，水分子與尿素也可以自由通過；但極性分子與帶電離子則無法通過。

表 3-1　物質通過細胞膜的機制

過程		如何作用	能量來源	例子
物理過程（不耗能）	擴散	分子 (或離子) 從濃度高的地方移動到濃度低的地方。	隨機的分子運動	氧在組織液內的移動。
	促進性擴散	細胞膜內的攜帶蛋白使分子由高濃度區加速移動到低濃度區。	隨機的分子運動	葡萄糖移動到某些細胞內。
	滲透	水分子由高濃度區經過選擇性通透膜擴散到低濃度區。	隨機的分子運動	水分進入蒸餾水中的紅血球。
生理過程（耗能）	主動運輸	細胞膜內的蛋白質分子運輸離子或分子通過細胞膜；移動方向可與濃度梯度相反，也就是由低濃度區到高濃度區。	細胞能量	鈉離子逆著濃度梯度移動到細胞外。鈉 - 鉀幫浦。
	吞噬作用	細胞膜包住顆粒、形成小泡，將其帶入細胞內。	細胞能量	白血球吞食細菌。
	胞飲作用	細胞膜包住液體小滴、形成小泡，將其帶入細胞內。	細胞能量	細胞攝取溶解在組織液中的必需溶質。
	胞吐作用	細胞將欲運輸至細胞外的物質包裹於運輸囊泡中，再排出細胞外。	細胞能量	酶或激素的分泌

(一) 擴散作用

物質的分子或離子在溶劑中由高濃度處向低濃度處分散，最後達分布均勻，此一現象稱爲**擴散作用 (diffusion)**(圖 3-28)。一般狀態下粒子皆具有動能，因此氣體或液體中的分子都會朝各個方向運動彼此撞擊，最後達到一個最爲分散的狀態，稱爲最**大亂度 (entropy)**，例如將糖塊放入水中，糖分子溶解並開始擴散，經過一段時間後糖分子均勻分散於水中 (圖 3-28)，此作用爲自然發生，不需耗能。

在人體中，氣體 (如 O_2、CO_2、N_2)、酒精、水和尿素 (urea) 皆容易通過細胞膜，這種不需要膜蛋白協助的運輸方式稱爲**簡單擴散 (simple diffusion)**，最終可使膜的兩側物質濃度相等。例如肺泡中的氧氣就是經由擴散作用進入肺泡微血管中，而微血管中的二氧化碳也以同樣的方式擴散進入肺泡，藉由呼氣排出體外。若分子的移動距離很短，擴散作用進行的非常迅速，但是若分子要移動較長距離，光靠擴散作用要花很長的時間；因此單細胞生物主要利用擴散作用與外界進行物質交換 ，而多細胞生物則要靠著各種運輸途徑將物質運送到細胞附近，便於進行擴散作用。

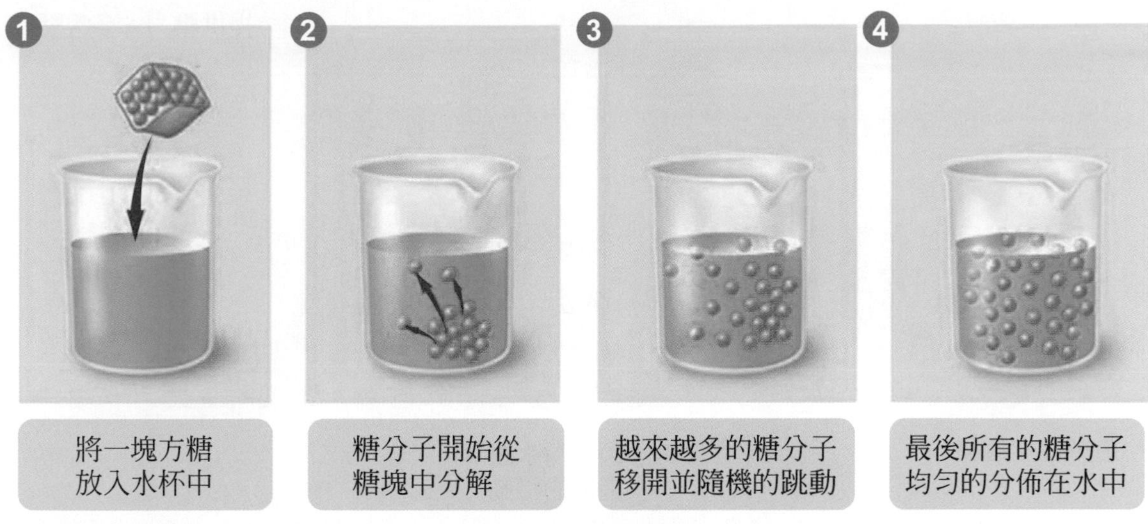

圖 3-28　擴散作用。糖塊放入水中，糖分子溶解並開始擴散，經過一段時間後糖分子均勻分散於水中。

(二) 滲透作用

滲透作用 (osmosis) 是一種特別的擴散作用，專指水通過細胞膜的運動。透過半透膜，水分子由濃度高處向水分子濃度低的區域移動稱爲滲透作用。當滲透作用進行時，高濃度溶質的一端會施加壓力阻止低濃度溶質一端的水滲透過來，稱爲滲透壓 (osmosis pressure)。

如圖 3-29，連通管的左右兩側分別注入純水與含有溶質的溶液，中間隔以半透膜，此膜無法讓溶質分子通過，但水分子可以通過。一開始左右兩管液面高度相等，右方溶質濃度高 (滲透壓較大)，因此整體水分子趨向往右方移動 (圖 3-29a)，此趨勢可減少左右兩側水分子濃度的差異；水分子向右移動使右側液面上升、左側液面下降 (圖 3-29b)，一段時間後液面不再變化，此時右側液面高度所造成的靜水壓 (hydrostatic pressure) 恰可抗衡水分子向右移動的趨勢，此時水分子向左與向右移動的速率相等，此靜水壓即可代表右側溶液原始的滲透壓 (圖 3-29c)。由實驗可知，水分子會由水分子濃度高的地方往水分子濃度低的地方移動，換句話說，就是水從滲透壓小的地方向滲透壓大的地方移動。

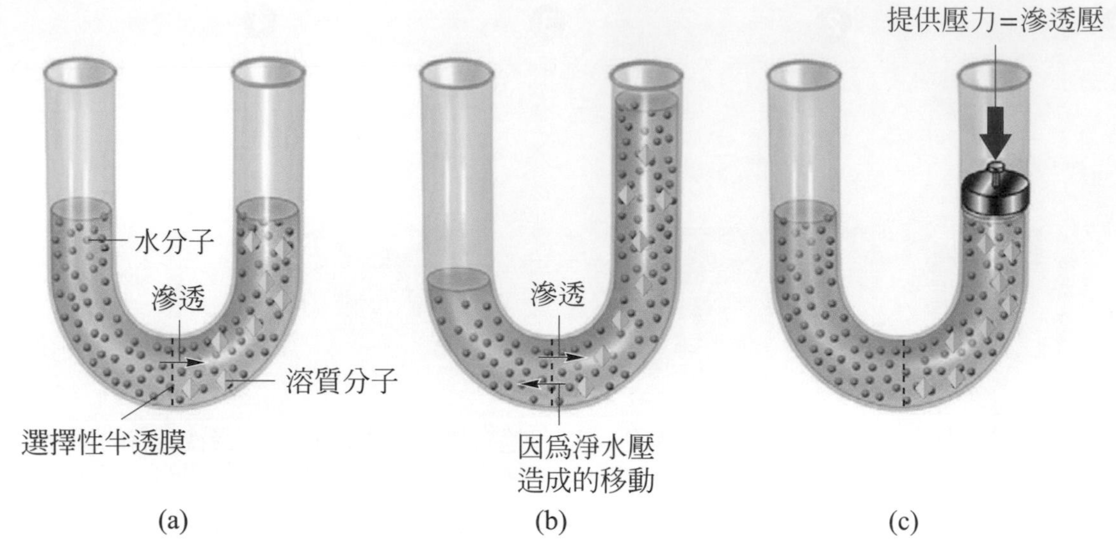

圖 3-29　滲透壓是隔著半透膜，高溶質濃度的溶液向低溶質濃度溶液施加的壓力，以阻止水的滲透。

溶解在細胞內的鹽、糖和其它物質，會產生一定大小的滲透壓。如果溶液的滲透壓和細胞的滲透壓相等，水分進出細胞的速度相同，細胞不膨脹也不萎縮，此種溶液就稱爲**等張溶液 (isotonic solution)**(圖 3-30a)。如果將人類的紅血球放在 0.9%NaC1 溶液中，它既不萎縮也不膨脹，故將 0.9%NaC1 溶液稱爲生理鹽水 (normal saline)。

若外界溶液的溶質濃度較稀 (也就是水分子濃度較高)，水分子會經滲透作用進入細胞內，造成細胞膨脹甚至破裂，則此溶液稱爲**低張溶液 (hypotonic solution)**(圖 3-30b)。若是植物細胞置於低張溶液中，水會進入細胞，但是植物有細胞壁保護，細胞只會膨脹但是不會破裂。

細胞置於溶質濃度較高的溶液中，水分自細胞向外滲出，細胞內的物質濃度隨之增高，細胞發生萎縮以致脫水死亡。此一細胞膜外的溶液對細胞而言，稱爲**高張溶液 (hypertonic solution)**(圖 3-30c)。這就是當細菌在高濃度鹽溶液或糖溶液浸漬的食物中無法存活的原因。若是植物細胞置於高張溶液中，可發現細胞質與細胞壁分離的現象，稱爲**質壁分離 (plasmolysis)**。

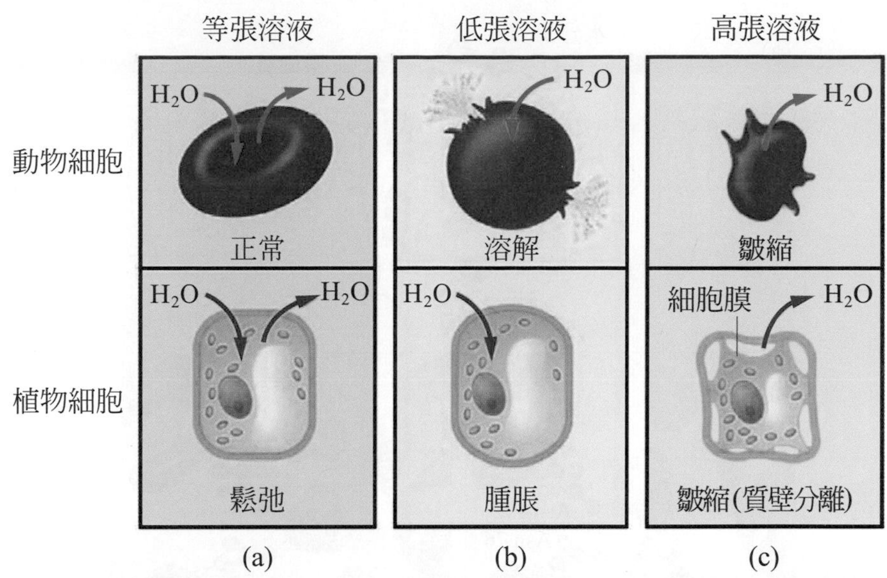

圖 3-30　動、植物細胞的滲透作用。(a) 將細胞放在等張溶液中，水進出細胞的趨勢相等，因此細胞未發生變化。(b) 將細胞放入低張溶液中，細胞內滲透壓較大，水由外界進入細胞，造成動物細胞膨脹或破裂；植物細胞因有細胞壁不會破裂，但也會膨脹。(c) 將細胞放入高張溶液中，因外界溶液滲透壓大，水會滲出細胞，使細胞失去水分而萎縮 ；在植物細胞可觀察到質壁分離的現象。

(三) 促進性擴散

促進性擴散 (facilitated diffusion) 必須藉由膜上之通道蛋白 (channel) 或載體蛋白 (carrier protein) 完成，物質順著濃度梯度由高濃度往低濃度方向移動，不消耗能量，但速度比簡單擴散更快。膜蛋白在細胞膜上形成通道，絕大多數通道蛋白都是屬於離子專用的通道，如鉀離子通道、鈉離子通道、氯離子通道等。通道蛋白具有專一性，某一種通道只允許某一特定物質通過，細胞膜上有各種的離子通道，可以控管離子進出細胞。有些通道是經常性開啓的，但是有些通道平時關閉，必須受到特殊的刺激才會打開，這些刺激可能是化學物質或膜電位的改變，例如神經細胞表面的鈉離子**電壓控閥通道 (voltage gated channel)** 即與動作電位的產生有關。

水分子還有另外一種進出細胞膜的方式，是利用**水通道蛋白 (aquaporin)**，這種膜蛋白是美國科學家彼得．阿格雷 (Peter Agre) 所發現的，他並獲得 2003 年諾貝爾化學獎。水通道蛋白質只能讓水分子通過，蛋白質內部的通道周圍具有帶正電與負電的胺基酸，這些電荷會與極性的水分子產生吸引或是排斥的力量，造成水分子旋轉並以特殊的角度加速通過 (圖 3-31)。水通道蛋白可發現於腎小管管壁上，參與水分的再吸收。

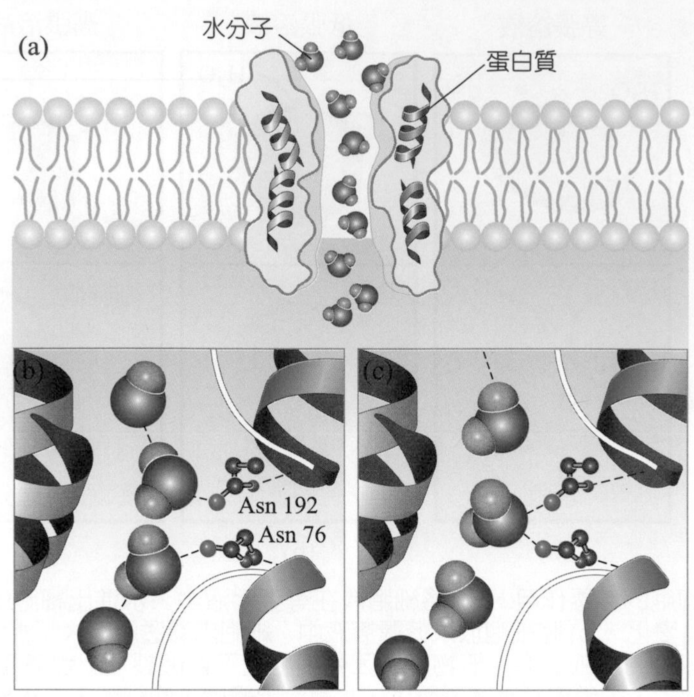

圖 3-31　水通道蛋白水分子可與通道管壁上的胺基酸形成氫鍵

載體蛋白與通道蛋白的差異在於這類蛋白會與所運送物質相結合，兩者之間也具有專一性，藉由改變蛋白質的構型將物質運往細胞膜的另一側；例如葡萄糖、胺基酸、核苷酸等親水性分子，會先與載體蛋白結合後再依照濃度梯度方向移動 (圖 3-32)。

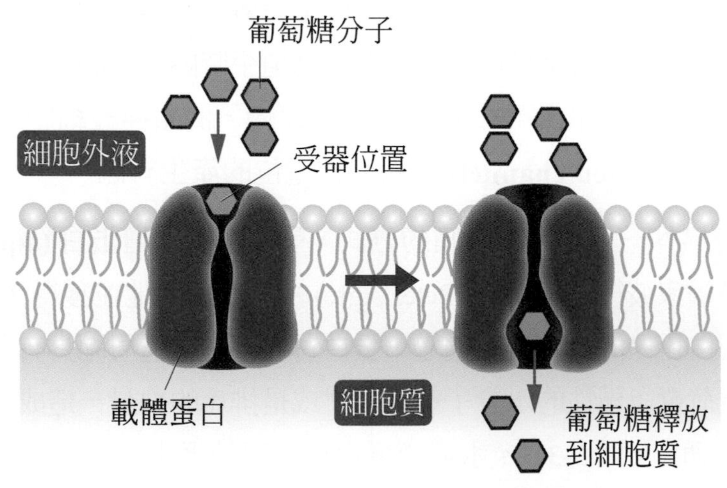

圖 3-32　載體蛋白與葡萄糖分子結合後，改變構型將葡萄糖運送至細胞內。

上述的簡單擴散、滲透作用與促進性擴散皆不需消耗能量，稱爲**被動運輸 (passive transport)**(圖 3-33)。

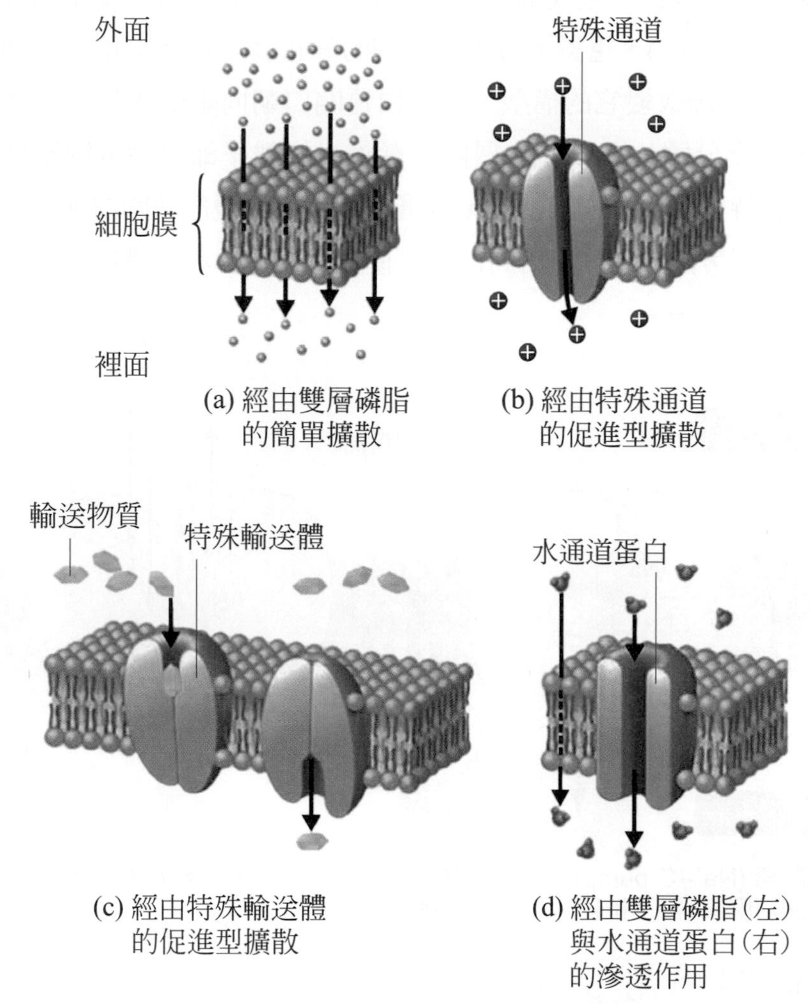

圖 3-33　被動運輸是指不需消耗能量的運輸方式。

(四) 主動運輸

細胞內有些物質的濃度經常比周圍環境高出許多，細胞還可以利用能量，吸收或者排除特定的物質，這種運輸違反濃度梯度，以能量將物質由低濃度往高濃度方向運送，即稱之爲**主動運輸 (active transport)**，它是一種具有高度專一性的運輸方式；例如許多單細胞生物具有**伸縮泡 (contractile vacuole)**(圖 3-25b)，可以將體內多餘的水份排出，就屬於主動運輸，需要消耗能量。

還有一種重要的主動運輸發生在神經及肌肉細胞的細胞膜上，是由**鈉鉀幫浦 (Na^+-K^+ pump)** 所負責的 (圖 3-34)。鈉鉀幫浦可以將細胞膜內的鈉離子送出膜外，將膜外的鉀離子送至膜內，造成細胞膜內外鈉、鉀離子的濃度差異 (膜外鈉離子濃度高，膜內鉀離子濃度高)，這對維持神經細胞的靜止膜電位非常重要。鈉鉀幫浦可利用 ATP 作爲能量來源改變它的構型，當蛋白質開口朝向細胞內時，三個鈉離子可與蛋白質結合，之後分解 ATP 使蛋白質開口朝外，鈉離子即可送至細胞外側；細胞外的兩個鉀離子這時可以與蛋白質結合，當蛋白質再次改變形狀開口朝內時，可將鉀離子送往細胞內。藉著鈉鉀幫浦不斷的作用可使細胞膜外累積高濃度的鈉離子，細胞膜內則有高濃度的鉀離子。

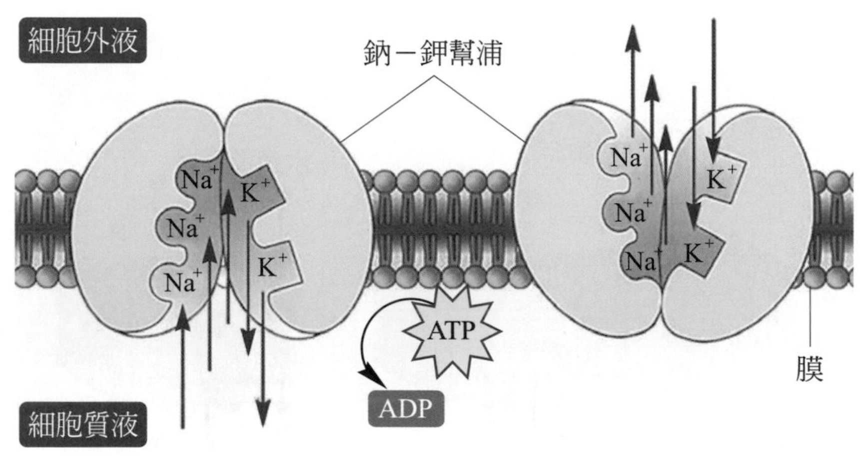

圖 3-34　鈉鉀幫浦 (Na^+-K^+ pump)。神經細胞膜上的鈉鉀幫浦可利用 ATP 改變構型，將三個鈉離子送往細胞膜外，將兩個鉀離子插入細胞膜內。

(五) 內噬與胞吐作用

細胞可藉內噬作用 (endocytosis) 將大分子物質帶入細胞內部。內噬作用又稱爲**胞吞作用**，又分爲**吞噬作用 (phagocytosis)** 與**胞飲作用 (pinocytosis)** 。白血球或是變形蟲可藉由吞噬作用攝食較大的顆粒性食物，例如細菌或其它單細胞生物等兩種。以變形蟲的吞噬作用爲例 (圖 3-35a)，細胞將原生質向外延伸成僞足，僞足可將食物包圍起來形成食泡，之後細胞將消化酶釋放到食泡中，等到顆粒性食物被分解小分子養分後即可爲細胞吸收。

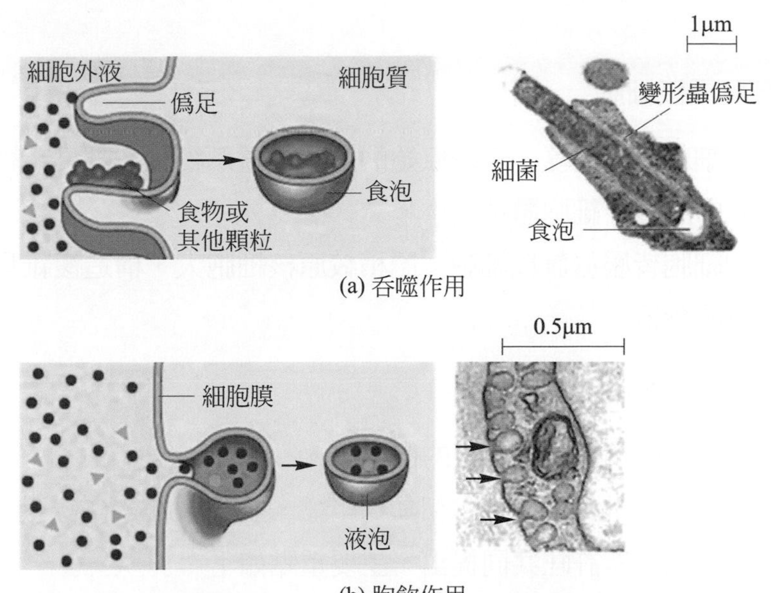

(a) 吞噬作用

(b) 胞飲作用

圖 3-35 二種內噬作用。(a) 吞噬作用。變形蟲伸出偽足將細菌包圍。 (b) 胞飲作用。小血管內襯細胞進行胞飲作用，形成食泡。

胞飲作用與吞噬作用不同，是由細胞膜向內凹褶形成食泡，例如：草履蟲可進行胞飲作用 (圖 3-35b)，在形成食泡時，細胞周圍的水以及溶解於水中的小分子營養物質會一同包進食泡中，這種包入的方式對物質並沒有選擇性；之後營養物質會慢慢由細胞質吸收，而食泡本身也逐漸變小、消失。

若細胞欲將胞內物質釋出時，會將該物質包裹在運輸囊泡中，囊泡逐漸靠近細胞膜並與之融合，將物質釋出細胞外即稱之爲胞吐作用 (exocytosis)(圖 3-36)。細胞可以此方式分泌酶、激素或胞內消化後產生的廢物。

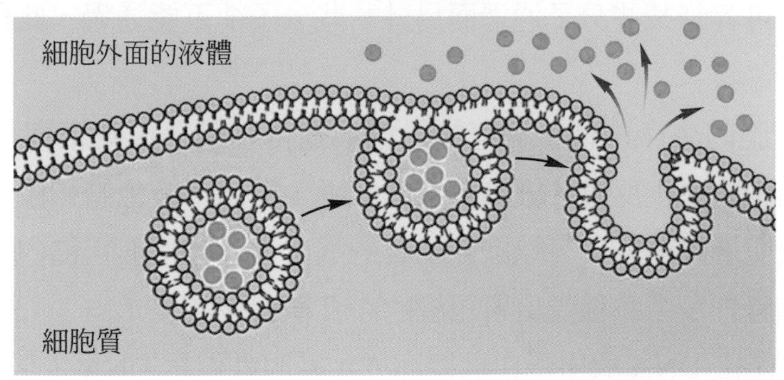

圖 3-36 胞吐作用。運輸囊向細胞膜的方向移動並與之融合，將囊內的物質運送到細胞外。

本章複習

3-1 原核細胞與真核細胞

- 原核細胞包括細菌與藍綠藻，爲較原始的細胞，這類細胞多數具有細胞壁，缺少細胞核及膜狀的胞器，細胞體積較小。
- 一般動、植物細胞皆屬於眞核細胞，體積較原核細胞大，構造複雜具有細胞核及各種由膜組成的胞器。

3-2 細胞的發現與細胞學說

- 雷文霍克以自製顯微鏡觀察池水中的微生物。
- 英國科學家虎克以顯微鏡觀察植物和動物組織，並於 1665 年發表顯微圖譜。
- 細胞學說是由許來登與許旺共同提出，主要重點如下 ：
  - 所有生物皆由一個或多個細胞所組成。
  - 細胞是生物體結構與組成的基本單位。
- 細胞是生物體構造上的基本單位，同時也是功能上的單位。細胞分化之後，形狀不同的細胞具有不同的機能，但是細胞的基本構造是一樣的。

3-3 細胞的構造與各種胞器

- 細胞是由細胞膜包含著一團膠狀物質所形成，含有遺傳物質 DNA 與各種胞器。
- 細胞是藉著細胞膜與外界區隔開來，細胞可以藉細胞膜調節物質的進出並維持細胞內部的恆定，而植物細胞之細胞膜外尙有一層細胞壁。
- 細胞膜是雙層磷脂構成，膽固醇、醣脂質與各種蛋白質則穿插其間。細胞膜上的蛋白質能在細胞膜上移動，這種結構就是最被廣爲接受的流體鑲嵌模型。
- 細胞內的膜可容許某些分子通過而另外一些分子卻不能通過，此種有選擇通透性的膜稱爲半透膜。
- 細胞核是細胞的生命中樞，含有染色體與遺傳基因，決定細胞和生物的遺傳特徵，控制細胞的生化反應。細胞核包含核膜、核質、染色體和核仁等幾部分。
  - 核膜由雙層膜組成，可以調節物質的進出，外膜常與粗糙內質網的膜相連。核膜上有許多由多種蛋白質組成的小孔稱爲核孔。
  - 染色質是由 DNA 與組蛋白纏繞而成，基因就位於 DNA 上。細胞未分裂時，DNA 與組蛋白纏繞鬆散，在顯微鏡下不容易觀察。細胞分裂前期，染色質會透過彎折與螺旋纏繞得更加緊密，而逐漸變得粗短，形成桿狀的染色體，此時在顯微鏡下較容易觀察。

- 核仁為核質中大小及形狀不規則的緻密團塊，主要是由核糖體 RNA (rRNA) 及蛋白質組成的。

■ 核糖體是所有生物細胞合成蛋白質的場所，無論原核細胞或真核細胞皆有此胞器，它由大、小兩個次單元組成。

■ 細胞內有些胞器的膜彼此之間會互相連結，或可經由運輸囊將膜的一小部分分離再與其它的膜互相融合，這些彼此可以互相分離或融合的膜看成一個整體，稱為內膜系統，包含核膜、內質網、高基氏體、溶小體、細胞膜等。

■ 內質網膜分為粗糙和平滑兩種。粗糙內質網的膜上附著許多核糖體，這些核糖體主要合成分泌性蛋白質，平滑內質網是合成包括磷脂質與膽固醇等脂質的場所。

■ 高基氏體具有修飾、濃縮及儲存分泌物的功能。

■ 粒線體與葉綠體皆是細胞中能進行能量轉換產生 ATP 的胞器，而粒線體更被稱為細胞能量的供應中心。

■ 植物細胞中有一類特殊的胞器稱為質粒體或質體，它是一個龐大的家族，與食物合成及貯藏有關。

- 葉綠體為一種質體內含光合作用色素，是進行光合作用的場所。
- 高等植物的光合作用色素有葉綠素 a、葉綠素 b、胡蘿蔔素及葉黃素等四種，能吸收光能，並可將光能轉換為化學能。

■ 溶小體通常存在於動物細胞，內含有約 40 種，能分解細胞中的各種大型分子，如蛋白質、多醣類和核酸。

■ 過氧化體也是由膜包圍的胞器，普遍存在於真核細胞。其內含有胺基酸氧化、脂肪酸氧化與觸酶。肝細胞和腎細胞內的過氧化體具有解毒功能，可分解某些化合物的毒性。

■ 中心粒存在於大部份的動物細胞及原生生物細胞中 (高等植物細胞則缺乏此構造)，它與動物細胞的有絲分裂有關。

■ 細胞骨架有助於特定之功能，如維持細胞架構、促進細胞運動、使細胞固著在一起、促進細胞質內物質的運輸以及固定胞器的位置等。細胞骨架可分成微管、間絲與微絲等三種。

■ 液泡是由膜圍成的大型囊狀構造，通常存在於植物與原生生物的細胞中。在植物細胞內液泡常位於中央，最主要的成份是水，可產生膨壓以維持細胞形狀，並可暫且貯存無機鹽類，調節細胞內的 pH 值。

■ 細胞壁通常存在於細菌、原生生物、真菌及植物細胞。細菌的細胞壁主要成份是胜多醣，真菌的細胞壁由幾丁質組成，植物細胞的細胞壁主要成分為纖維素。

3-4 物質通過細胞膜的方式

- 細胞膜除了將細胞與外界環境隔開，並且可以控制物質進出細胞，細胞膜對物質的通透性取決於該物質的大小、極性與帶電性，一般來說，小分子、非極性(疏水性)、不帶電的物質較容易通過細胞膜。物質通過細胞膜的機制有擴散作用、滲透作用、促進性擴散、主動運輸、內噬與胞吐作用等。
- 物質的分子或離子在溶劑中由高濃度處向低濃度處分散，最後達分布均勻，此一現象稱爲擴散作用。
  - 在人體中，氣體(如 O_2、CO_2、N_2)、酒精、水和尿素皆容易以簡單擴散通過細胞膜。
- 透過半透膜水分子由濃度高處向水分子濃度低的區域移動稱爲滲透作用。
  - 溶液的溶質與細胞溶質相同時，則溶液的滲透壓和細胞的滲透壓相等，水分進出細胞的速度相同，細胞不膨脹也不萎縮，此種溶液就稱爲等張溶液。
  - 細胞置於溶質濃度較高的溶液中，水分自細胞向外滲出，細胞內的物質濃度隨之增高，細胞發生萎縮以致脫水死亡。此一細胞膜外的溶液對細胞而言，稱爲高張溶液。
  - 外界溶液的溶質濃度較稀(也就是水分子濃度較高)，水分子會經滲透作用進入細胞內，造成細胞膨脹甚至破裂，則此溶液稱爲低張溶液。
- 促進性擴散必須藉由膜上之通道蛋白或載體蛋白完成，物質順著濃度梯度由高濃度往低濃度方向移動，不消耗能量。
- 細胞內有些物質的濃度經常比周圍環境高出許多，細胞還可以利用能量，吸收或者排除特定的物質，這種運輸違反濃度梯度，以能量將物質由低濃度往高濃度方向運送，即稱之爲主動運輸。
  - 單細胞生物的伸縮泡將體內多餘的水分排出；人體的神經及肌肉細胞的細胞膜上的鈉鉀幫浦都是主動運輸的例子。
- 細胞可藉內噬作用將大分子物質帶入細胞內部。內噬作用又稱爲胞吞作用，又分爲吞噬作用與胞飲作用兩種。
- 若細胞欲將胞內物質釋出時，會將該物質包裹在運輸囊泡中，囊泡逐漸靠近細胞膜並與之融合，將物質釋出細胞外即稱之爲胞吐作用。細胞可以此方式分泌、激素或胞內消化後產生的廢物。

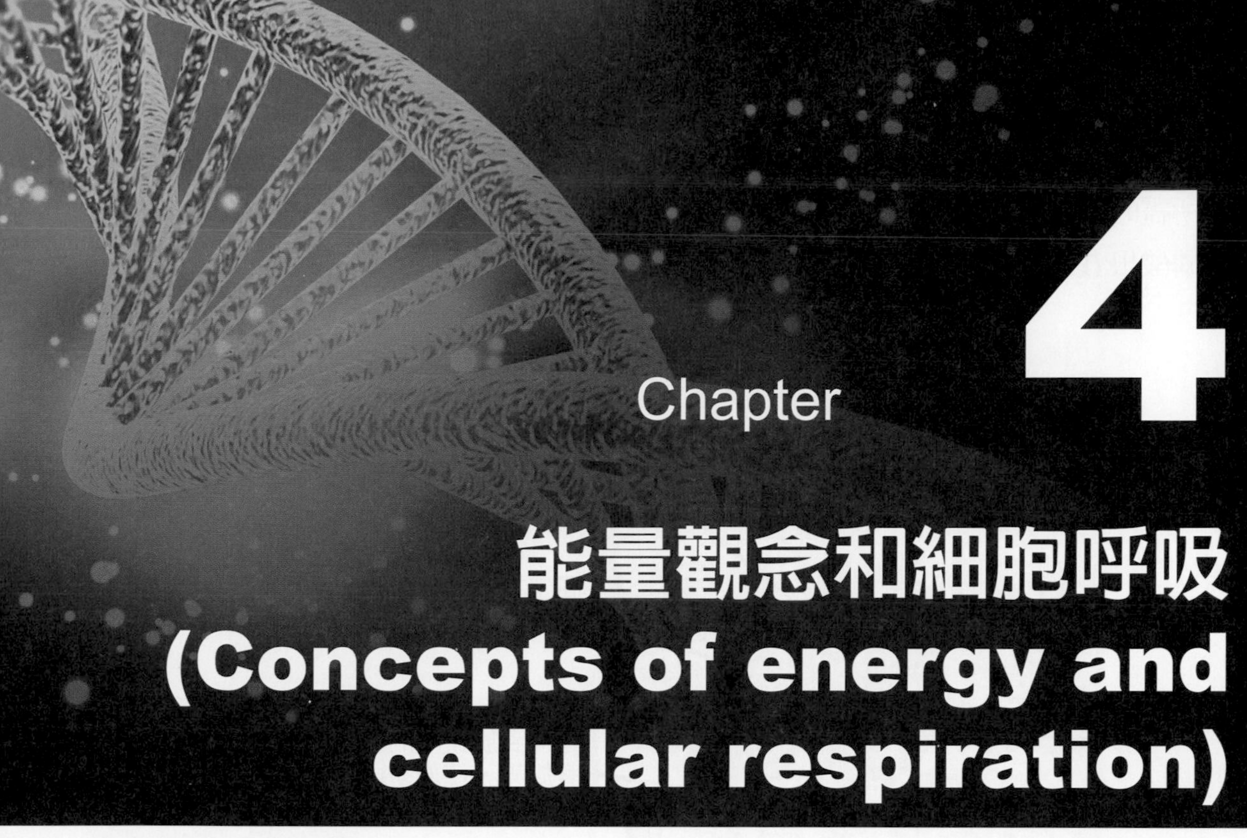

Chapter 4 能量觀念和細胞呼吸 (Concepts of energy and cellular respiration)

分子馬達

生命意味著不斷的運動，而生物體的大分子如何在微觀，分子層級進行構造的改變，達到從分子到巨觀世界的運動？活世界中大多數形式的運動，都是由微小蛋白質組成的分子馬達提供動力，完成複雜的微觀 (例如：細胞分裂) 與巨觀 (例如：生物體的移動) 運動。分子馬達是細胞內能夠把化學能直接轉換爲機械能的蛋白分子的總稱，它是以腺嘌呤核苷三磷酸酶 (ATPase) 爲基礎。這些由「動力蛋白」組成的分子馬達包括線性運動馬達和旋轉運動馬達。

線性運動馬達，例如：驅動蛋白 (kinesins)、動力蛋白 (dyneins)、肌凝蛋白 (myosins)、DNA 解旋酶 (helicase) 會沿著線性軌道單向地步進，特別是微管和肌動蛋白絲，它們也會在細胞運輸過程、結構和功能中扮演關鍵角色。肌肉中肌凝蛋白的結構會隨著 ATP 分解爲 ADP 而發生改變，當 ATP 水解釋放的能量轉化爲機械能，會引起肌凝蛋白構形發生改變，然後接合到肌動蛋白造成肌動蛋白的滑動使肌節縮短，引起肌肉收縮。旋轉運動馬達不像線性運動馬達由 ATP 水解所驅動而是由跨膜蛋白質的氫離子 (H^+) 或鈉離子 (Na^+) 流所產生的濃度梯度來驅動。具有鞭毛的細菌例如大腸桿菌，鞭毛就是一個馬達，當所有的鞭毛都是往同一個方向旋轉時會將細菌推向前，但是當一個或多個鞭毛方向相反時會造成細菌翻轉進而改變運動方向。

生物體維持生命以及完成代謝作用等活動，都需要能量供給才能完成，所有生物所需的能量都是由腺嘌呤核苷三磷酸 (ATP)，水解成產生 ADP(腺嘌呤核苷二磷酸) 及磷酸根 (Pi) 所釋出的能量提供。

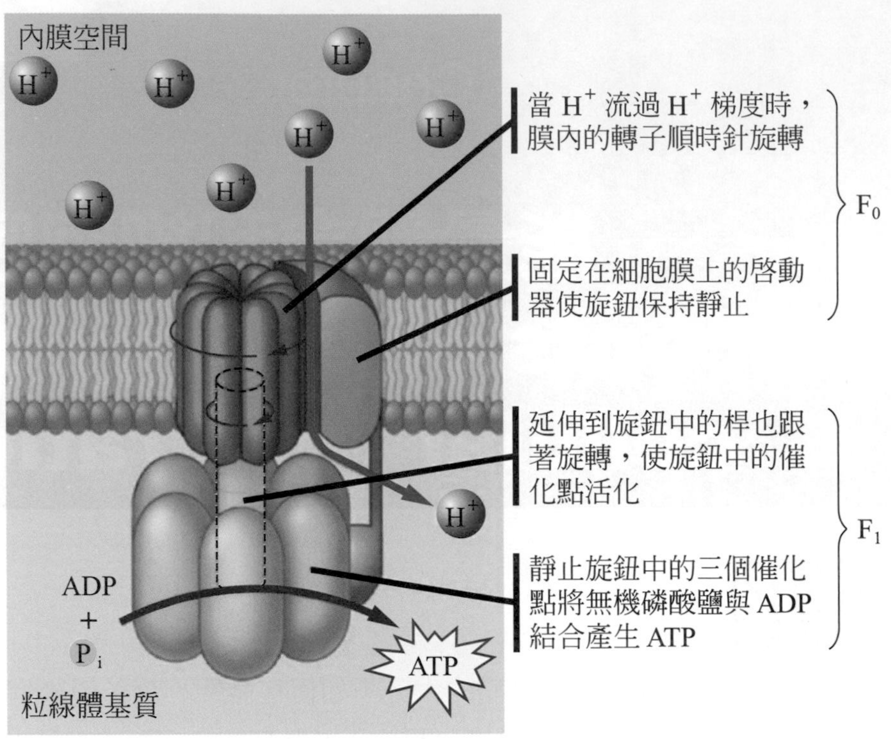

生物體維持生命以及完成代謝作用等活動，皆需能量 (energy) 才能進行。能量有多種形式，如輻射、電、光、熱、化學、機械等能，一般對能量的解釋爲作功 (work) 的能力，此種能力可使物質發生轉變。所有的能量最終都能轉變成熱能，但是細胞無法利用熱來做功，細胞只能利用特殊的能量形式來做功，它儲存在有機分子的化學鍵內，稱爲化學能。本章將介紹能量觀念與生命息息相關的呼吸作用。

4-1 能量觀念

(一) 位能

運動中的物體都具有動能 (kinetic energy)，靜止中的物體雖然不具動能，但也能存有能量稱爲**位能 (potential energy)**。位能又稱爲**勢能**，是一種潛藏的能量，也可看做是一種被儲存的能量，它蘊含在物質的位置、結構或狀態之中。

位能的形式很多，例如在物理學上被拉長的彈簧具有彈力位能、在電場中的電荷具有電位能、高山上的石頭相較於平地的石頭具有更多的重力位能等，位能平時不易察覺，需經過能量的轉換方能成爲可觀察或是可利用的能量。

(二) 化學能

動、植物皆需分解體內或細胞內的有機食物，從中獲取能量，食物中的化學能蘊藏於分子內，也就是原子與原子間之結合鍵中。當原子間之電荷作用形成化學鍵時，便將化學能貯藏於化學鍵中，因此若要利用化學能做功，需先將化學鍵打斷，讓能量釋放出來。化學能可看作是一種位能，醣類、脂肪、蛋白質等分子在合成過程中將化學能儲存在化學鍵中，稱爲**高位能化合物**；分解後產生的二氧化碳與水即使將其分子的鍵結打斷也只能釋出極少能量，稱爲**低位能化合物**或**低能化合物**。

儲能的化學鍵可以分二類，一種爲**低能鍵 (low energy bond)**，低能鍵的化合物如醣類 、脂肪 、蛋白質 。凡是碳、氫 、氮 、氧原子與另一個碳原子結合的化學鍵都是低能鍵。低能鍵比較穩定，分解時放出能量不多，不能在短時間內放出多量的化學能以供給細胞需要 。細胞內另有一種含**高能鍵 (high energy bond)** 的化合物，最普通的高能鍵就是**磷酸鍵 (phosphate bond)**；它和普通磷酸根不同，是吸收低能鍵所放出的能量形成的。高能鍵不穩定，容易放出能量變成普通磷酸根，爲了二者有所區別，常用「～」代表高能鍵，生物體內含高能鍵的化合物可以**腺嘌呤核苷三磷酸 (adenosine triphosphate，ATP)** 爲代表 (圖 4-1)。

(三)ATP 的構造與功能

葡萄糖分子中貯存有許多化學能，細胞中的粒線體可將葡萄糖分解，並把其中的能量轉變爲細胞可以利用的形式儲存在特殊的化合物中，其中最重要的便是 ATP。ATP 是核苷酸的一種，是由核糖、腺嘌呤與三個磷酸根組成，科學界已能用特殊方法將 ATP 由細胞中分離出來。1941 年李普曼 (Fritz Lipmann) 強調 ATP 在能量的貯存和供應上擔任重要的角色，因而獲得諾貝爾獎。

由葡萄糖轉移至 ATP 之能量會迅速消耗於各種細胞活動中，其間 ATP 被分解以釋放能量而轉變爲 ADP(腺嘌呤核苷二磷酸)(圖 4-1)，ADP 尙可再釋放出一個高能磷酸鍵的能量形成 AMP(腺嘌呤核苷單磷酸)；當細胞中 ATP 減少時，更多的葡萄糖會被氧化產生能量，以便將 AMP 合成 ADP，再合成爲 ATP；此等合成後之 ATP 又會再被分解放出能量以供細胞活動所需，此一連串之反應不斷地循環發生。

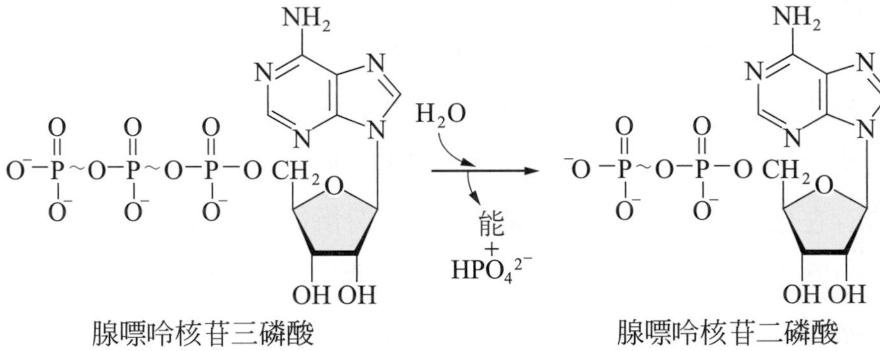

NH_2 … H_2O → 能 + HPO_4^{2-}

腺嘌呤核苷三磷酸　　　　腺嘌呤核苷二磷酸

圖 4-1　ATP 與 ADP 的關係。ATP 有兩個高能磷酸鍵，將磷酸鍵打斷可釋放能量，為一種水解反應。ATP 釋放一個高能磷酸鍵後會轉變為 ADP，ADP 可再釋放一個高能磷酸鍵形成 AMP。

(四) 能量的轉換

生物體要從自然界獲得能量需經過三種主要的能量變化：

(1) 植物的葉綠素吸收太陽能，經光合作用轉變為化學能，把二氧化碳和水結合成醣類和其他物質，能量則儲存在醣和其他食物分子內的化學鍵中 (圖 4-2)。

(2) 細胞進行呼吸作用時，將醣和其他物質內的化學能轉變為高能的磷酸鍵，以供生物利用。呼吸作用主要在粒線體內進行，可視為將低能鍵中的化學能轉變為高能鍵的化學能。

(3) 高能磷酸鍵中的能被細胞利用來作功，如肌肉收縮 (機械功)、神經刺激之傳導 (電功)、合成生長所需的分子 (化學功)，部分能量在最後形成熱散到環境裡。

動、植物體內有效率頗高的能量轉換器 (energy transducers)，如葉綠體和粒線體，這些轉換器配合有效的控制系統使細胞適應環境的改變。上述三類能量轉變的過程中，尚需要許多酶的參與。

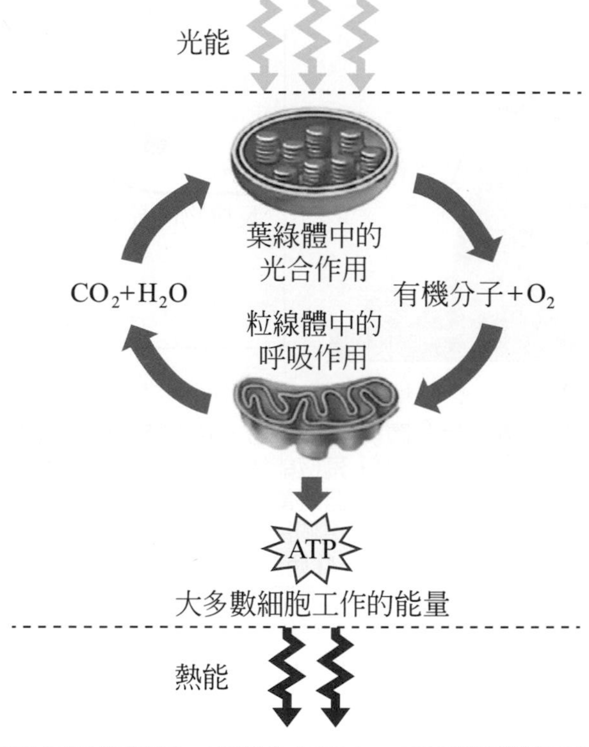

圖 4-2　光合作用和呼吸作用的關係。在光合作用中，光能被植物用來將低能量物質 (CO_2 和 H_2O) 轉換成高位能的醣類，O_2 是副產品；但是當醣類被動、植物以呼吸作用分解時，它們所儲存的化學能會轉換成細胞工作所需的 ATP。

(五) 活化能

在圖 4-3a 中，一圓形巨石置於山上 A 點，靜止時由於高度之關係，此球具有一定之位能。假如我們將它滾入山下，其位能便會轉變成動能，當球靜止於山腳 B 點時，其位能相對少於其在山上時的位能。但是當球靜止在 A 點時並不會自動滾下山，我們需消耗能量做功，先將巨石推往山頂，這個能量就相當於化學反應的**活化能** (activation energy)；當巨石到達山頂後會自然向山坡滾下，也就代表此時化學反應可自然發生。例如：在常溫下 H_2 與 O_2 均是穩定的氣體。若將一個大型密閉的容器中充滿 H_2 和 O_2，無論放置多少時間 H_2 與 O_2 仍是混合氣體，不易有任何變化。然而當我們投入一根點燃的火柴時，則立刻會引發爆炸和放出能量，也有許多的水滴落下來。這是由於點燃的火柴引起無以數計的 H_2 與 O_2 發生反應，而這根點燃的火柴便是提供 H_2 與 O_2 發生反應的活化能 (圖 4-3b) 。故活化能爲克服能量障壁令反應發生所需的最低能量。物質不論是釋能或吸能反應，都需要活化能來促其進行，這些能量用以切斷反應物的化學鍵，以便新鍵產生。

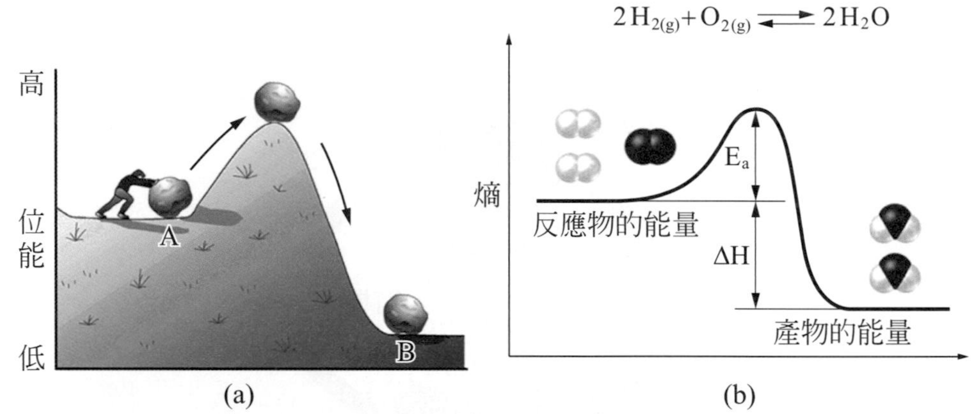

圖 4-3　活化能。(a) 假想一圓形巨石置於山上 A 點，靜止時，由於高度之關係，此球具有一定之位能；如我們欲使之滾動下山，其位能便會轉變成動能，當球靜止於山腳 B 點時，其位能相對少於其在山上時的位能。但是當球靜止在 A 點時並不會自動滾下山，我們需消耗能量做功，先將巨石推往山頂，這個能量就相當於化學反應的活化能；當巨石到達山頂後會自然向山坡滾下，也就代表此時化學反應可自然發生。(b) 反應物 (H_2 與 O_2) 所含有的能較產物 (H_2O) 為高，但是此反應並不會自然發生，因為 H_2 與 O_2 均是穩定的氣體，分子間的化學鍵不易斷裂，因此氫原子與氧原子無法重新組合形成水 。若要讓反應發生，必須提供活化能 (E_a) 將 H_2 與 O_2 分子間的鍵結打斷，之後氫原子與氧原子即有機會重新組合形成水分子。

活細胞中不斷進行著各種化學反應稱爲代謝作用 (metabolism)，其中合成各種新分子的過程稱爲**同化作用 (anabolism)**，而將大分子分解爲小分子的過程稱爲**異化作用 (catabolism)**。細胞所進行的化學反應由**酶 (enzymes)** 來催化；每一種酶催化某種特定的反應，而且酶結構上有一特殊的**活化區 (active site)**(圖 4-4)，會與反應物的特定區域結合，進行催化。反應開始前，參與反應的物質稱爲**反應物 (reactants)** 或**受質 (substrates)**，反應結束後生成的物質稱爲**產物 (products)**。酶與受質結合後可以改變反應途徑，降低活化能，例如：二氧化碳 (CO_2) 加水 (H_2O) 可形成碳酸 (H_2CO_3)，若反應有酶的參與則活化能可以降低，使反應容易發生 (圖 4-5)。

反應發生時，在原子重新排列或化學鍵被切斷的過程可釋出能量者，稱爲釋能反應 (圖 4-5)，也就是反應物含有的能量較產物高。反之，若形成新的化學鍵時需加入能量，則稱爲吸能反應，此時產物所含有的能量較反應物高。

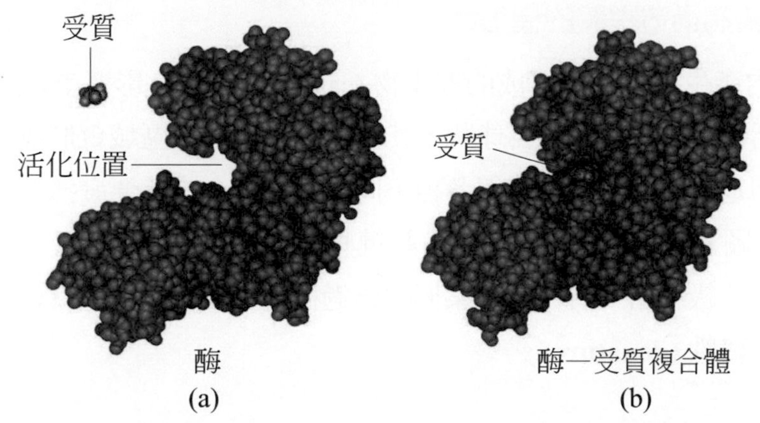

圖 4-4　酶的活化區。(a) 酶與受質結合的部位稱為活化區。(b) 受質與活化區結合時可誘導活化區的構型與之完全契合。

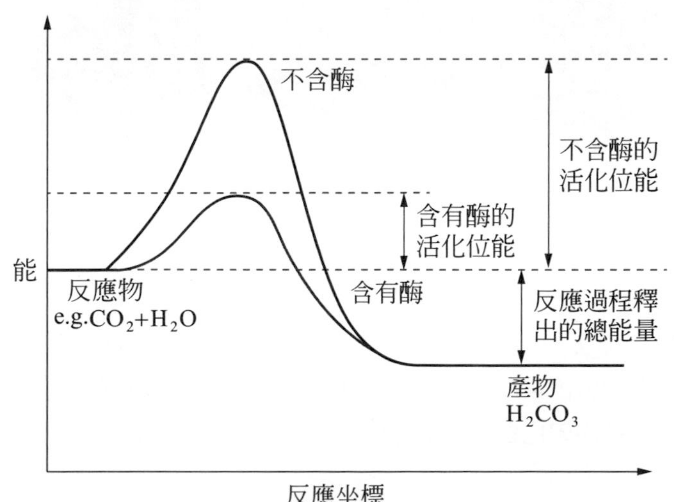

圖 4-5　酶可降低活化能。二氧化碳 (CO_2) 加水 (H_2O) 可形成碳酸 (H_2CO_3)，若反應有酶的參與則活化能可以降低，使反應容易發生。

4-2 酶及其性質

生物體中許多生化反應都必須在短時間內以最快的速度進行，於是細胞就需要一些特殊的催化物來促使各種生化反應發生並加快反應速率，細胞中擔任此一工作的便是酶 **(enzymes)**，而在細胞中受酶作用的物質，稱為**受質 (substrates)**。一般動、植物細胞之中可能有數千種不同的酶，而每種酶的分子亦常包含數百或數千個胺基酸，佔細胞中大部分的蛋白質。19 世紀初，法國化學家沛因 (Anselme Payan) 與貝索茲 (Tean F. Persoz) 進行有關澱粉酶的實驗，發現酶可促進細胞內的化學變化，而且明瞭酶離開活體後在試管內仍可進行作用。

(一) 酶的性質

1. 酶是以蛋白質為構造主體的催化物

酶是細胞內產生由蛋白質構成的催化物 (catalysts)，故凡影響蛋白質性質之因素皆可影響酶的活性。大多數的酶為球狀，其表面至少有一個區域會形成凹陷，稱為活化區，各種酶即是藉此特定的凹陷與各種不同的受質結合。酶要發揮功能必須擁有正確的立體形狀 (圖 4-6)，也就是蛋白質多胜鏈必須摺疊成正確的二級、三級結構，進而組合成正確的四級結構，若其中的某個摺疊過程發生錯誤則酶也就會失去原有的功能，稱為蛋白質**變性 (denature)**。

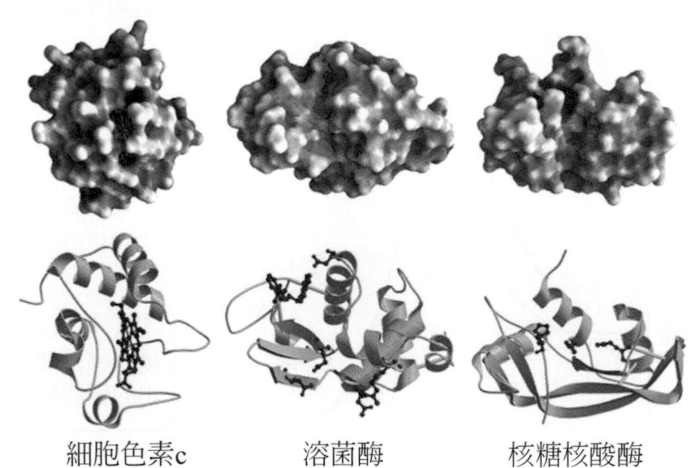

圖 4-6　酶是由蛋白質構成的催化物，每一種酶都有獨特的立體形狀。

2. 酶具有專一性

每一種酶都有特定的受質，此種特性稱爲酶的專一性。大多數的酶是絕對專一的，也就是只能與一種受質結合，如尿素酶 (urease) 只分解尿素爲氨 (NH_3) 和二氧化碳，對其它物質不發生作用。蔗糖、麥芽糖和乳糖也都各有特殊的酶來分解。

$$CO(NH_2)_2 + H_2O \xrightarrow{\text{尿素酶}} 2NH_3 + CO_2$$

此種專一性有賴於酶與受質的互相配合，當酶與受質接觸，受質會與酶上的活化位置結合，形成一暫時性的**酶－受質複體 (enzyme － substrate complex)**，它們彼此之間以弱作用力 (如氫鍵、親水 / 疏水作用力等) 相連。酶作用之後可再與其它受質分子結合，進行下一次的催化反應，酶分子本身並不損失，可一再循環使用。

3. 酶的催化能力很強

目前已知酶可以催化超過 5000 種生化反應，而且每一種酶的催化能力不同。乙醯膽鹼 (acetylcholine) 爲一種神經傳導物質，可引發突觸後神經元的動作電位。乙醯膽鹼酯酶 (acetylcholinesterase) 每秒鐘可分解 14,000 個乙醯膽鹼分子，避免乙醯膽鹼持續引發神經衝動造成肌肉抽搐。二氧化碳在血液中運輸時通常會先轉變爲碳酸，而這個反應可由碳酸酐酶 (carbonic anhydrase) 催化，此酶每秒鐘可將 1,000,000 二氧化碳轉變爲碳酸，使其易溶於血漿。H_2O_2 對細胞具有毒性，而觸酶 (catalase) 每秒鐘可將 40,000,000 個 H_2O_2 分解爲 O_2 與水，保護細胞免於其害。

4. 酶與輔酶

除**水解酶 (hydrolase)** 外，大多數的酶在作用時尚需要**輔因子 (cofactor)** 的幫助，有些輔因子是金屬離子或是小的有機分子，這類有機分子就稱爲**輔酶 (coenzyme)**，酶必須與輔酶結合才能發揮作用 (圖 4-7)。細胞中許多輔酶都是由飲食中的維生素轉變來，包括硫胺 (thiamine，維生素 B_1)、菸鹼酸 (niacin，維生素 B_3)、核糖黃素 (riboflavin，維生素 B_2)、吡哆醇 (pyridoxine，維生素 B_6) 等。

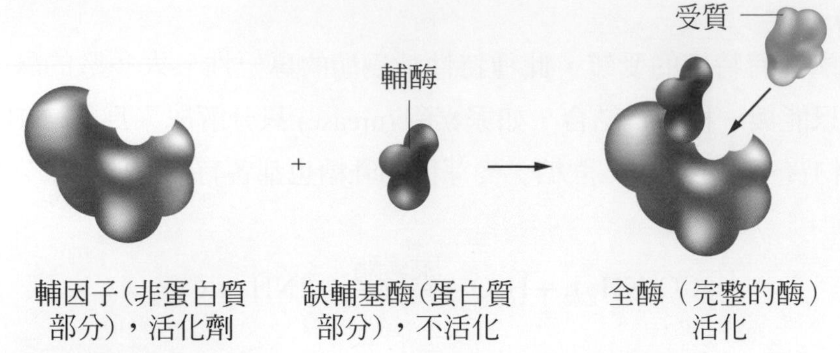

圖 4-7　輔酶通常會結合在酶的活化區，大多數的酶需與特定輔酶結合才具有催化的功能。

(二) 酶的活性

在適當的溫度與 PH 值條件下，若受質的量充足，反應速率與酶的濃度成正比 (圖 4-8a)，也就是酶的濃度越高，反應速率越快；若酶的量受到限制，反應初期的速率與受質的濃度成正比，當所有的酶都與受質結合時，雖然受質的濃度不斷增加，但是反應速率不會再增加，也就是反應速率已達上限值 (圖 4-8b)。

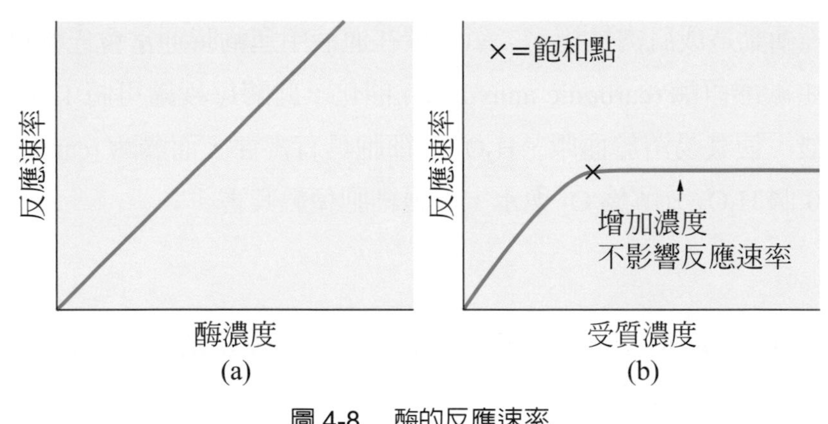

圖 4-8　酶的反應速率

大多數的酶都需要輔酶或是輔因子的幫助，因此兩者的濃度也會影響反應速率。除此之外，酶的活性也會受到 pH 值與溫度的影響。組成蛋白質的胺基酸通常帶有一定量的正電荷或負電荷， 這些電荷可維持蛋白質的結構，活化區的電性更影響酶與受質結合的能力，pH 值改變會使蛋白質分子的電性改變而影響了酶的活性。強酸或強鹼能使大部份的酶失去活性，因它們會使蛋白質分子變性，產生永久性的結構改變。多數酶適合在中性環境下作用，但也有些酶適合酸性或鹼性的環境，例如人體胃液中之**胃蛋白酶 (pepsin)**，在 pH2 時反應最好，而**胰蛋白酶 (trypsin)** 則在鹼性環境中活性最強，以 pH8.5 時最適宜。生物體內各種酶最適合的 pH 值列於表 4-1。

表 4-1　各種酶最適合的 pH 值

酶　類	最適 pH	受酶質
澱粉酶 (動物)	6.2 ～ 7.0	澱粉
澱粉酶 (植物)	4.5 ～ 5.5	澱粉
乳糖酶	5.7	乳糖
麥芽糖酶	7.0	麥芽糖
胃蛋白酶	1.5 ～ 2.2	蛋白質
胰蛋白酶	7.8 ～ 9.0	蛋白質

溫度

蛋白質是由胺基酸以胜鍵連結，胜鍵是穩定的共價鍵，不容易受到高溫破壞，所以蛋白質的一級結構在高溫下非常穩定。但是蛋白質二級與三級的結構主要是藉由氫鍵、親水與疏水作用力等弱鍵結合，這些鍵結在高溫時不穩定，容易受到破壞失去原有的構型而喪失功能，所以絕大多數的蛋白質均不耐高溫。雙硫鍵 (－ S － S －) 也是穩定蛋白質立體結構的重要鍵結，它是由兩個帶有－ SH 官能基的半胱胺酸 (cysteine) 所形成，由於雙硫鍵也屬於一種共價鍵，因此雙硫鍵多的蛋白質通常對熱較爲穩定。

酶是蛋白質組成。大部分的酶在 0℃時活性很低；溫度升至**低限溫 (minimal temperature)** 時開始活動；溫度漸高，酶之活性漸增；酶之活性達最高峰時的溫度稱爲**最適溫 (optimal temperature)**。溫度超過最適溫，酶的活性漸減，若超過**高限溫 (maximal temperature)**，因高溫會使蛋白質變性，酶即停止活動。一般酶的高限溫爲 50~60℃，變性後的酶雖再降低溫度也無法回復。

熱可以殺死許多生物體，就是因為熱會使細胞中的蛋白質失去功能，但自然界仍然存在著一些生命可以生活在極高溫的環境中。例如在火山噴氣口或是接近 100℃的溫泉中仍然可發現一些細菌。在某些海底熱泉的噴氣口附近溫度甚至高達 400℃，科學家已在其周圍發現多種生物體，包括細菌、巨型管蟲 (*Riftia pachyptila*)、貝類與蝦，這些生物之所以能夠生存在高溫環境，就是因為其細胞中的酶可耐高溫 (圖 4-9)。

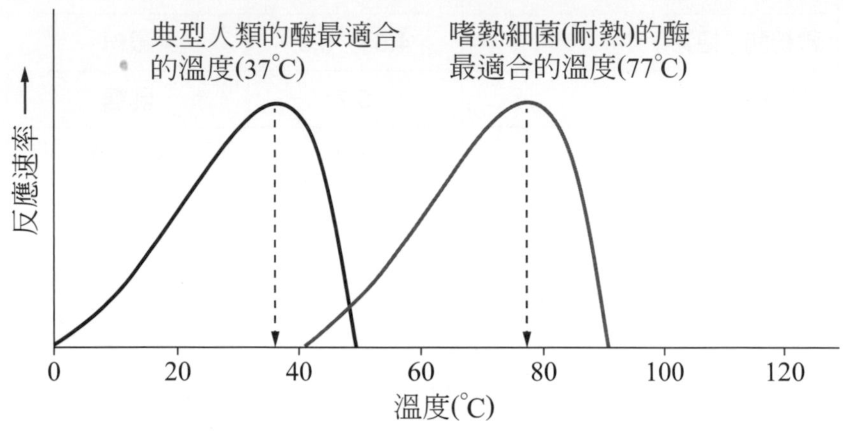

圖 4-9　溫度對酶活性的影響

許多化學物質和金屬離子會降低酶的活性或使其失去功能，這類物質稱為酶的抑制物。有些抑制物分子的部分形狀與受質相類似，也可以結合在酶的活化區， 這種抑制方式稱為**競爭性抑制 (competitive inhibition)**(圖 4-10a)，抑制物與受質競爭活化區，若是受質先佔據活化位置則可受到酶的催化，若是抑制物先佔據活化位置，酶即無法再與受質結合，通常只要提高受質濃度即可減少競爭型抑制物的影響。有些抑制物是與活化位置以外的部位結合，使酶的形狀發生改變而失去活性，為**非競爭性抑制 (noncompetitive inhibition)**(圖 4-10b)。若系統中酶的含量固定。當有競爭性抑制物存在時，提高受質濃度即可減少競爭型抑制物的影響，受質濃度越高，反應速率越快。但是當非競爭性抑制物存在時，反應速率下降，就算增加受質濃度也無法減低抑制物的影響，提升系統的反應速率 (圖 4-11)。所以許多非競爭性抑制物都可以調解酶的活性。

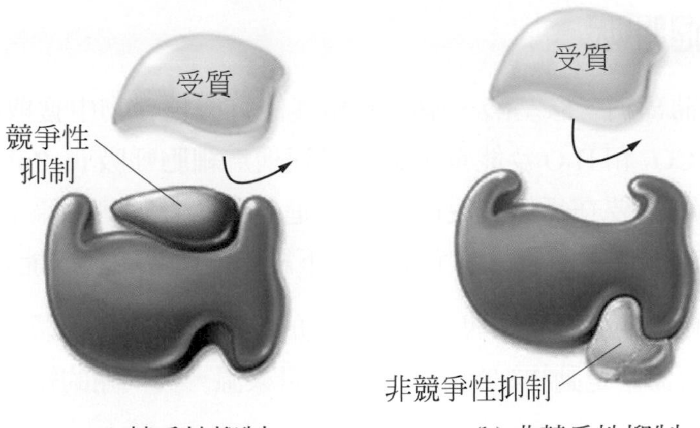

圖 4-10　酶的抑制物。(a) 競爭性抑制，抑制物與受質競爭活化區。(b) 非競爭性抑制，抑制物與活化位置以外的部位結合，使酶的形狀發生改變而失去活性。

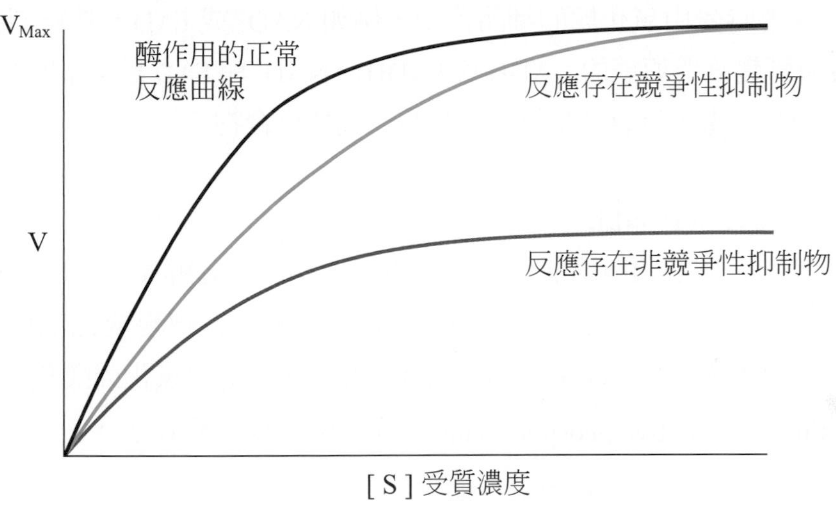

圖 4-11　反應速率與抑制物的關係

4-3 細胞呼吸

細胞從分解葡萄糖、胺基酸、脂肪酸和其他有機化合物中獲取能量，過程中會消耗氧氣，產生 CO_2 和 H_2O 及能量，這個過程稱爲**細胞呼吸 (cellular respiration)**；多數的動植物細胞需要在氧氣充足的情況下進行呼吸作用，稱爲**有氧途徑 (aerobic pathways)**，相較於無氧的途徑，在有氧環境下細胞能產生更多的能量。

整個呼吸作用需要多種酶參與反應，產生的能量亦可由粒線體中的酶將其儲存在高能化合物中。葡萄糖是動物細胞最直接的能量來源，其代謝的總反應式如下：

$$C_6H_{12}O_6 + 6O_2 + 6H_2O \rightarrow 6CO_2 + 12H_2O + \text{能量}$$

在分解葡萄糖的過程中有一類重要的反應稱爲**去氫反應 (dehydrogenation)**，去氫酶 (dehydrogenase) 在作用時會從受質分子上移去兩個氫離子與兩個電子，這些氫離子與電子會暫時先由氧化態的輔酶接受，例如 NAD^+ 或 FAD，當它們接受電子與氫離子之後會轉變爲還原態的 NADH 與 $FADH_2$。NAD^+ 與 FAD 是電子的初級接受者，NADH、$FADH_2$ 其電子具有高電位能，被視爲高能化合物。

(一) 細胞呼吸代謝路徑

細胞呼吸是一個必須有酶催化且複雜的代謝路徑，分解葡萄糖的過程很複雜，大致可分爲分爲糖解作用 (glycolysis)、丙酮酸 (pyruvate) 轉變成乙醯輔酶 A (acetyl coenzyme A)、檸檬酸循環 (citric acid cycle)、電子傳遞鏈與氧化磷酸化作用 (electron transport chain and oxidative phosphorylation) 等 4 個階段 (圖 4-12)：

1. 糖解作用

動、植物細胞皆以葡萄糖作爲最直接的供能物質。葡萄糖進入細胞後，首先會在細胞質中轉變爲丙酮酸，稱之爲糖解作用，糖解作用過程中有許多步驟，每一個步驟都需要特殊的酶來催化。一分子葡萄糖分解爲兩分子丙酮酸過程中產生 4 個 ATP 分子；釋出的 4 個氫原子與 4 個電子可讓 $2NAD^+$ 形成 $2NADH+2H^+$。因爲過程中會消耗 2 個 ATP，所以實際淨得 2ATP 及 $2NADH+2H^+$。淨反應式如下：

$$C_6H_{12}O_6 + 2ADP + 2Pi + 2NAD^+ \rightarrow 2\,\text{丙酮酸} + 2ATP + 2NADH + 2H^+ + 2H_2O$$

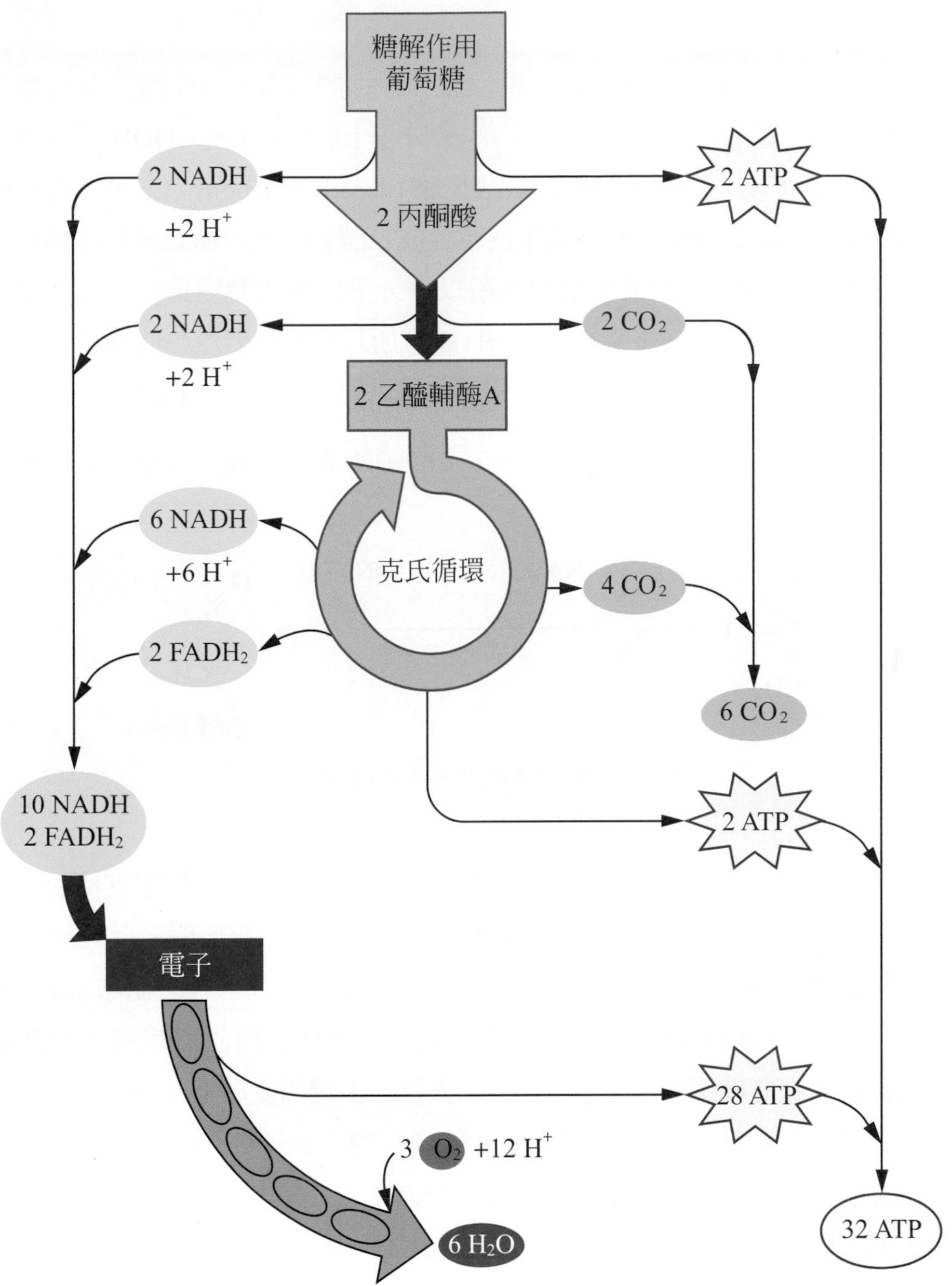

圖 4-12 呼吸作用中分解葡萄糖的過程分為糖解作用、丙酮酸轉變成乙醯輔酶 A、檸檬酸循環、電子傳遞鏈與氧化磷酸化作用等四個階段。

2. 丙酮酸轉變為乙醯輔酶 A

糖解作用所產生的丙酮酸被送入粒線體，粒線體基質的丙酮酸去氫酶複合體能將丙酮酸轉變為乙醯輔酶 A(圖 4-13)。丙酮酸分子上的羧基 (− COOH) 首先被去除，放出一分子二氧化碳，這個步驟稱為去羧反應 (decarboxylation)，去羧後的雙碳分子會再和輔酶 A(CoA) 的官能基 (− SH) 反應合成乙醯輔酶 A，在此過程中移出的電子與氫離子由 NAD^+ 接受，形成 NADH。所以一分子丙酮酸轉變為一分子乙醯輔酶 A 會釋放出一分子二氧化碳，並形成 $NADH+H^+$，所以由葡萄糖產生的兩分子丙酮酸共可轉變為兩分子乙醯輔酶 A，釋放出兩分子二氧化碳，並形成 $2NADH+2H^+$。

$$2\text{ 丙酮酸} + 2\text{ 輔酶 A} + 2NAD^+ \rightarrow 2\text{ 乙醯輔酶 A} + 2CO_2 + 2NADH + 2H^+$$

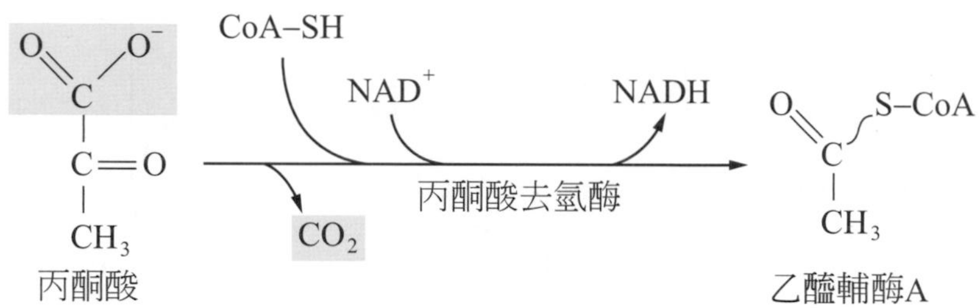

圖 4-13　丙酮酸轉變為乙醯輔酶 A

3. 檸檬酸循環

克拉伯循環 (Krebs cycle) 發生於粒線體基質中，為英國生化學家克拉伯 (Sir Hans Krebs) 首先提出此一系列的反應，故稱為克拉伯循環或克氏循環。反應過程的第一步會生成檸檬酸，所以又稱檸檬酸循環 (citric acid cycle) 或三羧酸循環 (tricarboxylic acid cycle，簡稱 TCA cycle)。在整個循環過程中，兩個碳的乙醯輔酶 A 和四個碳的草醋酸結合成六碳的檸檬酸，經過一連串的去氫、去羧和變形等反應後，最後又產生草醋酸，草醋酸可以再和另一乙醯輔酶 A 結合。每一分子的乙醯輔酶經過此循環後可放出兩分子的 CO_2，生成 $3NADH+3H^+$、$1FADH_2$ 及 1GTP；若是兩分子乙醯輔進入此循環，則可生成 $6NADH+6H^+$、$2FADH_2$ 及 2GTP，並放出四分子的 CO_2。反應式如下：

$$2\text{ 乙醯輔酶 A} + 6NAD^+ + 2FAD + 2GDP + 2Pi + 4H_2O$$

$$\rightarrow 2\text{ 輔酶 A} + 4CO_2 + 6NADH + 6H^+ + 2FADH_2 + 2GTP$$

4. 電子傳遞鏈與氧化磷酸化作用

1961 年英國生物化學家彼得·米歇爾 (Peter Mitchell) 提出化學滲透理論 (chemiosmotic theory)，用以解釋在葉綠體中 ATP 的合成機制。粒線體中 ATP 的合成方式與葉綠體類似。來自於 NADH 與 $FADH_2$ 的電子在進行電子傳遞的過程中，其電位能可以做爲質子幫浦 (proton pump) 的動力，將質子 (H^+) 從粒線體基質轉移到粒線體膜間隙；由於粒線體內膜對質子不具有通透性，因此可在膜間隙累積高濃度的氫離子；高濃度氫離子在內膜的兩側形成濃度梯度及電位梯度；兩者可共同表示爲**質子梯度**或稱**電化梯度**，這種橫跨膜的質子和電壓 (電位) 梯度的組合儲存著位能，能形成**質子趨動力 (PMF)**，當質子流回粒線體基質中時，夠提供能量將 ADP 轉換爲 ATP。

電子的傳遞流程發生於粒線體內膜上，在糖解作用、檸檬酸環與乙醯輔酶 A 的形成過程中，從受質中移除的電子與氫離子被初級接受者 NAD^+ 或 FAD 接受，形成 NADH + H^+ 或 $FADH_2$。當 NADH 或 $FADH_2$ 將電子與氫離子釋出時，其中氫離子送入基質，而一對電子則交由電子傳遞者傳送，電子傳遞者也稱爲**電子載體 (electron carrier)**，有些電子載體會組成複雜的蛋白質複合物；粒線體內膜上的複合物共有四種：complexI、complex II、complex III、complex IV，其中三種 (complex I、complex III、complex IV) 具有質子幫浦的功能，可利用電子傳遞過程中釋出的能量將氫離子由基質轉運到膜間隙中 (圖 4-14)。

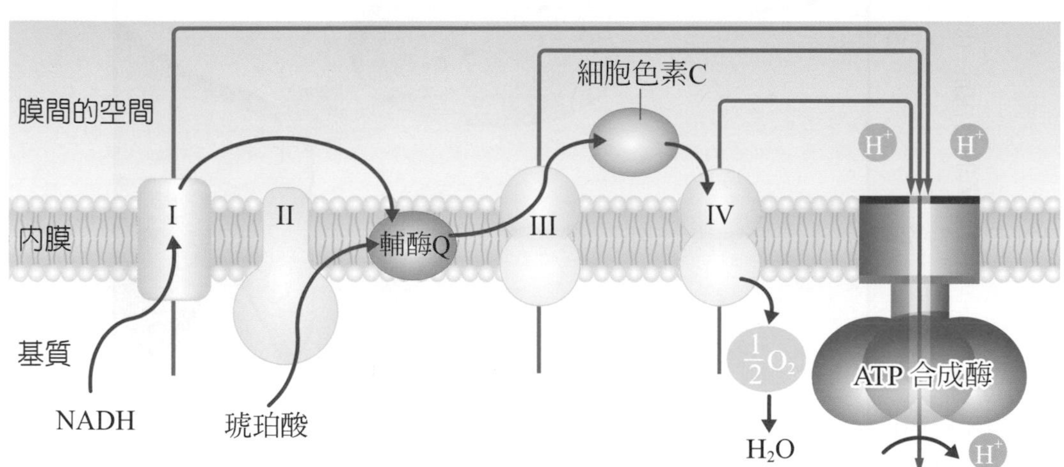

圖 4-14 電子傳遞系統 (electron transport system)。當電子由高能階的電子攜帶者傳給低能階的攜帶者時便有能量釋放出來，這些能量用來使質子通過粒線體內膜而進入膜間隙。在內膜的兩側有電化梯度 (electrochemical gradient) 形成，這是合成 ATP 的能量來源。電子和質子的最終接受者是氧氣，反應的產物是水。

首先 NADH 將一對電子傳入 complex I，接著傳給一脂溶性的載體**輔酶 Q** (coenzyme Q，CoQ，亦稱 Q10 或 UQ)，輔酶 Q 可在膜上移動並將電子傳給 complex III，電子繼續傳遞給**細胞色素 c (cytochrome c)**，最終傳到 complex IV(又稱**細胞色素氧化酶**)，可將細胞色素 c 上的電子轉移給 O_2 形成水。$FADH_2$ 的電子則是交予 complex II，接著傳給輔酶 Q，之後的傳遞路徑與上述相同，唯 complex II 並不具有質子幫浦的功能。電子傳遞是一系列的氧化還原反應，電子由高能階的載體傳給低能階的載體 (圖 4-15)，各種載體不斷地接受與放出電子；過程中有能量釋放出來，這些能量用來使質子通過粒線體內膜進入膜間隙，形成質子梯度，這是合成 ATP 的能量來源。

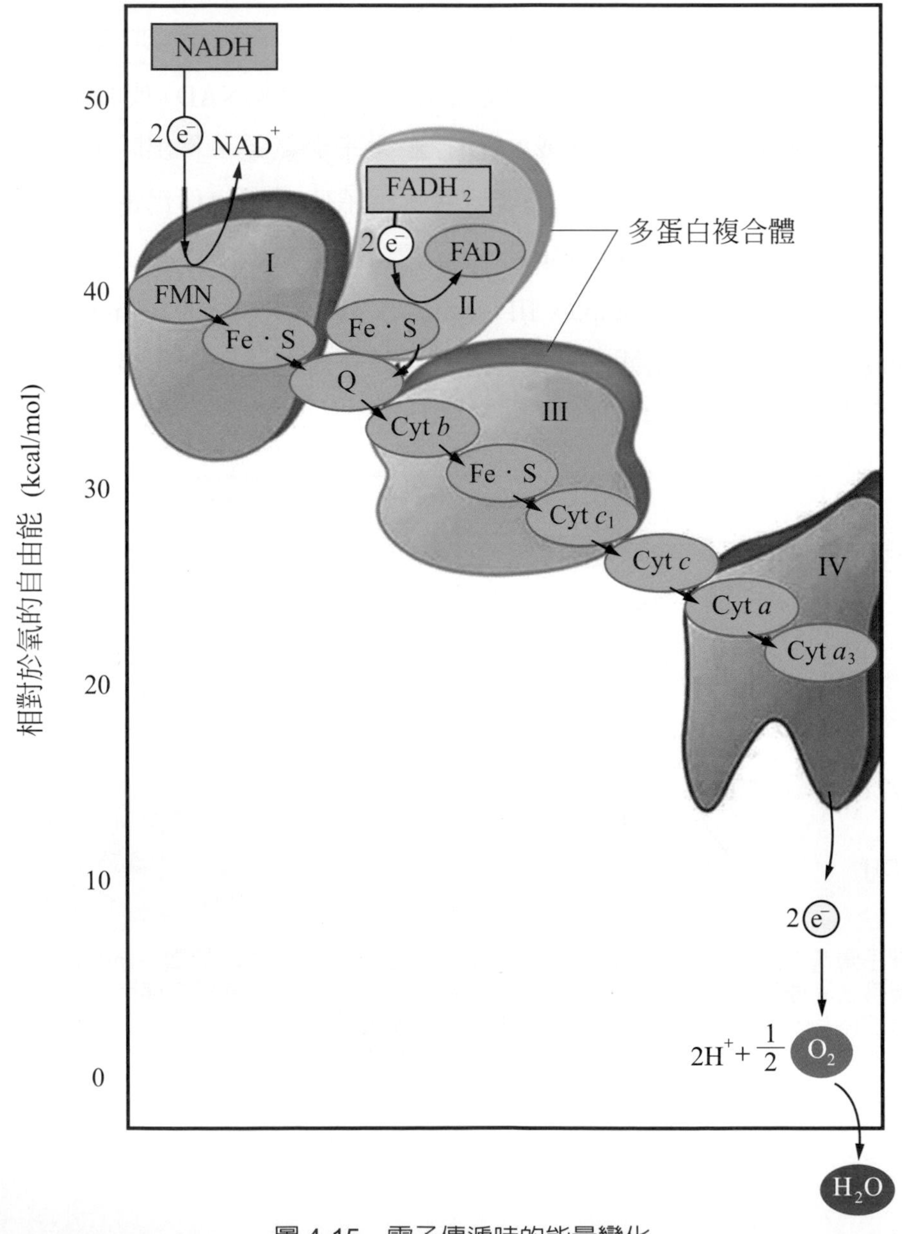

圖 4-15　電子傳遞時的能量變化

ATP 的形成與電子傳遞鏈是息息相關的，電子傳遞鏈形成的質子梯度或稱電化梯度儲存著位能，能形成質子趨動力 (PMF)，當質子流通過 **F_0-F_1 ATP 合成酶 (F_0-F_1 ATP synthase)** 流向基質時，能提供能量將 ADP 轉換為 ATP，這個過程就稱為**氧化磷酸化作用**。

ATP 合成酶分佈於粒線體的內膜上，主要包含 F_0 與 F_1 兩部分，F_0 固定在內膜上，含有能讓質子流過的通道，而朝向基質的 F_1 則具有催化合成 ATP 的功能。當質子趨動力驅使質子流過內膜時，會帶動 F_0 中的轉子轉動，進而促使 F_1 的構型發生變化，將游離的磷酸根接在 ADP 上形成 ATP(圖 4-16)。在糖解作用、檸檬酸環與乙醯輔 A 的形成過程中，所產生的高能化合物 NADH 與 $FADH_2$，可經由電子傳遞鏈與氧化磷酸化作用合成 ATP，其反應式如下：

$$NADH + H^+ + 2.5ADP + 2.5Pi + 1/2O_2 \rightarrow NAD^+ + 2.5ATP + H_2O$$

$$FADH_2 + 1.5ADP + 1.5Pi + 1/2O_2 \rightarrow FAD + 1.5ATP + H_2O$$

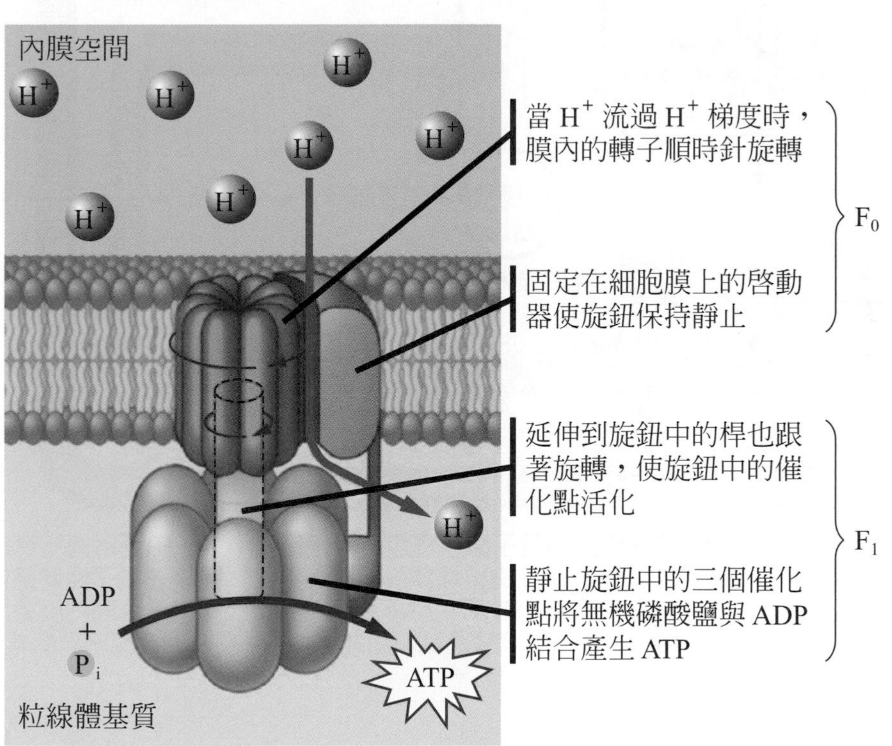

圖 4-16　ATP 合成酶存在於粒線體、葉綠體及原核生物的細胞膜上，用以合成 ATP。固定在膜上的 F_0 包含轉子與定子兩部分，F_1 則包含轉軸與催化部位。

(二)有氧呼吸的能量轉換

粒線體內進行有氧呼吸作用的概念圖如圖 4-17，從呼吸作用代謝路徑得知 $NADH+H^+$ 經由電子傳遞系統傳送時可產生約 2.5 個 ATP，$FADH_2$ 僅能產生 1.5 個 ATP。呼吸作用各反應所釋放的能量詳如圖 4-18，因此 1 莫耳的葡萄糖完全氧化時，供給的化學能可以製造 32 莫耳的 ATP，並產生 12 莫耳的 H_2O 和 6 莫耳 CO_2。其中 28 莫耳 ATP 來自電子傳遞鏈，其餘的 4 莫耳 ATP 中，有 2 莫耳來自糖解作用，另 2 莫耳則來自檸檬酸環的反應過程。每一莫耳的 ATP 可供給的能量相當於 7.3 仟卡，32 莫耳 ATP 等於 233.6 仟卡熱能。燃燒一莫耳葡萄糖可放出 686 仟卡的熱能，因此我們能計算出有氧呼吸的能量轉換效率大約是 233.6 / 686 = 34%，其餘大多數的能量以熱能的形式散失，恆溫動物可用於維持體溫。

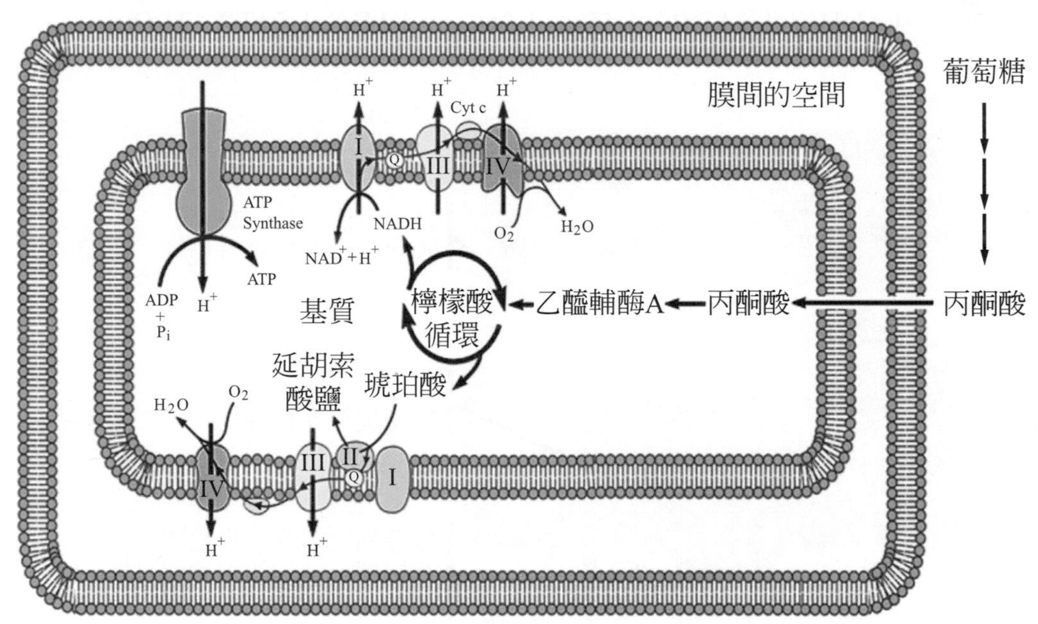

圖 4-17　呼吸作用的概念。位於內膜的電子傳遞鏈包含質子幫浦。電子由受質傳給氧的過程中所釋出的能量，可用來將質子 (H^+) 由粒線體基質運送到膜間隙，在電子傳遞鏈內有三個蛋白質複合物可轉運質子。除非經由 ATP 酶複合體內的特殊孔道，否則內膜會阻止質子經由擴散回到基質內。當質子由高濃度區域(膜間隙)經過 ATP 合成酶流到低濃度區域(基質)時，會釋出自由能而產生 ATP。

某些細胞其糖解作用所產生的每一個 NADH 經電子傳遞系統只能得到 1.5 個 ATP(而非 2.5 個)，這與細胞質中 NADH 的電子轉運到粒線體基質中的系統有關 (此系統位於粒線體膜上)。因此在有些細胞分解 1 莫耳葡萄糖最多可獲得 32 莫耳的 ATP，但是在另一些細胞只能獲得 30 莫耳。反應式如下：

$$C_6H_{12}O_6 + 6O_2 + 6H_2O + 30 \sim 32\,ADP + 30 \sim 32\,Pi \rightarrow 6CO_2 + 12H_2O + 30 \sim 32\,ATP$$

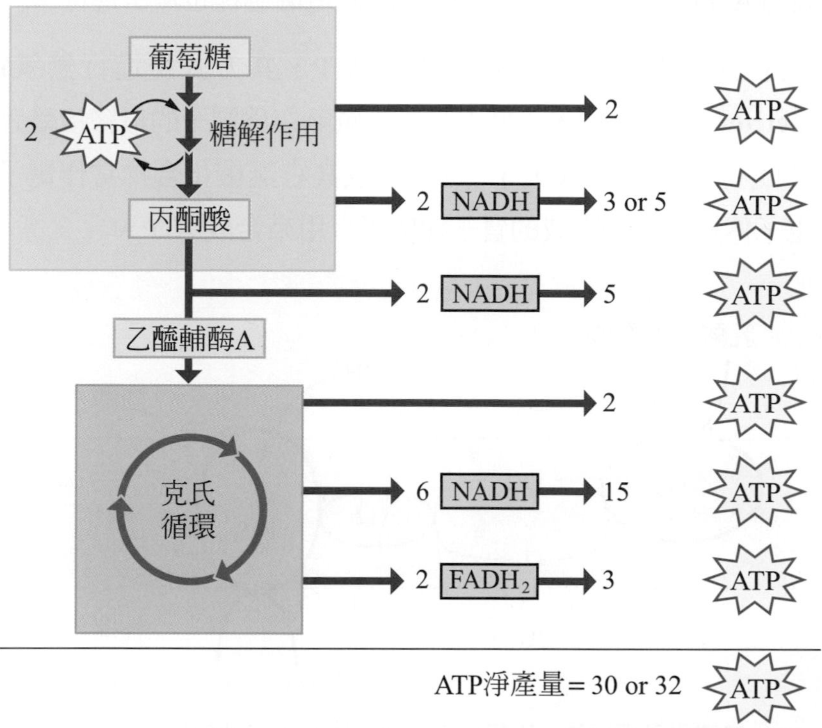

圖 4-18　呼吸作用各反應所釋放的能量。在肝、腎、心臟細胞每個糖解作用產生的 NADH 都可轉換成 2.5 個 ATP，而在骨骼肌與腦細胞則只能轉換成 1.5 個 ATP。因此分解一分子葡萄糖在肝、腎、心等細胞最終可獲得 32 個 ATP，而骨骼肌與腦細胞只能得到 30 個 ATP，這取決於由何種運送系統將細胞質 NADH 的電子轉移到粒線體基質中。

4-4 無氧呼吸

多數高等動植物細胞皆無法在缺氧的環境下生活。在電子傳遞系統中氧是電子的最終接受者，缺氧環境下因爲少了電子接受者，還原態的 NADH 與 $FADH_2$ 無法將電子釋放出來，導致粒線體基質中大量累積 NADH 與 $FADH_2$，換句話說也就沒有多餘的 NAD^+ 與 FAD 繼續接受電子，整個電子傳遞系統將被迫停止。同樣的，丙酮酸轉變爲乙醯輔酶 A 的過程中也需要 NAD^+，因此這個過程也無法進行。

某些細菌在無氧狀況下仍然可以製造 ATP，其方式是進行**無氧電子傳遞鏈 (anaerobic electron transport)**，它們不需要以氧氣作爲電子的最終接受者，而是可以利用硫酸鹽 (SO_4^{-2})、硝酸鹽 (NO_3^-)、鐵 (Fe) 或其它無機化合物當作電子接收者 (圖 4-19)；無氧電子傳遞過程中形成的質子梯度可以用來合成 ATP。

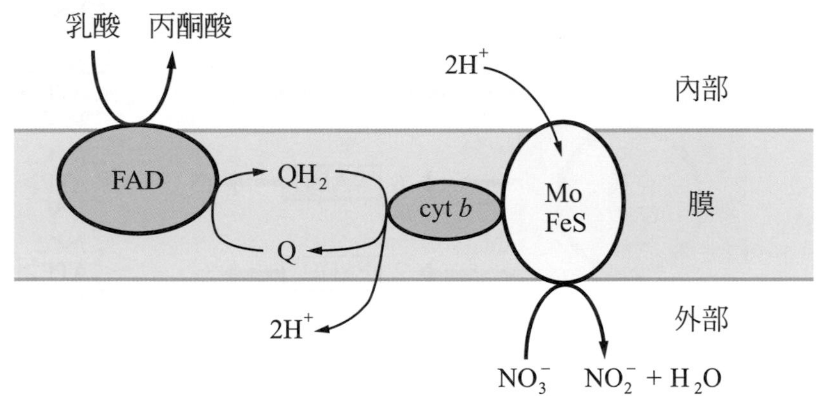

圖 4-19　無氧電子傳遞鏈。大腸桿菌在無氧環境下可利用硝酸鹽來接受電子。

某些細菌、酵母菌或動物的肌肉細胞在缺氧的情況下會在細胞質中進行**發酵作用 (fermentation)**，發酵作用進行時不需要氧氣，它是利用有機化合物作爲電子的接受者，例如醋酸 (acetic acid)、丁酸 (butric acid)、乳酸 (lactic acid) 和乙醇 (ethanol)，常見的發酵作用有兩種：

1. 酒精發酵

酵母菌 (yeast) 在氧氣充足的環境下會進行有氧呼吸，分解葡萄糖產生大量的二氧化碳與 ATP。缺氧時，酵母菌能進行酒精發酵，將糖解作用產生的丙酮酸轉變成乙醇 (酒精) 與二氧化碳 (圖 4-20a)。反應式如下：

$$CH_3COCOOH(\text{丙酮酸}) + NADH + H^+ \rightarrow C_2H_5OH(\text{乙醇}) + CO_2 + NAD^+$$

2. 乳酸發酵

某些細菌或動物的骨骼肌細胞，在缺氧的情況下會進行乳酸發酵，將丙酮酸轉變成乳酸，反應的過程中 NADH 會氧化生成 NAD^+(圖 4-20b)。反應式如下：

$$CH_3COCOOH(\text{丙酮酸}) + NADH + H^+ \rightarrow CH_3CHOHCOOH(\text{乳酸}) + NAD^+$$

NAD^+ 又是糖解作用所需的輔酶，因此只要乳酸發酵能夠進行，細胞質中就有足夠的 NAD^+ 維持糖解作用的運作。一莫耳葡萄糖進行糖解作用只能產生 2 莫耳 ATP 約 14.6 仟卡，因此無氧呼吸的能量轉換效率大約只有 14.6 / 686 = 2.1% ，與有氧呼吸相去甚遠。當骨骼肌細胞能獲得充足的氧氣時，累積在肌細胞中的乳酸能夠進行逆反應轉變爲丙酮酸，部分丙酮酸會繼續氧化產生大量的 ATP，而另一部分的丙酮酸則可生成醣類。

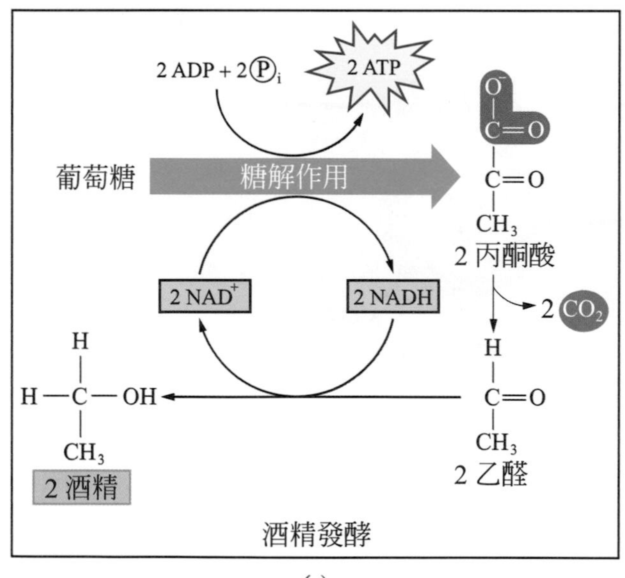

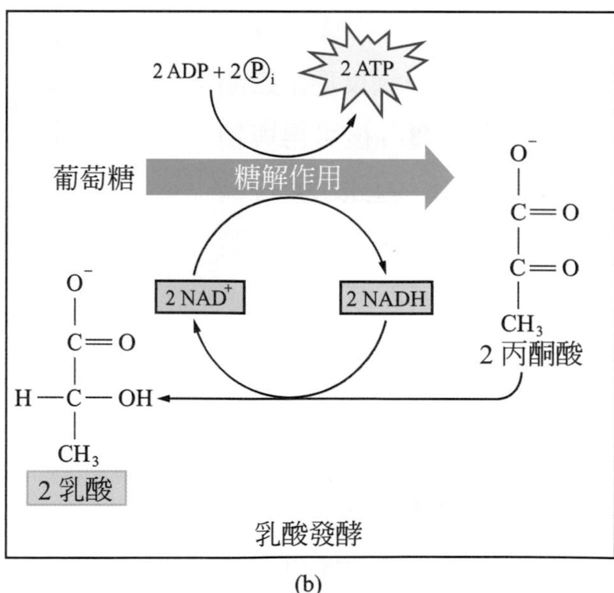

圖 4-20　發酵作用。酵母菌可將丙酮酸轉變為乙醇 (a)，肌肉細胞則可轉化為乳酸 (b)，兩種發酵作用形成的 NAD^+ 可以再接受糖解作用所轉移的電子，讓糖解作用得以持續進行。

4-5 其它能量來源

除了醣類以外，細胞中的脂質、蛋白質、核酸與其它分子都能夠經由代謝作用產生能量 (圖 4-21)。在三大類供能的物質中，氧化脂肪能獲得最多的能量，脂肪必須先水解為脂肪酸與甘油才能在細胞中進一步氧化；而大分子的蛋白質也必須先水解為胺基酸才能為細胞利用。

1. 乳酸 (lactic acid)

乳酸去氫之後形成丙酮酸，可進入克拉伯循環直接被細胞利用。

2. 脂肪酸 (fatty acid)

脂肪酸可在粒線體中進行 β 氧化 (β-oxidation) (圖 4-22)。脂肪酸代謝時會先和 ATP 與輔酶 A 作用，結合成脂肪酸輔酶 A，之後進行去氫反應 (如圖 4-22 步驟 ①)、加水反應 (如圖 4-22 步驟 ②) 與再一次的去氫反應 (如圖 4-22 步驟 ③) 後可再與輔酶 A 作用，生成兩個碳的乙醯輔酶 A，原來的脂肪酸分子因而減少兩個碳原子。如此不斷地重複反應，能使脂肪酸每次失去兩個碳原子。若以 16 個碳的棕櫚酸為例，經過 7 次相同的作用後便可生成 8 分子的乙醯輔酶 A。因此脂肪酸的碳鏈越長產生的能量也就越多。

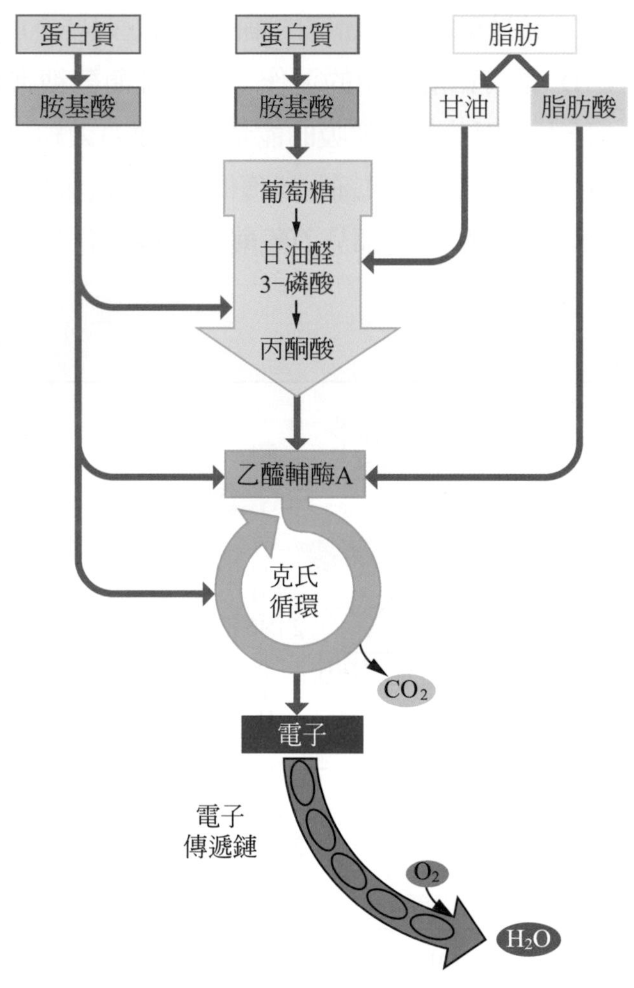

圖 4-21　細胞中各種能量的來源

3. 甘油 (glycerol)

甘油是一種三碳化合物，可先形成三磷酸甘油醛 (PGAL)，再轉變為丙酮酸，然後進入克拉伯循環中。

4. 胺基酸 (amino acid)

當蛋白質被用來供給能量時，首先需分解成胺基酸，然後才能再進行氧化作用。胺基酸氧化時必須先將胺基 ($-NH_2$) 去除，稱為**去胺基作用 (deamination)**，剩下的碳鏈再進行後續代謝反應。20 種胺基酸的代謝過程各有不同，有的可以轉變為丙酮酸，有的則可形成乙醯輔酶 A 或其它化合物，之後進入克拉伯循環。

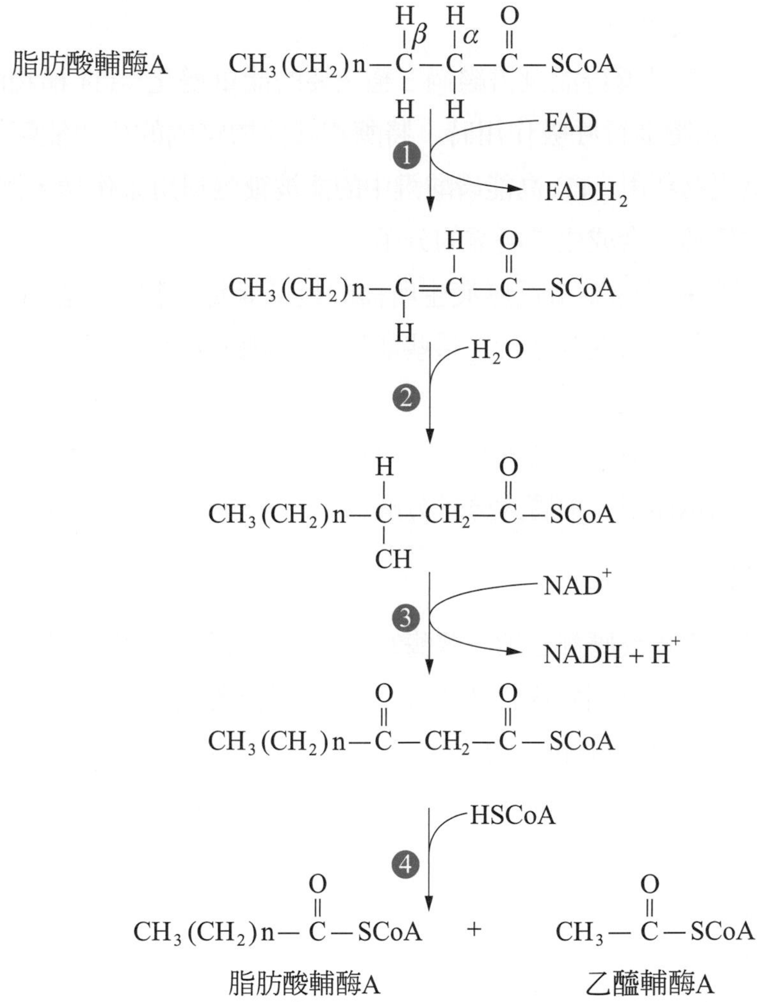

脂肪酸輔酶A $CH_3(CH_2)n-C_{\beta}H_2-C_{\alpha}H_2-C(=O)-SCoA$

❶ FAD → $FADH_2$

$CH_3(CH_2)n-CH=CH-C(=O)-SCoA$

❷ H_2O

$CH_3(CH_2)n-CH(CH)-CH_2-C(=O)-SCoA$

❸ NAD^+ → $NADH + H^+$

$CH_3(CH_2)n-C(=O)-CH_2-C(=O)-SCoA$

❹ HSCoA

$CH_3(CH_2)n-C(=O)-SCoA$ + $CH_3-C(=O)-SCoA$

脂肪酸輔酶A 乙醯輔酶A

圖 4-22 脂肪酸 β 氧化的過程

本章複習

4-1 能量觀念

■ 運動中的物體都具有動能，靜止中的物體雖然不具動能，但也能存有能量稱爲**位能**(又稱爲**勢能**)，是一種潛藏的能量，也是一種被儲存的能量。

□ 當原子間之電荷作用形成化學鍵時，便將化學能貯藏於化學鍵中，因此若要利用化學能做功，需先將化學鍵打斷，讓能量釋放出來。

□ 葡萄糖分子中貯存有許多化學能，細胞中的粒線體可將葡萄糖分解，並把其中的能量轉變爲細胞可以利用的形式儲存在特殊的化合物中，其中最重要的便是腺嘌呤核苷三磷酸(ATP)。

□ 生物體要從自然界獲得能量需經過三種主要的能量變化：(1) **植物的葉綠素吸收太陽能**。(2) **細胞進行呼吸作用時**，將醣和其他物質內的化學能轉變爲高能的磷酸鍵，以供生物利用。(3) **高能磷酸鍵中的能被細胞利用來作功**，例如肌肉收縮、神經刺激之傳導、合成生長所需的分子。

■ 活化能爲克服能量障壁令反應發生所需的最低能量。物質不論是釋能或吸能反應，都需要活化能來促其進行，這些能量用以切斷反應物的化學鍵，以便新鍵產生。

- 活細胞中不斷進行著各種化學反應稱爲代謝作用，其中合成各種新分子的過程稱爲同化作用，而將大分子分解爲小分子的過程稱爲異化作用。

4-2 酶及其性質

□ 生物體中許多生化反應都必須一些酶的協助使反應在短時間內快速度的進行。

□ 生物體內的酶具有下列特殊性質：(1) 酶是以蛋白質爲構造主體的催化物。(2) 酶具有專一性。(3) 酶的催化能力很強。(4) 生物體內酶的作用常需輔酶的協助。

■ 在適當的溫度與 PH 值條件下，若受質的量充足，反應速率與酶的濃度成正比；若酶的量受到限制，反應初期的速率與受質的濃度成正比，當所有的酶都與受質結合時，雖然受質的濃度不斷增加，但是反應速率不會再增加，也就是反應速率已達上限值。

□ 酶的作用會受到輔酶(或是輔因子)濃度、pH 與溫度的影響。

□ 許多化學物質和金屬離子會降低酶的活性或使其失去功能，這類物質稱爲酶的抑制物。

- 抑制物分子形狀與受質相類似，也可以結合在酶的活化區，這種抑制方式稱爲競爭性抑制。
- 抑制物是與活化位置以外的部位結合，使酶的形狀發生改變而失去活性，爲非競爭性抑制。

4-3 細胞呼吸

■ 細胞從分解葡萄糖、胺基酸、脂肪酸和其他有機化合物中獲取能量，過程中會消耗氧氣，產生 CO_2 和 H_2O 及能量，這個過程稱爲細胞呼吸。

- 呼吸作用中，葡萄糖是動物細胞最直接的能量來源，其代謝的總反應式如下：

$$C_6H_{12}O_6 + 6O_2 + 6H_2O \rightarrow 6CO_2 + 12H_2O + \text{能量}$$

- 細胞呼吸是一個複雜的代謝路徑，分解葡萄糖的過程分爲糖解作用、丙酮酸轉變成乙醯輔酶A、檸檬酸循環、電子傳遞鏈與氧化磷酸化作用等四個階段。
  - ♦ 糖解作用： 一分子葡萄糖分解爲兩分子丙酮酸，過程中用去兩分子 ATP，並合成 4 分子 ATP 及 $2NADH + 2H^+$。淨反應式如下：

$$C_6H_{12}O_6 + 2ADP + 2Pi + 2NAD^+ \rightarrow 2\text{丙酮酸} + 2ATP + 2NADH + 2H^+ + 2H_2O$$

  - ♦ 丙酮酸轉變成乙醯輔酶 A： 兩分子丙酮酸轉變爲兩分子乙醯輔酶 A，過程中放出兩分子 CO_2，並合成 $2NADH + 2H^+$。反應式如下：

$$2\text{丙酮酸} + 2\text{輔酶 A} + 2NAD^+ \rightarrow 2\text{乙醯輔酶 A} + 2CO_2 + 2NADH + 2H^+$$

  - ♦ 檸檬酸循環：兩分子乙醯輔酶 A 進入檸檬酸循環，總共放出四分子 CO_2，並生成 2GTP、$6NADH + 6H^+$ 及 $2FADH_2$。反應式如下：

$$2\text{乙醯輔 A} + 6NAD^+ + 2FAD + 2GDP + 2Pi + 4H_2O$$
$$\rightarrow 2\text{輔酶 A} + 4CO_2 + 6NADH + 6H^+ + 2FADH_2 + 2GTP$$

  - ♦ 電子傳遞鏈與氧化磷酸化作用：在糖解作用、檸檬酸環與乙醯輔 A 的形成過程中，所產生的高能化合物 NADH 與 $FADH_2$，可經由電子傳遞鏈與氧化磷酸化作用合成 ATP，其反應式如下：

$$NADH + H^+ + 2.5ADP + 2.5Pi + 1/2O_2 \rightarrow NAD^+ + 2.5ATP + H_2O$$
$$FADH_2 + 1.5ADP + 1.5Pi + 1/2O_2 \rightarrow FAD + 1.5ATP + H_2O$$

- 葡萄糖完全氧化時，供給的化學能可以製造 32 莫耳的 ATP(糖解作用 2 莫耳、檸檬酸循環 2 莫耳與電子傳遞鏈 28 莫耳)，並產生 12 莫耳的 H_2O 和 6 莫耳 CO_2。

4-4 無氧呼吸

■ 某些細菌在無氧狀況下仍然可以製造 ATP，其方式是進行無氧電子傳遞鏈，它們不需要以氧氣作為電子的最終接受者，而是利用硫酸鹽 (SO_4^{2-})、硝酸鹽 (NO_3^-)、鐵 (Fe) 或其它無機化合物當作電子接收者；無氧電子傳遞過程中形成的質子梯度可以用來合成 ATP。

■ 某些細菌、酵母菌或動物的肌肉細胞在缺氧的情況下會在細胞質中進行發酵作用，常見的發酵作用有酒精發酵與乳酸發酵兩種。

- 酵母菌在缺氧時能進行酒精發酵，將糖解作用產生的丙酮酸轉變成乙醇 (酒精) 與二氧化碳。反應式如下：

$$CH_3COCOOH(\text{丙酮酸}) + NADH + H^+ \rightarrow C_2H_5OH(\text{乙醇}) + CO_2 + NAD^+$$

- 某些細菌或動物的骨骼肌細胞，在缺氧的情況下會進行乳酸發酵，將丙酮酸轉變成乳酸，反應的過程中 NADH 會氧化生成 NAD^+。反應式如下：

$$CH_3COCOOH(\text{丙酮酸}) + NADH + H^+ \rightarrow CH_3CHOHCOOH(\text{乳酸}) + NAD^+$$

- 無氧呼吸一莫耳葡萄糖進行糖解作用只能產生 2 莫耳 ATP，能量轉換效率大約只有 2.1%，有氧呼吸過程中一莫耳葡萄糖進行糖解作用能產生 32 莫耳 ATP，能量轉換效 34%，二者相去甚遠。

4-5 其它能量來源

■ 除了醣類以外，細胞中的脂質、蛋白質、核酸與其它分子都能夠經由代謝作用產生能量。脂肪必須先水解為脂肪酸與甘油才能在細胞中進一步氧化；而大分子的蛋白質也必須先水解為胺基酸才能為細胞利用。

- 乳酸去氫之後形成丙酮酸，可進入克拉伯循環直接被細胞利用。
- 脂肪酸可在粒線體中進行 β 氧化形成乙醯輔酶 A 再被細胞利用。
- 甘油會先形成三磷酸甘油醛，再轉變為丙酮酸，然後進入克拉伯循環中。
- 胺基酸先經過去胺基作用再轉變為丙酮酸、乙醯輔酶 A 或其它化合物之後進入克拉伯循環。

Chapter 5

細胞的生殖 (The reproduction of cells)

多能性幹細胞

生物體由單一細胞的受精卵，經由無數次的細胞分裂，再分化爲各種不同功能細胞，最後成爲一個完整的個體。而生物體內大多數是完全分化具有功能的成熟細胞，這些細胞如果沒有外力的介入或是突變，這些細胞不會再轉化爲其他細胞。在生物體內還有少數的細胞群，它能持續的分裂並在特定的條件下分化爲各種不同的功能細胞，這些細胞群我們稱之爲幹細胞。生物體在自然的代謝過程中細胞會死亡，死亡的細胞則會由幹細胞分化而來的新細胞所取代，而幹細胞也會經由細胞分裂維持一定的數目，因此幹細胞負擔了組織修補與發育的功能。

幹細胞分爲兩大類：胚胎幹細胞與成體幹細胞，胚胎幹細胞來自囊胚內的細胞團，它能分化成各種組織、器官的細胞；而成體幹細胞則來自成體組織裡，通常爲該組織之前驅細胞，擔任各種器官的修復工作。依幹細胞功能可分爲全能幹細胞、多能幹細胞、多潛能幹細胞與單能幹細胞等四種。因爲幹細胞具有分化與複製的能力，所以成爲再生醫學最被期待的細胞來源。

綿羊桃莉是以體細胞核轉移技術複製成的哺乳動物

1962 年約翰戈登 (John Gurdon)，他將蝌蚪腸道細胞的細胞核注入已經移除細胞核的青蛙受精卵中，而這個受精卵也發育爲青蛙。這種將體細胞的細胞核注入至已去除細胞核捐贈者的卵子中，來形成全能性幹細胞的方法稱爲「體細胞核轉移」(somatic cell nuclear transfer, SCNT)。「體細胞核轉移」技術的應用也成功複製出哺乳動物，例如：桃莉羊，這也證明已分化細胞中的細胞核遺傳訊息是完整，可以用其他的方法誘發讓它再分化成其他的細胞。2006 年，日本京都大學的山中伸彌教授研發出誘導多功能幹細胞 (Induced pluripotent stem cells, iPSC) 的技術，他將幹細胞轉錄因子，轉殖入小鼠皮膚纖維母細胞中，成功將纖維母細胞誘發成多能性幹細胞。同樣的實驗用在人類的皮膚細胞也獲得令人滿意的結果。因爲他們發現成熟細胞可以再被重新編程爲多能性，所以獲頒 2012 年諾貝爾生醫獎。再生醫學也因爲 iPS 細胞技術的誕生產生新的曙光，科學家可將病人的成熟細胞誘發爲多能性幹細胞，進而分化爲肌肉、神經等細胞、組織，用以治療相關疾病。細胞的增生爲細胞分裂的結果，本章將介紹動物生殖方式與生殖過程中配子是如何形成。

5-1 無性生殖

一個生命開始於一個細胞，而且體內每個細胞都是它的後代。從一個既存的細胞產生所有的細胞，這一觀念早經 1855 年德國病理學家維周 (Rudolf Virchow) 建立起來。生命的延續是以細胞的生殖或細胞分裂 (cell-division) 爲基礎，而生殖即表示產生新一代的個體。單細胞生物 (例如變形蟲) 利用細胞分裂複製子代，而多細胞生物 (例如人類) 也以細胞分裂的方式從單個細胞 (受精卵) 開始生長與發育，最後成爲一完整的個體。

生物直接由母體細胞分裂後產生出新個體的生殖方式稱為**無性生殖 (asexual reproduction)**，這種生殖方式不需透過生殖細胞的結合，因此在過程中不會產生配子 (gametes)，也就是精子跟卵。

無性生殖產生的子細胞遺傳物質與母細胞完全相同，無性生殖的優點是可快速大量繁殖下一代，且每一個子細胞皆可以保留母細胞的優良性狀，缺點是當外在環境改變時，也可能因全數後代皆無法適應環境而造成物種滅絕。

自然界許多生物都可進行無性生殖，包括原核生物 (prokaryotes)、眞菌 (fungi)、單細胞生物、植物以及動物。常見的無性生殖方式有下列六種：

1. **分裂生殖**：原生生物例如：草履蟲等的單細胞生物，當細胞長到一定大小時便會進行 DNA 複製，再經由有絲分裂產生兩個新子代，且這兩個細胞的 DNA 完全相同，此種生殖方式繁殖速度快。
2. **出芽生殖**：當細胞核分裂結束後會自側面產生較小的芽體，芽體會自母體吸收養份，待成長到一定大小後才會脫離母體獨立生活，此種生殖方式稱之為出芽生殖，例如：酵母菌、水螅、海葵等。
3. **斷裂生殖**：有些生物若在遭受外力情況下斷為二或多段，斷裂片可形成新個體，例如：水綿可於斷裂處進行細胞分裂讓藻絲繼續生長。若將一隻渦蟲切成數段，則每一段皆可再生長成新的渦蟲。
4. **單性生殖**：某些動物的卵不經受精作用即可發育成新個體稱之為單性生殖或孤雌生殖，例如：蜜蜂。蜂后王為雌蜂，其體細胞 (somatic cells) 染色體套數為雙套 (2n)；經減數分裂可產生單套染色體數 (n) 的卵，這些卵不經過受精作用可直接發育為雄蜂，故雄蜂的染色體套數為單套 (n)；若卵經過受精則發育成雌蜂，故雌蜂的染色體套數為雙套 (2n)，這些雌蜂包括工蜂與下一代的蜂后。
5. **孢子繁殖**：有些眞菌可產生數量龐大的孢子，當它們掉落到適當的環境或是營養物質上時便可長出新的菌絲，發育為一個新的個體。
6. **營養繁殖**：植物不需經過種子發芽的過程，而利用根、莖、葉等營養器官來繁殖下一代的方式稱為營養繁殖。此種繁殖方式除了有繁殖快速、可大量繁殖的特性外，亦可保留母株的優良性狀，故在農業與園藝上經常使用。

5-2 細胞週期

(一) 細胞週期的意義

細胞週期 (The cell cycle) 是指細胞從某次有絲分裂結束後，再到下一次分裂結束的循環過程。細胞週期可分爲有絲分裂期 (M 期)、第一間斷期 G_1 期、合成期 (S 期) 及第二間斷期 (G_2 期) 等四期，後三者總稱爲**間期 (interphase)**(圖 5-1)。當一個母細胞分裂時，過後即形成兩個新的細胞，這兩個細胞經過生長的週期後，每個又可再分裂出兩個新的細胞，如此不斷循環下去。

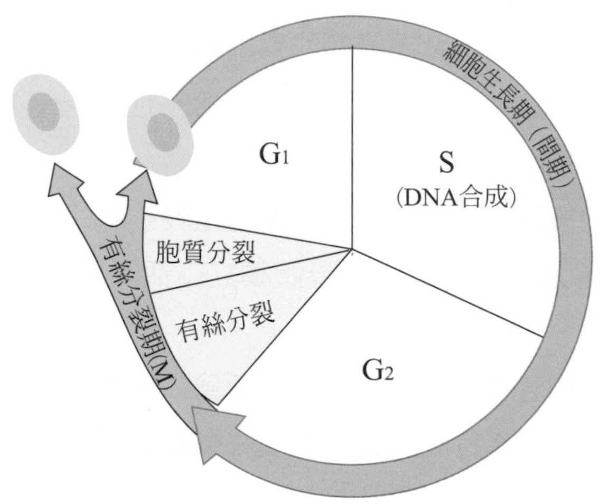

圖 5-1　典型真核細胞的細胞週期。細胞在有絲分裂期由一個細胞分裂為二個細胞，在間期階段，每個細胞內都執行著精確的計畫，遺傳物質的複製 (S 期) 及細胞內組成分子的增加 (G_1、G_2 期)。

細胞週期所需時間隨細胞的種類及其環境而異，有些動物的胚胎，完成一週期需 30 分鐘。而成熟的哺乳動物普通約需 24 小時，但絕不會少於 6 小時，在分裂緩慢的細胞可能以時、天或年來計算。而細胞間細胞週期長短的差異主要是在 G_1 與 G_2 期。在多細胞生物的成體，有許多細胞當它們特化成特殊功能後根本沒有進入細胞週期。例如人類的神經細胞在出生一年以後就不會再分裂了，這些細胞將終生停留在 G_1 期。有少數細胞如某些肝臟細胞，可能永久停留在 G_2 期，雖然有 DNA 複製但細胞卻沒有分裂。各種多細胞生物之間細胞週期所需的時間有很大的差異，典型的植物細胞或動物細胞約需要二十小時來完成一個細胞週期，而細胞分裂所佔的時間大約僅 1 ～ 2 小時，其他 90% 的時間都是間期。

(二) 染色體

1. 染色體複製

染色質 (chromatin) 是由 DNA 分子與蛋白質組成，在細胞要進行分裂時，染色質可繼續纏繞及折疊，形成外型粗短的**染色體 (chromosome)**。當細胞準備進行分裂時，所有染色體都會先進行複製，而這個過程是在間期中的合成期 (S 期) 進行，複製後的染色體由 2 條**染色分體 (chromatids)** 組成 (圖 5-2)，這 2 條染色分體正好是複製前 DNA 分子的 2 倍，兩者之間相連的區域稱為**中節 (centromere)**。染色體複製完後，細胞通常不會立刻分裂，而是進入另一生長期 G_2 期；G_2 期結束，接著便是有絲分裂 (mitosis) 的開始。

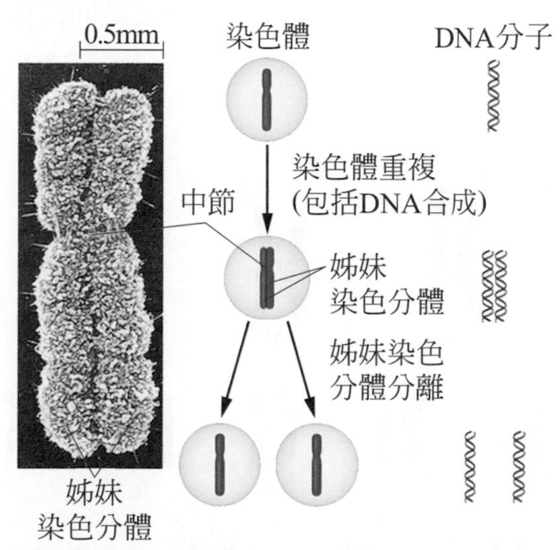

圖 5-2　染色體複製。當細胞準備進行分裂時，其所有染色體會先進行複製，此圖以其中一條染色體作代表。一條已複製好的染色體包含兩條相連的染色分體。左邊照片是人類已複製好的染色體，它是由細長的染色質纏繞而成。複製完成後兩條姐妹染色分體在中節處相連，在這個階段由於中節尚未複製，因此仍看作是一條染色體。連續的有絲分裂過程將使姊妹染色分體分開，分配到不同的子細胞內。

2. 人類染色體組型

細胞處於有絲分裂中期時，染色體排列在細胞赤道板，以顯微鏡拍照獲得染色體的影像，再根據它們的大小，外形以及著絲點所在的位置進行排列整合，就可以得到細胞染色體的組型圖即稱為**核型 (karyotype)**。每一種真核細胞的細胞核內都含有一定數量的染色體，例如人類的體細胞 (somatic cells，指除了生殖細胞以外之所有身體上的細胞) 含有 46 條染色體，而成熟的生殖細胞 (reproductive cells，精子及卵) 的染色體數目為體細胞的一半，即 23 條。在人體 46 條染色體中，可將大小、外形與中節的位置相同的染色體相互配對，組成 23 對**同源染色體 (homologous chromosomes)**(圖 5-3)。一般的體細胞中皆包含成對的同源染色體，稱爲**二倍體細胞 (diploid cells，2n)**；而在形成生殖細胞時同源染色體會相互分離，最終進入不同的**配子 (gametes)** 中，因此每個配子只包含同源染色體的其中一條，稱爲**單倍體細胞 (haploid cells，n)**。當精子與卵結合產生下一代時，受精卵中又可出現成對的同源染色體。

圖 5-3 中，1^a 和 1^b 爲同源染色體、2^a 和 2^b 爲另一對同源染色體。在一對同源染色體的相同位置上攜帶著控制同一性狀的基因，此種成對的基因稱爲**對偶基因 (alleles)**，對偶基因共同控制一個性狀的表現，這部分將在下一章說明。此外，同源染色體一個來自父方，另一個來自母方，兩者雖然外型相同而且控制同一組性狀，但是在長遠的遺傳過程中基因可能發生突變，因此即使是同源染色體其 DNA 序列也並非絕對相同。

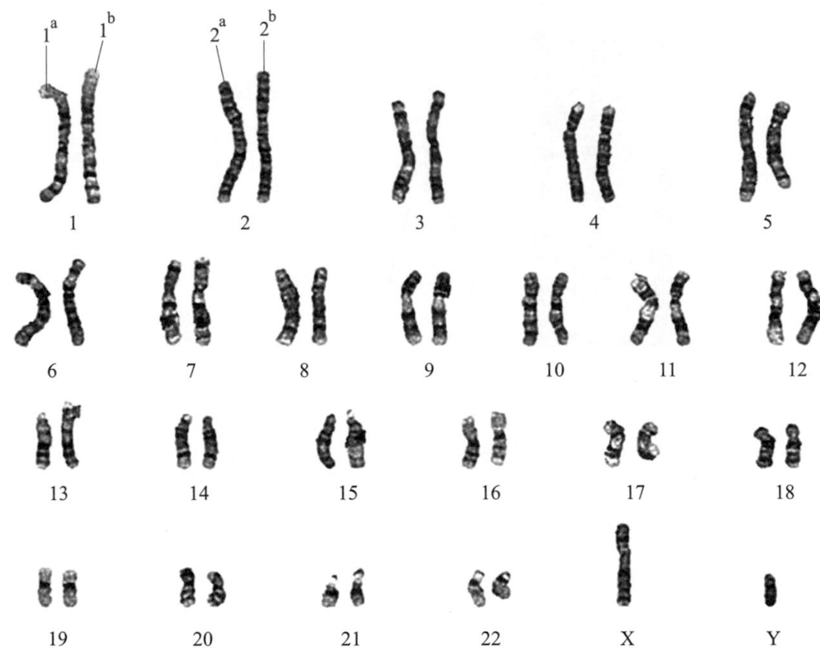

圖 5-3　人類男性染色體組型。人類有 23 對染色體，除了性染色體外其餘的染色體皆稱為體染色體，男性的性染色體為 X、Y，女性則為兩條 X。同源染色體的大小、外形與中節位置均相同 (X、Y 染色體例外)。 圖中 1^a、1^b 為同源染色體，2^a、2^b 則為另一對同源染色體。

5-3 有絲分裂的過程

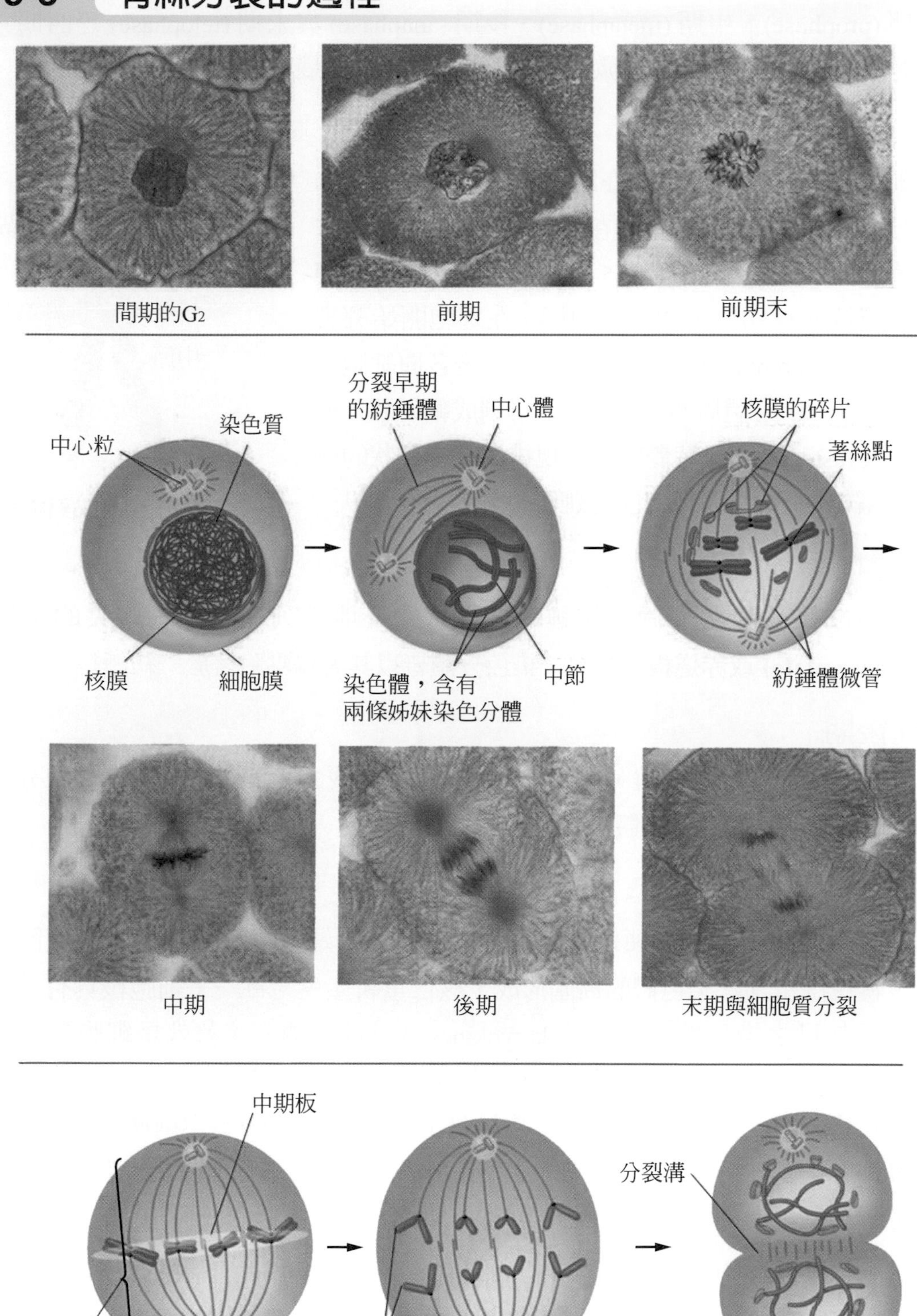

圖 5-4　動物細胞有絲分裂各時期

在間期結束後，細胞即進入有絲分裂期，有絲分裂是一連續過程，通常將其分爲前期 (prophase)、中期 (metaphase)、後期 (anaphase) 與末期 (telophase) 等四期。從圖 5-4 魚胚細胞有絲分裂的顯微照相中可看到這四期的變化。

(一) 前期

細胞分裂前每一染色體在間期時已複製成染色分體，但於中節處則尚未複製；在中節外側有一群蛋白質稱爲**著絲點 (kinetochore)**(圖 5-5)，在中期時藉著它與紡錘絲連接而幫助染色體移往兩極。在細胞開始分裂前，中心體 (centrosome) 會分裂爲二，然後各向細胞兩端移動，每一中心體周圍出現的微管排列成輻射狀，稱爲星狀體 (aster)，兩星狀體間更出現排列成紡錘狀的纖維，稱爲紡錘體 (spindle)。此時核膜、核仁也逐漸消失。

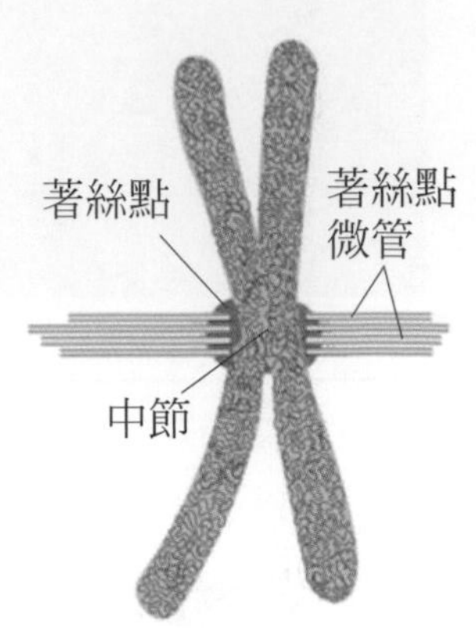

圖 5-5　著絲點與中節

(二) 中期

複製成雙的染色分體被紡錘絲帶動，整齊地排列在紡錘體中央的**中期板 (metaphase plate) 或赤道板**，而每一染色分體皆以其著絲點附著於一紡錘絲上。

(三) 後期

姊妹染色分體互相分離，此時染色體己明顯分成二組，每組姊妹染色體分別以相反方向沿著紡錘絲向中心體移動，移向細胞兩極。

(四) 末期

當染色體到達兩極時便進入分裂的末期，每組姊妹染色體到達中心體附近，一層核膜在每組姊妹染色體的周圍形成，核仁重新產生。每一子細胞核具有與母細胞核相同數目之染色體，核分裂 (karyokinesis) 就此完成。接著就是細胞質的分裂 (cytokinesis)，動物細胞首先是由環繞中期板的部分凹入產生一條**分裂溝 (cleavage furrow)**(圖 5-6)，分裂溝逐漸向內部深入切斷紡錘體，細胞分裂爲兩個子細胞，同時星狀體與紡錘體變得不明顯而逐漸消失，染色體回復成爲細長纖維狀的染色質，細胞分裂完畢，接著進入 G_1 期。

人體細胞的細胞週期受到嚴格的控制，出生後並非所有細胞皆能行有絲分裂，僅有少數部位的細胞能不斷分裂，例如皮膚的生長層細胞與腸壁的內層細胞都會不斷行有絲分裂，產生新細胞以代替不斷磨損的老細胞。此外骨髓中的造血組織以及生殖器官中未成熟的生殖細胞 (精原細胞) 等皆能行細胞分裂。

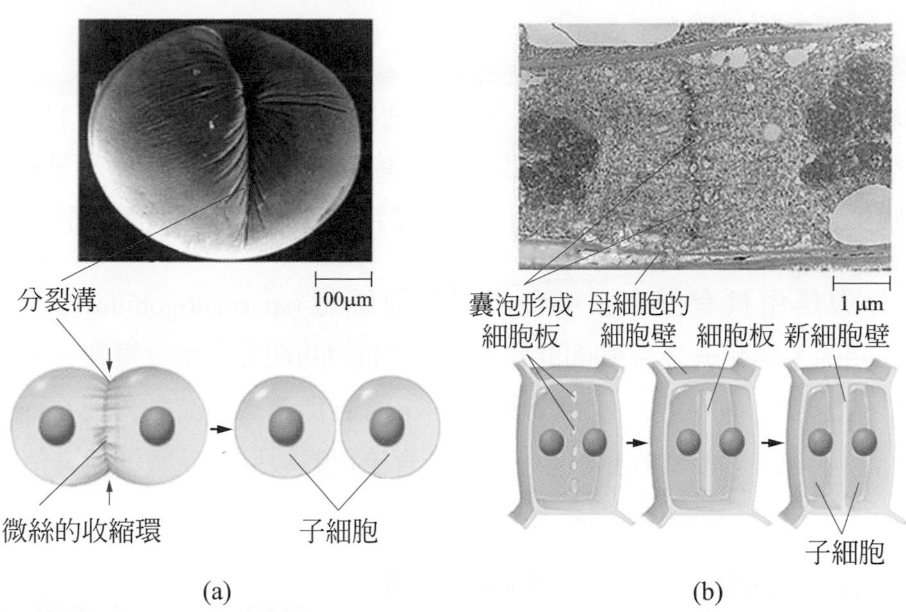

圖 5-6　動物與植物細胞分裂的比較。(a) 顯微鏡照片中，我們看到動物細胞在進行細胞質分裂時會在細胞表面形成分裂溝，這是由微絲收縮形成的。(b) 這是豌豆根細胞分裂末期的照片，兩極的細胞核在此期間形成。在細胞中央由膜所圍成的囊泡相互融合成為細胞板，細胞板會形成新的細胞膜 (兩層膜)，之後物質被分泌到細胞膜間隙，形成新的細胞壁。

植物細胞的有絲分裂 (圖 5-7) 與動物細胞的有絲分裂過程非常相似。其主要差別有兩點：(1) 高等植物細胞分裂時，在前期無中心體和星狀體的構造。(2) 植物細胞有細胞壁，在細胞質分裂時不會產生分裂溝，而是於母細胞中央 (原中期板的位置) 產生**細胞板 (cell plate)**，這是由高基氏體產生的囊泡融合而成的雙層膜系 (圖 5-6b，5-7)。細胞板與原有的細胞膜逐漸癒合，形成兩個子細胞，新的細胞壁則在細胞板的兩層膜之間形成。

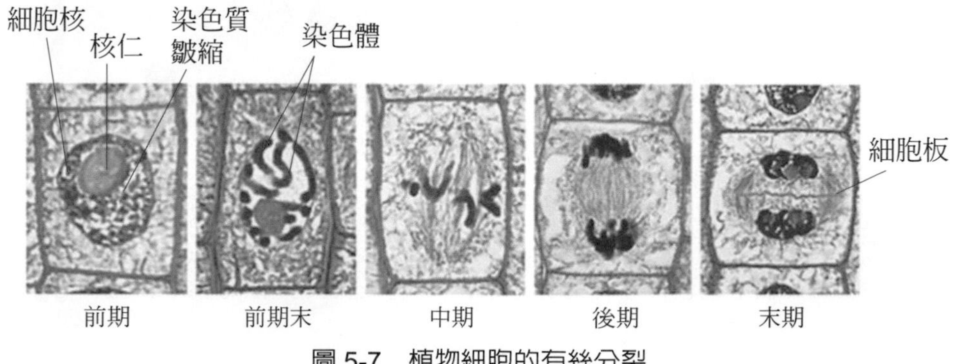

圖 5-7　植物細胞的有絲分裂

5-4 減數分裂

生殖細胞在形成過程中，也就是生殖母細胞形成配子 (精子或卵子) 時，染色體數目會由雙套(2n)減為單套(1n)，此過程即稱為**減數分裂 (meiosis)**。當卵細胞受精時，兩個單套數染色體細胞結合形成受精卵，此時受精卵恢復為雙套數染色體 (2n)。

減數分裂是由具有雙套數染色體的精原細胞 (spermatogonium) 或卵原細胞 (oogonium) 開始，與有絲分裂相同的是，在分裂前的間期染色體會複製一次，但是隨後會經兩次的分裂，稱為第一次減數分裂 (meiosis I) 與第二次減數分裂 (meiosis II)，最終產生四個子細胞 (圖 5-8)，每個子細胞所含染色體數目僅為體細胞染色體數目一半 (1n)。

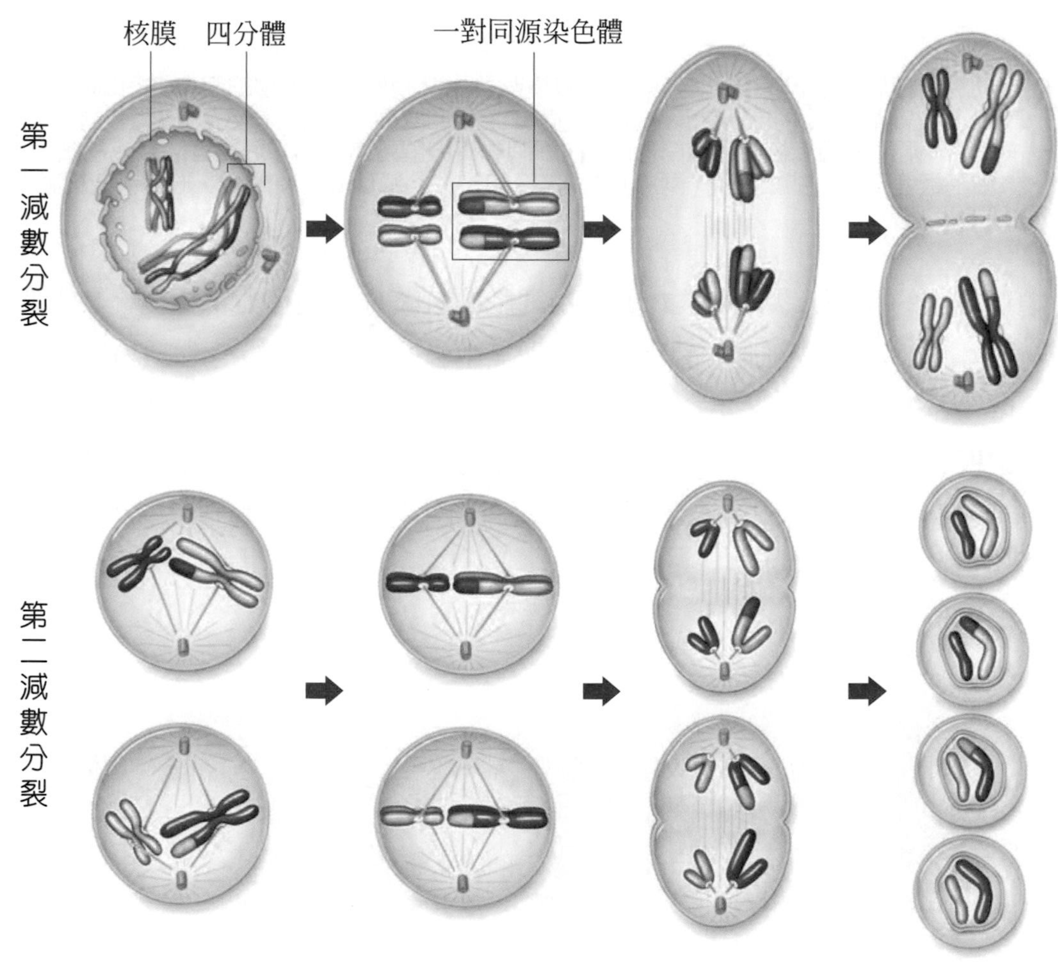

圖 5-8　減數分裂

(一) 第一次減數分裂

前期 I

複製後的染色體濃縮，同源染色體集合成對，形成**四分體 (tetrad)**，稱爲**聯會作用 (synapsis)**(**圖 5-9**)。每對聯會的染色體包括四條染色分體，但僅有兩個中節。當聯會發生時同源染色體緊密地連結在一起，使得它們有機會能夠交換 DNA 片段，稱爲**互換 (crossing over)**，互換的發生與否是依據機率，當互換發生時遺傳物質重組，能使將來的配子 (精子、卵) 有更多的基因組合。

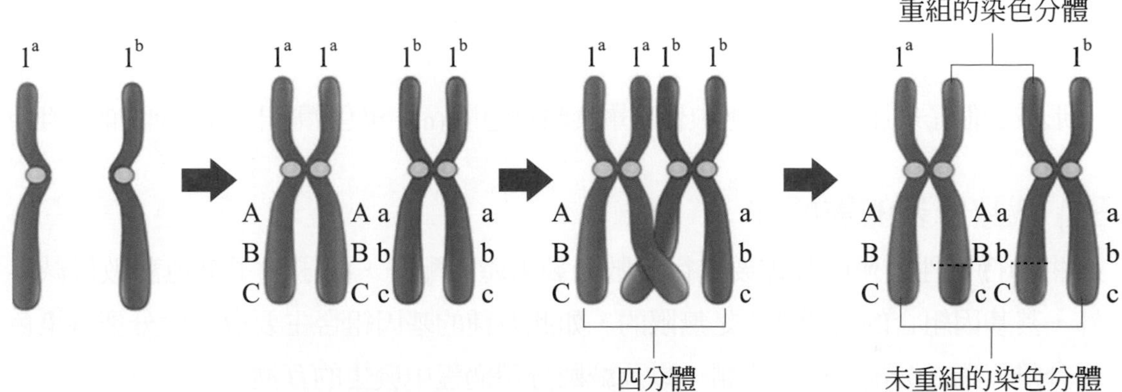

圖 5-9　聯會與互換。減數分裂開始前，除了中節外，每條染色體都會進行複製。圖中 1^a 和 1^b 為同源染色體，1^a 複製出另一條 1^a，1^b 複製出另一條 1^b，記為 1^a．1^a、1^b．1^b。分裂前期同源染色體會靠近、連結形成四分體，並有機會發生互換。圖中內側的兩條染色分體 1^a 和 1^b 發生互換，導致基因重組。

中期 I

同源染色體成對地排列在赤道板上，每條染色體中節附近的著絲點上皆有紡錘絲連結， 此時排列的位置會決定染色體分配到哪一個子細胞。

後期 I

紡錘絲牽引著染色體往細胞兩極移動，同源染色體此時逐漸分離。

末期 I

同源染色體完全移至細胞兩極，核分裂完成，每一個新的細胞核中皆只有同源染色體的其中一條，隨後進行細胞質分裂產生兩個子細胞。

(二) 第二次減數分裂

前期 II

染色體再度濃縮，形成新的紡錘絲與紡錘體。

中期 II

染色體都排列在赤道板上，著絲點處皆細胞兩極延伸而來的紡錘絲相連。

後期 II

姐妹染色體分離，紡錘絲將染色體牽引至細胞兩極。

末期 II

形成四個子細胞，每個細胞中皆為單套數染色體 (n)，染色體數目為母細胞的一半。

(三) 減數分裂的重要性

生物行有性生殖時都需要進行減數分裂來產生配子，配子除了染色體數目減半以外，其基因組合的可能性更是無限的，如此多種的基因組合主要取決於分裂時染色體的分離與獨立分配、隨機受精，以及減數分裂過程中發生的互換。

舉例來說，若某細胞有兩對染色體：1^a 和 1^b、2^a 和 2^b，若不考慮互換，則此細胞經減數分裂後最多可形成四種配子，配子染色體組合為：1^a+2^a 、1^a+2^b、1^b+2^a 、1^b+2^b。 同理，若某細胞有三對染色體：1^a 和 1^b、2^a 和 2^b、3^a 和 3^b，則減數分裂最多可形成 8 種配子：$1^a+2^a+ 3^a$、$1^a+2^b+ 3^a$、$1^b+2^a+ 3^a$ 、$1^b+2^b+ 3^a$、$1^a+2^a+ 3^b$、$1^a+2^b+ 3^b$、$1^b+2^a+ 3^b$ 、$1^b+2^b+ 3^b$。染色體數目越多，形成的配子種類也越多。具有 n 對染色體的細胞減數分裂後至少可形成 $\mathbf{2^n}$ 種配子。

此外，雌雄個體產生的配子以隨機方式受精。人類的精原或卵原細胞中均有 23 對同源染色體，那麼它們產生的配子至少有 2^{23} 種不同的組合，這是一個驚人的數字。也就是說在男性至少有可能產生 2^{23} 種染色體組合不同的精子 (sperms)。同樣地，在女性也有可能產生 2^{23} 種染色體組合不同的卵 (eggs)，所以由精、卵結合而成的受精卵，其雙方染色體集合而成的可能組合將更是無以數計，這便是同父母所生的子代也不會完全相同的原因。

最後，我們更不能忽略在第一次減數分裂前期染色體可能發生互換，互換的發生是依據機率，在兩條染色體上互換可能發生很多次 (圖 5-10)，因此最終產生的配子種類將遠超過我們所預估的 2^n 種。

綜合以上所述，遺傳物質重組的方式很多，因此在子代中我們不會找到完全相同的兩個個體 (同卵雙胞胎例外)。與無性生殖相比，有性生殖的特點就在於能產生大量具變異性的子代，使得該物種更容易在變遷的環境中延續下去。

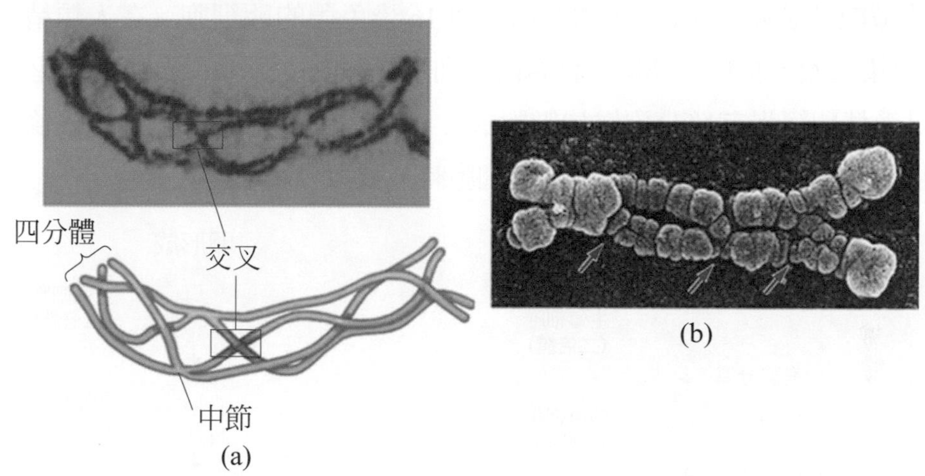

圖 5-10　同源染色體形成交叉發生互換。(a) 在四分體的階段，同源染色體可能在多處形成交叉，發生互換。 (b) 箭頭處為染色體形成交叉的位置。

5-5　精子與卵的形成

精子發生於男性睪丸的細精管壁上，此處的生殖細胞可不斷進行有絲分裂以產生**精原細胞 (spermatogonium，2n)**，精原細胞可進行減數分裂產生精子，而有絲分裂能維持精原細胞的數量不致減少，因此男性一生之中皆有製造精子的能力。如圖 5-11 所示精原細胞在染色體複製後形成**初級精母細胞 (primary spermatocyte，2n)**，初級精母細胞經過第一次減數分裂成爲**次級精母細胞 (secondary spermatocyte，n)**，再經第二次減數分裂後形成**精細胞 (spermatid，n)**，精細胞之後特化轉變爲有鞭毛的精子，故每一個精原細胞最終可以產生 4 個**精子 (sperm，n)**。

胎兒時期女性卵巢中的生殖細胞可經有絲分裂形成**卵原細胞 (oogonium，2n)**(圖 2-11)，但此過程於出生前即停止，因此出生之後女性卵巢中的卵原細胞數量已固定，往後不會再增加，這些卵原細胞會先進行染色體複製，形成**初級卵母細胞 (primary**

oocyte，2n)。月經週期來臨時，卵巢中隨機一個初級卵母細胞會進行第一次減數分裂，形成一個**次級卵母細胞 (secondary oocyte，n)** 與一**個極體 (polar body，n)**，排卵後次級卵母細胞進入輸卵管中，極體則會逐漸退化。輸卵管中的次級卵母細胞若與精子相遇 (受精) 則可進行第二次減數分裂，產生一個卵與一個極體，成熟的卵將與精子的細胞核融合形成受精卵。一個卵原細胞最終只會產生一個卵與三個極體，極體最終將退化、消失。

因此減數分裂產生 1n 染色體的精子與 1n 染色體的卵細胞。在人類精、卵細胞均爲 23 條染色體，當精、卵細胞結合時，則受精卵恢復爲 46 條染色體。胚胎與個體的發育是受精卵經過有絲分裂增加細胞數目，所以體內每個細胞皆有 46 條染色體。一直到胚胎成熟，成體開始產生精、卵細胞時，減數分裂才再次發生。

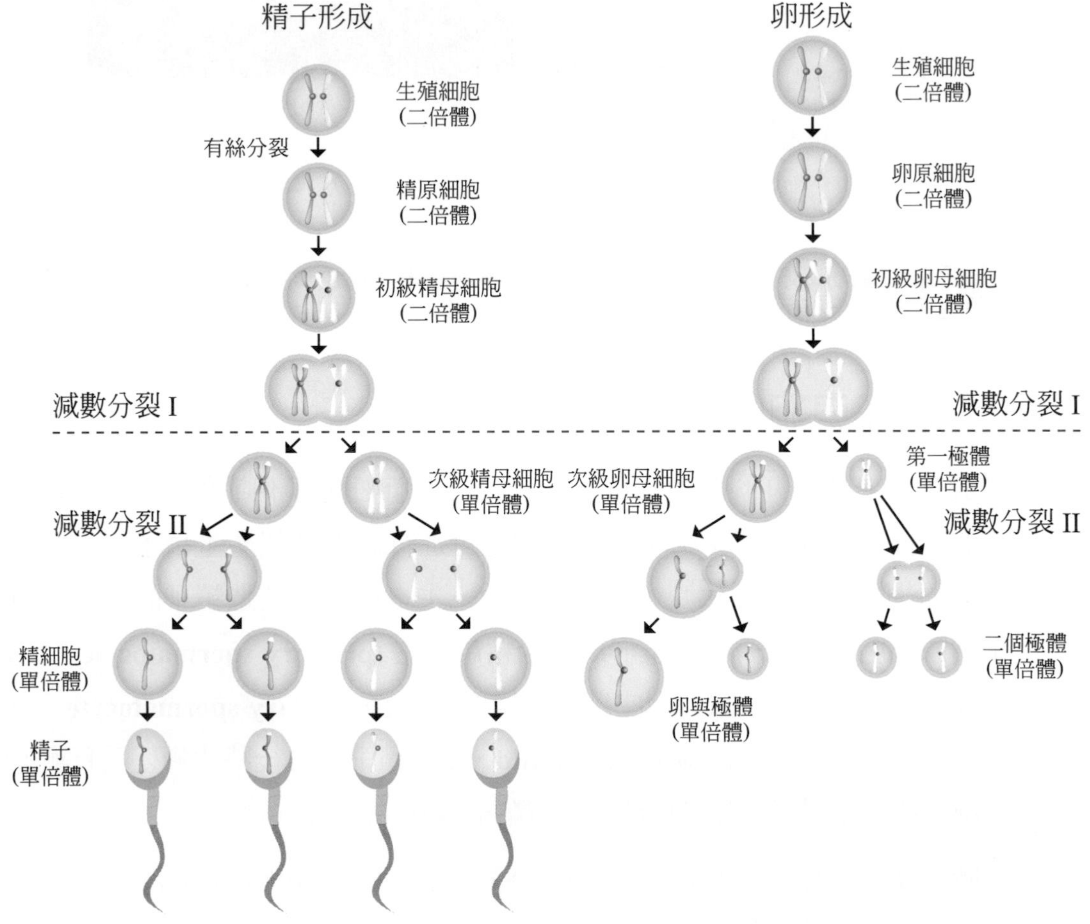

圖 5-11　精子與卵發生的比較。每個精原細胞皆能發育成四個精子。雌性生殖細胞亦以相同的途徑形成，但四個子細胞中只有一個發育為卵，其餘三個極體則退化。

本章複習

5-1　無性生殖

■ 生物直接由母體細胞分裂後產生出新個體的生殖方式稱爲無性生殖。無性生殖可爲分裂生殖、出芽生殖、斷裂生殖、單性生殖、孢子繁殖與營養繁殖等六種。

- 分裂生殖：原生生物例如：草履蟲等的單細胞生物，經由有絲分裂產生兩個新子代。
- 出芽生殖：當細胞核分裂結束後會自側面產生較小的芽體，待成長到一定大小後才會脫離母體獨立生活，例如：酵母菌、水螅、海葵等。
- 斷裂生殖：有些生物若在遭受外力情況下斷爲二或多段，斷裂片可形成新個體，例如：水綿、渦蟲。
- 單性生殖：某些動物的卵不經受精作用即可發育成新個體稱之爲單性生殖或孤雌生殖，例如：蜜蜂。
- 孢子繁殖：有些眞菌可產生數量龐大的孢子，當它們掉落到適當的環境或是營養物質上時便可長出新的菌絲，發育爲一個新的個體。
- 營養繁殖：植物不需經過種子發芽的過程，而利用根、莖、葉等營養器官來繁殖下一代的方式稱爲營養繁殖。

5-2　細胞週期

■ 細胞週期是指從某次有絲分裂結束後，再到下一次分裂結束的循環過程。細胞週期可分爲有絲分裂期(M期)、第一間斷期(G_1)期、合成期(S期)與第二間斷期(G_2)期，後三者合稱爲間期。

- 細胞在有絲分裂期由一個細胞分裂爲二個細胞，遺傳物質是在S期複製，細胞內組成分子是在 G_1、G_2 期增加。

■ 染色質是由DNA分子與蛋白質組成，在細胞要進行分裂時，染色質可繼續纏繞及折疊，形成外型粗短的染色體。

- 當細胞要分裂時，所有染色體都會先進行複製，複製後的2條染色分體會以中節連接。

■ 細胞有絲分裂中期時，染色體排列在細胞赤道板，以顯微鏡拍照獲得染色體的影像，再根據它們的大小，外形以及著絲點所在的位置進行排列整合，就可以得到細胞染色體的組型圖即稱爲核型。

- 在人體染色體核型分析中，可將大小、外形與中節的位置相同的染色體相互配對，一個來自父方，另一個來自母方，而且控制同一組性狀的染色體組成 23 對稱之爲同源染色體。
- 在一對同源染色體的相同位置上攜帶著控制同一性狀的基因，此種成對的基因稱爲對偶基因。

5-3 有絲分裂的過程

■ 在間期結束後，細胞即進入有絲分裂期，有絲分裂是一連續過程，通常將其分爲前期、中期、後期與末期等四期。

- 前期：在前期分裂爲二的中心體會向細胞兩極移動，每一中心體周圍出現的微管排列成輻射並狀形成紡錘體，同時核膜、核仁也逐漸消失。
- 中期：複製成雙的染色分體被紡錘絲帶動，整齊地排列在紡錘體中央的中期板。
- 後期：姊妹染色分體互相分離，姊妹染色體分別以相反方向沿著紡錘絲移向細胞兩極。
- 末期：當染色體到達兩極時便進入分裂的末期，核膜、核仁重新產生，核分裂就此完成。接著就是細胞質的分裂，動物細胞首先是由環繞中期板的部分凹入產生一條分裂溝逐漸向內部深入切斷紡錘體，細胞分裂爲兩個子細胞。
- 植物細胞與動物細胞有絲分裂過程主要差別有兩點：(1) 高等植物細胞分裂時，在前期無中心體和星狀體的構造。(2) 植物細胞有細胞壁，在細胞質分裂時不會產生分裂溝，而是於母細胞中央產生細胞板再形成細胞壁。

5-4 減數分裂

■ 生殖細胞在形成過程中，也就是生殖母細胞形成配子 (精子或卵子) 時，染色體數目會由雙套 (2n) 減爲單套 (1n)，此過程即稱爲減數分裂。

■ 減數分裂是由具有雙套數染色體的精原細胞或卵原細胞開始，與有絲分裂相同的是，在分裂前的間期染色體會複製一次，但是隨後會經兩次的分裂，最終產生四個子細胞，每個子細胞所含染色體數目僅爲體細胞染色體數目一半。

■ 減數分裂經過兩次的分裂，稱爲第一次減數分裂與第二次減數分裂，各時期敘述如下：

- 前期 I：複製後的染色體濃縮，同源染色體集合成對，形成四分體稱爲聯會作用。
    - ♦ 當聯會發生時同源染色體緊密地連結在一起，使得它們有機會能夠交換 DNA 片段，稱爲互換，互換的發生能使將來的配子 (精子、卵) 有更多的基因組合。
- 中期 I：同源染色體成對地排列在赤道板上。
- 後期 I：紡錘絲牽引著染色體往細胞兩極移動，同源染色體此時逐漸分離。
- 末期 I：同源染色體完全移至細胞兩極，核分裂完成，每一個新的細胞核中皆只有同源染色體的其中一條，隨後進行細胞質分裂產生兩個子細胞。
- 前期 II：染色體再度濃縮，形成新的紡錘絲與紡錘體。
- 中期 II：染色體都排列在赤道板上，著絲點處皆細胞兩極延伸而來的紡錘絲相連。
- 後期 II：姐妹染色體分離，紡錘絲將染色體牽引至細胞兩極。
- 末期 II：形成四個子細胞，每個細胞中皆爲單套數染色體 (n)，染色體數目爲母細胞的一半。

■ 生物行有性生殖時都需要進行減數分裂來產生配子，配子除了染色體數目減半以外，其基因組合的可能性更是無限的，若某細胞有兩對染色體，減數分裂後最多可形成四種配子：有三對染色體則最多可形成 8 種配子，所以有 n 對染色體的細胞減數分裂後至少可形成 2^n 種配子。

5-5 精子與卵的形成

■ 精原細胞可進行減數分裂產生精子，而有絲分裂能維持精原細胞的數量不致減少，因此男性一生之中皆有製造精子的能力。

■ 胎兒時期女性卵巢中的生殖細胞可經有絲分裂形成卵原細胞，但此過程於出生前即停止，因此出生之後女性卵巢中的卵原細胞數量已固定，一個卵原細胞最終只會產生一個卵與三個極體，極體最終將退化、消失。

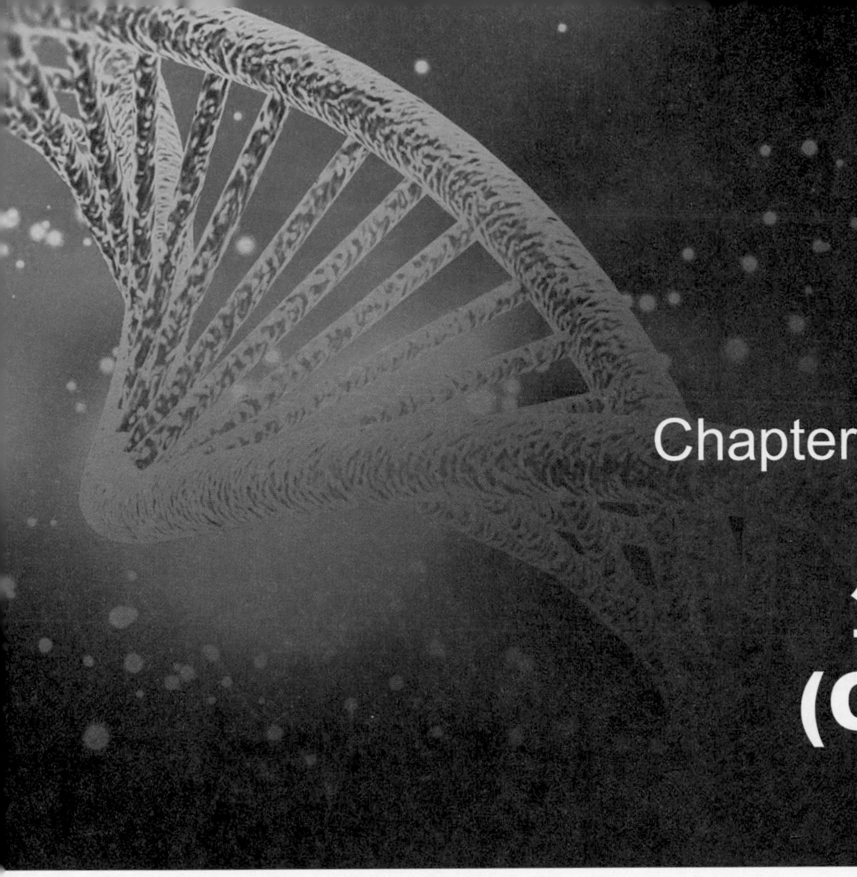

Chapter 6

生物的遺傳 (Genetics)

龍生九子：性狀的遺傳與變異

當生命誕生時每個個體身上皆帶有許多特徵，我們稱爲性狀 (traits)，這些性狀有的與父親相似，有的與母親相似；人們發現性狀能由親代傳給子代，這個過程就稱爲遺傳 (heredity)。

在中國古老的文獻中，有著各種對遺傳現象的描述與記載。東周列國志在評論春秋韓原之戰中提到:「種瓜得瓜，種豆得豆。……」這類一直流傳於民間的口頭語，即爲古人對生物遺傳現象的一種簡單描述。東漢時期，王充在論衡．講瑞篇中又說：「……龜生龜，龍生龍。形、色、大小不異於前者也，見之父，察其子孫，何爲不可知？」說明了古人對於遺傳這個觀念的觀察與理解，事後也被簡化成「龍生龍，鳳生鳳，老鼠的兒子會打洞。」

然而生物體親代與子代之間以及子代的個體之間存在著些許的差異，稱之爲遺傳變異性 (genetic variation)。明朝 李東陽所撰懷麓堂集，「龍生九子不成龍，各有所好」，更說明了遺傳學的一體兩面：性狀的遺傳與變異。

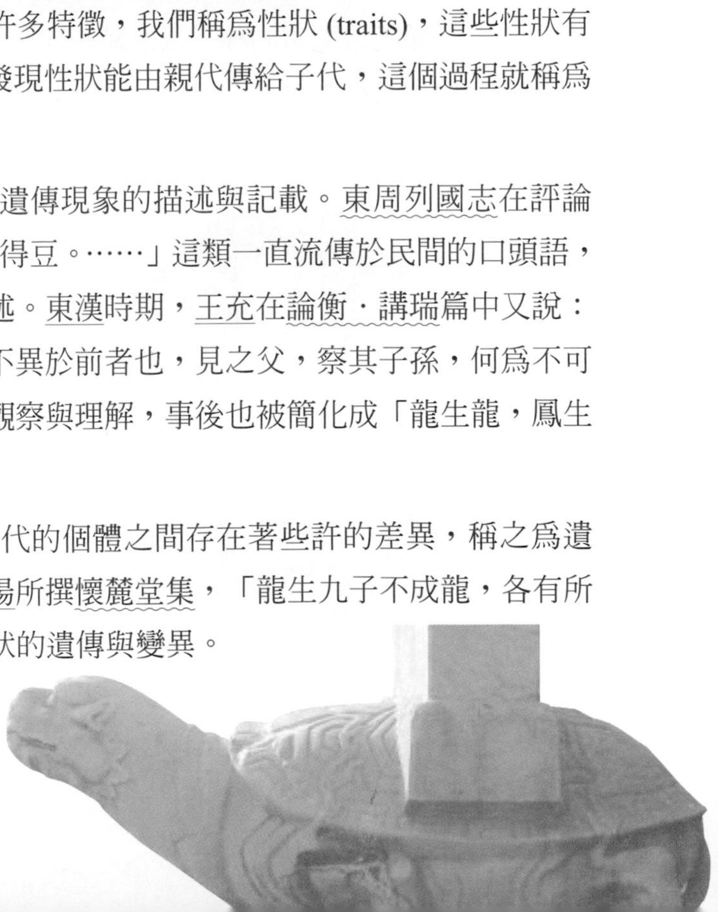

圖 6-1　贔屭 (又名龜趺、霸下、填下)，龍生九子之一，貌似龜而好負重，有齒，力大可馱負三山五嶽。其背亦負以重物，在多為石碑、石柱之底台及牆頭裝飾

奧地利的神父孟德爾利用豌豆進行雜交實驗，首次闡明了支配遺傳性狀的原則。然而，孟德爾並不是第一個進行豌豆雜交實驗的科學家，在他之前，已有許多農民進行過類似的豌豆雜交，也得到與孟德爾類似的結果。例如，植物學家湯瑪斯·安德魯·奈特 (Thomas Andrew Knight，1759 ～ 1838) 於 1799 ～ 1833 年即開始利用紫花豌豆與白花豌豆進行雜交，雜交產生的後代全是紫花。若將這種紫花後代進行雜交，則其後代有紫花也有白花，奈特發現紫花比白花具有更強的表現趨勢，然而奈特並沒有對其實驗數據進行分析。遺傳學的發展是在孟德爾遺傳定律的基礎上逐步建立起來的。

圖 6-2　湯瑪斯 · 安德魯 · 奈特

6-1　孟德爾的遺傳實驗

人類在千餘年前對於農藝、畜牧即已知道選種與育種，例如選取產乳多的乳牛，以及選擇某種產量豐富的種子去繁殖後代，人們雖早已完成了選種與育種，但他們不瞭解遺傳如何支配性狀的生成。直到 1865 年由一位奧地利的神父孟德爾首次闡明了支配遺傳性狀的原則。

圖 6-3　孟德爾與其實驗材料豌豆 (pea)

(一) 孟德爾的研究工作

孟德爾 (Gregor Joham Mendel，1822 ～ 1884)，奧國人，二十五歲時任教士，後入維也納大學深造，結業後在布隆 (Brunn 現爲捷克之 Brno 城) 的一所中學執教，同時也在修道院中的一塊園地上從事豌豆雜交遺傳實驗。孟氏採用豌豆 (pea) 作七對相對性狀的遺傳實驗，經過八年的時間，細心的鑑別以及用機率計算，到 1865 年將其實驗結果發表出來，但當時未曾受到學者的重視。1900 年，又經生物學家柯倫斯 (Carl Correns)、杜佛里 (Hugo de Vries) 和謝馬克 (Erich Tschermak) 分別以不同的材料，重複實驗，皆與孟氏結果相同，因此再度發表出來，爲現代遺傳學奠立基礎。

孟德爾利用數年時間的研究，終於確定了豌豆狀性的遺傳。在正常情況下，豌豆的雄蕊會釋出花粉而掉落在同一朵花的雌蕊上，稱爲**自花受粉** (self-pollination)；當孟德爾想要讓兩株不同豌豆進行**異花受粉** (cross pollination) 時，他可以在一株植物的雄蕊尚未成熟前將之全部摘除，然後把另一株植物的花粉灑在這些只有雌蕊的花 (柱頭) 上。

圖 6-4 豌豆的花。由花瓣的構造可知，這種蝶形花通常是自花受粉的。由於雄蕊、雌蕊在成熟的過程中皆被花瓣包住，當雄蕊成熟後，其花粉自然會落在同一朵花的雌蕊柱頭上。

有一點應說明的是：孟德爾當時並不知道染色體或細胞分裂的過程，甚至也不知道配子結合的道理，因爲他實驗的時候是在這些構造被瞭解之前數十年。他所創立的原則只是基於他從豌豆育種實驗所得的證據，而非直接根據細胞中的觀察。直到孟氏逝世 16 年以後，有關細胞的知識逐漸瞭解，才成功地與他所創立的遺傳原則相關連起來。孟氏實驗的成就應歸功於幾項重要的因素：

1. 選擇豌豆作爲實驗材料易於操作。豌豆爲自花授粉，在進行雜交實驗時不容易受到其它外來花粉的干擾；此外豌豆易於栽培、生長期短，播種後約三個月便可開花結果。
2. 用許多株具有同一性狀的個體同時實驗，以獲得更多的子代。
3. 每一次實驗，只研究一對相對性狀 (traits) 的雜交結果。

孟氏選則豌豆的七對相對性狀來進行雜交 (圖 6-5)，以觀察子代的結果。在開始實驗前，他先確認所選用的植株是**純種** (pure breeding)，也就是當該植株自花授粉時，其所有子代都其有與親代相同的性狀 (trait)。實驗中，孟德爾使兩株具有不同性狀的純種豌豆進行異花授粉；例如**圓平** (round) 種皮與**皺縮** (wrinkle) 種皮之豌豆雜交，所生的子代皆爲圓平種皮，皺縮並不出現；可見相對之性狀中，常有一方較具優勢而易於顯現，孟氏稱此優勢的特徵爲**顯性** (dominant)，勢力弱的一方隱而不現，稱爲**隱性** (recessive)。用以行雜交實驗的圓平與皺縮種子的植株，稱爲**親代** (parent generation，P)，親代雜交所生的後代，稱爲**第一子代** (first filial generation，F_1)，孟氏將 F_1 自花授粉，所生的下一代稱爲第二子代 (F_2)，F_2 中有 75% 表現顯性，25% 表現隱性。孟氏多次對不同性狀進行實驗，發現在 F_2 中，顯性與隱性個體的比例平均約爲 3：1。

孟德爾認爲每種性狀是由一對因子負責，如以 R 代表顯性圓平種皮性狀的符號，r 代表隱性皺縮種皮性狀的符號 (註：孟氏所稱**遺傳因子**，不論顯性或隱性，在 1910 年後均改稱爲**基因** (gene))。負責一種性狀遺傳的成對基因，則互稱**對偶基因** (allele)；例如在 RR 中，R 爲另一 R 的對偶基因；在 Rr 中，R 與 r 亦互爲對偶基因。當配子形成時，對偶基因分離，受精時對偶基因又可自由組合在一起。

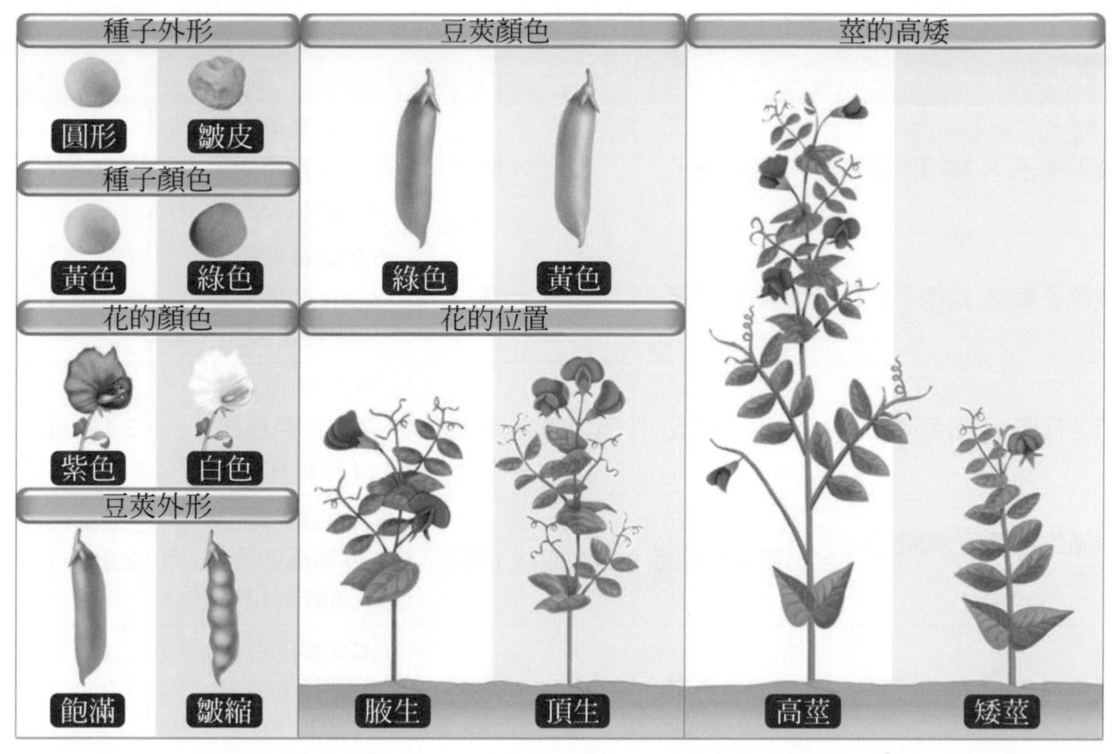

圖 6-5　孟德爾遺傳實驗中所用豌豆的七對性狀

純種圓平種皮的豌豆，其細胞內部負責性狀遺傳的因子即是兩個圓平基因 RR，而皺縮種皮豌豆則具有成對相同的 rr 基因，上述兩種基因組合其對偶基因彼此皆相同，稱爲**同基因型** (homozygous)，也就是**純種** (pure breeding)。若將圓平種皮豌豆 (RR) 與皺縮種皮豌豆 (rr) 進行雜交，F_1 中的圓平豌豆皆具有 Rr 的基因，稱爲**異基因型** (heterozygous)，也就是**雜種** (hybrid)。含有 RR 的個體與含有 Rr 的個體，**基因型** (genotype) 雖不相同，但卻都表現出圓平種皮的特徵，亦即其**表現型** (phenotype) 是相同的。

以上述異基因型的 F_1 進行自花授粉得到 F_2，F_2 中圓平種子及皺縮種子之比爲 2.96：1(表 6-1)，這一比例實與其用機率 (probability) 計算結果相近，故預期的比例與實際的結果幾乎相同。因此孟德爾認爲：每種遺傳性狀，受兩個基因 (即對偶基因) 所支配，對偶基因或爲同型或爲異型，異型對偶基因中，即兩種相對性狀同時存在，其中一個性狀常佔優勢而呈顯性；另一性狀常隱而不現，爲隱性。此種顯性或隱性皆具有獨立性，在遺傳過程中皆能自由分離及自由組合。

表 6-1　孟德爾豌豆遺傳實驗二代的實驗結果

P 代雜交所選的性狀	F_1 植物	F_1 自花受粉	F_2 植物	F_2 的實際比例
圓平種子 × 皺縮種子	全為圓平種子	圓平 × 圓平	5,474 圓平種子 1,850 皺縮種子 (總數 7,324)	2.96：1
黃色子葉 × 綠色子葉	全為黃色子葉	黃 × 黃	6,022 黃色子葉 2,001 綠色子葉 (總數 8,023)	3.01：1
有色種皮 × 白色種皮	全為有色種皮	有色的 × 有色的	705 有色種皮 224 白色種皮 (總數 929)	3.15：1
飽滿的豆莢 × 皺縮的豆莢	全為飽滿的豆莢	飽滿的 × 飽滿的	882 飽滿的豆莢 299 皺縮的豆莢 (總數 1,181)	2.95：1
綠色豆莢 × 黃色豆莢	全為綠色豆莢	綠色 × 綠色	428 綠的豆莢 152 黃的豆莢 (總數 580)	2.82：1
腋生花 × 頂生花	全為腋生花	腋生 × 腋生	651 腋生花 207 頂生花 (總數 858)	3.14：1
高莖 × 矮莖	全為高莖	高 × 高	787 高莖豌豆 277 矮莖豌豆 (總數 1,064)	2.84：1

(二) 一對性狀雜交的遺傳 (A monohybrid cross inheritance)

孟德爾是用羅馬字母作符號來標示每一種性狀。孟氏假設圓形種子的性狀是顯性因子造成，用大寫字母 R 代表；皺縮種子性狀是由於隱性因子所造成，則用小寫字母 r 代表，這兩個符號一直沿用至今。

1. 配子的形成與子代預期的結果

一顆圓平種皮豌豆 (RR) 的植物體所生的**配子** (gamete) 中只含有 R 基因，當圓平豌豆在自花受粉時，花粉中所產生的精子(含有R基因)和在胚珠中的卵(含有R基因)結合起來，產生一含有 RR 基因的圓平種皮 F_1。同樣地，皺縮豌豆植物所產生的配子中只含有 r 基因，自花受粉後則產生含 rr 基因的皺縮種皮 F_1。

當一株圓平種豌豆與一棵皺縮種豌豆雜交時，預期將產生如何之結果？可從以圖 6-6 中得到答案。

又 F_1 得出之後，用棋盤式方格計算法可求得 F_2 的基因型比例 (圖 6-7)。

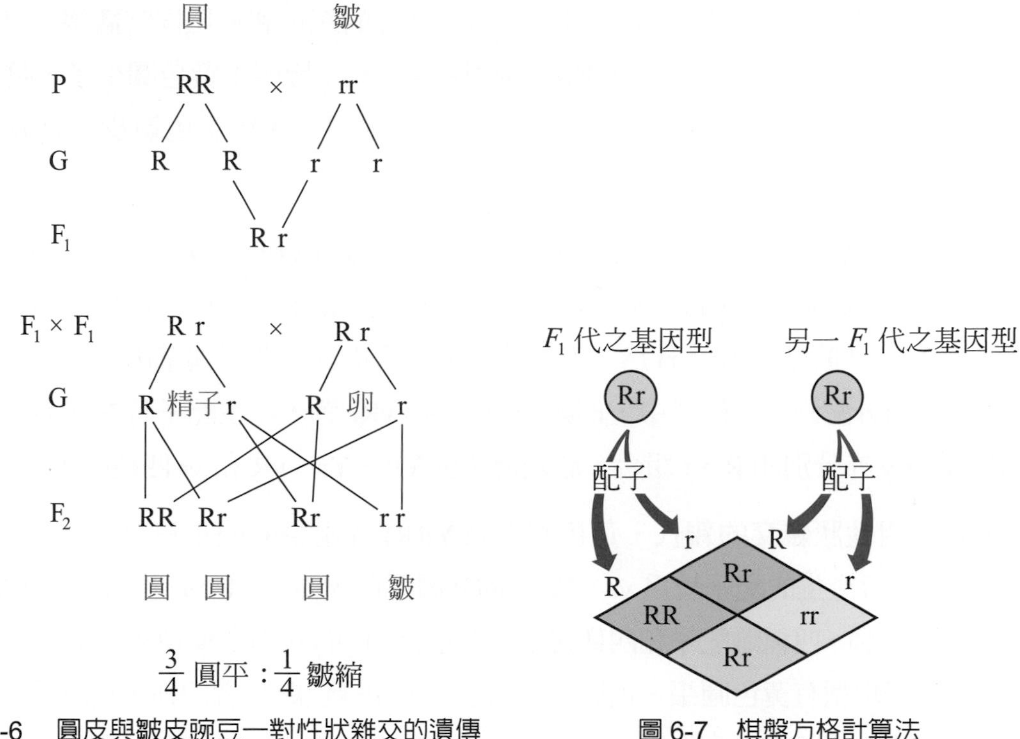

圖 6-6　圓皮與皺皮豌豆一對性狀雜交的遺傳

圖 6-7　棋盤方格計算法

2. 試交 (test cross)

假設有一株高莖豌豆，我們無法從外型判斷這株豌豆是同基因型或異基因型 (因爲基因型 TT 和 Tt 皆表現出高莖的特徵)，那我們要如何知道該高莖豌豆是 TT 或 Tt 呢？孟氏曾做一試交實驗，以未知其基因型的個體與另一隱性基因型者 (tt) 雜交，若後代全爲高莖，即可知該株植物基因型爲 TT(TT × tt → 後代全爲 Tt)；若後代有高莖也有矮莖，則可判斷該株植物基因型爲 Tt (Tt × tt → 後代 1/2 Tt + 1/2 tt)。

3. 分離律 (law of segregation)

後人將孟氏實驗豌豆一對性狀雜交所得的結論歸納之稱爲分離律，其要點如下：生物的遺傳性狀是由基因所控制，決定一種性狀的基因是成對存在，稱爲對偶基因。當形成配子時對偶基因便互相分離，分配於不同的配子中。故每一配子只有對偶基因中的一個。

(三) 二對性狀雜交的遺傳 (Dihybrid cross inheritance)

1. 二對性狀的雜交

孟氏繼豌豆的一對性狀雜交後，又同時考慮豌豆的兩種性狀，進行遺傳交配，這種實驗稱爲二對性狀雜交。例如選擇種子 (子葉) 的顏色和形狀同時觀察，將種子爲黃色圓平種皮的植株和綠色皺縮種皮的植株雜交，F_1 皆產生黃色圓平子，再以 F_1 互相交配，得到的 F_2 中有 315 黃色圓平、108 綠色圓平、101 黃色皺皮、32 綠色皺皮種子，比例約爲 9：3：3：1。

根據一對性狀雜交的結果，已知種子黃色 (Y) 對綠色 (y) 爲顯性，圓平 (R) 對皺皮 (r) 爲顯性，又個體中成對的基因在形成配子時會互相離；至於控制種子顏色的基因 (Y，y) 和形狀的基因 (R，r) 爲二對對偶基因。孟氏認爲非對偶基因在形成配子時會互相組合而分配到同一配子中，例如基因型爲 YyRr 者，產生配子時 Y 分別和 R、r 互相組合，y 亦分別和 R、r 組合，於是便產生 YR、Yr、yR 和 yr 四種配子。

上述二對性狀雜交的親代，黃色圓平 (YYRR) 者產生的配子只有 YR 一種，綠色皺皮 (yyrr) 者產生的配子皆爲 yr，故 F_1 的基因型爲 YyRr 。F_1 產生的配子有 YR、Yr、yR 和 yr 四種，四種雌配子和四種雄配子互相合，F_2 的基因型種類和比例如圖 6-8，據此推測其表現型有黃色圓平、色皺皮、綠色圓平和綠色皺皮者四種，比例爲 9：3：3：1，和孟氏的實驗結果完全符合。

2. 二對性狀的試交

孟氏將 F_1(黃色圓平) 的豌豆作試交 (圖 6-9)，即與外表型爲隱性者 (yyrr) 交配，後代有黃色圓平、黃色皺皮、綠色圓平和綠色皺皮四種表現比例爲 1：1：1：1；因爲後代中有綠色、皺皮的性狀，說明 F_1 的表現型爲黃色圓平，但一定含有隱性基因 y 和 r，即 YyRr，屬異基因型。

3. 獨立分配律 (law of independent assortment)

後人將孟氏二對性狀雜交所得的結論歸納爲獨立分配律，其要點如下：

對偶基因在配子形成時會互相分離，但在非對偶基因間，彼此的分離亦有獨立性；所以當非對偶基因分離後，彼此會互相自由組合進入同一配子中。以現代的術語敘述，即位於非同源染色體上的兩個 (或多個) 不同的基因對，其對偶基因在分配至配子的過程爲完全獨立。

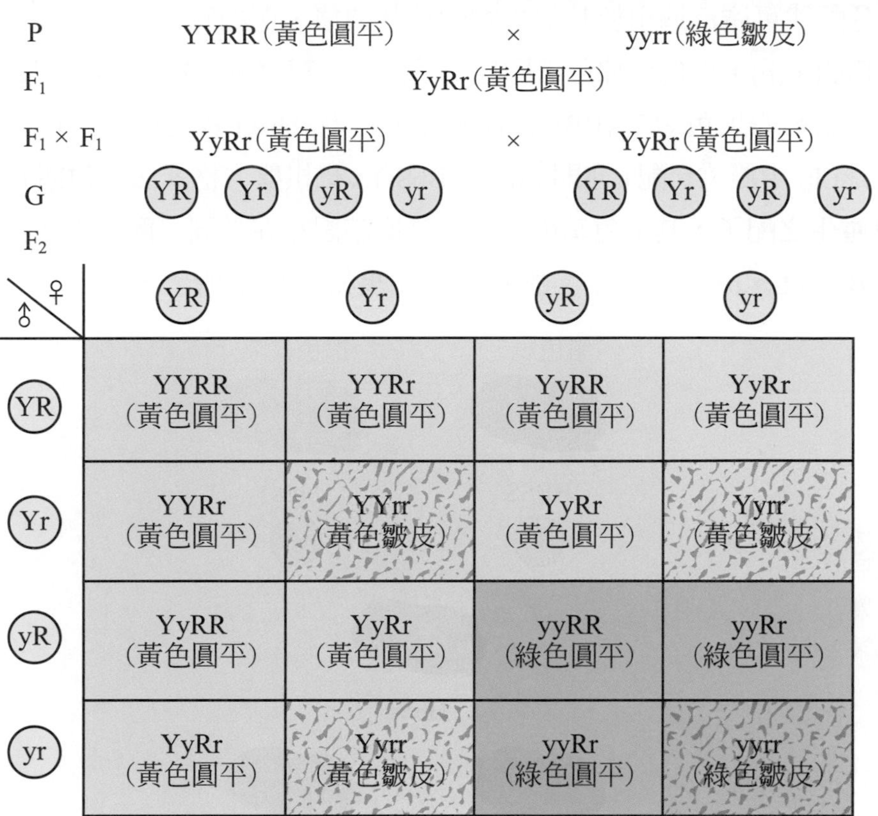

圖 6-8 豌豆種子種皮形狀和顏色的雜交

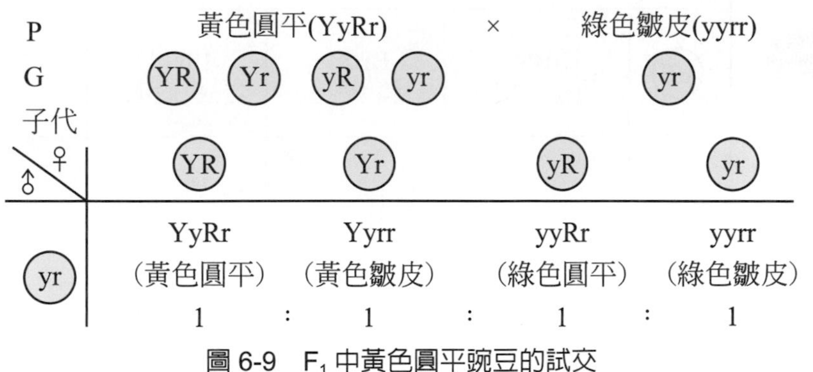

圖 6-9 F_1 中黃色圓平豌豆的試交

4. 豚鼠的性狀遺傳

獨立分配律可廣泛適用於其他生物的性狀遺傳，例如豚鼠 (Guinea pigs) 的毛有黑色 (B) 和棕色 (b)，黑色對棕色爲顯性；毛尙有長短之分，短毛 (S) 對長毛 (s) 爲顯性。若將純品系的黑色短毛 (BBSS) 者和棕色長毛 (bbss) 者交配，F_1 均爲黑毛短毛 (BbSs)；再將 F_1 中雌雄交配 (亦即 BbSs × BbSs)，以棋盤方格式法可預期 F_2 之結果。BbSs 豚鼠產生之配子，其毛色基因可與毛長度基因存在於同一配子中，因此雌雄各產生 BS、Bs、bS、bS 四種配子。故 F_2 預期結果如圖 6-10 所示。

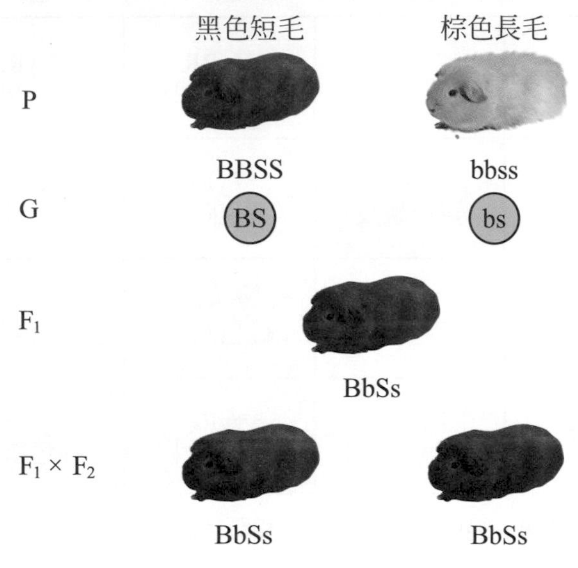

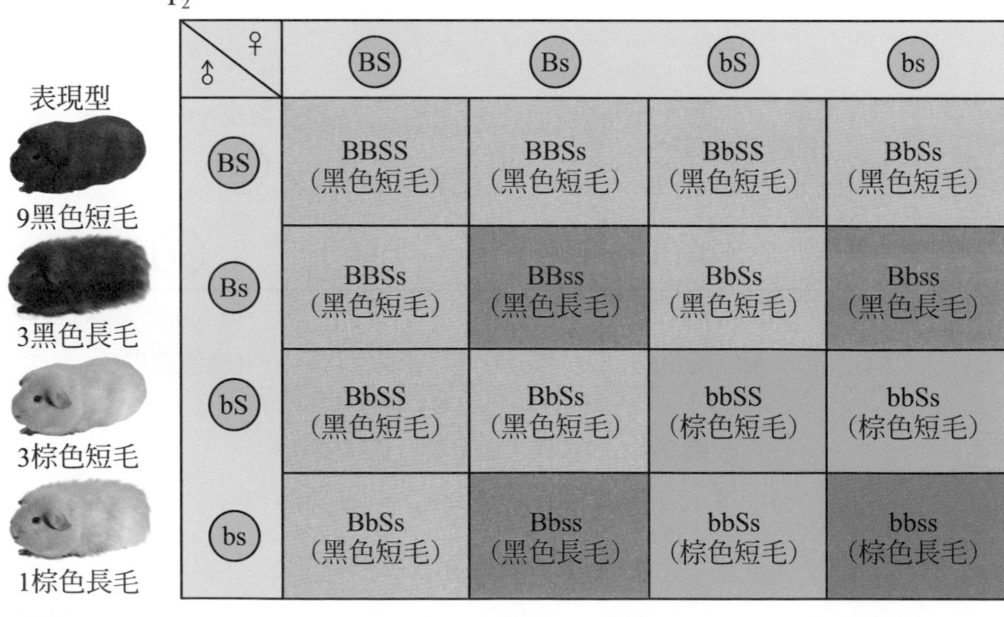

♂ \ ♀	BS	Bs	bS	bs
BS	BBSS（黑色短毛）	BBSs（黑色短毛）	BbSS（黑色短毛）	BbSs（黑色短毛）
Bs	BBSs（黑色短毛）	BBss（黑色長毛）	BbSs（黑色短毛）	Bbss（黑色長毛）
bS	BbSS（黑色短毛）	BbSs（黑色短毛）	bbSS（棕色短毛）	bbSs（棕色短毛）
bs	BbSs（黑色短毛）	Bbss（黑色長毛）	bbSs（棕色短毛）	bbss（棕色長毛）

圖 6-10　豚鼠毛色及長短二對性狀之雜交

6-2 不完全顯性 (Incomplete dominance)

孟德爾之後，生物學家利用其他的動植物作遺傳實驗，發現有些遺傳性狀的對偶基因沒有顯性、隱性之分，雙方互為顯性表現出來，稱為不完全顯性，或稱中間型遺傳。例如紫茉莉 (*Mirabilis jalapa*) 的花有紅色和白色，將紅花和白花者相互授粉，所得後代皆為粉紅花；再將此粉紅花的 F_1 互相交配，F_2 有紅花、粉紅花和白花，比例為 1：2：1。

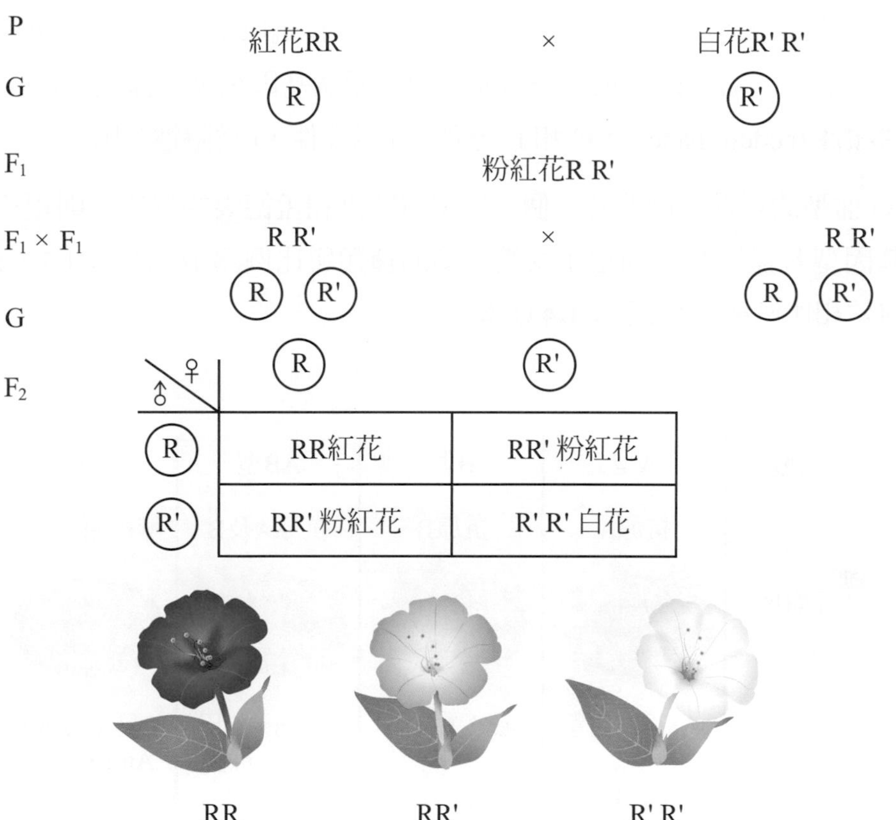

圖 6-11　紫茉莉花色的遺傳。根據實驗可知，紫茉莉的紅花基因 (R) 和白花基因 (R') 組合一起時，花的顏色既非紅色，亦非白色，而為介於紅白之間的粉紅色 (中間型)，這種情形，叫做不完全顯性。F_2 基因型種類和比例，與表現型種類和比例完全一致。

6-3 複對偶基因 (Multiple alleles)

一對對偶基因，在一對同源染色體上的位置叫做**基因位** (locus)，某些性狀的遺傳其對偶基因不只顯性與隱性兩種，而是有三種以上，像這樣在同一個基因位上有多於兩種形式的對偶基因者，稱之爲**複對偶基因** (multiple alleles)。雖然複對偶基因的形式有三種以上，但任一個體仍由兩個基因來控制其性狀。人類的 ABO 血型 (blood type) 遺傳即爲複對偶基因的遺傳。

人類之血型有 A(紅血球表面有 A 抗原)、B(紅血球表面有 B 抗原)、AB(紅血球表面有 A 與 B 抗原) 及 O(紅血球表面無抗 A、B 抗原) 四種血型，決定血型的對偶基因有三個：I^A、I^B 和 i，但在一個體中只由兩個基因來控制血型。I^A 和 I^B 爲**等顯性或稱共顯性** (codominance)，I^A 和 I^B 分別對 i 爲顯性，i 爲隱性基因。

ABO 血型的對偶基因雖有三個，但遺傳時仍和孟德爾的遺傳法則相符合。例如夫婦的基因型若都是 I^Ai，所生子女基因型的種類與比例爲 1/4 I^AI^A：1/2 I^Ai：1/4 ii，表現型種類和比例爲 3/4 A 型：1/4 O 型。

血型	A型	B型	AB型	O型
紅血球	抗原A	抗原B	抗原A及B	無抗原A及B
血漿	Anti-B抗體	Anti-A抗體	無Anti-A及Anti-B抗體	兼具Anti-A及Anti-B抗體

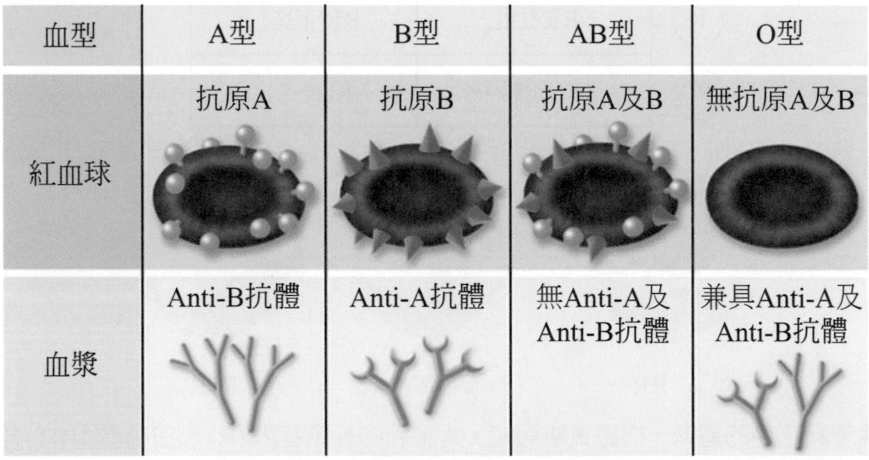

圖 6-12 ABO 血型與複對偶基因

6-4 機率 (Probability)

(一) 機率的意義

根據孟德爾遺傳法則，一對性狀雜交所得 F_2 的表現型，顯性和隱性的比例為 3：1。實際上只有在後代的數目多時，才會接近這一比數，例如孟氏的豌豆實驗結果 (表 6-1)。假若後代數目少的話，兩種表現型的比例很可能與期望的 3：1 相去甚遠，例如 F_2 若只有四個，可能四個全為顯性，也可能四個都是隱性。因此遺傳比例最好以機率表示，上述比例若改作下列陳述則較佳：兩異基因型互相交配，每一個後代都有 3/4 的機會表現顯性，1/4 的機會表現隱性。

(二) 機率定律的應用 (Applying the laws of probability)

機率中最基本的定律為乘法原理，即兩獨立事件 (或兩件以上) 組合在一起的機率，為該兩事件 (或兩件以上) 單獨發生時其機率相乘的積。這一數學上的法則，亦可應用於遺傳事例，因為親代互相交配產生的後代，每一個體為一獨立事件。

例如兩個異基因型的黑毛豚鼠互相交配 (Bb × Bb)，若有兩個後代，便是兩件獨立事件，每一個後代表現黑色的機率是 3/4，表現棕色的機率是 1/4。這兩個後代可能都是黑色，其機率為 3/4 × 3/4；可能皆為棕色，其機率是 1/4 × 1/4；也可能是一個黑色、一個棕色，機率是 2 × 3/4 × 1/4。

上述例子，若以 a 代表顯性表現型的機率，b 代表隱性表現型的機率，則後代表現型的組合機率為：$a^2 + 2ab + b^2$ (a^2 代表兩個皆為顯性，ab 代表一個顯性一個隱性，b^2 代表兩個皆為隱性)，也即 $(a + b)^2$ 的展開式。由此可知，該兩豚鼠交配 (Bb × Bb) 若有四個後代，四個皆為黑色的機率為 3/4 × 3/4 × 3/4 × 3/4，四個皆為棕色的機率為 1/4 × 1/4 × 1/4 × 1/4，四個後代中，其顯性隱性的數目及機率可由 $(a + b)^4$ 的展開式計算之 (圖 6-13)。

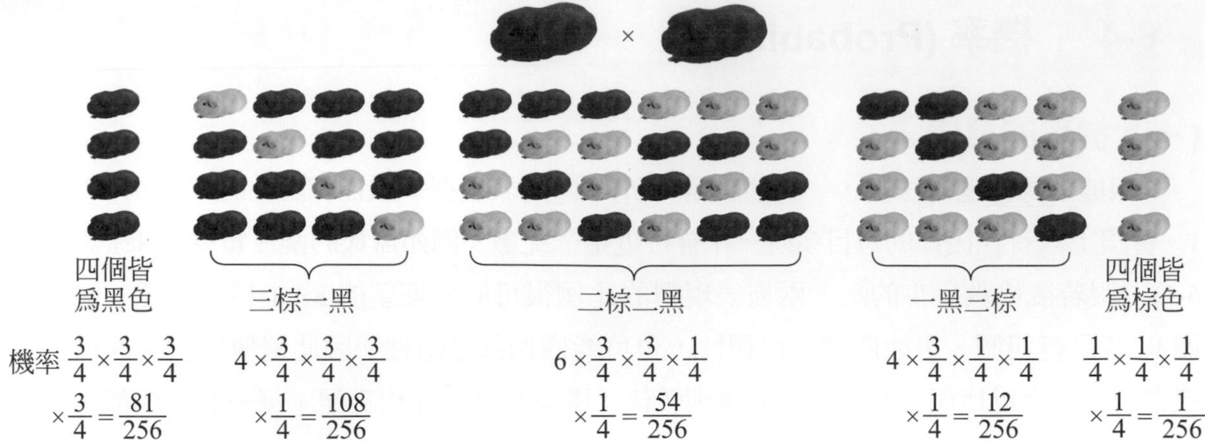

圖 6-13　兩異基因型的黑毛豚鼠交配 (Bb × Bb)，若有四個後代，其毛色及比例有五種組合，數字為各種組合之機率。

兩對性狀雜交時觀察兩種對偶基因的遺傳，該兩種性狀亦可視為兩件獨立事件，F_2 的表現型種類和比例亦可按乘法原理的法則推算。例如豌豆種子顏色的遺傳為一獨立的事件，F_2 的種子表現黃色的機率為 3/4，表現綠色的機率為 1/4；種子形狀的遺傳為另一事件，F_2 表現圓平種皮的機率為 3/4，皺縮種皮的機率為 1/4。兩對性狀雜交時，F_2 中這兩種性狀組合一起的機率應為：

(3/4 黃色＋ 1/4 綠色) × (3/4 圓平＋ 1/4 皺皮)

結果為：9/16 黃色圓平＋ 3/16 黃色皺皮＋ 3/16 綠色圓平＋ 1/16 綠色皺皮，亦即 F_2 的表現型有黃色圓平、黃色皺皮、綠色圓平和綠色皺皮四種 比例為 9：3：3：1。

6-5　多基因連續差異性狀的遺傳 (Polygenic inheritance and continuously varying traits)

孟德爾為了使其實驗設計簡明而易於工作，故所選取的相對性狀都是最明顯且最容易分別的，例如圓平種皮對皺縮種皮，黃色種皮對綠色種皮，腋生花對頂生花等。但其它生物的種種性狀，如長頸鹿的頸長、人類的身高、膚色和智力等，其不同程度的變異非常之多，就不能用他的一對因子的遺傳來解釋；上述這些性狀具有連續性的差異，屬於**多基因的遺傳** (polygenic inheritance)，亦即一種性狀的形成是受到幾對不同基因的控制，但每一個顯性基因皆具有相同的影響，又稱做**數量遺傳** (quantitative trait locus，QTL)。

(一) 人類膚色、身高、智力的遺傳

人類的膚色由淺到深有許多變化，這是因爲我們皮膚中含有**黑色素** (melanin)，黑種人含量最多，白種人最少；皮膚中黑色素量的至少是由兩對基因 (A、a 和 B、b) 所控制，顯性基因 A 和 B 可以使黑色素量增加，兩者增加的量相等，且產量可以累加，因此基因型中顯性基因越多，黑色素便越多，膚色便越深。黑人的基因型爲 AABB，白人爲 aabb，若一位黑人 (AABB) 和一位白人 (aabb) 結婚，後代的基因型皆爲 AaBb，膚色乃介於黑白之間。假若兩個黑白混血者結婚 (AaBb × AaBb)，子女的膚色將自最深之黑色至最淺之白色皆有可能出現，其中最深的黑色和最淺的白色出現比例最少，分別爲 1/16，介於黑白之間者最多，佔 6/16，較黑色稍淺和較白色稍深者分別爲 4/16(表 6-2)。

表 6-2　人類皮膚黑色素量的遺傳

<table>
<tr><th colspan="4">(1) 黑人和白人結婚</th></tr>
<tr><td>P</td><td colspan="3">黑人 AABB × 白人 aabb</td></tr>
<tr><td>F_1</td><td colspan="3">黑白混血 AaBb</td></tr>
<tr><th colspan="4">(2) 兩個黑白混血者結婚 AaBb × AaBb</th></tr>
<tr><td>表現型</td><td>基因型</td><td>基因型頻率</td><td>表現型頻率</td></tr>
<tr><td>黑色</td><td>AABB</td><td>1</td><td>1</td></tr>
<tr><td rowspan="2">深色</td><td>AaBB</td><td>2</td><td rowspan="2">4</td></tr>
<tr><td>AABb</td><td>2</td></tr>
<tr><td rowspan="3">黑白中間色</td><td>AaBb</td><td>4</td><td rowspan="3">6</td></tr>
<tr><td>aaBB</td><td>1</td></tr>
<tr><td>AAbb</td><td>1</td></tr>
<tr><td rowspan="2">淺色</td><td>Aabb</td><td>2</td><td rowspan="2">4</td></tr>
<tr><td>aaBb</td><td>2</td></tr>
<tr><td>白色</td><td>aabb</td><td>1</td><td>1</td></tr>
</table>

人類的身高亦屬於多基因連續性狀差異遺傳，高身爲隱性基因。如圖 6-14 中的學生若依據身高來排列，則左側身高最矮的與右側身高最高的人數皆很少，而越接近中央 (中等身高) 的人數則越多，形成常態分佈 (normal distribution)。

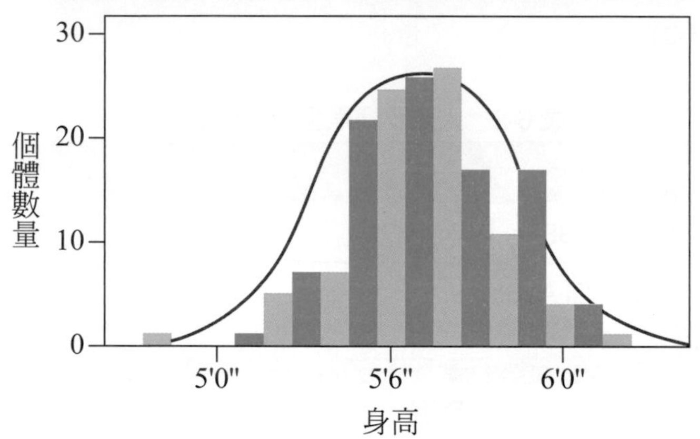

圖 6-14　人類的身高呈現連續差異的變化

(二) 小麥種皮色澤的遺傳

又如小麥種皮的色澤遺傳，X 基因可產生某種程度的紅色，XX 則一定較 Xx 產生的紅色爲深，假定 Y 基因與 Z 基因也有同樣的效應，而 x、y 與 z 基因則不產生色素。在此情形下，基因型爲 xxyyzz 的個體爲純白色，基因型爲 XXYYZZ 者，其有六個產生色素的基因，則一定是很深的紅色，基因型爲 Xxyyzz 者，只有一個產生色素的基因，必爲淡粉紅色，基因型爲 XXyyzz、YYzz 及 xxyyZZ 者，含有兩個產生色素的基因，顏色就較深，含六個有色素基因者，就有六倍的深度。上述情形是由 1908 年瑞典遺傳學家尼爾遜依爾 (Nison-Ehle) 研究所得。

6-6 不同基因對間的交互關係 (Interaction between different genes)

(一) 雞冠形狀的決定

雖然每種性狀均只由一對基因負責，但有時基因與基因之相互關係會影響表現的結果。雞冠形狀的表現由兩對基因共同決定，最初以玫瑰冠 (RRpp) 及豆冠 (rrPP) 進行雜交，在此兩非對偶基因之共同作用下產生胡桃冠 (RrPp)，若此兩基因均爲完全隱性則互交作用可產生單冠 (rrpp)(圖 6-15)。

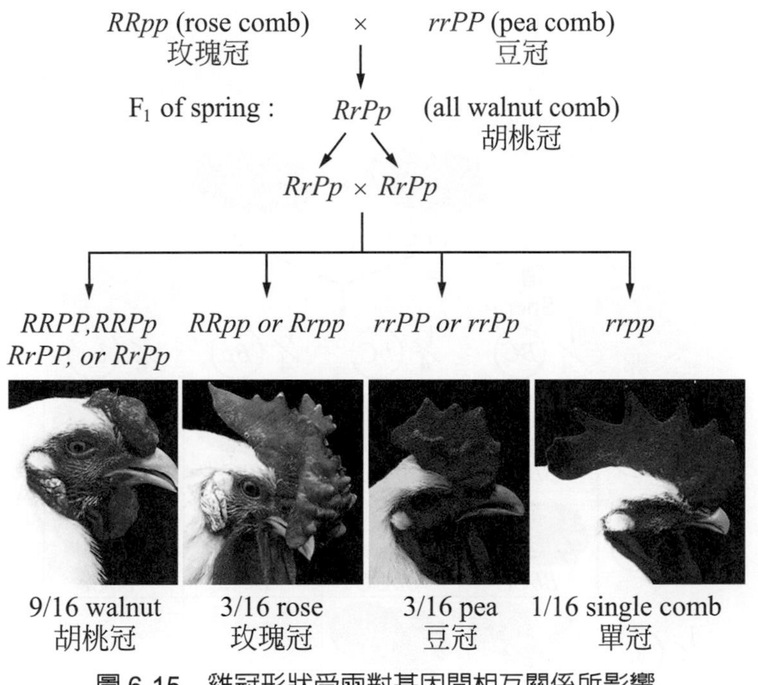

圖 6-15 雞冠形狀受兩對基因間相互關係所影響

(二) 上位效應

另一種基因交互作用稱爲**上位效應 (epistasis)**，即一對基因掩蓋另一基因之表現並使部分預期的結果無法表現。以天竺鼠的毛色爲例，表現黑色素的基因 (B) 對棕色素的基因 (b) 爲顯性，但色素表現與否卻受另一基因位上顯性基因 C 的影響。C 爲產生酪氨酸酶 (tyrosinase) 的基因，酪胺酸酶負責合成色素的前驅物 (precursor)，如果此基因位上的基因爲隱性 (cc)，則無論個體帶有 B 或 b 皆無法產生色素，因而表現出白子的表現型。因爲 C 基因會影響 B 基因的表現，因此 C 稱爲 B 的**上位基因 (epistatic gene)**；若 C 爲顯性，則個體 CcBb 或 CCBB 將表現出黑色毛，Ccbb 或 CCbb 將表現出棕色毛 。當一隻基因型爲 ccBB 的白子天竺鼠與一隻 CCbb 之棕毛天竺鼠交配，第一子代全爲 CcBb 之黑毛天竺鼠；若讓 F_1 中的雌雄相互交配，其 F_2 表現型將會如圖 6-16 所示。

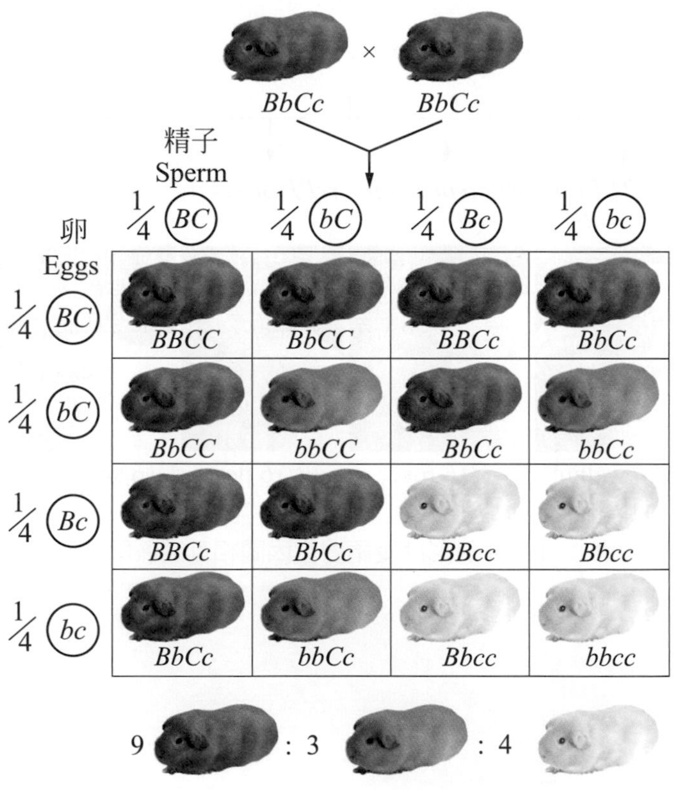

圖 6-16　天竺鼠的毛色受到上位基因的影響

6-7　基因表現受環境的影響

(Gene expression is affected by the environment)

有些基因之表現會受環境因素的影響。例如暹羅貓的毛色基因表現會受溫度的影響，身體較溫暖部分的體毛較淡，而溫度較低的末端 (腳、尾、耳朵) 則其有黑色的體毛。此乃受酪氨酸酶的影響，此酶協助黑色素的形成且對熱敏感，即在高溫下活性較低，因此身體溫度較高的部位不易合成黑色素，故顏色較淺，而身體末端溫度低的部位則合成的黑色素較多。這種情況同樣也發生在喜馬拉雅兔。

(a) 暹羅貓　　(b) 喜馬拉雅兔

圖 6-17　暹羅貓與喜馬拉雅兔的毛色受到溫度的影響。

而水毛莨 (*Ranunculus aquatilis*) 是另一因環境影響而有不同表現型的例子，這種植物生長於淺塘中，其葉子在水面下和水面上分別表現出不同的形態 (圖 6-18)。負責葉形的基因因外在環境不同表現亦隨之不同。

(a)　　(b)

圖 6-18　水毛莨的 (a) 水上葉、(b) 水中葉。水毛莨的葉子具有引人注目的變異性，此變異則決定於其生長於水面之下或之上，此種變異甚至可發生於一半生長於水面上而另一半生於水中的一葉片。

6-8 人類的遺傳

(一) 血型 (Blood type)

人類血型除了 ABO 血型外，尚有與 **Rh 因子** (Rh factor) 有關的 Rh 血型。帶有顯性基因 (R) 的個體其紅血球表面能產生 Rh 抗原 (Rh antigen，Rh 代表 Rhesus，最先這種抗原是從一恆河猴中獲得)，如果一個人具有 RR 或 Rr 基因，稱為 Rh 陽性 (Rh^+)，在白人族群中陽性占 85%，其餘 15% 的人帶有 rr 基因，稱為 Rh 陰性 (Rh^-)。在蒙古族群 (Mongoloid population) 中幾乎沒有 rr 對偶基因。

當 Rh^+ 者將血液輸到 Rh^- 之體內時，後者接受 Rh^+ 之血液後，體內會產生抵抗 Rh^+ 因子之抗體。當再次接受 Rh^+ 輸血時，抗體便會將血球凝結，而導致血液凝固。

Rh 因子對出生嬰兒的健康也是非常重要的，如果母親基因型是 rr 而父親為 RR 或 Rr，那麼子代可能是 Rr。有些例子，胎兒的血液 (紅血球帶有 Rh 抗原) 經過胎盤的某些缺陷 (例如胎盤破裂，特別是生產時。) 而進入母體的循環系統，致使母親體內產生抗體 (antibody) 對抗 Rh 抗原。當第二次懷孕時，這些抗體可以經由胎盤進入胎兒的血流，造成胎兒紅血球凝集，稱為**新生兒紅血球母細胞增多病** (erythroblastosis fetalis) 或**新生兒溶血症** (HDN, Hemolytic discase of the fetus and newborn)，嚴重時胎兒便會死亡，造成流產 (miscarriage)。若只有少量紅血球被破壞，嬰兒出生後幸而生存，也會得到嚴重的**貧血症** (anemia) 和**黃膽症** (jaundice)。若要預防此情況，需在母親第一次分娩 Rh 陽性新生兒後立即注射對抗 Rh 抗原的免疫球蛋白，來預防 Rh 陰性的母親產生 Rh 抗體。

(二) 智力 (Intelligence)

智力高低的範圍很難確定，而且是更難測量的，人們在不同場所表現的智力並不相同。已知智力的遺傳是由 10 多對基因所控制。最普通的智力測驗方式是測**智商** (intelligence quotient，IQ)(表 6-3)，它是利用對空間記憶和推理事物的反應來測量的。從同胞孿生兒 IQ 的測驗來判斷，智力的高低受遺傳因素的影響很大，但是環境也很重要，所以遺傳與環境相互的作用，決定一個人的智力。

表 6-3 智商的判斷

<table>
<tr><th>IQ</th><th colspan="2">名稱 (Designation)</th></tr>
<tr><td>≧ 140</td><td colspan="2">天才 (Gifted)</td></tr>
<tr><td>120 ～ 140</td><td colspan="2">非常優等 (Very superioi)</td></tr>
<tr><td>110 ～ 120</td><td colspan="2">優等 (Superior)</td></tr>
<tr><td>90 ～ 110</td><td colspan="2">正常 (Normal)</td></tr>
<tr><td>80 ～ 90</td><td colspan="2">遲鈍 (Dull)</td></tr>
<tr><td>70 ～ 80</td><td colspan="2">界線 (Borderline)</td></tr>
<tr><td>50 ～ 70</td><td>愚鈍 (Moron)</td><td rowspan="3">缺乏心智能力
(Feeble minded)</td></tr>
<tr><td>25 ～ 50</td><td>低能 (Imbecile)</td></tr>
<tr><td>0 ～ 25</td><td>白癡 (Idiot)</td></tr>
</table>

(三) 對肺結核的抵抗 (Resistance to tuberculosis)

某些基因與環境條件與這種疾病的抵抗力有關，從同胞孿生兒的研究，證明抵抗力深受遺傳的影響。

(四) 精神分裂症 (Schizophrenia)

由同胞孿生兒的研究顯示這種最常見的心智疾患受遺傳的影響。學者認為是由於隱性基因所致，但環境條件亦有關係。

(五) 精神遲鈍 (Mental retardation)

精神遲鈍由很多原因所造成，正常的智力是要賴許多基因適當地工作，其中如有一個基因失常，即對智力的活動造成損害。例如**唐氏症** (Down's syndrome) 是因第 21 對染色體多了一個染色體的原因所造成。另一種著名的**苯丙酮酸型癡呆症** (phenyl pyruvic idiocy) 是由於一個基因的突變，導致不能產生苯丙胺酸羥化酶 (phenylalanine hydroxylase)，肝細胞內沒有這種酶就不能正常的把苯丙胺酸變為酪胺酸 (tyrosine)，而是變為苯丙酮酸 (phenylpyruvic acid)，因此發生苯丙酮酸型癡呆症。

有關人類一般遺傳性狀的顯性基因與隱性基因列於下表(表 6-4)中：

表 6-4　已知的人類遺傳性狀

顯性	隱性
毛髮、皮膚、牙齒的部分 (Hair, Skin, teeth)	
黑髮 (Dark hair)	金髮 (Blond hair)
非紅髮 (Nonred hair)	紅髮 (Red hair)
捲髮 (Curly hair)	直髮 (Straight hair)
早熟灰髮 (Premature grayness of hair)	正常
多體毛 (Abundant body hair)	稀體毛 (Little body hair)
早禿頭 (Early baldness)(在男人是顯性)	正常
白額髮 (White forelock)	正常色 (Self-color)
白斑症 (Piebald)(皮膚和頭部有白斑)	正常色 (Self-color)
皮膚、毛髮、眼睛有色 (Pigmented skin, hair, eyes)	白化症 (Albinism)
黑皮膚 (Black skin)(由 2～8 對基因、黑到白，中間有許多深淺不一的膚色)	白皮膚 (White skin)
魚鱗癬 (Ichthyosis)(皮膚呈鱗狀)	正常
皮膚敏感 (Epidermis bullosa)	正常
缺門齒 (No incisor teeth)	正常
缺齒齦 (Rootless teeth)	正常
牙齒缺乏琺瑯質 (Absence of enamel of teeth)	正常
正常	汗腺缺乏 (Absence of sweat glands)
眼睛 (Eyes) 部分	
褐色 (Brown)	藍色或灰色 (Blue or gray)
淡褐色或綠色 (Hazel or green)	藍色或灰色
蒙古型皺襞 (Mongolian fold)	不具皺襞 (No fold)
先天白內障 (Congenital cataract)	正常
近視 (Nearsightedness)	正常視力 (Normal vision)
遠視 (Farsightedness)	正常視力

表 6-4 已知的人類遺傳性狀 (續)

顯性	隱性
散光 (Astigmatism)	正常視力
正常	非常近視 (Extreme myopia)
正常	夜盲 (Night blindness)
正常	色盲 (Color blindness)(性聯遺傳)
青光眼 (Glaucoma 綠內障)	正常
無虹彩 (Aniridia)	正常
先天晶狀體轉位 (Congenital displacement of lens)	正常
正常	視神經萎縮 (Optic atrophy)(性聯遺傳)
正常	畸形小眼 (Microphthalmus)
面貌 (Features) 部分	
有耳垂 (Free ear lobes)	無耳垂 (Attached ear lobes)
寬唇 (Broad lips)	薄唇 (Thin lips)
大眼 (Large eyes)	小眼 (Small eyes)
長睫毛 (Long eyelashes)	短睫毛 (Short eyelashes)
寬鼻孔 (Broad nostrils)	窄鼻孔 (Narrow nostrils)
高窄的鼻梁 (High, narrow bridge of nose)	低寬的鼻梁 (Low broad bridge of nose)
“羅馬”鼻 (“Roman” nose)	直鼻 (Straight nose)
骨骼和肌肉 (Skeketon and muscles) 部分	
矮身 (Short stature)(許多基因)	高身 (Tall stature)
侏儒症 (Achondroplasia；Dwarfism)	正常
發育不全 (小侏儒)(Ateliosis；Midget)	正常
多指、趾 (Polydactyly)(手指和腳趾多於五)	正常
併指、趾 (Syndactyly)(兩指、趾或兩指、趾以上之間有蹼)	正常
短指、趾 (Brachydactyly)	正常
裂腳症 (Split foot)	正常

表 6-4　已知的人類遺傳性狀 (續)

顯性	隱性
軟骨性骨 (Cartilaginous growths on bones)	正常
漸進性肌肉萎縮症 (Progressive muscular atrophy)	正常
循環系統和呼吸系統 (Circulatory and respiratory systems) 部分	
遺傳性水腫 (Hereditary edema)(Milroy 氏病)	正常
A、B 和 AB 血型 (Blood groups A, B and AB)	O 血型 (Blood groud O)
高血壓 (Hypertension)	正常
正常	血友病 (Hemophilia)(性聯遺傳)
正常	鐮型血球貧血症 (Sickle cell anemia)
Rh 抗原 (Rh antigen)	正常
排泄系統 (Excretory system) 部分	
多囊性腎 (polycystic kidney)	正常
內分泌系統 (Endocrine system) 部分	
正常	糖尿病 (Diabetes mellitus)
消化系統 (Digestive system) 部分	
結腸擴大症 (Enlarged colon)(Hirschsprung 氏病)	正常
神經系統 (Nervous system) 部分	
識味者 (Tasters)(對 Phenylthiocarbamide PTC)	非識味者 (Non tasters)
正常	先天性耳聾症 (Congenital deafness)
正常	脊髓性失調症 (Spinal ataxia)
亨丁頓氏舞蹈症 (Huntington’s chorea)	正常
正常	遺傳性運動失調 (Friedreichs ataxia)
正常	黑矇性白癡 (Amaurotic idiocy)
偏頭痛 (Migraine)	正常
正常	早熟癡呆 (Dementia praecox)
正常	苯酮尿 (Phenylketonuria)

表 6-4 已知的人類遺傳性狀 (續)

顯性	隱性
震顫麻痺 (Paralysis agitans)	正常
癌症 (Cancers)	正常
正常	著色性乾皮病 (Xeroderma)
萊克林好森氏病 (Recklinghausen's disease 神經纖維瘤)	正常
正常	視網膜神經膠瘤 (Retinal glioma)

6-9 蘇頓的染色體學說

20 世紀之初，美國 哥倫比亞大學研究員蘇頓 (Walter S. Sutton，1876 ～ 1916) 在 1902 年最先提出「基因位於何處？」的解答。蘇頓確認孟德爾的假設遺傳單位的行爲和在減數分裂時所看見的染色體的行爲相吻合，認爲其中必有特殊意義。故蘇頓提出以下的假說：

基因是位於染色體上的單位，而且每對對偶基因是在同一對染色體上，並且在一對染色體上必定有控制許多不同性狀的基因。所以他推測聚集在一條染色體上的許多基因將成爲不能分離與自由組合的基因群體，形成**聯鎖群** (Linkage groups)。

蘇頓將孟德爾假設遺傳單位的行爲和減數分裂時染色體所表現的行爲做了比較：

1. 細胞內的雙套染色體，每套分別來自父體及母體，在減數分裂時彼此分離，分配於不同的配子內，所以配子的染色體只有單套。與孟德爾所說「負責一種性狀的一對基因，生殖細胞內只有其中一個」相符合。
2. 精、卵結合時染色體又恢復雙套。子代的基因一半來自父體一半來自母體。雙親對於子代性狀的影響是相等的。
3. 減數分裂時，一對同源染色體自由分離，不受其它各對染色體的影響。兩對染色體有四種可能的組合，這與孟德爾所謂不同相對性狀，如圓對皺、黃對綠等的組合，也是相符的。換言之，不同對的染色體的自由配合，與孟德爾的獨立分配律是完全符合的。

6-10 性染色體的發現與性聯遺傳

許多遺傳染色體理論的根據都是從研究果蠅而得來。一種黃果蠅學名是 *Drosophila melanogaster*，便是很好的實驗材料。摩根 (Thomas Hunt Morgan，1866 ～ 1945) 他從果蠅實驗中發現性聯遺傳，證明基因位於染色體上。他與他的學生以果蠅做出關於遺傳的許多細節，成爲解釋遺傳行爲的模型。

(一) 果蠅眼色的性聯遺傳

1910 年前後，摩根以研碎的香蕉培養成千的野生紅眼果蠅，在這些成千的果蠅中他發現有一隻突變種的白眼雄蠅。使其與正常紅眼雌果蠅交配，第一子代 (F_1) 完全是紅眼果蠅。以孟德爾的研究來看，白眼基因對紅眼基因爲隱性，繼之以 F_1 雌雄互相交配所產生之 F_2 中，有 3/4 爲紅眼及 1/4 爲白眼果蠅，顯然符合孟德爾一對性狀遺傳中 F_2 應有之比率。然而摩根注意到「F_2 中所有白眼果蠅皆是雄的」，其中沒有一隻白眼雌果蠅，即所有 F_2 中的雌果蠅皆爲紅眼，雄蠅中有一半也是紅眼 (圖 6-19)，爲何發生此種情形？

在摩根工作的同一個實驗室裡，十年前蘇頓曾在此地提出假設「基因是在染色體上」。因此摩根認爲如果控制果蠅白眼的遺傳性狀基因是在染色體上，則這個染色體應該具有一種特殊的行爲方式，否則這種交配應該符合孟德爾的遺傳原則。

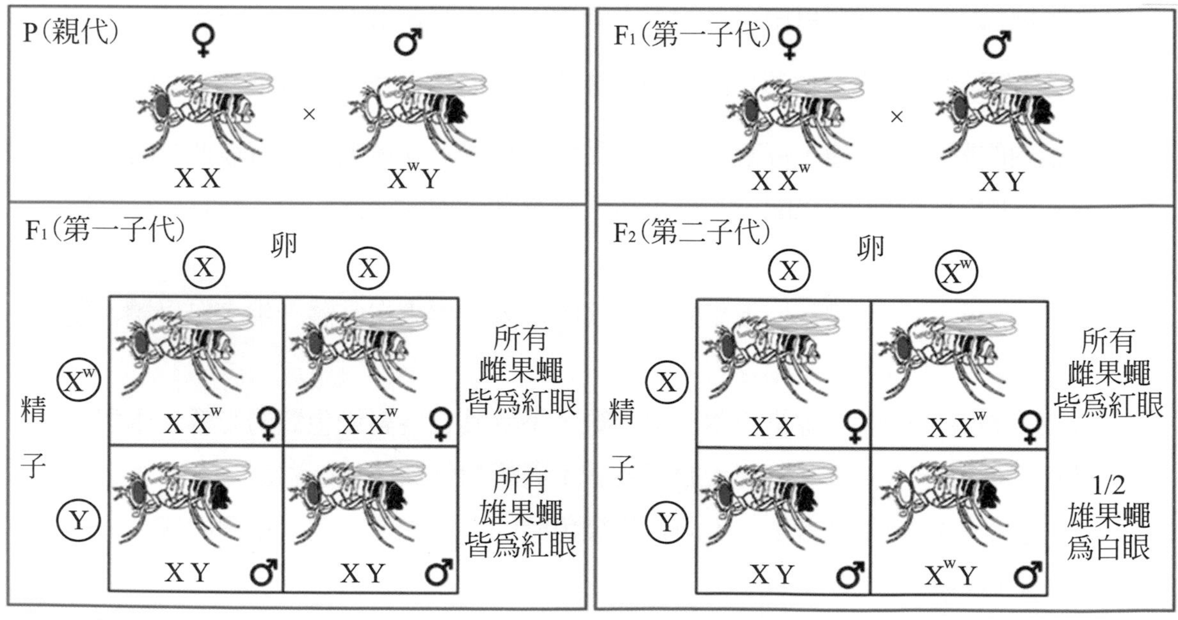

圖 6-19　果蠅眼色的性聯遺傳。顯示此性狀的遺傳是被位於 X 染色體上的基因所控制。

(二) 性染色體的發現

在摩根發現白眼雄果蠅之前，1900 年代有人仔細觀察果蠅細胞，發現雄果蠅和雌果蠅的染色體有些差異。果蠅每個細胞內都有 4 對染色體，雄的和雌的有 3 對是一樣的，但是有 1 對則不相同 (圖 6-20)。這一對中呈桿狀的染色體稱爲 X 染色體，同對中呈勾狀的一個 (只在雄的果蠅內見到) 則稱爲 Y 染色體。因爲 X 和 Y 染色體與果蠅的性別有關，所以它們被稱爲性染色體 (sex chromosomes)，其餘三對稱爲體染色體 (autosomes) 或稱普通染色體。因此，雄果蠅其有三對體染色體，一個 X 染色體一個 Y 染色體；雌果蠅則有三對體染色體及兩個相同的 X 染色體。

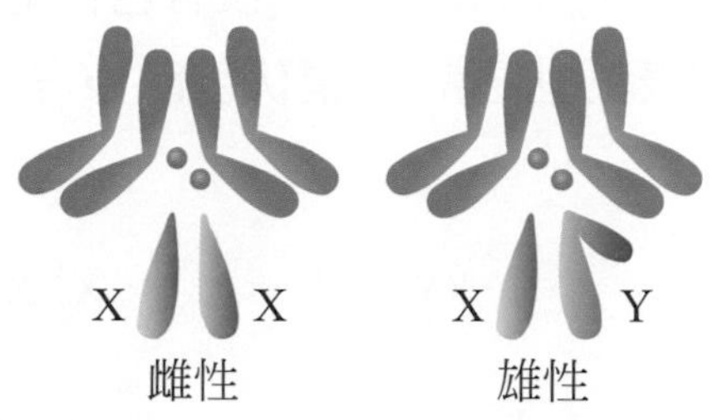

圖 6-20　果蠅細胞內的四對染色體

因爲當減數分裂以後，每個配子都含有每對同源染色體中的一個，所以雌果蠅所有卵細胞都是含有一個 X 染色體；而一半的精子中含有一個 X 染色體，另一半之精子則含有一個 Y 染色體。故摩根曾做如下的假說：

1. 白眼及紅眼對偶基因 (allele) 是位於 X 染色體上。
2. Y 染色體上沒有攜帶任何有關眼色的對偶基因 (有極少數其他的基因)。

假如這個假說是正確的話，則一個白眼雄果蠅與一個同基因型的紅眼雌果蠅雜交，將出現如圖 6-19 所示之情形，說明白眼基因以及紅眼基因同是位於 X 染色體上，而 Y 染色體相對基因位上沒有控制眼色的基因，所以在 X 染色體上只要有一個隱性基因就會影響雄果蠅的表現型。因此，1915 年確定了蘇頓的「遺傳基因位於染色體上」的學說。

(三) 人類的性聯遺傳

遺傳基因位於性染色體上，遺傳的結果與性別有關，稱爲**性聯遺傳** (sex linked inheritance)。人類較常見的性聯遺傳爲**色盲** (color blindness) 與**血友病** (hemophilia)。

1. 色盲

色盲是一種隱性基因的遺傳性狀。患者通常區別紅與綠色非常困難，色盲患者可用色盲檢驗圖檢驗出來，該圖是由若干色點排列而成。色盲的人與常人不同，會把圖看成另一種形式或文字 (患有色盲的男子較患色盲的女子多 8 ～ 10 倍)。

設 X 染色體上有色盲基因，用 X^c 代表；沒有色盲基因，用 X 爲代表。若父親無色盲，母親有色盲基因但表現型正常 (即潛伏色盲)，子代的基因型可表示如下 (圖 6-21)。

親代　XY　×　X^CX

配子　$\frac{1}{2}X$　$\frac{1}{2}Y$ (精子)　　$\frac{1}{2}X^C$　$\frac{1}{2}X$ (卵)

子代

精子 / 卵	X	Y
X^C	XX^C (正常女)	X^CY (色盲男)
X	XX (正常女)	XY (正常男)

圖 6-21　色盲的遺傳

2. 血友病

血友病是當皮膚表面或內部受傷後，血液不凝結或凝結非常緩慢。極端情形的病例，會因極小的傷口而流血不止，甚至死亡。

血友病是 19 世紀和 20 世紀初期歐洲皇族歷史中的一種遺傳疾病。此種性狀的基因在歐洲皇室間散佈得很廣，尤其在西班牙和蘇俄。這基因的首次出現可能是在維多利亞 (Victoria) 女王體內的一個突變基因，因爲在她的祖代中沒有血友病的記載。由於歐洲皇室間的婚配，基因就散佈到許多皇族內。圖 6-22 表示維多利亞女王的子裔中血友病分佈的系譜 (pedigress)，顯示該基因遺傳的情形。

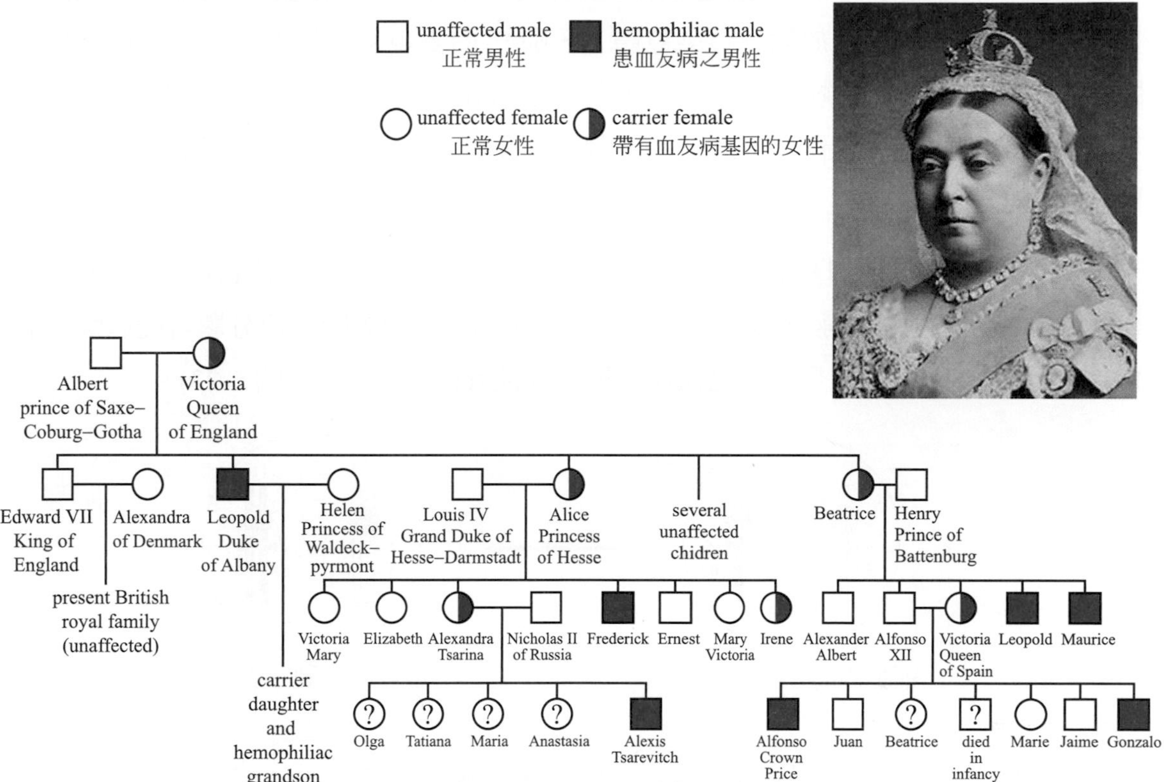

圖 6-22　維多利亞女王若干後裔的家譜，表示血友病的遺傳分布。現在的英國皇室皆由愛德華七世 (Edward VII) 所生，他沒有血友病，因為他母親維多利亞女王 X 染色體上的血友病隱性基因沒有遺傳給他。

該系譜中亦可發現沒有女性的血友病患者，因爲一個女子如患血友病，她須自母方得到一個 X 染色體，同時也須自父方得到另外的一個 X 染色體，這兩個 X 染色體，都要帶有血友病的基因才會發生血友病，這樣的情形是極少發生的。其一是由於這種基因本來就很少有，另外是因爲男性血友病患者很少能活到成年和成婚。

6-11 聯鎖與互換

摩根發現果蠅白眼基因之後不久，另外一種不尋常的果蠅又被發現了。它有深黃色的體色 (bright yellow body)，代替了正常的蒼白淡黃 (normal pale yellowish) 的體色。這一體色的表現型被發現其遺傳型式與白眼有同樣的情形，故該基因假定是位於 X 染色體上。如果以白眼深黃體色的雌蠅與紅眼正常體色之雄蠅進行交配，並且假定白眼及深黃體色基因位於同一條染色體上，則 F_1 的表現型將是：所有的雄蠅皆是白眼及深黃體色，所有的雌蠅是紅眼及正常體色。實際交配結果與預期的結果相符，再次的支持「基因在染色體上」的假說。而且這兩種基因同在 X 染色體上，故稱爲基因**聯鎖** (linkage)。

同一條染色體上的基因，並不是永久不能分離的，也有重新組合的可能。在進行減數分裂時染色體會發生聯會，此時同源染色體各自複製的染色分體可能因斷裂而作部分交換 ，基因發生重組，此種現象稱爲**互換** (crossing over)(圖 6-23)。

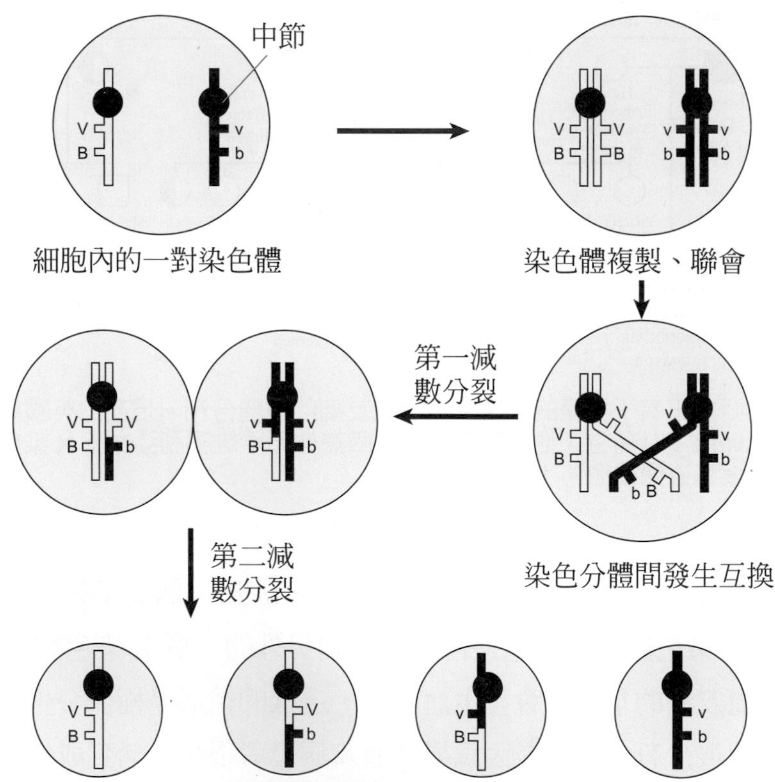

圖 6-23 聯會與互換。同源染色體複製後，其中二條染色分體互相交換一部分，基因可重組。圖中下方中央二種配子染色體上的基因已發生互換；而外側的二條染色體 (即 VB 與 vb) 未經互換。

果蠅的長翅 (V) 對殘翅 (v) 為顯性，灰身 (B) 對黑身 (b) 為顯性，摩根用長翅灰身 (VVBB) 的果蠅和殘翅黑身 (vvbb) 者交配，F_1 皆為長翅灰身；F_1 雌雄互相交配，F_2 雖有長翅灰身、長翅黑身、殘翅灰身和殘翅黑身四種表現型，但比例卻非所期望的 9：3：3：1。摩根再將 F_1 果蠅作試交，後代也有上述四種表現型，但比例亦非所預期的 1：1：1：1。

摩根認為上述結果之所以與孟德爾的獨立分配律不符，主要是因為控制果蠅翅長殘的基因和身體顏色的基因，兩者位於同一染色體上，因此在形成配子時就無法自由配合。當減數分裂產生配子時，同源染色體互相分離，因此位於同一染色體上的基因便隨染色體同至一配子中，這種情形叫做聯鎖。在圖 6-23 中第一次減數分裂時，四分體中間靠近之二條，因發生交叉以致染色體互換，基因亦隨之重組，故有 vB 及 Vb 兩種新的組合，它是由互換產生的。

染色體發生互換後，位於同一染色體上的基因便和原來不相同，稱為基因重組。因此，上述實驗的 F_2 (長翅灰身) 可以產生四種配子，而 vB 和 Vb 兩種配子，其染色體間曾發生互換，另兩種配子 VB 和 vb 的染色體則未經互換。這四種配子產生的機會不等，互換的發生乃是依據機率，因此染色體發生互換因而基因重組的配子比例較少，而未發生互換的配子比例較多。因為這四種配子的比例不等，所以 F_2 四種表現型就不可能是預期的 9：3：3：1。F_1 的個體經試交後，其結果也不會是 1：1：1：1。

根據摩根的實驗，上述的 F_1 試交後子代的四種表現型中，和原來親代相同者即長翅灰身和殘翅黑身各佔 40%，另兩種新的表型即長翅黑身和殘翅灰身者各佔 10%(圖 6-24)，這兩種新的表現型的後代，便是由染色體互換的配子經受精而產生，兩者共佔 20%，這一結果，也就代表基因 B 和 V 間的互換率為 20%。

兩種基因在染色體上的距離越遠，發生互換的機會越多，換言之，互換率也就代表這兩個基因在染色體上的距離。因為 B 和 V 間的互換率為 20%，所以這兩種基因在染色體上的距離為 20 centi Morgan (cM，中文稱為**互換單位**，為基因間相對距離所用之單位)(圖 6-25)。

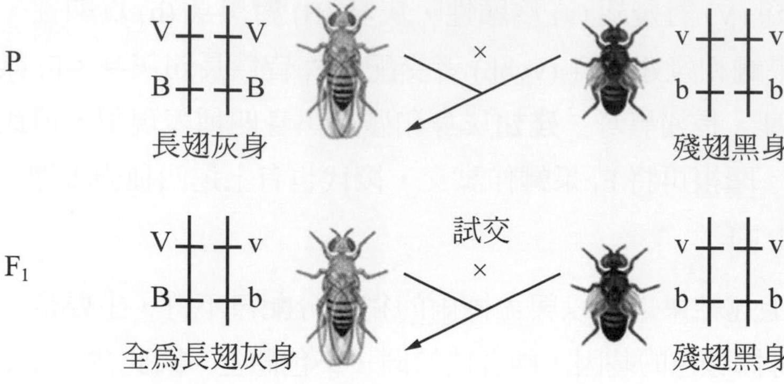

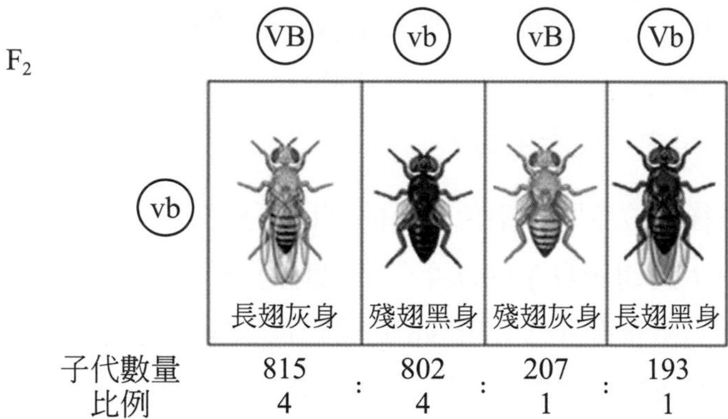

子代數量	815	:	802	:	207	:	193
比例	4		4		1		1

圖 6-24　果蠅翅膀與體色基因的互換。

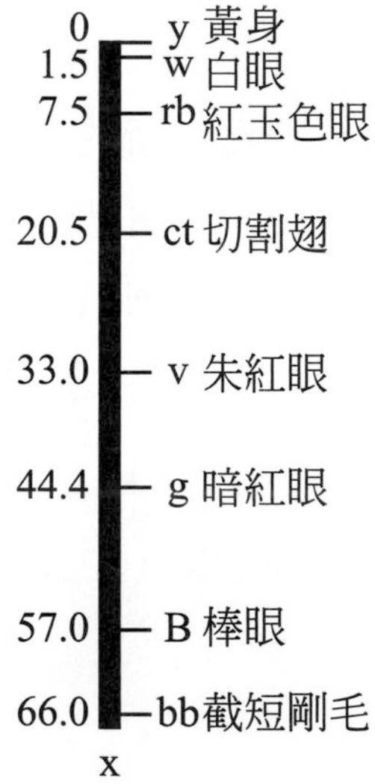

圖 6-25　果蠅X染色體上的基因順序及距離。遺傳學家利用異基因型作試交，根據後代的互換率，將位於同一染色體上的基因位置繪製成染色體圖 (Maps of chromosomes)，藉以瞭解基因的順序和距離。

6-12　性別的決定 (Sex determination)

(一)XY 型

凡是性染色體在雌雄分別爲 XX 和 XY 者稱 XY 型，絕大多數雌雄異體的動物包括人類和果蠅在內，屬此型。當減數分裂時，雌果蠅產生的卵只有一種，含有三個體染色體和一個 X 染色體 (3A + 1X，A 代表體染色體)；雄果蠅產生的精子則有兩種，一種和卵一樣含有三個體染色體及一個 X 染色體 (3A + 1X)，另一種則含三個體染色體和一個 Y 染色體 (3A + 1Y)。受精時，由卵和那一種精子結合而決定後代的性別，即：

卵 (3A + 1X) + 精子 (3A + 1X) → 後代為 6A + XX (雌)

卵 (3A + 1Y) + 精子 (3A + 1Y) → 後代為 6A + XY (雄)

人類的皮膚或口腔黏膜等細胞，若用特殊的方法染色，則男女的情形不一樣。正常女性的細胞核內有一個染色很深的小點，叫做**巴爾氏體** (Barr body)(圖 6-26)，男性則無。巴爾氏體原來是濃縮的 X 染色體，細胞核內巴爾氏體的數目，等於 X 染色體數減一，醫學上可以根據巴爾氏體的數目，推測細胞內 X 染色體的數目，也可藉此鑑定胎兒的性別。

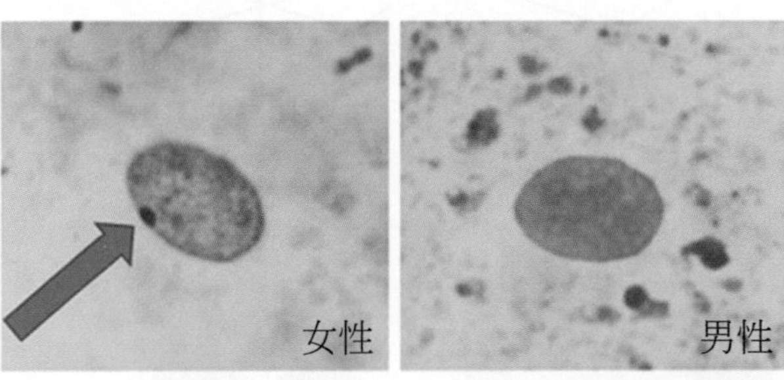

圖 6-26　男女皮膚細胞的細胞核，箭頭所指內部的黑點為巴爾氏體。

研究人體細胞的結果，顯示人類性染色體的類型是和果蠅相似。每個人都有 23 對染色體，其中 22 對是體染色體，一對是性染色體。在男子 Y 染色體遠較 X 染色體爲小。男性產生二種精子，半數帶有一個 X 染色體，另一半帶一個 Y 染色體。女性所有的卵都帶有一個 X 染色體。假如一個卵與一個有 Y 染色體的精子受精，其子代是男性；如與一個帶有 X 染色體的精子受精，其子代即爲女性。因此，人類子代的性別是決定於父親的生殖細胞中是含 X 或 Y 染色體。

(二)ZW 型

蝶、蛾及鳥類等的性染色體屬 ZW 型 (圖 6-27)，此與 XY 型的情形恰好相反。雄性的兩個性染色體相同，稱 ZZ，雌性的兩個性染色體不相同，稱 ZW。因此，雄性產生的精子只有一種，雌性產生的卵則有兩種，受精時端視精子和那一種卵結合而決定後代的性別。

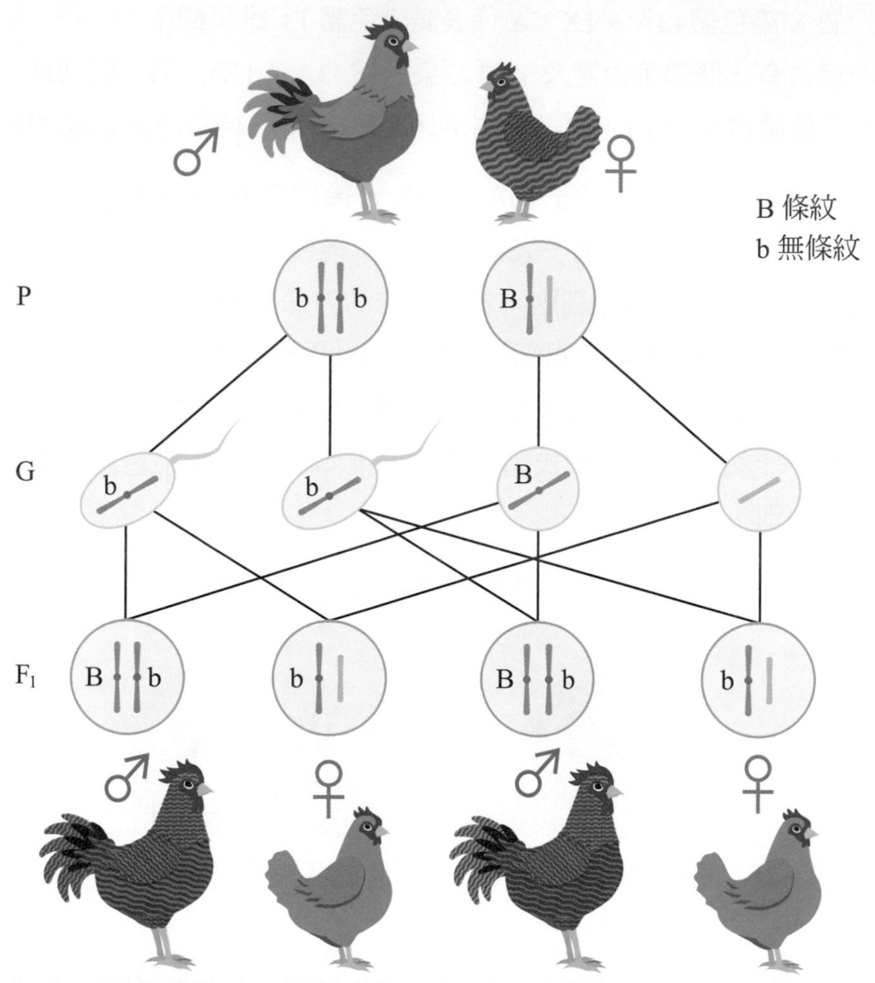

圖 6-27　雞羽毛有條紋和無條紋的遺傳。親代雄性為無條紋 (隱性)，F_1 中雄雞皆有條紋，母雞皆無條紋。性別決定屬 ZW 型的動物，其性聯遺傳的方式和 XY 型恰好相反，因此，位於 Z 染色體的隱性基因，在雄性必須要同基因型才會表現該性狀，而雌性只要僅有的一個 Z 染色體上有此基因，性狀便會表現出來。例如雞的羽毛呈現條紋 (B) 為顯性，無條紋 (b) 為隱性，影響該性狀的基因位於 Z 染色體上，若以無條紋公雞和條紋母雞交配，後代中公雞皆有條紋，母雞則全為無條紋。

(三)XO 型

有些種類的動物，雄性或雌性缺少一個性染色體。雄性動物的精子一半含有 X 染色體，一半不含 X 染色體 (即 O)，雌性動物的卵則全部含有 X 染色體。當精卵結合後，若爲 XO，則爲雄性；若爲 XX，則爲雌性。例如蝗蟲，雄的有 23 個染色體，但雌的則有 24 個染色體。在這種情形下，精子的一半有 11 個染體 (11A+O)，另一半有 12 個染色體 (11A+1X)。因此蝗蟲的性別便由當初卵受精時的精子種類而決定。此一型的尚有蟋蟀、蜚蠊、虎、鼠等。

動物的性染色體有雌雄性的差異是相當普遍的現象。多數的植物爲雌雄同株，個體不分性別，但有些植物爲雌雄異株，其性染色體也有差別，例如在苔、地錢、銀杏，和某些顯花植物如桑、木瓜等。

6-13 染色體常數的改變

(一) 果蠅性染色體不分離現象 (Sex chromosomes nondisjunction)

1916 年，摩根在哥倫比亞大學的學生布利吉 (C. B. Bridges) 研究果蠅的性聯遺傳，用**朱紅眼色** (vermilion eye，朱紅眼色爲隱性) 雌蠅與紅眼雄蠅交配，預期 F_1 的雌蠅應全爲紅眼、雄蠅全爲朱紅眼；但布氏發現在約每 2,000 隻果蠅中，平均有一隻紅眼雄蠅，可見其與前述白眼果蠅遺傳 (圖 6-28) 不同。經研究後，明瞭朱紅眼雌蠅當卵細胞形成時，其中的 XX 性染色體，雖然經過減數分裂，但聯會後並沒有再分離，稱爲**染色體不分離現象** (nondisjunction)，於是就形成了兩種不正常的卵：一種卵具有 XX 染色體，另一種不具 X 染色體，後來與精子相遇，可能有四種不同的組合：XXX、XXY、X、Y。其中 XXX 和 Y 在未形成個體之前，因基因擾亂即告死亡。XXY 後來發育成爲朱紅眼雌蠅，X 成爲紅眼的雄蠅，唯此一雄蠅無生殖能力。

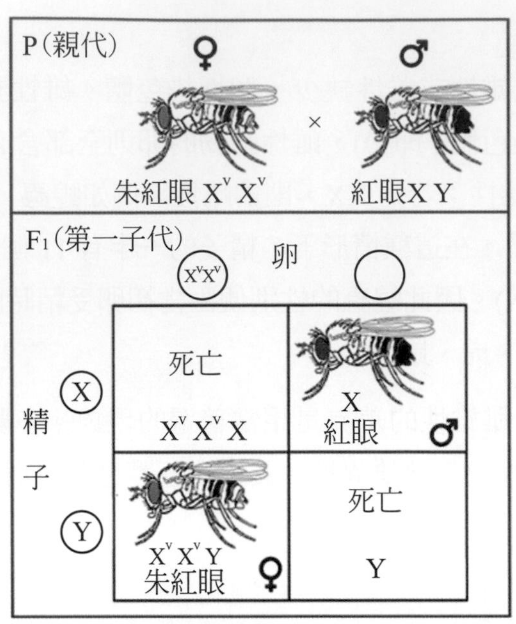

圖 6-28　性染色體不分離。假如朱紅眼雌蠅的兩個X染色體不能分離時，可能產生的子代的種類。由此種染色體不分離的卵和正常的精子結合所產生的朱紅眼雌蠅和紅眼雄蠅是異常的，因為與我們所期望的全部為紅眼雌蠅和朱紅眼雄蠅的原則是不同的。

由於 XXY 表現出雌性，X 表現出雄性，使人們對於性別的決定有更進一步的認識，果蠅的雄或雌，主要視所含 X 染色體的數目而定；有一個 X 染色體時成爲雄性，兩個 X 染色體則爲雌性。至於 Y 染色體的機能，則爲決定雄性的生殖能力。

布利吉對於染色體不分離現象的研究更證實了遺傳的染色體學說，確定基因位於染色體上。

(二) 人類性染色體不分離現象

人類的遺傳亦發現染色體不分離現象，正常的人體細胞中具有 46 條染色體 (圖 6-29)，偶然發現有多出或缺少的。此項目的變化，多數出現在性染色體，呈現 X、XXX、XXY 的排列，甚或有 XXXX、XXXY 以至 XXXXY 的。人體只要有一個 Y 染色體存在就是男性，與 X 染色體的數目無關，這是和果蠅不同的。人體性染色體不分離的情形通常與過度接觸放射線 (例如 X － ray) 有關。

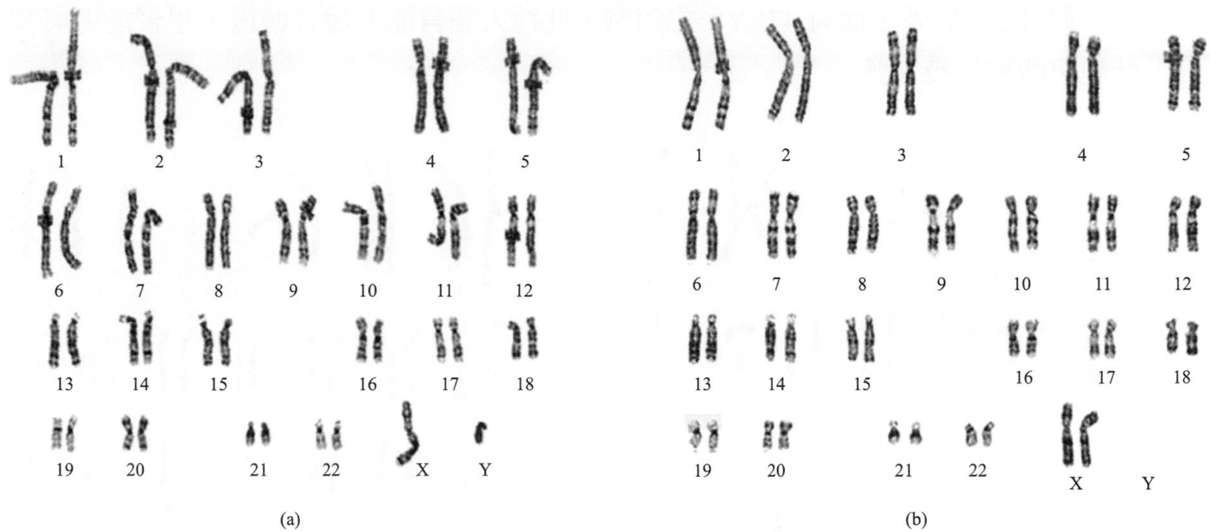

圖 6-29　人體細胞中正常染色體。1956 年迪奧 (J. H. Tjio) 與來文 (Levan) 利用組織培養技術研究人類的染色體，他們抽出少量血液而培養其細胞，經有絲分裂可得到更多的白血球，之後可以經染色而觀察其染色體。(a) 正常男人，(b) 正常女人。

性染色體不分離對於子代所造成的悲劇已屢見不鮮，最常見的病例爲：

1. **托氏綜合症** (Turner's syndrome) 是出現在女性的疾病，發生情形約爲 4/10,000，染色體只有 45 條 (45X)，缺少一個 X 染色體 (圖 6-30a)，患者雖然身體成長，但不能達到性的成熟，外生殖器及內生殖道未成熟；子宮發育不完全，卵巢發育不良，通常很小，缺乏由卵巢分泌之雌性激素，常無月經週期。一般體型矮小，頸短、皮厚，髮根很低、臉部表情特異、胸寬、乳房發育不良，且乳頭間隔很遠、常伴有主動脈狹窄等病症。

   上述托氏綜合症之外，亦發現有 47XXX 之女性，外表正常，生殖能力也正常，但心智遲鈍且精神異常。

2. **科氏綜合症** (Klinefelter's syndrome)　發生在男性，機率約爲 10/10,000，細胞中含有 47 個染色體 (47XXY)，具有 XXY 三個性染色體 (圖 6-30b)，由於 Y 染色體決定性別，外表來看幾乎與正常的男性相同，可是因爲多出一條 X 染色體的擾亂，因此在性別上並不健全。這些嬰兒能夠長大但性器官發育不良，常在青春期後開始明顯起來，患者多半身體較高，心智遲鈍，睪丸很小，第二性徵不明顯，無生殖能力，常有乳房發育現象，稱爲**男性女乳化** (gynecomastia)。

除 47XXY 外，尚有 47XYY 之病例，此種人語言能力發育較慢，學習能力與智能也可能較一般人弱。

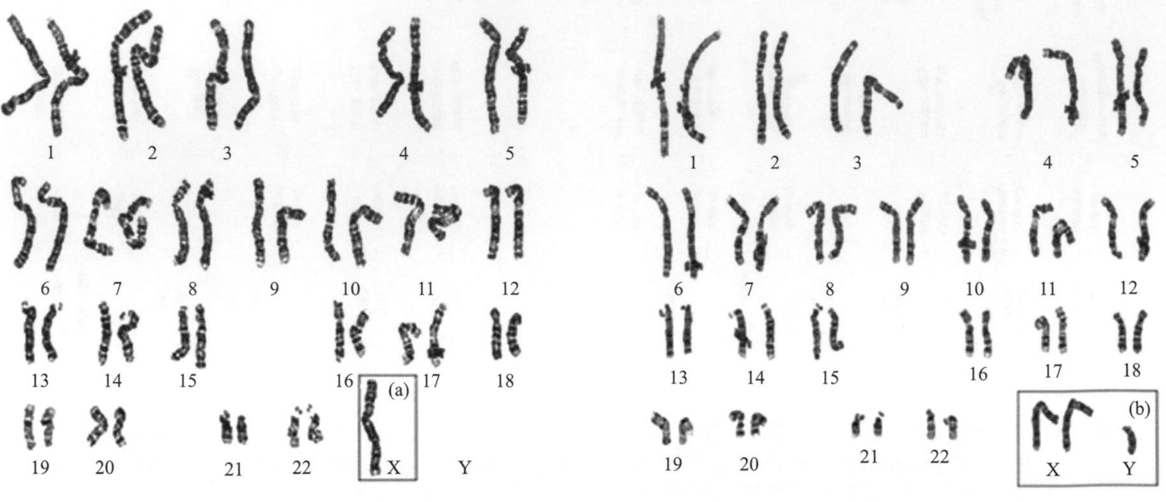

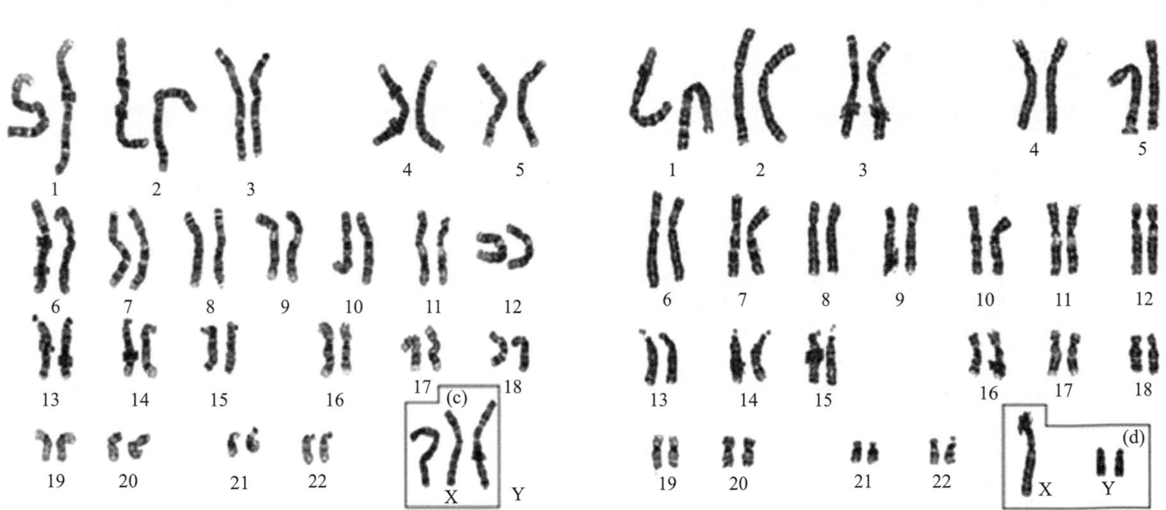

圖 6-30　(a) 托氏綜合症 (45X)。(b) 科氏綜合症 47XXY。(c)47XXX。(d)47XYY。

(三) 人類體染色體不分離現象

1. 人類第 21 對染色體不分離

人體的體染色體亦有不分離現象，例如**唐氏症** (Down's syndrome) 或稱**蒙古白痴** (Mongoloid idiot)，發生機率大約爲 16/10,000，這一出生的比率是隨母親的年齡而定；如果母親的年齡在 32 歲以下則發生機會很少，當母親的年齡超過 40 歲才懷胎，則患此疾病的出生比率接近 150/10,000，該疾病與父親年齡無關。患者臉部、身體、生理、心理及智力皆不正常。頭短、眼睛內凹、塌鼻、舌稍突出、手短而厚、心臟異常、智商很低、多數約在 25 歲左右死亡，即使成長亦無法生育後代。

遺傳學家研究患有唐式症嬰兒的染色體，發現染色體數目比正常的 46 條多出一條，即第 21 對染色體多一條，總共有 47 條染色體，一般用 **Trisomy 21** 表示，這種特殊情況的出現是因爲卵原細胞第 21 對染色體在減數分裂時發生不分離所致 (圖 6-31a)。

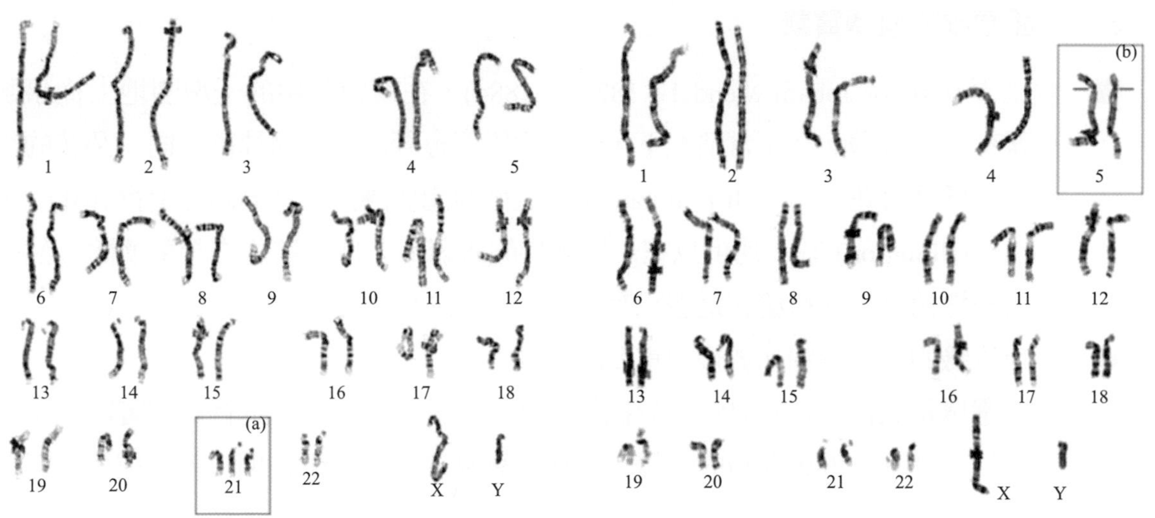

圖 6-31 (a) 唐氏症 (Trisomy 21)。(b)short 5。

2. 人類染色體異常的其他實例

1. Trisomy 18：智能障礙，先天性心臟病。耳低且畸形，多指趾或拇指屈曲，手指互相疊覆，通常出生 1 年內即告死亡。
2. Trisomy 13：智能障礙，先天性心臟病。裂顎、兔唇、多指、特殊之皮膚，1 ～ 3 月內死亡。
3. Trisomy 15：多重缺陷，出生 1 ～ 3 月內死亡。
4. Trisomy 22：與 Trisomy 21 之唐氏症症群類似。
5. short 5：第 5 對染色體之臂部有部分缺失 (圖 6-31b)，患貓哭症 (Cat cry syndrome)，形成嬰兒一系列異常，包括：似貓鳴之哭聲，重度智障、頭小、雙眼直距離過寬，後縮頸。
6. 目前已知家族習慣性之流產亦與染色體異常有關。

本章複習

6-1　孟德爾的遺傳實驗

■ 孟德爾 (Gregor Joham Mendel，1822 ～ 1884)，在修道院中的一塊園地上從事豌豆雜交遺傳實驗。在正常情況下，豌豆的雄蕊會釋出花粉而掉落在同一朵花的雌蕊上，稱為自花受粉 (self-pollination)；孟德爾想要讓兩株不同豌豆進行異花受粉 (cross pollination) 時，他可以在一株植物的雄蕊尚未成熟前將之全部摘除，然後把另一株植物的花粉灑在這些只有雌蕊的花 (柱頭) 上。

■ 孟氏實驗的成就應歸功於幾項重要的因素：

- 選擇豌豆作為實驗材料易於操作。豌豆為自花授粉，在進行雜交實驗時不容易受到其它外來花粉的干擾；此外豌豆易於栽培、生長期短，播種後約三個月便可開花結果。
- 用許多株具有同一性狀的個體同時實驗，以獲得更多的子代。
- 每一次實驗，只研究一對相對性狀 (traits) 的雜交結果。
- 孟氏所選擇的七對相對性狀恰由七對不同的染色體控制，也就是沒有連鎖的情形。

■ 孟德爾兩大遺傳定律：

- 分離律 (law of segregation)

  一對性狀雜交所得的結論：生物的遺傳性狀是由基因所控制，決定一種性狀的基因是成對存在，稱爲對偶基因。當形成配子時對偶基因便互相分離，分配於不同的配子中。故每一配子只有對偶基因中的一個。

- 獨立分配律 (law of independent assortment)

  二對性狀雜交所得的結論：對偶基因在配子形成時會互相分離，但在非對偶基因間，彼此的分離亦有獨立性；所以當非對偶基因分離後，彼此會互相自由組合進入同一配子中。以現代的術語敘述，即位於非同源染色體上的兩個 (或多個) 不同的基因對，其對偶基因在分配至配子的過程爲完全獨立。

6-2 不完全顯性 (incomplete dominance)

■ 有些遺傳性狀的對偶基因沒有顯性、隱性之分，雙方互爲顯性表現出來，稱爲不完全顯性，或稱中間型遺傳。例如紫茉莉 (Mirabilis jalapa) 的花有紅色和白色，將紅花和白花者相互授粉，所得後代皆爲粉紅花

6-3 複對偶基因 (multiple alleles)

■ 同一個基因位上，有多於兩種形式的對偶基因者。例如：人類的 ABO 血型 (blood type) 遺傳。

6-5 多基因連續差異性狀的遺傳

■ 多基因的遺傳 (polygenic inheritance)

一種性狀的形成是受到幾對不同基因的控制，但每一個顯性基因皆具有相同的影響，又稱做數量遺傳 (quantitative trait locus，QTL)。

6-6 不同基因對間的交互關係

■ 上位效應 (epistasis)

即一對基因掩蓋另一基因之表現並使部分預期的結果無法表現。例如天竺鼠的毛色。

6-7 基因表現受環境的影響

- 有些基因之表現會受環境因素的影響。例如暹羅貓的毛色基因表現會受溫度的影響，身體較溫暖部分的體毛較淡，而溫度較低的末端 (腳、尾、耳朵) 則其有黑色的體毛。

6-9 蘇頓的染色體學說

- 蘇頓確認孟德爾的假設遺傳單位的行爲和在減數分裂時所看見的染色體的行爲相吻合，所以提出假說：基因是位於染色體上的單位，而且每對對偶基因是在同一對染色體上，並且在一對染色體上必定有控制許多不同性狀的基因。

6-10 性染色體的發現與性聯遺傳

- 摩根 (Thomas Hunt Morgan) 從果蠅實驗中發現性聯遺傳，證明基因位於染色體上。他與他的學生以果蠅做出關於遺傳的許多細節，成爲解釋遺傳行爲的模型。
- 遺傳基因位於性染色體上，遺傳的結果與性別有關，稱爲性聯遺傳 (sex linked inheritance)。例如，人類的兩種性聯遺傳：色盲 (color blindness) 與血友病 (hemophilia)。

6-12 性別的決定 (sex determination)

- XY 型：凡是性染色體在雌雄分別爲 XX 和 XY 者稱 XY 型，絕大多數雌雄異體的動物包括人類和果蠅在內皆屬此型。
- ZW 型：蝶、蛾及鳥類等的性染色體屬 ZW 型，此與 XY 型的情形恰好相反。雄性的兩個性染色體相同，稱 ZZ，雌性的兩個性染色體不相同，稱 ZW。
- XO 型：有些種類的動物，雄性或雌性缺少一個性染色體。雄性動物的精子一半含有 X 染色體，一半不含 X 染色體 (即 O)，雌性動物的卵則全部含有 X 染色體。當精卵結合後，若爲 XO，則爲雄性；若爲 XX，則爲雌性。

6-13 染色體常數的改變

- 染色體雖然經過減數分裂，但於同源染色體聯會後並沒有再分離，稱爲**染色體不分離現象** (nondisjunction)。

Chapter 7

基因的構造與功能 (The structure and function of the gene)

基因剪輯魔術師

自從 1970 年代開始，科學家就知道如何改變生物的基因組，然而，他們當時可以使用的工具並不夠精準，因此規模難以擴大，使得許多實驗難度太高，或是過於昂貴而無法進行。

現在有個根據細菌對抗外來質體 (plasmid) 或噬菌體 (phage) 的後天免疫系統 (adaptive immunity) 發展出來的新方法，這項技術主要是利用「群聚且有規律間隔的短回文重複序列」(clustered, regularly interspaced, short palindromic repeats, CRISPR)，它相當於基因的「嫌犯照」，細菌用它來「記得」曾經攻擊過自己的病毒。自從日本研究人員在 1980 年代末發現這些奇怪的遺傳序列後，科學家一直在研究它們，但利用 CRISPR 做爲基因剪輯工具的可能性，是在瑞典 夏本愓爾 (Emmanuelle Charpentier) 和美國的杜德納 (Jennifer Doudna) 研究團隊發現如何利用一個稱爲 Cas9 的酵素之後，才變得明朗。

Cas9 這種酵素是鏈球菌的「刺刀」，用來砍斷想穿透它們細胞壁的病毒。Cas9 會使用 RNA 來引導它們找到 DNA 目標，當發現正確的位置時，Cas9 會黏附到這段序列上，然後查探鄰近 DNA 是否和嚮導 RNA(Guide RNA) 吻合，只有在 RNA 與 DNA 吻合時，Cas9 才會進行雙股 DNA 斷裂 (Double strand break, DSB) 剪斷 DNA，進而達成基因敲除 (Knock-out) 編輯功能。

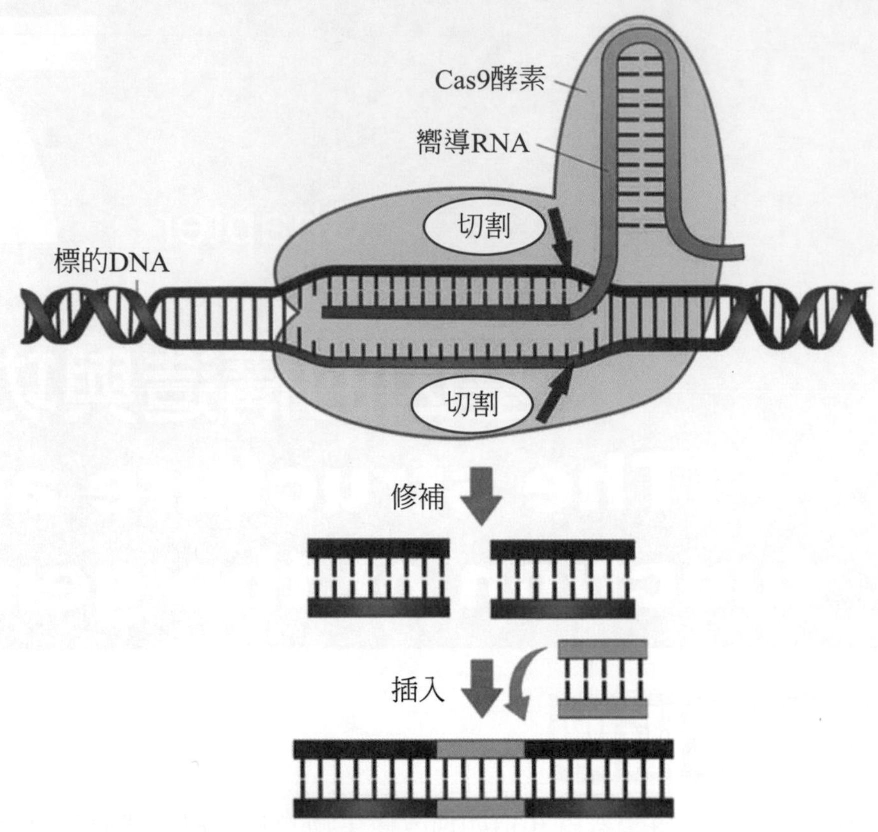

然而 CRISPR 這種可以快速剪輯基因的技術，如同雙面刃一般，能對抗頑強疾病，可以造福人類，但也可能引發未知的災難！因爲修改人體的基因，並不像修改一個機器零件那麼容易。操作過程中很可能出現「脫靶效應」，誤傷其它基因，造成基因突變、基因缺失、染色體異位等後果。而且基因並不是獨立存在，還會不斷和其它基因互動。修改一個基因，可能影響其它基因的運作，甚至改變細胞的整體行為，對人的器官和系統都產生嚴重影響。所以在無法排除可能造成的風險之前，不應該直接進行人體實驗。

7-1　DNA 的結構

關於核酸分子構造的重要發現，是由兩位科學家利用模型和紙筆刻劃出來的。他們便是華生 (J. D. Watson) 與克里克 (F. H. C. Crick)。

(一)DNA 分子的構造

當華生與克里克開始工作時，生物學家已有若干資料顯示 DNA 是遺傳物質，但是沒有一個人知道 DNA 分子的構造。以下是華生與克里克整理資料獲得的主要觀點：

1. 組成 DNA 與 RNA 的鹼基 (base) 包括：嘌呤 (purine) －腺嘌呤 (adenine 簡寫為 A)、鳥糞嘌呤 (guanine，簡寫為 G)；嘧啶 (pyrimidine) －胞嘧啶 (cytosine 簡寫為 C)、脲嘧啶 (uracil 簡寫為 U)、胸腺嘧啶 (thymine 簡寫為 T)。
   組成 DNA 的鹼基為：A，C，G，T
   組成 RNA 的鹼基為：A，C，G，U
2. 組成 DNA 的五碳醣為去氧核糖 (deoxyribose)，第二個碳上缺氧；組成 RNA 的五碳醣為核糖 (ribose)(圖 7-1a)。

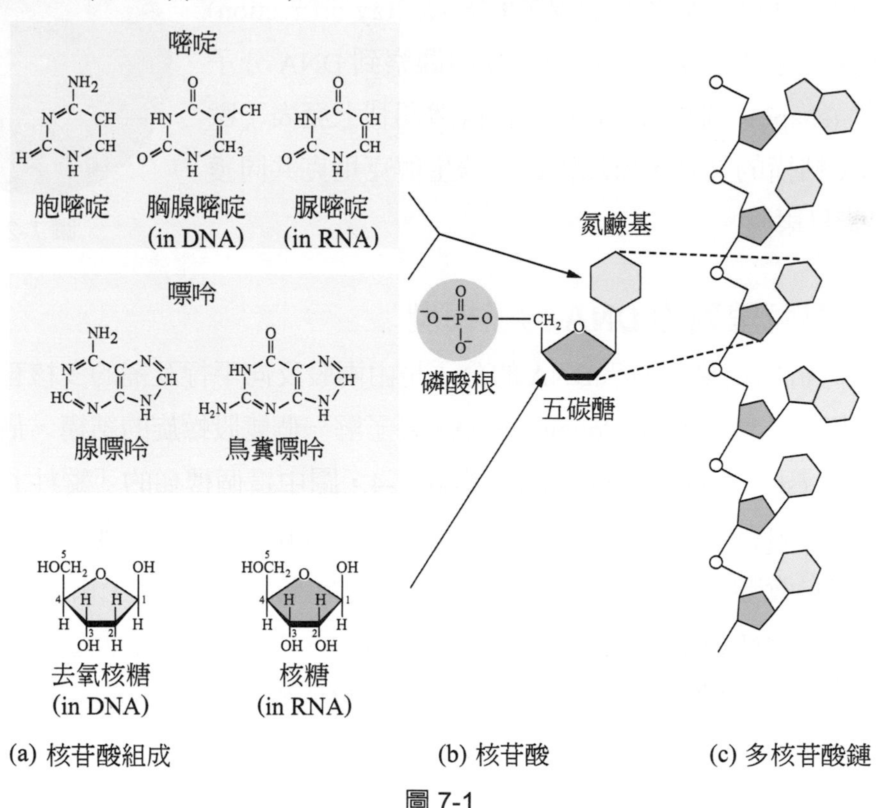

圖 7-1

3. 核苷 (nucleoside)：五碳醣 (pentose) + 鹼基 (base)，其間以糖苷鍵 (N-glycosidic bond) 相連。
4. 核苷酸 (nucleotide)：磷酸根 (phosphate group) + 五碳醣 + 鹼基 (圖 7-1b)。在細胞內有多種核苷酸：d-ATP、d-TTP、d-CTP、d-GTP、d-ADP、d-TDP、d-CDP、d-GDP、 d-AMP、d-TMP、d-CMP、d-GMP、ATP、UTP、CTP、GTP、ADP、UDP、CDP、GDP、AMP、UMP、CMP、GMP 等，帶有三磷酸或雙磷酸者，擁有高能磷酸鍵，可供生化反應使用。
5. DNA、RNA 是由核苷酸以磷酸二酯鍵 (phosphodiester bond) 相連聚合而成的，故又稱多核苷酸 (polynucleotide)(圖 7-1c)。

華生與克里克在論文中也引用了下述的證據：在所有各種 DNA 中，腺嘌呤 (A) 的含量與胸腺嘧啶 (T) 的含量是相等的；同樣地，鳥糞嘌呤 (G) 的含量與胞嘧啶 (C) 的含量相等；這種關係 (A = T，C = G) 也被稱作**查戈夫 (E. Chargaff) 法則**。但是，在不同物種之間，A、T、C、G 的含量百分比是不同的。

1953 年華生與克里克依據維爾金斯 (M. H. F. Wilkins) 研究室所拍出來的 DNA 之 X 射線繞射圖 (X-Ray diffraction) 來研究 DNA 分子的結構，從這種照片中觀察到 DNA 分子的排列形狀 (shape)(圖 7-2)。同年，在自然期刊上發表了數篇關於 DNA 結構的文章，所以維氏、華生與克里克共同獲得 1962 年諾貝爾獎。

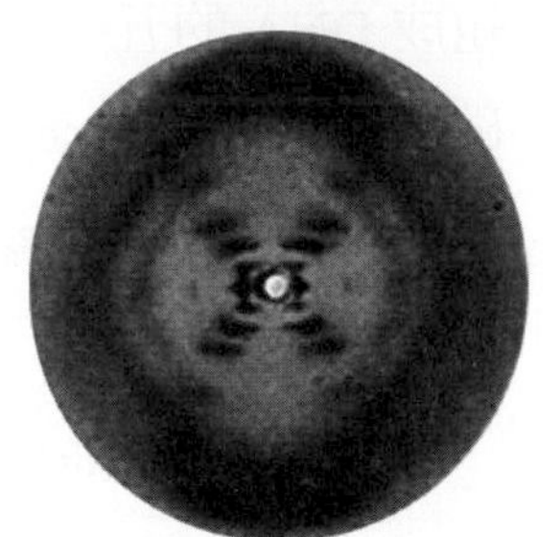

圖 7-2

(二) 華生與克里克的 DNA 分子模型

X 射線分析的結果，顯示 DNA 的分子是由兩股反向平行互補的多核苷酸鏈以交互螺旋形態構成的雙股螺旋 (double helix)。要了解一個雙股螺旋的結構，最好把它想像成螺旋樓梯 (spiral staircase) 如圖 7-3 與圖 7-4，圖中這個樓梯的「縱柱 (pillar)」全部是由核苷酸的磷酸根和核糖部分所組成；而「橫檔 (rungs)」則由腺嘌呤 (A) 對上胸腺嘧啶 (T) 或鳥糞嘌呤 (G) 對上胞嘧啶 (C) 以氫鍵相連而成的配對，稱作鹼基對 (base pair, 簡寫 b.p.)。DNA 內 A、T 之間有二個氫鍵；G、C 之間則有三個氫鍵。兩股間寬度約 2 nm，相鄰鹼基對的上下間隔約 0.34 nm，雙股螺旋旋轉一圈 (360 度) 高度 3.4 nm (含 10 b.p.)。

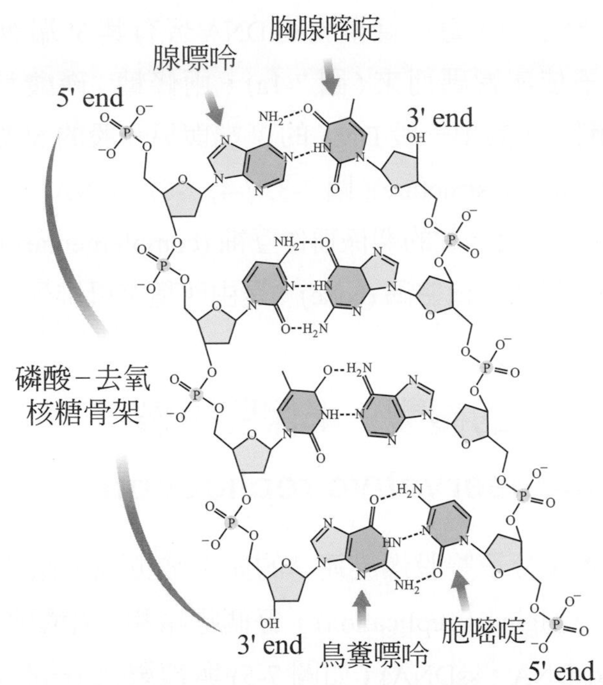

圖 7-3　DNA 結構。二條多核苷酸鏈由氫鍵 (虛線) 連接起來，且方向相反。

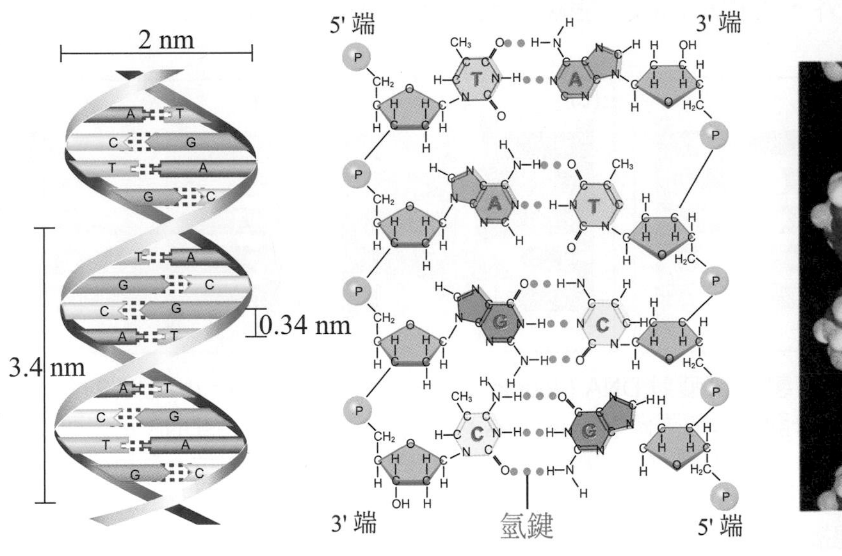

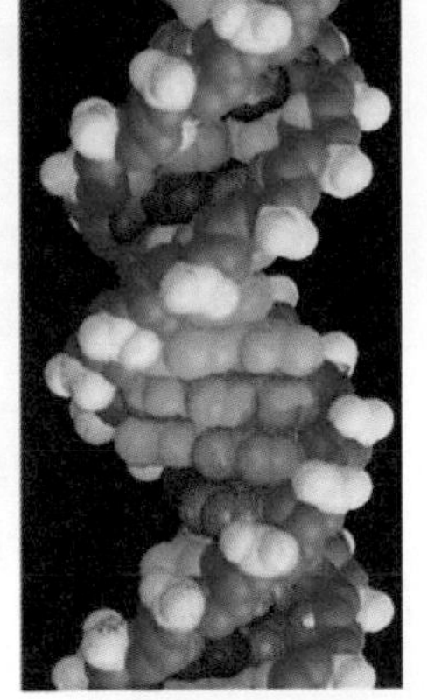

圖 7-4　華生與克里克的 DNA 分子模型

在雙股的 DNA 分子中，每一條單股的 DNA 皆有其 3' 端與 5' 端，這是以去氧核糖上的五個碳原子依序編碼而來 (圖 7-1a)，兩條糖 - 磷酸骨架 (sugar-Phosphate backbone) 是彼此顚倒的，其中一股 DNA 的 3' 端與另一股的 5' 端相對，因此，我們稱之為反向平行 (antiparallel structure)(圖 7-3, 7-4, 7-6)。DNA 一股的次序一經建立，另一股也就同時決定，二股之間的關係稱作互補 (complementary)。DNA 片段上特殊的鹼基次序 (sequence) 形成一種密碼 (code)，是由四種字母排列組成的遺傳訊息。

7-2 DNA 分子的複製－半保留複製 (Semiconservative replication)

複製開始時，DNA 分子雙股螺旋連結的氫鍵被拉開，像拉鍊一樣自某一處開始 (稱為複製起始點 Origin of replication)，每個嘌呤和其相配的嘧啶分開，形成單股 DNA (single strand DNA，ssDNA) (如圖 7-5) 與**複製叉** (replication fork)。接著是 ssDNA 上的腺嘌呤 (A) 和新的 d-TTP 作一新的配對，產生 2 個氫鍵結合；而鳥糞嘌呤(G) 也與新的 d-CTP 配對，產生 3 個氫鍵結合；同理，T 配 A，C 配 G。d-ATP、d-TTP、d-CTP、d-GTP 皆帶有三個磷酸根，而其中二個磷酸鍵是高能鍵。這些核苷酸除了作為新 DNA 的原料外，還提供磷酸二脂鍵生成反應所需的化學能。

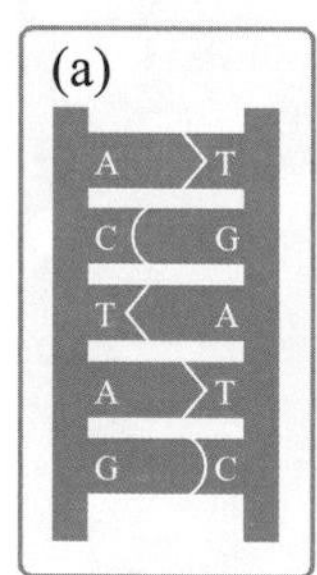

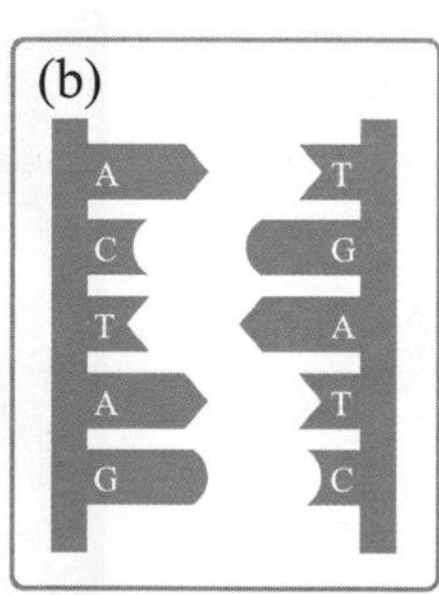

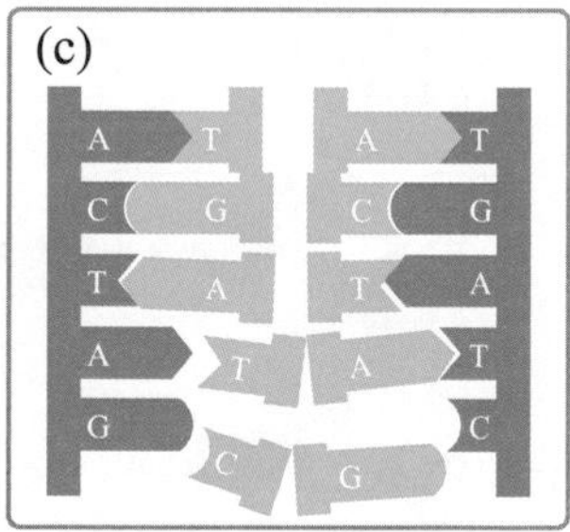

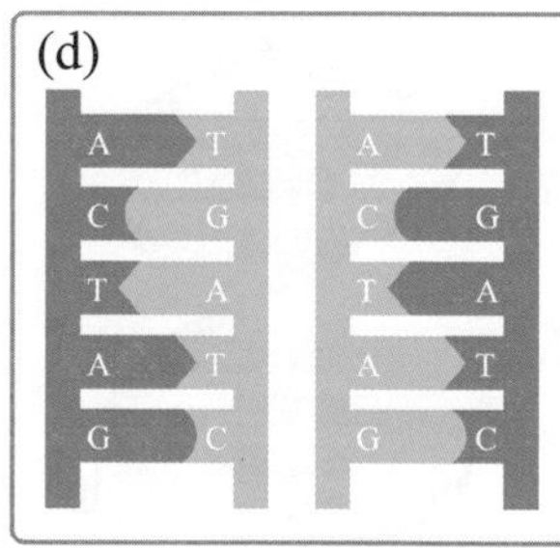

圖 7-5 DNA 半保留複製。(a) 雙股 DNA (double strand DNA, dsDNA)。(b) 複製的第一步是將 DNA 的雙股分開，型成兩條單股 ssDNA。(c) 每一個「舊股」ssDNA 現在可以充當模板 (template)，用來引導新互補股 (complementary strand) 的合成。核苷酸會根據鹼基配對規則 (base-pairing rules) 塞入特定的位置當中。(d) 核苷酸與五碳醣之間合成磷酸二脂鍵，連接起來形成新股的糖 - 磷酸骨架 (sugar-Phosphate backbone)。每一 dsDNA 分子現在由一個「舊股」和一個「新股」構成，結果得到和原先之 DNA 分子完全相同的兩個複本。

負責 DNA 合成的是 DNA 聚合酶 III (DNA polymerase III)，當核苷酸連接時，兩個磷酸根被切斷，所釋放的高能量用於產生新的磷酸二脂鍵 (phophodiester bond)，最後形成一條新的多核苷酸鏈分子 (ssDNA)，與舊的 ssDNA 分子，形成了雙股 DNA 分子。而且此兩個新合成的雙股 DNA 中，都含有一股新的核苷酸鏈與一股舊的核苷酸鏈，再互相纏繞，形成雙螺旋的結構。此種複製的方法，稱爲**半保留複製** (semiconservative replication) (圖 7-6)。若每一個細胞都是採用這種複製機制，則每一個子細胞就能得到一套和母細胞幾乎完全相同的 DNA。

另外，DNA 分子的複製是有方向性的。DNA 聚合酶 III (DNA polymerase III) 只能將核苷酸加到新股 DNA 的 3' 端上，絕不會加到 5' 端，所以新一股 DNA 只能從 5' 往 3' 的方向延長 (圖 7-6)。

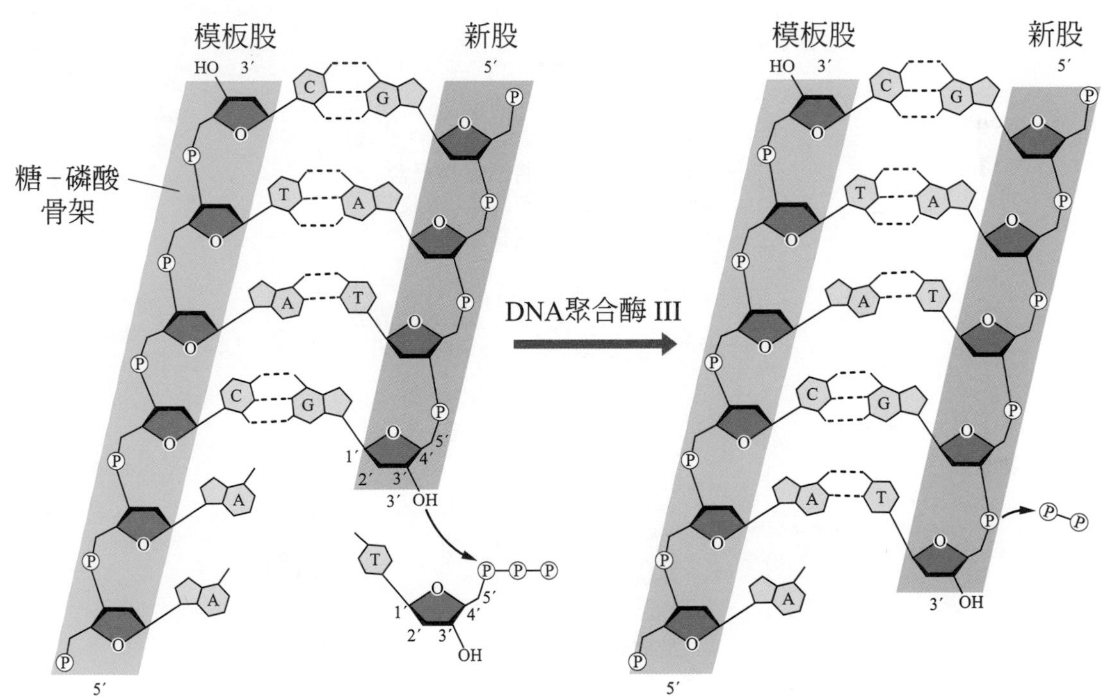

圖 7-6　DNA 聚合酶 III 是催化 DNA 雙螺旋複製的酵素，新的鍵結是由新鏈上的 3' 端 OH 基與要加入的去氧核糖核苷酸三磷酸最裡面的磷酸根結合，而外側的二個磷酸根則脫離形成無機焦磷酸鹽 (pyrophosphate，PPi)。另一股也是以同樣的方式進行複製，只是方向正好與另一股相反，因為 DNA 雙螺旋的二股是互為反向平行的。

7-3 DNA 分子複製理論的證據

關於 DNA 的半保留複製，是由加州理工學院的學者梅西爾遜 (M. Meselson) 和史泰爾 (F. W. Stahl) 在 1958 年所作的實驗中得到證明 (圖 7-7)。他們將細菌培養在含有氮同位素 ^{15}N 的培養基中繁殖了很多代，^{15}N 會併入細菌 DNA 的鹼基中；然後將細菌轉移到正常的 ^{14}N 的培養基中，每繁殖一代 (約需 20 分鐘) 就取出部分細菌樣本，經過裂解細菌，純化 DNA 之後，放置到氯化銫 (CsCl) 溶液中，進行密度梯度離心 (density gradient centrifugation)。結果，第一子代的 DNA(^{15}N – ^{14}N) 密度低於親代的 DNA(^{15}N – ^{15}N)；而第二子代的 DNA 則會有二種，密度分別是 (^{15}N – ^{14}N) 與 (^{14}N – ^{14}N)。這與 DNA 分子模型及 DNA 半保留複製的假說所預測的結果完全相符。

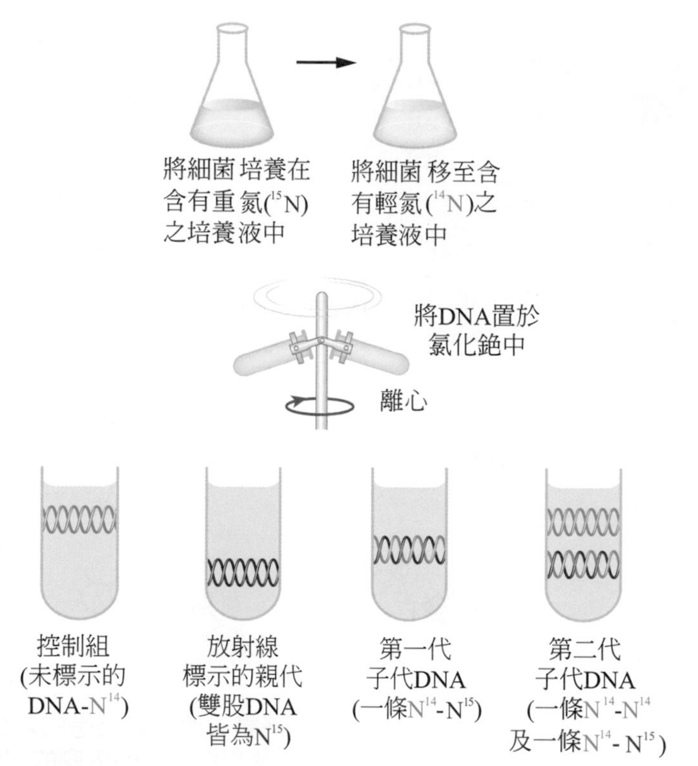

圖 7-7　梅西爾遜和史泰爾的實驗圖示，證明 DNA 的複製是半保留方式。

7-4　原核生物與真核生物的 DNA 複製

隨著分子生物學的快速發展，現已知道更詳細的複製過程。首先，**解旋酶** (helicase) 會先在**複製起始點** (origins of replication，原核生物只有一個起始點，但是真核生物有許多起始點) 打開 DNA 雙股螺旋，形成**複製叉** (replication fork)，接著**引子酶** (primase) 會合成一小段的 RNA 引子 (primer)，提供 3'-OH 當作第一個接位，然後 DNA 聚合酶 III 會以 5' 到 3' 的方向，合成新的一股 DNA。但 DNA 雙股螺旋是反向的，所以另一股的合成，雖然也是 5' 到 3' 的方向，但是會與 DNA 解旋的方向相反，因此形成**岡崎片段** (Okazaki fragment)；而岡崎片段之間需要 DNA 連接酶 (DNA ligase) 將 DNA 連起來，所花費的時間較多，因此稱作**落後股** (lagging strand)；同理，順著解旋方向合成的 DNA，稱作**領先股** (leading strand) (圖 7-8)。

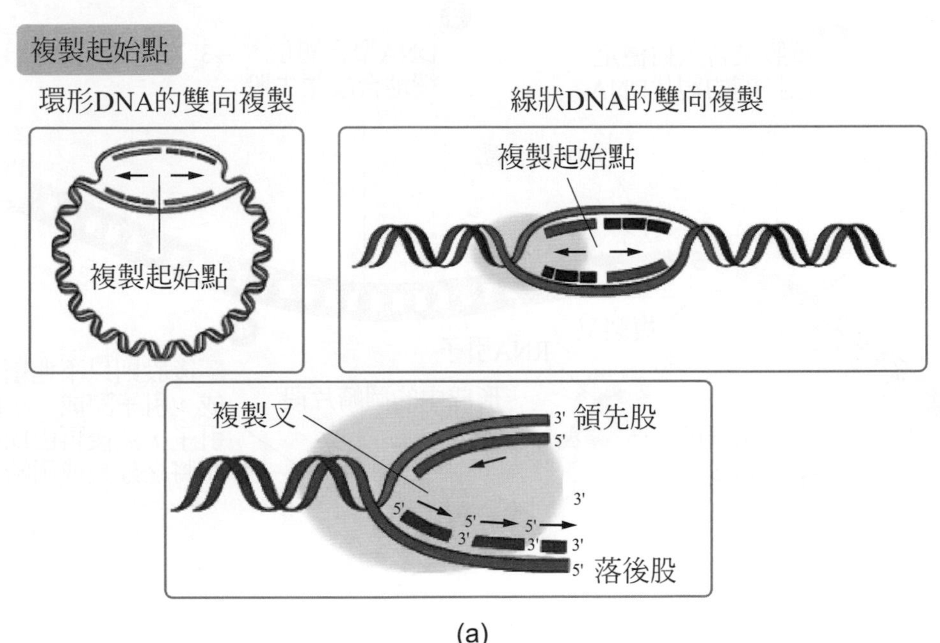

圖 7-8　複製起始點與複製叉。原核生物只有一個起始點，但是真核生物有許多起始點。

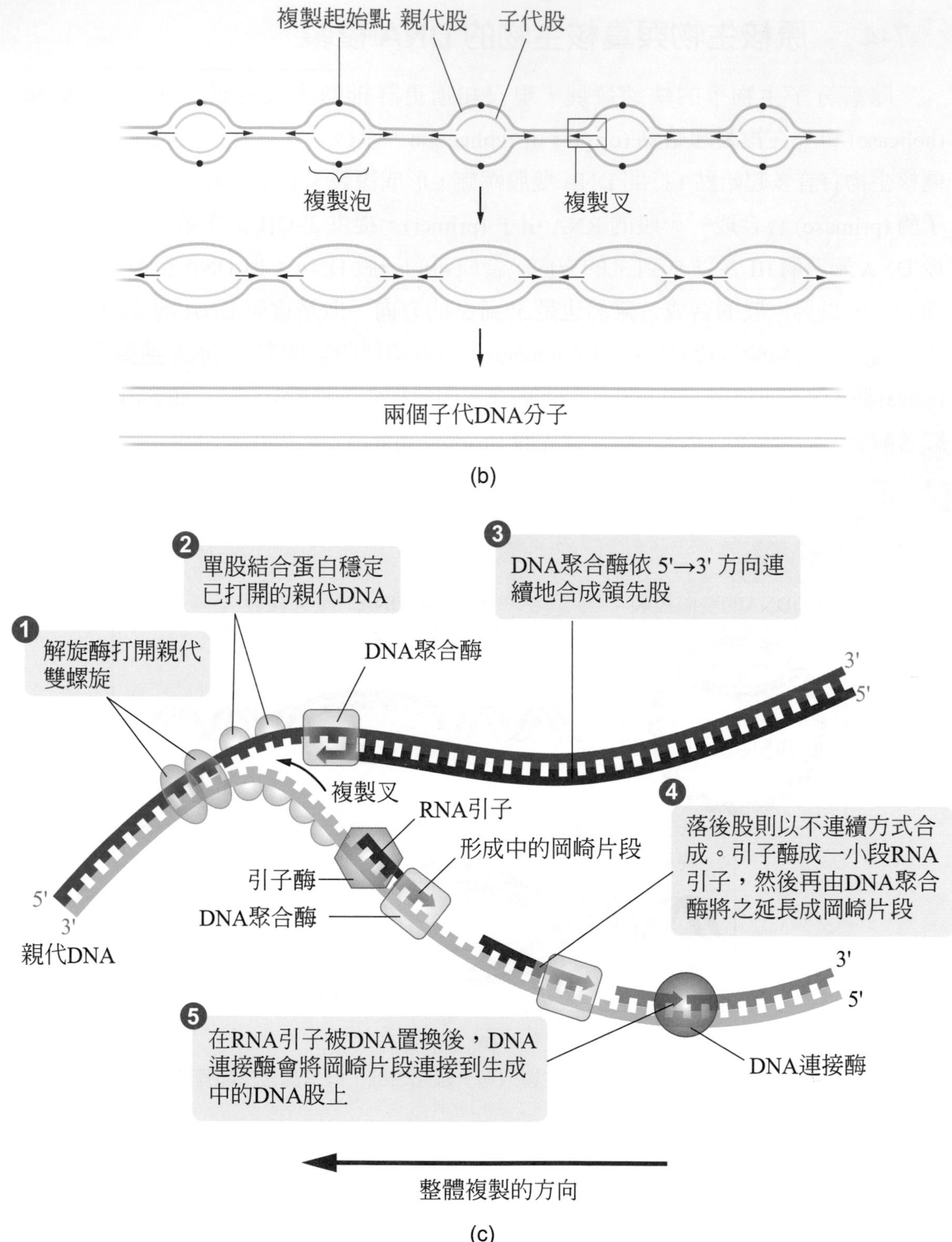

圖 7-8　複製起始點與複製叉。原核生物只有一個起始點，但是真核生物有許多起始點。(續)

7-5 突變 (Mutations) －遺傳物質發生變異

改變遺傳訊息的方式，通常有二個：突變與基因重組 (recombination)。

突變是鹼基序列一個鹼基對 (稱作點突變 point mutation) 或數個鹼基對發生改變，可分為：取代 (substitution)、插入 (insertion) 與缺失 (deletion)。發生插入或缺失時，會打亂遺傳訊息的讀取，稱作框架位移突變 (frame-shift mutation) (圖 7-9)。鐮形細胞貧血症 (sickle cell anemia) 就是因為 β 胜肽鏈的 DNA 序列在起始端的第 20 個核苷酸發生點突變，由原來的密碼子 (codon)-GAG- 變成 -GTG-，因此在轉譯 (translation) 時，β 胜肽鏈 N 端的第 6 個胺基酸，則由麩胺酸 (glutamic acid) 變成纈胺酸 (valine)。正常成人的血紅素是由兩條 α 胜肽鏈和兩條 β 胜肽鏈所構成，其中 α 胜肽鏈由 141 個胺基酸組成；β 胜肽鏈則由 147 個胺基酸組成 (圖 7-11)。

染色體的變異可能造成染色體數目和基因排列發生改變，可分為：缺失 (deletion)、重複 (duplication)、倒位 (inversion) 和易位 (translocation) (圖 7-10)。這類的染色體重排 (chromosomal rearrangement) 可能會對基因表現 (gene expression) 造成巨大的影響。凡是 DNA 片段斷裂並且轉移位置就稱為基因重組，互換 (crossover) 也是一種重組。

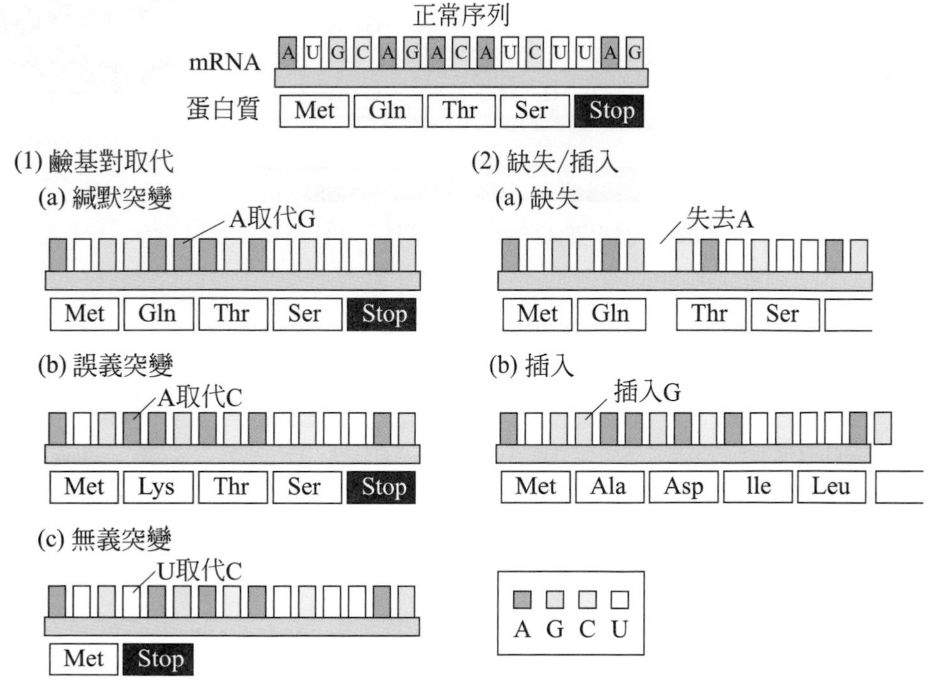

圖 7-9 點突變的種類及其導致的後果

有許多因素會增加突變的機率，如：物理性因子－輻射線，化學性因子－有機溶劑，生物性因子－病毒感染等等。若突變發生在體細胞，並不會遺傳給下一代，但是累積夠多的突變則可能會致癌。若突變發生在生殖細胞，會增加子代的變異。

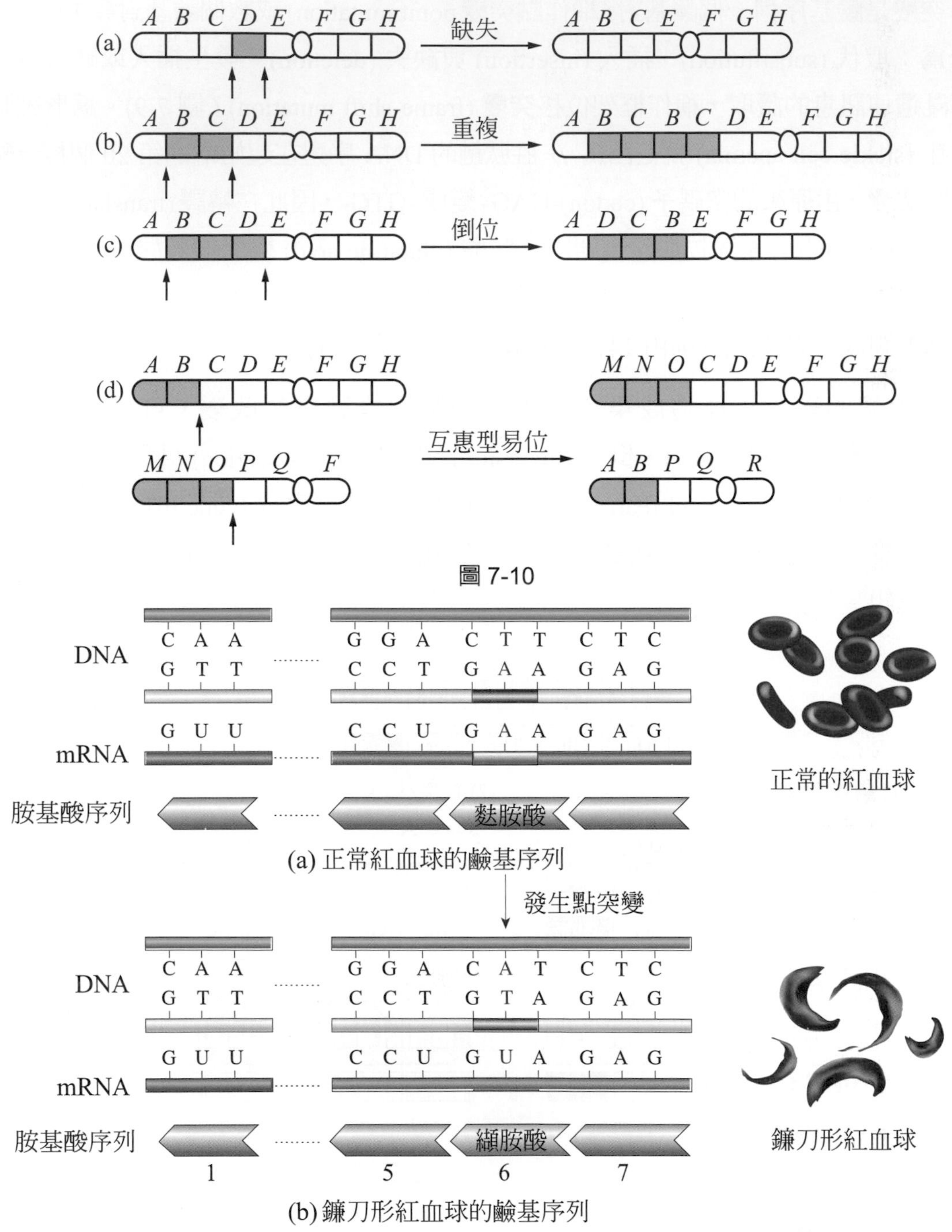

圖 7-10

圖 7-11　雖然僅一個胺基酸的改變，但是便改變了血紅素的化學性質，在缺氧狀態下，異常血紅素分子聚集在一起，使紅血球由盤形成為鐮刀形，這些不正常紅血球的生命期較短，因此造成患者的貧血現象，甚至堵塞微血管，導致中風。

7-6　中心法則 (Central dogma)

所有的生物，從細菌到人類，皆使用相同的機制來讀取並表現出基因的遺傳訊息：遺傳訊息由 DNA 轉錄 (transcription) 爲 mRNA 再轉譯 (translation) 成蛋白質，此過程稱作中心法則 (central dogma)(圖 7-12)。在眞核生物中，轉錄過後的 pre-mRNA 會多一道手續：RNA 加工 (RNA processing) 才會變成成熟的 mRNA。

一般而言，RNA 可以分成三類：mRNA(messenger RNA)，tRNA(transfer RNA)，rRNA(ribosomal RNA)。mRNA 負責攜帶遺傳訊息，tRNA 負責攜帶胺基酸到 rRNA 加上蛋白質所組成的核糖體上，並依照遺傳訊息合成多胜鏈。mRNA 爲線型，而 tRNA 與 rRNA 皆爲立體 (有 2 級結構 secondary structure)。tRNA 分子通常扭成一種苜宿葉形 (cloverleaf)，稱作莖環構造 (stem & loop)，莖的部位有氫鍵相連，而環的部位沒有。tRNA 的 3' 端是腺嘌呤，其後會接上胺基酸 (圖 7-13)；在另一端 tRNA 環的部位，上面的反密碼子 (anticodon) 會和 mRNA 上的密碼子 (codon) 相配對 (密碼子是由三個核苷酸序列所組成)。核糖體由 rRNA 和蛋白質組成，分爲大小兩個次單位 (subunits)。三種型式的 RNA 都在核中被轉錄，tRNA 與 mRNA 被運送至細胞質，rRNA 先和蛋白質結合形成核糖體次單元，之後亦被運送至細胞質。

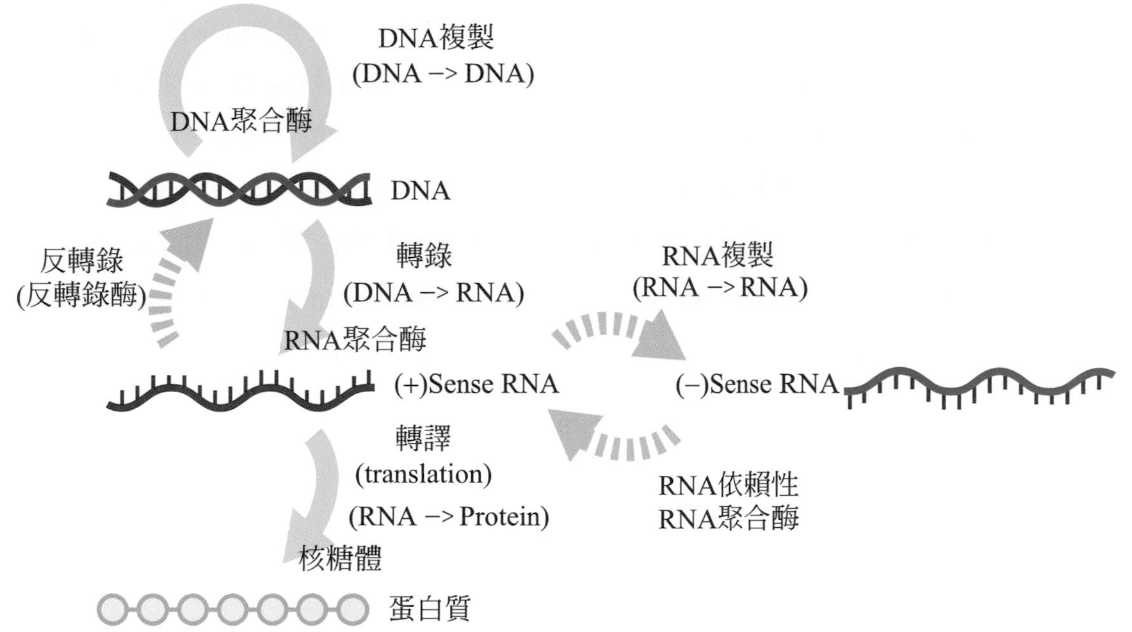

圖 7-12　中心法則。實線路徑為中心法則，虛線路徑為特殊的遺傳訊息傳遞方式。反轉錄 (reverse transcription) 與 RNA 複製 (RNA replication) 通常發生在病毒的複製過程。

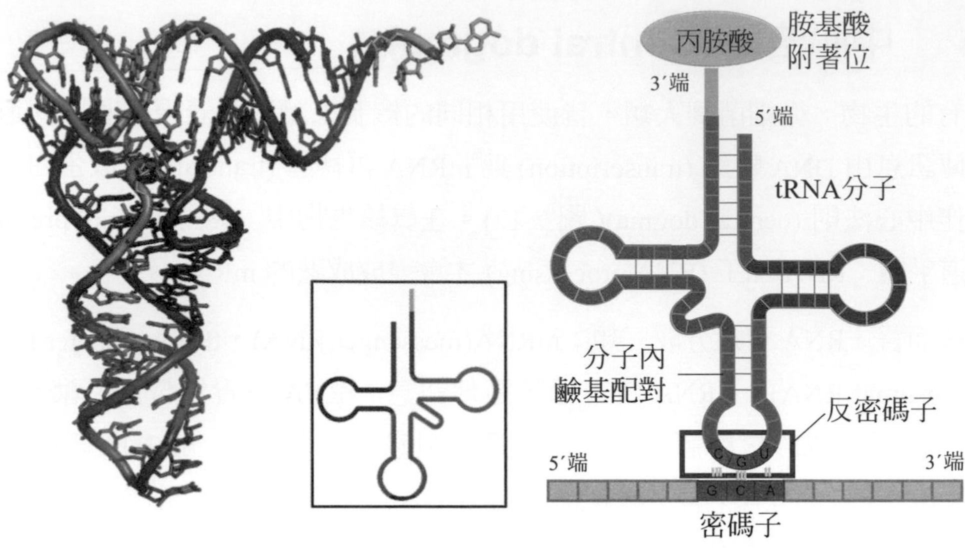

圖 7-13　tRNA 的序列與立體結構

7-7　轉錄作用 (Transcription)

依照 DNA 的序列來合成 RNA，稱作轉錄作用。轉錄時需要 RNA 聚合酶 (RNA polymerase)，它藉由轉錄因子 (transcription factors) 的幫忙來辨識 DNA 上的特殊序列，稱作啓動子 (promoter)，並與之接合；RNA 聚合酶開始打開 DNA 雙股螺旋，以其中一股 ssDNA 當作模板 (template)，反向互補地填入核苷酸：ATP、UTP、CTP 和 GTP，並由 RNA 聚合酶將相鄰的核苷酸連接起來，依照 5' 到 3' 的方向延長 (此過程與 DNA 複製作用類似)，直到遇到 DNA 上特殊的停止序列，轉錄作用才會停止。當作模板的 ssDNA 稱作反義股 (antisense strand) 或非編碼股 (non-coding strand)，而另一股 ssDNA 稱作意義股 (sense strand) 或編碼股 (coding strand)(圖 7-14)。

轉錄出來的產物稱作轉錄物 (transcript)，在經過 RNA 加工 (RNA processing) 或折疊之後，形成 mRNA、tRNA、rRNA 和一些特殊的 RNA 分子。

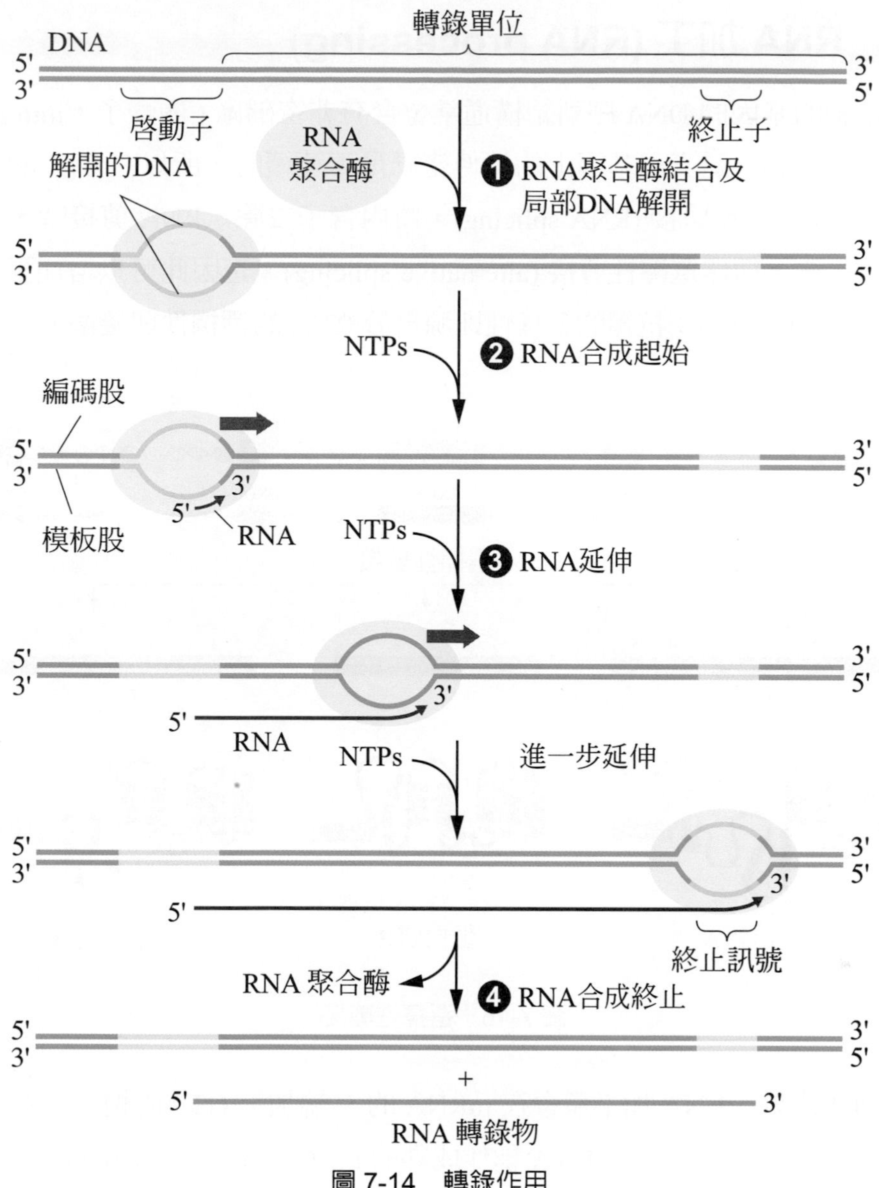

轉錄單位
DNA
5'
3'
3'
5'
啓動子
終止子
RNA
聚合酶
解開的DNA
❶ RNA聚合酶結合及
局部DNA解開
NTPs
❷ RNA合成起始
編碼股
模板股
RNA
NTPs
❸ RNA延伸
RNA
NTPs
進一步延伸
終止訊號
RNA 聚合酶
❹ RNA合成終止
+
RNA 轉錄物

圖 7-14　轉錄作用

7-8 RNA 加工 (RNA processing)

真核細胞的基因的 DNA 序列結構通常會含有非密碼區 (內含子，intron) 和密碼區 (外顯子，exon)，這表示基因上的遺傳密碼是不連續的，所以在合成 mRNA 的過程中，需要進行 RNA 剪接 (RNA splicing)，將內含子去除。RNA 剪接時，有時會出現不同的剪接法，稱作**選擇性剪接** (alternative splicing)，也因此可以增加蛋白質的種類變化 (圖 7-15)。例如：抗體的多樣性即源自於 RNA 的選擇性剪接法。

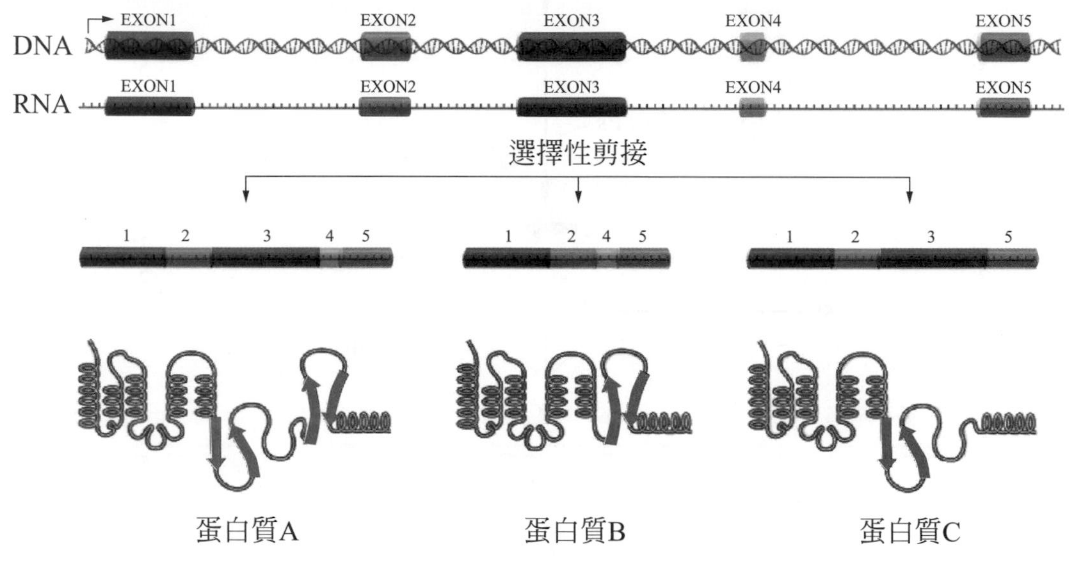

圖 7-15 選擇性剪接

除了剪接之外，RNA 加工還會在 mRNA 的 5' 端加上 GTP 的帽子；在 3' 端會加上 poly- A 的尾巴。加工完成 mRNA 稱作成熟的 mRNA (mature mRNA)(圖 7-16)。

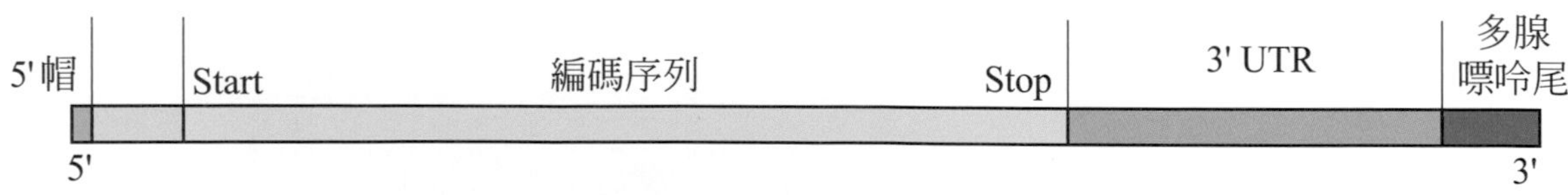

圖 7-16 成熟 mRNA 的構造。UTR= untranslated region 非轉譯區。

7-9　轉譯作用 (Translation)

依照 mRNA 上的編碼序列 (coding sequence) 來引導蛋白質的合成，稱作轉譯作用。可以分作三個步驟：起始、延長和終止。

1. **起始 (initiation)**：核糖體的小次單位辨識並接上 mRNA 的 5' 端，由 tRNA 攜帶起始的胺基酸，來到起始密碼 (start codon) 與之接合；大次單位接著蓋上，與小次單位組成一個完整的核糖體。(圖 7-17)
2. **延長 (elongation)**：另一個 tRNA 攜帶下一個胺基酸來到 A-site 並與第二組密碼組接合，它所攜帶的胺基酸與前一個胺基酸產生胜肽鍵 (peptide bond) 結合，多胜鏈因此延長一個胺基酸，核糖體往 3' 端讀取下一組密碼子，此時位於 P-site 的 tRNA 已經沒有攜帶多胜鏈，會被擠出核糖體，而 A-site 再次空出，可以容納下一個攜帶著胺基酸的 tRNA。如此周而復始，步驟形成一個循環，每繞一圈就增加一個胺基酸，直到遇到終止密碼 (stop codon)。(圖 7-18)
3. **終止 (termination)**：當遇到終止密碼時，釋放因子 (release factor) 會進入 A-site 並促使核糖體、mRNA、tRNA 與胜肽鏈分離 (圖 7-19)。游離的胜肽鏈再經過摺疊 (folding) 形成蛋白質。

在轉譯時，一個密碼組會對應到一個胺基酸，而密碼組是由三個核苷酸所組成，因此有 4 × 4 × 4 = 64 種密碼組，對應到 20 種胺基酸，會有多對一的現象，如表 7-1。且密碼組是有方向性的，由 5' 端往 3' 端讀取。其中三個密碼 (UAG、UAA 和 UGA) 是代表停止訊號 (stop)，AUG 則是起始訊號 (start)。此密碼表在所有的生物中，幾乎是一樣的。

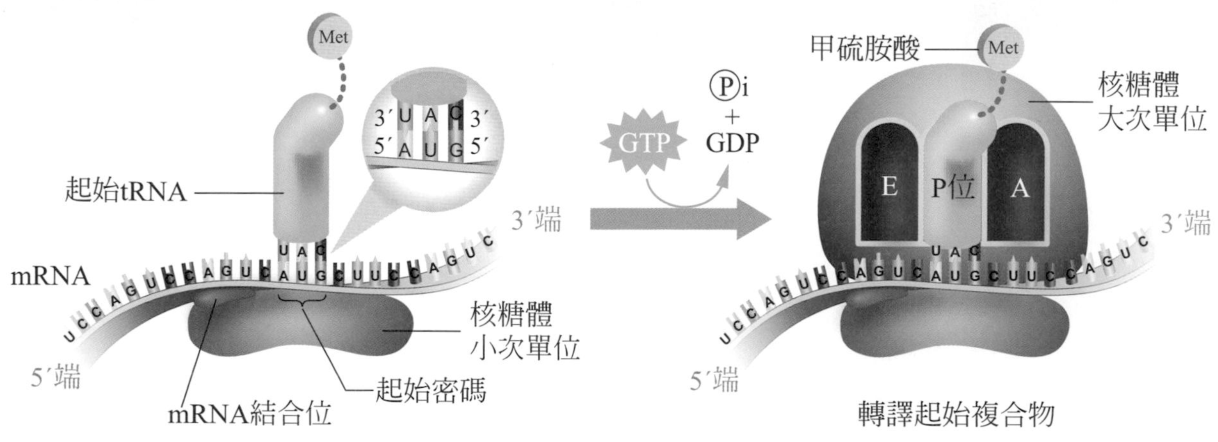

圖 7-17　轉譯作用—起始

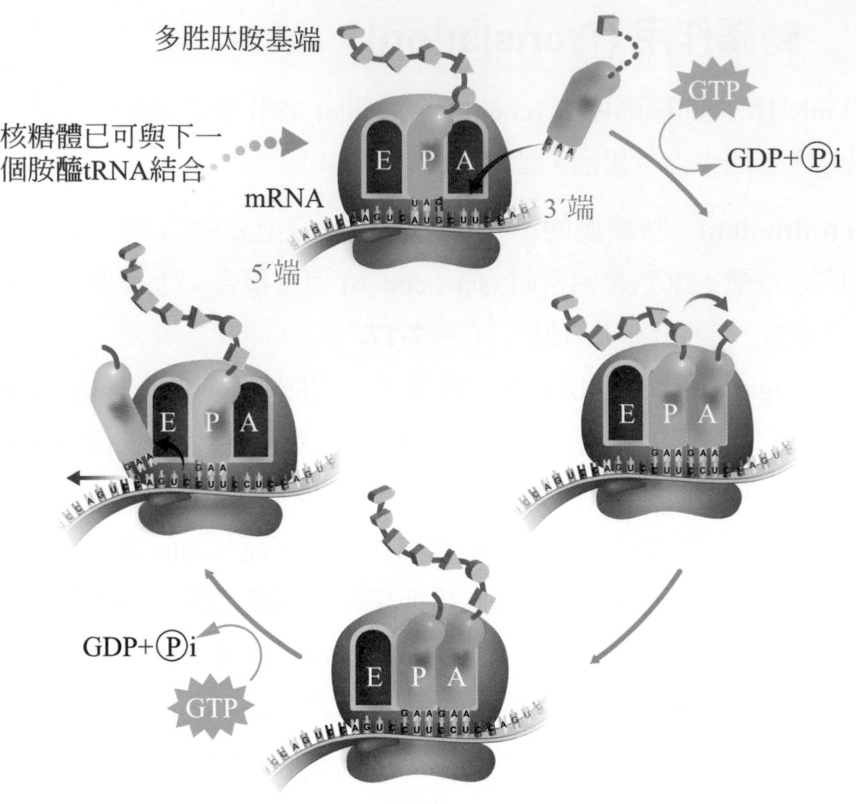

圖 7-18　轉譯作用－延長

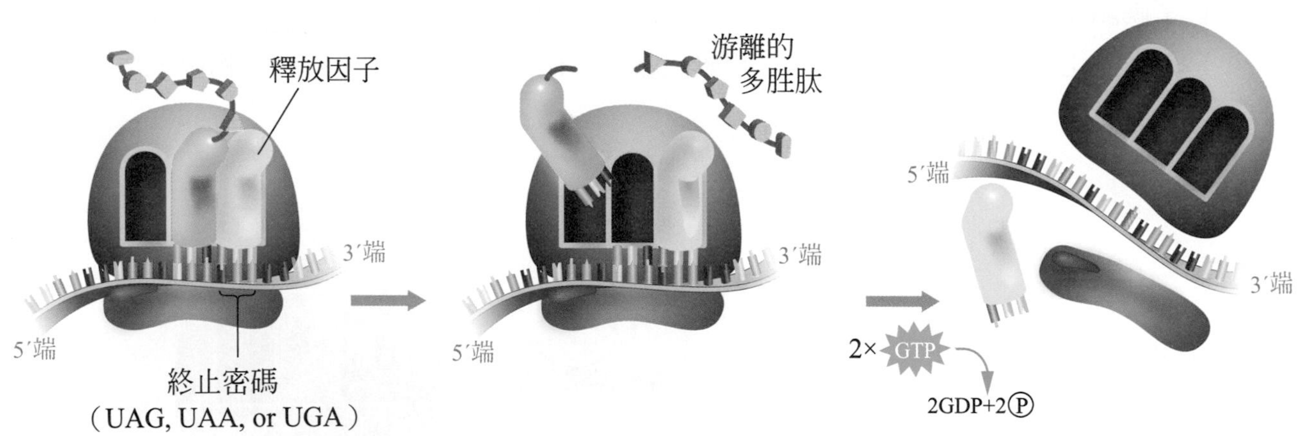

圖 7-19　轉譯作用－終止

表 7-1 胺基酸密碼組對應表

1st base	2nd base: U		2nd base: C		2nd base: A		2nd base: G		3rd base
U	UUU	苯丙胺酸 Phenylalanine (Phe/F)	UCU	絲胺酸 Serine (Ser/S)	UAU	酪胺酸 Tyrosine (Tyr/Y)	UGU	半胱胺酸 Cysteine (Cys/C)	U
	UUC		UCC		UAC		UGC		C
	UUA	白胺酸 Leucine (Leu/L)	UCA		UAA	Stop	UGA	Stop	A
	UUG		UCG		UAG	Stop	UGG	色胺酸 Tryptophan (Trp/W)	G
C	CUU		CCU	脯胺酸 Proline (Pro/P)	CAU	組胺酸 Histidine (His/H)	CGU	精胺酸 Arginine (Arg/R)	U
	CUC		CCC		CAC		CGC		C
	CUA		CCA		CAA	麩醯胺酸 Glutamine (Gln/Q)	CGA		A
	CUG		CCG		CAG		CGG		G
A	AUU	異白胺酸 Isoleucine (Ile/I)	ACU	酥胺酸 Threonine (Thr/T)	AAU	天門冬醯胺酸 Asparagine (Asn/N)	AGU	絲胺酸 Serine (Ser/S)	U
	AUC		ACC		AAC		AGC		C
	AUA		ACA		AAA	離胺酸 Lysine (Lys/K)	AGA	精胺酸 Arginine (Arg/R)	A
	AUG	甲硫胺酸 Methionine (Met/M) 起始	ACG		AAG		AGG		G
G	GUU	纈胺酸 Valine (Val/V)	GCU	丙胺酸 Alanine (Ala/A)	GAU	天門冬胺酸 Aspartic acid (Asp/D)	GGU	甘胺酸 Glycine (Gly/G)	U
	GUC		GCC		GAC		GGC		C
	GUA		GCA		GAA	麩胺酸 Glutamic acid (Glu/E)	GGA		A
	GUG		GCG		GAG		GGG		G

7-10 基因表現 (Gene expression)

基因表現意味著將基因所攜帶的遺傳訊息表達出來，做出 RNA 或蛋白質等有功能性的產物。一般而言，基因表現就是透過轉錄和轉譯二個步驟來表達 (圖 7-20)，但有時卻有更多步驟來調控 (regulate) 基因的表現。一個基因通常編碼 (coding) 一條多胜鏈，1 ～數條多胜鏈再組成蛋白質，蛋白質再去執行它的任務。例如：人類的血紅素 (haemoglobin A) 由四條多胜鏈組成，2 條 α 鏈 + 2 條 β 鏈，分別由 2 個不同基因編碼並表現成多胜鏈產物。

西元 2003 年由多國政府贊助的「人類基因組計畫 (Human genome projet)」和塞雷拉基因組 (Celera Genomics) 公司宣佈已經完成人類基因序列 (DNA sequence) 中的 98%，精確度爲 99.99%。在人類的基因組 (3.3×10^9 b.p.) 中，只有約 1.5% 是編碼 DNA (coding DNA)，會有多胜鏈產物，換算成基因數目大約有 2 萬至 2 萬 2 千個；剩下 98.5% 稱作非編碼 DNA (non-coding DNA)(有 25% 是插入子)，是不會有多胜鏈產物的；但有部分非編碼 DNA 會經過轉錄作用產生 RNA，稱爲非編碼 RNA (non-coding RNA)，例如：rRNA、tRNA、microRNA、siRNA 和 snRNA 等等，各有其特殊的功能。

現在科學家正積極的研究基因、蛋白質與疾病的關係，相信不久的將來，生物學家破解人類遺傳的奧秘，已指日可待。將來，人們都可以握有屬於自己的 33 億 (3.23×10^9 b.p.) 字母排列的遺傳密碼，有效掌握生命的奧妙、疾病及演化等問題。

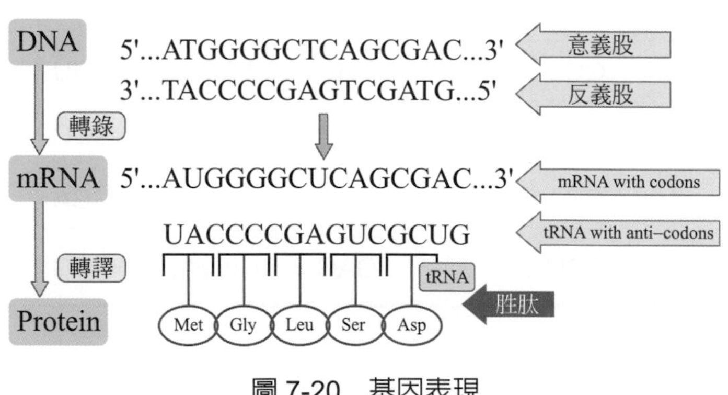

圖 7-20　基因表現

7-11　原核生物的基因調控 (Regulation of gene expression in prokaroytes)

對生物來說，基因的表現是很花費能量的，因此如何有效利用有限的能量，對應環境做出最佳反應，是需要控制的。例如：沒有食物就不需要消化酶，因此消化酶的製造就需要控制。

1961 年法人傑克 (Francois Jacob) 和蒙娜 (Jacques Monod) 發表了操縱子學說 (operon theory)。他們因此而獲得 1965 年諾貝爾獎的榮譽。操縱子一開始是在大腸桿菌中發現的，但後來的研究發現，真核生物和病毒也具有操縱子。

一個操縱子包含：啓動子 (promotor)、操縱者 (operator) 和構造基因 (structural genes) 三個區域的 DNA 組成。啓動子是基因轉錄 (transcription) 的啓動位置，亦即 RNA 聚合酶 (RNA polymerase) 的結合位置。操縱者位於啓動者和構造基因之間，抑制物 (repressor) 或活化物 (activator) 會接上操縱者，並阻止或啓動轉錄作用。構造基因就是被調控的基因。以下舉二個例子，一個是誘導型操縱子 (inducible operon)：乳糖操縱子 (lac operon)；另一個是抑制型操縱子 (repressible operon)：色胺酸操縱子 (Try operon)。

1. 乳糖操縱子

在沒有乳糖的情形下，抑制蛋白 (repressor) 會與操縱者結合阻斷 RNA 聚合酶啓動構造基因的轉錄作用，故乳糖酶就無法合成；若有乳糖存在時，乳糖會與抑制蛋白結合，使變成不活化型抑制蛋白 (inactive reperessor)，不能再與操縱者結合，如此一來 RNA 聚合酶就可啓動構造基因的轉錄作用 (圖 7-21)。

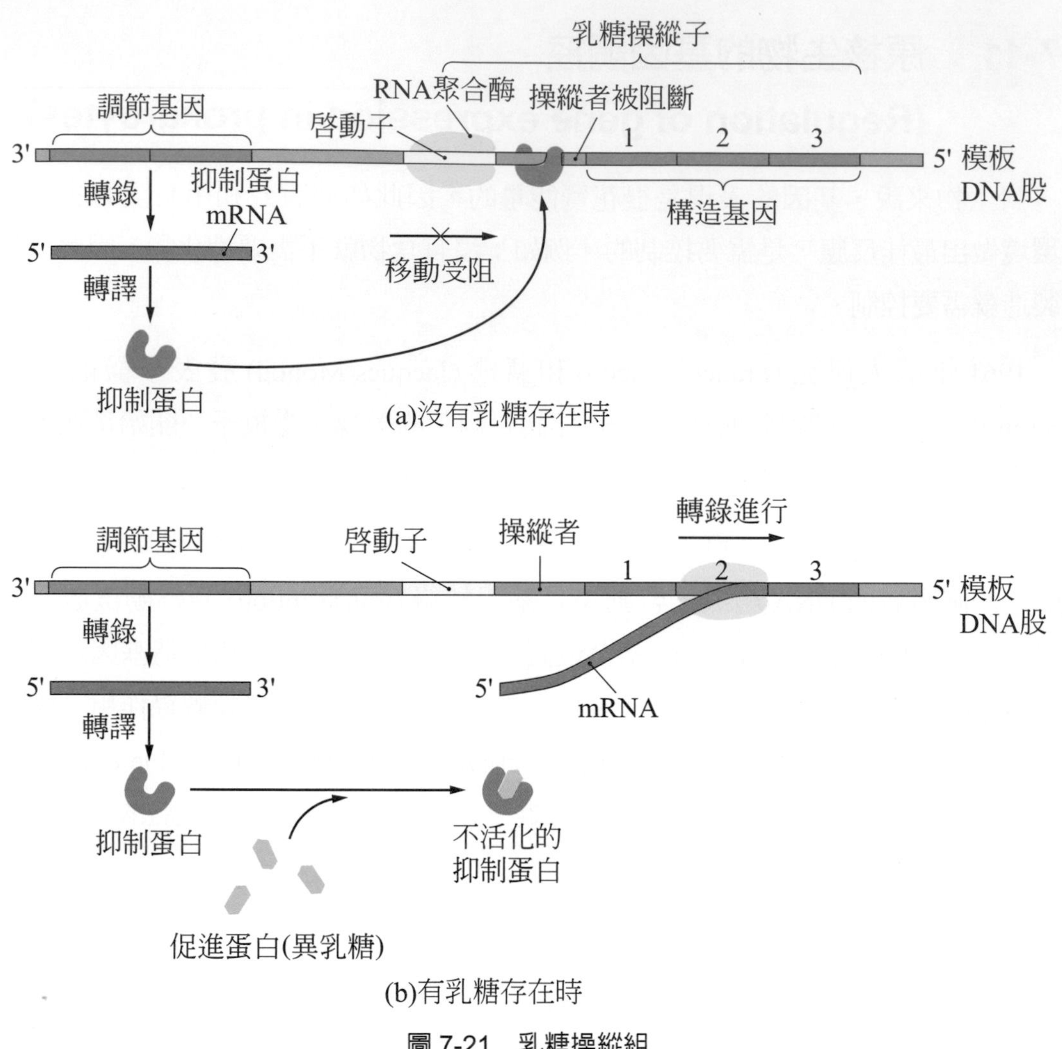

圖 7-21 乳糖操縱組

2. 色胺酸操縱子

在沒有色胺酸的情形下，不活化型抑制蛋白 (inactive reperessor)，不能與操縱者結合，無法阻止構造基因的轉錄作用；若有色胺酸存在時，色胺酸會與不活化型抑制蛋白結合，變成有活性的抑制蛋白 (active repressor) 並與操縱者結合，阻斷 RNA 聚合酶啓動構造基因的轉錄作用 (圖 7-22)。

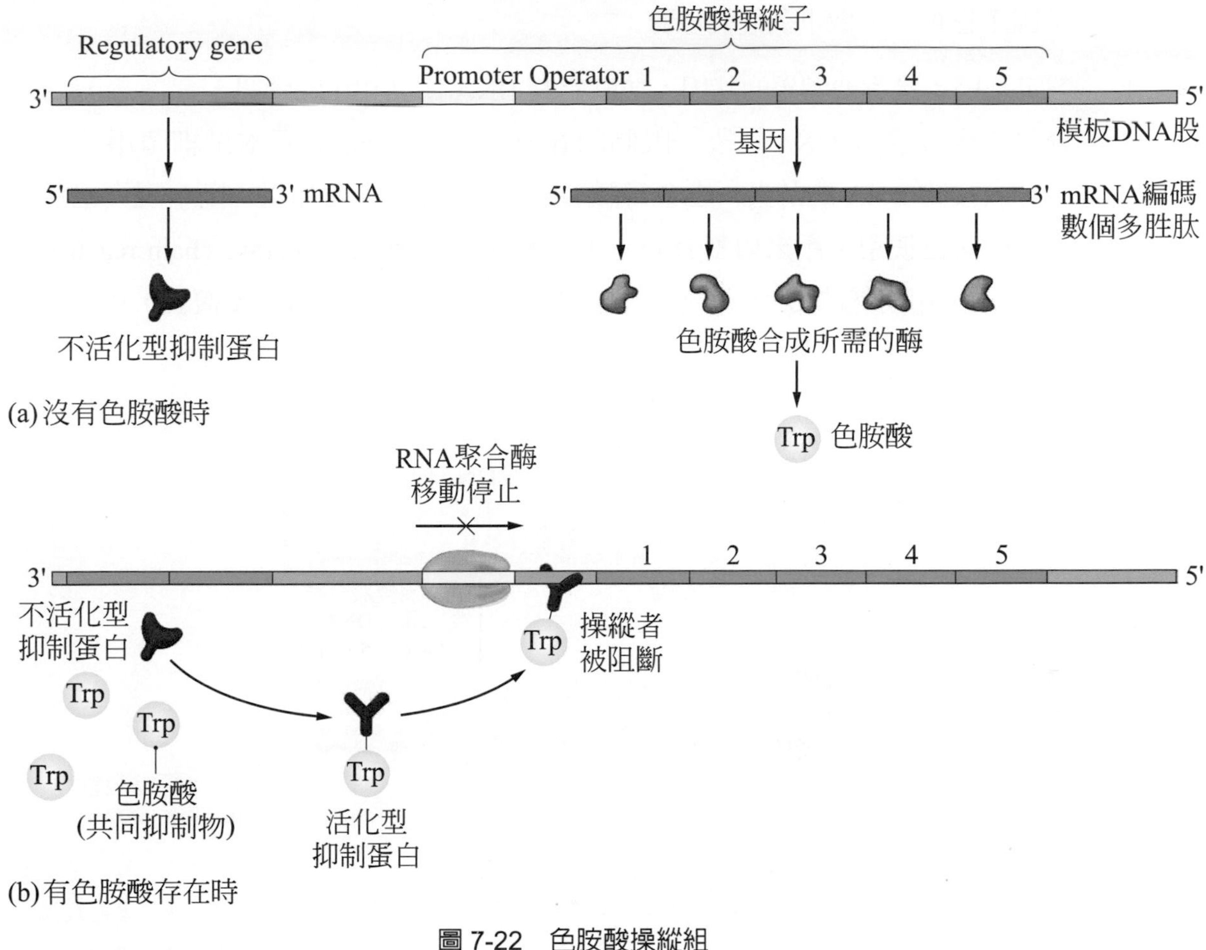

圖 7-22　色胺酸操縱組

7-12　基因工程 (genetic engineering)

基因工程是利用生物技術操作 DNA(合成、剪接和重組等)，用於改變某生物的遺傳物質，使其擁有、失去某些基因或沉默某些基因。而被改變遺傳物質的生物，則稱爲基因轉殖生物體 (genetically modified organism，GMO)。1982 年，第一個被商業化生產的生技產物就是胰島素，藥廠利用基因轉殖細菌來大量製造胰島素，造福了糖尿病患者。1994 年，基因改造食物開賣。2003 年，螢光斑馬魚 (fluorencent zebrafish) 做爲觀賞魚在美國市場開賣。

基因工程可以分做下列幾個步驟：

1. 選定基因：挑選要轉質的基因，並確定其 DNA 序列和相關資訊。
2. 分離基因並合成 DNA 片段：限制酶 (restriction enzymes) 原本是細菌用來切割病毒入侵的 DNA 的酵素，它會辨識 DNA 的特殊序列並加以切斷，現今已被基因工程廣泛使用，用來切割 DNA。聚合酶連鎖反應 (polymerase chain reaction，PCR) 是利用耐熱的 DNA 聚合酶在生物體外 (in vitro) 進行 DNA 複製，可以從微量的 DNA 樣本 (例如：一根頭髮) 拷貝成百萬倍的數量 (圖 7-23)。

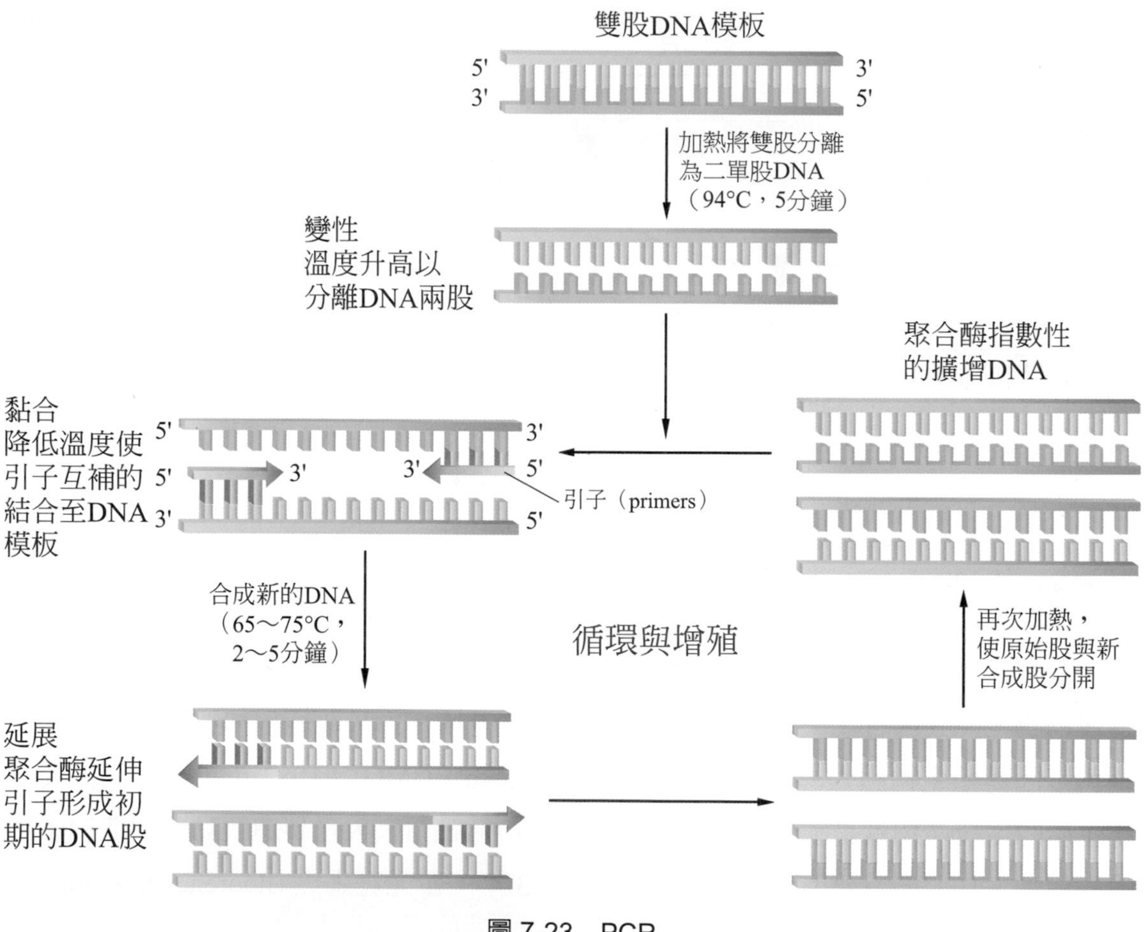

圖 7-23　PCR

3. DNA 重組 (DNA recombination)：選擇適當的載體 (vector，可以選擇細菌的質體或者病毒的 DNA) 及 PCR 複製的 DNA，以相同的限制酶切割之後，用 DNA 連接酶 (DNA ligase) 黏接起來，便獲得了重組 DNA (recombinant DNA)(圖 7-24)。

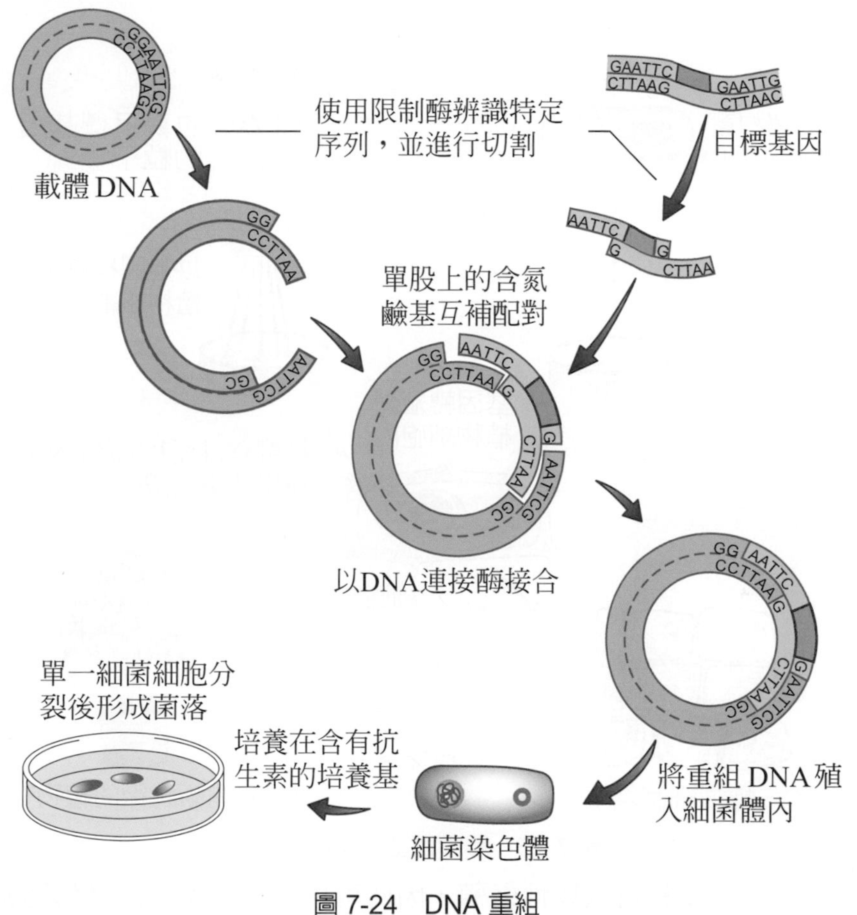

圖 7-24　DNA 重組

4. DNA 選殖 (DNA cloning)：利用性狀轉換 (transformation) 讓細菌納入重組 DNA，或者用病毒感染細菌 (注入 DNA)，再利用抗生素以及藍白篩挑選出基因轉殖的細菌。若轉殖的對象是動物或植物，則可以使用基因槍 (gene gun)；欲轉殖植物的話，則還可以利用農桿菌 (*Agrobacterium*) 來進行轉殖 (圖 7-25)。
5. 檢查 DNA 序列以及蛋白質產物：可以利用 PCR 來複製 DNA 片段，再用 DNA 定序儀 (DNA sequencer) 定出 DNA 序列，與原本的基因序列做比對，以確認轉殖生物體內的基因序列沒有錯誤。蛋白質產物也可以定出胺基酸序列。

目前，已經有很多種生技產品在市面上販賣，包含藥物、荷爾蒙和疫苗等。而在農牧產品則有轉殖鮭魚、轉殖牛、轉殖棉花、轉殖大豆、轉殖玉米和轉殖馬鈴薯等，幾乎經濟作物都被拿來轉殖，應用非常廣泛。

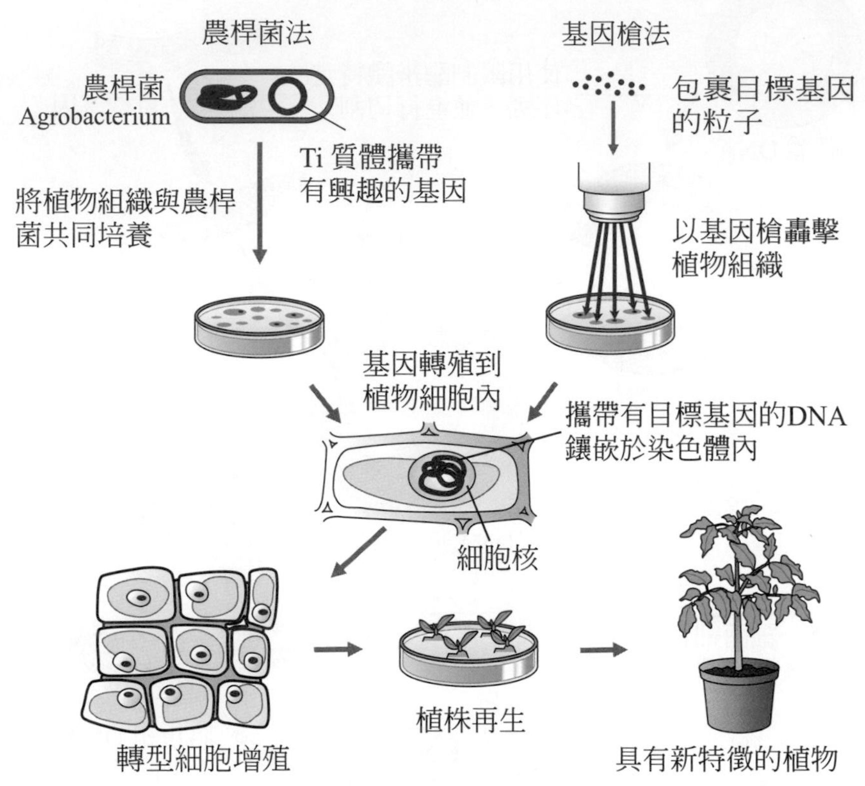

圖 7-25　農桿菌法與基因槍法

轉殖細菌與轉殖植物可以無性繁殖，因此可以大量生產。但是轉殖動物經過有性生殖之後，辛苦轉入的性狀會被稀釋，表現量下降，甚至沒有表現。直到 1996 年，科學家成功複製了一頭綿羊－桃莉羊 (Dolly)，才有更多科學家投入轉殖動物行列。而複製動物的成功，也引發複製人的疑慮，包含法律與道德問題，成爲熱門話題。

除了使用體細胞複製之外，人體的胚胎幹細胞 (embryonic stem cell) 也具有全能性 (totipotent)，可以分化產生一個正常個體；科學家利用體外組織培養 (tissue culture) 技術，可以從胚胎幹細胞培養出人體的任一組織，做爲自體組織修復或器官移植之用，有效避免器官排斥現象。另外，利用基因改造加上幹細胞的組織培養，科學家已經可以修復基因有缺陷的遺傳性疾病，稱爲基因療法 (gene therpy)。

本章複習

7-1　DNA 的結構

■ 華生與克里克提出 DNA 的結構如下：

(1) 每個核苷酸以磷酸根和下一個核苷酸的去氧核糖連接，組成多核苷酸鏈。

(2) DNA 是由兩條多核苷酸鏈以雙螺旋方式形成雙股結構。稱爲雙股螺旋 (double helix)(B-form, 右旋)。

(3) 去氧核糖與磷酸構成 DNA 之主幹。

(4) 兩主幹以氮鹼基配對形成氫鍵而結合一起，其中 G ≡ C，A ＝ T。

(5) 兩主幹之氮鹼基是互補的 (complementary)，若一股爲—GACTT—，則另一股爲—CTGAA—。並且爲反平行。

7-2　DNA 分子的複製—半保留複製

DNA 的複製爲半保留複製機制。

7-4　原核生物與真核生物的 DNA 複製

原核生物只有一個複製起始點，但是眞核生物有許多起始點。

7-5　突變 (mutations)—遺傳物質發生變異

改變遺傳訊息的方式，通常有二個：突變與基因重組。

突變是鹼基序列一個或數個鹼基對發生改變，又稱作點突變，可分爲：取代 (substitution)、插入 (insertion) 與缺失 (deletion)。

染色體的變異可能造成染色體數目和基因排列發生改變，可分爲：缺失 (deletion)、重複 (duplication)、倒位 (inversion) 和易位 (translocation)。

7-6　中心法則 (central dogma)

遺傳訊息由 DNA 轉錄 (transcription) 爲 mRNA 再轉譯 (translation) 成蛋白質，此過程稱作中心法則 (central dogma)。

RNA 可以分成三類：mRNA(messenger RNA)，tRNA(transfer RNA)，rRNA(ribosomal RNA)。

7-7 轉錄作用 (transcription)

■ 依照 DNA 的序列來合成 RNA，稱作轉錄作用。轉錄時需要 RNA 聚合 (RNApolymerase)，它藉由轉錄因子 (transcription factors) 的幫忙來辨識 DNA 上的特殊序列，稱作啓動子 (promoter)，並與之接合。

7-8 RNA 加工 (RNA processing)

■ 眞核生物 RNA 的加工包含：

(1)RNA 剪接。

(2)5' 端加上 GTP 的帽子。

(3) 在 3' 端會加上 poly- A 的尾巴。

7-9 轉譯作用 (translation)

■ 依照 mRNA 上的密碼序列來引導蛋白質的合成，稱作轉譯作用。可以分作三個步驟：起始 (initiation)、延長 (elongation) 和終止 (termination)。

■ 密碼 UAG、UAA 和 UGA 是代表停止訊號 (stop)，AUG 則是起始訊號 (start)。

7-10 基因表現 (gene expression)

■ 在人類的基因組 (3.3×10^9 b.p.) 中，只有約 1.5% 是編碼 DNA(coding DNA)，會有多胜鏈產物，剩下 98.5% 稱作非編碼 DNA(non-coding DNA)(有 25% 是插入子)，是不會有多胜鏈產物的；但有部分非編碼 DNA 會經過轉錄作用產生 RNA，稱爲非編碼 RNA(noncodingRNA)，例如：rRNA、tRNA、microRNA、siRNA 和 snRNA 等等。

7-11 原核生物的基因調控 (regulation of gene expression in prokaroytes)

■ 一個操縱子包含：啓動子 (promotor)、操縱者 (operator) 和構造基因 (structural genes) 三個區域的 DNA 組成。

7-12 基因工程 (gentic engineering)

■ PCR 的基本原理：(1) 變性 (denaturation)、(2) 引子黏合 (primer annealing)、(3) 延展 (extension)。

Chapter 8

病毒與細菌介紹 (Introduction of Viruses and Bacteria)

全境擴散

病毒 (virus，舊稱「濾過性病毒」) 是由一個核酸分子 (DNA 或 RNA) 與蛋白質構成的非細胞形態，以寄生方式存活的介於生命體及非生命體之間的有機物種。然而這種構造簡單且微小的物種，卻能夠重創比它們大無數倍的生物。以 2002 ～ 2003 爆發的**嚴重急性呼吸道症候群** (SARS, severe acute respiratory syndrome) 為例，這種由冠狀病毒 (Coronavirus) 所引發的非典型肺炎，當時造成全球恐慌，也導致包括醫務人員在內的多名患者死亡。臺灣從 2003 年 3 月 14 日發現第一個 SARS 病例，到 2003 年 7 月 5 日世界衛生組織宣布將臺灣從 SARS 感染區除名，近 4 個月期間，共有 664 個病例 (行政院衛生署疾病管制局 9 月重新篩選出 346 個實際病例)，其中 73 人死亡。部分 SARS 患者雖然脫離了生命危險，但留下了嚴重的後遺症，如骨頭壞死導致殘疾、肺部纖維化以及精神抑鬱症。

而緊跟在後，A 型 H1N1 流感於 2009 年爆發時，也引發了全球的惶惶不安，世界衛生組織更將全球流感大流行警告級別提升至最高等級第 6 級。最初世界衛生組織使用了「豬流感」(swine flu) 的名稱，2009 年 4 月 30 日，由於農業界及聯合國糧農組織的關切，世界衛生組織爲免對因豬流感一詞造成流感能經由進食豬肉製品傳播的誤解，當日開始改用 A 型 H1N1 流感稱呼該病毒。所謂「H1N1」是病毒名稱的縮寫，其「H」指的是血球凝集素 (Hemagglutinin)、而「N」指的是神經胺酸酶 (Neuraminidase)，兩種都是病毒上的抗原名稱。其意思是：具有「血球凝集素第 1 型、神經胺酸酶第 1 型」的病毒。

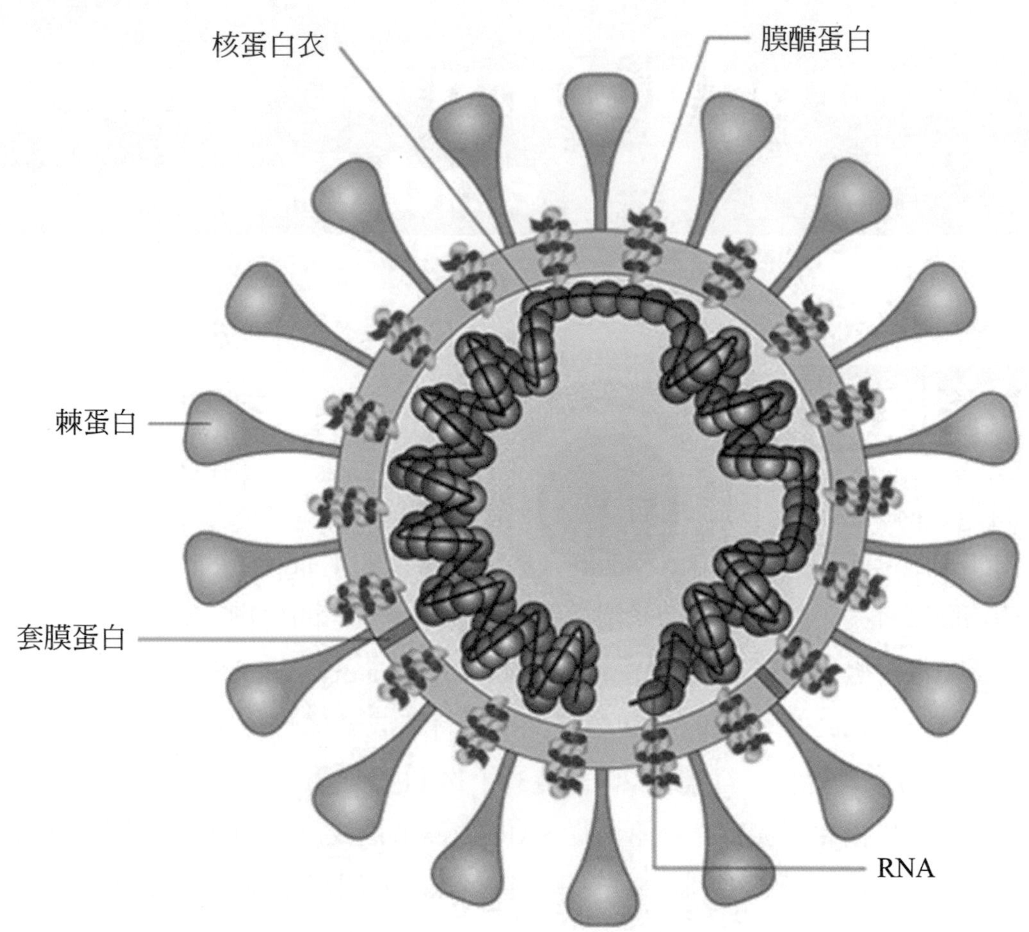

來源：Nature Medicine 10(12 Suppl):S88-97 • January 2005

8-1 病毒 (Viruses) －生物界邊緣的物體

(一) 病毒的發現與起源

1884，法國微生物學家查理斯尚伯朗 (Charles Chamberland) 發明一種細菌無法通過的陶瓷過濾器，他利用這種瓷濾器可以將液體中存在的細菌除去。

1892 年，俄國植物學家伊凡諾斯基 (Dimitri lvanovsky，1864 ～ 1920)，壓取患有煙草嵌紋病植物的液汁，用精細的瓷濾器濾過，此時如有細菌亦不能通過瓷濾器上的小孔，故濾過的液體應爲無菌的濾液。然而，將此濾液塗於無病的煙葉上，結果健康的煙葉，不久出現嵌紋病。六年後，荷蘭的微生物學家貝吉林 (M. W. Beijerinck，1851 ～ 1931) 重複了伊凡諾斯基的實驗，他認爲此濾液必含有比最小細菌還要小而看不見的感染物 (infectant)，稱爲病毒 (virus)，拉丁字義爲「毒物」。

1899 年，德國學者羅福勒 (Loeffler) 和弗路希 (Frosch)，又發現牛的口蹄病 (foot-and-mouth disease，FMD)，可經由病畜身上水泡所製成之過濾液所感染。

1931 年，德國工程師恩斯特魯斯卡 (Ernst August Friedrich Ruska) 與馬克斯克諾爾 (Max Knoll) 發明了電子顯微鏡，使得病毒可以被觀察。1935 年，美國微生物學家史坦力 (W. M. Stanley)，從 1 公噸多的患病菸葉中分離出一茶匙的煙草嵌紋病病毒 (tobacco mosaic virus，簡稱 TMV)，在電子顯微鏡下觀察呈針狀的晶體，分析其成分爲蛋白質；到 1941 年，貝納 (Bernal) 與范庫肯 (Fankuchen) 用電子顯微鏡看到該晶體爲細棒狀組成，這是第一張病毒的 X 射線晶體繞射圖 (圖 8-1a)。

分離之 TMV 雖用各種方法培養，均不能在體外繁殖；但史坦力將此結晶溶於水中，塗在煙葉上，不久煙葉發生病象；證明 TMV 須在煙葉細胞中方能繁殖，因而獲得 1946 年諾貝爾化學獎。其他病毒也必須在活的寄主細胞內方能繁殖。也就是說，病毒爲寄生形式，它缺乏獨立生活所必需的酶，因此須要寄主活細胞內的酶系方能表現生命的特徵。

只要有生命的地方，就有病毒存在；病毒很可能在第一個細胞產生的時候就存在了。但因爲病毒不會形成化石，也就沒有直接的證據和參照物可以研究其起源與演化過程；分子生物學技術是目前唯一可用的方法，這些技術需要遠古的病毒 DNA 或 RNA，而目前儲存在實驗室中最古老的病毒樣品也不過 90 年。

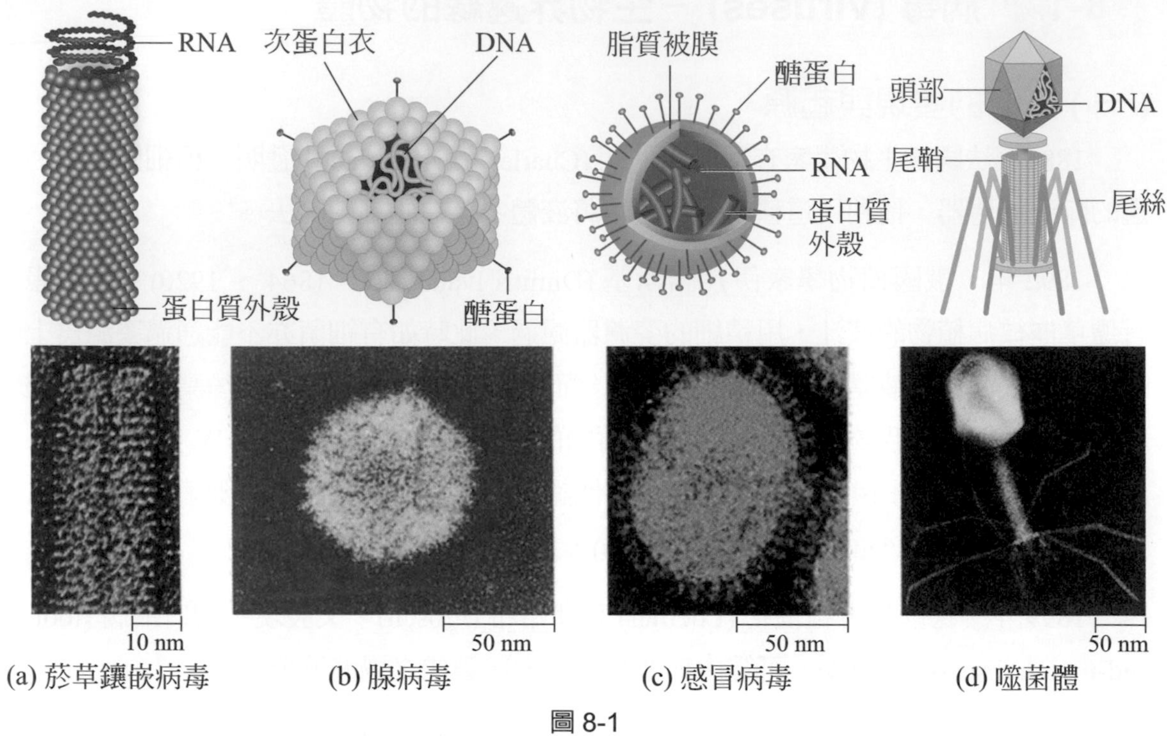

(a) 菸草鑲嵌病毒　(b) 腺病毒　(c) 感冒病毒　(d) 噬菌體

圖 8-1

(二) 病毒的形狀與構造

病毒體積微小，在電子顯微鏡下方能見到，通常是螺旋狀 (helical) 或多面體 (polyhedral) 以及二者的組合型。如：TMV 的蛋白質外殼就是一空心的螺旋狀 (圖 8-1a)；脊髓灰質炎病毒 (小兒痲痺病毒 poliovirus) 則是一正多面體，有 12 個頂點和 20 個面所構成 (圖 8-1b)；噬菌體則是二者的組合型 (圖 8-1d)；流行性感冒 (influenza virus) 亦爲多面體，在其蛋白質外殼之外，尙覆一層脂質被膜 (lipid envelope)(圖 8-1c)。

目前已知的病毒大小介於 15 到 680 nm 之間，例如：口蹄疫病毒 (FMD virus) 爲 15 nm，擬菌病毒 (mimivirus) 爲 400 nm，巨大病毒 (megavirus) 爲 680 nm。有些絲狀病毒長度可達 1400 nm，但寬度只有 80 nm。

病毒爲非細胞的感染原，其構造簡單，由核酸的中心和蛋白質外殼 (capsid) 兩部份所構成，有些病毒在蛋白質外殼之外尙覆一層脂質的被膜 (envelope，又稱套膜)。若病毒的核酸爲 DNA 者，稱爲 DNA 病毒，若爲 RNA 者則稱爲 RNA 病毒，到目前爲止，尙未發現兩種核酸並存的病毒。DNA 或 RNA 便是它的遺傳物質，稱爲基因體組 (genome)，病毒的基因組小的只有 5 個基因；大的可帶有數千個基因。

病毒之遺傳物質可能為單股或雙股的核酸 (可為環型或線型)，其外的蛋白質外殼是由蛋白質次單元組成，有些病毒其核酸會捲繞在蛋白質上，例如 TMV 病毒之蛋白質外殼是由 2220 個蛋白質次單元捲繞而成；有些病毒外殼還會被來自細胞膜的雙層脂質 (即套膜) 所包封，例如：人類後天免疫系統缺乏症侯群 (AIDS，愛滋病) 的病毒 (HIV)。(圖 8-2)

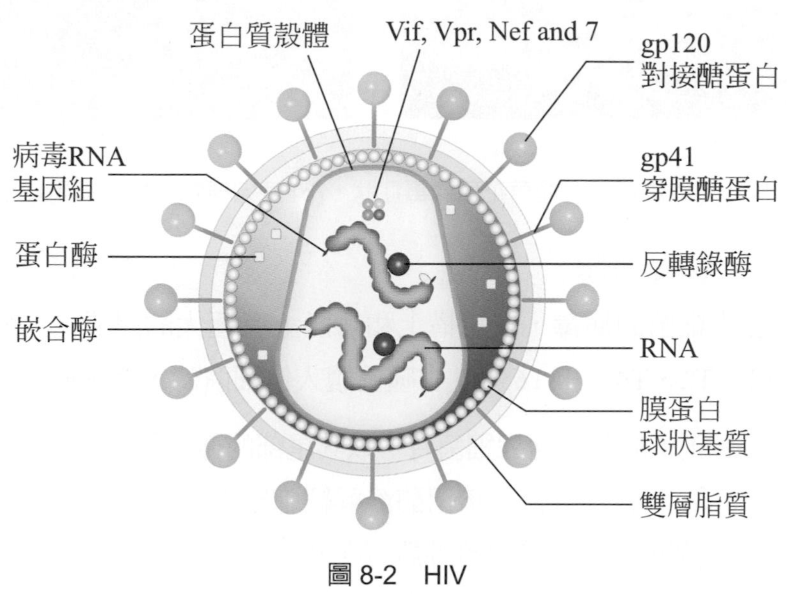

圖 8-2　HIV

(三) 病毒的種類

由於病毒不像其生物一樣藉由交配產生後代，因此種別的定義與一般生物不同。2016 年，國際病毒分類學委員會 (International committee on taxonomy of viruses，ICTV) 依據病毒的抗原特性與生物特性等，將病毒分為：目、科、亞科、屬、種。總共有 8 個目、119 個科、35 個亞科、725 個屬、4,300 個種以及約 3,000 個種尚未分類的病毒。

另外，病毒可依其寄主生物而分為：(1) 細菌病毒 (bacterial viruses)，如噬菌體；(2) 植物病毒 (plant viruses)，如 TMV；(3) 動物病毒 (animal viruses)，如小兒麻痺病毒。屬於植物疾病的有煙草、黃瓜、萵苣、馬鈴薯等的嵌紋病，稻麥的萎縮病、花生的叢枝病、甘蔗的矮化症；人類則有黃熱病 (yellow fever)、流行性感冒 (influenza)、脊髓灰質炎 (poliomyelitis) －即俗稱的小兒麻痺 (imfantile paralysis)、普通感冒 (common cold)、麻疹 (measles)、流行性腮腺炎 (mumps)，A 型肝炎 (傳染性肝炎 infectious hepatitis)、B 型、乃至 C 型 (血清性肝炎)、D、E 型肝炎，泡疹 (herpes)、水痘 (chicken pox)、狂犬病 (rabies)、日本腦炎 (japanese encephalitis) 等。一般來說，病毒與宿主之間具有專一性，但在罕有情況下，會跨越物種障礙而產生感染。

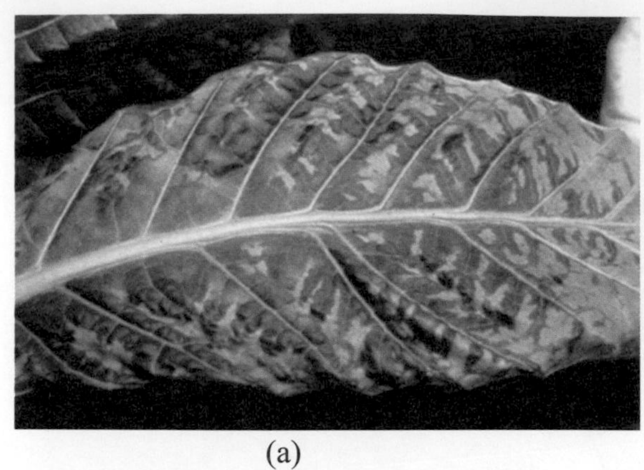
(a)

(b)

圖 8-3　(a) 煙草上的煙草花葉病毒症狀。(b) 辣椒植物受捲葉病毒侵害

(四) 病毒的生殖與遺傳

噬菌體是感染細菌的病毒，在結構上和功能上有極大的變異。有些噬菌體以 T 來命名，如：T1、T2、T4、和 T6 等。當噬菌體入侵細菌時，有幾個共同步驟：

1. 附著 (attachment)：噬菌體遇到細菌時，以其尾部的微絲附著在細菌的細胞壁上。
2. 穿透 (penetration)：將其所含的溶菌酶溶解細胞壁，此時尾部收縮，將頭部所含的 DNA 注入細菌內，而把蛋白質外殼留在外面，此一過程不超過一分鐘。
3. 複製 (replication)：注入的 DNA 控制了細菌的生化活動，在很短時間內，細菌 DNA 的表現遭抑制，甚至 DNA 被分解；病毒的 DNA 進行轉錄與轉譯，更進一步地操縱生化反應。然後利用寄主的核糖體 (ribosome)、酵素系統和一些自己 DNA 製造的酶，自行複製所有的大分子物質，如：大量的病毒 DNA 及蛋白質外殼。
4. 組合 (assembly)：新製造出來的病毒各部位加以組合，產生完整的新病毒。
5. 釋放 (release)：病毒會產生溶菌酶 (lysozyme)，能分解寄主細胞膜 (壁)，細菌的細胞破裂，放出百多個噬菌體，從噬菌體附著以至最後釋放數以百計的新病毒約需 30 分鐘。釋出的噬菌體又會再一次的感染新細菌，週而復始，稱作溶菌週期 (lytic cycle)。

然而，少數種類的噬菌體，在感染細菌後並不進行增殖，而是將其核酸與寄主的 DNA 組合在一起，形成一種共存的狀態，當細菌進行分裂時，噬菌體的核酸便跟隨細菌 DNA 而複製，然後與寄主 DNA 一起分布於子細胞內；如此噬菌體的核酸乃隨細菌一代一代地分裂，每個細菌的子細胞內，都含有噬菌體的核酸，此時稱為潛溶週期 (lysogenic cycle)(圖 8-4)。在某些環境因子 (induction event) 的影響下，有部分細菌會失去所建立的共存關係，使噬菌體的核酸和寄主 DNA 分離，並進行增殖，然後使該細菌解體，進入溶菌週期。

細菌與潛溶性噬菌體建立共存關係後，可以使細菌的某些性狀發生改變，例如：引起白喉的桿菌與引起霍亂的弧菌，僅在含有潛溶性噬菌體時才具有致病性；又當細菌與潛溶性噬菌體建立共存關係後，該細菌即不再受同種噬菌體之感染。

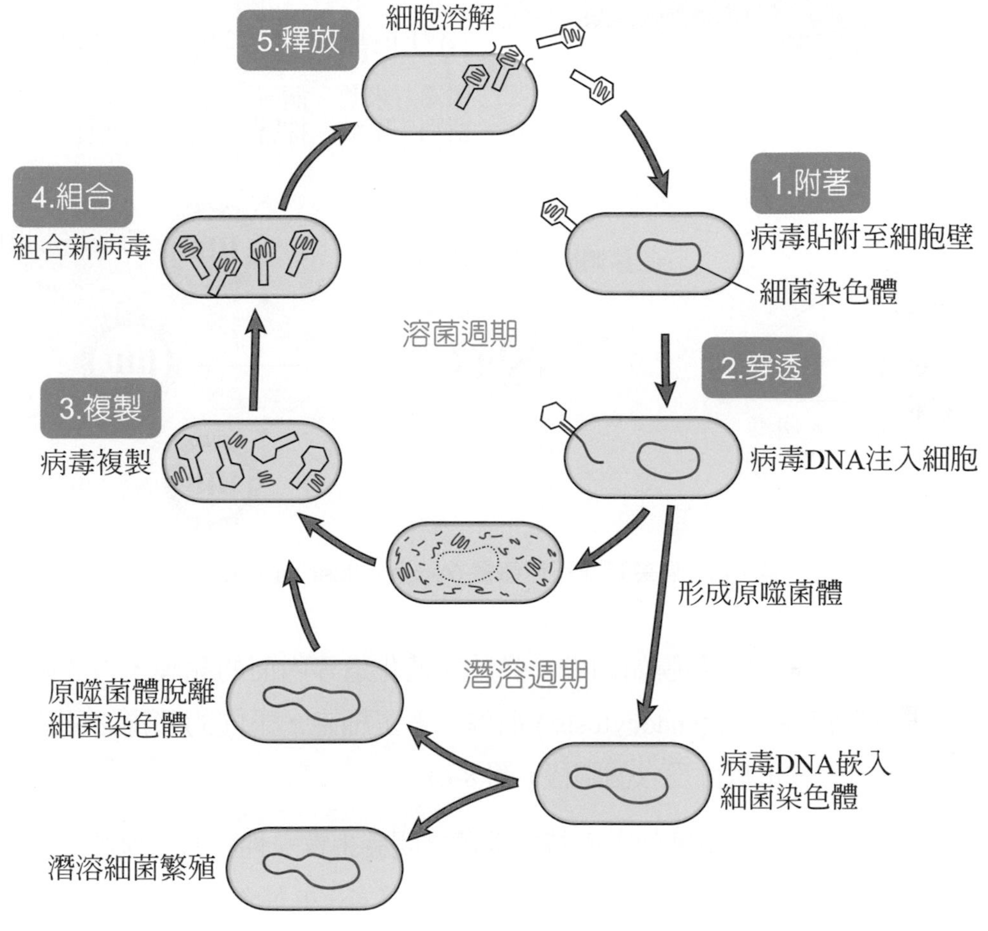

圖 8-4　溶菌週期與潛溶週期

病毒突變 (mutation) 速度很快，經過突變的噬菌體和正常的噬菌體，可同時生活於一個寄主細胞內。當寄主細胞破裂放出子代，其中有些與正常的相同，有些與突變的相同，更有些具有兩種特徵的新種出現。這種新類型病毒的發生，是由於基因的重新組合而成，稱爲基因重組 (genetic recombination)，或稱基因再組合。有時候，數個病毒感染同一宿主，也會發生基因重組。例如：鳥類流感病毒與人類流感病毒同時感染同隻豬身上，就會產生新型病毒，**鳥禽類流行性感冒** (Avian Influenza，AI) 就是這樣反覆出現大規模感染 (圖 8-5)。

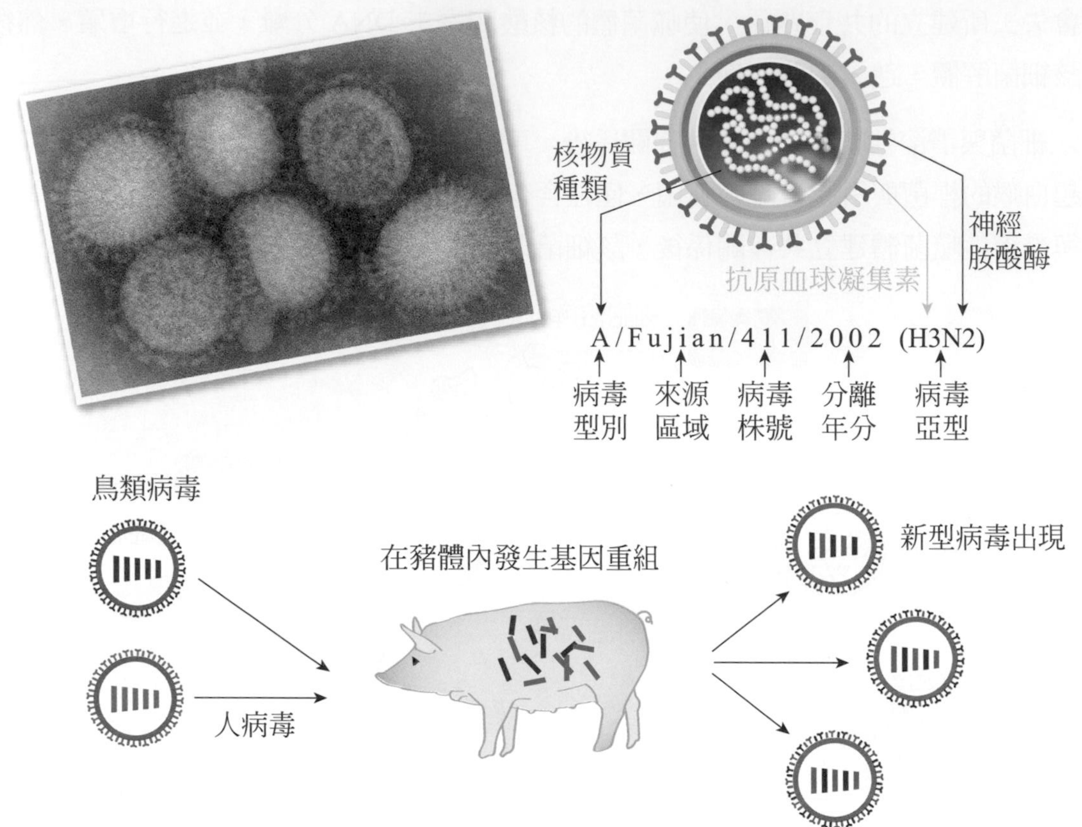

圖 8-5　鳥禽類流行性感冒 (Avian Influenza，AI)

動物病毒通常是經由黏膜如口腔、鼻腔、消化道等內面的黏膜，首先附著於表面，再藉細胞之胞吞作用 (endocytosis) 而進入寄主細胞。不同的病毒之間生命周期的差異很大，但大致可以分爲六個階段 (圖 8-6)：

1. 附著：病毒外殼與宿主細胞表面特定受體之間發生專一性結合。例如，愛滋病毒 (HIV) 只能感染人類 T 細胞，因爲其表面蛋白 gp120 能夠與 T 細胞表面的 CD4 分子結合。
2. 入侵：病毒附著到宿主細胞表面之後，通過受體媒介型胞吞作用或膜融合進入細胞，這一過程通常稱爲「病毒進入」(viral entry)。
3. 脫殼：病毒的外殼遭到宿主細胞或病毒自己攜帶的酶降解破壞，病毒的核酸得以釋放出來。
4. 合成：病毒基因組完成複製、轉錄以及轉譯 (病毒蛋白質合成)。

5. 組裝：將合成的核酸和蛋白質外殼組裝在一起。在病毒顆粒完成組裝之後，病毒蛋白常常會發生轉譯後修飾。例如：愛滋病毒 (HIV)。
6. 釋放：無套膜病毒需要在細胞裂解 (使細胞膜破裂) 之後才能得以釋放。對於有套膜病毒則可以通過出芽 (budding) 的方式釋放，病毒需要從插有病毒表面蛋白的細胞膜結合，獲取套膜。

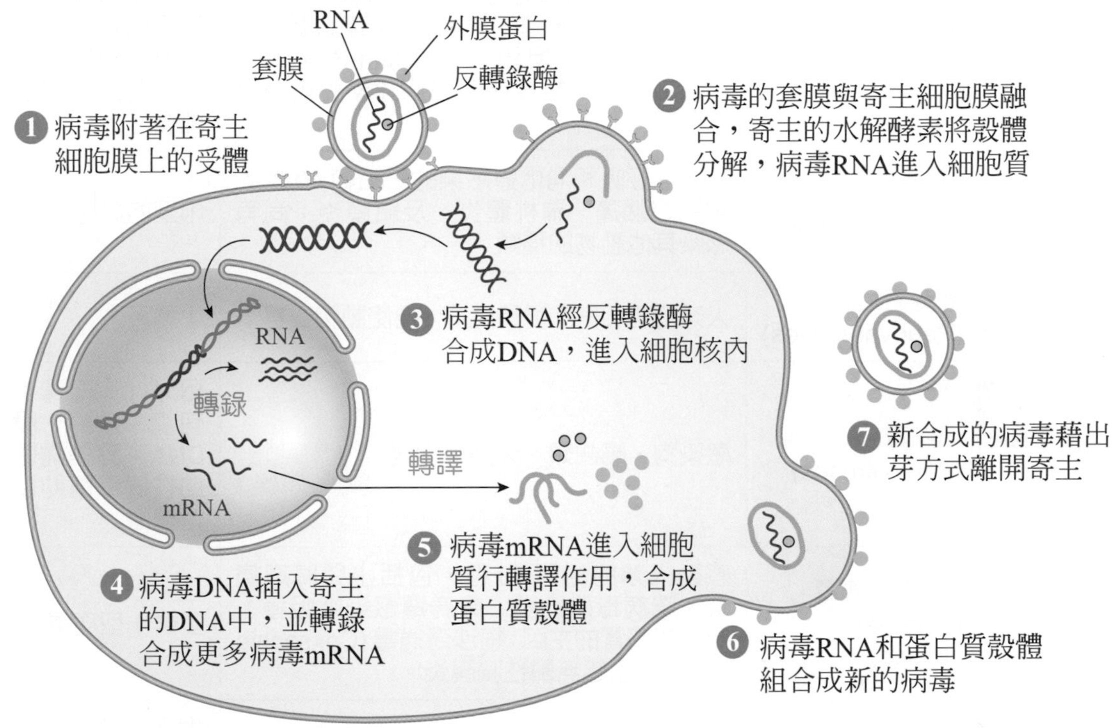

圖 8-6　人類免疫不全病毒 (human immunodeficiency virus，HIV)

(五) 病毒和癌症 (Viruses and Cancer)

已知病毒可引起多種動物的癌症。致癌性病毒的核酸 (DNA) 可插入寄主 DNA 中，使其轉形爲癌細胞。其作用機制可能是改變寄主重要蛋白質的性質；有些是藉致癌基因 (oncogene) 的作用，而有些則是 RNA 病毒，由反轉錄酶 (reverse transcriptase) 產生 DNA 後再插入寄主 DNA 中來使寄主細胞變成癌細胞。例如：人類乳突病毒－子宮頸癌、皮膚癌、肛門癌和陰莖癌的成因；B 和 C 型肝病毒－肝癌；皰疹病毒科－卡波西肉瘤 (Kaposi's sarcoma)、體腔淋巴瘤 (body cavity lymphoma) 和鼻咽癌 (nasopharyngeal carcinoma) 等。

表 8-1 動物病毒

類型	名稱	病因	特性
雙股 DNA (dsDNA)	痘病毒 (Poxviruses)	天花、牛痘和經濟上重要家禽的疾病。	大型、複雜、卵形的病毒，其在寄主細胞的細胞質中複製。
	泡疹病毒 (Herpes-viruses)	1 型單純泡疹 (唇泡疹)；2 型單純泡疹 (生殖器泡疹，為一種性傳染病)；帶狀泡疹，水痘。艾泊斯坦巴氏 (Epstein-Barrvirus) 病毒並與感染性單核白血病和勃克氏淋巴瘤有關。	中型到大型，有被膜的病毒；常引起潛伏性感染；有些可引起腫瘤。
	腺病毒 (Adeno-viruses)	對人類呼吸和消化道感染的已知約 40 型；常引起咽痛、扁桃體炎、及結膜炎；尚有感染其他動物的種類。	中型的病毒。
	乳突瘤類病毒 (Papova-viruses)	人類的疣和一些變質腦病，能使動物致癌。	小型。
單股 DNA (ssDNA)	小病毒 (Parvoviruses)	感染狗、囓齒類、天鵝等疾病。	極小的病毒；有此內含一股 DNA；有些需輔助性病毒幫助以行增殖。
單股 RNA (ssRNA)	小 RNA 病毒 (Picarna-viruses)	感染人類的約有 70 種，包括小兒麻痺病毒、腸病毒感染腸；鼻病毒感染呼吸道，為引起感冒的主因；柯沙奇病毒 (Coxsachie virus) 可引起無菌性腦膜炎。	多群小型病毒。
	披衣病毒 (Toga-viruses)	德國麻疹、黃熱病、馬的腦炎。	大型，數群中型，有被膜的病毒；多由節肢動物傳播。
	正黏液病毒 (Myxo-viruses)	人類和其他動物的流行性感冒。	中型的病毒常呈現突出的釘狀物 (spike)。
	副黏液病毒 (Paramyxo-viruses)	麻疹，痄腮 (腮腺炎)、犬瘟熱病。	相似黏液病毒，但稍大。
	逆轉錄病毒 (Retroviruses)	某些腫瘤 (惡性毒瘤)，白血球過多症；AIDS。	
雙股 RNA (dsRNA)	呼腸弧病毒 (Reo-viruses)	小孩的嘔吐和腹瀉 (嬰兒吐瀉病)。	含雙股的 RNA。

8-2　細菌 (bacteria) －具備細胞的最原始生物

細菌到處可發現其存在，不論在水中、土壤、空氣，以及生物的體內外都有細菌存在；是所有生物中數量最多的一類，一湯匙的農地土壤可能就有超過 25 億的細菌，1 毫升 (mL) 的海水可能有 2,500 萬的細菌，卻有 2 億 5 千萬個噬菌體 (有效控制細菌的數量)。健康成人體重有 1% ～ 3% 是細菌的重量，總數略大於人體的細胞數目 (約 40 兆)。

雖然細菌可能是地球上生存年代最久的生命形式，但它們被認爲是最簡單的細胞。19 世紀中期，德國植物學家柯恩 (F. J. Cohn，1828 ～ 1898) 以複式顯微鏡觀察，發現細菌有近似藍綠藻 (blue-green algae) 的細胞壁，因此將細菌列入植物界。近年，生物學家認爲細菌沒有一個正規的細胞核，故將細菌與藍綠藻列入原核生物 (prokaryotes) 中，藍綠藻也被改爲藍綠菌。

(一) 細菌的形狀、構造

1. 形狀與大小

以複式顯微鏡觀察細菌，寬度介於 0.2 ～ 1 μm，長度爲 1 ～ 10 μm。柯恩最早即根據其形態分爲三類，即球菌 (cocci)、桿菌 (bacilli) 和螺旋菌 (spirilla)。細菌有的單獨存在，有的在細胞分裂後仍不分離，成爲菌落 (colony)。桿菌呈香腸般的連繫著，稱爲鏈桿菌 (streptobacillus)。球菌呈念珠狀者，如：乳酸鏈球菌 (streptococcus)，可使牛奶變酸，爲歐洲人所嗜飲的酸牛奶。有些球菌稱爲葡萄球菌 (staphylococcus) 像一串葡萄；還有一種經常八個或更多的聚在一起，稱爲八聯球菌 (sarcina)；亦有四個爲一單位的稱爲四聯球菌。只有螺旋菌呈單獨細菌存在。

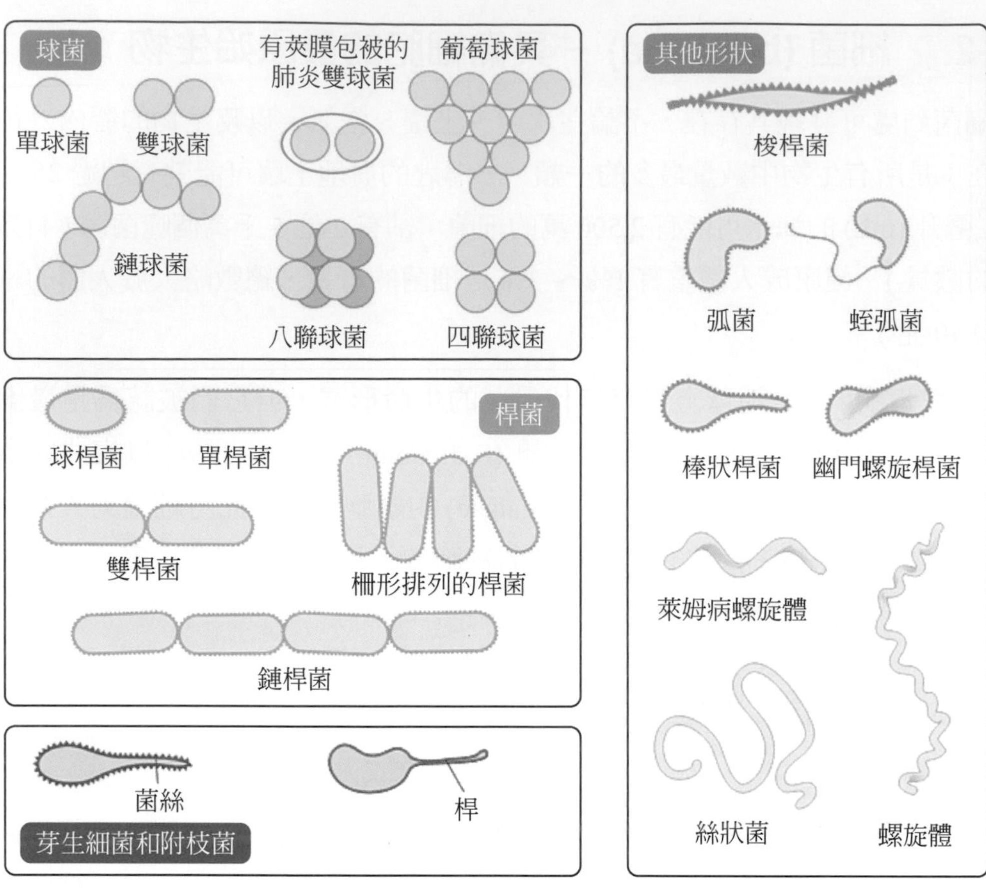

圖 8-7　細菌的形狀

2. 細菌的構造

細菌是單細胞原核生物，缺少完整的細胞核，即無核膜及核仁，亦缺乏眞核細胞的多種胞器，如粒線體、內質網、高基氏體、溶小體、過氧小體、中心體等。細菌雖無細胞核，但卻有環狀的 DNA，與蛋白質構成一簡單之染色體。當細菌分裂時，DNA 發生相當於染色體複製的變化，然後平均分配到兩個子細胞，稱爲**二分裂法 (binary fission)**；分裂時不具紡錘絲，但染色體可依附於細胞膜來幫助分裂時染色體的移動。電子顯微鏡下可看到 DNA 分子集結成一條環狀染色體，盤曲在細胞內，稱爲**擬核 (nucleoid)**。其 DNA 寬 3 nm，長 1,200 μm，較細菌細胞長 500 倍之多。

細菌的體內，水分約佔 90%，細胞質中有小型的液泡、核糖體，以及**貯存粒 (storage granule)**，貯藏一些肝糖、脂肪和磷酸化物。有些細菌的細胞膜會向內褶疊，形成中質體 (mesosome)，進行多種代謝作用。細菌缺少粒線體和內質網，通常存在於粒線體中進行能量轉變的酶，在細菌則位於細胞膜附近。

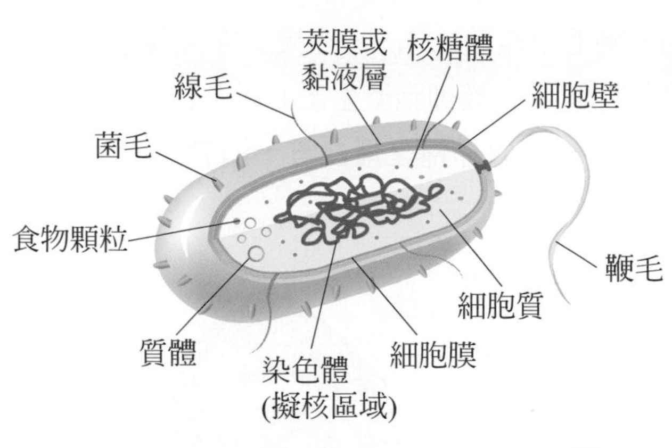

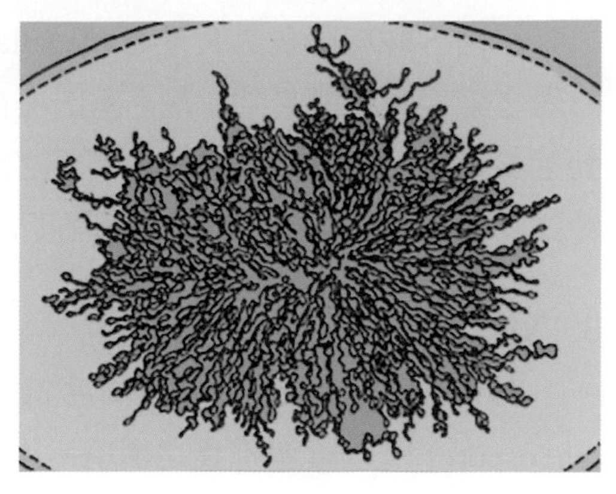

圖 8-8

細菌的細胞壁是由肽**聚糖 (peptidoglycan)** 組成的複雜構造，並非一般植物細胞壁之纖維素。有些細菌之細胞壁外具有保護性之**莢膜 (capsule)**，可抵抗寄主白血球之吞食。例如肺炎球菌，有莢膜的對於寄主防禦有抵抗力，足以使人致病，而無莢膜者則不能。

細菌的細胞壁依據丹麥物理學家克利斯汀．格蘭 (Hans Christian Gram) 利用染色特性將細菌分成兩大類：一爲**格蘭氏陽性菌 (gram positive**，簡寫爲 G(+))，另一爲**格蘭氏陰性菌 (gram negative**，簡寫爲 G(-))。G(+) 的細胞壁主要由肽聚糖構成，比 G(-) 厚，以結晶紫 (crystal violet) 染色後，染料不易脫出細胞壁，呈藍紫色。而 G(-) 的細胞壁之外層爲脂蛋白和脂多醣組成，裡層則爲一層較薄的肽聚糖，染色時，染劑容易被洗出來，故在格蘭氏染法中呈現粉紅色 (圖 8-9)。除了形狀外，格蘭氏染色法也成了好用且重要的分類特徵。

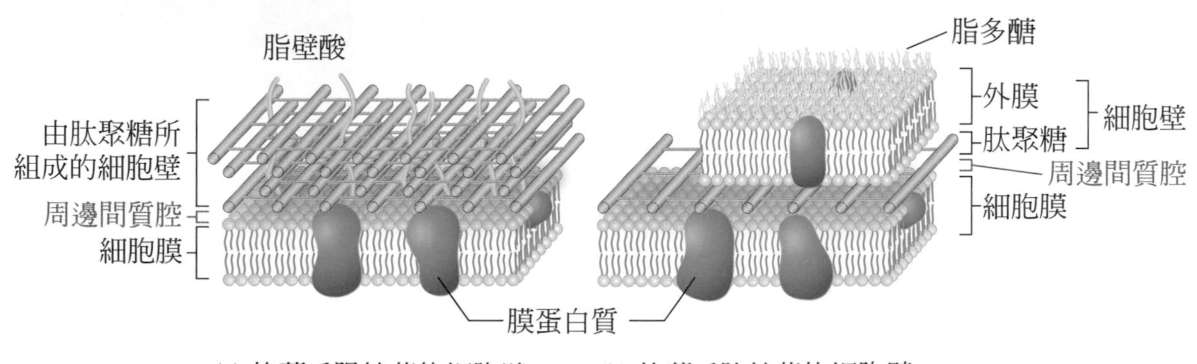

(a) 格蘭氏陽性菌的細胞壁　(b) 格蘭氏陰性菌的細胞壁

圖 8-9　格蘭氏陽性與陰性細菌的細胞壁構造

桿菌、螺旋菌多具有鞭毛 (flagella)，鞭毛直徑僅 12 nm，在複式顯微鏡下，須經特殊之染色，方能看到。鞭毛基部埋在細胞膜內，經細胞壁生出 (圖 8-10a)，是爲運動工具，每秒可運行 50 μm，鞭毛之成分爲一種收縮性之蛋白質，消耗 ATP 進行旋轉式運動，與眞核生物鞭毛的擺動明顯不同。

3. 內孢子的形成

有些細菌，可產生具有高度抵抗力之內孢子 (endospore) 用以渡過不良之環境。內孢子是由細胞質濃縮形成一層外被，將 DNA 與少量細胞質包圍。呈球形或卵圓形，此時細菌在內休眠，即爲成熟的內孢子，單獨存在於細胞中央或一端 (圖 8-10b)。環境適宜時，孢子吸水，突破內壁，形成一有活力繼續成長的細菌，數日並未增加，故並非生殖。

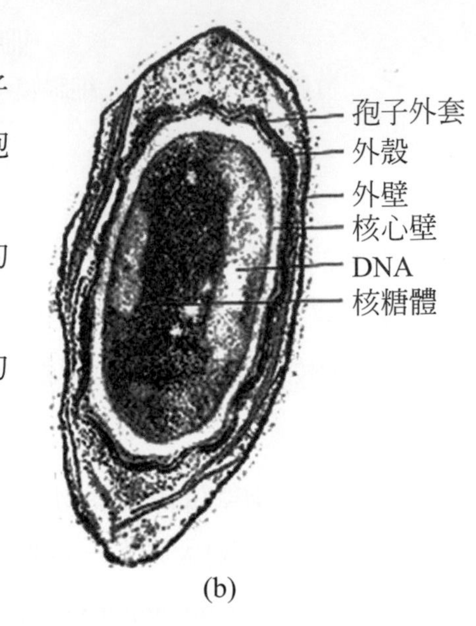

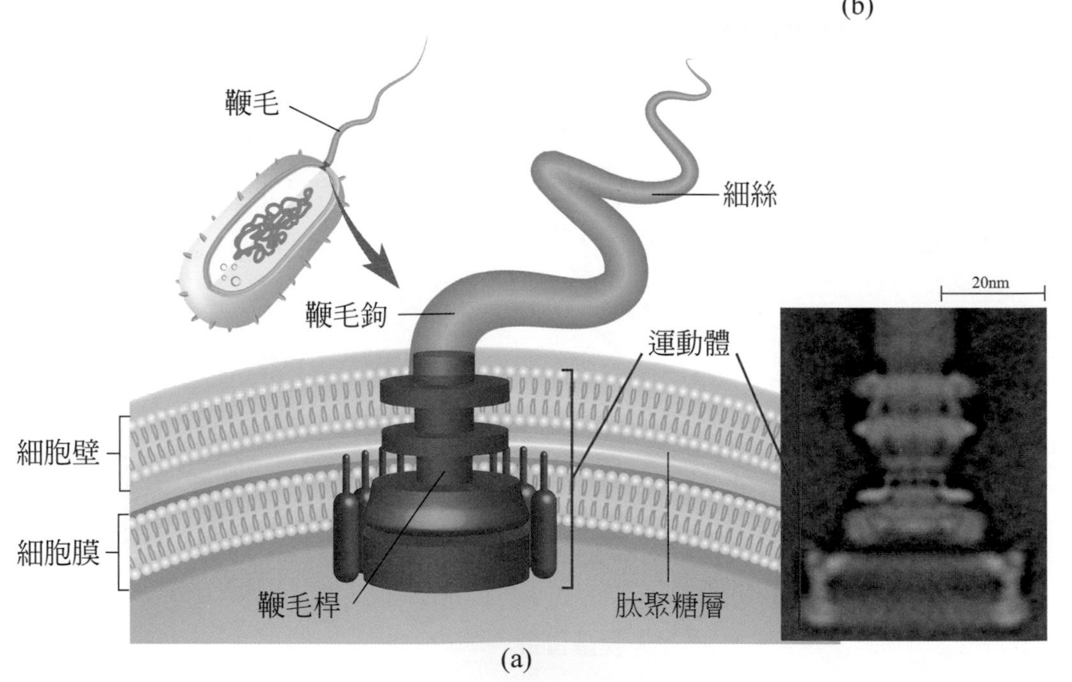

圖 8-10　細菌的 (a) 鞭毛與 (b) 內孢子

(二) 細菌的營養 (Nutrition)

細菌亦需食物、能量，以維持其代謝作用。依其營養方式可分：

1. 異營細菌 (heterotrophs bacteria)

這類細菌不能自製有機食物，而需要攝取外界的有機物以維持生命。可分：

(1) **腐生細菌** (saprophytic bacteria)：不能自製養料，多生存於有機物質上，牠有細胞外酶 (extracellular enzymes) 和細胞內酶 (intracellular enzymes) 來分解有機物。生物屍體及排洩物藉此得以分解，完成自然界的物質循環。

(2) **寄生細菌** (parasitic bacteria)：這類細菌體內缺少某種酶系，不能如腐生細菌自己合成葡萄糖、胺基酸、維生素等有關生長的物質。寄生細菌通常有害，可以分泌毒素或破壞寄主的組織引起疾病，稱為致病菌 (Pathogens，又稱病原菌)。

2. 自營細菌 (autotrophs bacteria)

這一類細菌能自製食物，將無機物合成有機物，供應本身的需要。可分：

(1) **光合細菌** (photosynthetic bacteria)：這一類細菌其體內有葉綠素可行光合作用自製食物，但尚未形成葉綠體，葉綠素包含在一種泡狀構造中，叫做載色體 (chromatopore)。光合細菌有三群：綠硫菌 (green sulfur bacteria)、紫硫菌 (purple sulfur bacteria) 以及藍綠菌 (cyanobacteria)，它們皆吸收弱紅光進行光合作用。綠硫菌和紫硫菌含紫色素 (purple pigment) 及葉綠素 (類似 photosystem I)，它們進行光合作用時並不放出 O_2，因為它們是利用 H_2S 做為電子的供應者：

$$CO_2 + 2H_2S \rightarrow (CHO)_n + 2S$$

(2) **化合細菌** (chemosynthetic bacteria)：有些細菌無葉綠素，不能行光合作用，但亦不行異營，而是獨立生活；它們可利用氧化無機物來產生能量，也由無機原料來合成其本身所需的食物。如吸收環境中的 CO_2、H_2O 及含氮化合物，利用氧化氨、碳酸亞鐵、硫化物等放出的化學能來製造複雜的有機物。如鐵細菌、硫細菌、氨細菌、硝酸菌和固氮細菌 (*azotobacter*) 等。其中有些細菌對整個生物圈氮的循環 (圖 8-11) 扮演了極為重要的角色。有些則對植物氮肥的供應不可或缺，如：將氨轉化成硝酸鹽 (nitrate) 和亞硝酸鹽 (nitrite)，皆可作為植物的氮肥來源。

$$2HNO_2 + O_2 \xrightarrow{\text{硝酸菌}} 2HNO_3 + \text{能量}$$

又 NH_3、NH_4^+ 可經由硝化細菌在硝化作用 (nitrification) 中將電子移走，最後釋出 NO_2^-。

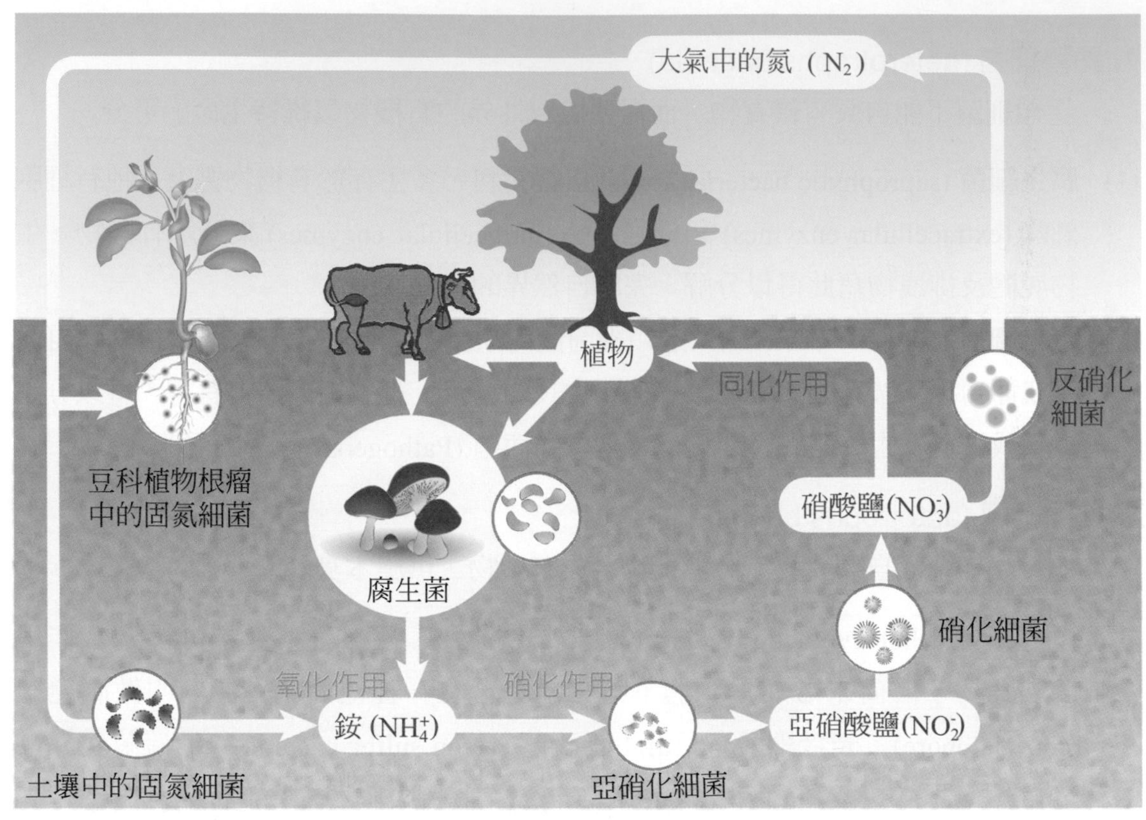

圖 8-11　氮循環

(3) **共生細菌** (symbiotic bacteria)：豆科植物之根瘤 (root's nodules)(圖 8-12) 中有根瘤細菌 (Pseudomonas radicicola)，能固定空氣中的 N_2 形成植物可吸收的氮肥 (NH_3)；人體腸內一些細菌可合成維生素 K 及 B_{12} 以利人體利用，如大腸桿菌；而牛、羊胃中的一些細菌可幫助消化纖維素，像這些細菌與其寄主間雙方皆有利益者，稱爲互利共主 (mutulistic)。另一群細菌與寄主間僅一方獲利而對另一方無害者，稱片利共生 (commensalistic)。如寄居在我們體內的正常微生物群，大部分都是對人體無害的片利共生。

此外，有些細菌具有經濟價值，對人類有極大貢獻者，如：乳酸桿菌，能幫助新生兒消化牛奶，且對乾酪 (cheese)、人造凝乳 (yogurt) 及其他發酵乳製品皆相當重要。

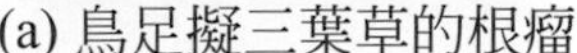

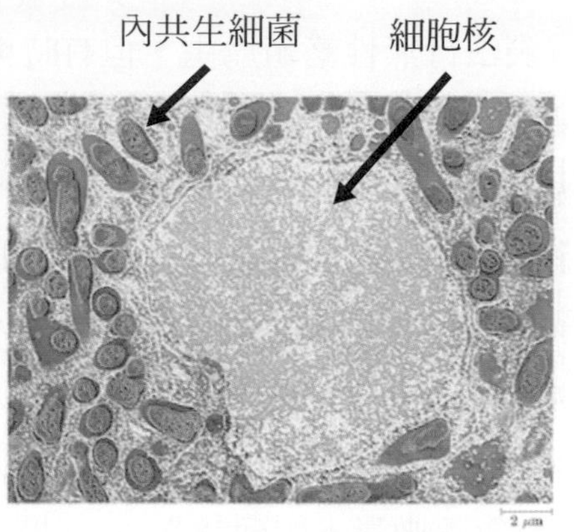

(a) 鳥足擬三葉草的根瘤　　(b) 碗豆根瘤的電子顯微圖

圖 8-12

(三) 細菌的呼吸 (Respiration)

1. **需氧菌** (aerobes)：大部分細菌要利用氧氣行呼吸作用，此類菌稱為需氧菌，如：白喉桿菌 (Bacillus diphtheriae)、肺炎桿菌 (Bacillus pneumoniae)，必需生存於氧氣充足的器官上。
2. **絕對厭氧菌** (obligate anaerobes)：必需生活在無氧環境中，遇氧不能生長甚至死亡，細菌能自無氧環境中分解碳水化合物及胺基酸取得能量，以供生長繁殖。如：破傷風桿菌 (Clostridium tetani)，病菌在傷口深處，空氣不能接觸處迅速繁殖。它們對於醣類的無氧代謝稱為發酵 (fermentation)；對於胺基酸則稱腐敗 (putrefaction)。
3. **兼性厭氧菌** (facultative anaerobes)：不論氧氣的存在與否，皆能正常生長，這類細菌的種類最多，如：大腸桿菌。

(四) 細菌的生殖 (Reproduction)

細菌以二分裂法行無性繁殖為主，但有時可以交換 DNA。細菌在環境適當時，每 20 分鐘即可分裂一次，如同幾何級數增加。如無外力干擾，理論上一個細菌增殖 6 小時後可分裂到 250,000 個；到 24 小時後，天文數字；但事實上，因為細菌在分裂過程中，數目不斷增加，環境中的水分、養料不足，細菌分泌物如酸類及乙醇等能阻止其繼續繁殖，或寄生體內防禦系統的限制，故細菌實際數量未如理論之多。(圖 8-13)

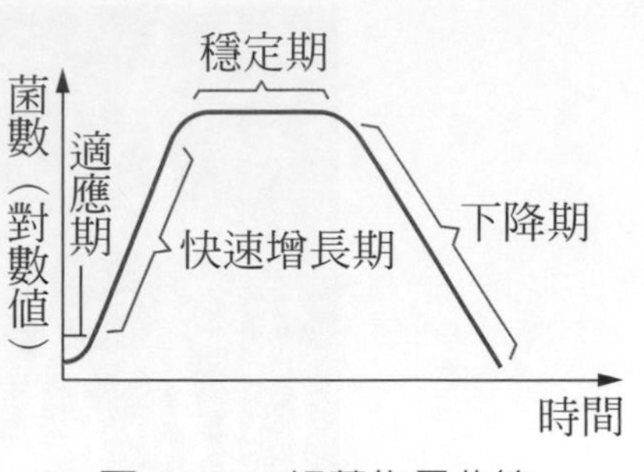

圖 8-13　細菌生長曲線

(五) 細菌遺傳物質之重組

1. 接合作用 (conjugation)

正交配型細菌依賴接合管 (conjugation pilus or mating bridge) 將 DNA 轉移至負交配型細菌體內，基因重新組合。(圖 8-14)

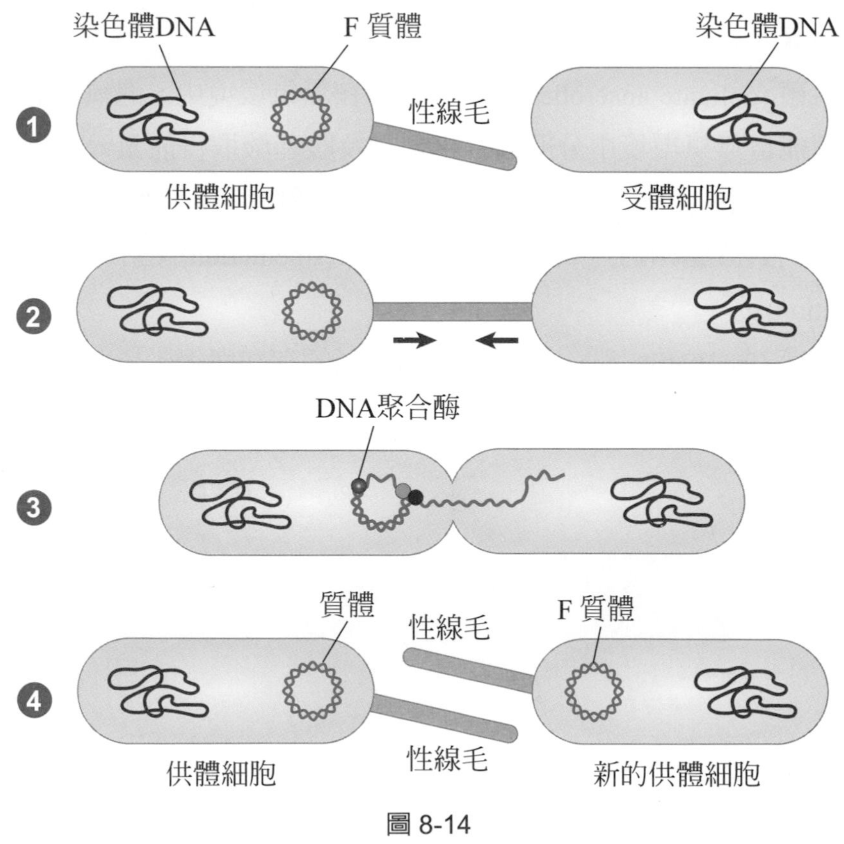

圖 8-14

2. 性狀引入 (transduction)

是由正在繁殖的噬菌體攜帶，而將前一個細菌的遺傳物質的一部分傳給後一個細菌，是爲性狀引入。前一個細菌稱爲供給者 (donor)，後一細菌則稱受納者 (recepient) (圖 8-15)。

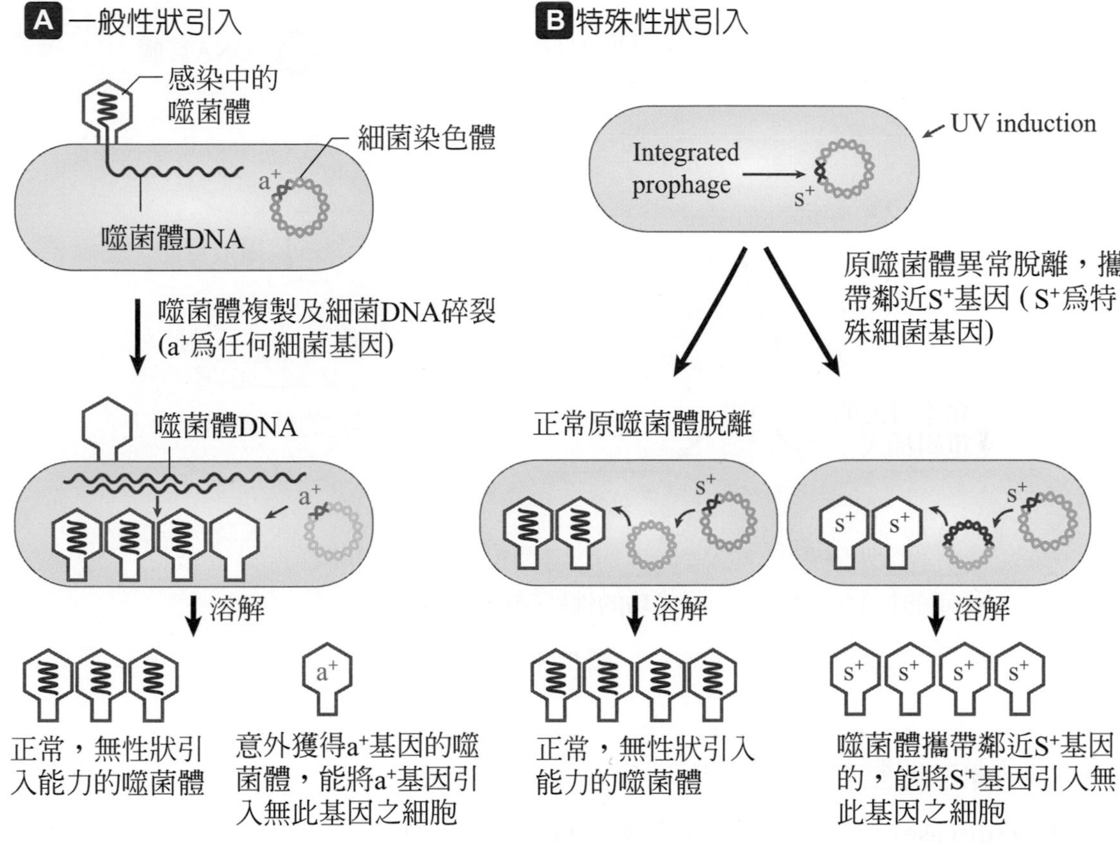

圖 8-15

3. 性狀轉換 (transformation)

細菌之間遺傳物質交換的第三個方法，是性狀轉換，這是 1928 年英國科學家格里夫斯 (Fred Griffith) 所發現 (圖 8-16)。

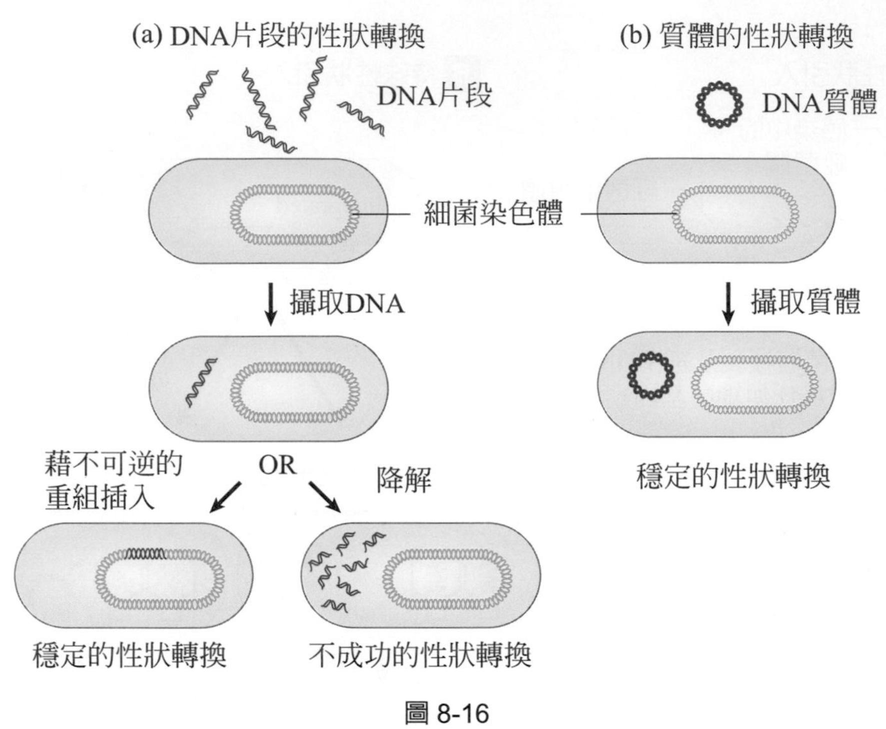

圖 8-16

(六) 人類的細菌性疾病

疾病 (disease) 是指生物體內生理機能的不平衡。而引起生理機能失常的病因有：病原微生物、原生動物、寄生蟲、病毒、黴菌以及非病原體引起的疾病，例如營養不良、維生素缺乏、內分泌腺分泌失調、中毒、發育不良、遺傳性疾病，以及物理性、化學性傷害等皆稱為疾病。

細菌感染人類常引起的疾病歸納如表 8-2。其他尚有梅毒螺旋體 (Treponema pallidum) 引起梅毒 (syphilis)，棒狀桿菌屬 (Corynebacterium) 可引起白喉，弧菌屬 (Vibrio) 引起霍亂 (cholera)，黴漿菌 (Mycoplasma) 引起黴漿菌性肺炎。

表 8-2　細菌感染人類常引起的疾病

細菌種類	主要特徵	重要疾病
	球菌類	
金黃色葡萄球菌 (Staphloccus aureus)	球菌， 常聚集成一堆 G(+)	引起大水泡或感染傷口及皮膚引起膿腫。
化膿性鏈球菌 (Streptococcus pyogenes)	球菌， 成串或成對存在 G(+)	造成鏈球菌性喉炎 (Bacterial pharyngitis)，耳朵感染、猩紅熱 (scarlet fever) 及風濕熱 (Rheumatic fever)。
肺炎鏈球菌 (Streptococcus pneumoniae)	球菌， 成串或成對存在 G(+)	引起細菌性肺炎 (bacteria pneumonia) 或腦膜炎 (meningitis)。
淋病雙球菌 (Neisseria gonorrhoeae)	雙球菌 G(-)	引起淋病 (gonorrhea)。
	桿菌類	
破傷風桿菌 (Clostridium tetani)	專性厭氧性， 可形成孢子 G(+)	引起破傷風 (tetanus lockjaw)，破傷風外毒素可影響神經系統，造成牙關緊閉。
肉毒桿菌 (Clostridium botulinum)	厭氧性， 可形成孢子 G(+)	外毒素引起食物中毒。
沙門氏菌 (Salmonella)	G(-)	有的可引起食物中毒 (腹瀉、發燒、嘔吐)，有的可造成傷寒 (typhoid)。
流感、嗜血桿菌 (Haemophilus influenzae)	小型桿菌 G(-)	造成上呼吸道及耳朵感染，有時亦可導致腦膜炎。
大腸桿菌 (Escherichia coli)	兼性厭氧性 G(-)	會引起偶發性腹瀉、尿道感染與腦膜炎。
痲瘋桿菌 (Mycobacterium leprae)	細長，不規則 G(+)	引起痲瘋 (Hansen 氏病)。
結核桿菌 (Mycobacterium tuberculosis)	細長，不規則 不易染色	引起肺結核 (tuberculosis) 與其他組織結核病。
砂眼披衣菌 (Chlamydia trachomatis)	球菌，絕對寄生，是一種在構造上介於細菌和病毒之間的微生物	引起砂眼、花柳性淋巴肉芽腫。

此外尚有白喉 (diphtheria)、百日咳 (whooping cough)、細菌性赤痢 (dysentery)、炭疽病 (anthrax) 等常見的疾病亦是細菌引起的。

本章複習

8-1　病毒 (Viruses)—生物界邊緣的物體

- 荷蘭的微生物學家貝吉林重複了伊凡諾斯基的實驗，認爲煙草嵌紋病植物的液汁，必含有比最小細菌還要小而看不見的感染物，稱爲病毒，拉丁字義爲「毒物」。
- 普里昂蛋白會導致綿羊感染羊搔癢症或牛感染牛腦海綿狀病變 (俗稱「狂牛症」)，也會使人獲患庫魯病和克雅氏病。
- 病毒爲非細胞的感染原，其構造簡單，由核酸的中心和蛋白質外殼兩部份所構成，有些病毒在蛋白質外殼之外尚覆一層脂質的被膜 (又稱套膜)。
- 噬菌體入侵細菌時，有幾個共同步驟：(1) 附著、(2) 穿透、(3) 複製、(4) 組合、(5) 釋放。
- 已知病毒可引起多種動物的癌症，例如：人類乳突病毒－子宮頸癌、皮膚癌、肛門癌和陰莖癌的成因；B 和 C 型肝病毒－肝癌；皰疹病毒科－卡波西肉瘤、體腔淋巴瘤和鼻咽癌等。

8-2　細菌 (bacteria)—具備細胞的最原始生物

- 細菌可能是地球上生存年代最久的生命形式，但它們被認爲是最簡單的細胞。
- 細菌根據其形態分爲三類，即球菌、桿菌和螺旋菌。
- 細菌是單細胞原核生物，缺少完整的細胞核，即無核膜及核仁，亦缺乏眞核細的多種胞器。
- 丹麥物理學家克利斯汀．格蘭利用結晶紫染色特性將細菌分成兩大類：一爲格蘭氏陽性菌 (簡寫爲 G(+))，另一爲格蘭氏陰性菌 (簡寫爲 G(-))。
- 有些細菌，可產生具有高度抵抗力之內孢子用以渡過不良之環境。
- 異營細菌不能自製有機食物，而需要攝取外界的有機物以維持生命。可分：(1) 腐生細菌、(2) 寄生細菌。
- 自營細菌能自製食物，將無機物合成有機物，供應本身的需要。可分：(1) 光合細菌、(2) 化合細菌。
- 細菌以二分裂法行無性繁殖爲主。
- 細菌遺傳物質重組的方法：(1) 接合作用、(2) 性狀引入、(3) 性狀轉換。

Chapter 9

人類的皮膚、骨骼與肌肉系統 (Human Integumentary, Skeletal, and Muscular System)

機械外骨骼

以汽車裝配線工人高舉雙臂執行組裝工作而言，每天重複這些工作約 4,600 次，一年可累計至 100 萬次。這類長時間、高頻率的工作大幅增加了身體疲勞或受傷的機率。因此，Ford 汽車公司與總部位於加州的 Ekso Bionics 公司共同研發了一款名爲 EksoVest 的上半身機械外骨骼 (robotic exoskeleton) 背心，當員工在執行高於頭頂的裝配工作時，它能協助支撐雙臂，進而大幅降低員工受傷的機率。

機械外骨骼，最早出現在科幻小說中，是一種能夠增強人體能力的可穿戴機器。它看起來像一個機械外套，能夠幫助人們跑得更快、跳得更高，以及攜帶更多更重的東西。近年來，機械外骨骼已不再只存在於科幻電影中，於世界各地，已有許多公司投入研發及生產。其能夠提供額外的動力，加強肌肉的強度及穩定度，被認爲在醫療及軍事上會有相當大的影響力。

前言

脊椎動物的個體細胞分工極爲複雜，但無論其體制大或小皆由細胞所組成，若一群細胞聚集在一起而共同行使某一特殊的機能者稱爲組織 (tissues)，而數種組織再構成器官 (organ)，若干器官再集合成一器官系統 (organ system)，器官系統再組合成一複雜的生命個體 (organism)。人體有超過 270 種細胞，成人大約由 40 ～ 60 兆個細胞組成；平均每天死亡約 100 ～ 200 億個細胞，由成體幹細胞 (adult stem cell，ASC) 快速繁殖新的細胞來補充。人體的組織可以分做四大類：上皮組織 (epithelial tissue)、肌肉組織 (muscular tissue)、神經組織 (nervous tissue) 及結締組織 (connective tissue)(圖 9-1)。

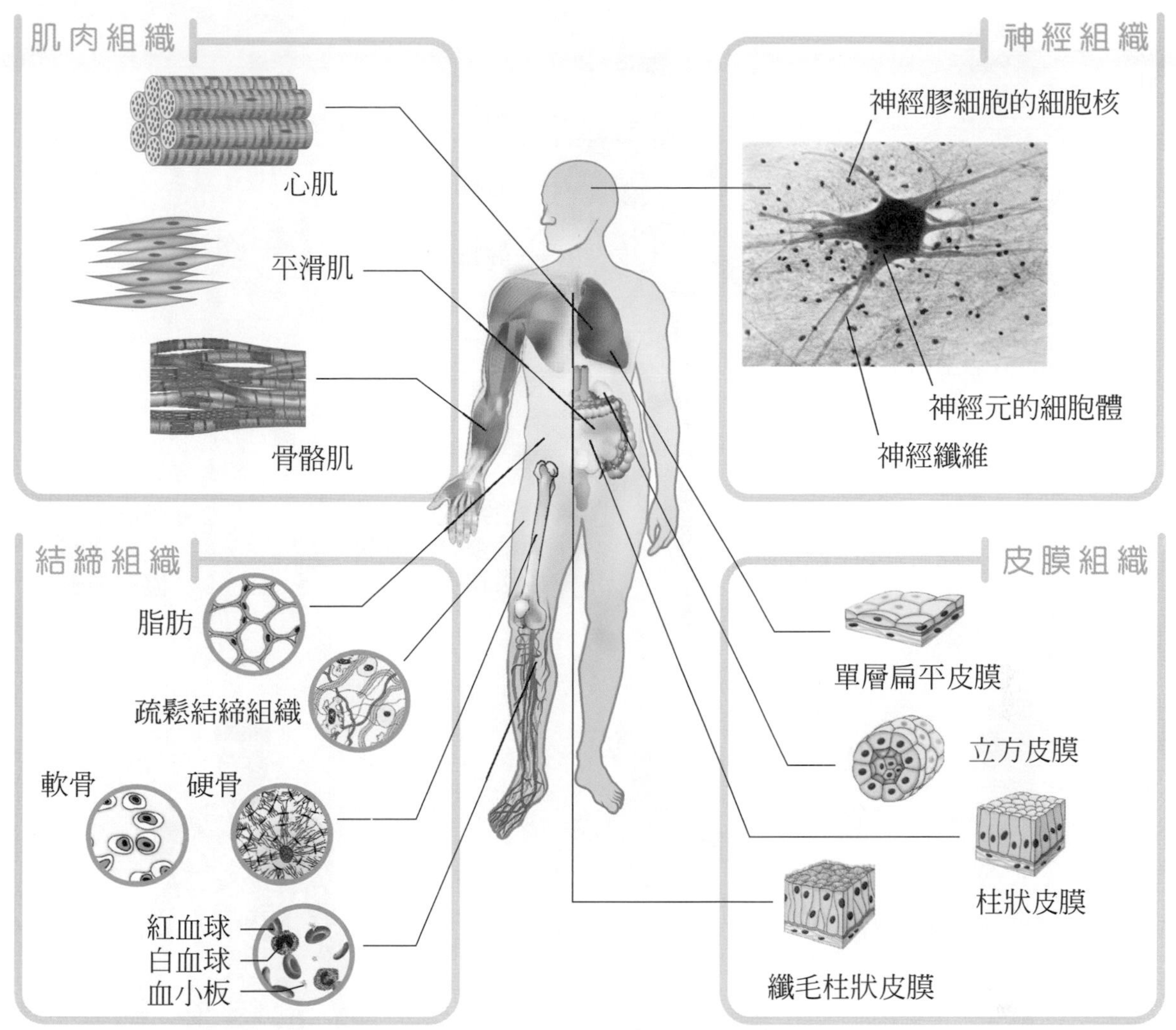

圖 9-1 動物組織的分布位置

人體的器官系統一般分成十個：皮膚系統 (Integumentary system)、骨骼系統 (Skeletal system)、肌肉系統 (Muscular system)、消化系統 (Digestive system)、呼吸系統 (Respiratory system)、循環系統 (Circulatory system)、排泄系統 (Excretory system)、神經系統 (Nervous system)、內分泌系統 (Endocrine system)、生殖系統 (Reprodutive system)(圖 9-2)。

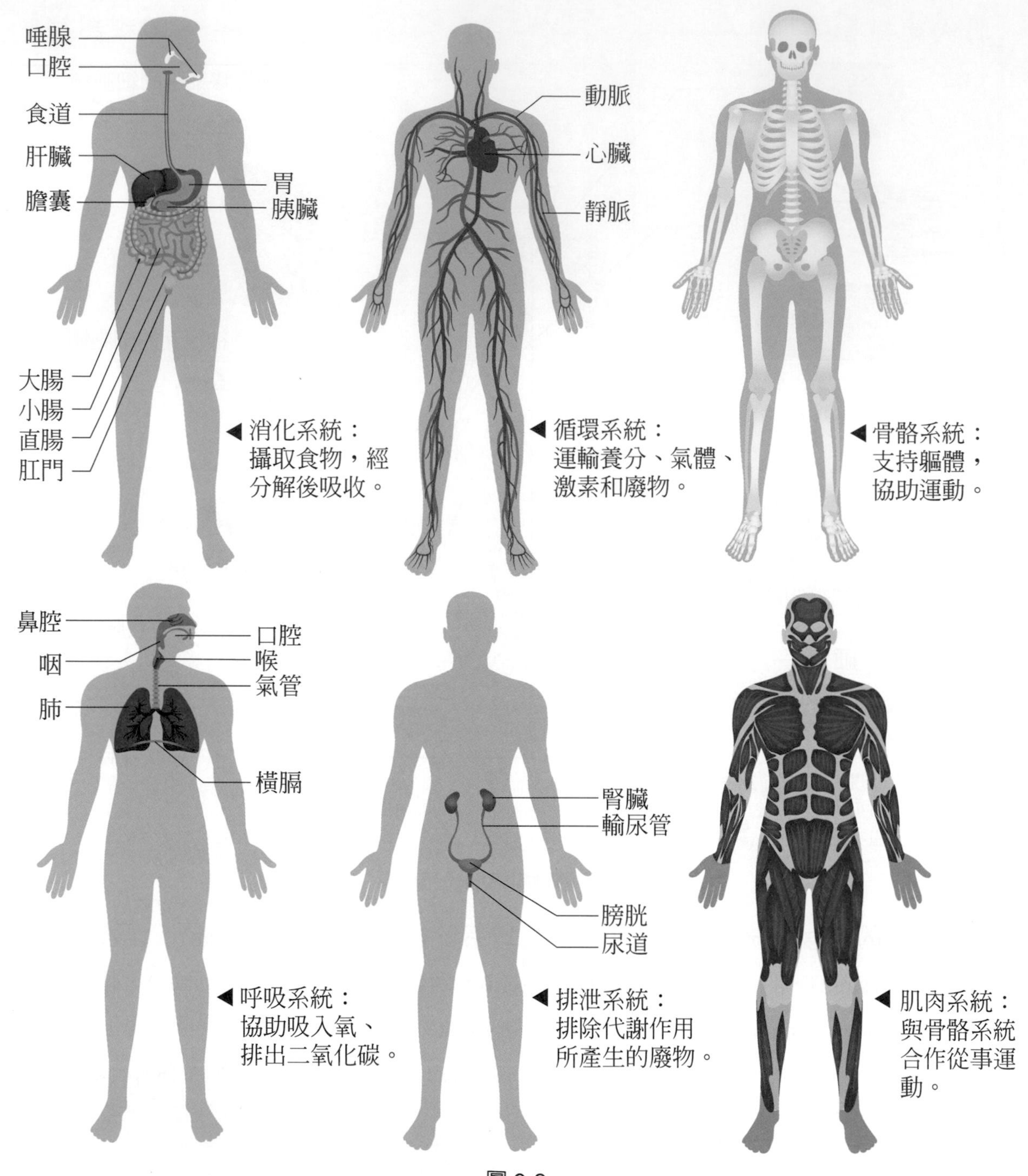
唾腺
口腔
食道
肝臟
膽囊
胃
胰臟
大腸
小腸
直腸
肛門
◀消化系統：
攝取食物，經
分解後吸收。
動脈
心臟
靜脈
◀循環系統：
運輸養分、氣體、
激素和廢物。
◀骨骼系統：
支持軀體，
協助運動。
鼻腔
咽
肺
口腔
喉
氣管
橫膈
◀呼吸系統：
協助吸入氧、
排出二氧化碳。
腎臟
輸尿管
膀胱
尿道
◀排泄系統：
排除代謝作用
所產生的廢物。
◀肌肉系統：
與骨骼系統
合作從事運
動。

圖 9-2

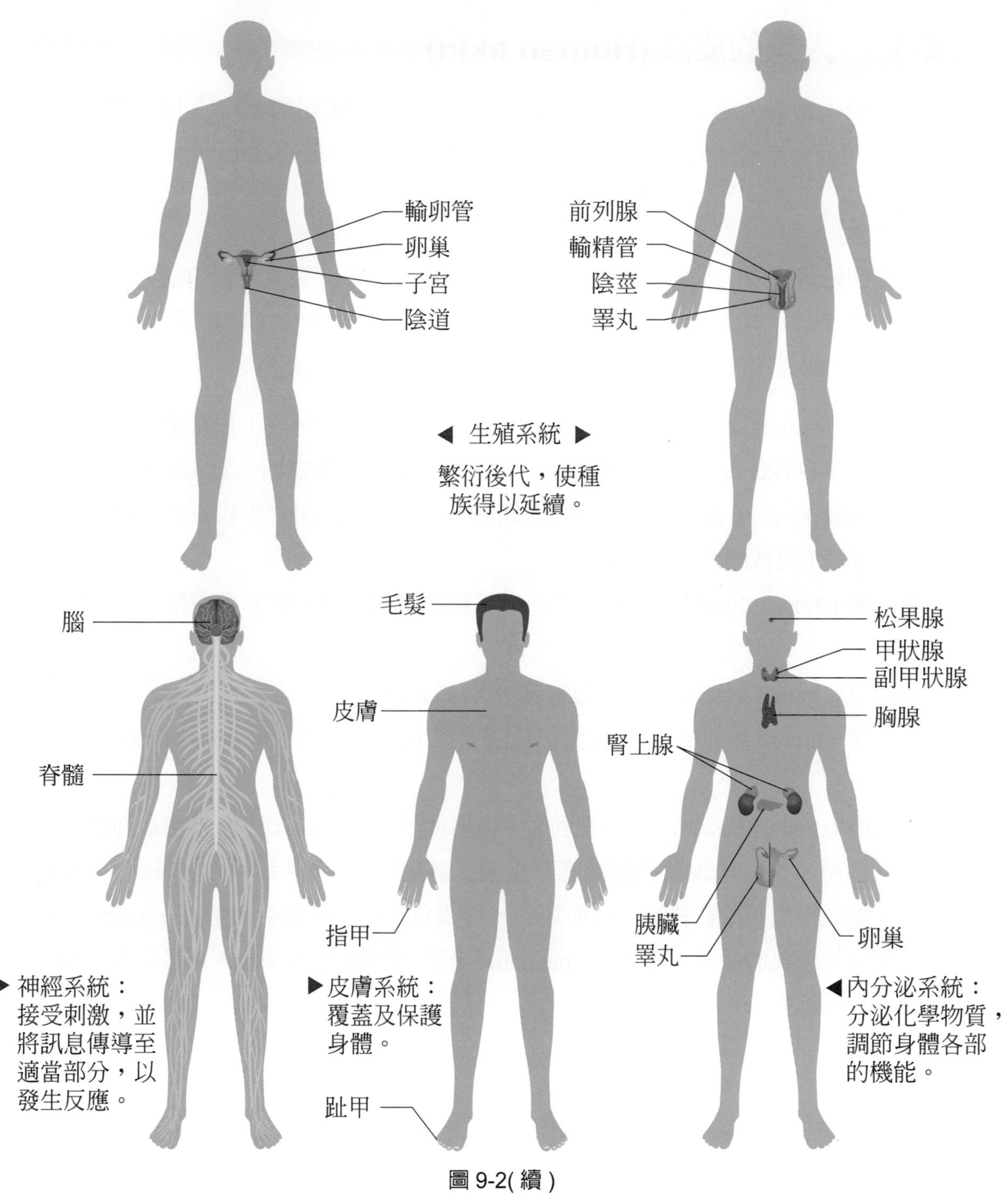
輸卵管
卵巢
子宮
陰道
前列腺
輸精管
陰莖
睪丸
◀ 生殖系統 ▶
繁衍後代，使種
族得以延續。
腦
脊髓
▶ 神經系統：
接受刺激，並
將訊息傳導至
適當部分，以
發生反應。
毛髮
皮膚
指甲
趾甲
▶皮膚系統：
覆蓋及保護
身體。
松果腺
甲狀腺
副甲狀腺
胸腺
腎上腺
胰臟
睪丸
卵巢
◀內分泌系統：
分泌化學物質，
調節身體各部
的機能。

圖 9-2(續)

9-1 人類的皮膚 (Human skin)

皮膚是人體最大的器官，成人皮膚約 2 平方公尺的表面積，約佔 16% 體重 (約 3 公斤)。可分為兩層，外層的表皮 (epidermis) 與內層的真皮 (dermis)。

(一) 表皮

由皮膜細胞構成，基底層細胞 (stratum basale) 能不斷分裂產生新的細胞，主要為角質細胞 (keratinocyte)；從細胞分裂到達皮膚表面約需要 28 天，再經過約 12 天後才會脫落 (視代謝速率而定)。表皮外而內可分為 4 ～ 5 層 (圖 9-3)：

1. **角質層** (stratum corneum)：由 15 ～ 20 層無核的死細胞組成；角質細胞會製造一種角質蛋白 (keratin，屬於中間絲)，細胞內堆積角質蛋白而角質化 (也會堆積到細胞間質)，故角質層是扁平狀的死細胞。具有保護作用，平均每天會脫落上億個死細胞 (視代謝速率而定)。
2. **透明層** (stratum lucidum)：僅存在於手掌和腳掌的皮膚，位於角質層和顆粒層中間。
3. **顆粒層** (stratum granalosum)：細胞質內含角質蛋白顆粒。
4. **棘皮層** (stratum spinosum)：此層細胞呈多刺的形狀，細胞之間有橋粒 (desmosome) 相連。
5. **基底層** (stratum basale)：此層細胞能持續不斷分裂 (mitosis)，向外生長而形成外側的各層，也就是說基底層細胞分裂補充棘皮層細胞，棘皮層生長後形成顆粒層，顆粒層生長成熟後扁平化而死亡，形成角質層。黑色素細胞 (melanocyte) 位於此層，會製造並分泌黑色素 (melanin)，形成皮膚顏色的深淺，可吸收紫外線，減低紫外線對 DNA 的傷害。

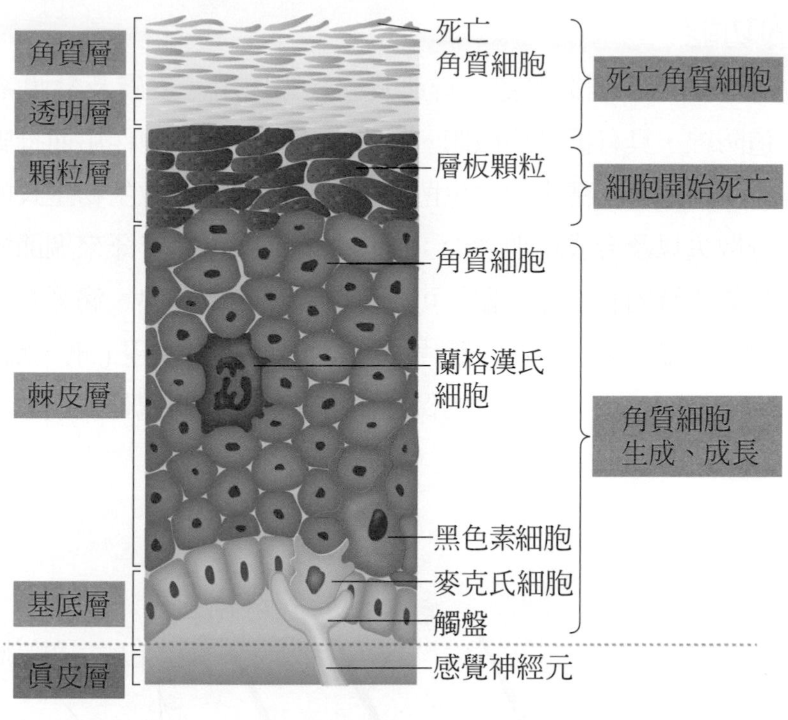

圖 9-3

(二) 真皮

主要由結締組織構成。有很多皮膚的附屬物，如毛囊 (hair follicles)、汗腺 (sweat gland)、皮脂腺 (superficial sebaceous gland)，還有微血管、神經末梢及數種型態的感覺接受器和立毛肌 (arrectores pilorummuscles) 等。人體皮膚的感覺接受器並非均勻分布，某些部位會對某種感覺特別敏感，例如：指尖對於觸覺最敏感。感覺接受器的數目差異性也很大，平均每平方公分有 100 ～ 200 個痛覺接收器，20 ～ 25 個壓覺接收器，6 ～ 23 個冷覺接收器，0 ～ 3 個溫覺 (熱覺) 接收器。指紋、掌紋、足底紋是表皮層與眞皮層之間的眞皮組織向表皮的凸起，稱爲**眞皮乳頭** (Dermal papillae) 所形成的特殊形狀，具有個體專一性。

眞皮之下爲皮下結締組織 (subcutaneous connective tissue)，主要爲皮下脂肪 (adipose tissue)，還有血管、淋巴管、神經、汗腺、毛囊等等。脂肪能當作熱絕緣體，儲存能量且提供緩衝保護內部器官 (圖 9-4)。

(三) 皮膚的功能

皮膚有防禦、防水、調節體溫、排泄及感覺等作用。皮膚及黏膜系統是人體防禦系統的第一道防線，具有抵制病原體、異物侵入或藉由生理作用而摧毀入侵者的能力；正常人皮膚表面都具有穩定的共生菌，也具有抑制其他微生物生長的功能。皮膚還可以減少水分散失以及合成維他命 D；眞皮層的汗腺可藉排汗來調節體溫及排除部分的廢物；此外眞皮層內有感覺受器，可接受觸、壓、冷、熱、痛等刺激；皮膚表面常有許多衍生物，例如毛髮 (魚類的鱗片、鳥類的羽毛)、指甲 (爪、蹄及角)、汗腺等，這些衍生物不但可以加強對身體的保護作用，還有協助運動及禦敵等功用。

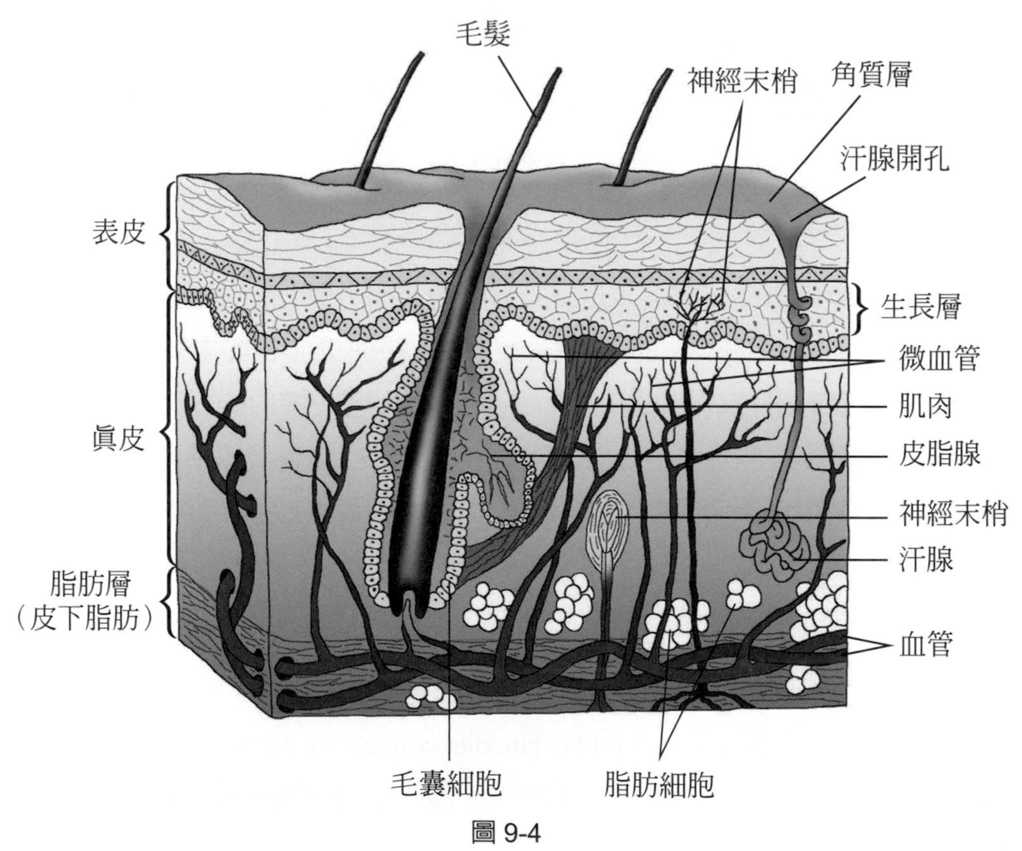

圖 9-4

9-2 骨骼系統 (The skeletal system)

動物的骨骼系統有三大類型：(1) 液壓式骨骼 (hydraulic skeleton) －由體液來產生壓力，讓原本柔軟的組織變成可能承受外力的狀態；(2) 外骨骼 (exoskeleton) －甲殼類和昆蟲具有幾丁質構成的外骨骼；(3) 內骨骼 (endoskeleton) －脊椎動物具有硬骨和軟骨所組成的骨骼系統，肌肉以肌腱 (tendon) 附著於骨骼上，肌受收縮時帶動骨頭，以槓桿原理來運動。

(一) 骨骼的分類 (divisions of the skeleton)

成人的骨骼由 206 塊大小不等的骨所組成。可區分爲中軸骨骼 (axial skeleton)80 塊及附肢骨骼 (appendicular skeleton)126 塊 (圖 9-5)。

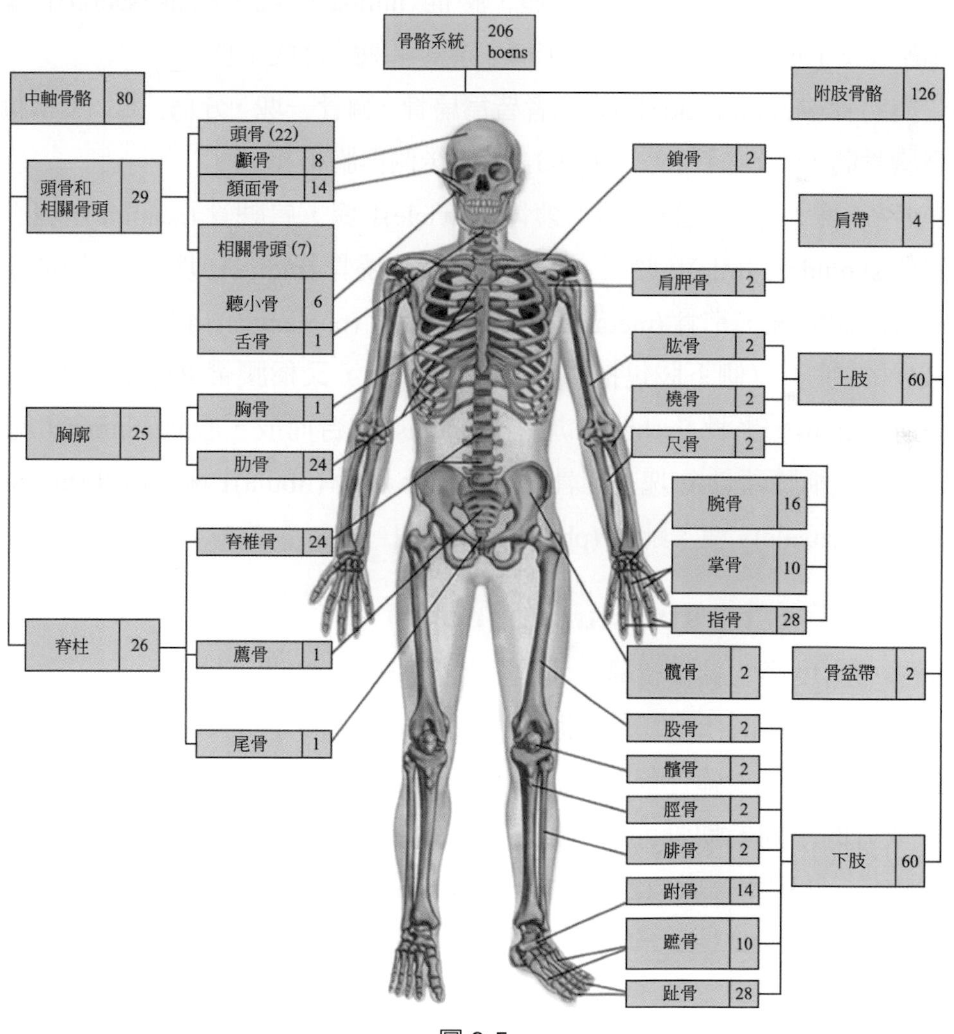

圖 9-5

中軸骨骼有 80 塊：由頭骨 (skull)29 塊、脊椎骨 (vertebral column)26 塊、肋骨 (ribs) 及胸骨 (sternum) －合稱胸廓 (thoracic cage) － 25 塊所組成。附肢骨骼有 126 塊：由上肢骨 (包括肩帶)64 塊及下肢骨 (包括腰帶)62 塊所組成。

1. 頭骨 (skull)29 塊：可分為顱骨 (cranium)8 塊、顏面骨 (facial-bone)14 塊、再加上 6 塊中耳小骨 (ear ossicles) 及 1 塊舌骨 (hyoid)。 每個中耳之內都有三塊細小的骨頭 (圖 9-6)，即槌骨 (malleus)、砧骨 (incus)、及鐙骨 (stapes)，有傳導聲音的功用。

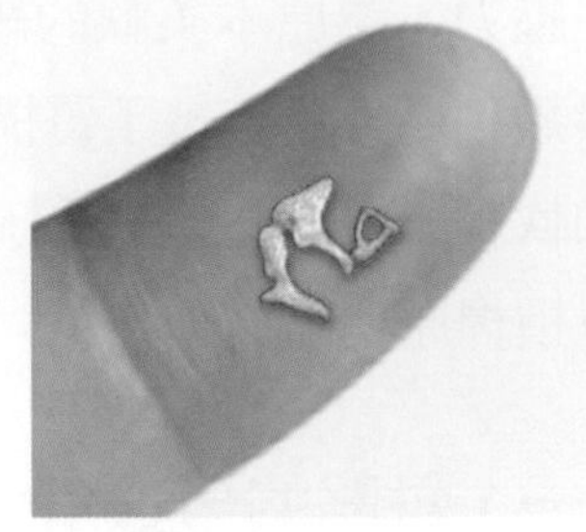

圖 9-6　三小聽骨

2. 脊椎骨 (vertebral column)：由 26 塊椎骨互相連接而成，形成可彎曲的柱狀，以支撐軀幹及頭部。成人的脊柱可分為五部分：頸柱 (cervical)7 塊、胸椎 (thoracic)12 塊、腰椎 (lumbar)5 塊、薦椎 (sacral)1 塊 (原為 5 塊融合成 1 塊)、尾椎 (caudal)1 塊 (原為 4 塊融合成 1 塊)。
3. 胸骨與肋骨 (sternum and ribs)：二者皆為扁骨。胸骨一塊，分為三部：上稱胸骨柄，中為胸骨體，下端稱劍突。肋骨 12 對，後側與胸椎相連。
4. 上肢骨 64 塊：每側上肢包括：鎖骨 (clavicle)1 塊，肩胛骨 (scapula)1 塊 (二者合稱肩帶 shoulder girdle)，肱骨 (humerus)1 塊，橈骨 (radius)1 塊，尺骨 (ulna)1 塊，腕骨 (carpal)8 塊，掌骨 (metacarpal)5 塊，指骨 (phalanges)14 塊。
5. 下肢骨 62 塊：每側下肢包括： 髖骨 (hip bone，又稱腰帶 Pelvic girdle)1 塊－原為髂骨 (ilium)、坐骨 (ischium) 加恥骨 (pubis) 融合而成，股骨 (femur)1 塊，髕骨 (patella，又稱膝蓋骨)1 塊，脛骨 (tibia)1 塊，腓骨 (fibula)1 塊，跗骨 (tarsals)7 塊，蹠骨 (metatarsals)5 塊，趾骨 (phalanges)14 塊。

(二) 骨的構造 (The structure of bone)

骨骼屬於密度高的結締組織，可分為軟骨 (cartilage) 和硬骨 (bone)。軟骨由軟骨細胞 (chondrocyte) 與其所分泌的細胞外基質 (extracellular matrix) 所組成。基質成分為膠原蛋白 (collagen)、彈性蛋白 (elastin)、醣蛋白 (glycoprotein) 和水分等等所組成。依照基質成分的不同，軟骨可以分做三種：(1) 透明軟骨 (hyaline cartilage) －主要分布於關節軟骨、肋軟骨等處；(2) 彈性軟骨 (elastin cartilage) －分布於耳廓及會厭等處；(3) 纖維軟骨 (fibro cartilage) －分布於椎間盤、關節盤及恥骨聯合等處 (圖 9-7)。

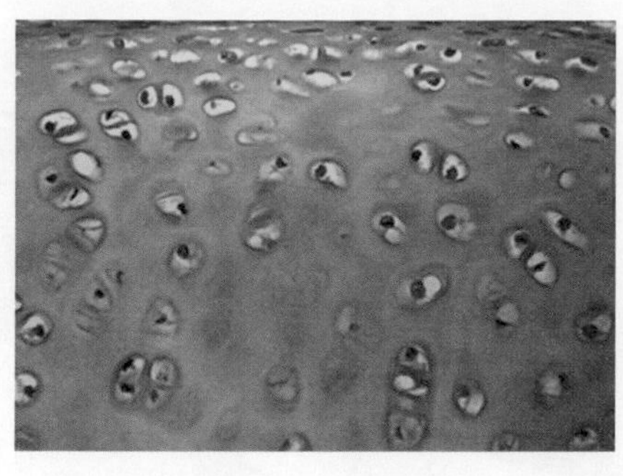

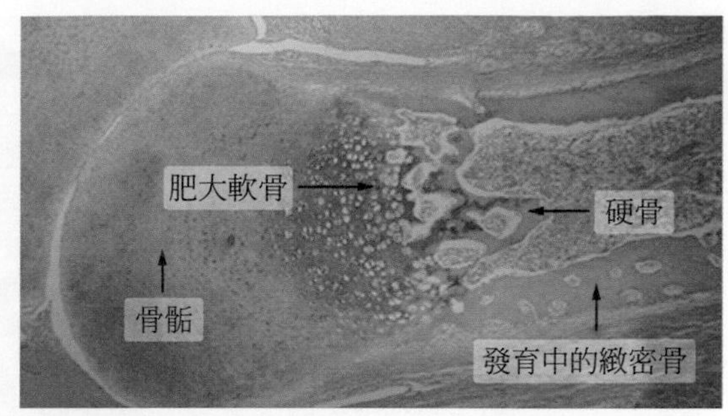

圖 9-7　(a) 透明軟骨；(b) 長骨的橫切面

硬骨由有機物 (膠原蛋白和糖蛋白等，佔 30 ～ 40%) 和無機物 (主要是磷酸鈣，其次是碳酸鈣和氟化鈣，佔 60 ～ 70%) 構成。硬骨內有四種細胞：

(1) 骨原細胞 (Osteogenic cells)：是骨頭的幹細胞。
(2) 造骨細胞 (Osteoblasts)：負責製造骨質 (bone matrix or osteoid)。
(3) 骨細胞 (Osteocytes)：成熟的造骨細胞，負責維持骨質。
(4) 噬骨細胞 (Osteoclasts)：分解並吸收骨質，與造骨細胞一起負責骨頭的重塑 (bone remodeling)。

硬骨可以分爲緻密骨 (compact bone) 和海綿骨 (spongy bone)。硬骨的表面有一層纖維膜叫做骨膜 (periosteum) 包覆著。骨膜之內，緻密骨部份由骨元系統 (osteon system)，又稱哈氏系統所組成；骨元由骨板層 (lamellae)、骨窩 (lacuna)、硬骨細胞 (bone cell)、骨質 (bone matrix) 以及哈氏管 (Haversian canal，內有神經和血管分佈) 呈同心圓狀排列而成 (圖 9-8)。海綿骨形成多孔隙的構造，骨髓 (bone marrow) 儲存其中。在新生兒時期所有的骨髓都是紅骨髓 (red marrow)，可製造紅血球及某些白血球，而成人的紅骨髓只可在顱骨、胸骨、肋骨、脊椎骨、髖骨、肱骨及股骨的上端等處發現。

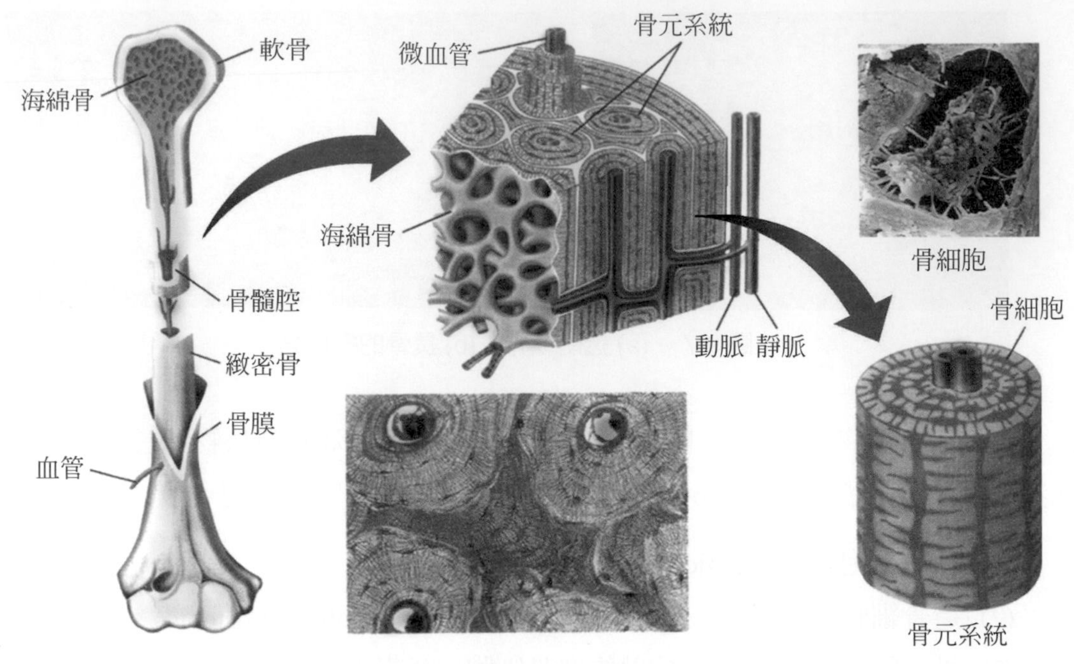

圖 9-8

(三) 骨的組成及功能 (composition and function)

骨除了支撐身體，與骨骼肌協同運動外，它亦有保護體內柔軟組織如腦、心臟、肺、脊髓等的功能；此外也是體內鈣及磷的貯藏所，當身體需要時，它可以游離出來供給體內運用。有些骨的骨髓中含有造血幹細胞 (hemocytoblasts or hematopoietic stem cells)，有造血作用 (hematopoiesis)，可製造紅血球及某些白血球。

(四) 關節 (articulations)

大多是骨骼和骨骼間的連接，少部分是軟骨和骨骼 (牙齒和齒槽) 的連接。通常骨骼間距離越近，活動性越小，關節越穩定；骨骼間距離越遠，活動性越大，則關節越容易脫臼。關節依照結構可以分做纖維關節 (骨縫)，軟骨關節 (椎間盤) 和滑液關節 (大多數關節)。若依照關節的活動程度可分下列三類：

1. 不動關節：爲不能運動者，例如顱骨 (頭蓋骨)，是以齒狀縫相接合，接合邊緣成鋸齒狀，藉以互相牢結。
2. 少動關節：兩骨端之連接，以軟骨爲媒介，例如脊椎骨之椎體間，墊以軟骨，使兩骨能作少許滑動，構成滑動關節。

3. 活動關節：可做大範圍的運動。依照運動類型又可分 6 種：

(a) 球窩關節 (ball and socket joint)：其運動不限於一平面上，可作屈伸、內轉、外轉、迴旋等多種方向之運動，如股關節和肩關節等，是活動性最大的一種關節結構 (圖 9-9)。

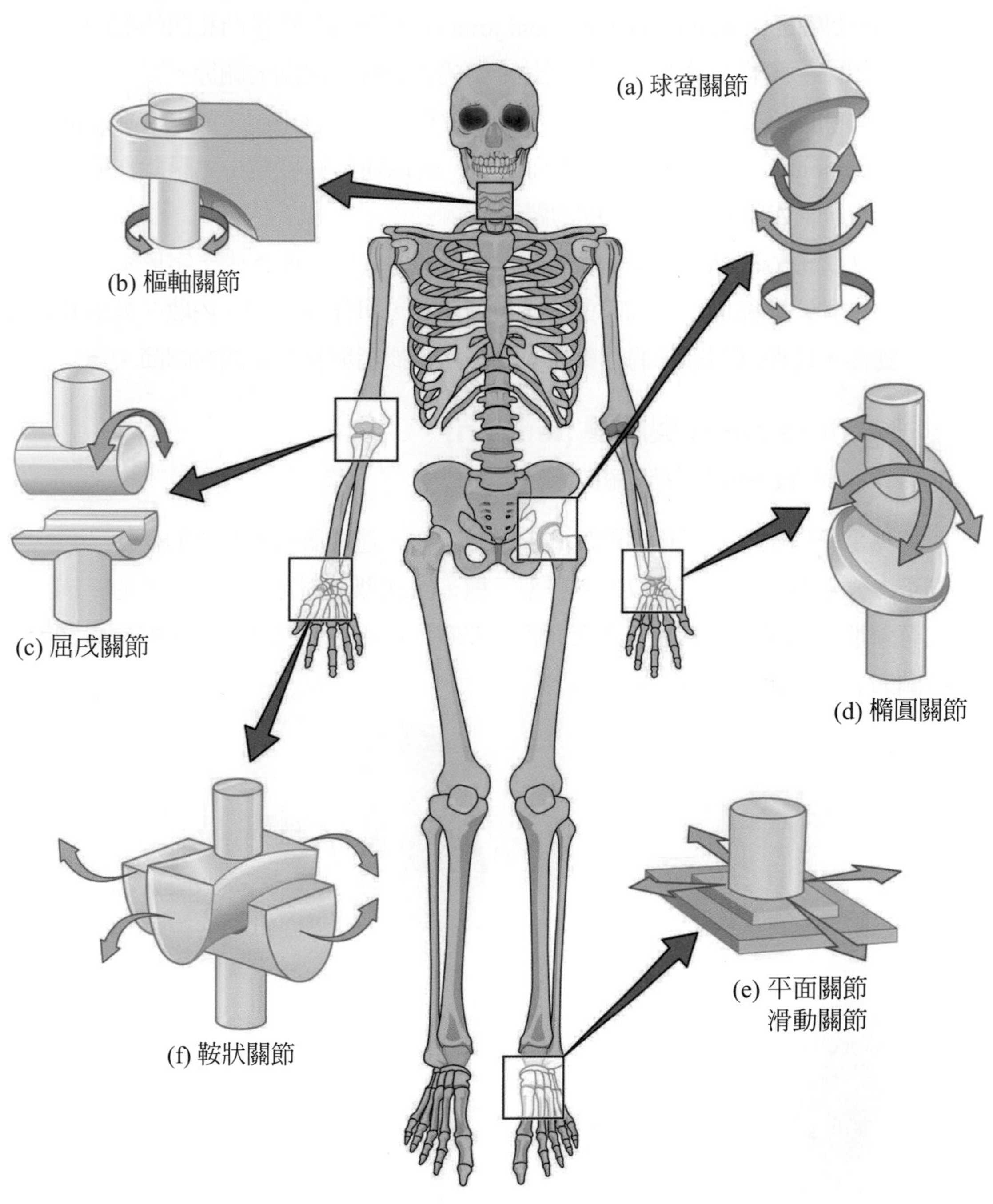

圖 9-9 活動關節的種類

(b) 樞軸關節(pivot joint)：是兩骨間旋轉之關節，例如寰椎(第一頸椎)和樞椎(第二頸椎)所成之關節，可容許頭部作上下搖動。

(c) 屈戌關節 (hinge joint)：其運動限於一平面上，能繞一橫軸而屈伸，如膝關節和肘關節。

(d) 橢圓關節 (ellipsoidal 或 condyloid joint)：由兩個分別是凸和凹的橢圓型關節面組成，可作前後和左右的運動，如橈骨與腕骨之間的關節。

(e) 滑動關節 (gliding joint)：關節面的曲度很小，接近平面，所以又稱平面關節(planejoint)。由於關節囊緊張而堅固，所以運動幅度極小，只能作微小回旋和滑動(如腕骨或跗骨之間的關節)。

(f) 鞍狀關節 (saddle joint)：兩個關節面均呈馬鞍型，彼此成十字形交叉接合，每一骨的關節面既是關節頭，又是關節窩，可作屈、伸、內收、外展和環轉動作，比橢圓型關節的活動能力大，如大拇指與腕骨之間的關節。

(五) 韌帶 (ligament) 與肌腱 (tendon)

主要由膠原蛋白組成的結締組織。

1. 肌腱：是一種堅韌且具備柔軟度的纖維帶狀物，連接肌肉到骨頭的構造。
2. 韌帶：分包覆型、外在型以及內在型三種，內在型爲固定臟器與身體的結構，較沒有彈性；包覆型則包覆在滑液囊腔的外側，連接相鄰二塊骨頭，如肩周關節或膝關節(圖 9-10)。

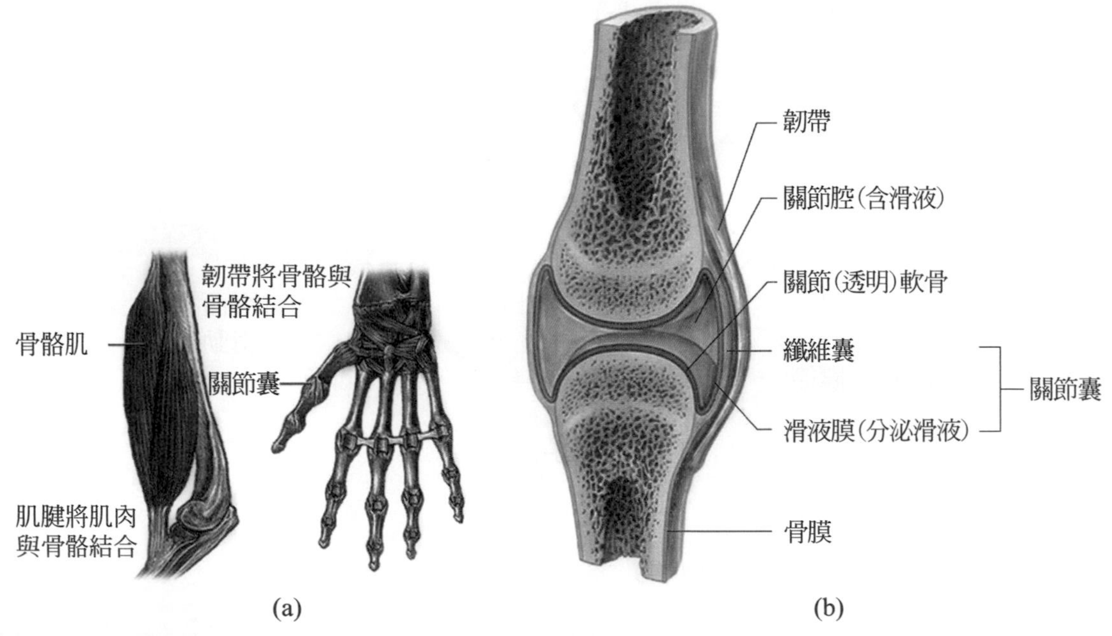

圖 9-10 (a) 肌腱與韌帶；(b) 滑液關節

9-3 肌肉系統 (muscular system)

(一) 人體肌肉的種類

人體肌肉分為三種：(1) 心肌 (cardiac muscle)，專司構成心臟的肌肉。(2) 平滑肌 (smooth muscle)，負責血管、消化管等內臟器官收縮。(3) 骨骼肌 (skeletal muscle)，附著在骨骼上，其運動受意志支配，為隨意肌 (voluntary muscle)。心肌和平滑肌均不受意志支配，故稱不隨意肌 (involuntary muscle)。心肌和骨骼肌均有橫紋，又稱橫紋肌 (striated muscles)(圖 9-11)。

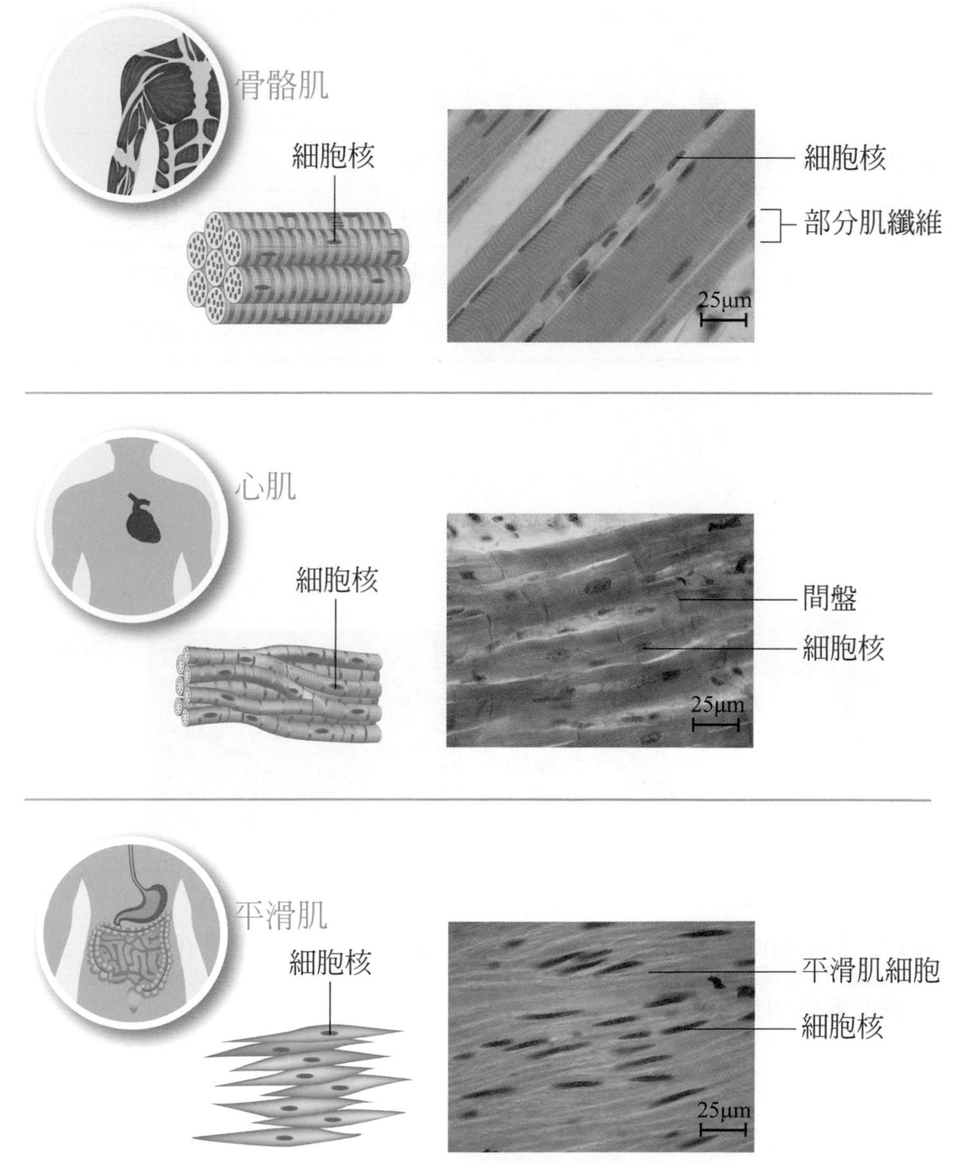

圖 9-11　肌肉組織的種類

骨骼肌通常成對配合而相反地牽動骨骼，例如上肢前側之二頭肌 (biceps) 收縮，則前臂彎曲，是爲屈肌 (flexor muscle)；後側之三頭肌 (triceps) 收縮，則前臂伸直，是爲伸肌 (extensor muscle)，此二種肌肉相對的配合運動，即爲拮抗作用 (antagonism) (圖 9-12(a))。

表 9-1　肌肉組織的種類

	骨骼肌	平滑肌	心肌
位置	附著在骨骼上	胃壁、腸壁	心臟
控制方向	隨意	不隨意	不隨意
纖維的形狀	長條形、圓柱形、鈍端	長條形、紡錘形、尖端	長條形、圓柱形、有分支、相互融合
橫紋	有	無	有
每條纖維的細胞核數目	許多	一個	一個
細胞核的位置	邊緣	中央	中央
收縮速度	最快	最慢	中等
持續收縮的能力	最小	最大	中等

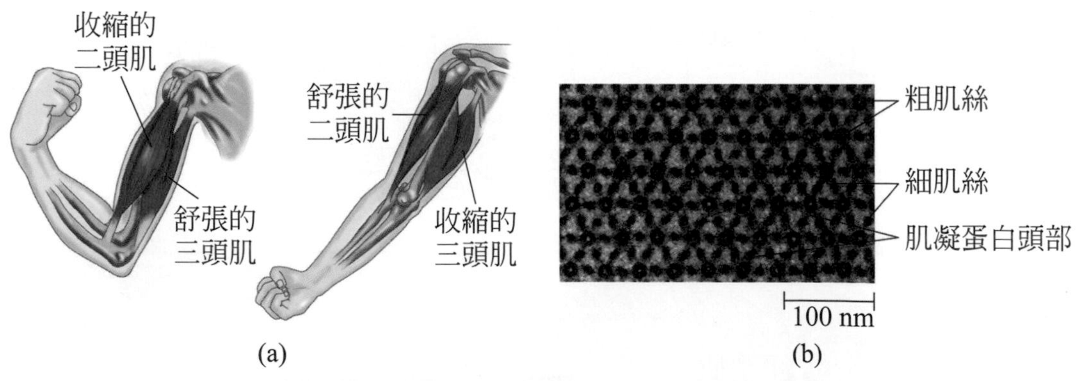

圖 9-12　(a) 拮抗肌 (antagonistic muscles)：二頭肌 (biceps) 與三頭肌 (triceps)；(b) 肌原纖維 (myofibril) 橫切面：粗肌絲與細肌絲的排列，每條粗絲由六條細絲所包圍；整體而言，粗絲與細絲的比例為 1：2

(二) 骨骼肌

人體的骨骼肌超過 600 條 (塊)，由 60 億條肌纖維組成，佔體重的 27% ～ 40%。多條肌纖維組合一起外覆一層稱爲肌內膜 (endomysium) 的結締組織，便構成了一個肌束 (muscle bundle 或 fascicle)；每塊骨骼肌都由不同數量的肌束所組成，再外覆一層稱爲肌外膜 (epimysium) 的結締組織。

(三) 肌纖維

一個肌肉細胞就是一條肌纖維，長圓柱形，長度 1 mm ～ 15 cm，直徑約爲 10 ～ 100 μm，有多個細胞核，位於細胞膜邊緣。細胞質內含有許多微小圓柱狀的肌原纖維 (myofibril)，多數粒線體皆位於肌原纖維之外圍。每條肌原纖維的本體主要是由許多有收縮性的特殊蛋白質所構成。一條肌原纖維的橫切面在電子顯微鏡下觀察 (圖 9-13) 是成束的，由若干的肌絲 (myofilaments) 構成，肌絲是沿纖維的長軸排列。

肌絲有兩種：(1) 較粗的一種直徑約 15 nm，稱爲粗肌絲 (thick filament)，是由肌凝蛋白 (myosin) 組成，肌凝蛋白由六個次單位 (subunits) 組成，多胜鏈 N 端形成一個球型稱爲橋頭 (head group)，具有水解 ATP 的功能，肌肉收縮時會與細肌絲的肌動蛋白 (actin) 接合；(2) 較細的一種直徑約 5 ～ 7 nm，稱爲細肌絲 (thin filament)，是由肌動蛋白 (actin)、原肌凝蛋白 (tropomyosin) 和肌鈣蛋白 (troponin) 共同組成。他們很規則的排成六角形，每條粗肌絲的外面，圍繞著六條細肌絲 (圖 9-12(b))。

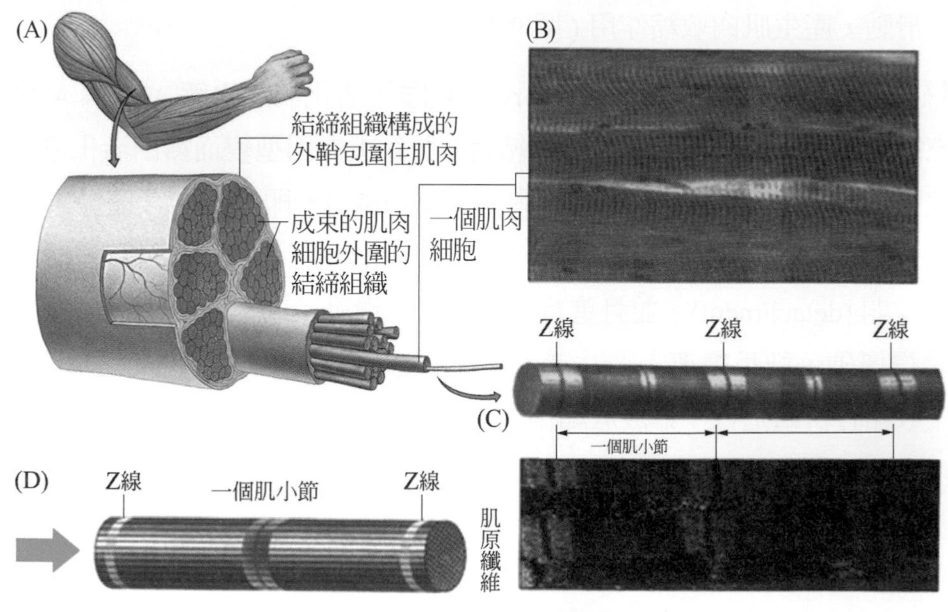

圖 9-13 骨骼肌的構造

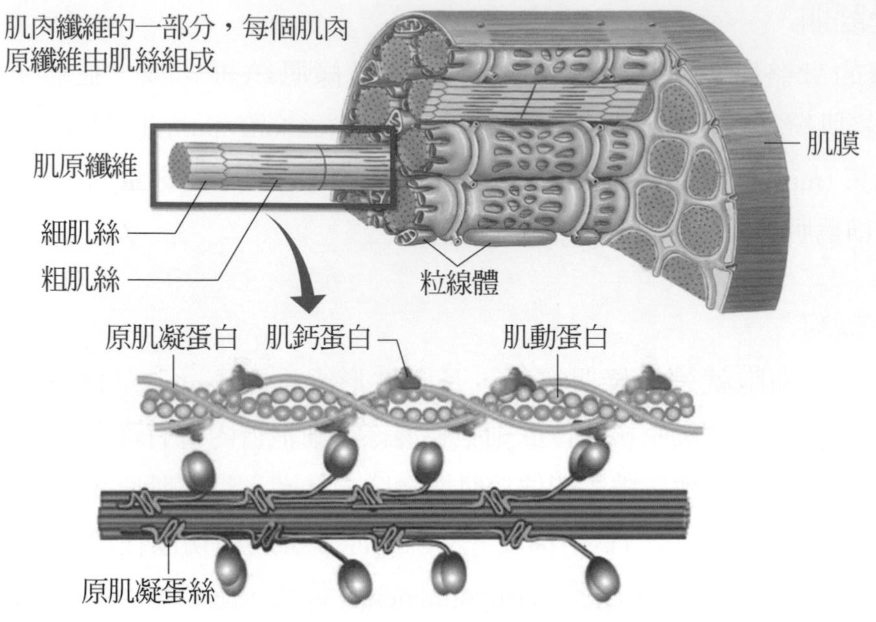

圖 9-13　骨骼肌的構造 (續)

(四) 肌纖維的收縮－肌絲滑動理論 (sliding filament theory)

當神經衝動傳入時，在運動終板 (neuromuscular junction, motor and plate or synaptic terminal) 放出乙醯膽鹼 (acetylcholine)。乙醯膽鹼與肌纖維膜上接受器 (Ach receptor) 結合，產生動作電位 (action potential)，引發 Z 線上 T 小管 (T tubule) 去極化 (depolarization)，肌漿網 (sarcoplasmic reticulum) 跟著去極化，並釋出鈣離子。鈣離子引起肌絲滑動，產生肌肉收縮作用 (圖 9-14)。

肌絲滑動理論 (sliding filament theory)：鈣離子活化橋頭水解 ATP 爲 ADP + Pi，橋頭因充能而形變；鈣離子與肌鈣蛋白結合，肌鈣蛋白因型變而露出活化位，橋頭與活化位接合，橋頭接觸活化位引發力擊 (power stroke)，即橋頭向後擺動，粗肌絲與細肌絲產生相對位移，此謂肌絲滑動。當有新的 ATP 取代 ADP + Pi 時，橋頭才能從活化位上離開 (detachment)，並且進行下一次肌絲滑動；若無 ATP，橋頭無法分離，則肌肉變得僵硬，稱爲僵直 (rigor) 或者屍僵 (rigor mortis)。在 ATP 和鈣離子存在的情況下，收縮會持續進行，形成收縮循環 (contraction cycle)(圖 9-15)。

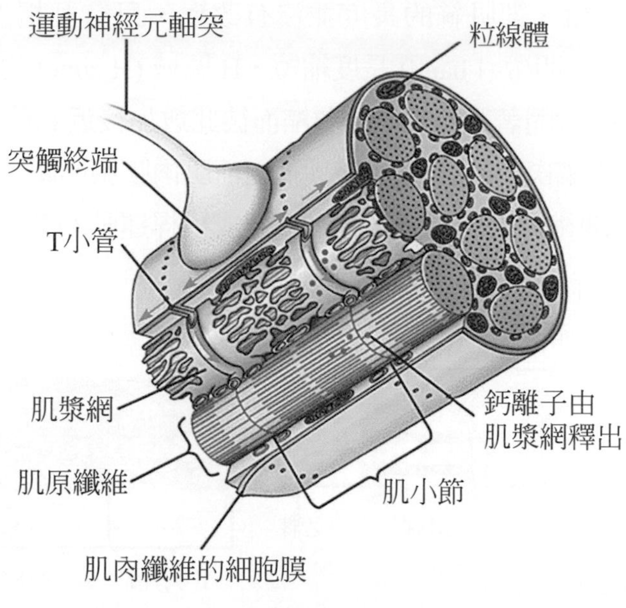

圖 9-14

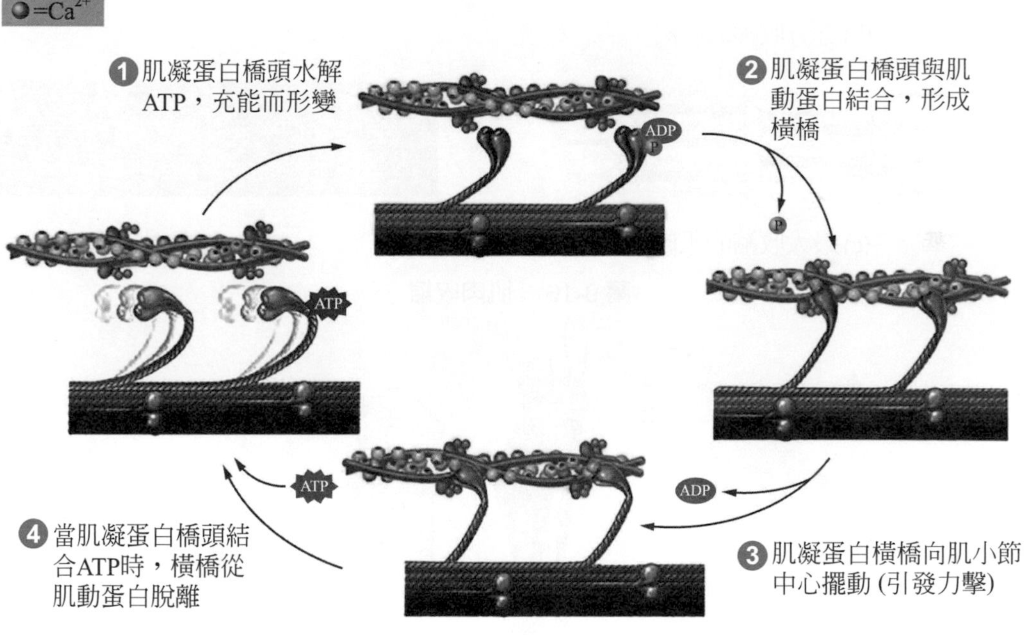

圖 9-15　收縮循環 (contraction cycle)

肌纖維收縮時，粗、細肌絲的長度並沒有改變，只有互相滑動，所以暗帶 (A band) 長度不變；但是，明帶 (I band) 長度縮短，H 區域 (H zone) 也縮短至完全消失。Z 線 (Z lines or Z disk) 會隨著肌原纖維的收縮而彼此愈加接近 (圖 9-16)。就肌束或整塊肌肉而言，整體長度縮短了，但寬度變大，因而肌肉膨脹凸起；大多數骨骼肌藉由肌鍵連接骨頭，肌肉收縮時，骨頭會被拉動，形成槓桿運動 (圖 9-17)。

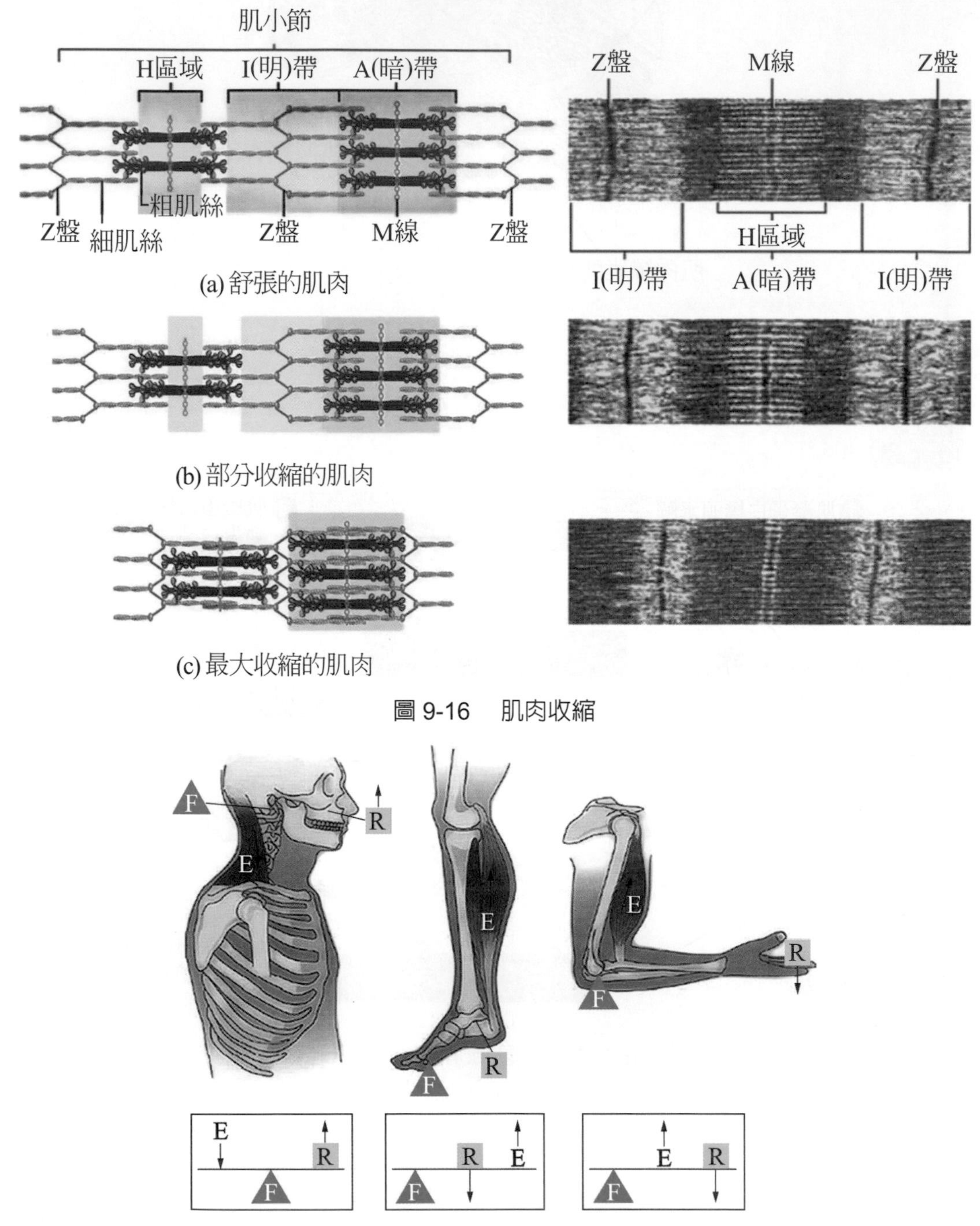

圖 9-16 肌肉收縮

圖 9-17 槓桿原理

(五)肌肉收縮時的化學變化

肌肉收縮時的能量由 ATP 供應。當我們劇烈運動時，假若是由葡萄糖氧化直接供給肌肉收縮所需之能，則運動同時必有大量之 CO_2 立刻呼出，應該立刻劇烈地喘氣。然而，事實並非如此，當運動開始時，並未大量呼吸，而是在運動中或運動後常喘息不已，足可證明運動之初，肌肉收縮所需之能，並非由葡萄糖直接氧化供給，而是由 ATP 供應。但當肌纖維之 ATP 被大量利用後，ATP 分解為 ADP，ADP 又須復原為 ATP，肌肉中另一含高能之磷酸化物，稱為磷酸肌酸 (creatine phosphate)，可將磷酸根供給 ADP，使之還原成為 ATP。

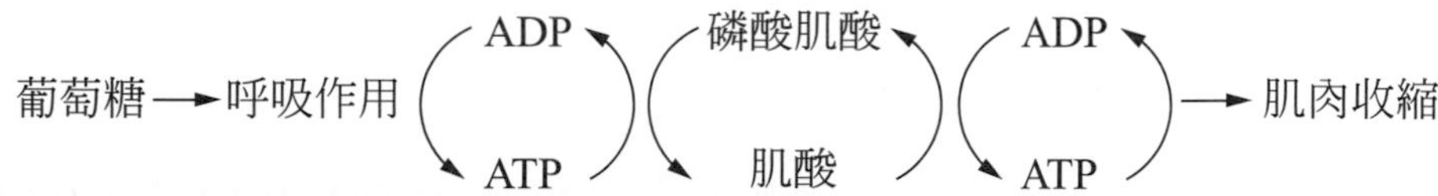

在休息時或恢復期的葡萄糖被血液帶到肌肉細胞，葡萄糖是以肝糖 (glycogen) 的形式貯藏起來的。當肌肉細胞收縮時，肝糖水解為葡萄糖，葡萄糖再被氧化放出能量，在此過程中亦放出 CO_2 與水。氧化過程中所釋放出的能量，將供應磷酸肌酸和 ATP 的形成。當劇烈運動或長時間運動時，肌肉細胞來不及補充氧氣，此時將行無氧呼吸 (乳酸發酵作用) 來獲得 ATP，但乳酸 (lactic acid，$CH_3CHOH \cdot COOH$) 因此而累積於肌肉細胞中，乳酸如果來不及由血液帶走就會堆積於肌肉細胞中，造成肌肉疲勞 (急性肌肉痠痛)；當運動完休息時，需要額外的氧氣來代謝乳酸，因此，乳酸堆積越多，背負氧債 (oxygen debt) 越多。通常在激烈運動後 1 ～ 2 小時，乳酸的濃度就降到安靜休息的水準。

1922 年德國之邁爾霍夫 (Otto Meyerhof) 和英國之希耳 (A. V. Hill) 因研究肌肉收縮和肌肉生理，共得諾貝爾獎。邁爾霍夫等人發現，肌肉細胞產生的部分乳酸，繼續被氧化成為 CO_2 與 H_2O 排出體外；其所釋放的能，則供其餘的乳酸，還原為葡萄糖，回收率約為 75 ～ 80%。在哺乳動物，大部分乳酸靠擴散作用進入血液，運至肝臟之後，若氧氣充足，則一部分分解為 CO_2 與水，一部分合成肝糖，儲存於肝細胞中。

人體在安靜休息時，消化系統、骨骼肌、紅血球和肝臟等部位都會產生乳酸 (血中乳酸濃度 = 1 mmol/L)。運動後 1 ～ 3 天才發生的延遲性肌肉痠痛 (delayed onset muscle soreness) 通常與乳酸無關，與肌肉輕微撕裂傷 (會促使肌肉長大) 和其它代謝產物堆積有關。

本章複習

9-1　人類的皮膚 (Human skin)

- 人體的組織可以分爲四大類：上皮組織、肌肉組織、神經組織及結締組織。
- 皮膚是人體最大的器官，成人皮膚約 2 平方公尺的表面積，約佔 16% 體重 (約 3 公斤)。可分爲兩層，外層的表皮與內層的眞皮。
- 表皮由外而內可分成爲角質層、透明層、顆粒層、棘狀層、基底層。
- 指紋、掌紋、足底紋是表皮層與眞皮層之間的眞皮組織向表皮的凸起，稱爲眞皮乳頭所形成的特殊形狀，具有個體專一性。

9-2　骨骼系統 (The skeletal system)

- 動物的骨骼系統有三大類型：(1) 液壓式骨骼、(2) 外骨骼 (exoskeleton)、(3) 內骨骼。
- 成人的骨骼由 206 塊大小不等的骨所組成。可區分爲中軸骨骼 80 塊及附肢骨骼 126 塊。
- 軟骨可以分做三種：(1) 透明軟骨 (hyaline cartilage)、(2) 彈性軟骨、(3) 纖維軟骨。
- 硬骨內有四種細胞：(1) 骨原細胞、(2) 造骨細胞、(3) 骨細胞、(4) 噬骨細胞。
- 硬骨可以分爲緻密骨和海綿骨。緻密骨部份由骨元系統所組成；骨元由骨板層、骨窩、硬骨細胞、骨質以及哈氏管呈同心圓狀排列而成。海綿骨形成多孔隙的構造，骨髓儲存其中。
- 關節依活動程度可分下列三類：(1) 不動關節、(2) 少動關節、(3) 活動關節。
- 活動關節可分成下列六種：(1) 球窩關節、(2) 屈戌關節、(3) 樞軸關節、(4) 滑動關節、(5) 橢圓關節、(6) 鞍狀關節。

9-3　肌肉系統 (muscular system)

- 人體肌肉分爲三種：(1) 心肌、(2) 平滑肌、(3) 骨骼肌。
- 肌肉細胞內含有許多微小圓柱狀的肌原纖維 (myofibril)，每條肌原纖維的本體主要是由若干的肌絲 (myofilaments) 構成。
- 肌纖維的收縮－肌絲滑動理論。

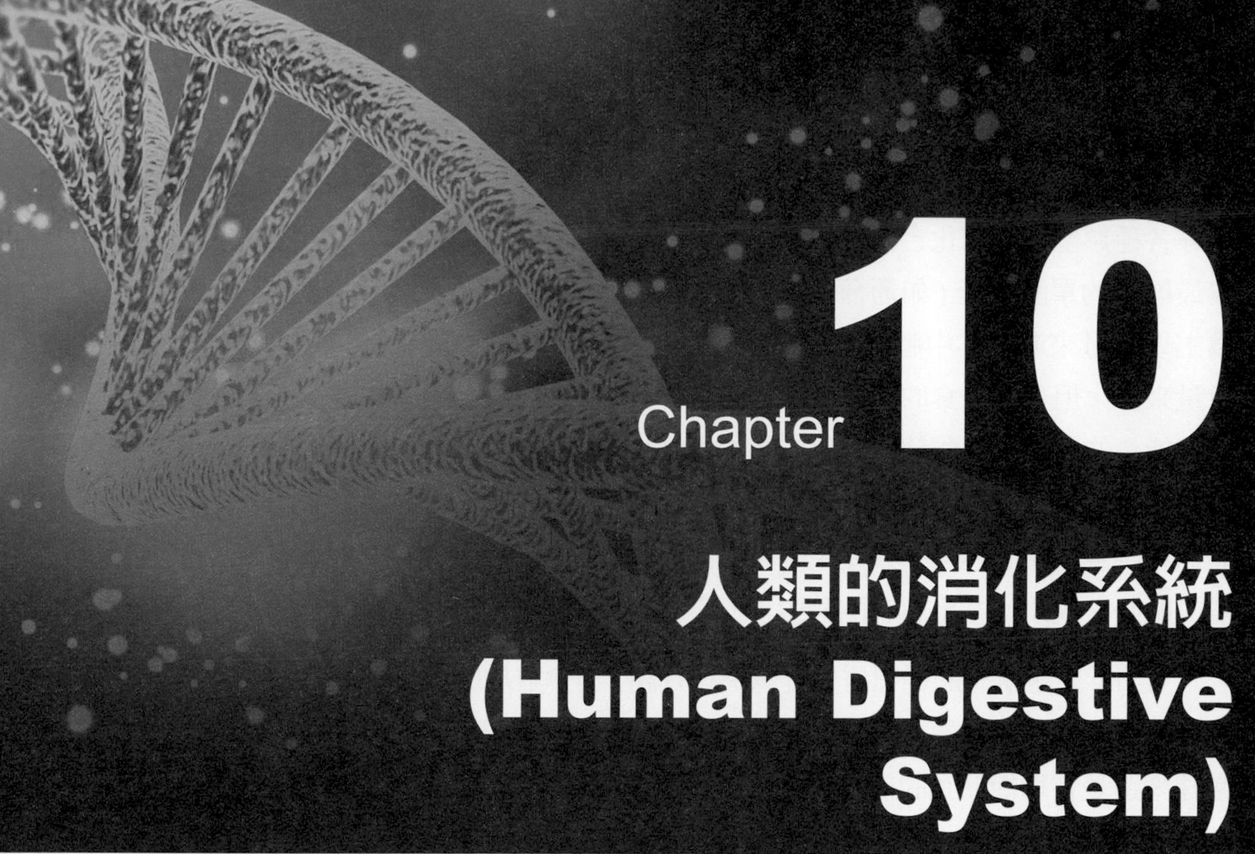

Chapter 10 人類的消化系統 (Human Digestive System)

減肥的陷阱：生酮飲食 (Ketogenic Diet)

近幾年來，坊間有一個相當熱門的名詞：「生酮飲食」。許多想減肥的人士或血糖控制不佳的糖尿病患者趨之若鶩，認爲生酮飲食對人體具有許多好的效果，例如可以用來減肥保持身材，或是控制糖尿病等；但是大部分具有醫學相關背景的專業人士，則對生酮飲食持審愼保留的態度。何謂生酮飲食呢？生酮飲食最常見的定義，便是大幅降低碳水化合物在飲食所佔的比例，從 55% 降到 10% 甚至 5%，蛋白質比例維持不變約 15 ～ 20%，其他的部分則以脂肪補充，讓其比例上升到 75% ～ 80%。當來自碳水化合物的能量不足時，貯存在肝臟和肌肉中的肝醣會被轉化成葡萄糖供身體使用。但人體內所貯存的肝醣只夠短時間使用，當持續將碳水化合物攝取量限制在非常少量時，約 3 ～ 7 天左右，肝臟便會轉向燃燒脂肪以產生酮體，做爲生理代謝的能量來源，因此造成體內脂肪快速消耗而達到減重的目的，另外極少量碳水化合物的攝食，也讓血糖維持非常穩定的狀態。

目前，營養專業一致建議的均衡飲食中 45 ～ 55% 的熱量應來自糙米飯、全穀製品等各種類型的碳水化合物。口腔和胰臟會分泌澱粉酶將食物所含的碳水化合物分解成最簡單的單醣分子 (如葡萄糖)，再由小腸吸收。幾乎人體所有細胞皆以葡萄糖作爲主要能量來源，其中腦約需 20% 以上的葡萄糖，而紅血球更是以葡萄糖作爲唯一能量來源。但生酮飲食的作用機制是完全抑制葡萄糖的生理代謝途徑，改以酮體作爲身體能量的來源。生酮飲食雖以維持血糖穩定、不易飢餓等特性讓減肥和血糖穩定的效果顯著，但這一極端方式的背後也伴隨著危害健康的潛在風險。因爲在分解體脂肪的過程中會產生酮體，如果產生的量過多而進入血液後會產生許多的副作用，例如噁心、嘔吐、脫水，甚至會有酮酸中毒的現象 (尤其是糖尿病患者的風險更高) 等等。

此外，產生酮體的過程需要肝臟進行代謝，亦會增加肝臟負擔;吃進大量的脂肪，也會造成血脂和膽固醇指數增加，進一步提昇心血管疾病的風險。若是爲了瘦身，專家建議還是在均衡飲食的前提之下適度控制熱量，並搭配規律運動與正常作息，才是健康又持久的方式。本章內容將帶領讀者了解人體如何透過精密的消化系統，來消化吸收所吃進嘴裡的食物，並獲取其營養成分讓身體細胞加以利用。

生酮飲食菜單

10-1 消化系統概論 (Introduction of Digestive System)

動物自棲息環境中取得食物，透過口部進食，將食物攝取進入身體以後，碎化或分解，將其轉換成可以利用的小分子營養，此過程稱爲**消化 (digestion)**。依照其作用原理，能區分爲**化學性消化 (chemical digestion)** 及**物理性消化 (physical digestion)** 兩種。化學性消化，係以消化器官所產生之消化酶分解大分子食物，有產物成分的改變，例如多糖分解爲單糖，蛋白質分解爲胺基酸；物理性消化過程，乃直接將較大之食物塊，碎化成較小之食物粒，無消化酶之參與，即無產物成分之改變，例如咀嚼過程中，牙齒之切碎、磨碎、胃腸的蠕動、攪拌等，係用以協助化學性消化，增加食物接觸消化液之總表面積，提高消化效率。

人的消化系統 (圖 10-1)，由**消化管 (digestive)** 及**消化腺 (digestive gland)** 組成。消化管自**口腔 (mouth cavity)** 開始，經過**喉 (larynx)**、**食道 (esophagus)**、**胃 (stomach)**、**小腸 (small intestine)**、**大腸 (large intestine)**、**直腸 (rectum)**，至**肛門 (anus)**；消化腺則包括**唾腺 (salivary gland)**、**胃腺 (gastric gland)**、**胰腺 (pancreatic gland)**、**肝臟 (liver)**、**小腸腺 (intestinal gland)**。

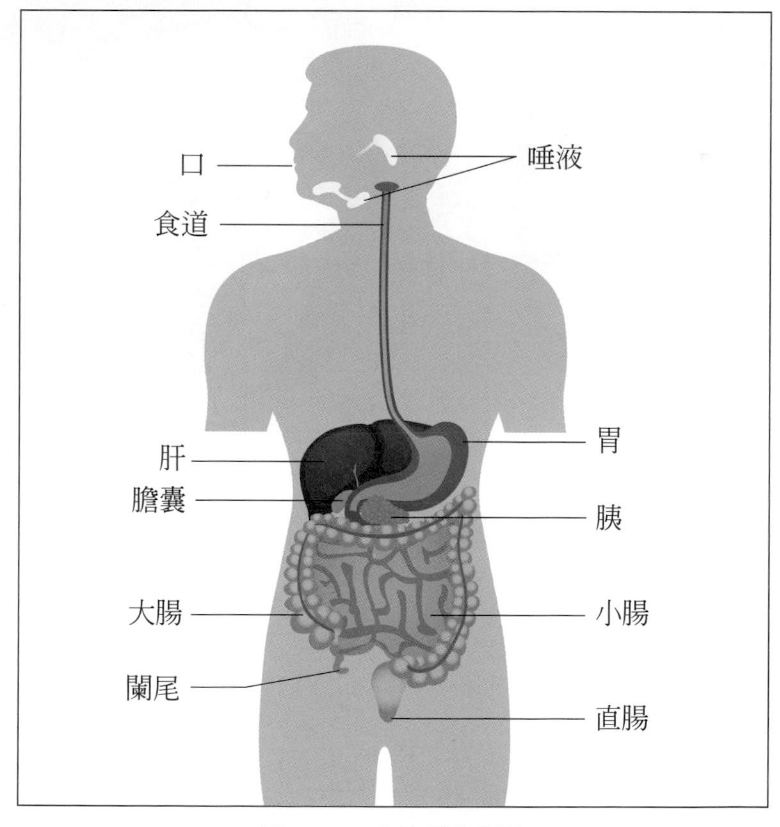

圖 10-1 人的消化系統

10-2 口的消化 (Digestion in Mouth)

口腔 (mouth cavity)，乃是消化的第一站，內含牙齒、唾腺以及舌頭，主要功能爲進食、磨碎和切斷食物，並對澱粉進行初步的分解。牙齒係脊椎動物特化之進食器官。哺乳類之牙，則有形態及大小之不同，分爲**門齒 (incisor)** 用以切斷食物、**犬齒 (canine)** 用以切割食物、**前臼齒 (premolar)** 與**臼齒 (molar)** 用以研磨食物。

人類之牙齒，依年齡發育之不同，分爲**乳齒 (deciduous teeth)** 與**恆齒 (permanent teeth)**，前者於嬰孩約六個月大時開始生長，學齡兒童之年紀掉落，由恆齒取代。乳齒共有 20 顆，恆齒則共有 32 顆 (圖 10-2)。

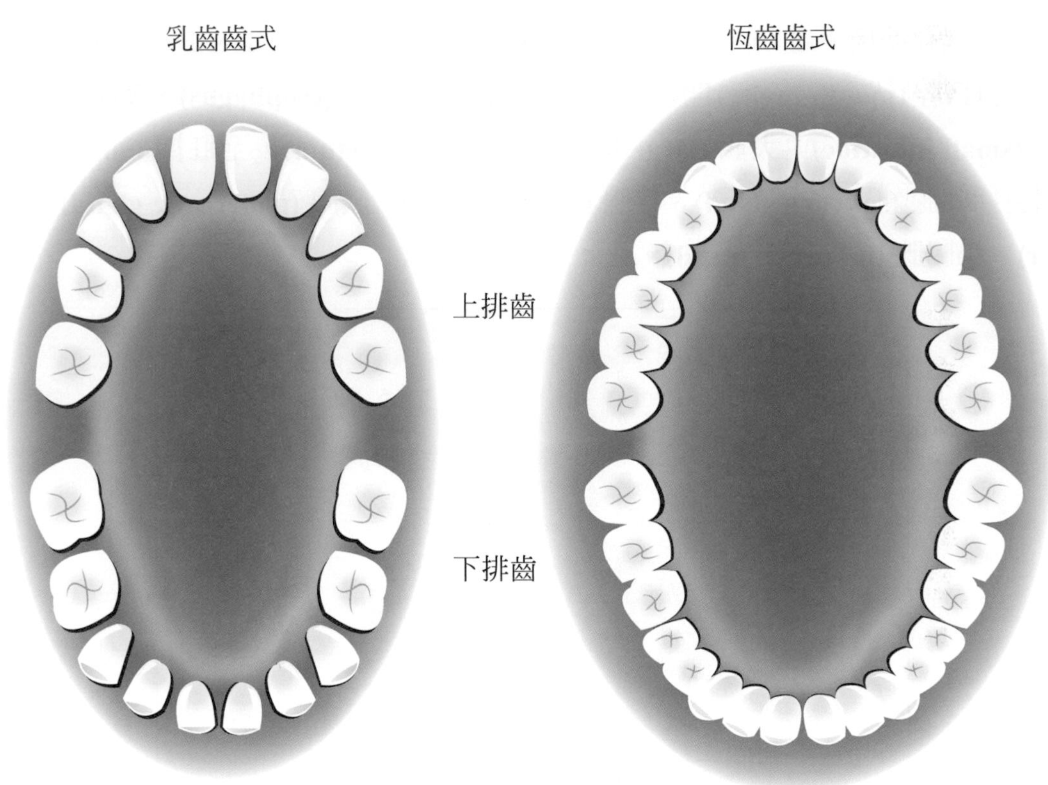

圖 10-2　幼童 (左) 與成人 (右) 齒式

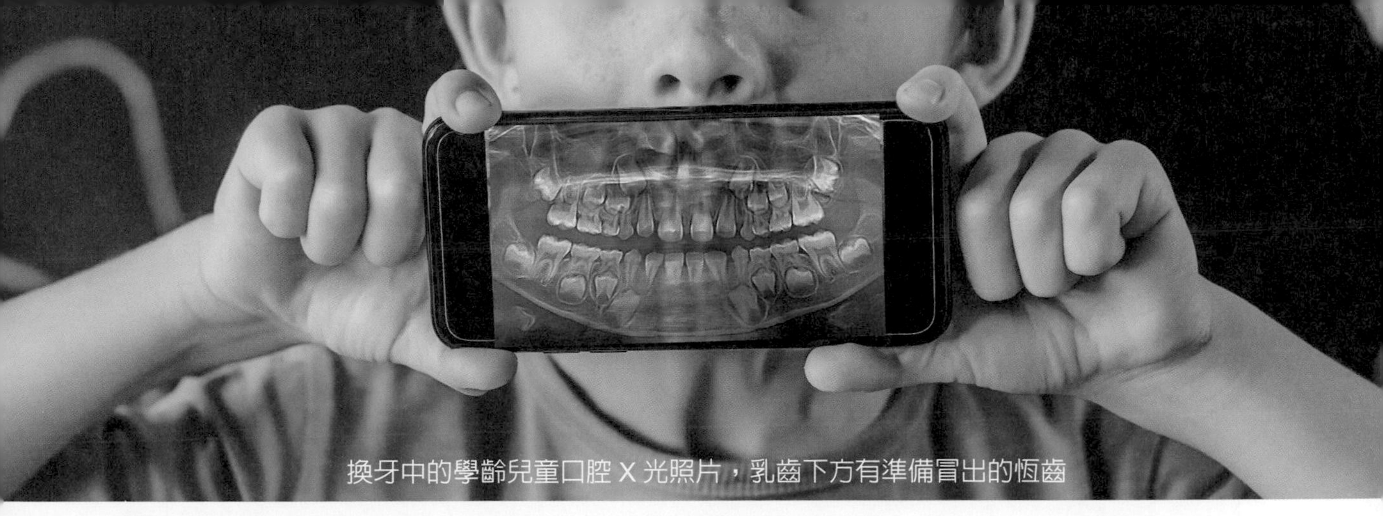

牙爲高度鈣化的構造，主成份爲磷酸鈣，肉眼可見露出於口腔之部位稱爲**牙冠 (crown)**、沒入牙齦內者爲**牙根 (root)**。將其剖開，最外層爲**琺瑯質 (enamel)**，爲人體硬度最高之部位，對腐蝕有一定程度的抵抗力，然無法再生；琺瑯質內爲**牙本質 (dentine)**，其功能爲保護內部之牙髓，以及提供琺瑯質附著，終生具有生長能力；**牙髓 (pulp)** 爲神經、血管聚集之處，負責提供牙齒新陳代謝之需求；**牙骨質 (cement)** 則爲牙根附著於牙槽骨骼之介面 (圖 10-3)。

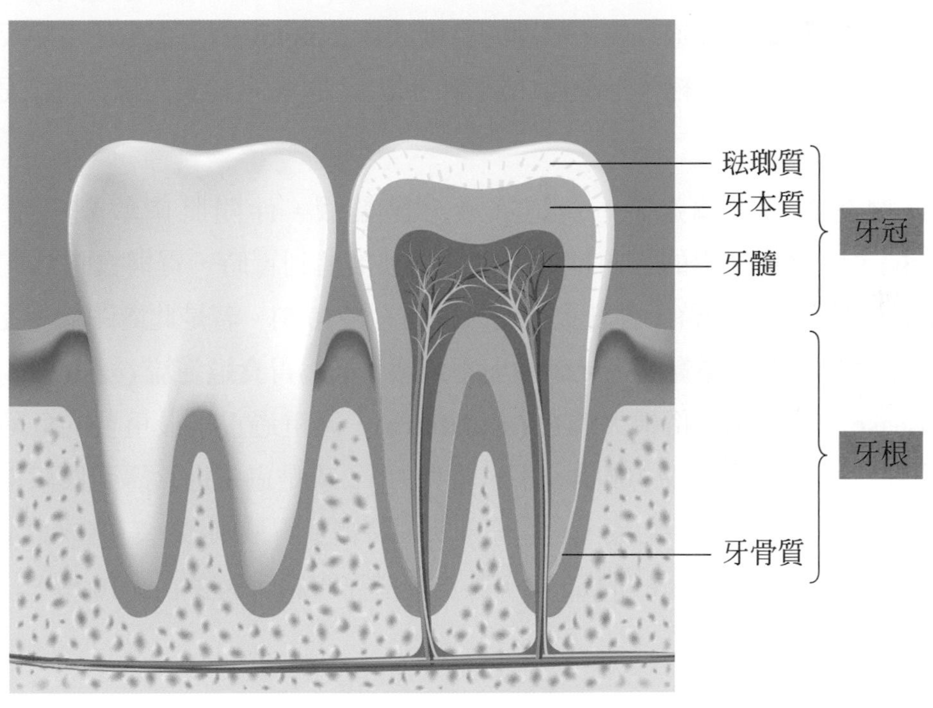

圖 10-3　牙的構造

口腔中有三對唾腺：**耳下腺 (parotid glands)**、**頷下腺 (submandibular glands)**、以及**舌下腺 (sublingual glands)**，皆可在受到刺激時分泌**唾液**，pH 值大約 7.0 左右。除了水以外，唾液成份中含有離子 (如 Na^+、K^+、Cl^-)、蛋白質，以及少數之**免疫球蛋白 (immunoglobulin)**，其比例可能因人的身心狀態而有所改變，亦即受**交感神經系統**與**副交感神經系統**影響。

唾液的主要功能爲濕潤口腔、促進味覺感知，以及消化食物。內含**唾液澱粉酶 (salivary amylase)**，能夠分解澱粉以及肝糖的 **α- 糖苷鍵 (α-glycosidic bond)**，使澱粉及肝糖水解爲**麥芽糖**及**糊精** (澱粉的不完全水解產物)。唾液的分泌受到神經的調控。當包含視覺、嗅覺、味覺、觸覺的刺激出現時，甚至只憑意識想像，**延腦**的**唾液分泌中樞**即會輸出神經衝動，藉由**顏面神經 (facial nerve)** **與舌咽神經 (glossopharyngeal nerve)**，傳至唾液腺，促使唾液分泌。在與唾液混合以後，食物經由一連串的延腦**反射作用**，吞嚥進入**食道 (esophagus)**，再繼續往下朝**胃 (stomach)** 輸送。

吞嚥的時候，舌頭會將食物往後推，位於鼻腔與口腔間的**軟顎 (soft palate)** 會往上升，在食物下降進入食道以前，喉部的**會厭軟骨 (epiglottis)**，會由於吞嚥反射的作用，隨著其附近肌肉的收縮，下降擋住**氣管**的開口，以免食物誤入氣管造成危險 (圖 10-4)。

當食物在食道中輸送時，食道亦會分泌黏液，伴隨肌肉收縮，產生**蠕動 (peristalsis)**，將食物往胃的方向推進；當食物被推進到胃時，胃與食道之間的**賁門 (cardia)** 括約肌會放鬆開啓，容許食物進入胃內 (圖 10-5)。若是此處閉鎖不完全，胃液可能往上冒出，對食道黏膜造成刺激與不適感，稱爲**胃食道逆流 (gastroesophageal reflux disease，GERD)**，俗稱**火燒心 (heartburn)**，體重過重是最重要的危險因子，其他如咖啡因含量高之食物 (咖啡、茶、巧克力)，或是過量進食導致腹壓增高，都可能誘發此症狀。如不積極治療，食道底部長期持續受胃液刺激，有造成食道病變的可能如巴瑞氏食道 (Barrett's esophagus)，其爲食道癌的癌前病變 (圖 10-6)。

唾液分泌的神經管制：

刺激 → 唾液分泌中樞 (延腦) → 顏面神經 → 頷下腺、舌下腺、耳下腺

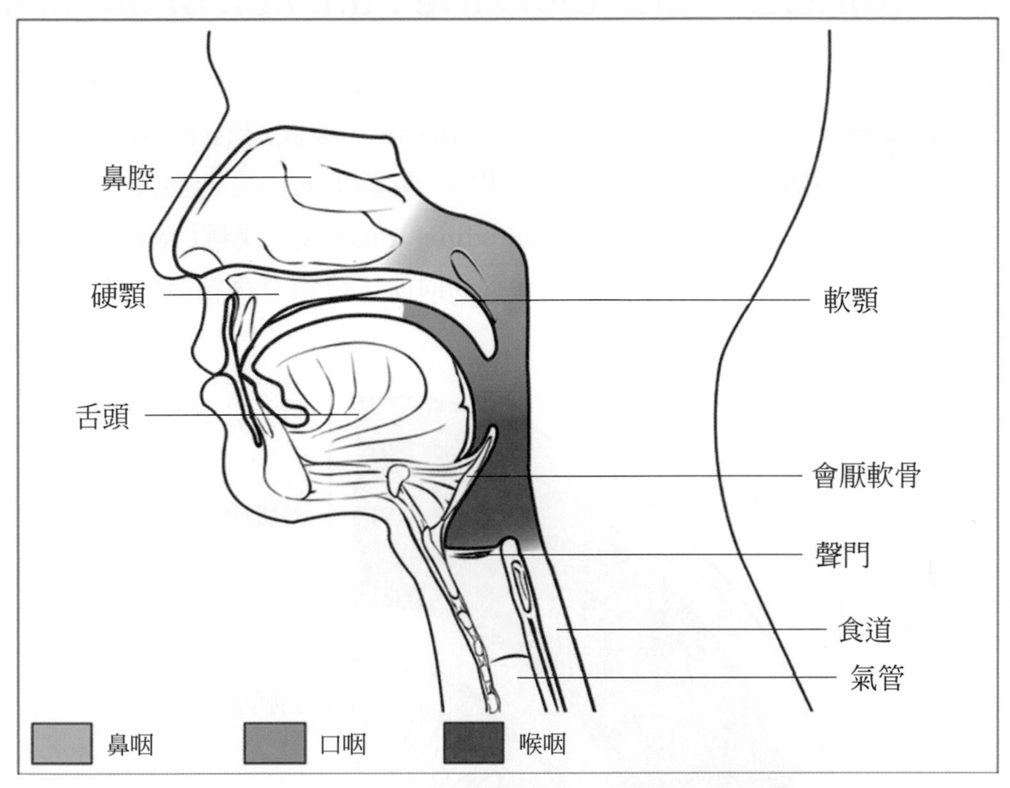

圖 10-4　人體口腔的解剖構造

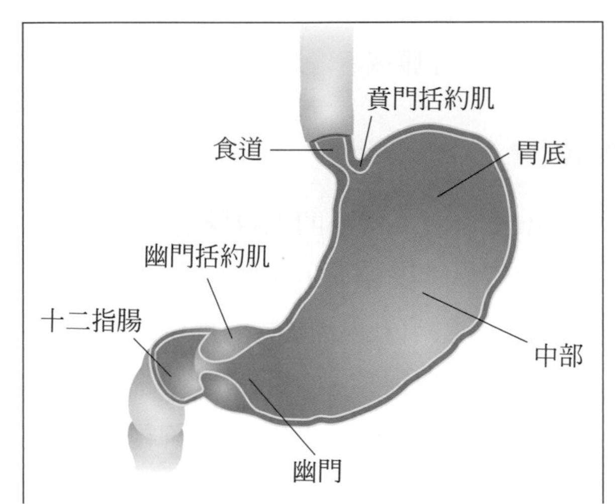

圖 10-5　胃部解剖構造

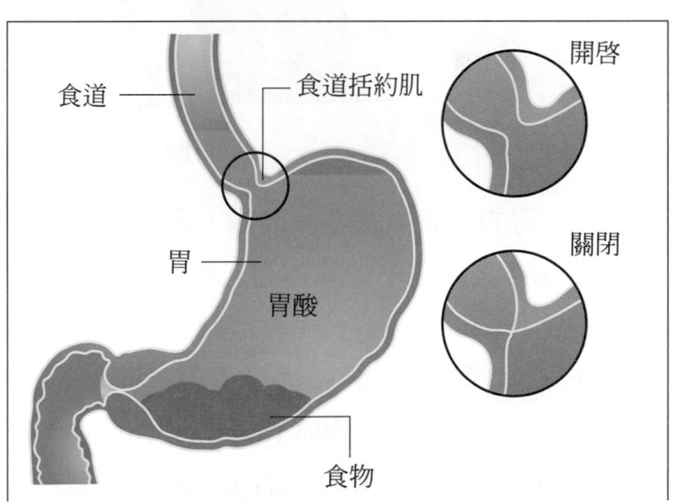

圖 10-6　胃食道逆流 (Gastroesophageal reflux)

※ 註：食道括約肌，開啓容許食物進入胃內，關閉則阻止胃液上衝。當胃液上衝進入食道時，會引發灼燒不適感。

10-3 胃的結構與消化功能 (Structure and Digestive Function of Stomach)

腸胃道的組織，能夠被區分出四層 (圖 10-7)，由內至外依序為：**黏膜層 (mucosa)**、**黏膜下層 (submucosa)**、**外肌層 (muscularis externa)**、**漿膜層 (serosa)**。黏膜層為消化道之內襯，含有微血管、**微淋巴管**、分泌腺；黏膜下層為支持黏膜層之構造，含有血管與神經纖維；外肌層由**縱肌 (longitudinal muscles)** 與**環肌 (circular muscles)** 構成，其收縮可以造成腸胃之蠕動，推送食物向前；漿膜層為**結締組織 (connective tissue)**，包覆於消化管之外。

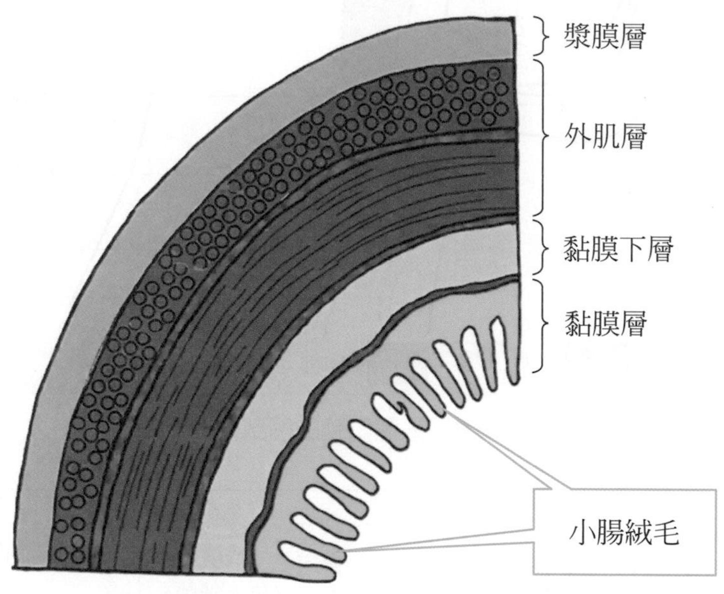

圖 10-7　腸胃道組織分層

胃的主體內有許多皺褶，含有許多**胃小凹 (gastric pits)**，胃小凹為**胃腺 (gastric glands)** 之所在。胃腺內含三種細胞 (圖 10-8)，功能皆異：**壁細胞 (parietal cells)**、**主細胞 (chief cells)**、與**黏液細胞 (mucus cells)**。壁細胞能夠分泌出鹽酸，為胃酸之成份，強酸 (pH1.0) 特性可以殺死進入胃部的細菌，減少病從口入的機會；主細胞能夠分泌出**胃蛋白酶原 (pepsinogen)**，經過鹽酸的**活化 (activation)** 以後，能夠轉變為有酵素活性的**胃蛋白酶 (pepsin)**。胃蛋白酶可以專一性地分解蛋白質中位於**酪胺酸 (tyrosine)** 與**苯丙胺酸 (phenylalanine)** 之間的**肽鍵 (peptide bond)**，將蛋白質進行初步的消化；黏液細胞則分泌偏鹼性的黏液，用以保護胃壁不受胃液侵蝕。

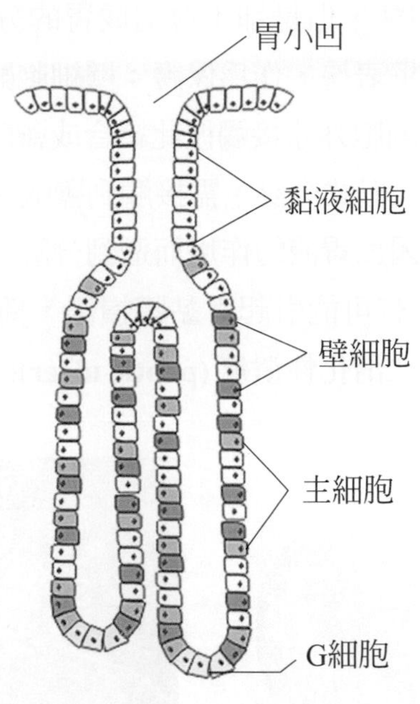

圖 10-8 胃腺細胞

當食物進入胃，胃部的平滑肌會進行收縮，產生蠕動，用以攪拌食物，與胃液充分混合，此時食物與胃液的混和物稱爲**食糜 (chyme)**，準備進入小腸。而胃液的分泌則可受神經與內分泌調控。當大腦偵測到食物在口腔中，或是接收到視覺、嗅覺、味覺的刺激，會活化下視丘的**食欲中樞 (appetite center)**，下令**迷走神經 (vagus nerve)** 將電訊號送至胃壁，刺激胃腺分泌。食物進入胃中，也會引起神經反射傳至腦，下令增加胃液的分泌。

除了神經機制以外，胃液分泌尚有內分泌機制存在。靠近胃幽門附近的胃壁細胞中，有一群特殊的 **G 細胞 (gastrin cells, G cells)**，在偵測到食物中蛋白質分子的存在時，會分泌出**胃泌素 (gastrin)** 進入胃部血液循環。當胃泌素藉著血液循環在胃組織中散播時，能夠增加胃液的釋放，更有效地進行食物消化，並延長食物在胃中的消化時間。

胃液內含鹽酸以及胃蛋白酶，但是卻不會造成胃的分解，原因係因胃腺的黏液細胞能分泌鹼性黏液覆蓋於胃壁表層，作爲保護；壁細胞雖能分泌鹽酸，但係以分泌氫離子與氯離子爲主，讓其在細胞外才接觸彼此結合成鹽酸分子；另外，胃蛋白酶在分泌時，係以**酶原 (zymogen)** 之形式分泌，需接觸到鹽酸才會被活化成有催化功能的**酶**，故在正常情況下，胃不會因爲胃液的作用而遭到分解。然而，若是胃酸分泌過度旺盛，或是黏液分泌量不足，有可能引起胃黏膜損傷，稱爲**胃潰瘍 (gastric ulcer)**，以及可能蔓延至十二指腸上方之**消化性潰瘍 (peptic ulcer)**(圖 10-9)。

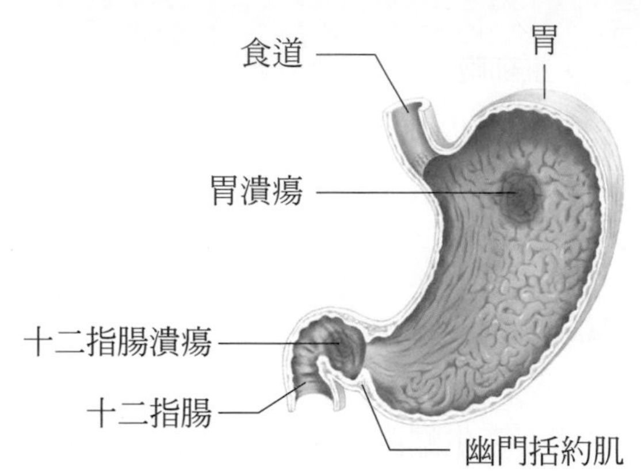

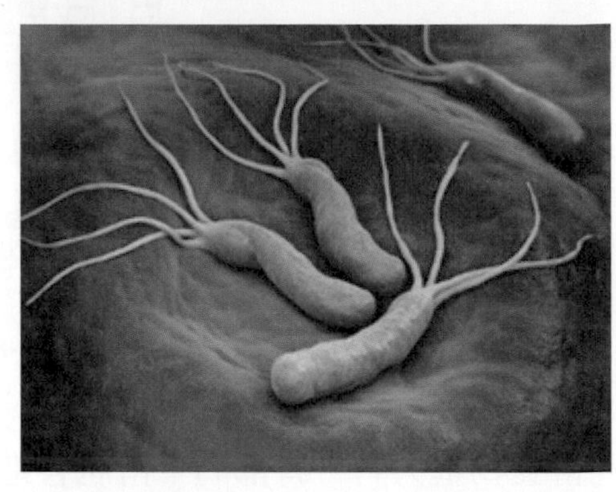

圖 10-9　消化性潰瘍 (左) 與幽門螺旋桿菌感染 (右)

服用藥物如**阿斯匹靈 (aspirin)** 可能增加胃酸分泌，過度飲酒可能導致黏液減少 ，情緒緊張導致自主神經失調也可能影響胃液分泌。過去認爲胃潰瘍的產生，與生活壓力或家族遺傳相關，然而 1981 年，澳洲的醫師巴瑞馬歇爾 (Barry J. Marshall) 及病理學家羅賓華倫 (Robin Warren)(圖 10-10)，研究發現有 70% 以上的胃潰瘍病人，其胃部檢體可以分離出**幽門螺旋桿菌 (*Helicobacter pylori*)**，證實大多數的胃潰瘍是因爲細菌感染寄生於胃部，破壞胃黏膜，導致胃部遭酸腐蝕而致。此發現推翻了過去對胃潰瘍的錯誤認知，使得胃潰瘍治療方向明確化，能夠選用**抗生素**治療，治癒率大幅提高，兩人因此在 2005 年共同獲得諾貝爾生理醫學獎。

圖 10-10　2005 諾貝爾生理醫學獎得主：巴瑞馬歇爾 (左)、羅賓華倫 (右)

10-4　胰與肝 (Pancreas and Liver)

食物通過胃幽門括約肌以後，進入十二指腸。此處，尚有胰臟和肝臟分泌的消化液，加入消化的過程 (圖 10-11)。

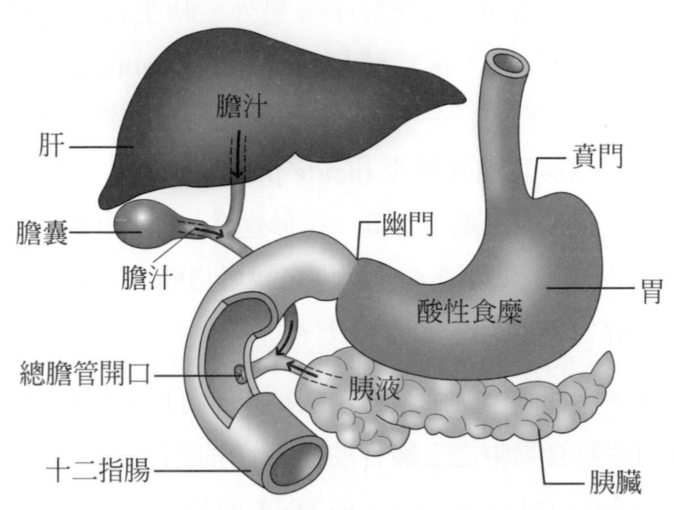

圖 10-11　胃、胰、肝之關係

胰臟位於胃的底下，同時具有內分泌與消化器官的功能。其內的**蘭氏小島 (islets of Langerhans)** 能分泌**胰島素 (insulin)** 與**升糖素 (glucagon)** 兩種激素，進入血管，來調整血糖。在參與消化作用時，胰臟內諸多的**胰腺泡 (pancreatic acini)** 結構 (圖 10-12)，會製造**胰液**。胰液的成份包含**胰蛋白酶 (trypsin)**、**胰凝乳蛋白酶 (chymotrypsin)**、**羧肽酶 (carboxypeptidase)**、**胰澱粉酶 (pancreatic amylase)**、**胰脂酶 (pancreatic lipase)**、**核糖核酸酶 (ribonuclease)**、**去氧核醣核酸酶 (deoxyribonuclease)**、還有**碳酸氫鹽 ($NaHCO_3$)**，以上的物質混合於胰液當中，由**胰管 (pancreatic duct)** 送出。

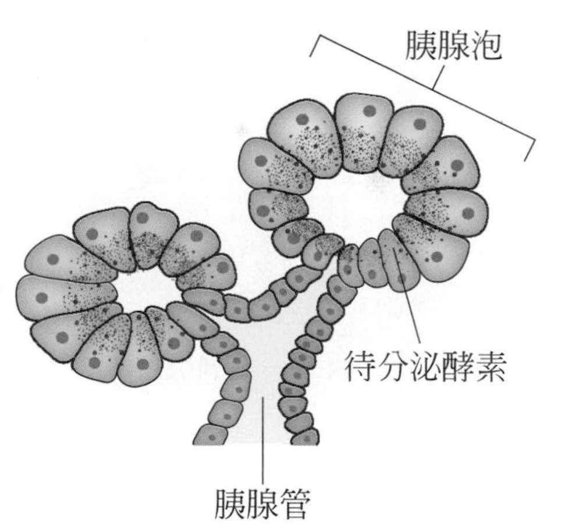

圖 10-12　胰腺泡

胰蛋白酶可以專一性地針對含有離胺酸或精胺酸兩種胺基酸的肽鍵進行切割，胰凝乳蛋白酶則針對含有酪胺酸、苯丙胺酸、色胺酸的肽鍵進行切割，使胰液可以繼胃液之後，對食物中的蛋白質分子進行進一步的分解消化，然而以上兩種酶都無法將蛋白質完全切割，致使其中之單一胺基酸釋放，此時，則需要羧肽酶的幫助，繼續對蛋白質分解，逐步釋出胺基酸分子。另外，胰蛋白酶及胰凝乳蛋白酶，在分泌時，也以酶原的形式存在，稱爲**胰蛋白酶原 (trypsinogen)** 與**胰凝乳蛋白酶原 (chymotrypsinogen)**，以免在分泌時，亦將胰臟消化分解。然而，在某些情況下，無約束之暴飲暴食，可能引發**急性胰臟炎 (acute pancreatitis)**。因爲大量進食，會大量增加胰液之分泌，導致胰腺泡內壓力升高。由於進食量增加，使食物排除速度緩慢，若在胰與小腸之間的開口發生堆積，已活化之胰蛋白酶，有可能因此倒流而損傷胰臟，造成急性組織溶解，死亡率達 40% 以上。

胰澱粉酶的功能，與口腔中之唾液澱粉酶相同，可以分解澱粉與肝糖，成爲麥芽糖分子。胰脂酶則可以將食物中之三酸甘油酯，分解成甘油與脂肪酸。核糖核酸酶與去氧核醣核酸酶，能夠將食物中的 RNA 與 DNA 成份，分解爲核苷酸單元。最後，碳酸氫鹽，因其解離後呈現鹼性的性質，使胰液爲鹼性，可以中和來自胃液的強酸，保護小腸與胰不受損傷。

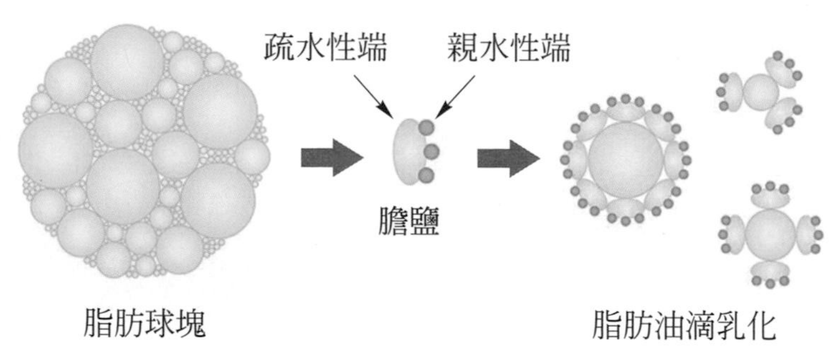

圖 10-13　乳化作用

肝臟是人體體積最大的器官，在消化系統中，能夠製造**膽汁 (bile)**，儲存於**膽囊 (gall bladder)**，有需求時，由**總膽管 (common bile duct)** 送出。膽汁的成份包含**膽鹽 (bile salts)**、**膽紅素 (bilirubin)** 與**膽綠素 (biliverdin)**。膽鹽是由肝細胞分泌的膽汁酸 (cholic acid) 與甘胺酸 (glycine) 或牛磺酸 (taurine) 結合而形成的鈉鹽或鉀鹽。其功能爲**乳化 (emulsification)** 脂肪 (圖 10-13)，藉由減少脂肪顆粒的表面張力，將大塊油脂分散爲小塊，增加其與脂肪酶接觸的表面積，因此幫助脂肪的消化。膽紅素與膽綠素則構成膽汁的顏色，爲衰老紅血球破壞之後，血紅素代謝的殘餘成份。如肝功能不良，紅血球破壞後，未能將血紅素殘餘送至膽汁，使其在血液中的濃度越來越高，就會造成**黃疸 (jaundice)** 的症狀。部分病人，若膽固醇過高，有可能在膽囊中造成**膽結石 (gall stone)** (圖 10-14)，阻塞膽管及總膽管，膽汁排放不良，也有可能造成黃疸，須以手術處理。

圖 10-14　膽結石

除了膽汁的製造及分泌以外，肝臟在代謝當中亦佔有重要之功能。酒精、藥物、毒物的代謝，都在肝臟中進行。肝臟也能進行**葡萄糖新生作用 (gluconeogenesis)** 提高血糖，進行**脫胺作用 (deamination)** 來分解胺基酸，還能製造部份的**血漿蛋白 (serum protein)** 如**白蛋白 (albumin)**，來穩定體液滲透壓。如肝功能不佳，白蛋白製造不足，病人會因血管內滲透壓下降而出現**水腫**的症狀。

胰液與膽汁的分泌，亦有神經反射與內分泌的調控機制。食物經胃部消化以後，混合著胃液，以食糜的形式，輸送入十二指腸。當胃幽門開啓時，進入十二指腸的食糜，會由神經偵測到其存在，訊號傳回腦，再經由反射機制，由自主神經傳回胰臟與肝臟，加強胰液與膽汁的分泌。食糜的酸性成份，會對十二指腸黏膜的細胞造成刺激，引發反應，製造出**胰泌素 (secretin)**，經由血液循環，流到胰腺，會增加胰液的分泌。而脂肪與胺基酸的成份，則能引發**膽囊收縮素 (cholecystokinin, CCK)** 的分泌。膽囊收縮素具有引發膽囊收縮，**歐迪氏括約肌 (sphincter of Oddi)** 的放鬆，以促使總膽管將膽汁排出的功能。胰泌素除了促進胰液的分泌之外，也對膽汁的製造有所協助；膽囊收縮素除促進膽汁分泌以外，也能加強胰液的製造。

胰泌素的發現，來自於 1902 年的生理學實驗。英國生理學家史達林 (Ernest Starling) 與貝禮士 (William Bayliss)，將狗麻醉後，切斷小腸與腦部迷走神經之間的連結，僅留下血管循環。之後將稀釋鹽酸注入十二指腸，不到一分鐘，即偵測到胰管內胰液分泌量的增加，能維持數分鐘之久；若將稀釋鹽酸注入血管，則無此現象。史達林與貝禮士進一步將十二指腸黏膜取下，磨碎之後，以稀釋鹽酸萃取，將萃取液注入到靜脈中，亦發現到胰液的分泌量增加。兩人提出「胰泌素」(secretin) 之名詞，用以描述其促進胰液分泌的特性，並確認胰液的分泌，除了神經反射的控制以外，還有化學訊息分子引發的途徑。

10-5 小腸 (Small Intestine)

小腸分為三段：**十二指腸 (duodenum)**、**空腸 (jejunum)**，以及**迴腸 (ileum)**(圖 10-15)。成年人的小腸約有 6 公尺。十二指腸的長度約為 21 ～ 25 公分，周圍有韌帶將其固定於肝及胃之下。空腸與迴腸則由**腸繫膜 (mesentery)** 固定於原位。在消化作用進行時，小腸會進行**蠕動 (peristalsis)** 與**分節運動 (segmentation)**，使其內部之食糜與消化液混合完全。十二指腸除了能夠分泌胰泌素與膽囊收縮素之外，還能分泌**腸抑胃激素 (enterogastrone)**，減少胃液之分泌而**十二指腸腺 (Brunner's gland，或稱布倫納氏腺)** 分泌鹼性黏液，可以中和胃液，並提供小腸消化酵素理想的作用環境。

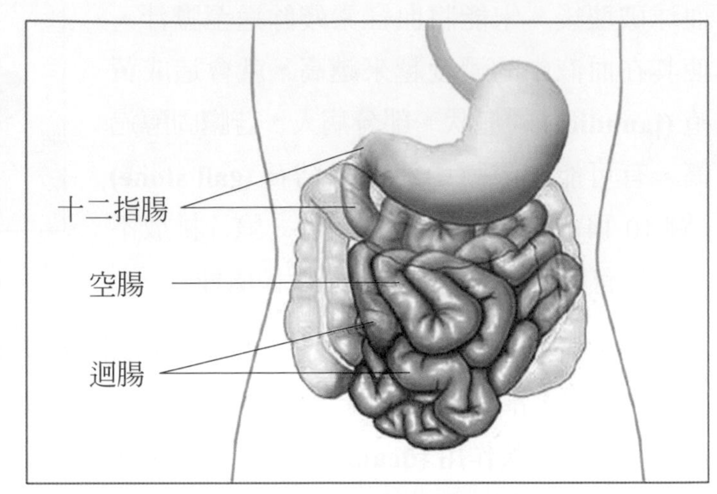

圖 10-15　小腸解剖構造

空腸長度約佔小腸之 40%，在十二指腸之後，可以繼續讓小腸內之消化液與食糜混合，碳水化合物、脂質、胺基酸、鈣離子及鐵離子的吸收主要發生在十二指腸和空腸，迴腸長度約佔小腸之 60%，其功能以營養吸收為主，主要吸收膽鹽、維生素 B_{12}、水及電解質。迴腸與大腸交界處存在由環形括約肌所構成的迴**盲瓣 (ileocecal valve)**，可控制從小腸流入大腸消化物的流速以及防止倒流。

小腸內部具有許多微小皺褶，皺褶表面密布許多**絨毛 (villi)**，為**單層柱狀上皮組織 (simple columnar epithelium)**，其上密布更多之**微絨毛 (microvilli)** 構造 (圖 10-16)。絨毛與微絨毛之功能，係擴張小腸內部營養吸收之總表面積，可達 250 平方公尺，有如一個網球場之面積，可加強營養吸收之效率。不同營養物質，在小腸之內吸收的方式有所不同，大致可分為**擴散作用 (diffusion)** 與**主動運輸 (active transport)**。水、脂肪酸、以及果糖，能以擴散的方式進入小腸絨毛。電解質、葡萄糖、胺基酸，與部分的三**分子**肽 **(tripeptides)** 及**雙分子**肽 **(dipeptides)**，則以主動運輸方式進入小腸絨毛上皮，過程牽涉到鈉離子的**共同運輸 (co-transport)**。

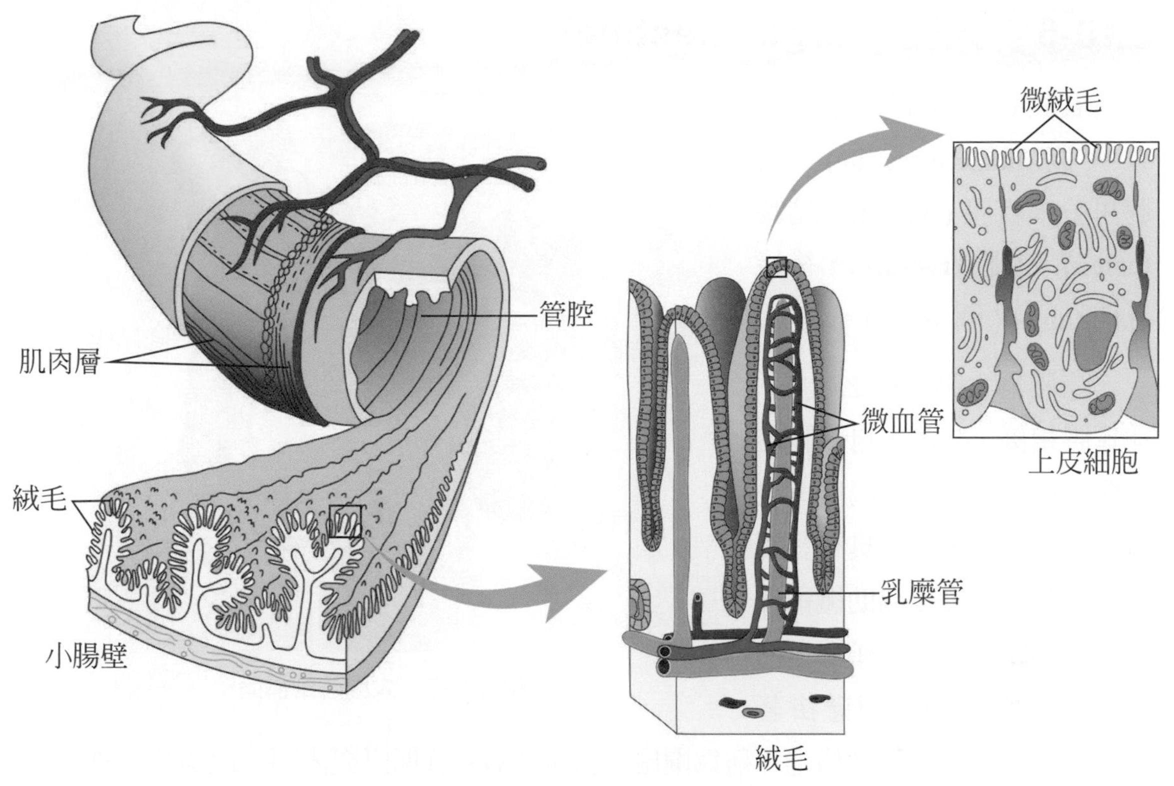

圖 10-16 小腸之微細結構

水溶性 (water-soluble) 的營養物質，與**脂溶性 (fat-soluble)** 的營養物質，進入小腸絨毛上皮之後，運輸的路徑亦有所分別。水溶性之養分如水、鹽類、胺基酸、單醣等，會進入小腸絨毛內之微血管，由血液運輸，匯聚到**腸繫膜上靜脈 (superior mesenteric vein)**，再進入**肝門靜脈 (hepatic portal vein)**，送入肝臟進行營養代謝的處理，而後血液從肝臟送出，自**肝靜脈 (hepatic vein)** 匯入**下腔靜脈 (inferior vena cava)**，而後回到心臟。脂溶性之養分如脂肪酸、甘油，以及脂溶性維生素，則在小腸絨毛上皮細胞內進行加工，成爲**乳糜小球 (chylomicron)** 的形式之後，進入小腸絨毛內之**乳糜管 (lacteal vessel)**；乳糜管會匯聚到**淋巴管 (lymphatic vessel)**，再匯入**胸管 (thoracic duct)**，向上運輸到**左鎖骨下靜脈 (left subclavian vein)**，進入血液循環，由**上腔靜脈 (superior vena cava)** 輸入右心房回收。

人類吃進肚子的各種食物消化及其產物的吸收主要由小腸來完成。因此，若小腸產生病變最直接的後果，便是營養素吸收困難。胃腸道病變和營養不良可說是互爲影響，如長期營養不良，特別是蛋白質或維生素攝取不足，常會出現小腸黏膜萎縮，絨毛變短、吸收功能變差，伴隨而來的是續發性吸收功能降低，對全身的生理功能有著嚴重的影響。

10-6 大腸 (Large Intestine)

食物通過小腸之後，進入**大腸 (large intestine)**。大腸可分為**盲腸 (cecum)**、**結腸 (colon)**、**直腸 (rectum)**，後接**肛門 (anus)**(圖 10-17)。

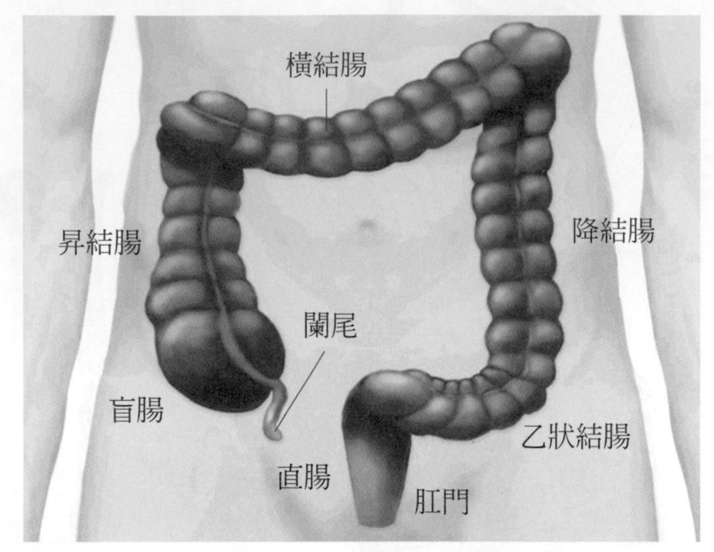

圖 10-17 大腸解剖構造

盲腸為大腸結構之起始，與迴腸相接，接收來自迴腸之食糜。草食動物之盲腸體積比例通常較巨大，內中具有許多共生之細菌，可以協助纖維素之消化，此功能在人類身上已經消失。盲腸的下面懸掛著一條末端無開口之管狀構造，稱為**闌尾 (appendix)**。近期研究表明，此處具有許多共生於腸道之益菌，維持腸道菌相之穩定，可以擔負部分抵抗外來致病菌入侵的角色。然而，若是闌尾與盲腸之間的連接處發生阻塞，導致血液循環不良，可能導致腫脹、組織壞死，而產生發炎，即為**急性闌尾炎 (acute appendicitis)**，將導致右下腹劇痛。如不緊急手術處理，有惡化成**腹膜炎 (peritonitis)** 之危險。

結腸則按其結構，分為**昇結腸 (ascending colon)**、**橫結腸 (transverse colon)**、**降結腸 (descending colon)**，與**乙狀結腸 (sigmoid colon)**。在消化功能進行時，能進行**集塊運動 (mass movement)**，將其內容物往肛門之方向推行。

大腸的主要功能為吸收水份、部分鹽類及維生素，儘管與小腸相比仍有差距。若大腸與小腸吸收水份的能力遭到干擾，例如霍亂弧菌感染，或是腸內共生菌相之穩定遭到侵襲或藥物破壞，將導致嚴重之下痢，可能導致脫水。大腸之腸內共生菌，可合成**維生素** B_{12} 與**維生素** K，促進人體之健康。當食糜之中的營養被吸收完後，剩下之殘渣，會與水份、纖維素、膽紅素、微生物、腸壁脫落的細胞，與少許鹽類混合，一起以糞便的形式排出體外。

本章複習

10-1 消化系統概論

- 動物自棲息環境中取得食物，透過口部進食，將食物攝取進入身體以後，碎化或分解，將其轉換成可以利用的小分子營養，此過程稱爲消化 (digestion)。依照其作用原理，分爲**化學性消化 (chemical digestion)** 及**物理性消化 (physical digestion)**。
- 人的消化系統，由**消化管 (digestive)** 及**消化腺 (digestive gland)** 組成。消化管自口腔開始，經過喉、食道、胃、小腸、大腸、直腸，至肛門；消化腺則包括唾腺、胃腺、胰腺、肝臟、小腸腺。

10-2 口的消化

- 口腔乃是消化的第一站，內含牙齒、唾腺以及舌頭，主要功能爲進食、磨碎和切斷食物，並對澱粉進行初步的分解。
- 口腔中有三對唾腺：**耳下腺 (parotid glands)**、**頷下腺 (submandibular glands)**、以及**舌下腺 (sublingual glands)**，皆可在受到刺激時分泌唾液 (saliva)，pH 值大約 6.8 ～ 7.0 左右。
- 若是賁門括約肌閉鎖不完全，胃液可能往上冒出，對食道黏膜造成刺激與不適感，稱爲胃食道逆流 **(gastroesophagealreflux disease，GERD)**，俗稱火燒心。

10-3 胃的結構與消化功能

- 胃的主體內有許多皺褶，含有許多胃小凹 (gastric pits)，胃小凹爲胃腺之所在。胃腺內含：**壁細胞 (parietal cells)**、**主細胞 (chief cells)** 與**黏液細胞 (mucus cells)**。壁細胞能夠分泌出鹽酸，爲胃酸主要成分；主細胞能夠分泌出胃蛋白酶原 (pepsinogen)，可幫助蛋白質分解；黏液細胞則分泌偏鹼性的黏液，用以保護胃壁不受胃液腐蝕。
- 胃液的分泌則可受神經與內分泌調控。當人體接收到食物的視覺、嗅覺、味覺刺激時，會透過**迷走神經**刺激胃腺的分泌。**胃泌素 (gastrin)** 藉著血液循環在胃組織中散播時，能夠增加胃液的釋放，更有效地進行食物消化，並延長食物在胃中的消化時間。
- 目前醫學已經證實大多數的胃潰瘍是因爲**幽門螺旋桿菌**感染寄生於胃部，破壞胃黏膜，導致胃部遭酸腐蝕而致。

10-4 胰與肝

- 胰臟位於胃的底下，同時具有內分泌與消化器官的功能。其內的蘭氏小島 (isletsof Langerhans) 能分泌**胰島素 (insulin)** 與**升糖素 (glucagon)** 兩種激素， 進入血管，來調整血糖。
- 胰液的成份包含**胰蛋白酶 (trypsin)**、**胰凝乳蛋白酶 (chymotrypsin)**、**羧肽酶 (carboxypeptidase)**、**胰澱粉酶 (pancreaticamylase)**、**胰脂酶 (pancreatic lipase)**、**核糖核酸酶 (ribonuclease)**、**去氧核醣核酸酶 (deoxyribonuclease)**、**還有碳酸氫鹽 ($NaHCO_3$)**，以上的物質混合於胰液當中，由胰管送出。
- 肝臟是人體體積最大的器官，在消化系統中，能夠製造**膽汁 (bile)**，儲存於膽囊，有需求時，由總膽管 (common bile duct) 送出。膽汁的成份包含 **膽鹽 (bile salts)**、**膽紅素 (bilirubin)** 與**膽綠素 (biliverdin)**。
- 除了膽汁的製造及分泌以外，肝臟在代謝當中亦佔有重要之功能。酒精、藥物、毒物的代謝，都在肝臟中進行。

10-5 小腸

- 小腸分爲三段：**十二指腸 (duodenum)**、**空腸 (jejunum)**，以及**迴腸 (ileum)**。
- 在消化作用進行時，小腸會進行**蠕動 (peristalsis)** 與**分節運動 (segmentation)**，使其內部之食糜與消化液混合完全。
- 不同營養物質，在小腸之內吸收的方式有所不同，大致可分爲**擴散作用 (diffusion)** 與**主動運輸 (active transport)**。

10-6 大腸

- 食物通過小腸之後，進入大腸。大腸可分爲**盲腸 (cecum)**、**結腸 (colon)**、**直腸 (rectum)**，後接**肛門 (anus)**，主要功能爲吸收水份、部分鹽類及維生素。
- 盲腸爲大腸結構之起始，與迴腸相接，接收來自迴腸之食糜。盲腸的下面懸掛著一條末端無開口之管狀構造，稱爲**闌尾 (appendix)**。近期研究表明，此處具有許多共生於腸道之益菌，維持腸道菌相 (microflora) 之穩定，可以擔負部分抵抗外來致病菌入侵的角色。
- 結腸按其結構，分爲**昇結腸 (ascending colon)**、**橫結腸 (transverse colon)**、**降結腸 (descending colon)** 與**乙狀結腸 (sigmoid colon)**。在消化功能進行時，能進行**集塊運動 (mass movement)**，將其內容物往肛門之方向推行。
- 大腸與小腸吸收水份的能力遭到干擾，例如**霍亂弧菌 (Vibrio cholerae)** 感染，或是腸內共生菌相之穩定遭到侵襲或藥物破壞，將導致嚴重之下痢，可能導致脫水。

Chapter 11

人類的循環系統 (Human Circulatory System)

向上帝借時間：葉克膜

ECMO (extracorporeal membrane oxygenation，俗稱**葉克膜**)，又名體外維生系統，是用於支持心肺衰竭的一種治療方式。最早於 1972 年由美國密西根大學外科醫生羅伯特．巴列特（Robert H. Bartlett）首次成功應用在急性呼吸窘迫症患者的治療。而後由臺大醫院前外科醫生柯文哲引入臺灣。

葉克膜由 : 血液幫浦 (blood pump)、氧合器 (oxygenator)、氣體混合器 (gas blender)、加熱器（heat exchanger）及各種動靜脈導管與監視器等部件所構成，其中血液幫浦和氧合器爲葉克膜核心部件，血液幫浦扮演代替患者心臟，氧合器則扮演代替肺臟的功能。

葉克膜除了能暫時替代患者的心肺功能，減輕患者心肺負擔之外，也能爲醫療人員爭取更多救治時間。

然而 ECMO 並不是治病的萬靈丹，換句話說，ECMO 只能向上帝爭取一點時間，但是並不能治療疾病本身，如果病人本身所罹患的是短期內不可能恢復或是無法治療之疾病，使用 ECMO 就只是在延長病人的死亡過程，病人仍舊會死於原本罹患的疾病，或 ECMO 所導致的併發症。

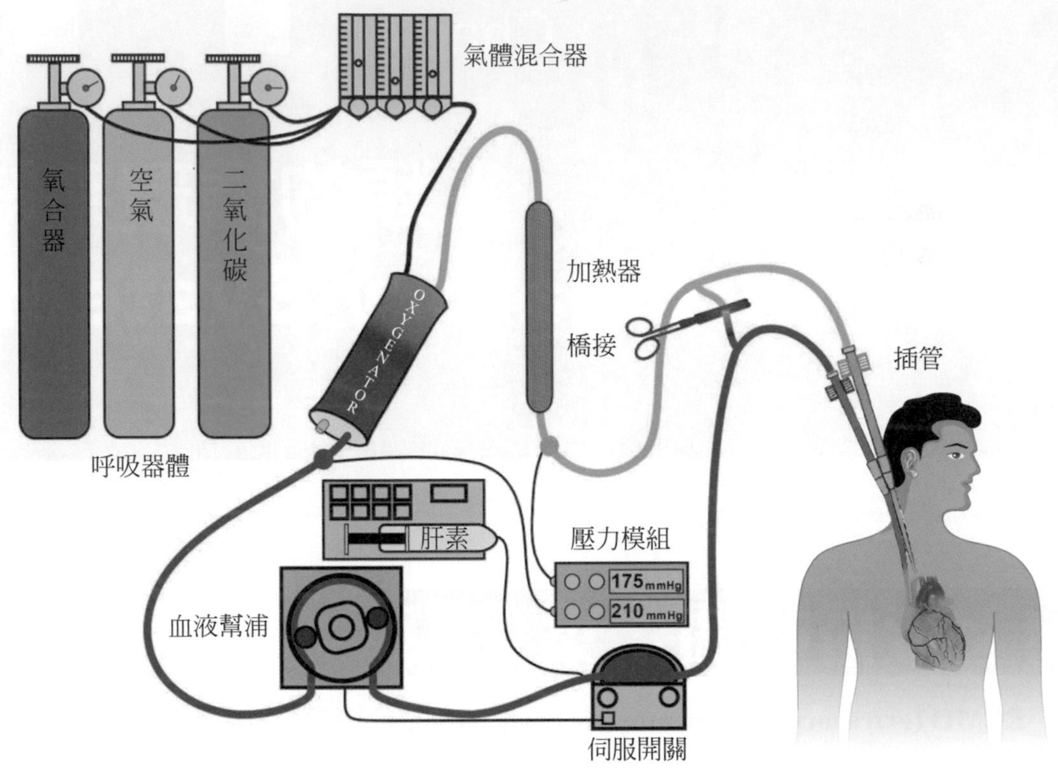

人體運輸體液的系統，分為血液循環以及淋巴循環，本章探討的主題，為血液循環系統。動物的血液循環系統分為兩種：**開放式循環系統 (open circulatory system)** 與**閉鎖式循環系統 (closed circulatory system)**(圖 11-1)。開放式循環系統見於**無脊椎動物 (invertebrates)**，如節肢動物 (arthropods) 像是昆蟲、蝦蟹，其體液為血球細胞、血漿以及組織液之混合，稱為**血淋巴 (hemolymph)**。採用開放式循環系統的動物，其心臟常為膨大之**管狀心 (tubular heart)**，將血淋巴朝身體組織的方向泵送出去，血淋巴進入組織以後，再藉由管狀心上之**心孔 (ostia)** 吸回，無完整之**血管系統 (vasculature)**；閉鎖式循環則具有完整之心臟、動脈、微血管、靜脈構造，其內血液之出心和回心，皆封閉在血管當中輸送。閉鎖式循環見於脊椎動物，蚯蚓 (earthworm) 是少數具有閉鎖式循環系統的無脊椎動物。

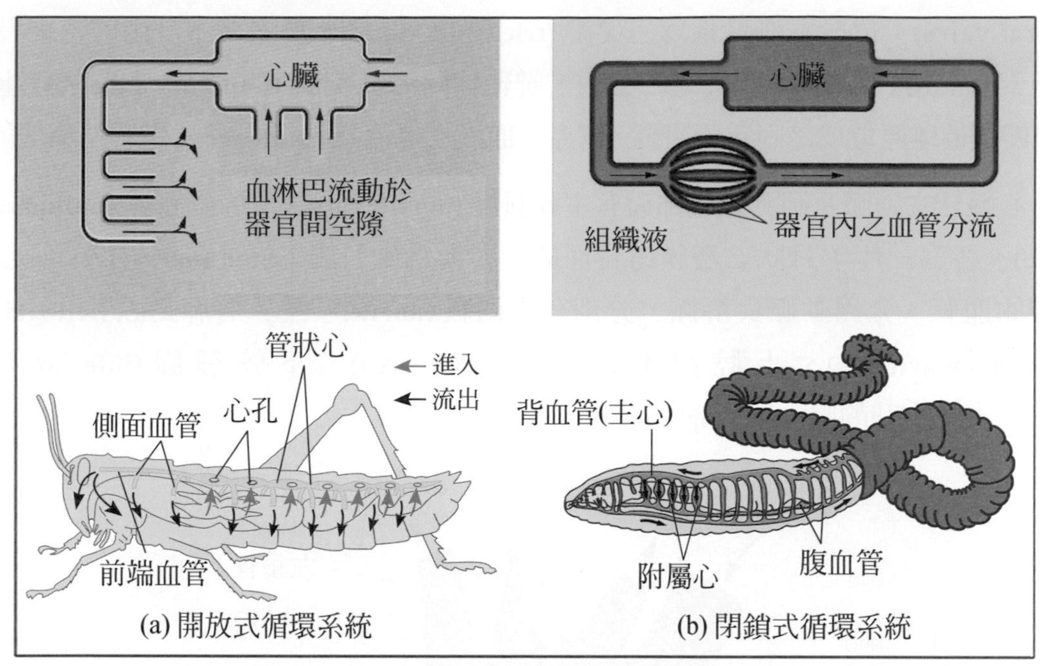

圖 11-1 (a) 開放式循環系統 (b) 閉鎖式循環系統

11-1 心臟與血液循環 (The Heart and Circulations)

(一) 心臟的構造 (The Structure of the Heart)

人類的心臟位於胸腔之內偏左，主體為**心肌 (cardiac muscle)** 構成，其外包圍有一層**心包膜 (pericardium)**，為結締組織構成，能分泌**心包液 (pericardial fluid)**，減少心臟感染的機會，並讓心臟搏動時能有所潤滑。

人類的心臟為二心房二心室之結構 (圖 11-2)。**心房 (atrium)** 由**心耳 (auricle)** 圍繞構成，在左、右心房之間，由**心房中膈 (interatrial septum)** 將其分開。胎兒時期，心房中膈上有一孔洞，稱為**卵圓孔 (foramen ovale)**，在出生之前，卵圓孔會漸漸封閉，將左右心房完全分隔；分隔之後，心房中膈上將有一呈現淺凹之構造，稱為**卵圓窩 (fossa ovalis)**。**心室 (ventricle)** 位於心房之下，上承來自心房的血液，其肌肉壁較厚，能將血液自心室壓縮送出，並承受輸送血液時的血壓。心臟內尚有**瓣膜 (valve)** 可以引導血液進行單方向的流動。位於心房與心室之間的稱為**房室瓣 (atrioventricular valve，AV valve)**，左右各一：位於左側者稱為**二尖瓣 (bicuspid valve)**，亦稱**僧帽瓣**

(mitral valve)；位於右側者稱爲**三尖瓣 (tricuspid valve)**。房室瓣本身由若干細長之**心腱索 (chorda tendineae)** 固定於心內，腱索則附於**乳突肌 (papillary muscles)** 上，如果瓣膜偏離原位或是固定不周全，將產生血液之**擾流 (turbulence)**，影響循環功能。

心臟於主動脈及肺動脈基部尚有**主動脈瓣 (aortic valve)** 及**肺動脈瓣 (pulmonary valve)**，各爲三片半月狀之瓣膜組合而成，亦稱爲**半月瓣 (semilunar valves)**。心臟周圍的血管，分爲動脈與靜脈，分別有**主動脈 (aorta)**、**左 / 右肺動脈 (left / right pulmonary arteries)**、**上腔靜脈 (superior vena cava)**、**下腔靜脈 (inferior vena cava)**、**左 / 右肺靜脈 (left / right pulmonary veins)**。

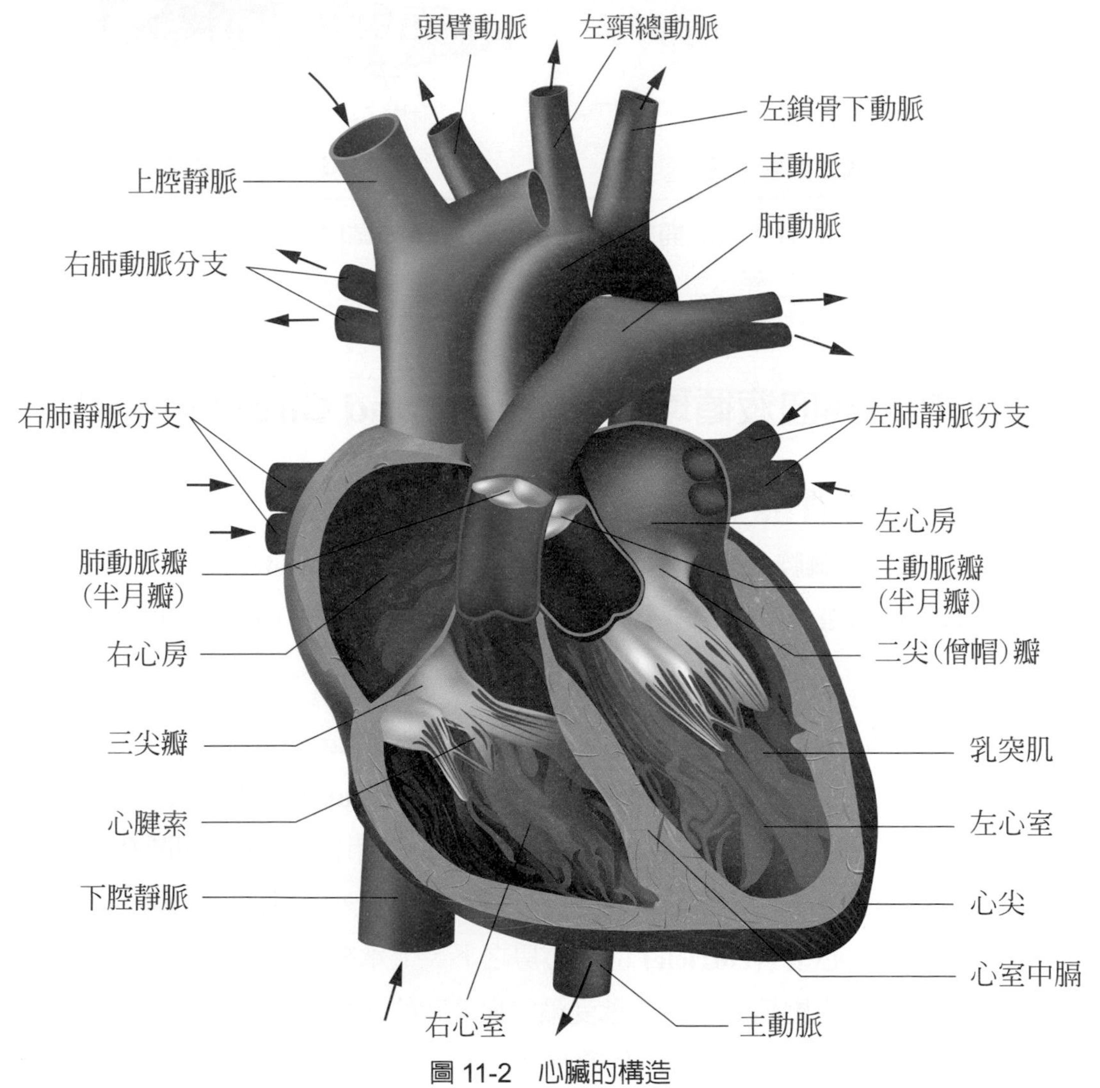

圖 11-2 心臟的構造

(二) 血液循環 (Blood Circulation)

人類的血液循環有四種路線系統：體循環、肺循環、門脈循環與冠狀循環。

體循環 (systemic circulation) 亦稱大循環，負責自心臟送出至主動脈，乃至於全身，血液的流動。當血液自左**心室 (left ventricle)** 出發，進入主動脈，依序將進入近端的**動脈 (arteries)**、較遠端的**小動脈 (arterioles)**，最終送入組織。在組織當中，血液由**微血管 (capillaries)** 分布運送，微血管管壁極薄，可供組織細胞與其之間進行**擴散作用 (diffusion)**，用以交換氧氣、二氧化碳、營養物質，與代謝廢物。通過微血管之後，血液進入**小靜脈 (venules)**，再進入較粗之**靜脈 (veins)**，最後，頭頸部及上肢之缺氧血，與軀幹及下肢之缺氧血，分別匯聚入**上腔靜脈 (superior vena cava)**、以及**下腔靜脈 (inferior vena cava)**，回收進入心臟的右**心房 (right atrium)**。

肺循環 (pulmonary circulation) 又稱小循環。當血液由右心房，經三尖瓣進入**右心室 (right ventricle)**，而後由右心室送出，進入肺動脈，分別流入左肺與右肺，在**肺泡 (pulmonary alveoli)** 內進行氣體交換，重新使氧氣進入**缺氧血 (deoxygenated blood)**，與**血紅素 (hemoglobin)** 結合，成爲**充氧血 (oxygenated blood)**。充氧血經由**肺靜脈 (pulmonary veins)**，自左肺及右肺流出，流回至左**心房 (left atrium)**，重新進入心臟，準備將高含氧的血液再一次供應全身。

門脈循環 (portal circulation)，係描述微血管與微血管之間的血液運輸。人體有兩處門脈循環構造，分別爲**肝門脈系統 (hepatic portal system)** 與**腦下腺門脈系統 (hypophyseal portal system**，於 16 章描述)。肝門脈循環於消化系統中佔非常重要之地位。小腸所吸收之水溶性之養分如水、鹽類、胺基酸、單醣等，進入小腸絨毛內之微血管，由血液運輸，匯聚到**腸繫膜上靜脈 (superior mesenteric vein)**，再進入**肝門靜脈 (hepatic portal vein)**，而後送入肝臟進行營養代謝的處理。

冠狀循環 (coronary circulation)(圖 11-3)，係供應**心肌細胞 (cardiocytes)** 之氧氣與養分需求，暨執行二氧化碳及代謝廢物清除之需要。冠狀循環由主動脈剛離開心臟之後，分支進入起始。**冠狀動脈 (coronary arteries)** 分爲左右兩支，分別提供左心與右心之需求，將氧氣與養分輸入微血管，對心肌細胞進行供應。心肌藉由微血管獲取氧氣與養分之後，其產生之二氧化碳及代謝廢物則由**冠狀靜脈 (coronary veins)** 攜帶清除，冠狀靜脈最後在心臟背側，匯聚成巨大的**冠狀竇 (coronary sinus)** 結構，注入右心房，完成冠狀循環。由於冠狀循環係直接供應心肌活動所需之氧氣與養分，如果發生阻塞，將直接對心臟造成重大之風險。在成年人，冠狀動脈可能因為血栓，或是血脂過高產生的堆積，而發生阻塞，將使心肌發生缺氧。缺氧之心肌細胞一旦壞死，將導致**心律不整 (arrhythmia)** 與**心絞痛 (angina pectoris)** 之症狀，嚴重者可致死，是為**心肌梗塞 (myocardial infarction)**，向來為台灣地區十大死因之前三名。

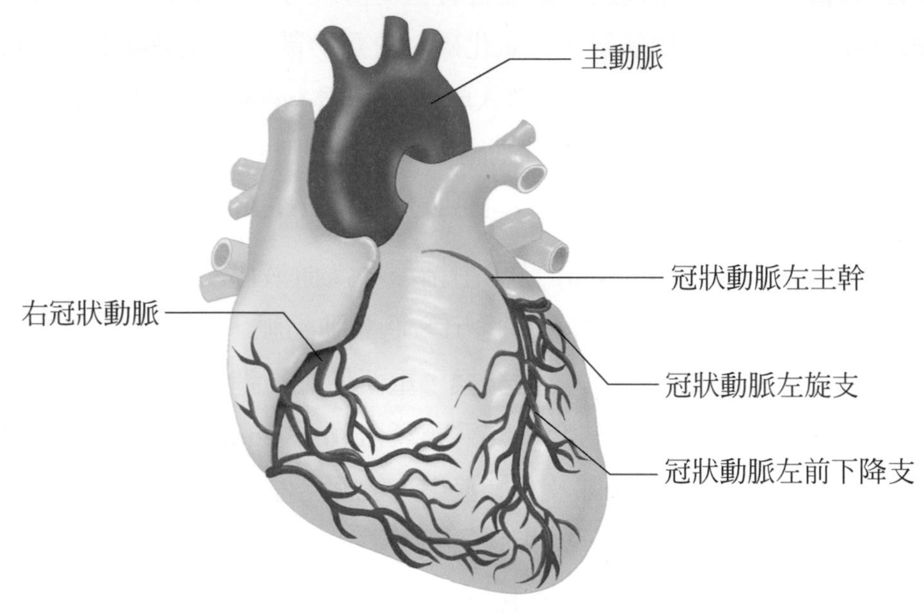

圖 11-3　冠狀動脈

(三) 心臟搏動的傳導 (The Conduction of Heart Beat)

心臟的搏動來自於心肌的收縮，而心肌的收縮則是由竇房結細胞膜的**自發性去極化 (spontaneous depolarization)**，產生的**動作電位 (action potential)** 所引發。**竇房結 (sinoatrial node，SA node)** 亦稱為**節律點 (cardiac pacemaker)** 是一小團特化的心肌細胞，位於右心房後側上方。心肌細胞與心肌細胞之間的連接處，稱為**心間盤 (intercalated disc)**，其內具有特殊的**縫隙連接 (gap junction)** 結構，如同隧道一樣，能允許離子直接通過，因此竇房結發出的電訊號，能夠快速傳遍整個心臟的所有細胞，造成心肌收縮。

竇房結發出電訊號以後，此動作電位會迅速傳過兩心房壁，使左右心房幾乎同時收縮。心房收縮的同時，動作電位會同時傳至位於心房中膈基部的**房室結 (atrioventricular node，AV node)**，房室結再將動作電位向下經由心室中膈，傳至**希氏束 (bundle of His)**，而後再傳至**浦金氏纖維 (Purkinje fibers)**，分布到左右心室，造成心室的收縮。

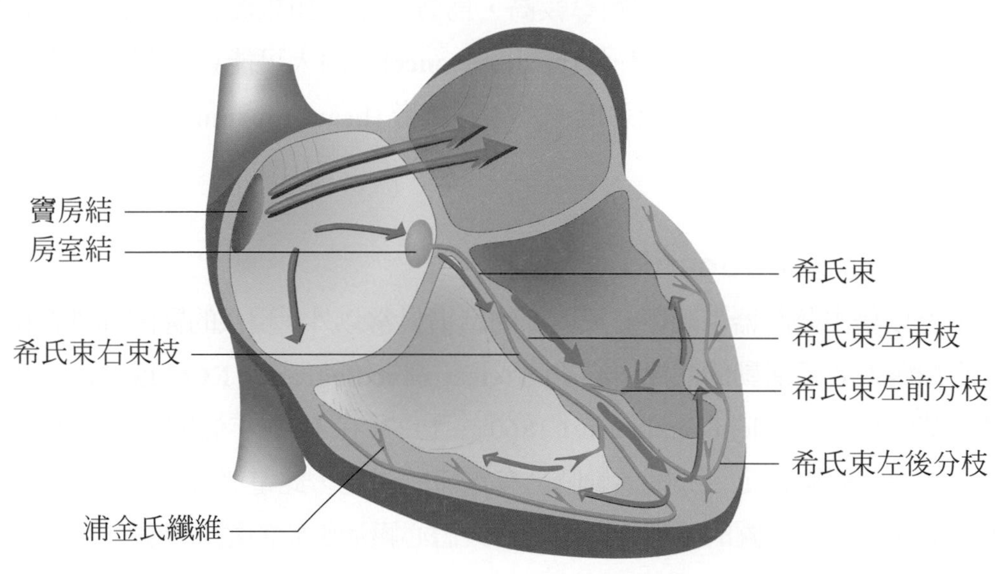

圖 11-4　心臟搏動的傳導

(四) 心搏 (Heartbeat)

心臟執行收縮時，處於**心縮期 (cardiac systole)**；執行舒張時，處於**心舒期 (cardiac diastole)**。當心臟執行完整的心縮與心舒行動時，稱爲**心週期 (cardiac cycle)**，成人大約 0.8 秒。心週期當中，包含**心房收縮 (atrial systole)**、**心房舒張 (atrial diastole)**、**心室收縮 (ventricular systole)** 與**心室舒張 (ventricular diastole)** 的行動。心房收縮時，其內壓力升高，將血液送入心室，心房舒張使靜脈血液得以回流；心室收縮時，心內壓升高，將其內之血液送出心臟，一次約 70 mL，稱爲**心搏量 (stroke volume)**，當心室舒張時，其內壓力下降，又可使心房之血液填充進入心室，準備下一次的收縮以及血液輸送。

心輸出 = 心率 × 心搏量 (CO = HR × SV)

(五) 心音 (Heart Sound)

每一次的心搏，透過**聽診器 (stethoscope)** 的聽取，可以獲得 lub-dub 兩個聲音，此稱爲**心音 (heart sound)**。心音分爲**第一心音 (1st heart sound)** 與**第二心音 (2nd heart sound)**。第一心音是由於心室收縮，房室瓣關閉，導致心室內血流的撞擊所產生，其頻率較低，爲時較長；第二心音則是由於心室舒張，半月瓣關閉，使其受主動脈與肺動脈內血流的撞擊所產生，其頻率較高，爲時較短。如果瓣膜出現缺損或是**脫垂 (prolapse)** 現象，導致瓣膜**閉鎖不全 (incompetence)**，病人可能會感到胸悶與缺氧的症狀，血液在心內將產生擾流或逆流，產生**心雜音 (heart murmurs)**，可由聽診器聽出。

(六) 心電圖 (Electrocardiogram)

除了可以藉由聽診器來聽取心臟內部的結構異常以外，現代的醫院亦經常使用心電圖來測知病人心臟活動的狀況。**心電圖 (electrocardiogram，ECG 或 EKG)** 爲荷蘭人威廉．艾因托芬 (Willem Einthoven，1860 ～ 1927) 在 1903 年發明，並曾獲得 1924 年諾貝爾生理醫學獎肯定。心臟活動時，有電流的產生，此電流可以被黏貼於人類體表的電極偵測到。心電圖的原理，即爲記錄人體心臟活動時的電氣活動，供專業人士判斷各種參數。最簡單的心電圖，可區分出 **P 波 (P wave)**、**Q 波 (Q wave)**、**R 波 (R wave)**、**S 波 (S wave)**、**T 波 (T wave)** 五種波形 (圖 11-5)。P 波的意義爲心房的去極化，間接對應到心房的收縮；Q、R、S 三個波，合稱 **QRS 複合波 (QRS complex)**，代表心室的去極化，間接對應到心室的收縮；T 波代表心室的**再極化 (repolarization)**，間接對應到心室的舒張。此五個波的波形，其寬度、高度、時間長短皆有規範，可做爲心臟疾病的診斷依據之一。如果從心電圖測得病人心臟失去正常活動規律性的話，爲**心律不整 (arrhythmia)**。

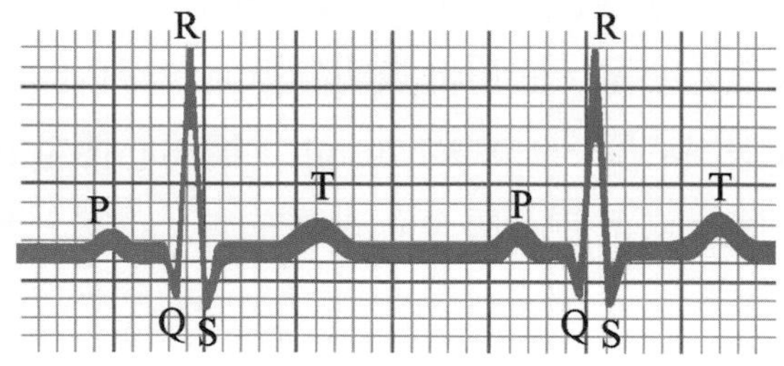

圖 11-5　心電圖

(七) 血壓 (Blood Pressure)

血液存在於血管內，作用於血管壁的壓力，稱爲**血壓 (blood pressure)**。心室的收縮，使血液送出心臟至血管中，係血壓維持的因素。越靠近心臟的動脈，血壓越大。血液流經動脈、小動脈，進入微血管。在微血管的極多分支中，血壓已經降低，到流入靜脈時，回到心臟時，則趨近於零。血壓的測量法則，爲記錄**血壓計 (sphygmomanometer)** 所獲取之**收縮壓 (systolic pressure)** 與**舒張壓 (diastolic pressure)**。正常青年人的標準血壓，爲 120/80 mmHg 。在休息狀態之下測量血壓，如超過 140/90 mmHg，可判定爲不正常的**高血壓 (hypertension)**，需要注意追蹤或就醫。高血壓的成因非常多，其中之一爲動脈彈性減退，造成**動脈硬化 (arteriosclerosis)** 所引發。動脈硬化有可能增加血管破裂，或是**血栓 (blood clot)** 形成的機率，導致心血管疾病與**腦中風 (stroke)**。如果不控制**血脂肪 (blood fats)**、**血膽固醇 (blood cholesterol)** 量的話，過量的血脂與膽固醇可能堆積在動脈壁內，減低動脈壁的彈性，並在動脈壁內造成不規則的**斑塊 (plague)**，使動脈狹窄，此爲**粥狀動脈硬化 (atherosclerosis)**，與心血管疾病高度相關。

11-2 血管 (Blood Vessels)

血管分爲**動脈 (arteries)**、**靜脈 (veins)**、**微血管 (capillaries)** 三種 (圖 11-6)。一般而言，血管自內而外可大致分爲三層，依序爲**內膜層 (tunica interna)**、**中膜層 (tunica media)**、**外膜層 (tunica externa)**。內膜層爲**內皮細胞 (endothelial cell)** 與**基底膜 (basement membrane)** 之合稱，中膜層含有**彈性纖維 (elastic fibers)** 以及**平滑肌 (smooth muscles)**，外膜層則爲**纖維結締組織 (fibrous connective tissue)** 構成。

動脈具備較厚之管壁，富含**彈性纖維 (elastic fibers)** 與平滑肌，彈性良好，能夠順應血液的灌流而延展，擴張其容量，與心搏節律性相同，稱爲**脈搏 (pulse)**。動脈往遠端發展成**小動脈 (arterioles)**，再分支成爲微血管，深入組織。微血管之管壁僅有一層**內皮細胞 (endothelial cell)** 之厚度，在組織中，藉由擴散作用提供氧氣、養分、二氧化碳、代謝廢物的交換。血液當中的**血漿 (plasma)** 如果滲出微血管到組織中，則稱爲**組織液 (interstitial fluid)**，即含有上述血漿中之物質。器官內部組織對氧氣與養分的需求高低，可以藉由調節微血管內血液的流量來達成。微血管與小動脈之間，有一群特殊之**微血管前括約肌 (pre-capillary sphincter)**，當其收縮時，會減少流入組織的血液分布量；如舒張，可以允許較多血液進入組織，供應組織的代謝需求；此種局部血液調節的方式稱爲**微循環 (micro-circulation)**。離開組織時，微血管匯合成**小靜脈 (venules)**，小靜脈再匯集成靜脈，將血液送回心臟。靜脈的管壁較薄，管腔較大，亦較缺乏彈性纖維，故彈性不如動脈，然其較大之管腔，使其具備暫時儲納血液之功能。靜脈當中尚有**靜脈瓣 (venous valves)** 之構造，可以防止血液在輸送方向上出現逆流。人體的下肢血液因受重力之影響，較不易回流心臟。靜脈瓣的存在，以及肌肉的收縮、姿勢的改變，可以幫助下肢的靜脈血液回流。如果瓣膜結構受損，導致靜脈血管變形、血液積聚，所造成之結果爲**靜脈曲張 (varix)**。

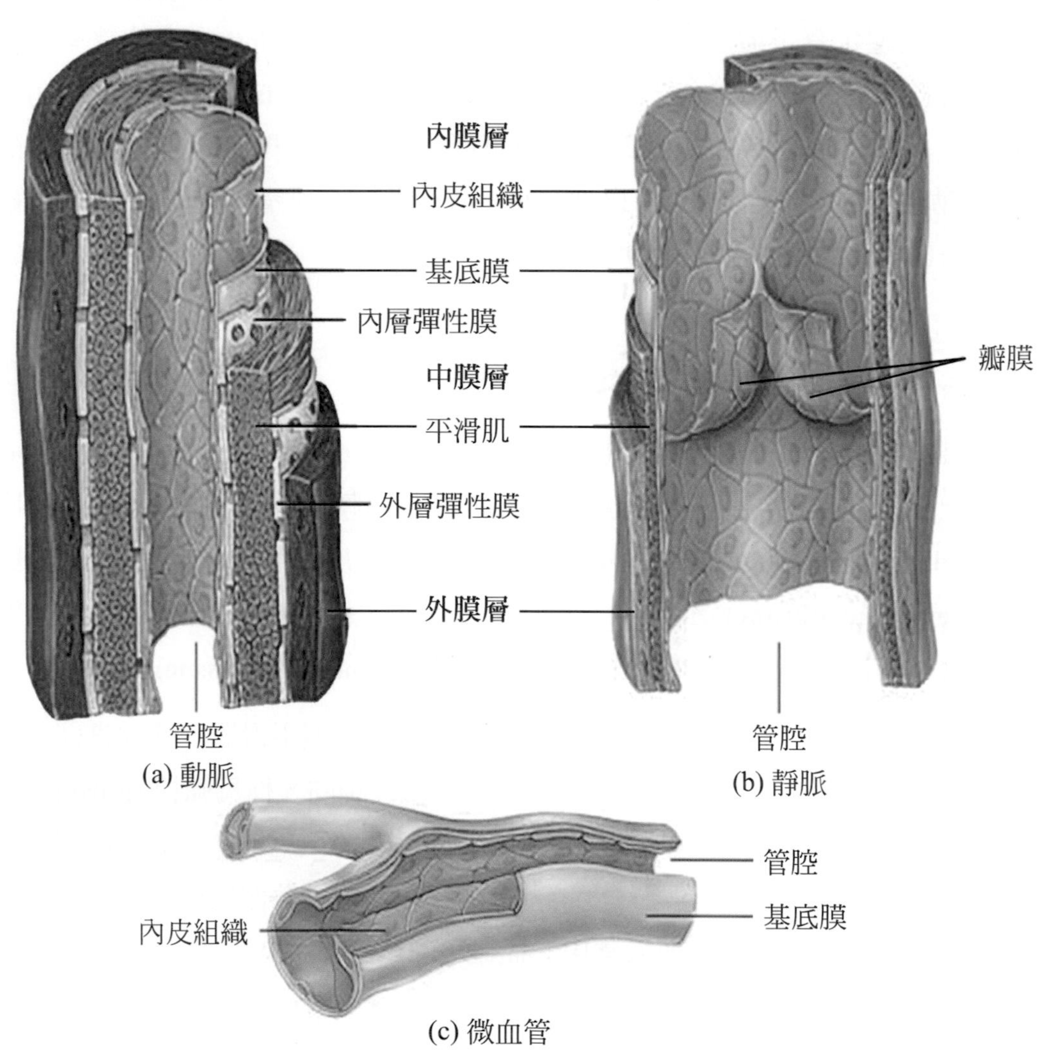

圖 11-6　血管的構造 (a)artery 動脈；(b)vein 靜脈；(c)capillary 微血管

11-3 血液 (Blood)

血液的酸鹼值大約為 pH7.4，其成分極為複雜。血液由**血漿**與**血球 (blood cells)** 共同構成 (圖 11-7)，其中血漿約佔 55%，血球約佔 45%，此比例關係稱為**血球容積比 (hematocrit)**。一成年人所含的**總血量 (total blood volume)** 大約是體重的 1/13。

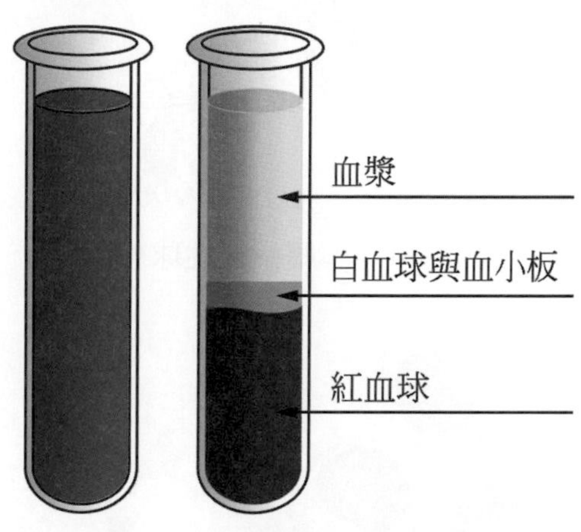

圖 11-7　血液離心後之結果

(一) 血漿 (Plasma)

血漿構成血液的液體成份，內含約 90% 的水，其餘為溶解於其中的許多有機物質與無機物質。血漿中具有許多種蛋白質，包括**白蛋白 (albumin)**、**血紅素 (hemoglobin)**、**脂蛋白 (lipoprotein)**、**抗體 (antibody)**、**荷爾蒙 (hormone)** 分子，以及各種**凝血因子 (coagulation factors)**。其他血漿中的物質尚包括氧氣，以及食物消化所得之小分子，例如胺基酸、單醣、脂肪酸、維生素、**電解質 (electrolytes)** 如 Na^+、K^+、Ca^{2+}、Mg^{2+}、Cl^-、HCO_3^- 等。細胞代謝之後產生的**氨 (NH_3**，極微量) 與**尿素 (urea)**，以及二氧化碳，也能溶於血漿中。檢驗這些物質的濃度高低，可以做為疾病診斷的參考。

血清 (serum) 則不同於血漿，為將血液抽出以後於室溫下靜置，凝固形成血塊 (或稱血餅) 之後，其上層澄清微黃色的液體。血清的成份與血漿大致相同，但不具有與凝血相關之蛋白質與凝血因子，或是已經經由特定方式除去。

(二) 血球 (Blood Cells)

血球有三種：**紅血球 (erythrocytes，RBC)**、**白血球 (leukocytes，WBC)**、以及**血小板 (platelets)**(圖 11-8)。

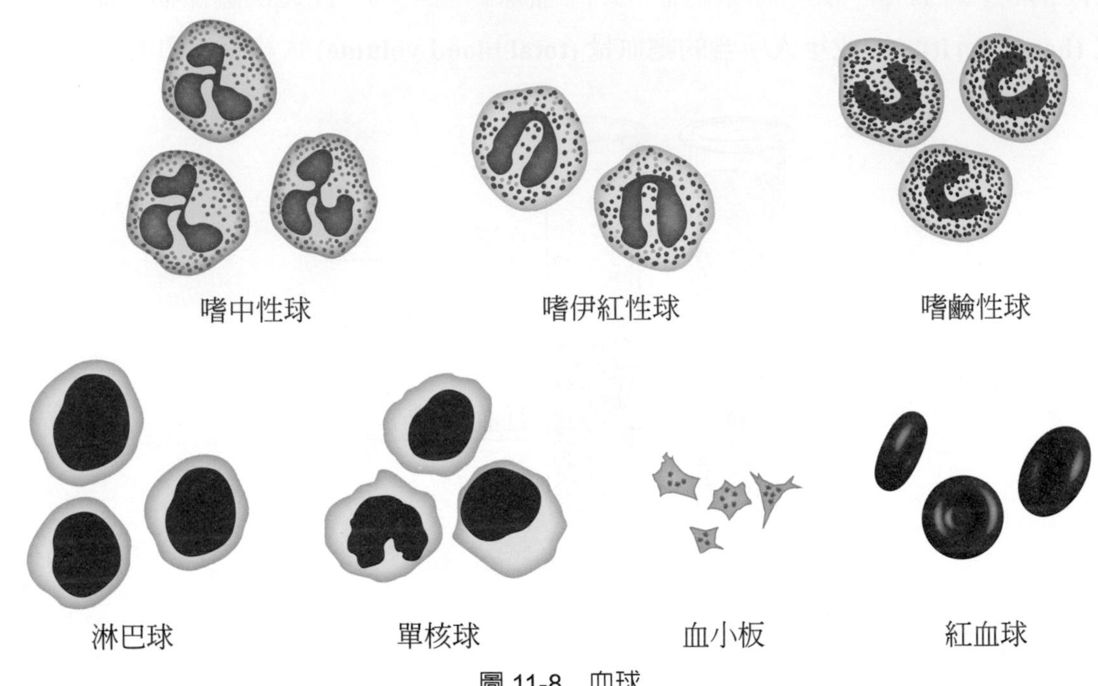

圖 11-8　血球

(1) 紅血球 (Erythrocytes)

紅血球是人體中數量最多的血球，形狀爲雙凹圓盤狀，直徑約 6 ～ 8 μm。成人的紅血球數目約爲 3.9 ～ 5.7 百萬 /μl (表 11-1)，男性的紅血球數目通常多於女性。紅血球由**紅骨髓 (red bone marrow)** 造血產生，成熟的紅血球方可進入血液中，哺乳類成熟的紅血球不具細胞核。

紅血球含有大量之**血紅素 (hemoglobin，Hb)**(圖 11-9)，可以攜帶氧氣。血紅素爲具有四個次單元 (含兩個 α 球蛋白及兩個 β 球蛋白) 之四級結構蛋白，每一個次單元內含一個輔因子與之結合，稱爲**血基質 (heme group)**。血基質爲**紫質環 (porphyrin ring)** 與**二價鐵離子 (Fe^{2+})** 共同構成。每一個血基質在充氧血的環境中，可以與一個氧分子結合，使血紅素成爲**氧合血紅素 (oxyhemoglobin)**，而在組織將其釋放。如紅血球或血紅素數目不足，病人將發生**貧血 (anemia)** 現象。除了與氧氣結合以外，血紅素亦可以與二氧化碳結合。然而，若是遭遇一氧化碳，因其與血紅素之結合力高於氧氣，故在一氧化碳洩漏或瀰漫的環境中，容易造成缺氧窒息事件，常有人員的傷亡，應當注意。

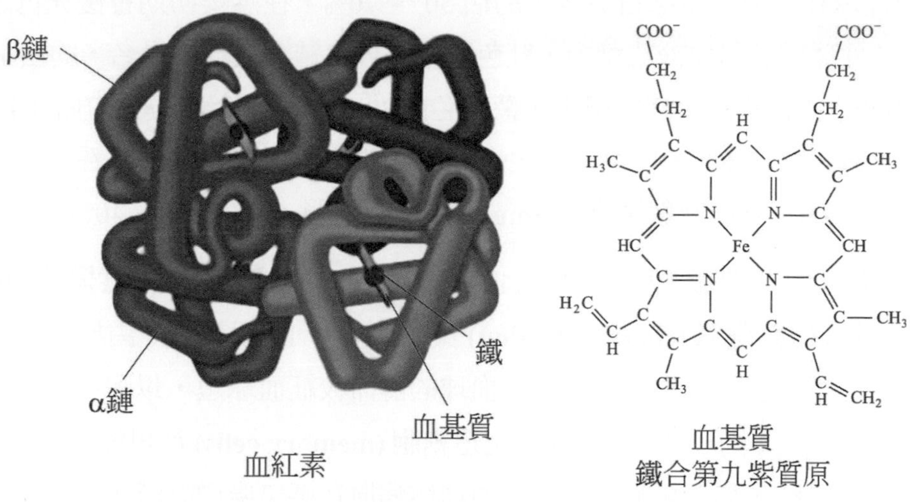

圖 11-9 血紅素

紅血球的平均壽命約爲 120 天，老化的紅血球因其細胞膜較爲脆弱，在流經脾臟時會被**脾竇 (splenic sinuses)** 組織內的柵狀**縫隙 (slits)** 擠壓而破碎，血紅素則由肝細胞代謝分解成爲膽汁的成分之一。正常人體紅血球生成的速度約等於其破壞的速度。紅血球的生成，需要的營養素包含二**價鐵 (Fe^{2+})**、**葉酸 (folate)** 以及**維生素 B_{12}(vitamin B_{12})**。另外，住在高山地區的居民，因空氣稀薄，腎臟分泌的**紅血球生成素 (erythropoetin，EPO)**，可以幫助其生成更多之紅血球，適應低氧分壓的環境。

(2) 白血球 (Leukocytes)

白血球在人體當中擔任免疫與防禦的功能，形狀爲球狀，其直徑常見約爲 10 ～ 15 μm。成人的白血球數目約爲 4,000 ～ 10,000/μl。白血球有細胞核、不具色素，可藉由**變形運動 (amoeba movement)** 穿出微血管壁進入組織之中，對**病原 (pathogens)** 進行辨識或攻擊。白血球可分爲五種：**嗜中性球 (neutrophils)**、**嗜伊紅性球** (eosinophils，或稱**嗜酸性球** acidophils)、**嗜鹼性球 (basophils)**、**單核球 (monocytes)** 以及**淋巴球 (lymphocytes)**。前三種因染色後可見其細胞質中具有**顆粒狀物質 (granules)**，被歸類爲**顆粒性白血球 (granulocytes)**；後二種因染色未見顆粒性構造，被歸類爲**無顆粒性白血球 (agranulocytes)**。

嗜中性球在白血球中數目最多，約佔 50 ～ 70%，在感染初期會優先抵達感染區域；嗜伊紅性球因其對血液染劑中，紅色酸性成分之結合性強而得名，約佔 1 ～ 4%；嗜鹼性球則得名於其對血液染劑中，藍紫色鹼性成分之結合性強，約佔 0.4%；單核球約佔白血球的 2 ～ 8%，在感染發生之後，會快速增長分化成更具吞噬力的**巨噬細胞 (macrophage)**；淋巴球與**免疫 (immunity)** 功能相關，約佔 20 ～ 40%。

白血球皆由紅骨髓製造，進入血液，淋巴球則需要在**淋巴器官 (lymphoid organs)** 中進行**株系選殖 (clonal selection)** 與活化，於 16 章詳述。由於吞食病原的行動，會對白血球自己造成損傷，多數白血球的壽命較紅血球短，以嗜中性球爲例，平均爲 5.4 天以內，但淋巴球分化而成的**記憶細胞 (memory cells)** 卻可能存活長達數年。當人體遭受感染時，如感染較嚴重，白血球與病原在感染處激戰時，混合組織、病原與白血球的殘餘碎片，成爲黃色或黃綠色的**膿 (pus)**，爲**發炎 (inflammation)** 的徵象之一。

(3) 血小板 (Platelets)

血小板由骨髓當中的**巨核細胞 (megakaryocytes)** 製造，在人體當中扮演凝血的角色。巨核細胞在生成血小板時，會發生破碎，流出之細胞質碎片進入血液循環當中，即爲血小板，其壽命約爲 4 天。血小板體積極小，無核、無色素。當組織受到損傷，血管破裂，接觸到破裂面的血小板凝集成爲暫時性的**團塊 (plug)**，並啓動一系列之生化反應，使破裂面堵塞，達到**止血 (hemostasis)** 的目的。

除了血小板以外，血漿當中的諸多蛋白質與**凝血因子 (coagulation factors)**，亦參與凝血的行動。當有傷口產生時，會活化凝血因子，產生極其複雜的**酵素催化系列反應 (enzymatic reaction cascade)**(圖 11-10)，使**凝血酶原 (prothrombin)** 轉變成**凝血酶 (thrombin)**。凝血酶可將**纖維蛋白原 (fibrinogen)** 催化成**纖維蛋白 (fibrin)**，爲疏鬆的網狀結構。血纖維蛋白能結合血球，隨著結合的數量增加，此一混合物即建構形成**血塊 (blood clot)**，用以封堵破裂的血管，達成止血的目的。凝血的過程當中，尙需要鈣離子以及**維生素 K(vitamin K)** 的參與。如凝血因子缺乏 (如**凝血第八因子 factor VIII** 或**凝血第九因子 factor IX**)，將導致凝血反應發生異常，病人即無法順利達成凝血，爲**血友病 (hemophilia)** 的成因。

表 11-1 成年人血球檢驗數據表

項目	直徑	數目
紅血球	6 ～ 8 μm	男性：5.4 百萬 / μl 女性：4.8 百萬 / μl
血紅素		男性：16 g / dl 女性：14 g / dl
白血球	10 ～ 15 μm	4,000 ～ 10,000 / μl
血小板	2 ～ 4 μm	20,000 ～ 50,000 / μl

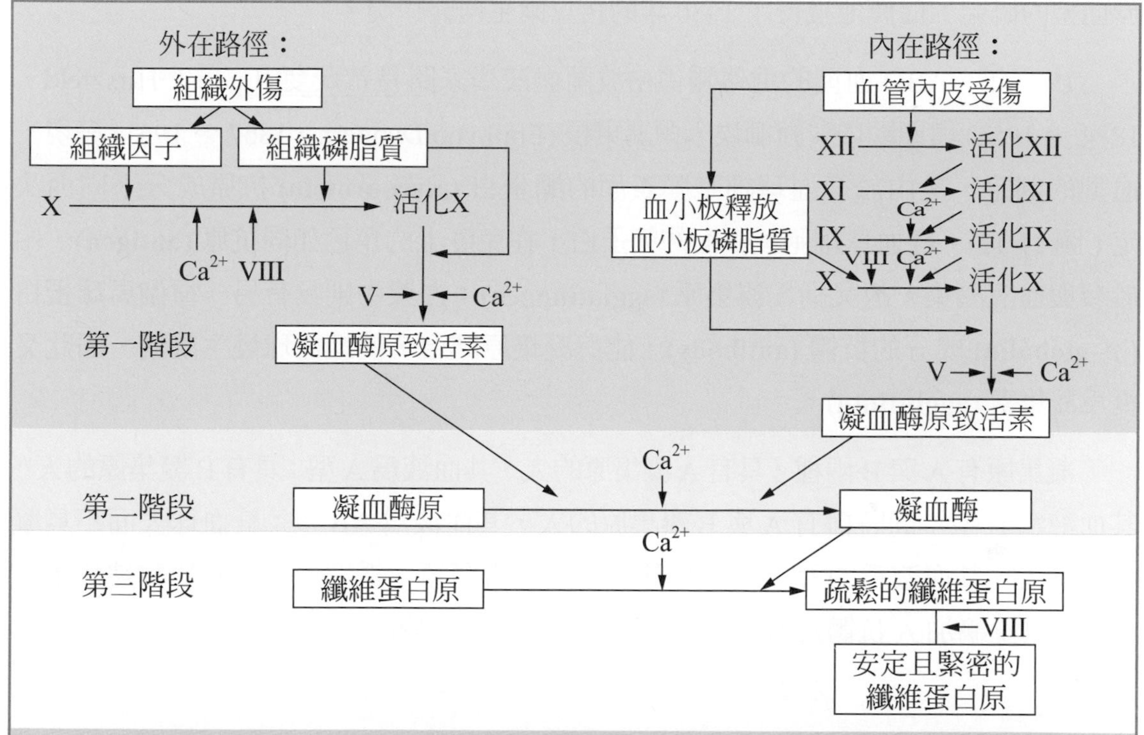

XII – Hageman 氏因子，一種絲胺酸蛋白酶 Hageman factor, a serine protease

XI – 血漿凝血原，先驅性絲胺酸蛋白酶 Plasma thromboplastin, antecedent serine protease

IX – Christmas氏因子，絲胺酸蛋白酶 Christmas facor, serine protease

VII – 穩定因子，絲胺酸蛋白酶 Stable factor, serine protease

XIII – 纖維蛋白穩定因子，一種轉麩胺醯酶 Fibrin stabilising factor, a transglutaminase

PL – 血小板細胞膜磷脂質 Platelet membrane phospholipid

Ca^{++} – 鈣離子 Calcium ions

TF – 組織因子 Tissue Factor

圖 11-10 凝血作用

(三) 血型與輸血 (Blood Types and Transfusions)

自英國醫學家威廉哈維 (William Harvey，1578 ～ 1657) 於 17 世紀發現人體循環系統的結構及原理以來，**輸血 (blood transfusion)** 的處置即不停地被嘗試，用以挽救大出血的病患。然而，無論是自動物輸血給人，或是人類之間互相輸血，其結果皆不理想，致死案例時有所聞，因此輸血的療法與技術並不普遍。

直至 1900 年，奧地利醫學家卡爾蘭施泰納 (Karl Landsteiner，1868 ～ 1943) 鑑定出了人類的 **ABO 血型系統 (ABO blood group system)**，得知不同血型的血液相混，會發生**凝集 (agglutination)**，而同血型的人互相輸血不會導致異常情形。蘭施泰納對於血型的研究，促使他獲得了 1930 年的諾貝爾生理醫學獎。

1910 年，ABO 血型的遺傳關係由波蘭血液學家路易希茨斐 (Ludwik Hirszfeld，1884 ～ 1954) 與德國內科醫師埃米爾馮東根 (Emil von Dungern，1867 ～ 1961) 發現。血型的判定，是由於紅血球細胞膜表面的**醣蛋白 (glycoprotein)** 抗原成分不同而決定 (圖 11-11)。紅血球細胞膜表面的糖蛋白，在免疫上的角色如同**抗原 (antigen)**，由於參與血液凝集，故又稱爲**凝集原 (agglutinogen)**；血漿中則具有另一種**伽馬球蛋白 (γ-globulin)** 成分的**抗體 (antibody)**，能與凝集原結合，使紅血球發生凝集，因此又稱爲**凝集素 (agglutinin)**。

凝集原有 A 與 B 兩種，具有 A 凝集原的人，其血液爲 A 型；具有 B 凝集原的人，其血液爲 B 型；同時擁有 A 與 B 凝集原的人，其血液爲 AB 型；紅血球表面不具凝集原的人，其血液爲 O 型。血型檢驗的原理相當簡單，採取血液二滴於載玻片上，分別在其上滴加 A 抗體及 B 抗體，藉觀察血液凝集反應的出現來判斷血型。

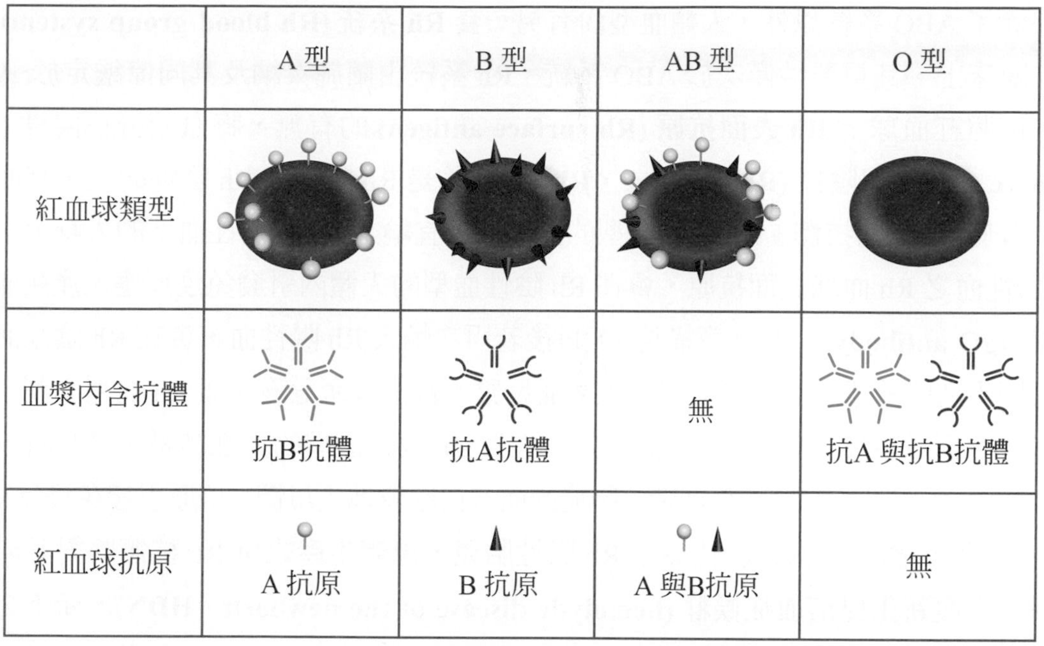

	A 型	B 型	AB 型	O 型
紅血球類型				
血漿內含抗體	抗B抗體	抗A抗體	無	抗A 與抗B抗體
紅血球抗原	A 抗原	B 抗原	A 與B抗原	無

圖 11-11　人類紅血球抗原與血漿抗體

不同的人類族群之間，其血型的分布比例可能有所出入，表 11-2 為某群體之人類血型分布比例的調查結果，可供參考。輸血時，應當再三確認**供血者 (donor)** 與**受血者 (recipient)** 的血型，以免發生血管內血液凝集與**急性溶血 (acute hemolysis)** 的危險。例如捐血者是 A 型，則其紅血球適合輸給 A 型與 AB 型的病人；O 型的人，紅血球上無任何抗原，被稱為**萬能供血者 (universal donor)**；AB 型的人，因其紅血球上同時具有兩種抗原，故僅可以輸血給同血型的人。

表 11-2　某族群血型分布比例調查表

血型	比例
O	47%
A	41%
B	9%
AB	3%

除了 ABO 系統以外，人類血型尚有另一套 **Rh 系統 (Rh blood group system)** 應用在臨床上，其重要性僅次於 ABO 系統。Rh 系統由蘭施泰納及其同僚鑑定於 1937 年，依照紅血球上 **Rh 表面抗原 (Rh surface antigen)** 的有無，將血液分爲**陽性 (Rh positive，Rh^+)** 與**陰性 (Rh negative，Rh^-)**。無論是 Rh 陽性或 Rh 陰性的人，其血漿當中皆無抗 Rh 的抗體。Rh 陽性血型的血液，不宜輸入至 Rh 陰性血型的人身上，因 Rh 陽性血之 Rh 血球表面抗原，會在 Rh 陰性血型的人體內引發免疫反應，產生 **IgG 抗體 (IgG antibody**，見 12 章描述)，日後若再次輸入 Rh 陽性血，會在 Rh 陰性血型的人體內造成前述之血液凝集與急性溶血反應，帶來致命危險。而 Rh 血型的判定，在婦產科極爲重要。若 Rh 陰性血型的女性與 Rh 陽性血型的男性結婚，懷孕時，胎兒可能爲 Rh 陽性。第一胎生產時，胎兒的血液自胎盤進入母體，抗原引發免疫反應，產生抗 Rh 抗體。若第二胎依然是 Rh 陽性胎兒，母體生產之抗 Rh 抗體將對其產生攻擊，引發**新生兒溶血症候群 (hemolytic disease of the newborn，HDN)**，產下之新生兒因紅血球受破壞，已罹患嚴重**黃疸 (jaundice)** 與**貧血 (anemia)** 之症狀，可致死，或留下神經系統之後遺症。與 Rh 陽性血相比，Rh 陰性血在人類族群中，多爲少數。白人族群約有 15% 的人口爲 Rh 陰性，華人族群爲 Rh 陰性者則少於 1%。

本章複習

11-1 心臟與血液循環 (The Heart and Circulations)

- 人體運輸體液的系統，分為血液循環以及淋巴循環。
- 動物的血液循環系統分為兩種：開放式循環系統與閉鎖式循環系統。
- 人類的心臟為二心房二心室之結構。
- 瓣膜可以引導血液進行單方向的流動。位於心房與心室之間的稱為房室瓣，左右各一：位於左側者稱為二尖瓣，亦稱僧帽瓣，位於右側者稱為三尖瓣 (tricuspid valve)。主動脈及肺動脈基部尚有主動脈瓣及肺動脈瓣，各為三片半月狀之瓣膜組合而成，亦稱為半月瓣。
- 人類的血液循環有四種路線系統：體循環、肺循環、門脈循環與冠狀循環。
- 人體有兩處門脈循環構造，分別為肝門脈系統與腦下腺門脈系統。
- 冠狀循環係供應心肌細胞之氧氣與養分需求，暨執行二氧化碳及代謝廢物清除之需要。
- 心臟的搏動來自於心肌的收縮，而心肌的收縮則是由竇房結細胞膜的自發性去極化，產生的動作電位所引發。
- 房室結，將傳來的興奮發生短暫延擱，保證心房收縮後再開始心室收縮。房室結再將動作電位向下經由心室中膈，傳至希氏束，而後再傳至浦金氏纖維，分布到左右心室，造成心室的收縮。
- 第一心音是由於心室收縮，房室瓣關閉，導致心室內血流的撞擊所產生，其頻率較低，為時較長；第二心音則是由於心室舒張，動脈瓣關閉，使其受主動脈與肺動脈內血流的撞擊所產生，其頻率較高，為時較短。

11-2 血管 (Blood Vessels)

- 血管自內而外可大致分為三層，依序為內膜層、中膜層、外膜層。內膜層為內皮細胞與基底膜之合稱，中膜層含有彈性纖維以及平滑肌，外膜層則為纖維結締組織構成。

11-3 血液 (Blood)

- 血液當中的血漿如果滲出微血管到組織中，則稱爲組織液。
- 血液由血漿與血球共同構成，其中血漿約佔 55%，血球約佔 45%。一成年人所含的總血量大約是體重的 1/13。
- 血球有三種：紅血球 (erythrocytes，RBC)、白血球 (leukocytes，WBC)、以及血小板 (platelets)。
- 紅血球由紅骨髓造血產生，成熟的紅血球方可進入血液中，其特徵爲不具細胞核。
- 血紅素，可以攜帶氧氣。血紅素爲具有四個次單元 (含兩個 α 球蛋白及兩個 β 球蛋白)，每一個次單元內含一個輔因子與之結合，稱爲血基質。血基質爲紫質環與二價鐵離子 (Fe^{2+}) 共同構成。
- 高山地區的居民，因空氣稀薄，腎臟分泌的紅血球生成素，可以幫助其生成更多之紅血球，適應低氧分壓的環境。
- 白血球可分爲五種：嗜中性球、嗜伊紅性球 (或稱嗜酸性球)、嗜鹼性球、單核球以及淋巴球。
- 單核球在感染發生之後，會快速增長分化成更具吞噬力的巨噬細胞。
- 血小板由骨髓中的巨核細胞製造。

Chapter 12

人類的免疫系統 (Human Immune System)

COVID-19

2003 年，全球爆發嚴重急性呼吸道症候群 (severe acute respiratory syndrome, SARS) 疫情，禍首是史上首見之嚴重急性呼吸道症候群冠狀病毒 (SARS coronavirus, SARS-CoV)，疫區主要在東亞與北美。2019 年底，首名不明原因病毒性肺炎的病例於中國 武漢市出現，卻與 2003 年的 SARS 不盡相同。經由遺傳分子檢驗定序以後，確認爲一種新型的冠狀病毒所引發，病毒被命名爲嚴重急性呼吸道症候群冠狀病毒二型 (SARS-CoV-2)，此種新型傳染病則被命名爲嚴重特殊傳染性肺炎，俗稱 2019 新型冠狀病毒肺炎 (Coronavirus Disease-2019, COVID-19)。由於爲史上首見，人類群體並無有效之免疫作用可以應對，加上此新型病毒比 SARS 更高之傳染性與更長的病程，以及群眾欠佳之警覺性與衛生習慣，使得本疾病造成傷亡嚴重的全球大流行。

COVID-19 發病以後，會出現嚴重的肺部感染，造成嚴重的肺部發炎，液體堆積導致肺部浸潤的症狀。如果未能治療成功，將造成病人呼吸衰竭而死；即使治療成功，也留下諸多後遺症。病原於 2020 年 1 月被確認爲冠狀病毒科的新成員後，全球各頂尖機構即分頭展開對此病毒的積極研究，同時以研究所得資訊，研擬疫苗的研發計畫。於 2020 年底，COVID-19 的疫苗開始逐步進入實際施打，期望能夠弭平已流行超過一年的全球性疫情。

對於微生物的知識，讓我們能了解各種病原，如細菌、病毒、眞菌等的殺傷性，以及防治之道。而免疫學的知識，則讓我們知道，人體有哪些策略可以應對各種的微生物感染，並利用免疫學的特性，想辦法研發疾病防治的方法。唯有了解微生物，也了解免疫，才能知己也知彼，在與微生物及傳染病共存的世界下，趨吉避凶，維持健康安全。當代的免疫學，已經貢獻於諸多疫苗的成功開發以及預防接種，如B型肝炎、肺結核、小兒麻痺、白喉、破傷風、水痘、日本腦炎、德國麻疹、流行性感冒。進行手術移植時，也需要考慮病人發生排斥作用的風險機率。惱人的過敏現象，則是免疫系統反應過度所造成。免疫學，可說是日常生活中最密切接觸的生物學原理之一。

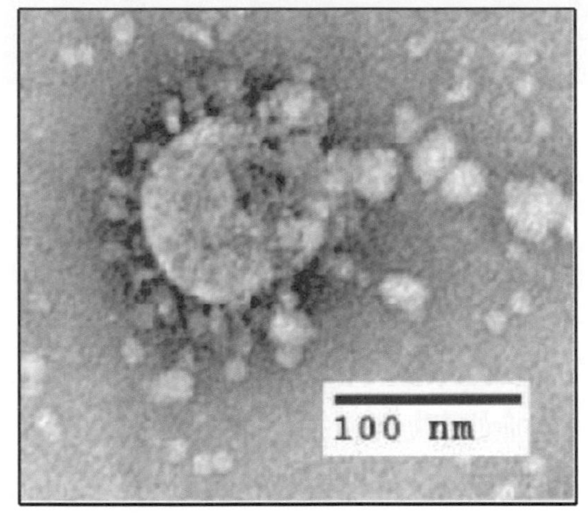

2013 年爆發 SARS 疫情之冠狀病毒 SARS-CoV，直徑僅不到 100 nm

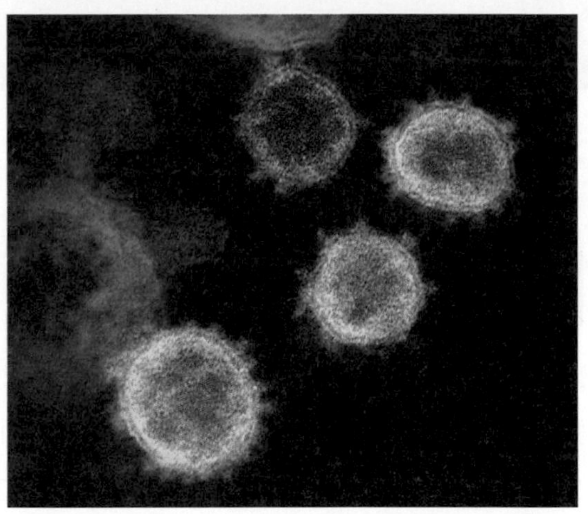

2019 年爆發 COVID-19 疫情之冠狀病毒 SARS-CoV-2，病毒表面用以感染宿主的棘蛋白冠狀結構清晰可見

在日常生活中，人體時時刻刻都暴露在微生物的環繞中，若是遭到致病微生物感染，而沒有將其消滅的話，即造成疾病的出現、傳染、流行，以及可能帶來死亡。因此，在長久的演化過程中，人體準備了非常精密的防禦機制，來爲自己提供保護。

防禦機制 (defence mechanism) 可以分為**非專一性防禦機制 (non-specific defence mechanism)** 與**專一性防禦機制 (specific defence mechanism)**。非專一性防禦機制，通常是描述皮膜組織的**物理性阻隔 (physical barrier)**，以及白血球的**吞噬作用 (phagocytosis)**，此種防禦機轉會盡其所能地阻止**病原體 (pathogens)** 入侵至體內，或是清除入侵至體內的外來異物。專一性防禦機制則是利用免疫反應，產生**抗體 (antibody)**，專一性地辨識特定病原與外來異物，其特色為具有專一性及效率高。本章將在之後的章節，逐一說明其細節。

12-1 先天性免疫 (Innate Immunity)

(一) 皮膜組織 (Mucosal Tissues)

人體的防禦機制尚可以三道防線的觀點視之。第一道防線為**皮膜**(或稱**黏膜 mucosa**) 的阻隔保障，第二道防線為白血球的吞噬作用，第三道防線則為免疫反應與抗體的產生，用以對抗入侵致病原。

第一道防禦為皮膜組織的阻隔障礙，位於人體最外層的皮膚，以及消化道、呼吸道、泌尿道、生殖道的內襯組織，為人體最直接接觸外在病原的場域。致病微生物的感染，乃是從以上各處的其中之一，入侵到人體當中，因此這些場域必須有良好的防禦機制，確保體內的安全。皮膚的**眞皮**當中具有**皮脂腺 (sebaceous gland)** 與**汗腺 (sweat gland)**，所分泌的油脂與汗液的混合物，其酸鹼值約為 pH4 ～ pH5.5，具有抑制細菌繁殖的功能。汗腺除了汗液以外，還會分泌**溶菌酶 (lysozyme)** 殺菌。此外，皮膚尚具有排列緊密，由十數層以上的死亡細胞構成的**角質層 (stratum corneum)**，可以有效防止微生物入侵至體內。因此如果皮膚有所創傷、破損、或是昆蟲叮咬，便將成為微生物感染的入口。

除了皮膚的汗液以外，淚腺所分泌的淚液、唾腺所分泌的唾液，也具有溶菌酶，分別在眼部及口部扮演防禦的角色。胃液當中的**胃酸 (gastric acid)**，為鹽酸成分的強酸，可以殺死經由飲食進入胃中的細菌。**氣管 (trachea)** 與**支氣管**的內襯上皮細胞，具有能夠分泌黏液的**杯狀細胞 (goblet cells)**，將藉由呼吸進入呼吸道內的微生物及外來異物黏附，同時利用**纖毛細胞 (ciliated cells)** 的不斷擺動，將其送至喉頭，經由咳嗽反應將異物排出體外，或滑入食道，然後落至胃裡，由胃酸分解。泌尿道與生殖道的化學環境通常為酸性且有共生菌叢存在，微生物在此環境下不易繁殖，亦有抑菌的功用。

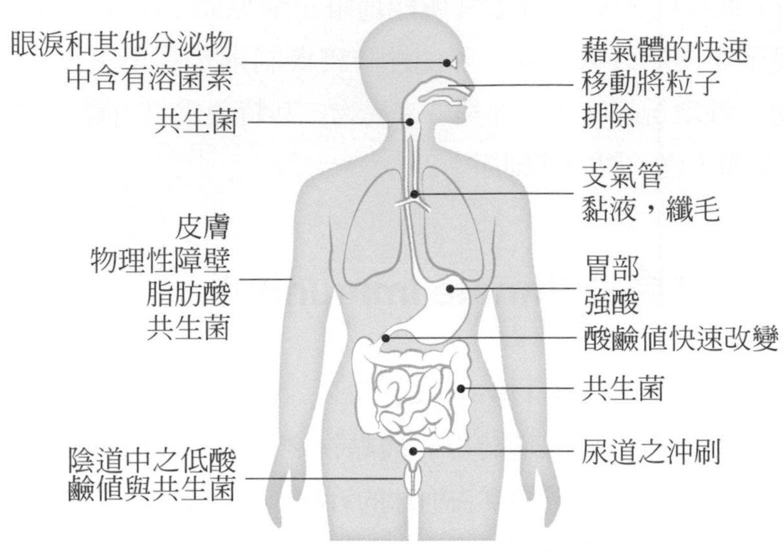

圖 12-1　人體的先天免疫機制

(二) 吞噬細胞 (Phagocytes)

如果有微生物突破第一道防線，進入體內，人體尚有其他方法來加以排除，亦即第二道防線。第二道防線包含**吞噬細胞 (phagocytes)** 的行動、**抗菌蛋白 (antimicrobial proteins)** 的作用、以及**發炎反應 (inflammation)**。吞噬細胞為白血球，含**嗜中性球 (neutrophils)**、**嗜伊紅性球 (eosinophils)**、**巨噬細胞 (macrophages)**。嗜中性球在細菌入侵時，是最先大量增殖的白血球，能夠穿出血管進入組織，對細菌進行攻擊與吞噬。然而攻擊並吞食細菌的過程之中，亦可能造成其損傷，故其壽命不長。嗜伊紅性球可以針對**寄生蟲 (parasites)** 進行攻擊。巨噬細胞則是由**單核球 (monocytes)** 分化而來，可以增長至原有體積之數倍，有效增加其攻擊力與吞噬強度 (圖 12-2)，壽命最長可達數月，巨噬細胞在吞噬外來物質後會將其分解並將其一小部分表現在細胞表面，並將其呈現給淋巴球，以建立專一性免疫防禦。

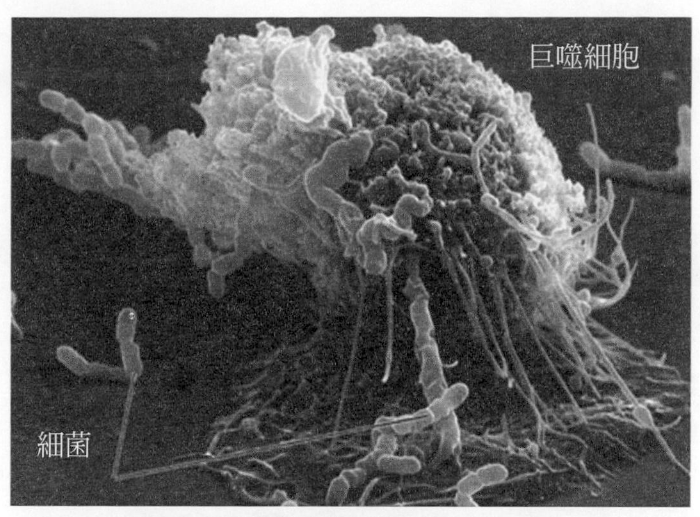

圖 12-2 巨噬細胞對細菌進行攻擊

(三) 抗菌蛋白 (Antimicrobial Proteins)

除了吞噬細胞以外，人體內尚含有一些蛋白質具有殺菌或抗菌的功能，被統稱爲**補體 (complement)**，存在於血液、組織液中，能夠增強免疫的啓動與作用。補體蛋白由肝臟製造，目前已經發現超過 20 種不同種類或形式的補體蛋白。一旦被活化發生後，補體蛋白會藉由特定的組合，參與在不同的防禦模式中。第一種模式，補體蛋白會組合形成**膜穿孔複合體 (membrane attack complex，MAC)**(圖 12-3)，在細菌的細胞膜上造孔，使水分進入細菌體內，破壞其滲透壓，造成其死亡，達成殺菌的功能。第二種模式是**促進發炎反應 (pro-inflammation activity)**，活化補體的聚集，引發**化學趨化作用 (chemotaxis)**，吸引白血球的聚集，增加細菌被吞噬的機率。第三種模式，稱爲**調理作用 (opsonization)**，補體蛋白活化後，會與細菌發生結合，黏附在細菌上，被補體黏附的細菌將更易於被白血球吞噬，促進殺菌。

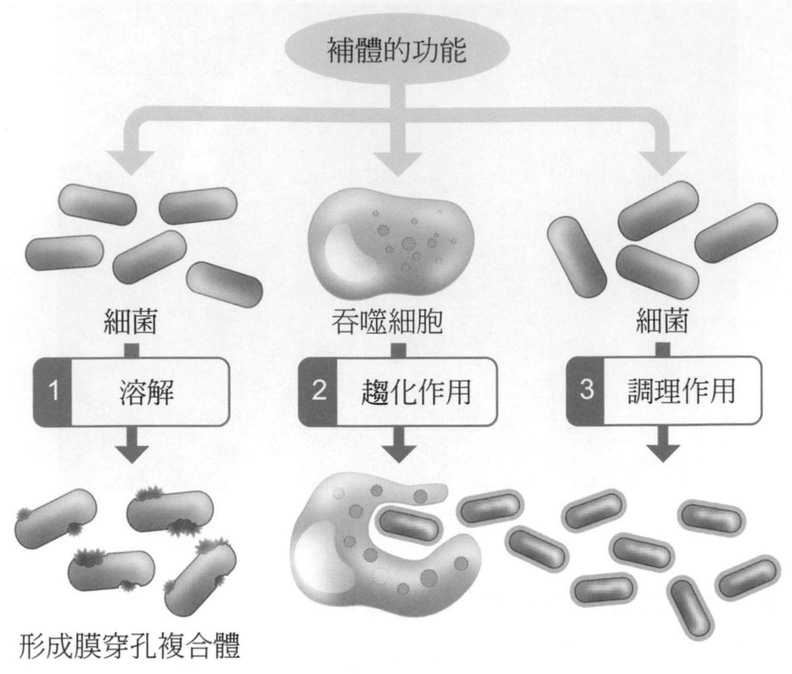

圖 12-3　補體蛋白形成膜穿孔複合體

除了補體以外，若是病毒入侵，尚有另一種可以針對病毒進行抑制的分子稱為**干擾素 (interferons，IFNs)**，其成分為**醣蛋白 (glycoprotein)**。當病毒入侵時，被感染的細胞會製造出干擾素，釋放至鄰近尚未受感染的細胞，鄰近的細胞接收到干擾素後，會調節啓動自己內部的病毒防禦機轉，抑制病毒的複製活性，或是摧毀病毒的RNA，來達成抑制病毒的目的。干擾素不直接殺死病毒，但可以使病毒的增殖減緩，讓免疫系統取得優勢。

(四) 發炎反應 (Inflammatory Response)

當細菌或病毒入侵，造成組織感染時，感染區域的組織會釋出眾多化學物質，促進**發炎反應 (inflammatory response)**(圖 12-4)，稱為**發炎物質 (inflammatory substance)** 或**發炎介質 (inflammatory mediators)**。感染區域組織當中的**肥大細胞 (mast cell)** 分泌的**組織胺 (histamine)**，能夠引發血管擴張、血管通透性增加，以增加血流、促使白血球聚集，並穿透血管至組織對抗病原。血流的增加，造成組織出現**紅 (redness)** 與**熱 (heat)** 的現象；血管通透性增加，水分滲出，造成組織**水腫 (swelling 或 edema)**；發炎物質的作用也會刺激神經，使組織產生疼痛。故發炎的四大徵象為紅、熱、腫、痛。發炎反應的其中一項目的，是引發嗜中性球的聚集，與巨噬細胞的增生，以對抗入侵之微生物，然而若是感染情況較爲嚴重，無法立即將病原清除，則可在感染處見到黃綠色的**膿 (pus)**，爲死亡之白血球、死亡之組織細胞，以及微生物的殘餘碎片，所形成之混合物。

微生物感染造成的發炎反應，會導致局部組織的紅熱腫痛。另一方面，如果感染程度嚴重，有可能導致**發燒 (fever)**。發燒的目的是藉著溫度的升高，來抑制某些細菌的生長或繁殖，並提升免疫反應的效率，然而若是發燒失控，體溫過高，有致命的危險，需要立即送醫處置。

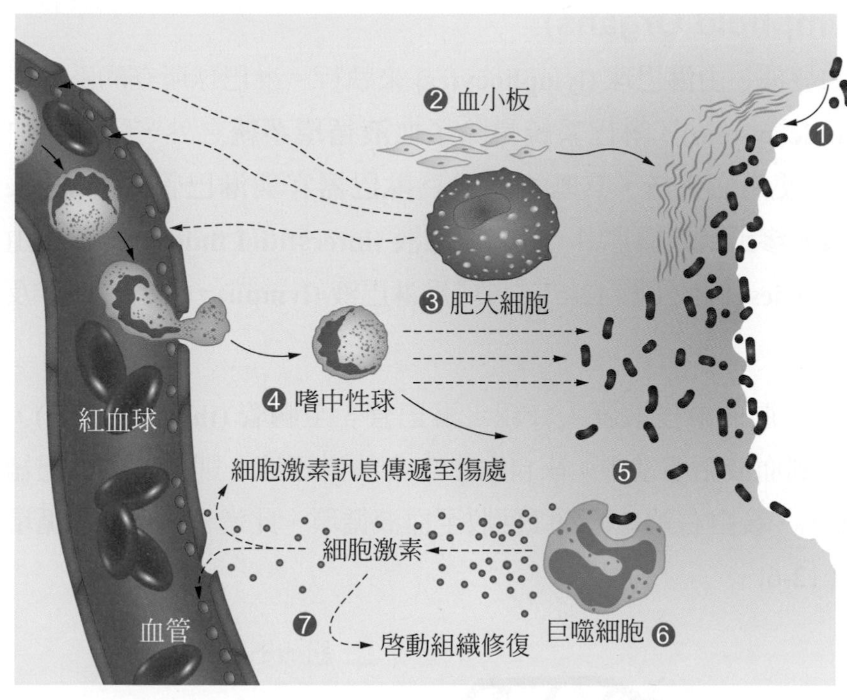

❶ 細菌與其他致病原進入傷口處

❷ 血液中的血小板釋放凝血因子於傷處

❸ 肥大細胞分泌化學因子調節血管舒張、血管收縮，造成傷處血液、血漿、與血球流通量增加

❹ 嗜中性球分泌可殺菌之化學因子

❺ 嗜中性球與巨噬細胞以吞噬作用除去病原

❻ 巨噬細胞分泌細胞激素，吸引更多免疫細胞前來傷處，並活化細胞參與組織修復

❼ 發炎反應持續進行，直至入侵物排除，及傷口修復完畢

圖 12-4 發炎反應

12-2 後天性免疫 (Acquired Immunity)

前述提及皮膜阻隔、白血球吞噬作用、抗菌蛋白、發炎反應等，乃是每一個人與生俱來的共同免疫途徑，因此稱爲**先天性免疫 (innate immunity)**。本節將談論另一種形式的免疫途徑，由於在出生之後經歷不同環境的刺激與形塑，造成人人發展與表現不同，故稱爲**後天性免疫 (acquired immunity)**，或**適應性免疫 (adaptive immunity)**。

(一) 淋巴器官 (Lymphoid Organs)

後天性免疫功能的發揮，由**淋巴球 (lymphocytes)** 來執行。淋巴球所在的系統，稱爲**淋巴系統 (lymphatic system)**。淋巴系統是除了**血液循環系統**之外，特別爲白血球及免疫相關物質所使用之系統，其基本組成爲**淋巴器官**與**淋巴管 (lymphatic vessels)**。血液中之血漿如滲出到組織當中，成爲**組織液 (interstitial fluid)**，組織液由**微淋管 (lymphatic capillaries)** 回收 (圖 12-5)，會成爲**淋巴液 (lymph)**，內含白血球及抗體。

來自左上半身以及下肢的淋巴液匯入較粗之淋巴管，至**胸管 (thoracic duct)**，後由左鎖骨下靜脈回收到血液循環當中；來自右上半身的淋巴液，則匯入**右淋巴總管 (right lymphatic duct)**，後由右鎖骨下靜脈回收至血液循環，此過程稱爲**淋巴循環 (lymph circulation)**(圖 12-6)。

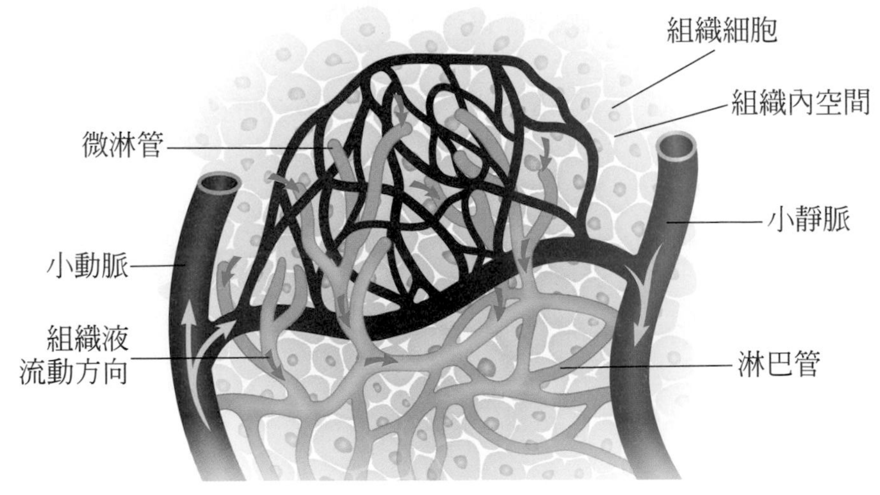

圖 12-5　組織液經微淋管回收成為淋巴液

淋巴循環的功能，為收集組織液回收至血液循環，協助淋巴細胞與抗原接觸並誘發免疫反應，以及幫助脂肪的吸收與運輸。值得注意的是，淋巴循環只有回心方向，無出心方向。淋巴液的流動，除了靠淋巴管內瓣膜維持單一方向輸送以外，淋巴管壁平滑肌的收縮、身體骨骼肌的收縮，以及姿勢的改變，皆可幫助淋巴液的流動。

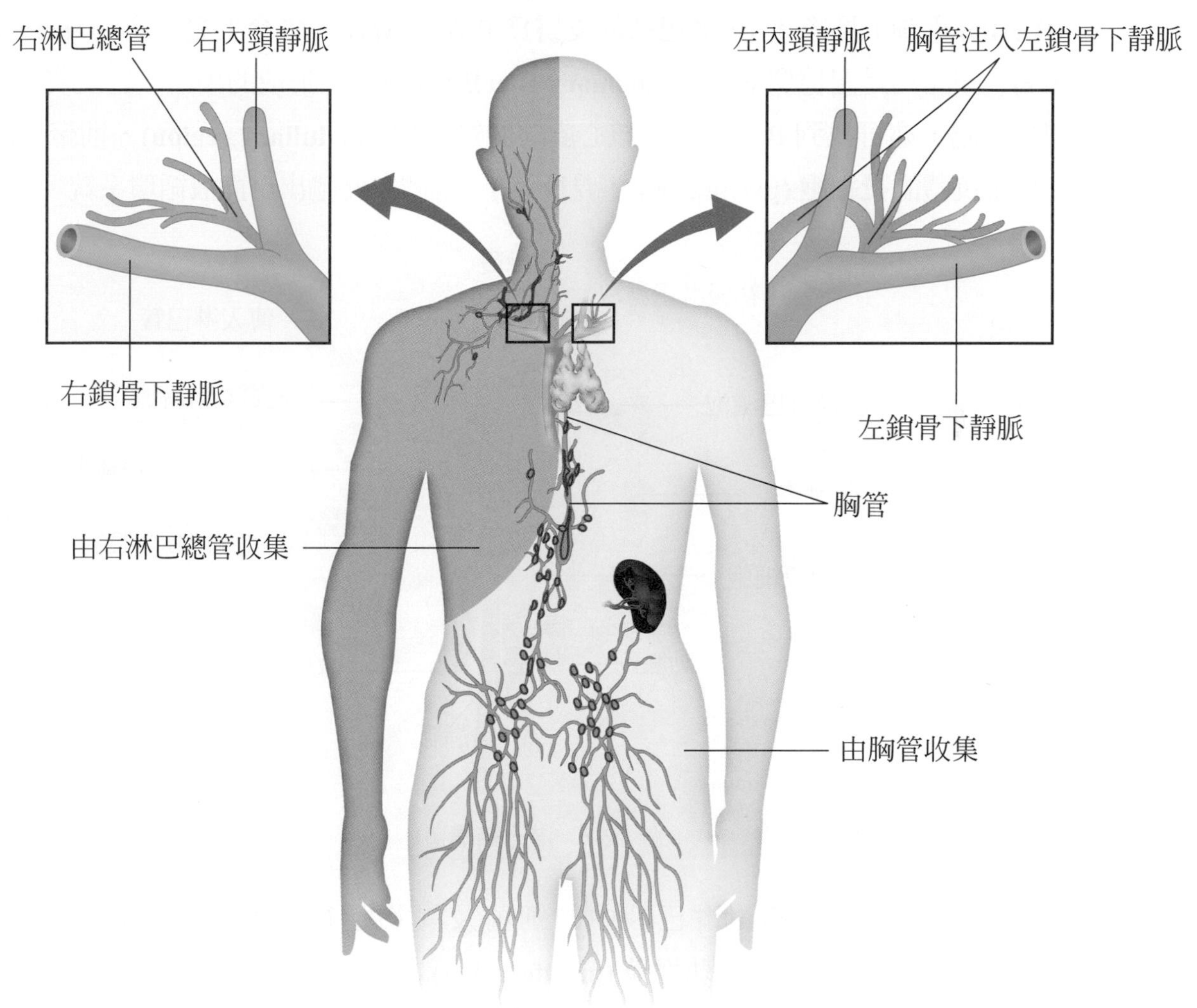

圖 12-6　淋巴循環

在淋巴液流回血液循環系統之前，會經過許多滿布全身的**淋巴結 (lymph nodes)**。淋巴結或稱**淋巴腺 (lymph glands)**，外觀爲卵圓形或腎形，直徑大約 1 公分至 2 公分，是許多淋巴球聚集的場所。淋巴結內含多層結構 (圖 12-7)，最外層爲**緻密結締組織**的膜包覆，內層則有位於外側的**皮質 (cortex)**，近內側的**副皮質 (paracortex)** 與最內側的**髓質 (medulla)**。淋巴球分爲 **T 細胞 (T cells)** 與 **B 細胞 (B cells)** 兩種 (見後述)，淋巴結的皮質爲 B 細胞所在，內含**生發中心 (germinal center)**，被認爲是**記憶型 B 細胞 (memory B cell**，見後述) 形成的場所；副皮質爲 T 細胞聚集處，亦可找到 B 細胞；最核心處的**髓質區域 (medullary region)**，則聚集許多能分泌抗體的**漿細胞 (plasma cells**，見後述)，抗體由此輸出至血液循環系統。

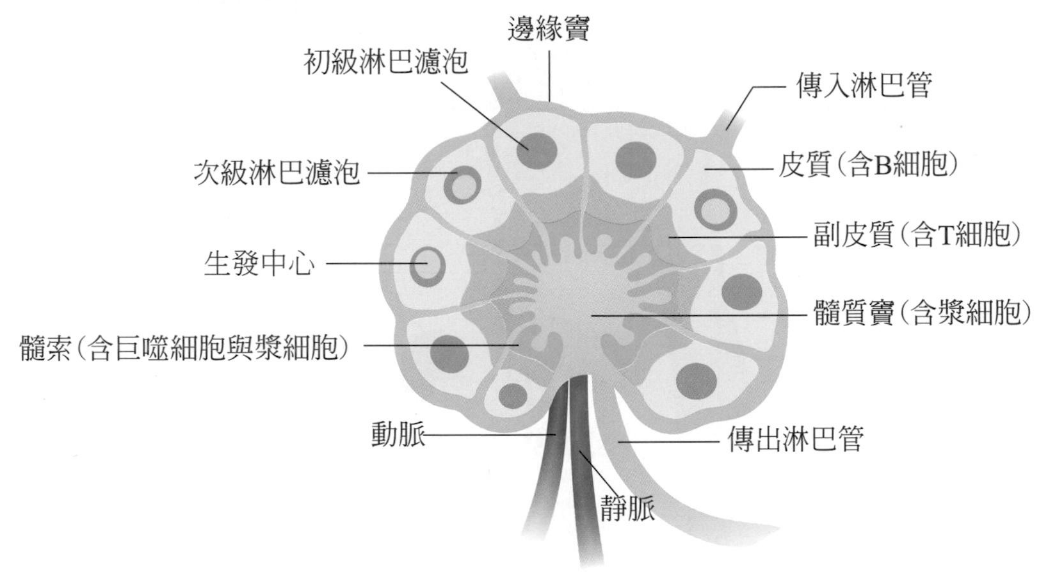

圖 12-7　淋巴結構造

淋巴結的功能包括對淋巴液中的細菌及異物進行**過濾 (filtration)** 與**排除 (elimination)**，以及提供淋巴球**增殖 (proliferation)** 的場所。許多淋巴結位於黏膜的附近，例如喉部開口的**扁桃腺 (tonsils)**，正是淋巴結集結之處，是咽喉與上呼吸道抵抗微生物感染的一道防線。

1. 脾臟 (spleen)

脾臟爲人體最大的淋巴器官，位於腹腔，長度約 7 公分至 10 公分。脾臟內部分爲**紅髓 (red pulp)**、**白髓 (white pulp)** 與**邊緣區 (marginal zore)**(圖 12-8)。紅髓內部具有**脾竇 (splenic sinuses)** 的構造，其組織內的**柵狀縫隙 (slits)**，能夠破壞老舊的紅血球；白髓則聚集許多淋巴球，執行免疫功能。紅髓與白髓間由邊緣區做區隔，內有淋巴細胞及巨噬細胞，是脾臟內最先捕獲、識別抗原的區域，是脾臟引發免疫反應的重要部位。正常人的脾臟尚具備**儲血 (blood reservoir)** 的功能，在大出血的情況下，脾臟會收縮，將其內部的血液釋放。

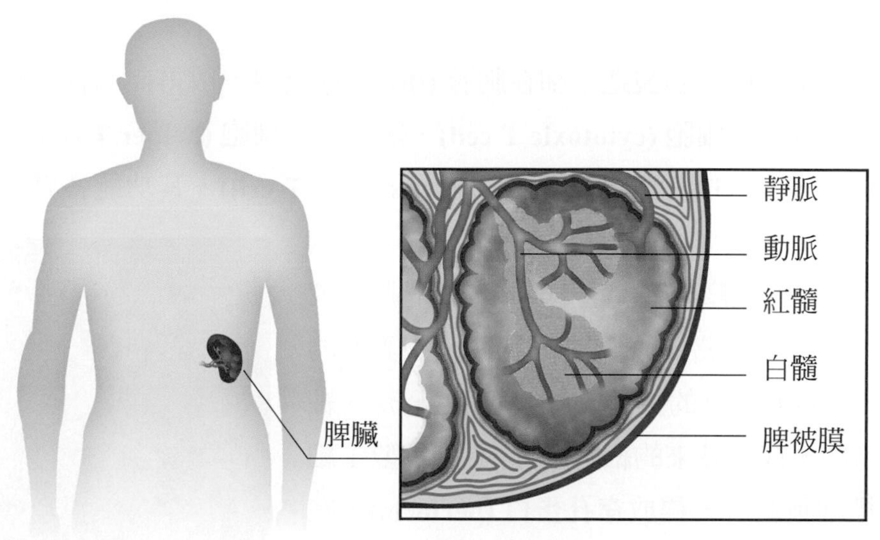

圖 12-8　脾臟的構造

2. 胸腺 (thymus)

位於胸腔，胸骨之下 (圖 12-9)，分為左右兩葉，具有皮質與髓質構造，是 T 細胞**分化 (differentiation)** 與**選殖 (selection)**，達到**成熟 (maturation)** 之處 (見後述)。在兒童時期會有發達的發展，然而在大約超過 12 歲以後，會慢慢地萎縮。

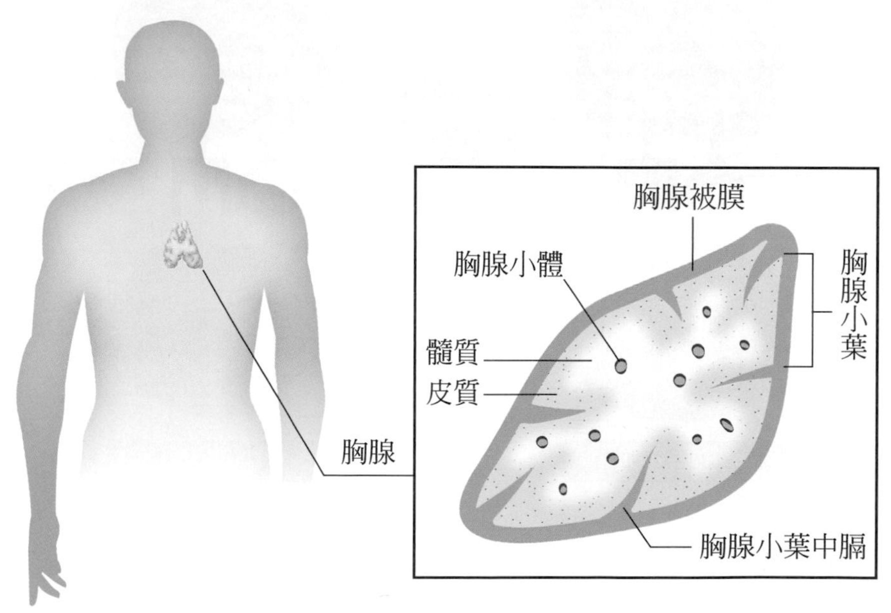

圖 12-9　胸腺的位置與構造

(二) 淋巴細胞 (Lymphocytes)

淋巴細胞即淋巴球，分爲**T 細胞 (T cells)**、**自然殺手細胞 (natural killer cells，NK cells)** 與 **B 細胞 (B cells)**。皆能針對**抗原識別結合 (antigen recognition)**，引發免疫反應，於以下說明。

T 細胞，因其在骨髓製造，卻在**胸腺 (thymus)** 成熟，故得此名稱。T 細胞能夠分爲四種：**胞毒型 T 細胞 (cytotoxic T cell)**、**輔助型 T 細胞 (helper T cell)**、**調節型 T 細胞 (regulatory T cell)**、與**記憶型 T 細胞 (memory T cell)**，其功能各異。胞毒型 T 細胞亦稱爲**殺手 T 細胞 (killer T cell)**，其功能爲消滅異常的細胞，包含腫瘤細胞、遭病毒感染的細胞，或是其他外來的細胞。當胞毒型 T 細胞與細胞表面的抗原結合，發現到異常的抗原 (來自病毒的碎片、細胞突變的產物，或是外來的細胞成分)，胞毒型 T 細胞會與目標細胞結合，釋放**穿孔蛋白 (perforin)**，在其細胞膜上造孔，使水分進入目標細胞內，破壞其滲透壓，造成其死亡。自然殺手細胞的作用模式 (圖 12-10)，與胞毒型 T 細胞類似，但辨識目標細胞的方

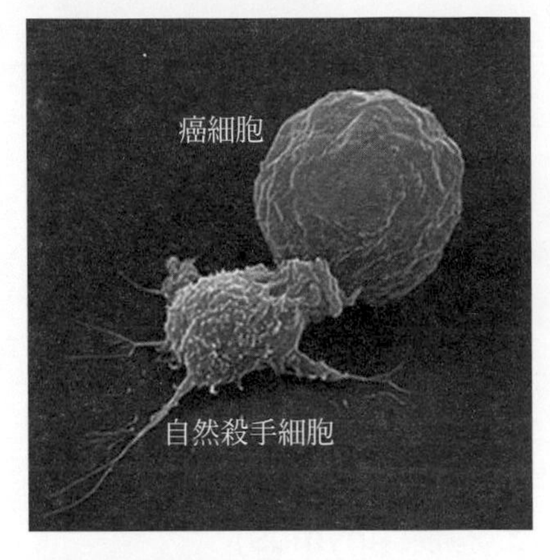

(a)

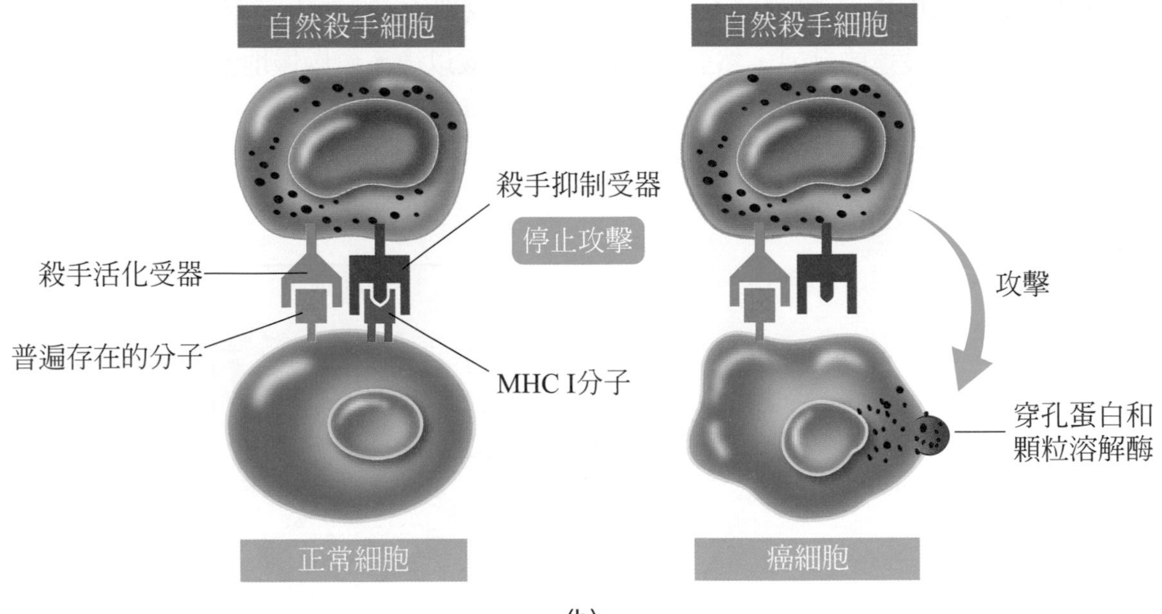

(b)

圖 12-10 (a) 自然殺手細胞攻擊癌細胞。(b) 自然殺手細胞的活化機制

式不同，兩者有互補的關係，自然殺手細胞會針對腫瘤細胞或是病毒感染的細胞，進行攻擊。當其偵測到前述二種細胞的存在時，會貼附在目標細胞上 (圖 12-10b)，釋放穿孔蛋白以及蛋白酶，殺死細胞，或引發**細胞凋亡 (apoptosis)**。由胞毒型 T 細胞主導的免疫行動，稱為**細胞媒介性免疫 (cell-mediated immunity)**。

輔助型 T 細胞，不直接消滅異常細胞，而是能夠偵測到異常抗原的存在，將訊息傳給胞毒型 T 細胞或是其他白血球，令其活化，針對病原採取摧毀或吞噬行動，故其功能為免疫活動的**協調 (mediation)**。調節型 T 細胞，舊稱**抑制型 T 細胞 (suppressor T cell)**，與維持**免疫耐受性 (immune tolerance**，見後述)，以及防止**自體免疫疾病 (autoimmune disease)** 發生有關。

記憶型 T 細胞為未曾遭遇抗原的**初始 T 細胞 (naïve T cell)**，在遭遇抗原之後，分化轉變成具有記憶性的 T 細胞族群，以待日後遭遇同一種抗原時，能夠快速大量地增殖，對同樣的抗原作出反應。T 細胞對正常與異常抗原的辨識鑑別能力需要確保穩定，否則有可能造成正常組織的誤殺。因此，每一個由骨髓製造的**淋巴幹細胞 (lymphoid progenitor cells)**，在轉變為成熟的 T 細胞以前，必須送至胸腺進行 T 細胞的分化與選殖，其淘汰率超過九成，方能確保人體的安全。

B 細胞得名於其初次發現於鳥類尾部的免疫器官**法氏囊 (bursa of Fabricius)**。在人體，B 細胞由骨髓製造，亦在骨髓成熟，可經由抗原遭遇活化或是由輔助型 T 細胞引發活化。B 細胞活化以後，會快速轉變成**漿細胞 (plasma B cell)** 並大量增殖。漿細胞能夠針對特定的抗原，大量製造相對應的**抗體**，釋放至血漿當中，用以對付病原。另一群**初始 B 細胞 (naïve B cell)** 在遭遇抗原以後，沒有轉變成漿細胞，而是轉變成**記憶型 B 細胞 (memory B cell)**，可存活長達數年，一旦再次遭遇同樣的抗原，記憶型 B 細胞能快速分化轉變為漿細胞，產生抗體，為身體提供保護。由 B 細胞途徑所主導的免疫，稱為**抗體媒介性免疫 (antibody-mediated immunity)**，或**體液性免疫 (humoral immunity)**。

人體免疫系統當中，尚有一群扮演特殊角色的細胞，稱為**抗原呈現細胞 (antigen-presenting cells, APCs)**。此種細胞在攝入微生物或非自身抗原，加以分解後，能將碎片分布呈現到自己的細胞膜表面，成為抗原，讓附近的初始 T 細胞、胞毒型 T 細胞、輔助型 T 細胞、以及初始 B 細胞，能夠與之短暫結合。使 T 細胞及 B 細胞得知感染或異常抗原的出現，並產生活化，之後分化成胞毒型 T 細胞、輔助型 T 細胞、與漿細胞，藉以合作消除特定抗原的目標。抗原呈現細胞的特性是其具有多面發展的**僞足 (pseudopodia)**，能夠增加其接觸空間的總表面積。常見的抗原呈現細胞有三種，爲**樹突細胞 (dendritic cells，DCs)**(圖 12-11)、巨噬細胞與 B 細胞。

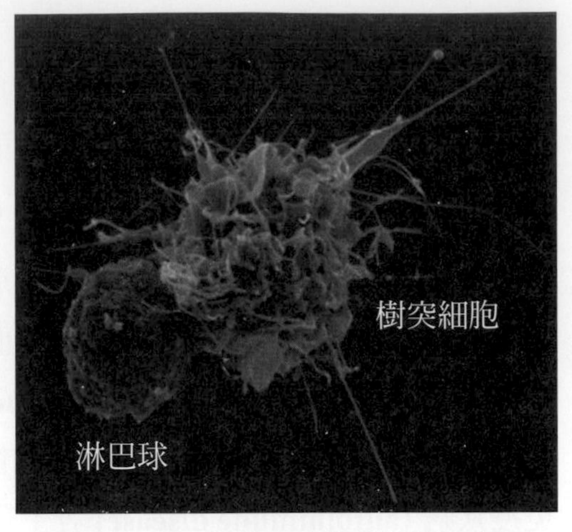

圖 12-11　樹突細胞與淋巴球接觸

(三) 抗體 (Antibodies)

抗體 (antibody) 又稱爲**免疫球蛋白 (immunoglobulin)**，爲漿細胞所製造，對於特定抗原有**結合專一性**的分子。其分子結構爲一 Y 形，左右對稱，由一對的**重鏈 (heavy chain)** 與**輕鏈 (light chain)** 構成 (圖 12-12)。抗體與抗原結合的專一性，來自於與其**抗原結合位 (antigen binding site)** 形狀的相符，因此一種抗體只能對應到一種抗原。抗體作用於抗原，有多種功能，包括**中和反應 (neutralization)**、**凝集反應 (agglutination)**、**沉澱反應 (precipitation)**、**調理反應 (opsonization)** 以及**補體活化反應 (complement activation)**。

由於抗原與抗體之間的結合專一性，當抗體結合上抗原，若抗原本身是微生物或其他生物所分泌的**毒素 (toxin)** 分子，或某特定致病相關構造 (如細菌鞭毛)，當抗體與其結合，使其失效，稱爲中和反應 (圖 12-13)。如果微生物爲多個抗體分子所結合，可能遭到圍困，形成一叢凝集**團塊 (clump)**，能夠吸引吞噬細胞執行吞噬作用，此爲抗體凝集反應 (圖 12-14)。沉澱反應係描述當抗體與可溶性抗原結合時，使得抗原被從血清中脫離，沉澱形成團塊，吸引吞噬細胞的吞噬。抗體結合上位於微生物表面的抗原時，能夠發揮與補體相同的角色，使微生物較易被吞噬細胞吞噬，爲調理反應 (圖 12-15)。抗體與抗原的結合，也可能引發補體的活化，導致補體蛋白進一步形成膜穿孔複合體，在細菌的細胞膜上穿孔，直接殺菌。

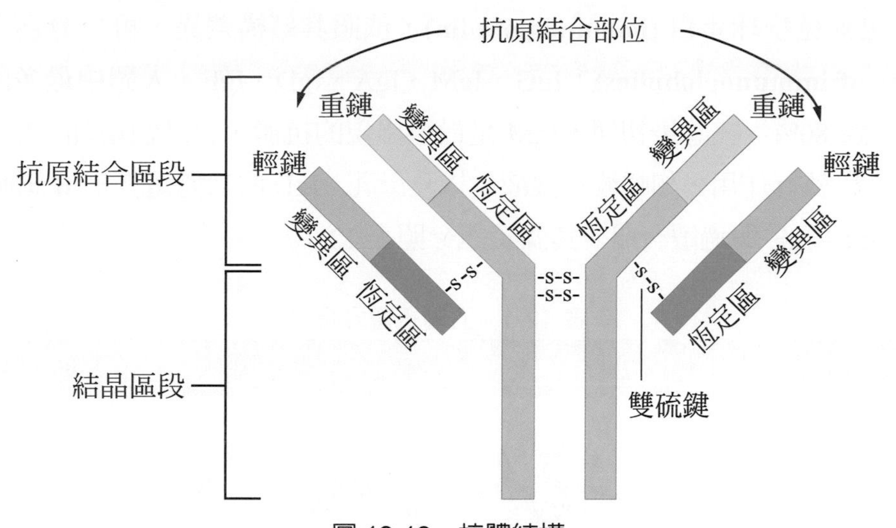

圖 12-12 抗體結構

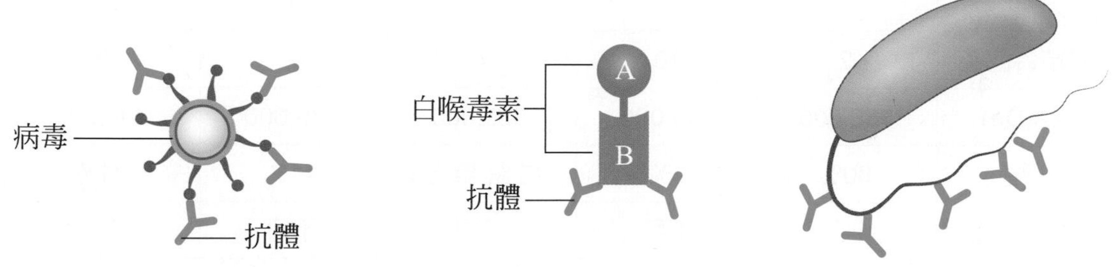

圖 12-13 抗體的中和反應，病毒 (左)、毒素 (中)、細菌鞭毛 (右) 遭到抗體的中和

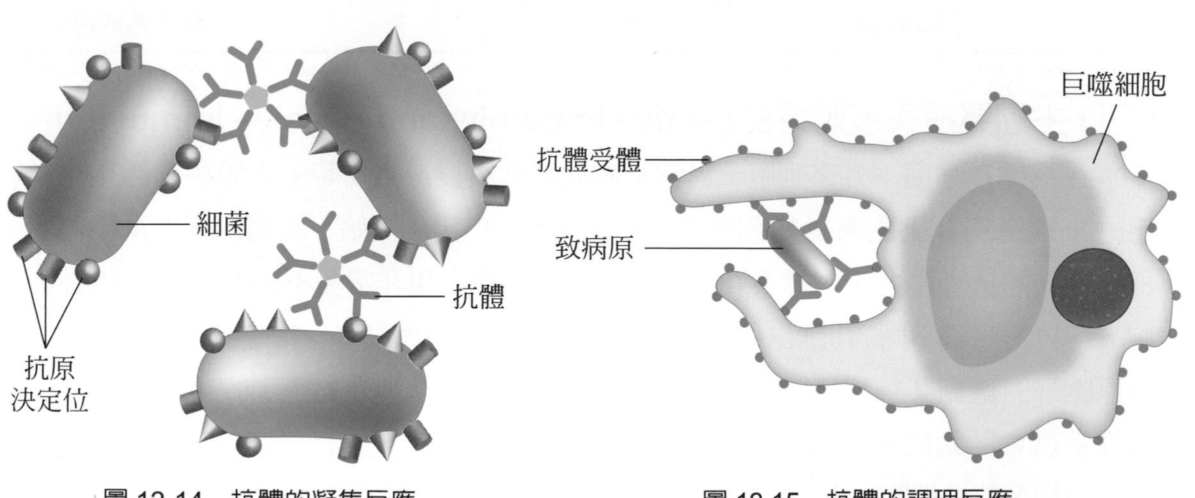

圖 12-14 抗體的凝集反應

圖 12-15 抗體的調理反應

抗體也稱**免疫球蛋白 (immunoglobulin)**，依照其結構差異，可以分為五種**抗體分類 (class of immunoglobulins)**：IgG、IgM、IgA、IgD、IgE。人體中最多的抗體種類是 IgG，達 80%；在感染初期，IgM 是最早出現的抗體，也最快增加；IgA 可以隨著體液分泌以執行作用，如唾液、淚液，以及母乳；IgD 的功能是作為 **B 細胞受體 (B cell receptor)**；IgE 與過敏有關。其餘資訊參照表 12-1。

表 12-1　五種抗體分類

	IgG	IgM	IgA	IgD	IgE
結構 (抗體形態)					
單元數	1	5	2	1	1
抗體結合位數	2	10	4	2	2
分子量 (Da)	150,000	900,000	385,000	180,000	200,000
含量比例	80%	6%	13%(單元)	<1%	<1%
通過胎盤與否	可	不可	不可	不可	不可
功能	中和反應 凝集反應 調理反應 補體活化	中和反應 凝集反應 補體活化	中和反應 圍困黏膜病原	B 細胞受體	嗜鹼性球與肥大細胞的活化 產生過敏現象

(四) 主動免疫與被動免疫 (Active Immunity and Passive Immunity)

在抗原以病菌、外來細胞、異常細胞的形式入侵或出現時，人體需要活化相對應的 T 細胞和 B 細胞來對其展開清除。事實上，自出生開始，人體內部的淋巴球，即不停在隨機產生各種的**株系 (clone)**，亦即會隨機產生非常多不同的 T 細胞和 B 細胞，各自對應到不同的抗原，在身上等候應用的時機。如果有一特定抗原出現，而此抗原剛好對應到某一種已存在的 T 細胞或 B 細胞株系，則該對應到的 T 細胞或 B 細胞株系就會開始活化並增殖，產生更多同株系的 T 細胞，對目標細胞進行摧毀，或更多同株系的B細胞，分化成更多同株系的漿細胞，大量釋放抗體，對抗原進行反應。此一萬中選一的活化過程，稱為**株系選殖 (clonal selection)**(圖 12-16)，或稱**純系選殖**。

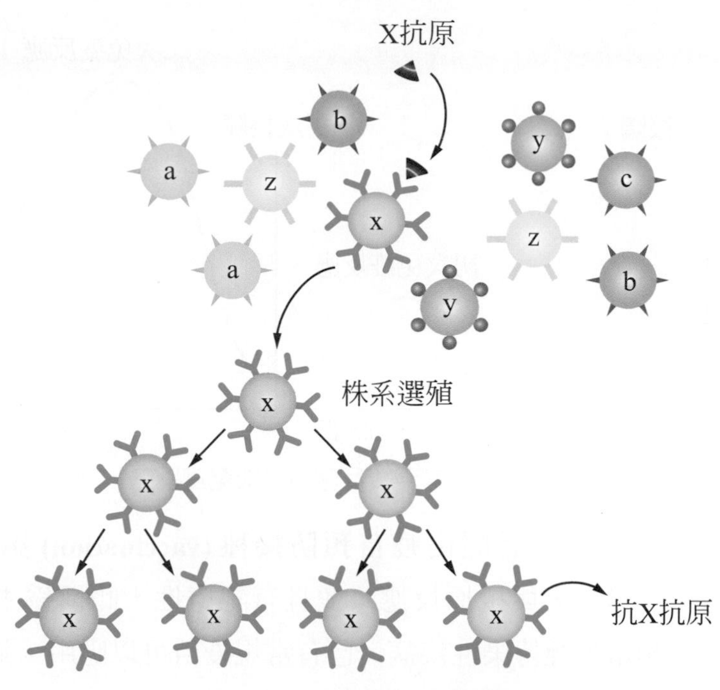

圖 12-16　抗體的株系選殖

然而，適用的抗體並不永遠都在第一時間出現，來對抗原進行反應。若有一從未出現在人體內的抗原首次出現，人體免疫系統搜尋或產生對應 B 細胞活化，時間會較長，釋放抗體的產量會較低，稱爲**初次免疫反應 (primary immune response)**。一旦曾受特定抗原感染，免疫系統會留下記憶型 B 細胞，當同樣的抗原再次侵入人體內，記憶型B細胞能夠快速地轉變成漿細胞，並大量增殖，大量釋放相對應的抗體。與初次暴露於抗原時相比，此時，抗體的產量顯著增加，反應的速度顯著增快，稱爲**二次免疫反應 (secondary immune response)**(圖 12-17)。

然而，某些傳染病的病原，具有較高的突變率與較快的突變速度，導致其產生新品系的病原速度，比人體產生新的相對應抗體的速度還快。如欲預防此疾病的流行，難度將會較高。常見的例子如**流行性感冒病毒 (influenza virus)**，由於每一年的品系未必相同，因此在預防相關的措施一直都相當有挑戰性。另外，如果不同病原之間有機會彼此發生基因重組，產生的全新品系病原，因多數人皆無抗體相應，通常會帶來大流行的危機。

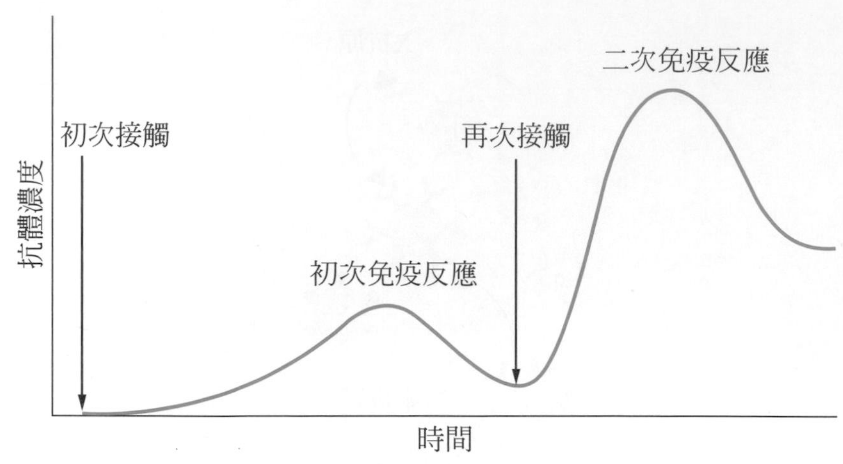

圖 12-17　初次免疫反應與二次免疫反應

疫苗的原理，來自於人體經由**疫苗預防接種 (vaccination)** 攝入抗原以後，會產生出相對應的抗體，來與抗原反應，並且有記憶性，此稱爲**主動免疫 (active immunity)**。如今有相當多種傳染性疾病，已有常規疫苗可以應用，進行預防接種，包含**脊髓灰質炎 (poliomyelitis，即小兒麻痺)**、**破傷風 (tetanus)**、**白喉 (diphtheria)**、**百日咳 (pertussis)**、**結核病 (tuberculosis)**、**B 型肝炎 (hepatitis B)**、**日本腦炎 (Japanese encephalitis)**、**麻疹 (measles)**、**腮腺炎 (mumps)**、**德國麻疹 (rubella)**……等。

疫苗本身，又因其成分的不同，可以分爲**非活性疫苗 (killed vaccine)**、**活性減毒疫苗 (live attenuated vaccine)**、以及**類毒素疫苗 (toxoids)**。非活性疫苗，係將死亡病毒或細菌個體注入人體內，產生免疫，如**沙克疫苗 (Salk vaccine)**；活性減毒疫苗則是以化學方式將活病原進行**減毒 (attenuation)** 手續，令其致病力降低至極其微弱，如可供口服的**沙賓疫苗 (Sabin vaccine)**。此類型疫苗優點是可以將抗原完整性保留，強化免疫效期，但安全性的顧慮較非活性疫苗高；類毒素則是將細菌產生的**毒素 (toxin)**，進行加熱或化學處理以後，將其毒性抑制或降低至零，然後作爲抗原，注入人體內，產生的抗體稱爲**抗毒素 (antitoxin)**，如破傷風與白喉。

另外一種應用抗體進行治療的技術，稱爲**被動免疫 (passive immunity)**。將抗原注入動物身上，由動物產生免疫反應之後，再對其抽血提取血清，分離出抗體加以保存，用以對抗抗原。此種方法所得之產品稱爲**免疫血清**或**抗血清 (antiserum)**。遭毒蛇咬噬，送醫緊急處理施打的蛇毒抗血清，即以此法產生。抗血清的優點是能夠立即生效，不過爲時並不長久，有少數患者可能引起免疫副作用，爲**超敏反應 (hypersensitivity)**。

(五) 過敏 (Allergy)

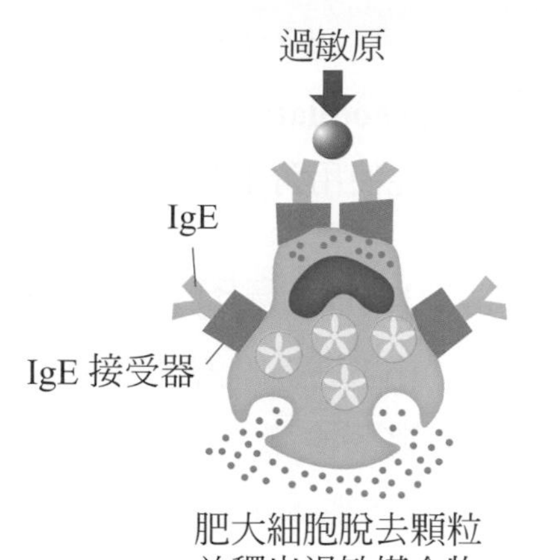

圖 12-18　過敏反應圖解

絕大多數情況之下，接觸抗原，即會引發相對應抗體的製造與釋放，對抗原進行反應。然而，在少數特定情形之下，抗體與抗原之間的結合，造成的結果，未使抗原消除，卻引發了**過敏反應 (allergy, or allergic response)**。我們將能夠引發過敏反應的抗原，稱爲**致敏原 (allergen)**。IgE 是與過敏相關的抗體，其變異區段能夠與抗原結合，而其固定區段則可與組織中的肥大細胞結合，附著於其細胞膜上。當過敏原與 IgE 抗體結合，會使得肥大細胞活化，發生**顆粒脫除作用 (degranulation)**(圖 12-18)，將其內以**囊泡 (vesicles)** 形式儲存的**組織胺 (histamine)** 與**血清胺 (serotonin)** 等過敏**媒介物**釋放至胞外。組織胺與血清胺釋放以後，造成局部血管擴張、血管通透性增加、血流增加的現象，因而造成過敏常見的症狀，如水腫、發紅、發癢、打噴嚏、流鼻水、流眼淚……等，如**過敏性鼻炎 (allergic rhinitis，或稱乾草熱 hay fever)**、**蕁麻疹 (hives)**。常見的過敏原，有食物 (例如海鮮、蛋、花生)、藥物、灰塵、花粉、黴菌孢子、動物毛髮或羽毛等。也因爲 IgE 與過敏症的關聯，過敏人士的血漿中，IgE 的數量通常較一般人高。

氣喘 (asthma) 亦爲過敏引發的一種疾病，因爲肥大細胞的作用，使呼吸道 (尤其是支氣管) 發生水腫，造成呼吸氣流減少，引發呼吸不順。如果過敏的情況更嚴重，引起氣管與支氣管平滑肌收縮，使呼吸道狹窄情況加重，造成嚴重**呼吸困難 (dyspnea)**，需要馬上進行處置。另一種嚴重的過敏反應，稱爲**全身性過敏反應 (anaphylaxis)**。此種現象的特點包括發病速度快，症狀散佈面積廣大，是由於肥大細胞反應過劇，造成過敏媒介物過量釋放，引發的一系列症狀，由於反應過劇與範圍廣大之故，常會造成快速出現的紅疹、劇癢、呼吸困難、暈眩感等症狀，嚴重者可能造成血漿流失導致低血壓，引發**過敏性休克 (anaphylactic shock)** 而致命。故一旦發生全身性過敏，必須送醫。食物與藥物的過敏反應，有極少數情況能引發全身性過敏反應，而最常造成全身性過敏反應的過敏原，係來自於蟲螫 (如螞蟻與毒蜂) 的**毒素 (venom)**。

過敏症狀的治療，依不同之病情表現使用。最常見之過敏用藥通常爲**抗組織胺 (antihistamine)**，此種藥物之結構與組織胺相似，能夠與細胞表面之**組織胺受**

體 (histamine receptor) 發生結合，藉此與組織胺進行競爭，減少組織胺附著細胞的機率，進而減低過敏的症狀。如果是氣喘的過敏症狀，則另給予**支氣管擴張劑 (bronchodilator)**，內含成分能使支氣管平滑肌舒張，達到緩解的效果。全身性過敏則可能使用**腎上腺素 (epinephrine)** 做為緊急治療。

(六) 抗體應用 (Applications of Antibody)

由於生物化學與生物科技技術的進步，如今已經可以應用特殊抗體進行常規生物或醫學檢測，由於抗體本身的特性，抗體檢測的優點為速度快、準確性高，ABO 血型的檢驗即為一例。懷孕初期時，著床的**胎盤 (placenta)** 會製造**人類絨毛膜促性腺激素 (human chorionic gonadotropin，hCG)**，孕婦血漿中此激素的濃度即增加，因此驗尿時，若抗 hCG 的抗體出現呈色反應，可證實懷孕的發生。另外，Rh 陰性血型的婦女懷孕，若是懷有 Rh 陽性血型之胎兒，其第二胎會有罹患新生兒溶血症候群的風險，可以在生產前後對母親注射抗 Rh 陽性抗原之抗體加以避免或預防。

12-3 免疫系統的疾病 (Immune Diseases)

健康人的免疫系統，可以正常地防禦體內環境的安全。然而，當免疫系統失效或失控時，往往導致某些重大疾病的發生。

愛滋病 (Acquired Immune Deficiency Syndrome，AIDS)，為**人類免疫缺陷病毒 (human immunodeficiency virus，HIV)** 感染所導致。1981 年，美國**疾病控制與預防中心 (Centers for Disease Control and Prevention，CDC)** 發佈了全球首見的疾病案例。一群年輕男性感染罕見的**肺囊蟲肺炎 (pneumocystis pneumonia)** 與**卡波西氏肉瘤 (Kaposi's sarcoma)**，不久死亡。由於其共同病徵皆致因於免疫機能喪失的嚴重感染，故於 1982 年將其命名為**後天免疫缺陷症候群 (acquired immune deficiency syndrome)**。愛滋病毒為一反**轉錄病毒 (retrovirus)**，能感染人類的輔助型 T 細胞、樹突細胞、以及巨噬細胞，導致其死亡 (圖 12-19)。當這些細胞死亡，其數目減少，免疫系統對抗原識別的能力大幅減低，進而增加病人感染其他併發症而死亡的機率。

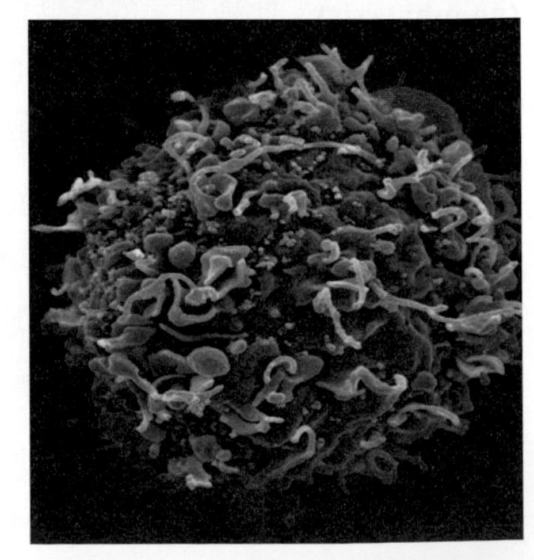

圖 12-19　愛滋病毒正在對輔助型 T 細胞進行感染

愛滋病感染初期，約於一個月內，會出現類似流行性感冒的症狀，持續時間約1～2週，無法與流行性感冒辨別，然已經具有傳染性。而後病毒活動會下降，進入**臨床潛伏期**，最長可達20年。之後再次發病，病人出現淋巴結腫大、發熱、疲勞、食慾不振、體重下降等症狀。待愛滋病進入晚期時，常出現原蟲、眞菌、病毒感染的併發症，如肺囊蟲肺炎、結核菌感染、卡波西氏肉瘤的發生，最後多重感染而死亡(圖12-20)。在感染之後約6～12週，血液中尚無法驗出愛滋病毒抗體，稱爲**空窗期 (window period)**。愛滋病毒存在於人體的體液中，尤其是血液、精液，以及陰道分泌物。雖暴露於空氣中對愛滋病毒生存極爲不利，然於血液中可存活較長時間，故常見之傳染機制爲血液傳播(例如針頭共用、輸血)、母嬰垂直傳播、以及性行爲傳播。基於愛滋病對人體之危害，目前對於捐血與輸血之血液檢查，皆有嚴格之標準與程序。

早期常用**酵素免疫法 (enzyme-linked Immunosorbent assay，ELISA，簡稱酶聯法)** 檢驗是否有愛滋病毒特異性抗原存在，如爲陰性則排除感染，若爲陽性，需再以**西方氏墨點法 (Western blotting assay)** 進一步檢查確認。然而此檢驗法須於遭病毒感染超過12週空窗期以上之結果方有參考價值。現尚有以**反轉錄聚合酶鏈反應 (reverse transcription-PCR，RT-PCR)** 的方式，檢驗病毒特異性RNA片段的存在與否，來診斷是否罹患愛滋，可縮短至感染2週即可初步判定是否爲患者，檢驗速度大幅提升，較適用於已確定感染者，然而仍需於空窗期後再次抽血，以西方氏墨點法重複確認。另外，雖然愛滋病血液篩檢已經成爲血庫血液檢驗的必要常規程序，民眾依然不可，也不該利用捐血來藉機爲自己進行愛滋篩檢。

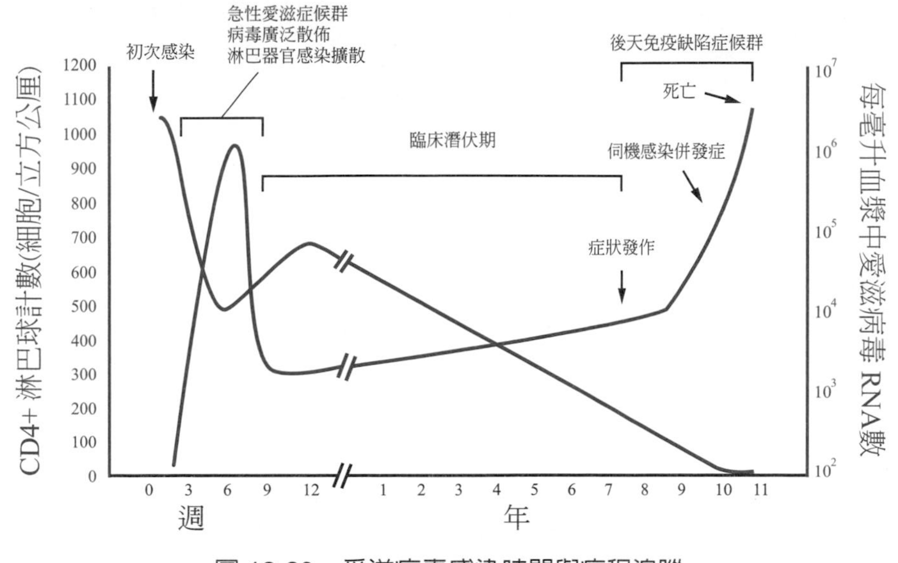

圖12-20　愛滋病毒感染時間與病程追蹤

由於病毒突變率與抗原複雜性，截至 2020 年，尚無有效疫苗可以預防愛滋，亦無特效藥可以治療。現有治療愛滋病之醫療措施，以華裔美籍科學家何大一 (David Ho，1952 ～至今) 發明之**合併式抗反轉錄病毒藥物療法 (combination anti-retroviral therapy)**，或俗稱**雞尾酒療法 (AIDS cocktail therapy)** 較爲著名。此療法原理是抑制愛滋病毒的複製，進而降低病人的死亡率，然而目前尚無法完全清除患者體內之愛滋病毒，價格不斐，同時副作用依然顯著，並非完全理想，仍待改進。

另一種類型的免疫疾病，是由於人體產生對自身抗原反應的淋巴球，導致免疫系統對自身組織的攻擊，稱爲**自體免疫疾病 (autoimmune diseases)**。正常的免疫系統，對於自身組織或細胞之抗原不會有相對應的 T 細胞和 B 細胞，稱爲免疫系統的**自我耐受性 (self-tolerance** 或 **immune tolerance)**。T 細胞與 B 細胞在成熟以前，會經過選擇性淘汰的程序，稱爲**株系淘汰 (clonal deletion)**。被淘汰的 T 細胞或 B 細胞，即爲具備對**自我反應性 (self-reactivity)** 的株系，人體經由此程序，避免產生對自身抗原具有攻擊性的 T 細胞與 B 細胞。自體免疫疾病有非常多種形式，如果軟骨組織受自身反應抗體攻擊，可能引發**類風溼性關節炎 (rheumatoid arthritis)**(圖 12-21)；**全身紅斑性狼瘡 (systemic lupus erythrematosus，SLE)** (圖 12-22) 則是多處皮下組織以及多重器官受

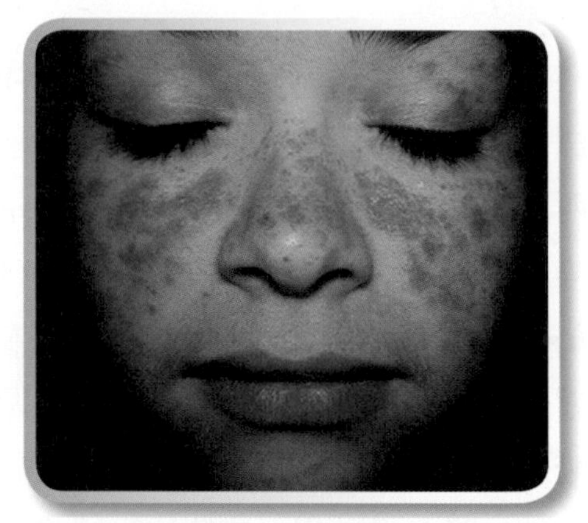

圖 12-22 全身紅斑性狼瘡病人臉部出現典型的蝴蝶狀紅斑 (butterfly rash)

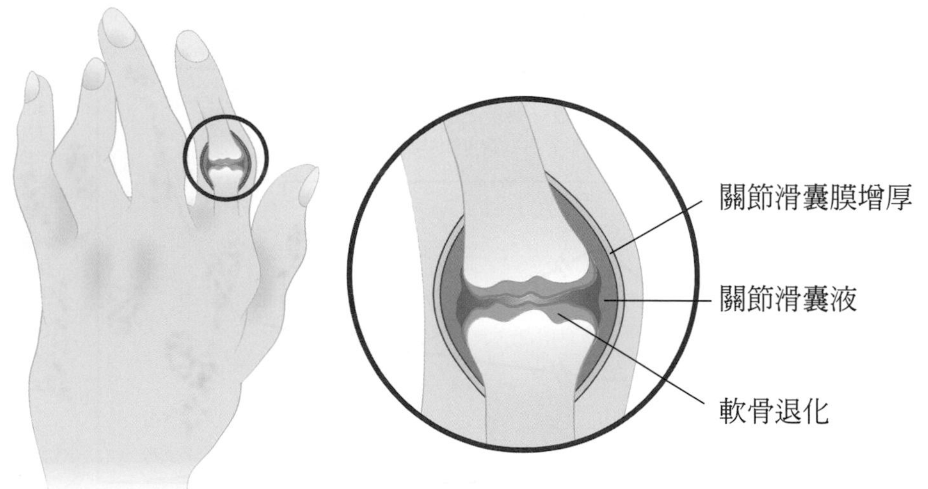

圖 12-21 類風溼性關節炎導致手指關節變形

抗體攻擊；**神經肌肉接合點 (neuromuscular junction，NMJ)** 受抗體攻擊，可導致**重症肌無力 (myasthenia gravis)**(圖 12-23)、神經纖維**髓鞘 (myelin sheath)** 受攻擊引發的**多發性硬化症 (multiple sclerosis)**、以及**格瑞夫氏症 (Grave's disease)** 造成的**甲狀腺亢進 (hyperthyroidism)**。引發自體免疫疾病的原因目前尚未明瞭，可能由於遺傳、感染，或是其他不明原因導致疾病的發作。自體免疫疾病目前皆無特效藥可以根治，需要終身追蹤以及服藥控制。

除自體免疫疾病是由於免疫系統過度活化之外，尚有先天性免疫功能低落的**嚴重複合型免疫缺乏症 (severe combined immunodeficiency, SCID)**，爲罕見疾病。此類型疾病的患者，T 細胞與 B 細胞功能皆不良，易有全身性細菌感染、病毒感染、黴菌感染 (或以上三者複合感染) 而造成死亡的風險。SCID 成因可能來自於基因突變或是家族遺傳，適切的骨髓移殖可能爲較常採用的治療方式，然而仍需配合定期補充免疫球蛋白。

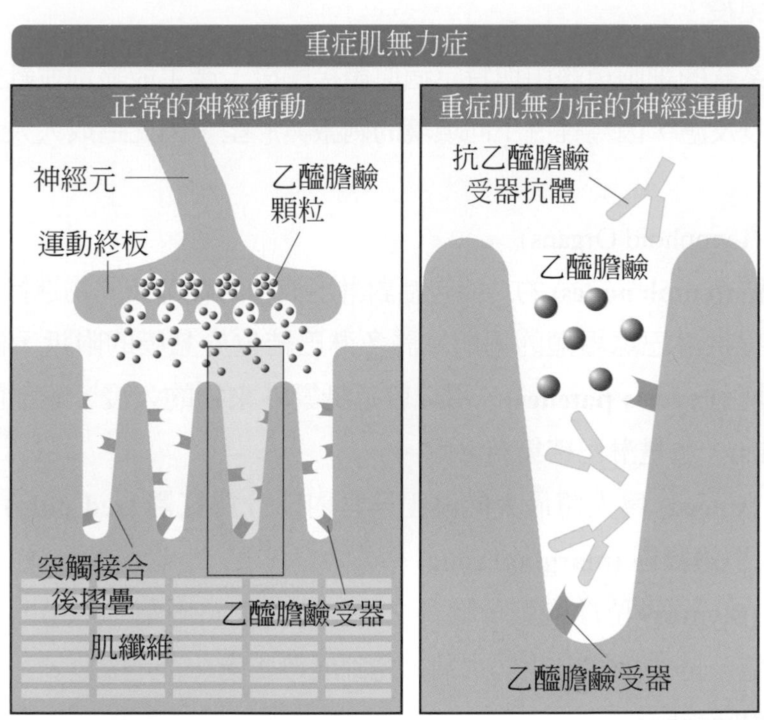

圖 12-23 重症肌無力致病機轉。左：正常的神經肌肉接合點。右：病人的神經肌肉接合點，因受抗體攻擊而使乙醯膽鹼受體受損或消失

本章複習

12-1 先天性免疫

- 先天免疫系統的細胞會非特異地識別並作用於病原體。與後天免疫系統不同，先天免疫系統不會提供持久的保護性免疫，而是作爲一種迅速的抗感染作用存在於所有的動物和植物之中。
- 先天性免疫系統的第一道防禦爲皮膜組織的阻隔障礙；第二道防線包含**吞噬細胞 (phagocytes)** 的行動、**抗菌蛋白 (antimicrobialproteins)** 的作用、以及**發炎反應 (inflammation)**。吞噬細胞爲白血球，含嗜中性球、嗜伊紅性球和巨噬細胞。抗菌蛋白則有補體 (complement)、干擾素 (interferons) 和細胞激素 (cytokines) 等等。若組織感染持續且擴大，會啓動發炎反應 (inflammation) 來引發嗜中性球的聚集，與巨噬細胞的增生，以對抗入侵之微生物。

12-2 後天性免疫

- 先天免疫系統的細胞會經由與特定病原體接觸後，產生能識別並針對特定病原體啓動的免疫反應，因爲經歷不同環境的刺激與形塑，因此造成人人發展與表現皆可不同。
- 淋巴器官 (Lymphoid Organs)
  - **淋巴結 (lymph nodes)** 的功能包括對淋巴液中的細菌及異物進行過濾與排除，以及提供淋巴球增殖的場所。許多淋巴結位於黏膜的附近，例如腸道的**培氏斑塊 (Peyer's patches)**，用以就近抵禦外來物的入侵。喉部開口的扁桃腺 (tonsils)，也是淋巴結集結之處。
  - **脾臟 (spleen)** 爲人體最大的淋巴器官內部分爲**紅髓 (red pulp)**、**白髓 (white pulp)** 與**邊緣區 (marginal zone)**。
  - **胸腺 (thymus)** 位於胸腔，胸骨之下，分爲左右兩葉 (lobes)，具有皮質與髓質構造，是 T 細胞分化與選殖，達到成熟之處。
- 淋巴細胞 (Lymphocytes)
  - T 細胞，因其在骨髓製造，卻在胸腺成熟，故得此名稱。T 細胞能夠分爲四種：**胞毒型 T 細胞 (cytotoxic T cell)**、**輔助型 T 細胞 (helper T cell)**、**調節型 T 細胞 (regulatory T cell)**、與**記憶型 T 細胞 (memory T cell)**，其功能各異。

- B 細胞得名於其初次發現於鳥類尾部的免疫器官法氏囊 (bursa of-Fabricius)。B 細胞活化以後，會快速轉變成**漿細胞 (plasma cell)** 並大量增殖。由 B 細胞途徑所主導的免疫，稱為**抗體媒介性免疫 (antibody-mediatedimmunity)**，或**體液性免疫 (humoral immunity)**。
- **抗原呈現細胞 (antigen-presenting cells, APCs)** 經攝入微生物或非自身抗原，加以分解後，能將碎片分布呈現到自己的細胞膜表面，成為抗原，讓附近的初始 T 細胞、胞毒型 T 細胞、輔助型 T 細胞、以及初始 B 細胞，能夠與之短暫結合並活化。

■ 抗體 (Antibodies)

- 抗體又稱為**免疫球蛋白 (immunoglobulin)**，為漿細胞所製造，對於特定抗原有結合專一性 (binding specificity) 的分子。其分子結構為一 Y 形，左右對稱，由一對的**重鏈 (heavy chain)** 與**輕鏈 (light chain)** 構成，重鏈與輕鏈，以及兩條重鏈，彼此之間有**雙硫鍵 (disulphide bond)** 連接。
- 抗體依照其結構差異，可以分為五種等級：**IgG**、**IgM**、**IgA**、**IgD**、**IgE**。人體中最多的抗體種類是 IgG，達 80%；在感染初期，IgM 是最早出現的抗體，也最快增加；IgA 可以隨著體液分泌以執行作用，如唾液、淚液，以及母乳；IgD 的功能是作為 B 細胞受體 (B cell receptor)；IgE 與過敏及寄生蟲感染有關。

■ 過敏 (Allergy)

- 在少數特定情形之下，抗體與抗原之間的結合，造成的結果，未使抗原消除，卻引發了**過敏反應 (allergy, or allergic response)**。我們將能夠引發過敏反應的抗原，稱為致敏原 (allergen)。
- IgE 是與過敏相關的抗體，其變異區段能夠與抗原結合，而其固定區段則可與組織中的肥大細胞結合，附著於其細胞膜上。使得肥大細胞活化釋放**組織胺 (histamine)** 與**血清胺 (serotonin)** 等過敏媒介物。
- 過敏症狀的治療，依不同之病情表現使用。最常見之過敏用藥通常為抗組織胺 (antihistamine)。

12-3 免疫系統的疾病

- 健康人的免疫系統，可以正常地防禦體內環境的安全。然而，當免疫系統失效或失控時，往往導致某些重大免疫系統疾病的發生。
- 愛滋病 (AIDS)，爲**人類免疫缺陷病毒 (human immunodeficiency virus，HIV，亦稱 AIDS virus 愛滋病毒)** 感染所導致。愛滋病毒爲一反轉錄病毒 (retrovirus)，能感染人類的**輔助型 T 細胞**、**樹突細胞**、以及**巨噬細胞**，導致其死亡。當這些細胞死亡，其數目減少，免疫系統對抗原識別的能力大幅減低，進而增加病人感染其他併發症而死亡的機率。
- 當人體產生對自身抗原反應的淋巴球，導致免疫系統對自身組織的攻擊，稱爲**自體免疫疾病 (autoimmune diseases)**。常見疾病有紅斑性狼瘡、類風溼關節炎、重症肌無力、多發性硬化症、以及格瑞夫氏症 (Grave's disease) 等等。
- **嚴重複合型免疫缺乏症 (severe combined immunodeficiency, SCID)**，爲罕見疾病。此類型疾病的患者，T 細胞與 B 細胞功能皆不良，易有全身性細菌感染、病毒感染、黴菌感染 (或以上三者複合感染) 而造成死亡的風險。

Chapter 13 人類的呼吸作用 (Human Respiration)

慢性阻塞性肺部疾病 (Chronic Obstructive Pulmonary Disease, COPD)

2018 年 5 月 2 日「早安健康」網站媒體的保健新聞寫道：「資深藝人孫越 (孫叔叔)3 月因膽囊結石發炎、肺阻塞急性發作，緊急送至台大醫院，一度傳出病情穩定，但 4 月 9 日再傳插管住進加護病房，經過數日治療，仍不敵病魔辭世，享壽 87 歲。董氏基金會菸害防制組主任林清麗指出，孫越長期受慢性阻塞性肺疾病 (COPD) 所苦，發病時會住院至少兩周。因爲肺功能不佳，免疫力較差，發燒時體溫常飆高，且易忽冷忽熱，每年約有 4 至 7 次因發燒進急診…………」

何謂慢性阻塞性肺病呢？ 慢性阻塞性肺病是一種呼吸道長期慢性發炎，而導致無法恢復之呼吸道阻塞，這樣的情形使得空氣無法順暢地進出呼吸道，造成這種氣流阻塞通常爲緩慢進行，患者主要症狀爲長期咳嗽、多痰和呼吸困難。此種疾病臨床

孫越17歲開始抽菸，戒菸後努力推行「戒菸及早，生命美好」運動。(翻攝自董氏基金會粉專)

症狀主要以「慢性支氣管炎」與「肺氣腫」兩種類型表現；慢性支氣管炎會使支氣管內壁腫大、黏液分泌物增多、咳嗽、容易感染肺部疾病，肺氣腫則會導致肺部纖維組織彈性減弱，肺泡間隔破壞、肺泡腫大、吐氣困難但不易咳嗽，兩種臨床症狀都會嚴重造成肺部氣體交換功能不良，病患會經常出現**「咳、痰、悶、喘」**的症狀。長期下來會出現消瘦、容易疲勞、心情鬱悶、骨質疏鬆等全身徵狀，合併肺部感染時甚至可咳血，到後期，會出現低氧血症、肺動脈高壓及心肺功能衰竭甚至死亡。

根據世界衛生組織資料顯示，COPD在全世界十大死因裡排行第3名，全球有2.1億例慢性阻塞性肺病病例。臺灣十大死因中排名第7位，一年超過6千人因肺阻塞死亡，爲慢性下呼吸道疾病之首。研究報告亦指出吸菸是慢性阻塞性肺部疾病的主要外在致病因素(90% COPD都是吸菸或暴露在二手菸所造成)，據統計每三位吸菸者就有一位會罹患COPD，其他危險因子包含吸入職場塵埃、化學物質、有害煙霧、空氣汙染等，都會導致COPD的形成。

慢性阻塞性肺部疾病，是一種不可逆的功能退化疾病，目前沒有根本治癒的方法。臨床上的治療主要是設法使現有的呼吸功能維持在最佳狀況不致惡化，以維持相當程度的生活品質是治療此類病人之最大目標。因此專業醫師經常會建議病患首要任務是「戒菸」及遠離空氣汙染源，其次是接受藥物治療和接受相關疫苗(肺炎球菌或流感病毒)注射，另外，鍛鍊呼吸肌肉及維持均衡飲食都是病友不可忽視的細節。

從魚類至四足動物，四足動物至兩生類，兩生類至爬蟲類，爬蟲類至哺乳類，這一系列演化的過程，最大的特點就是動物的體制從依賴水生環境演化至適合陸生環境。要能夠登陸生活，除了骨架關節與肌肉的演化需要能夠支撐自己的體重以外，最重要的是能夠在陸地上進行呼吸，從大氣中攝取氧氣。本章內容將帶領讀者對人體呼吸系統有進一步的認識，也讓讀者了解呼吸對人體的重要性。

13-1　人體的呼吸系統 (Human Respiratory System)

呼吸系統由**呼吸器官 (respiratory organs)** 構成。自**鼻孔**開始，依序經過**鼻腔 (nasal cavity)**、**咽 (pharynx)**、**喉 (laryinx)**、**氣管 (trachea)**、**支氣管 (bronchi)**、**細支氣管 (bronchioles)**、**肺泡 (alveoli)**。空氣進入鼻孔以後，進入由鼻黏膜所構成的鼻腔。鼻腔具有潤濕以及溫暖吸入空氣的功能，其前端靠近鼻孔處，密生**鼻毛 (nasal hairs)**，其功能爲過濾進入鼻中之異物如塵埃等，避免其直接進入呼吸道中。鼻腔內的鼻黏膜會分泌黏液，黏附進入鼻中沒有被過濾的塵埃或微生物，而後將其送入後方的咽，待其滑下至胃中由胃酸殺死。

咽是呼吸道和消化道交會之處 (圖 13-1)。咽之下爲喉，其內部由十數塊肌肉及軟骨建構而成，是發聲器官所在。喉內含左右各一的**聲帶 (vocal cords)**，當其活動時，藉著空氣的流通，發生振動，產生聲音 (圖 13-2)。可由支配之神經調整其張力，改變發聲頻率。男性的聲帶較女性更粗，也更寬，因此男性發聲較女性低沉。喉內於氣管和食道的交界處尚有**會厭軟骨 (epiglottis)**，當吞嚥時，喉部肌肉與會厭軟骨下降，蓋住氣管，防止食物或水意外滑入氣管；當呼吸進行時，會厭軟骨上提，使空氣可出入於氣管開口。此一過程由**延腦 (medulla oblongata)** 控制，不可由意識中止。

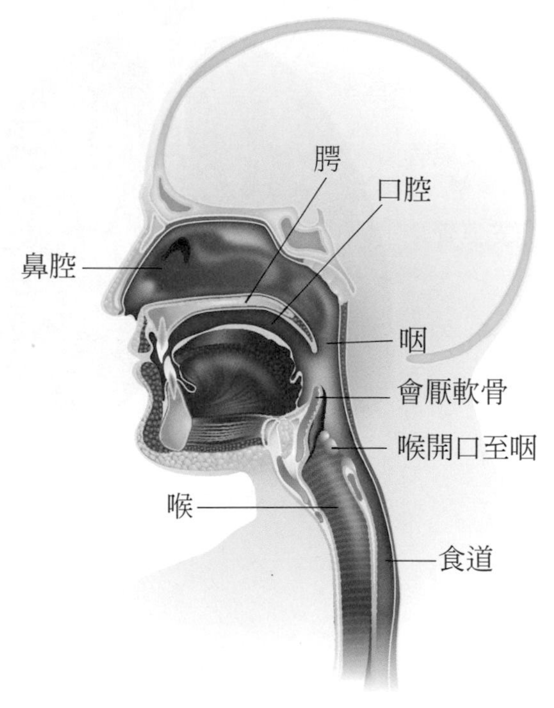

圖 13-1　鼻、咽、喉的解剖構造

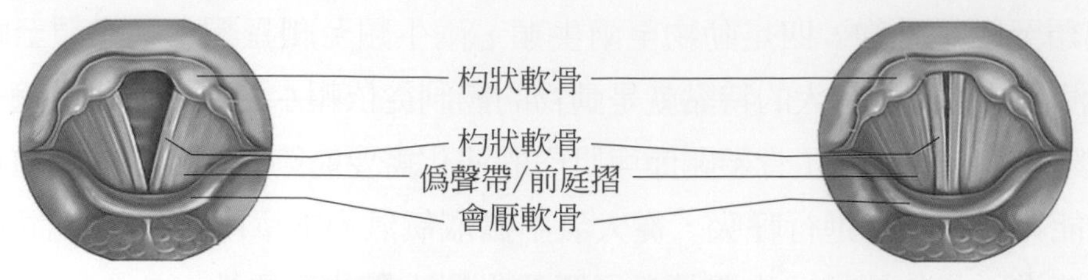

圖 13-2　聲帶的開與關

呼吸道自喉以下進入氣管。氣管由平滑肌構成，有 **C 形軟骨 (C-shaped cartilage rings)** 圍繞於其周圍。氣管下爲支氣管，左右各一，亦有軟骨圍繞，將其撐開，使呼吸道保持通暢。在支氣管與細支氣管的內襯黏膜，具有**杯狀細胞 (goblet cells)** 與**纖毛上皮細胞 (ciliated epithelial cells)**。杯狀細胞能夠分泌黏液，黏附進入氣管與支氣管的灰塵與微生物，而後由纖毛上皮細胞將其往上推送至喉部，任其滑下食道，進入胃中由胃酸分解，避免微生物進入肺中造成感染。支氣管之後進入細支氣管，再進入肺泡 (圖 13-3)。肺泡當中則有巨噬細胞可以移除細菌與其他廢棄物。

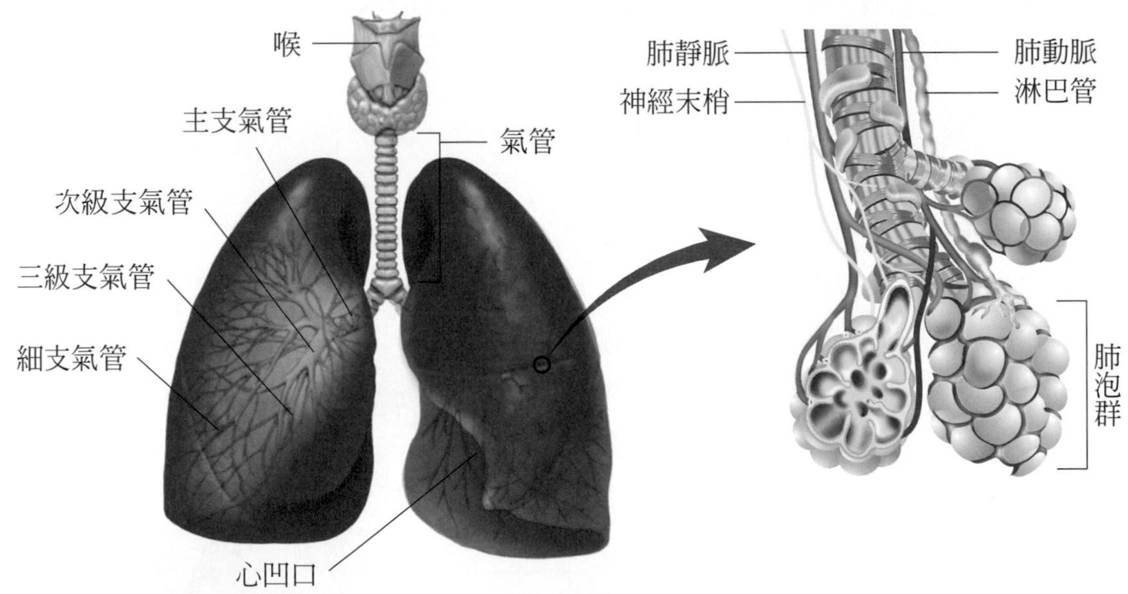

圖 13-3　支氣管 (bronchi)、支氣管分枝 (bronchial tree)、肺 (lungs)

除了**呼吸通道**的結構以外，肺由肺泡組成。動物呼吸系統的演進，從水生動物的**鰓 (gills)**，到陸生動物的**肺 (lungs)**，總表面積與有效氣體交換率增加。哺乳動物的肺泡，遠較於兩生類及爬蟲類發達，能將足量的氧氣交換入體內，供新陳代謝之用，故現代多數哺乳動物的行動較兩生類及爬蟲類迅速而持久。肺泡爲**上皮細胞 (epithelial cells)** 所構成，周圍有微血管分佈，可直接以**簡單擴散 (simple diffusion)** 的方式 (圖 13-4)，與大氣進行氧氣及二氧化碳的交換，使**缺氧血 (deoxygenated blood)** 重新成爲**充氧血 (oxygenated blood)**。成年人大約有 3 億個肺泡，總表面積至少 70 平方公尺，肺泡本身不含軟骨，由其組織內的**彈性纖維 (elastic fibers)** 成爲其支持的來源，亦使肺具有彈性。

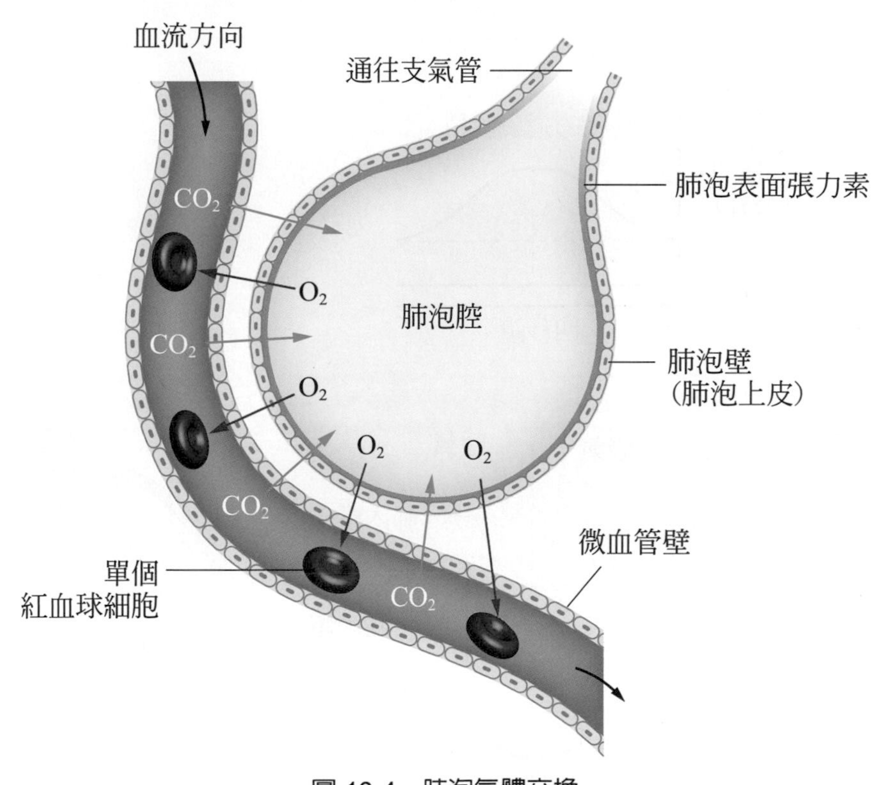

圖 13-4　肺泡氣體交換

13-2 人類的呼吸運動 (Human Ventilation)

肺位於胸腔，胸腔內壁有一層**壁胸膜 (parietal pleura)** 包覆，肺的表面再包覆一層**肺胸膜 (visceral pleura)**，或稱**臟器胸膜**，兩者之間構成的空間稱爲**胸膜腔 (plural cavity)**，內有**胸膜液 (pleural fluid)**，可作爲呼吸運動時的潤滑保護，減少肺與胸腔之間的摩擦。

由於肺不具肌肉，也沒有運動神經的直接支配，因此無法進行主動的**吸氣**與**呼氣**，稱爲**被動呼吸 (passive ventilation)**。呼吸運動的執行，來自於**肋間肌 (intercostal muscles)** 與**橫膈 (diaphragm)** 的交互收縮與放鬆，使胸腔發生擴大與縮小，導致**胸內壓 (intrapleural pressure)** 的改變，進而影響肺的體積、造成**肺內壓 (intrapulmonary pressure)** 的正負值差異，導致氣流的出入，上述即爲呼吸運動的原理 (圖 13-5)。肺隨著壓力的升高與下降而改變自己的體積，稱爲肺的**順應性 (compliance)**。

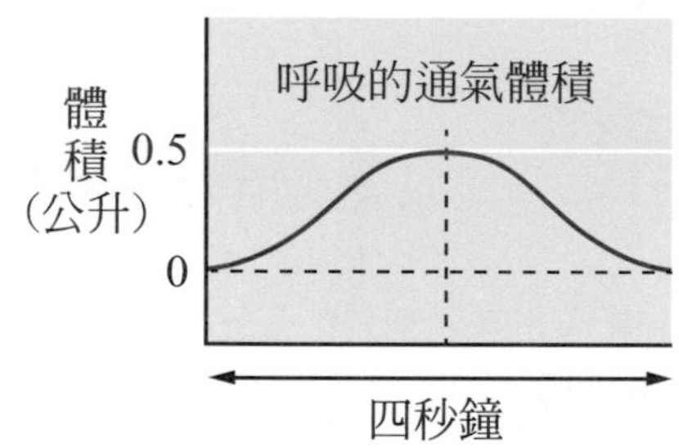

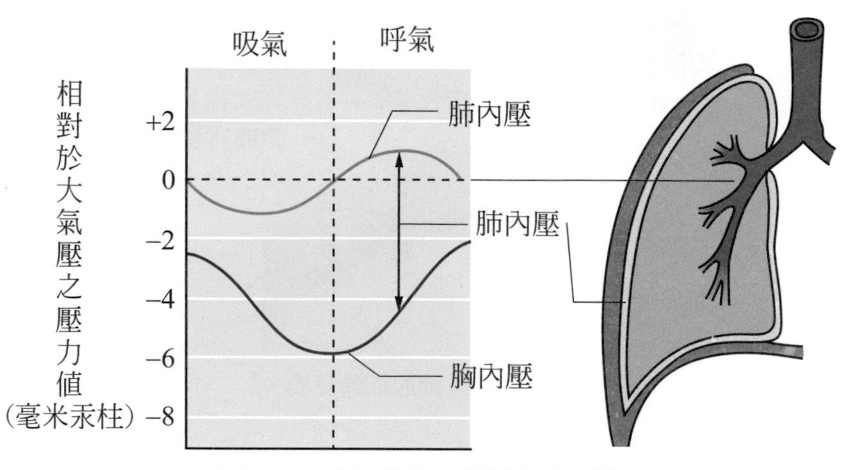

圖 13-5　呼吸運動過程壓力的改變

由於水分子具有氫鍵的緣故，會使水產生**內聚力 (cohesive force)** 與**黏度 (viscosity)** 的特性，亦即**表面張力 (surface tension)**，其存在會使壓縮的肺泡再度重新張開時產生困難。正常人的肺，除了具有順應性之外，另外尚需考慮肺內水分對呼吸的影響。肺內的第二型肺泡細胞 (type II alveolar cell) 會分泌一種特殊的**脂蛋白 (lipoprotein)**，如同界面活性劑，能夠減輕肺泡內水分子的內聚力與黏度，使呼吸作用順利進行，稱爲**表面張力素 (pulmonary surfactant)** 另外有來自於血液單核細胞轉化的肺巨噬細胞亦稱爲塵細胞 (dust cell)，負責吞噬和清除外來的塵粒或病原體。

呼吸運動的執行，需要肋間肌與橫膈，彼此發生收縮與舒張的配合。吸氣時，**外肋間肌 (external intercostal muscles)** 會收縮，將胸骨與肋骨舉起，同時橫膈收縮，使胸腔擴大，造成肺內壓減少，使吸氣發生；呼氣時，外肋間肌舒張，將肋骨與胸骨放下，同時橫膈舒張，使胸腔縮減，肺內壓增加，導致呼氣的發生 (圖 13-6)。吸氣爲呼吸相關肌肉收縮所造成，但呼氣是由肺與胸壁的彈性回位所致。另外，當**主動呼氣 (active expiration)** 發生時，除了外肋間肌舒張與橫膈放鬆，尚有**內肋間肌 (internal intercostal muscles)**、頸部**胸鎖乳突肌 (sternocleidomastoid muscle)** 與**斜角肌 (scalene muscles)** 的收縮，加強胸腔縮減的效果。

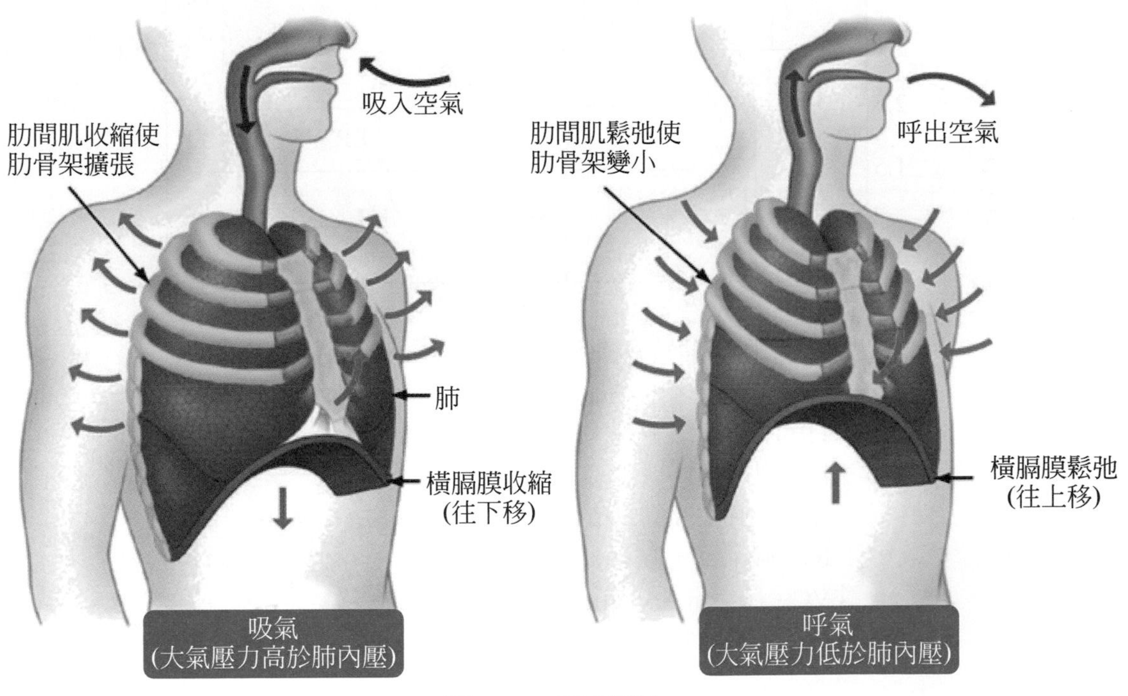

圖 13-6　呼吸運動

呼吸運動造成空氣的吸入與呼出，能夠經由**肺量計 (spirometer)** 的測量畫出相對應的曲線，稱爲**肺容量 (lung volume)**(圖 13-7)。肺容量的參數包含**潮氣容積 (tidal volume，TV)**、**吸氣儲備容積 (inspiratory reserve volume，IRV)**、**呼氣儲備容積 (expiratory reserve volume，ERV)**、**肺餘積 (residual volume，RV，或稱殘氣量)**、**肺活量 (vital capacity，VC)**、**功能儲備量 (functional residual capacity，FRC)**、**吸氣量 (inspiratory capacity，IC)**、**總肺容量 (total lung capacity，TLC)**，各參數定義請參考右表。其中潮氣容積爲正常人在休息狀態下，進行吸氣或呼氣一次的通氣量；肺活量爲盡其可能吸氣，至盡其可能呼氣，所能呼出或吸入的最大氣體容積；肺餘積則爲盡其可能呼氣之後，尚殘存於肺內的氣體容積。由於健康成人的肺容量數值變動不大，故經由肺容積數值的判讀，可以作爲呼吸系統疾病的評估與診斷參考。另外，呼吸系統中尚有無法交換空氣的區域，稱爲**解剖無效腔 (anatomic dead space)**，例如鼻腔、氣管，容積約 150 mL。

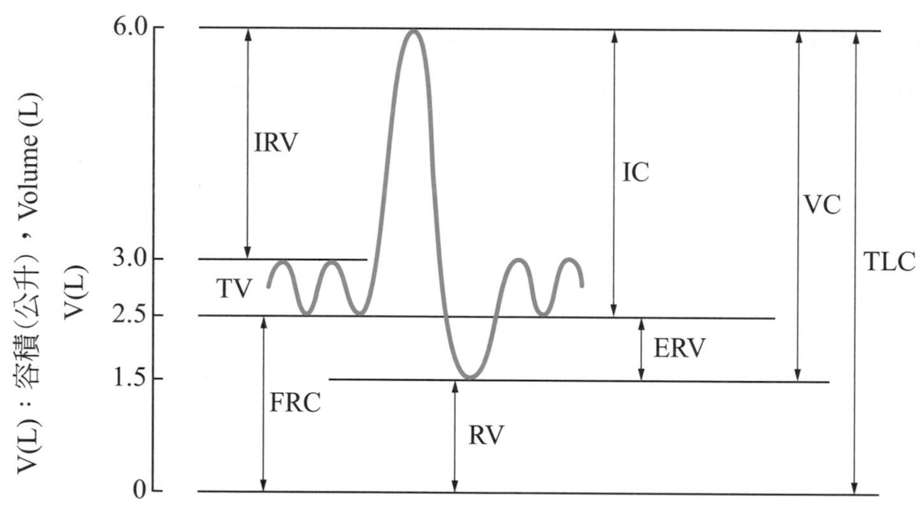

IRV：吸氣儲備容積，Inspiratory reserve volume。
TV：潮氣容積，Tidal volume。
FRC：功能儲備量，Functional residual capacity。
RV：肺餘積，Residual volume。
ERV：呼氣儲備容積，Expiratory reserve volume。
IC：吸氣量，Inspiratory capacity。
VC：肺活量，Vital capacity。
TLC：總肺容量，Total lung capacity。

圖 13-7　肺容量

術語	定義
肺容積 (Lung Volume)	肺總量的 4 個未重疊的部分
潮氣容積 (Tidal volume)	在未用力呼吸週期中吸入或呼出的氣體容積
吸氣儲備容積 (Inspiratory reserve volume)	在用力呼吸期間，除去潮氣容積之外，所能吸入氣體的最大容積。
呼氣儲備容積 (Expiratory reserve volume)	在用力呼吸期間，除去潮氣容積之外，所能呼出氣體的最大容積。
肺餘積 (Residual volume)	一最大呼氣後在肺部內氣體殘餘的容積。
總肺容量 (Total lung capacity)	一最大吸氣後在肺部內氣體的總量。
肺活量 (Vital capacity)	一最大吸氣後能呼出氣體的最大量。
吸氣量 (Inspiratory capacity)	一正常潮氣呼氣後能夠吸入氣體的最大量。
功能儲備量 (Functional residual capacity)	一正常潮氣呼氣後在肺部內氣體殘留的量。

13-3 氣體交換與運輸 (Gas Exchange and Transport)

氧氣在血液中的運輸，以和**血紅素 (hemoglobin，Hb)** 的結合為主。血紅素具有四個**次單元**，每一個單元可與一個氧分子結合。當氧分壓高時，血紅素越易與氧分子結合，直至四個**結合位 (binding site)** 被氧分子佔滿；當氧分壓降低時，氧分子越易從血紅素上脫離。此現象稱為血紅素的**協同作用 (cooperativity)**(圖 13-8)，血紅素因此成為絕佳的氧氣運輸者。

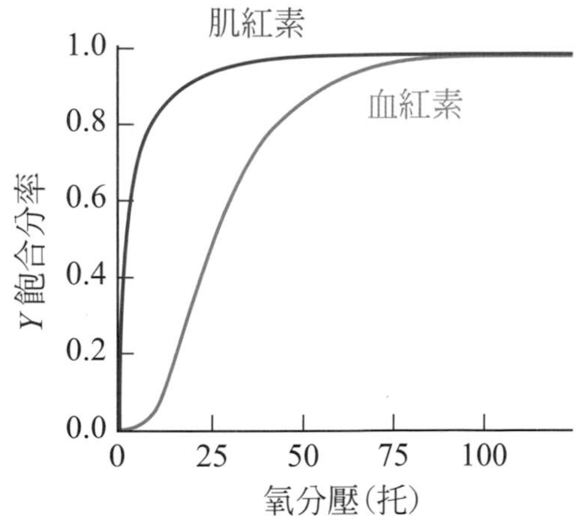

圖 13-8 血紅素與肌紅素的氧氣結合曲線

另一種存在於骨骼肌組織中，可以與氧分子結合的蛋白質為**肌紅素 (myoglobin，Mb)**。肌紅素的分子結構與血紅素的次單元相似，亦同樣具有**血基質 (heme group)** 能與氧分子結合。然而肌紅素與氧分子結合性極高，亦不具有協同作用，故與血紅素相比，肌紅素更適合於結合氧氣，加以儲存。鯨魚及海豹等時常進行深潛的動物，由於長時間不換氣，故其肌肉中肌紅素含量明顯較其他哺乳動物高。

隨著海拔高度的升高，氧氣分壓會逐漸下降。氧分壓下降會影響血紅素的飽和程度，也會影響組織獲取氧氣的效率。如果處在高海拔環境，組織獲取氧氣不易，將導致缺氧。當人位處在高海拔，血紅素與氧結合的飽和率即降低，此時紅血球中經由**糖解作用 (glycolysis)** 代謝產生的副產物 **2,3- 二磷酸甘油酸 (2,3-bisphosphoglycerate，2,3-BPG)**，會更容易與尚未飽和的血紅素結合，使其與氧氣結合機率降低，讓血紅素不易與氧結合，以此方式來提供組織獲取氧氣的機率。而長期居於高山地區的居民，尚可以藉著產生更多的血紅素或紅血球，來適應高海拔的環境，此生理現象稱為**高海拔適應 (high-altitude acclimation)**。

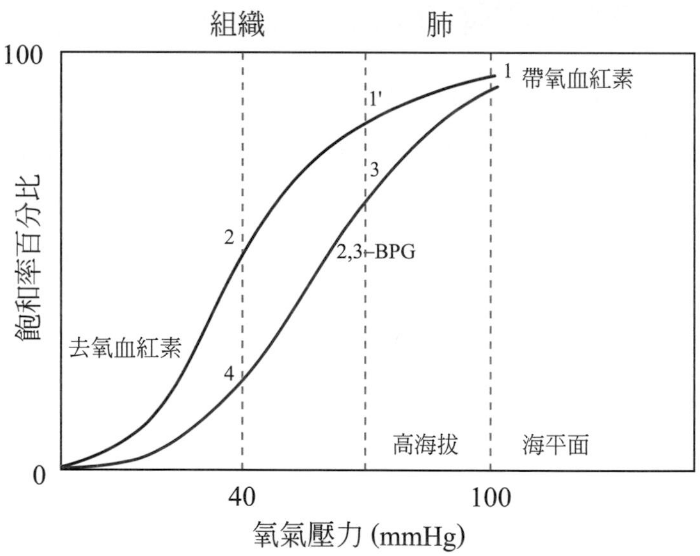

圖 13-9 血紅素氧飽和曲線與 2,3-BPG 作用：當位於海平面高度時，將空氣吸入肺，血紅素與氧氣結合率接近 100%(1)，進入組織時，氧分壓降至 40 mmHg，血紅素－氧氣結合率降至 55%。當位於高海拔地區時 (1')，血氧結合率僅約 80%，而組織區域血氧結合率依然為 55%。在 2,3-BPG 的作用下，雖然肺部的血氧結合率為 70%(3)，但是在組織區域，同樣 40 mmHg 的氧分壓，血氧結合率降至 30%，亦即從血紅素上釋放出更多的氧氣，供組織獲取。

除了氧氣以外，另一種容易和血紅素結合的氣體為一氧化碳，如暴露於過多之劑量，會造成**一氧化碳中毒**。正常的血紅素與氧氣結合以後，會以**帶氧血紅素 (oxy-Hb** 或 **HbO_2)** 的形式存在於血液中，如與氧氣解離，則為**去氧血紅素 (deoxy-Hb)**。一氧化碳與血紅素的**親和力 (affinity)** 為氧氣的 210 ～ 250 倍，極不容易自發性從血紅素上脫離，因此一旦被一氧化碳佔據，經由血紅素運送的氧氣將減少，即導致**缺氧 (hypoxia)**。

二氧化碳在血液中的運輸，為 8% 以氣體形式溶於血漿內，20% 結合於血紅素，以及 72% 以**碳酸氫根 (bicarbonate** 或 **hydrogencarbonate，HCO_3^-)** 離子的形式，於血漿內運輸。血漿內的水的存在，使二氧化碳能夠在**碳酸酐酶 (carbonic anhydrase)** 的催化下，與水結合成**碳酸 (carbonic acid)**，碳酸再解離成氫離子與碳酸氫根，如下式。

組織微血管

$$CO_2+H_2O \underset{\text{碳酸酐酶}}{\overset{\text{碳酸酐酶}}{\rightleftharpoons}} H_2CO_3 \rightleftharpoons H^++HCO_3^-$$

肺部微血管

此一過程在紅血球內運行。碳酸氫根高度溶於水，可離開紅血球，溶於血漿中運輸，氫離子則可與血紅素結合。紅血球將碳酸氫根釋放至血漿中，會透過一**陰離子交換轉運蛋白 (anion exchanger)**，將一個氯離子自血漿運輸入細胞內，用以平衡電荷，此稱爲**氯轉移 (chloride shift)**(圖 13-10)。當紅血球從組織被運輸至肺泡，二氧化碳離開肺泡微血管，以上的反應將反向進行。

(a) 位於組織

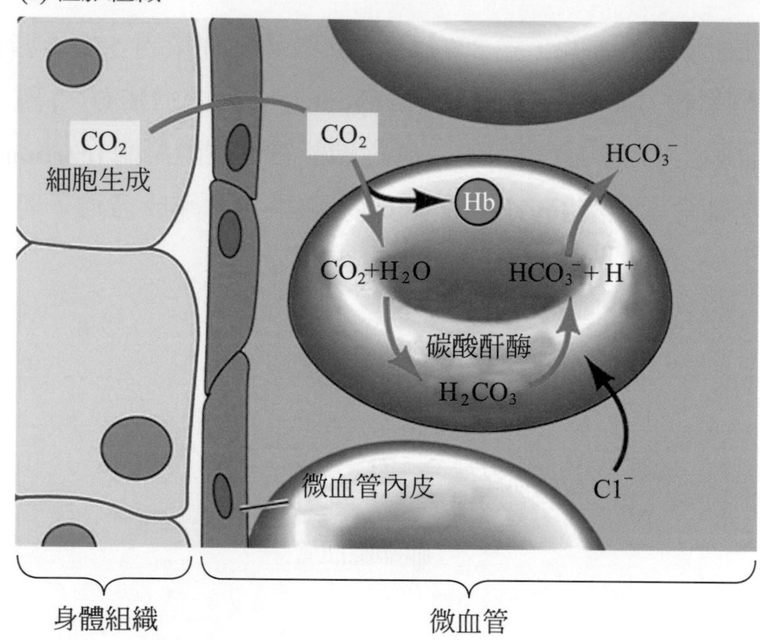

(b) 位於肺部

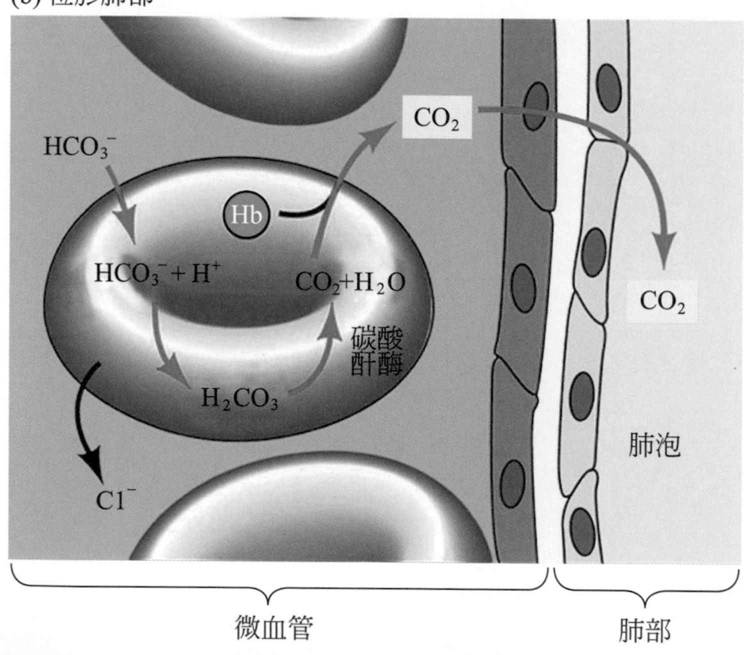

圖 13-10　紅血球的氯轉移

13-4　呼吸的調控 (Regulation of Respiration)

呼吸的調控機制，分別是**中樞神經系統 (central nervous system，CNS)** 執行的**神經調控機制**與諸多**化學受器 (chemoreceptors)** 參與的**化學調控機制**。

呼吸的控制，由**延腦 (medulla oblnogata)** 和**橋腦 (pons)** 聯合執行。延腦的**呼吸中樞 (respiratory center)** 包含**吸氣中樞 (inspiratory center)**，以及**呼氣中樞 (expiratory center)**。橋腦則具有**呼吸調節中樞 (pneumotaxic center)**，以及**長吸中樞 (apneustic center)**(圖 13-11)。

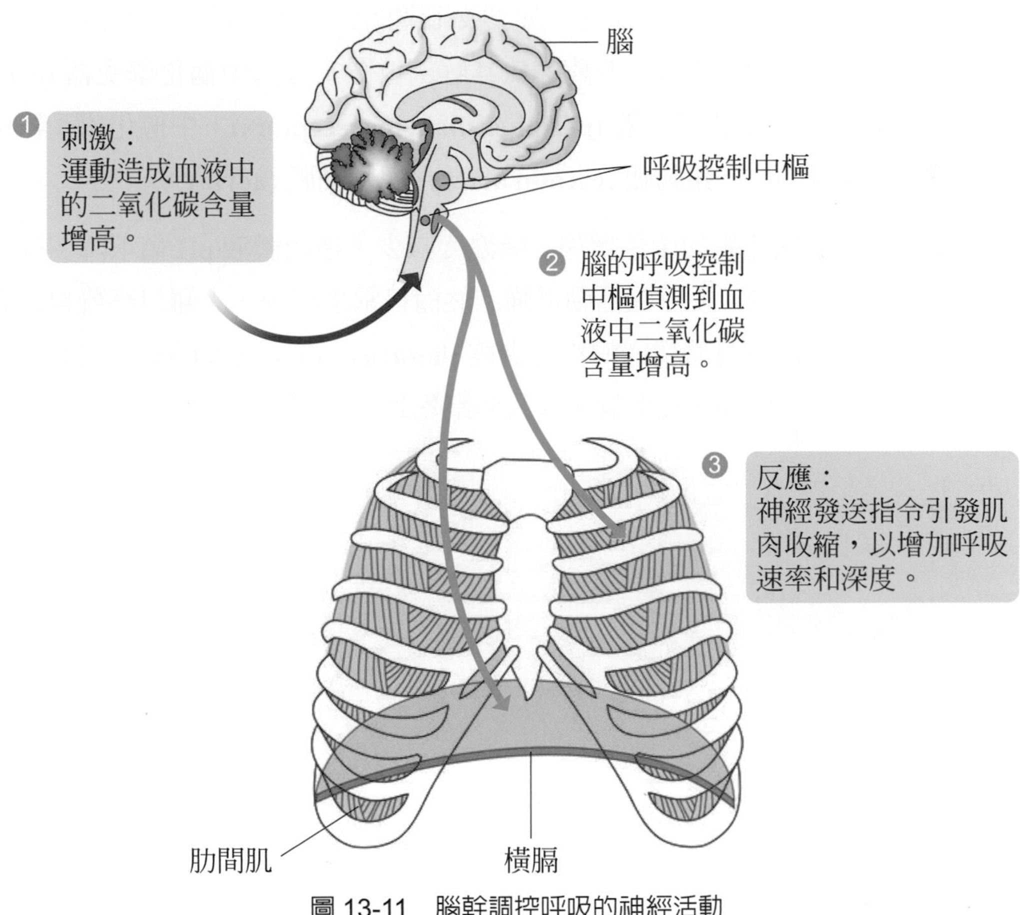

圖 13-11　腦幹調控呼吸的神經活動

呼吸活動並非單純僅由延腦與橋腦決定。延腦的呼吸中樞會受到身體周邊的化學受器，以及肺部**機械力學受器 (mechanoreceptor)** 訊號的傳入，來進行呼吸的調整。橋腦的呼吸調節中樞則可受到來自下視丘的神經投射，在情緒或其他恆定條件的影響下，對呼吸的活動造成影響。另外，人類亦可以透過意識來主導呼吸，此過程不經橋腦與延腦，而是由大腦的**運動皮質 (motor cortex)** 啓動主導，經**運動神經 (motor nerves)** 直接通往呼吸相關肌肉。

當進行劇烈運動時，組織會消耗氧氣，增加產生二氧化碳。由於缺氧的緣故，會導致呼吸加快、加深。同時配合血液循環的加速，增加供氧量與加速二氧化碳排除。這些身體內部環境的變化，會由呼吸的化學調節機制來偵測，並回傳訊息至中樞神經系統，對呼吸的需求進行調整。與呼吸相關的化學受器可以偵測血液中氧氣與二氧化碳的分壓，以及 pH 值的改變，依其解剖位置，分爲**中樞化學受器 (central chemoreceptors)** 以及**周邊化學受器 (peripheral chemoreceptors)**。中樞化學受器位於延腦，周邊化學受器則位於**頸動脈 (carotid artery)** 與**主動脈 (aorta)**。

當代謝增快，二氧化碳的產生增加，氧濃度減少，造成體液 pH 值下降，腦脊髓液中的氫離子將隨之增加，使呼吸活動增強。然而日常生活中，人難以察覺自己有明顯的呼吸變化，乃是因爲身體精密的**恆定調控 (homeostatic regulation)**，只要偵測到極小範圍的變異，即會啓動調控機制，在我們察覺到變化之前，將其維持在正常值範圍內。

本章複習

13-1　人體的呼吸系統

- 呼吸系統由呼吸器官 (respiratory organs) 構成。自**鼻孔 (nostrils)** 開始，依序經過**鼻腔 (nasal cavity)**、**咽 (pharynx)**、**喉 (laryinx)**、**氣管 (trachea)**、**支氣管 (bronchi)**、**細支氣管 (bronchioles)**、**肺泡 (alveoli)**。
- 在支氣管與細支氣管的內襯 (inner lining) 黏膜，具有**杯狀細胞 (goblet cells)** 與**纖毛上皮細胞 (ciliated epithelial cells)**。杯狀細胞能夠分泌黏液，黏附進入氣管與支氣管的灰塵與微生物，而後由纖毛上皮細胞將其往上推送至喉部，任其滑下食道，進入胃中由胃酸分解，避免微生物進入肺中造成感染。
- 肺泡爲上皮細胞所構成，周圍有微血管分佈，可直接以**簡單擴散 (simple diffusion)** 的方式，與大氣進行氧氣及二氧化碳的交換，使缺氧血重新成爲充氧血。

13-2　人類的呼吸運動

- 肺位於胸腔內，由於肺不具肌肉，也沒有運動神經的直接支配，因此無法進行主動的吸氣與呼氣，稱爲**被動呼吸 (passive ventilation)**。呼吸運動的執行，來自於**肋間肌 (intercostal muscles)** 與**橫膈 (diaphragm)** 的交互收縮與放鬆。
- 肺內的第二型肺泡細胞會分泌一種特殊的脂蛋白 (lipoprotein)，如同界面活性劑，能夠減輕肺泡內水分子的內聚力與黏度，使呼吸作用順利進行，稱爲**表面張力素 (pulmonary surfactant)**。肺巨噬細胞亦稱爲**塵細胞 (dust cell)**，負責吞噬和清除外來的塵粒或病原體。
- **潮氣容積 (tidal volume，TV)**、爲正常人在休息狀態下，進行吸氣或呼氣一次的通氣量；**肺活量 (vital capacity，VC)** 爲盡其可能吸氣，至盡其可能呼氣，所能呼出或吸入的最大氣體容積；**肺餘積積 (residual volume，RV，或稱殘氣量)**，則爲盡其可能呼氣之後，尚殘存於肺內的氣體容積。呼吸系統中尚有無法交換空氣的區域，稱爲**解剖無效腔 (anatomic dead space)**，例如鼻腔、氣管，容積約 150 mL。

13-3 氣體交換與運輸

- 氧氣在血液中的運輸，以和**血紅素 (hemoglobin，Hb)** 的結合爲主。血紅素具有四個次單元，每一個單元可與一個氧分子結合。當氧分壓高時，血紅素越易與氧分子結合，直至四個結合位被氧分子佔滿；當氧分壓降低時，氧分子越易從血紅素上脫離。此現象稱爲血紅素的**協同作用 (cooperativity)**，血紅素因此成爲絕佳的氧氣運輸者。
- **肌紅素 (myoglobin，Mb)** 的分子結構與血紅素的次單元相似， 亦同樣具有血基質 (heme group) 能與氧分子結合。然而肌紅素與氧分子結合性極高，亦不具有協同作用，故與血紅素相比，肌紅素更適合於結合氧氣，加以儲存。
- 一氧化碳與血紅素的親和力爲氧氣的 **210 ～ 250** 倍，極不容易自發性從血紅素上脫離，因此一旦被一氧化碳佔據，經由血紅素運送的氧氣將減少，即導致**缺氧 (hypoxia)**。
- 二氧化碳在血液中的運輸，爲 8% 以氣體形式溶於血漿內，20% 結合於血紅素，以及 72% 以**碳酸氫根 (bicarbonate 或 hydrogencarbonate，HCO_3^-)** 離子的形式，於血漿內運輸。

13-4 呼吸的調控

- 呼吸的調控機制，分爲由中樞神經系統 (central nervous system，CNS) 執行的**神經調控機制 (neural mechanism of regulation)** 與諸多化學受器 (chemoreceptors) 參與的**化學調控機制 (chemical mechanism of regulation)**。
- 延腦的呼吸中樞 (respiratory center) 包含**吸氣中樞 (inspiratory center)** 以及**呼氣中樞 (expiratory center)**。橋腦則具有**呼吸調節中樞 (pneumotaxic center)**，以及**長吸中樞 (apneustic center)**。
- 與呼吸相關的化學受器可以偵測血液中氧氣與二氧化碳的分壓，以及 pH 值的改變，依其解剖位置，分爲**中樞化學受器 (central chemoreceptors)** 以及**周邊化學受器 (peripheral chemoreceptors)**。

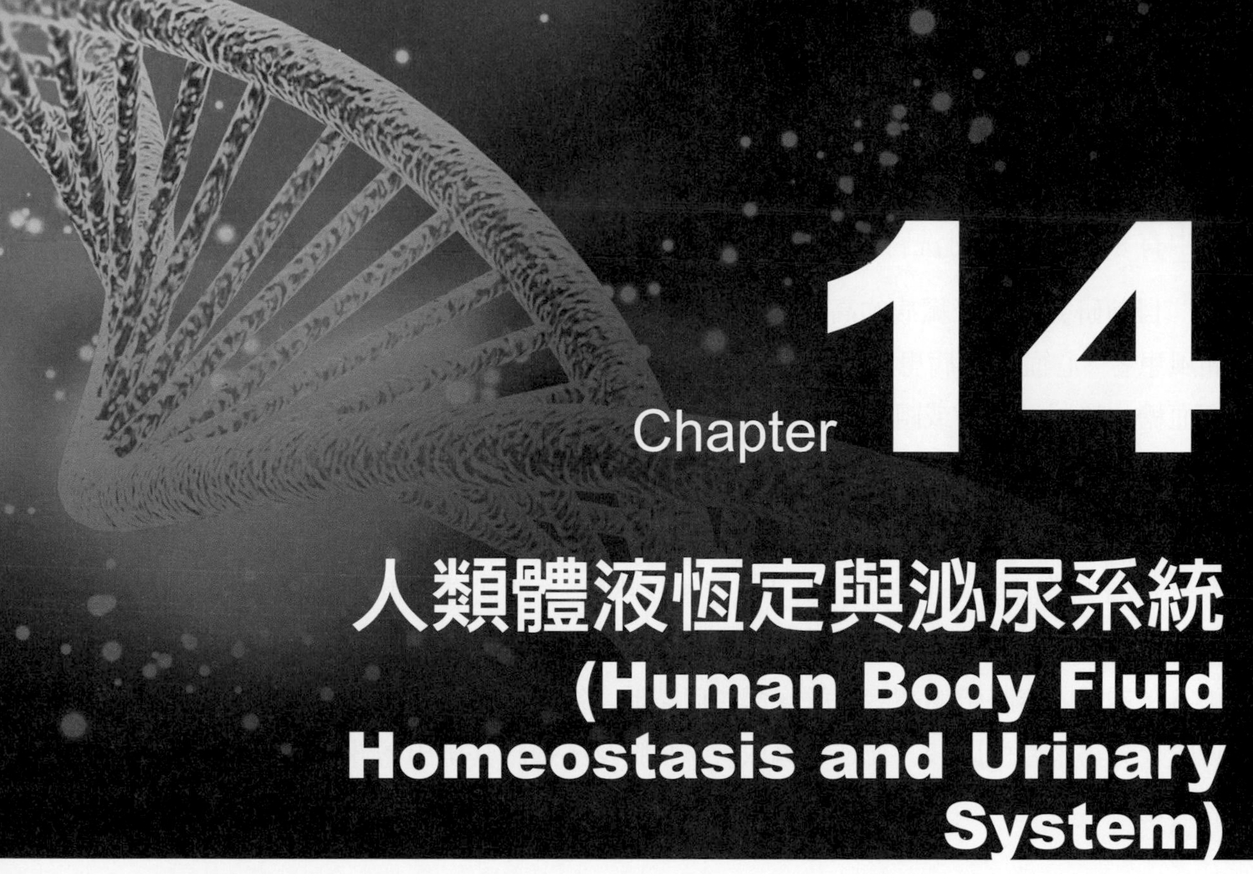

Chapter 14

人類體液恆定與泌尿系統 (Human Body Fluid Homeostasis and Urinary System)

台灣洗腎的現況

人們每天吃下肚的食物、飲料或藥物，都會經由生理代謝產生人體不需要的廢物，而這些代謝廢物一旦長期累積於體內，就會對人體造成不同程度的傷害。人體主要依賴兩顆腎臟爲主的泌尿系統來肩負起「清道夫」的重要角色，它能將對人體有害的代謝廢物，例如尿酸、尿素、肌酸酐及過多的電解質等，形成尿液排出體外。而腎臟功能進入末期的民眾，便需要靠洗腎來將廢物排出。洗腎的正式醫學名稱爲「**血液透析；Hemodialysis**」(**俗稱人工腎臟**)，代替人體腎臟的排泄功能，清除廢物和多餘水份，再將乾淨的血液流回患者循環系統，藉此方式過濾掉血液中的廢物來維持患者的生命。

隨著台灣的人口老化，慢性代謝疾病 (高血壓、高血糖及高血脂) 日益盛行，臨床醫學統計，糖尿病患中約有 3 分之 1 的人，最後會因併發尿毒症而需要洗腎；而高血壓患者中，平均也會有約 5 分之 1 的人，最終會走上這一步。台灣慢性腎臟病的人數也因此有越來越多的趨勢。根據衛生福利部統計，台灣洗腎的人口已經高達 9 萬 4

千人左右，洗腎率更是世界第一。以 2020 年爲例，治療腎臟疾病的費用爲 562 億元，當中有 84% 都是支付洗腎費用，對於已捉襟見肘的健保經費，無疑是一大負擔。

目前研究指出腎臟病的高危險群主要包括三大類：**1. 體質因素**：65 歲以上老人、痛風患者、心血管疾病患者以及有腎病家族病史者。**2. 誘發因素**：如高血壓、高血脂、高血糖、泌尿道結石或阻塞，以及長期服用藥物者 (長期服用止痛消炎藥物，或是服用來路不明的成藥、中草藥或標示不清的偏方)。**3. 惡化因素**：重度蛋白尿、血壓和血糖控制不佳、抽菸等。

台灣腎臟醫學會也特別提出**「護腎 33 步驟」**，即「長期用藥 3 個月，須進行驗尿、血糖、血壓 3 項腎臟功能檢查」，讓高危險群能及早發現異常，以維護腎臟功能正常。本章內容將帶領讀者了解身體如何製造含氮廢物，並如何經由腎臟的過濾、再吸收及分泌來產生尿液，並透過輸尿管、膀胱及尿道將其排出體外，來維持人體的體液恆定。

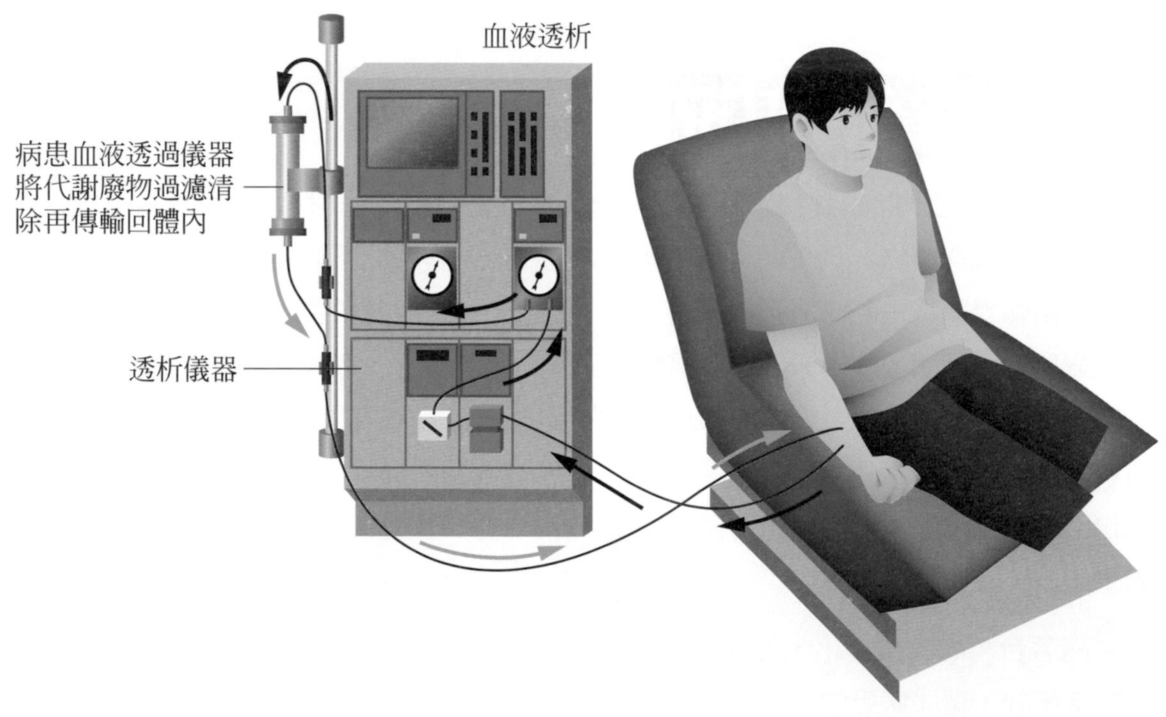

各種的生化代謝與細胞活動，除了產生反應產物以外，亦會產生**代謝廢物**。代謝廢物在體內累積，會產生毒性，對細胞不利，時間一久，會對個體造成傷亡。因此人體準備了非常專門且精密的機制，來排除廢物。健康人的體內，各種物理或化學參數的測量值，應該維持在正常的範圍內，如果數值過高，會降回；數值過低，會回升。此種現象稱爲人體的**恆定性 (homeostasis)**。例如**血壓**、**水分**、**血糖**、**電解質**、**荷爾蒙濃度**、**體溫**、**血液酸鹼値**……等。如果這些物理或化學參數的數值過高或過低，皆會對人帶來危害，輕者致病，重者致命。因此需要經由適當的**排泄器官 (excretory organs)**，將其排除至體外。例如血紅素在肝臟破壞成爲膽色素之後，經由膽汁排除；細胞呼吸產生的二氧化碳，由肺排除；多餘的水分，可以經由呼吸、汗腺、消化系統、以及**泌尿系統 (urinary system)** 排除。另外尚有代謝產生的**含氮廢物 (nitrogenous wastes)**，則由泌尿系統排除。

14-1 含氮廢物 (Nitrogenous Wastes)

動物體中產生的含氮廢物，多數來自胺基酸與核酸等含氮化合物的代謝過程。當蛋白質被分解成胺基酸，胺基酸進一步代謝時，會經由**脫胺作用 (deamination)**，將其分子上的胺基 ($-NH_2$) 移除，留下**碳骨架 (carbon skeleton)** 進行其它反應，例如進入**檸檬酸循環 (citric acid cycle)**。胺基脫除所形成的化合物，即構成含氮廢物。由於胺基在體內會轉變成具有細胞毒性的**氨 (ammonia，NH_3)**，故需儘快降低其在體內的含量。魚類以及水生無脊椎動物，產生氨以後，會直接將其釋放至水中；鳥類、爬蟲類，以及昆蟲，則將氨轉變成低毒性的**尿酸 (uric acid)**，以濃縮的結晶的形式，加入糞便中一起排除；哺乳類動物則將氨轉變成較不具毒性的**尿素 (urea)**，以泌尿系統的途徑將其以**尿液 (urine)** 的形式排除 (圖 14-1)。

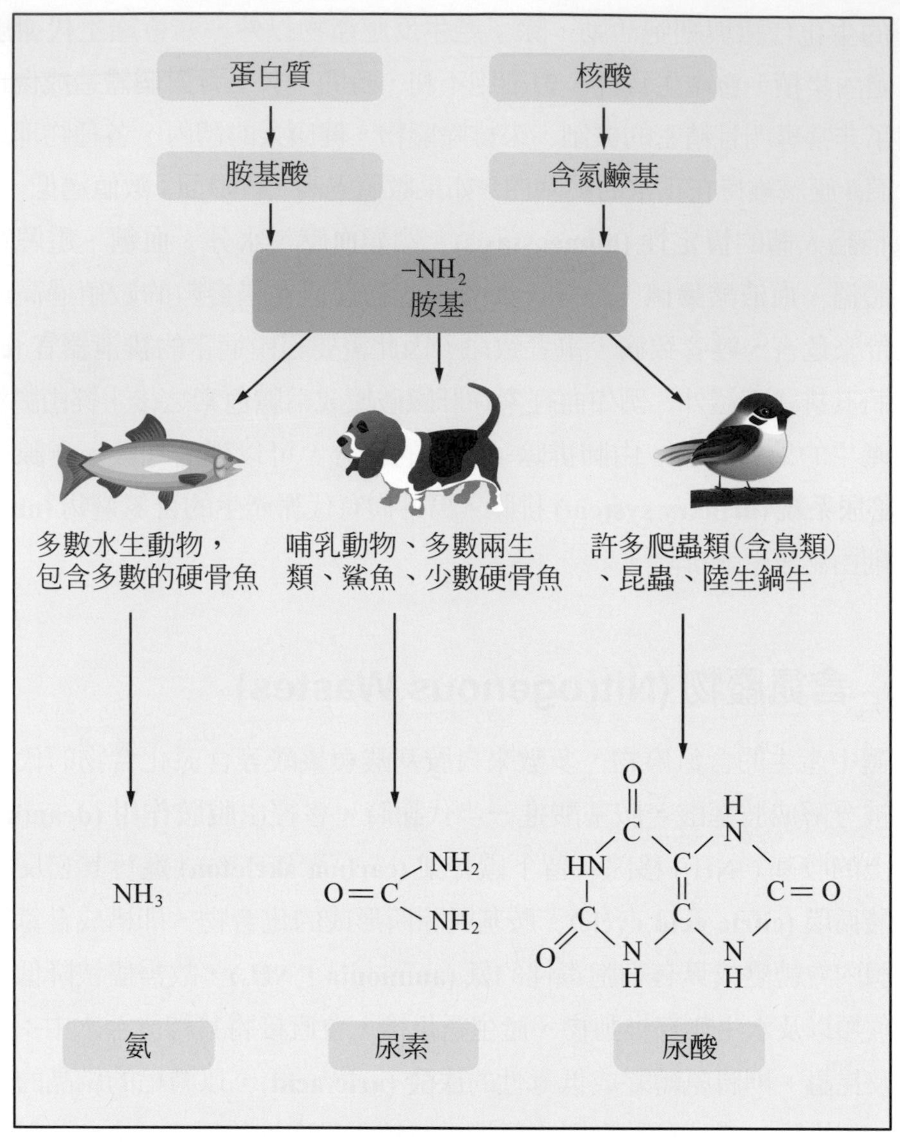

圖 14-1　含氮廢物在不同動物的排除方式

哺乳動物能夠代謝胺基酸與核酸，產生能量，或進入其他的生化反應作爲中間原料。當哺乳動物代謝胺基酸產生氨以後，會以肝細胞爲主要反應場所，經由**尿素循環 (urea cycle)**(圖 14-2) 的方式，將其轉變爲尿素，通過腎由尿液排出；當哺乳動物代謝核酸的**嘌呤 (purine)**，會產生尿酸，尿酸可以進一步在**尿酸氧化酶 (urate oxidase)** 的催化下，轉變爲**尿囊素 (allantoins)** 經由腎臟排除。

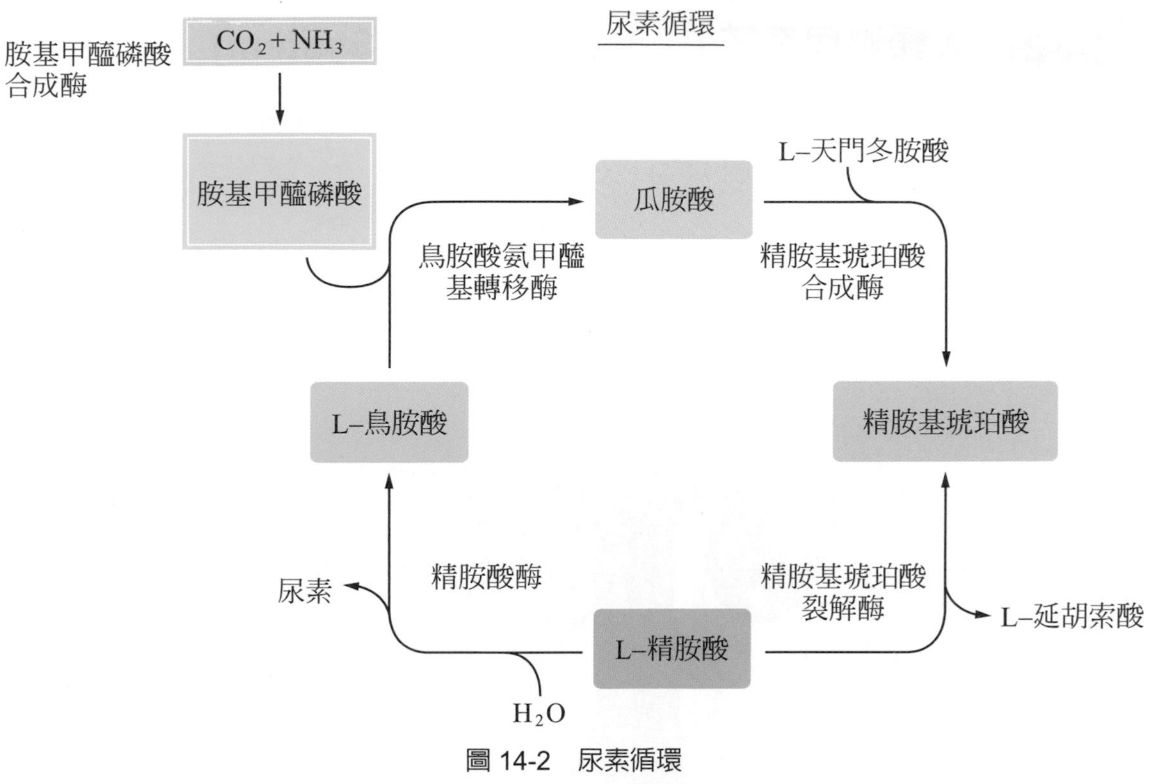

圖 14-2　尿素循環

然而，**大麥町狗 (Dalmatian dog)**、**高等靈長類 (high primates)** 以及人類，體內缺乏此種酵素，無法將尿酸轉換成尿囊素，如果尿酸無法及時經由腎臟排除，使血液尿酸濃度提高，稱爲**高尿酸血症 (hyperuricemia)**，如果尿酸濃度升高，容易形成結晶，堆積在關節處或全身性的堆積，造成極爲不適的症狀，稱爲**痛風 (gout)** (圖 14-3)。海鮮、蕈類、以及肉類的嘌呤量較高，故痛風的病人，除服藥控制血液尿酸值以外，應減量攝取這些食物，並多喝水以助排除多餘的尿酸。

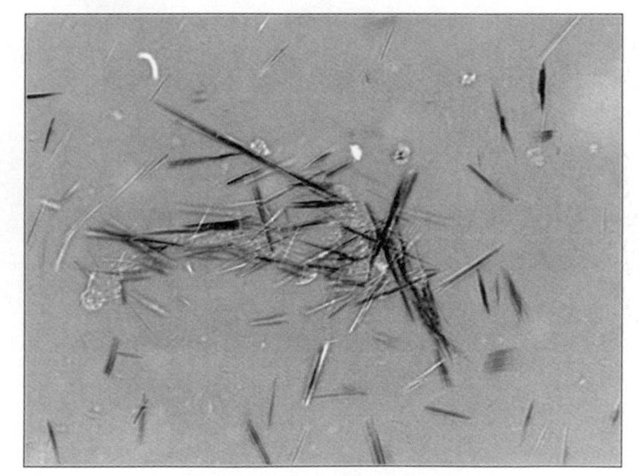

圖 14-3　痛風病人關節抽出之關節液，可見尿酸結晶

14-2 人類泌尿系統 (Human Urinary System)

人類的泌尿系統構造包含**腎臟 (kidneys)**、**輸尿管 (ureters)**、**膀胱 (urinary bladder)** 以及**尿道 (urethra)**(圖 14-4)。

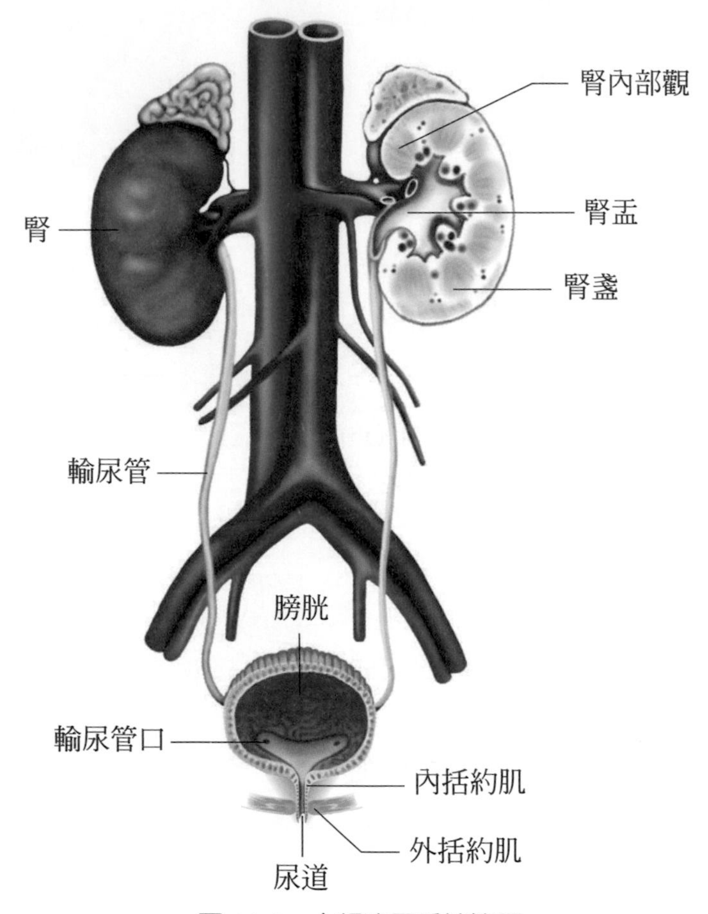

圖 14-4　人類泌尿系統簡圖

(一) 腎的構造與腎元

腎臟位於人的背側，左右各一，左腎略高於右腎，各自由左 / 右**腎動脈 (renal artery)** 供應其血流，左 / 右**腎靜脈 (renal vein)** 收集其血液回心。腎臟的解剖結構可大致分爲靠外側的**腎皮質 (renal cortex)**，與靠內側的**腎髓質 (renal medulla)**，腎髓質經由**腎盂 (renal pelvis)** 與輸尿管相連。

腎皮質與腎髓質內有許多及精密的微細結構，為腎臟工作的基本單位，稱為**腎元 (nephron)**(圖 14-5)，位於皮質區域的腎元，約佔 85%。腎元由**腎小體 (renal corpuscle)** 和**腎小管 (renal tubule)** 構成。腎小體包含兩部分：**腎絲球 (glomerulus)** 與**鮑氏囊 (Bowman's capsule)**；腎小管由**近曲小管 (proximal convoluted tubule)**、**亨利氏環 (loop of Henle)**、**遠曲小管 (distal convoluted tubule)** 構成。以上的構造，最後匯合成為**集尿管 (collecting duct)**，將尿液送入腎盂，再往下經輸尿管送至膀胱。腎元的不同部位，所進行的生理功能皆有所差異。

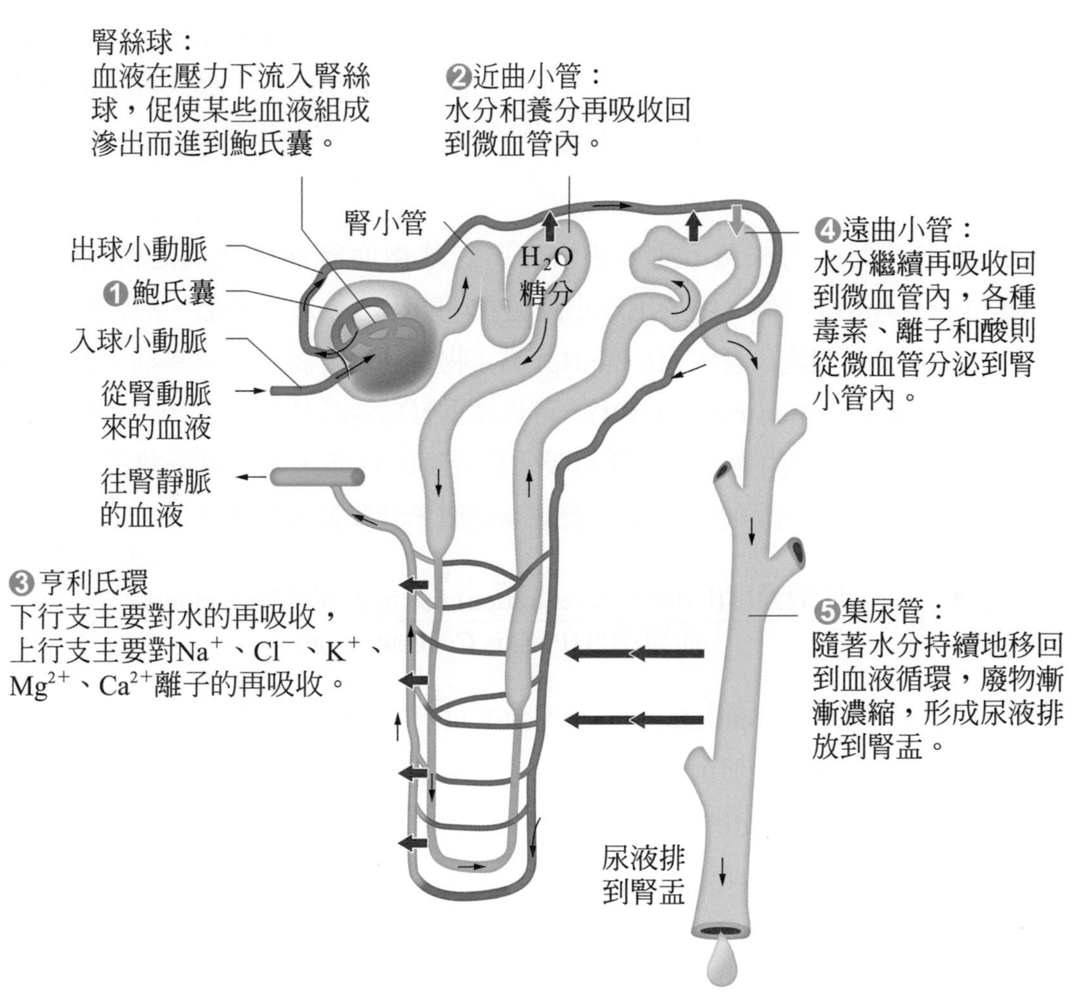

圖 14-5　腎元的構造

(二) 過濾作用 (Filtration)

腎臟製造尿液的過程，與微血管系統密切配合，分爲**過濾作用 (filtration)**、**再吸收作用 (reabsorption)** 以及**分泌作用 (secretion)**。當血液送入腎元時，會經由**入球小動脈 (afferent arteriole)** 進入腎絲球，而後由**出球小動脈 (efferent arteriole)** 離開。腎絲球爲一團高度纏繞之微血管所構成，其**內皮細胞 (endothedial cells)** 有諸多孔洞，稱爲**窗孔 (fenestrae)**，故此處的微血管可歸類爲**窗孔型微血管 (fenestrated capillary)**，其對物質之通透性較其他組織大。血液流經此處時，發生**超濾作用 (ultrafiltration)**，容許小分子的物質通過，例如葡萄糖、電解質、胺基酸、尿素，而細胞與大分子的蛋白質不被容許通過，故不會被濾出。血液通過腎絲球之後，進入鮑氏囊，此時稱爲**濾液 (filtrate)**。濾液的成份與血漿相似，除了不具大分子蛋白質。通常分子量小於 7,000 Da 者，可以輕易通過腎絲球，若分子量大於 70,000 ～ 100,000 Da，即很難被濾出。

腎絲球過濾的動力來源，主要來自於腎絲球微血管與鮑氏囊之間的**淨水壓 (hydrostatic pressure)** 差値。由於出球小動脈管徑略小於入球小動脈，故腎絲球內壓力 (45 ～ 48 mmHg) 較鮑氏囊內 (10 mmHg) 高。物質通過腎絲球的速率稱爲**腎絲球過濾率 (glomerular filtration rate，GFR)**，可以做爲腎功能評估的重要參考指標。若某物質 X 可以由腎絲球自由過濾，亦無再吸收與分泌的可能，則其每分鐘出現於尿液的量，即等於每分鐘由腎臟濾出的量。腎絲球過濾率計算公式如下：

$$\text{GFR} = \frac{\text{尿液濃度(Urine Concentration)} \times \text{尿液流量(Urine Flow)}}{\text{血漿濃度(Plasma Concentration)}}$$

臨床上常用**肌酸酐 (creatinine)** 來作爲 GFR 的參考物，稱爲**腎絲球過濾率估計値 (estimated GFR，eGFR)**。肌酸酐爲骨骼肌代謝所產生的物質，其產量穩定，不會被再吸收，故可以作爲一穩定的腎絲球過濾率估計値參考指標。GFR 數値越高，代表腎臟將體內廢物濾出的能力越佳，反之，其數値越低，代表腎臟功能不佳，在進入**慢性腎臟病 (chronic renal disease，CRD)** 的病程之前，需要就醫進行檢查找出原因。如果 GFR 數値過低，將演變成**腎衰竭 (renal failure)** 以及**尿毒症 (uremia)**。隨著年齡老化，GFR 會逐年以細微幅度降低。另外，**腎絲球炎 (glomerular nephritis)**、無控制飲食、止痛藥物濫用，或是中年以後的高血壓、糖尿病，皆可能導致或加重腎功能退化。

(三) 再吸收作用 (Reabsorption)

經由腎絲球過濾而成之濾液，每日約有 180 公升，但是只有 1.5 ～ 2 公升的尿液被排出。因此，大約有 99% 的過濾液要回到血管系統，如不回收，會造成嚴重的體液和溶質流失。故腎臟在腎小管處有再吸收作用，將濾液內的物質重新吸收回體內 (圖 14-6)。腎小管各段和集尿管皆有再吸收的功能，但其中以近曲小管負責最大量的再吸收，且吸收的物質種類也最多。在近曲小管濾液中的胺基酸和葡萄糖全部被吸收，大部分的水 (65 ～ 70%) 和電解質 (Na^+, Cl^-, K^+) 與約 85% 的 HCO_3^- 被再吸收。亨利氏環與遠曲小管可對部分的電解質和水做再吸收，此部分水的再吸收主要調節性吸收 (約佔 20%)。集尿管可對水分做最後的再吸收 (約 10 ～ 15%)。物質亦能以**主動運輸 (active transport)** 的方式，經由特定的**運輸蛋白 (protein transporters)**，使物質自管腔回收至腎小管細胞內，如葡萄糖、胺基酸、鈉離子、鈣離子、氫離子、少部分的有機酸和有機鹼。

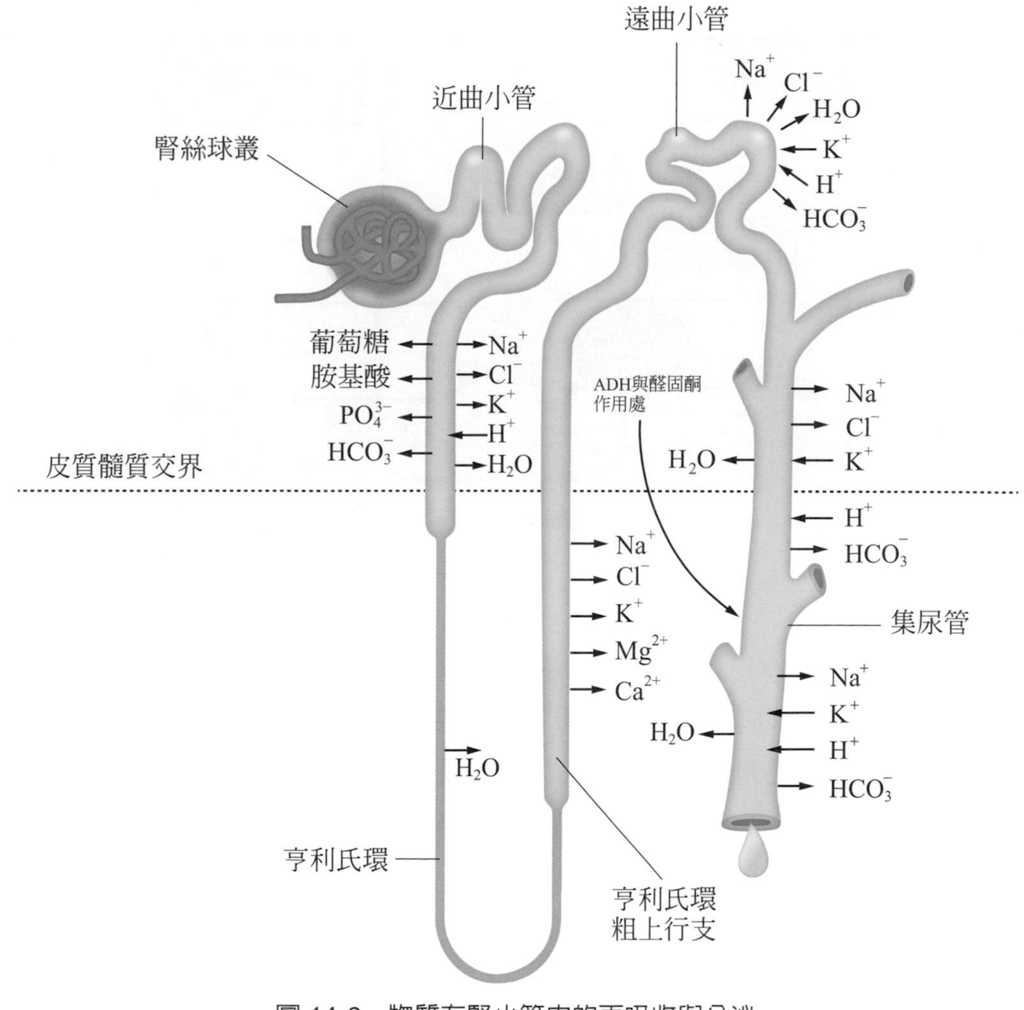

圖 14-6　物質在腎小管內的再吸收與分泌

COLUMN

葡萄糖的次級主動運輸

以葡萄糖為例 (圖 14-7)，腎小管細胞靠近微血管一側，有一特殊的**鈉鉀幫浦 (Na^+ - K^+ pump / ATPase)**，其會朝微血管側輸出三個鈉離子，並自微血管側輸入兩個鉀離子，過程消耗 ATP。而葡萄糖的運輸蛋白位於腎小管細胞靠管腔側，當細胞內鈉離子因鈉鉀幫浦的作用，濃度降低時，會使管腔側細胞膜內外產生鈉離子濃度差，於是管腔的鈉離子會透過此運輸蛋白進入腎小管細胞，同時將管腔的葡萄糖分子帶入，能針對濃度梯度逆向運輸，此種特殊的主動運輸方式稱為**次級主動運輸 (secondary active transport)**。而此類型的葡萄糖運輸蛋白，則稱為**鈉依賴型葡萄糖共同運輸蛋白 (sodium-glucose linked transporter，SGLT)**，或簡稱為**鈉 - 葡萄糖協同轉運蛋白**，為**同向共同運輸 (symport)** 的典型範例。

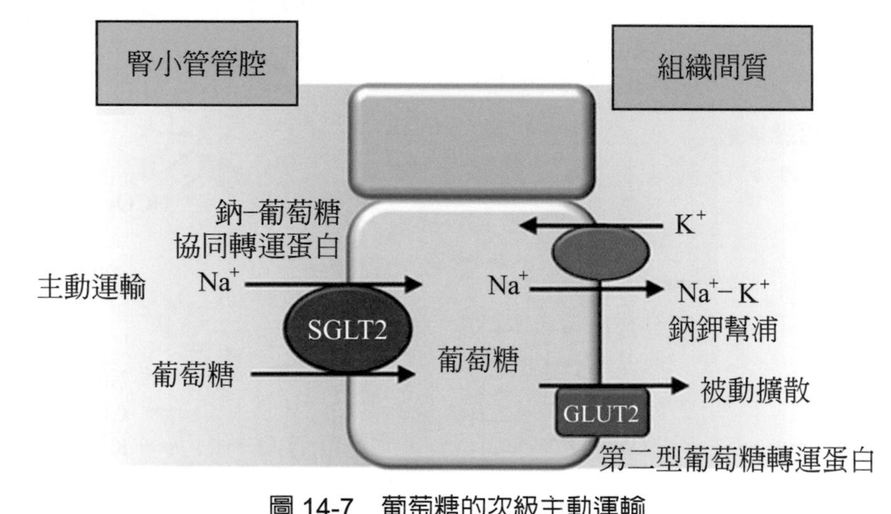

圖 14-7　葡萄糖的次級主動運輸

腎小管經由運輸蛋白，對物質進行再吸收，其速率均有最大值，稱爲**腎臟閾值 (renal threshold)**，如果濾液當中某物質濃度過高，使所有運輸蛋白發生**飽和 (saturation)** 現象，則過量的物質將無法完全被再吸收，進而出現在尿液中。例如**糖尿病 (diabetes mellitus)** 的病人，因爲高濃度的葡萄糖，無法完全被腎小管再吸收，因而導致**糖尿 (glycosuria)** 的症狀。

濾液經過近曲小管之後，繼續流入亨利氏環，在此發生進一步的濃縮。亨利氏環分爲**下行支 (descending limb)** 與**上行支 (ascending limb)**。下行支具有對水分的通透性，而不具對鈉離子與氯離子的通透性；上行支不具對水分的通透性，而具有對鈉離子與氯離子的通透性。因爲亨利氏環不同區域的通透性差異，會造成區域性的液體濃度差，進而導致滲透壓差。此一精密的濃縮過程，稱爲**逆流放大機制 (countercurrent multiplication)**，能夠建立亨利氏環周圍的**滲透梯度 (osmotic gradient)** 差，濾液中的水分與鹽分即在此進一步被再吸收，達成濾液的濃縮 (圖 14-8)。沿亨利氏環圍繞的**直行微血管 (vasa recta capillaries)**，其流向與亨利氏環內濾液流向相反，能以**逆流交換 (countercurrent exchange)** 的機制，維持此一滲透梯度的穩定，確保濃縮的執行。

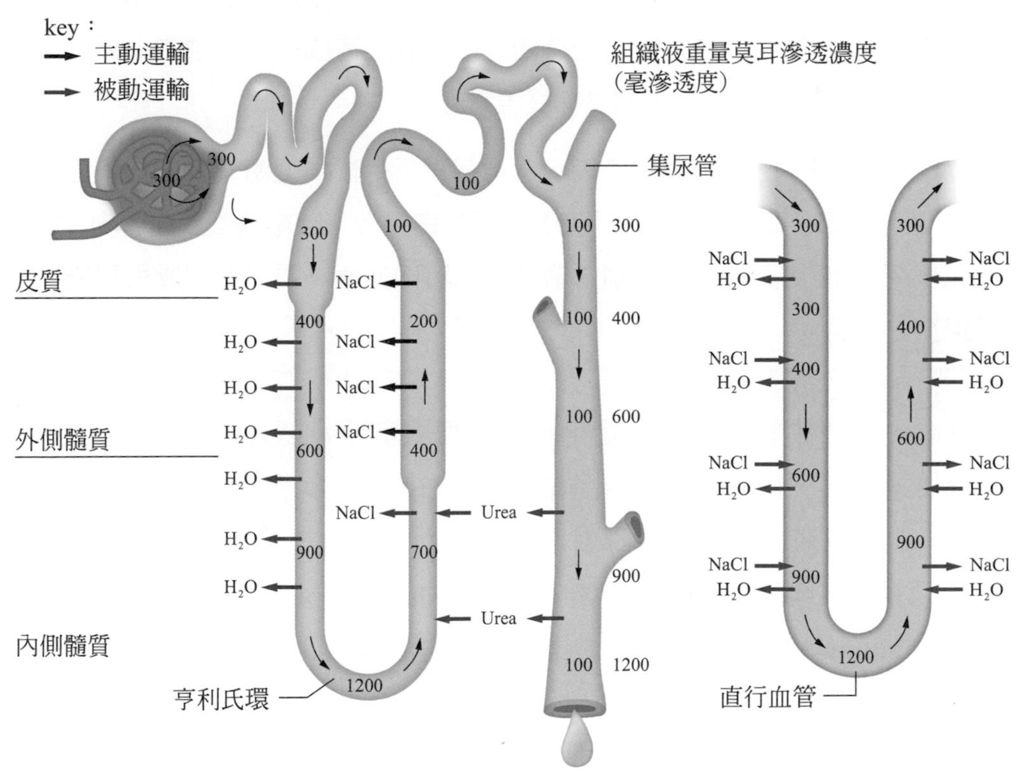

圖 14-8 亨利氏環內濾液的濃縮

COLUMN

濾液的濃縮

在腎髓質處的組織，由淺至深，有一區段濃度差異存在，稱為**滲透梯度 (osmotic gradient)**。此梯度由亨利氏環運作構成的**逆流放大機構 (countercurrent multiplier)** 建立，並由直行微血管運作而成的**逆流交換機構 (countercurrent exchanger)** 加以維持。逆流系統為其內部液體系統之整體流向，與外部液體系統平行且相反之機構。亨利氏環與直行血管互為逆流機構。

亨利氏環的運作，來自於其**下行支 (descending limb)** 對水分的良好通透性，及其**上行支 (ascending limb)** 對鹽類的主動再吸收。上行支的**幫浦 (pumps)** 可向管外**組織 (interstitium)** 主動輸出鹽類，導致管外組織滲透壓上升。低滲透壓之濾液持續自近曲小管進入亨利氏環，其內含之水分由下行支離開亨利氏環，移至管外組織。餘下高滲透壓之濾液接續流入上行支，沿途因幫浦作用，濾液內鹽分持續向外運出，濾液滲透壓因而漸減。此過程於沿途持續進行，於是造成亨利氏環由上至下漸漸升高的滲透梯度差異。路程愈長，濃度梯度差異愈大。

至於直行血管，分為上游與下游，水份在其下行段（上游）經由擴散的方式離開血管，進入組織；在其上行段（下游）又可經由擴散，自組織回到血管內。因此，在同一區段內，溶質與鹽類將持續循環出入組織與血管，區段滲透壓即可維持在固定範圍內。

濾液進入遠曲小管，遠曲小管再吸收的模式與亨利氏環上行支相似，其對水與尿素皆無通透性，因此濾液進入遠曲小管以後，其滲透壓會越見降低，而後注入集尿管，稱爲尿液。集尿管本身對水的通透性，來自於**抗利尿激素 (anti-diuretic hormone，ADH)**，或稱爲**血管加壓素 (vasopressin)** 的調整。當人缺水時，大腦的下**視丘 (hypothalamus)** 會下令抗利尿激素釋放至血液中，此激素能促進水通道在遠曲小管與集尿管上的數目增加，進而留下更多水分，使尿液更濃縮。如 ADH 製造釋放量不足，或集尿管對 ADH 無反應，將導致**尿崩症 (diabetes insipidus)**，病人會有多尿、劇渴的症狀。除 ADH 之外，尚有**醛固酮 (aldosterone)**，由**腎上腺髓質 (adrenal medulla)** 製造，在血壓下降導致腎小動脈灌注量下降時，其分泌量會增加，直接導致鈉離子的再吸收增加，以及促進鉀離子的分泌，使血壓得以上升穩固。

(四) 分泌作用 (Secretion)

為了維持健康，人體代謝產生的多數廢物 (如尿酸、肌酸酐)，會經由腎小管的分泌作用排除，藥物和毒物亦會由分泌作用自體中移除。分泌作用可以在腎小管的全段發生，而最重要的分泌作用，是鉀離子和氫離子，由遠曲小管執行，皆牽涉到次級主動運輸。氫離子的分泌可以調節體液的酸鹼平衡，避免身體出現**酸中毒 (acidosis)** 或**鹼中毒 (alkalosis)** 的情況；鉀離子的分泌則可以調節體內電解質平衡，維持神經與心臟的正常運作。當體液經過腎絲球的過濾、腎小管的再吸收與分泌，以及在集尿管進行最後的水份再吸收後，才會排泄進入腎盂，注入輸尿管，至膀胱儲存 (圖 14-9)。

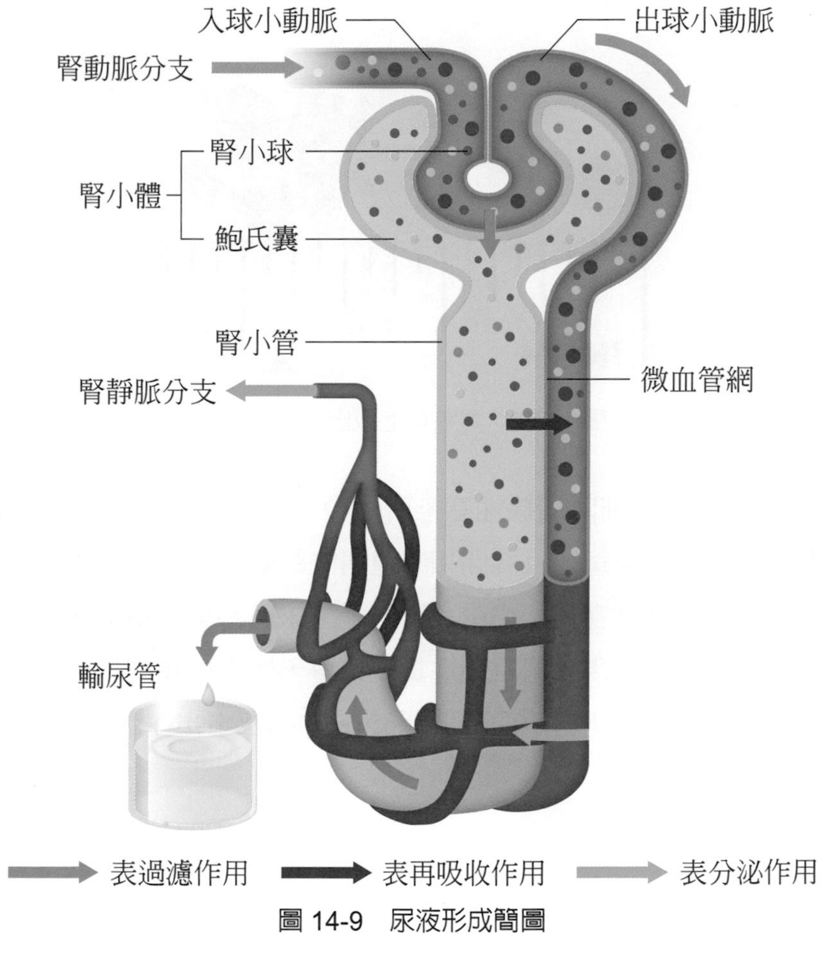

圖 14-9　尿液形成簡圖

14-3 泌尿系統疾病

一般人常見的泌尿系統疾病，除了腎絲球受損導致的慢性腎功能不全之外，尙有**結石 (stone)** 與**泌尿道感染 (urinary tract infection，UTI)**。結石爲尿液中礦物質濃縮結晶沉積在腎臟或泌尿道任何位置，例如腎結石、輸尿管結石、膀胱結石，其成分多以草酸鈣或磷酸鈣爲主 (圖 14-10)。若結石過大，會使泌尿道發生堵塞，使尿液排除不順，對腎功能造成損傷，亦可能造成**血尿 (hematuria)** 或疼痛。常見結石的成因，有遺傳、飲食控制不良、水分攝取不足等。日常飲水 2,000 ～ 3,000 mL、適度運動，可以防止結石形成，也有助於結石排出。然而，如果結石過大，或發作引起**腎絞痛 (renal colic)** 時，需要儘速就醫處理。

圖 14-10　患者身上取出之腎結石

泌尿道感染則是由於細菌伺機性感染所引發，常見於膀胱與尿道部位，會造成排尿疼痛，女性由於尿道較短，且肛門和尿道開口距離也較近，因此較男性容易有泌尿道感染，約過半數的女性在其一生中有出現過泌尿道感染的情形。雖然泌尿道感染可用抗生素治療，然近期發現細菌抗藥性日漸嚴重，如不積極處理，細菌感染可能上行至輸尿管以及腎臟，引發更嚴重的**腎盂腎炎 (pyelonephritis)**。

本章複習

■ 各種的生化代謝與細胞活動，除了產生反應產物以外，亦會產生代謝廢物。代謝廢物在體內累積，會產生毒性，對細胞不利，時間一久，會對個體造成傷亡。因此人體準備了非常專門且精密的機制，來排除廢物。健康人的體內，各種物理或化學參數的測量值，應該維持在正常的範圍內，如果數值過高，會降回；數值過低，會回升。此種現象稱爲人體的**恆定性 (homeostasis)**。

14-1 含氮廢物

■ 當蛋白質被分解成胺基酸，胺基酸進一步代謝時，會經由**脫胺作用 (deamination)**，將其分子上的胺基移除，留下碳骨架進行其它反應。胺基脫除所形成的化合物，即構成**含氮廢物**。

■ 哺乳動物能夠代謝胺基酸與核酸，產生能量，或進入其他的生化反應作爲中間原料。當哺乳動物代謝胺基酸產生氨以後，會以肝細胞爲主要反應場所，經由尿素循環 (urea cycle) 的方式，將其轉變爲尿素，通過腎由尿液排出。

■ 當哺乳動物代謝核酸的嘌呤 (purine)，會產生尿酸，尿酸可以進一步在**尿酸氧化酶 (urate oxidase)** 的催化下，轉變爲**尿囊素 (allantoins)** 經由腎臟排除。然而，大麥町狗 (Dalmatiandog)、高等靈長類 (high primates) 以及人類，體內缺乏此種酵素，無法將尿酸轉換成尿囊素，只能以尿酸形式代謝。

14-2 人類泌尿系統

■ 人類的泌尿系統構造包含腎臟 (kidneys)、輸尿管 (ureters)、膀胱 (urinarybladder) 以及尿道 (urethra)。

- **腎的構造與腎元：**腎臟位於人的背側，左右各一，左腎略高於右腎，各自由左 / 右腎動脈供應其血流，左 / 右腎靜脈收集其血液回心。腎臟的解剖結構可大致分爲靠外側的**腎皮質 (renal cortex)**，與靠內側的**腎髓質 (renal medulla)**，腎髓質經由**腎盂 (renal pelvis)** 與輸尿管相連。
- 腎臟製造尿液的過程，與微血管系統密切配合，分爲**過濾作用 (filtration)**、**再吸收作用 (reabsorption)** 以及**分泌作用 (secretion)**。
- 血液流經腎絲球時，的**過濾作用**只容許小分子的物質通過，例如葡萄糖、電解質、胺基酸、尿素，而細胞與大分子的蛋白質不被容許通過，故不會被濾出。

- 腎小管各段和集尿管皆有再吸收的功能，但其中以**近曲小管負責最大量的再吸收**，且吸收的物質種類也最多。在近曲小管濾液中的胺基酸和葡萄糖全部被吸收，大部分的水 (65 ～ 70%) 和電解質 (Na^+、Cl^-、K^+) 與約 85% 的 HCO_3^- 被再吸收。**亨利氏環與遠曲小管**可對部分的電解質和水做再吸收，此部分水的再吸收主要調節性吸收 (約佔 20%)。**集尿管**可對水分做最後的再吸收 (約 10 ～ 15%)。集尿管本身對水的通透性，來自於**抗利尿激素 (anti-diuretichormone，ADH)**，或稱爲**血管加壓素 (vasopressin)** 的調整。

14-3 泌尿系統疾病

- 一般人常見的泌尿系統疾病，除了腎絲球受損導致的慢性腎功能不全之外，尚有結石與**泌尿道感染 (urinary tract infection，UTI)**。
- 結石爲尿液中礦物質濃縮結晶沉積在腎臟或泌尿道任何位置，例如腎結石、輸尿管結石、膀胱結石，其成分多以草酸鈣或磷酸鈣爲主。
- 泌尿道感染則是由於細菌伺機性感染所引發，常見於膀胱與尿道部位，會造成排尿疼痛，女性由於尿道較短較男性容易感染。細菌感染可能上行至輸尿管以及腎臟，引發更嚴重的**腎盂腎炎 (pyelonephritis)**。

Chapter 15

人類的神經系統 (Human Nervous System)

失智症

(Dementia)

失智症的英文單字爲 Dementia，此字來自拉丁語 (de- 意指「遠離」 + mens 意指「心智」)，這種症狀屬於腦部疾病的一種，會導致患者思考能力、記憶力、注意力、空間感、判斷力和語言能力逐漸地退化，甚至也會出現干擾行爲、個性改變、妄想、憂鬱或幻覺等症狀，造成患者工作和生活功能的喪失，同時對家庭和照顧者產生重大的負擔。

依據 2019 年國際失智症協會 (ADI, Alzheimer's Disease International) 資料，推估全球失智症人口超過 5 千萬人，到了 2050 年人數將高達 1 億 5,200 萬人。依台灣失智症協會推估 2026 年台灣失智人口將達 37 萬人，佔全國總人口 1.59%，亦即在台灣每 63 人中即有 1 人是失智者。重要的是，儘管年齡爲目前已知的失智症主要危險因子，但這不表示失智就是老化的必然結果。事實上，並非只有老年人才會罹患失智症，早發性失智症 (指失智症發病年齡早於 65 歲) 約佔了全部病例的一成，病程發展也較晚發性失智者快，造成的家庭衝擊也較晚發性失智嚴重。

研究顯示，失智症與其他非傳染性疾病有著相同的生活型態危險因子，這些危險因子包括了抽菸及飲酒過量、缺乏運動、過度肥胖、飲食不均、糖尿病、高血脂、高血壓、嚴重頭部外傷及心血管疾病等；其他可能與失智症相關的可改變危險因子還有中年憂鬱、低教育程度、社會隔離及認知活動不足，不可改變的遺傳因素與性別也是相關危險因子，如**脂蛋白 E(Apoprotein E)**、**類澱粉前趨蛋白基因 (Amyloid Precursor Protein) 及 Tau** 蛋白基因等都與阿茲海默症的致病發展有關，女性比男性更易罹患阿茲海默症。

由於失智症將對社會國家帶來沉重的負擔，世界衛生組織 (WHO, World Health Organization) 也將失智症列為為全世界公共衛生的優先議題，因此在 2017 年通過**「2017～2025 年全球失智症行動計畫」**，此行動計畫希望降低失智症對個人、家庭、社會及國家的影響，提升失智者及其家庭的生活品質，同時呼籲各國政府積極提出具體國家失智症政策，更呼籲各界改變對失智症的恐懼及消極作為，應積極理解與友善包容失智者。為什麼失智症對人體造成如此嚴重的影響呢？主要原因是其影響了人體神經系統的運作所造成的。

失智症將為個人家庭及國家帶來嚴重的衝擊

除了循環、免疫、呼吸、泌尿系統可以維持體內的恆定之外，動物以及人類尚需要能夠快速傳遞訊息以達成移動或反應的目的。神經系統爲高度分化及功能化的運作系統，以電與化學的方式進行訊息的傳遞，從而引發肌肉的收縮、感覺的產生、反射的出現、認知的進行、內分泌的調控等，接下來的章節內容將帶領讀者認識人體神經系統，如何巧妙地調控人體生理功能的平衡。

15-1 神經元結構與神經衝動的傳導 (Neuronal Structure and Propagation of Neural Impulse)

(一) 神經元結構 (Neuronal Structure)

神經系統的基本單元是**神經細胞 (nerve cell)**，又稱爲**神經元 (neuron)**。其基本構造爲細胞核所在的**細胞本體 (cell body)**，以及**神經突起 (neurites)**。神經突起分爲**軸突 (axon)** 與**樹突 (dendrite)**(圖 15-1)。軸突的功能爲神經衝動的傳出，在其基部所之處稱爲**軸丘 (axon hillock)**，爲動作電位最易引發之處，樹突的功能則爲接收神經衝動。軸突或樹突集合形成較粗的構造爲**神經纖維 (neural fiber)**，負責神經衝動的傳導。神經傳導的速度，最快約爲 120 m/s，受溫度的高低、以及半徑的大小影響，溫度越低，傳導速度越慢，半徑越大，傳導速度越快。

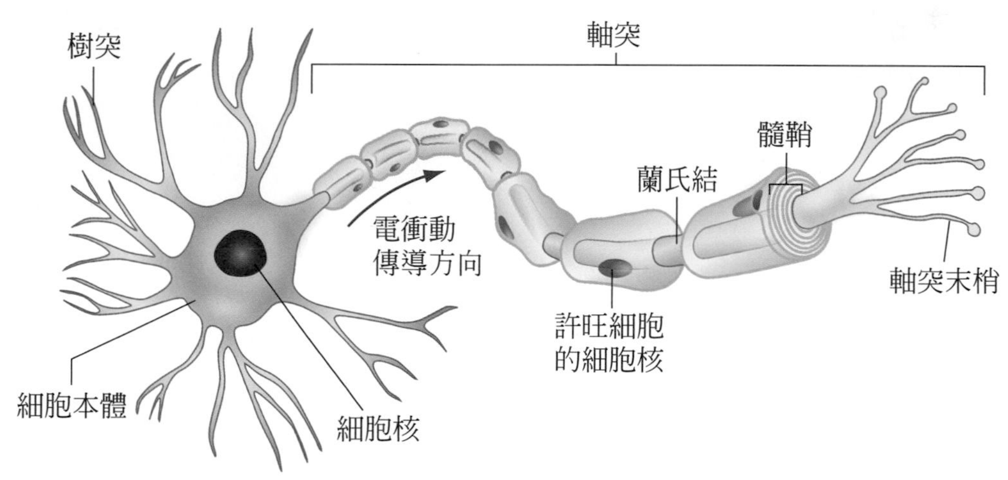

圖 15-1　神經元結構

另外，神經元軸突經常會具有**髓鞘 (myelin sheath)** 的結構，幫助其傳導速度的提升。髓鞘的成份為脂質，為**神經膠細胞 (neuroglial cells)** 在軸突的周圍行多層包裹而成，位於兩髓鞘之間，未受包覆的區域，稱為**蘭 (郎) 氏結 (node of Ranvier)**。髓鞘因其脂質的成分，具有絕緣的功能，故能增加神經傳導的速度，稱為**跳躍式傳導 (saltatory conduction)**(圖 15-2)。中樞神經系統的髓鞘由**寡突膠細胞 (oligodendrocytes)** 建構，周邊神經系統的髓鞘則由**許旺細胞 (Schwann cells)** 提供。

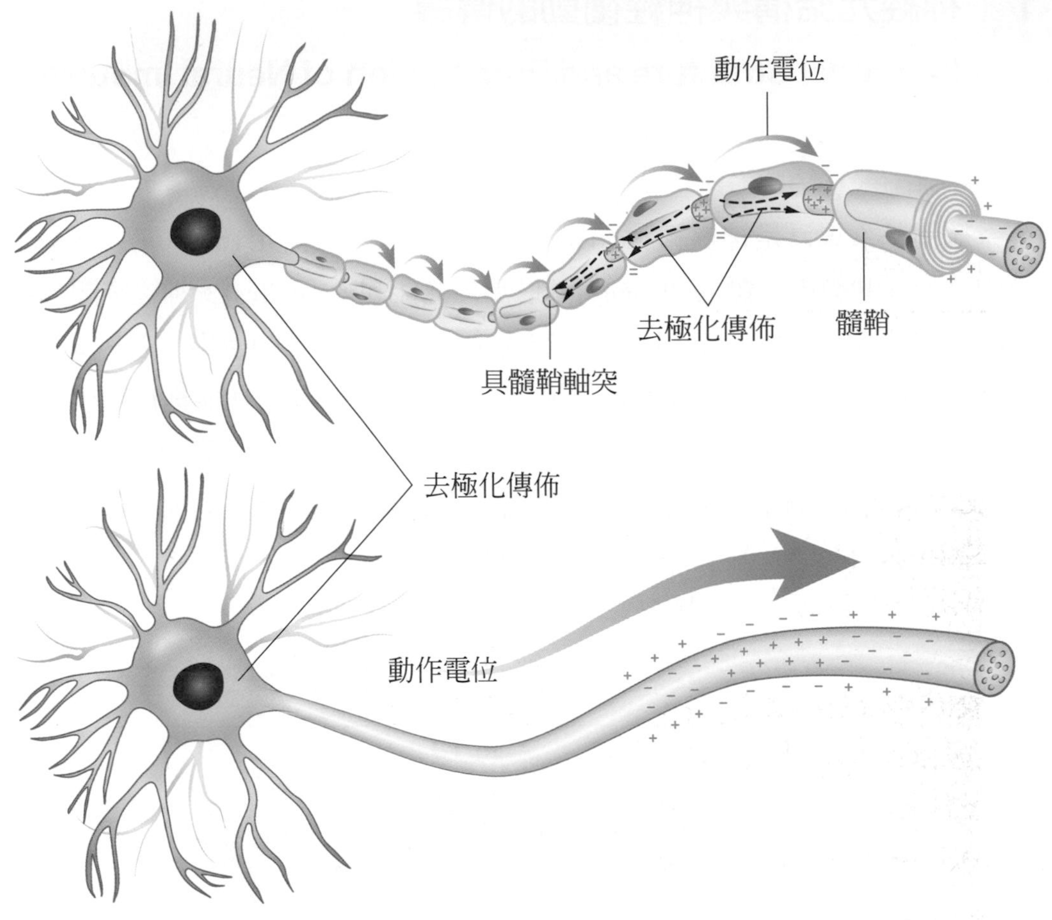

圖 15-2　髓鞘與跳躍式傳導

神經元通常可以藉由其**形態 (morphology)**，區分成**多極神經元 (multipolar neuron)**、**雙極神經元 (bipolar neurons)**，以及**偽單極神經元 (pseudo-unipolar neuron)**。如圖 15-3，多極神經元數目最多，其特色為具備多條樹突與單一條軸突，**運動神經元 (motor neuron)** 即為此形式。雙極神經元的特色為具備一條樹突與一條軸突位於相反方向，**聯絡神經元 (interneuron)** 常為此形式。偽單極神經元則具備一條神經纖維自細胞本體發出，分支朝向軸突與樹突末梢，常見於**感覺神經元 (sensory neuron)**。

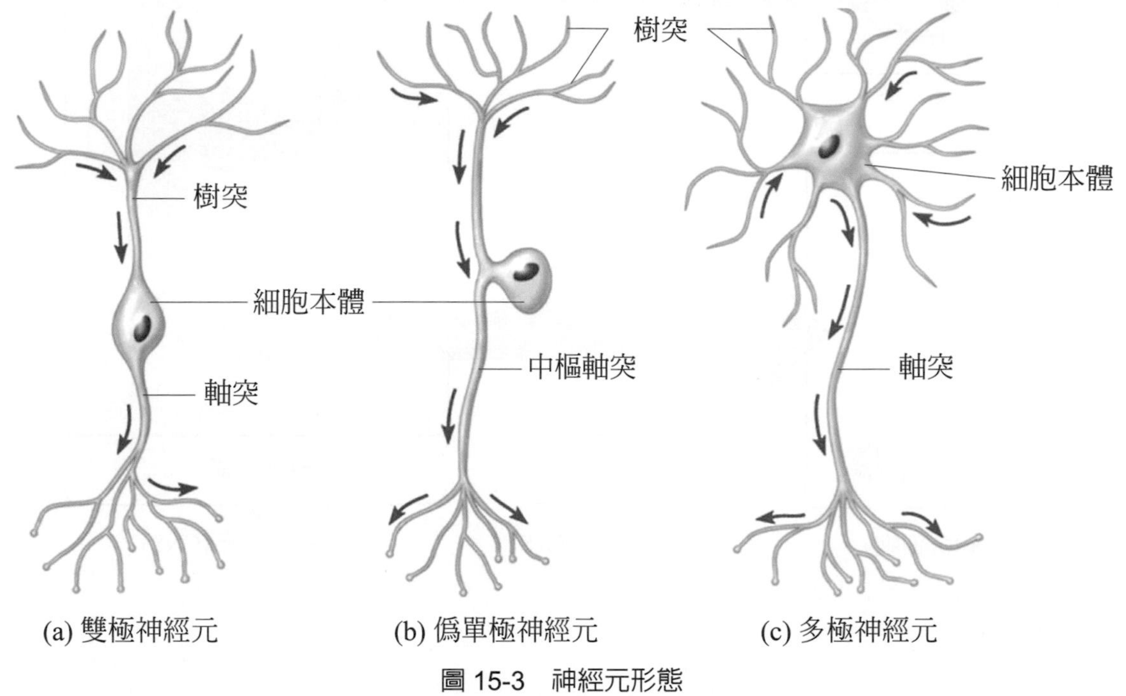

圖 15-3 神經元形態

(二) 刺激－反應迴路 (Stimulus-Response Circuits)

人體的神經系統，由數百億計的神經元構成，從解剖上可分為**腦 (brain)** 與**脊髓 (spinal cord)** 所在的**中樞神經系統 (central nervous system，CNS)**，以及位於其外的**周邊神經系統 (peripheral nervous system，PNS)**。中樞神經系統含有運動神經元、聯絡神經元、以及感覺神經元的細胞本體，而周邊神經系統則為運動神經元及感覺神經元的神經纖維所在之處。位於周邊的感覺神經元樹突遠端通常為特化之**感覺受器 (sensory receptor)**，可以因物理性或化學性的**刺激 (stimulus)** 引發其**興奮 (excitation)**，產生**感覺受器電位 (receptor potential)**，進一步形成動作電位，此動作電位將沿**感覺神經 (sensory nerve)** 自周邊輸入，傳往中樞神經系統，由中樞神經系統內含的大量感覺神經元與聯絡神經元，進行訊息整合，合作解讀以後完成決策，再由中樞神經的運動神經元做出指令，發出動作電位，藉**運動神經 (motor nerve)** 輸出通往**動器 (effector)**，即其所支配之肌肉或腺體，導致肌肉收縮或腺體分泌。此即簡單的**刺激－反應迴路 (stimulus-response circuits)**(圖 15-4)。

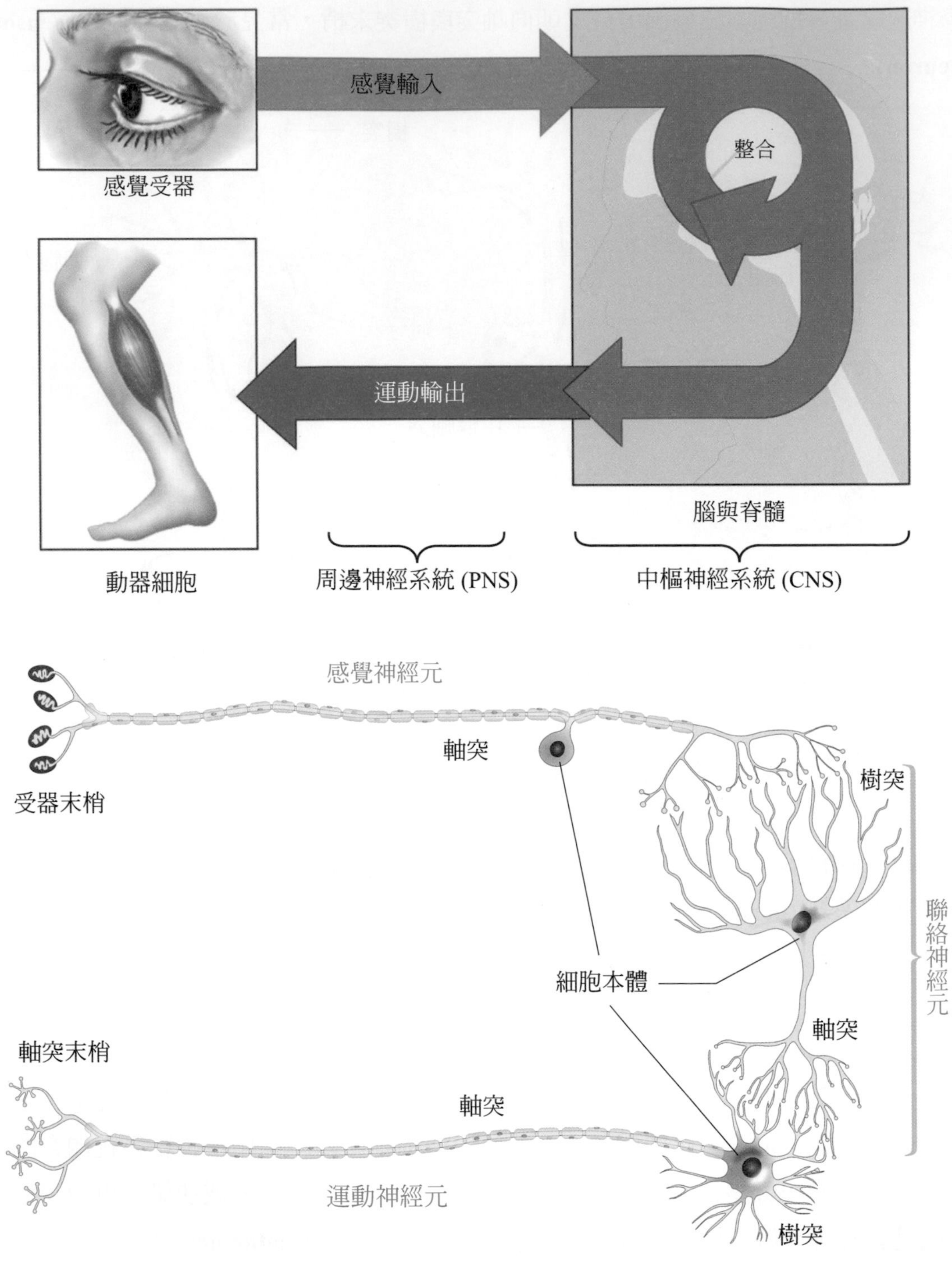
感覺輸入
整合
感覺受器
運動輸出
動器細胞
腦與脊髓
周邊神經系統 (PNS)
中樞神經系統 (CNS)
感覺神經元
軸突
受器末梢
樹突
聯絡神經元
細胞本體
軸突
軸突末梢
軸突
運動神經元
樹突

圖 15-4　刺激－反應迴路

(三) 突觸傳遞 (Synaptic Transmission)

神經細胞之間，因無直接接觸，故無法直接傳遞動作電位。神經細胞與神經細胞之間，需要靠**突觸 (synapse)** 的構造來維持動作電位的傳遞。突觸通常爲神經元的軸突，聯絡到另一個神經元細胞本體或是樹突的位置，其傳遞的原理，是透過化學物質的反應，間接引發動作電位。

每一個突觸皆由一個**突觸前神經元 (pre-synaptic neuron)** 與一個**突觸後神經元 (post-synaptic neuron)** 構成，兩者之間有一寬度約 200 Å(即 20 nm) 的空隙，稱爲**突觸間隙 (synaptic cleft)**。突觸前神經元的軸突末梢，稱爲**突觸小節 (synaptic knob)**，內含許多的**突觸小囊 (synaptic vesicles)**，裝載著**神經傳導物質 (neurotransmitters)**，其成分常爲胺基酸、蛋白質、或是**胺類 (amines)**，由細胞本體製造以後，運送至末梢儲存 (圖 15-5)。

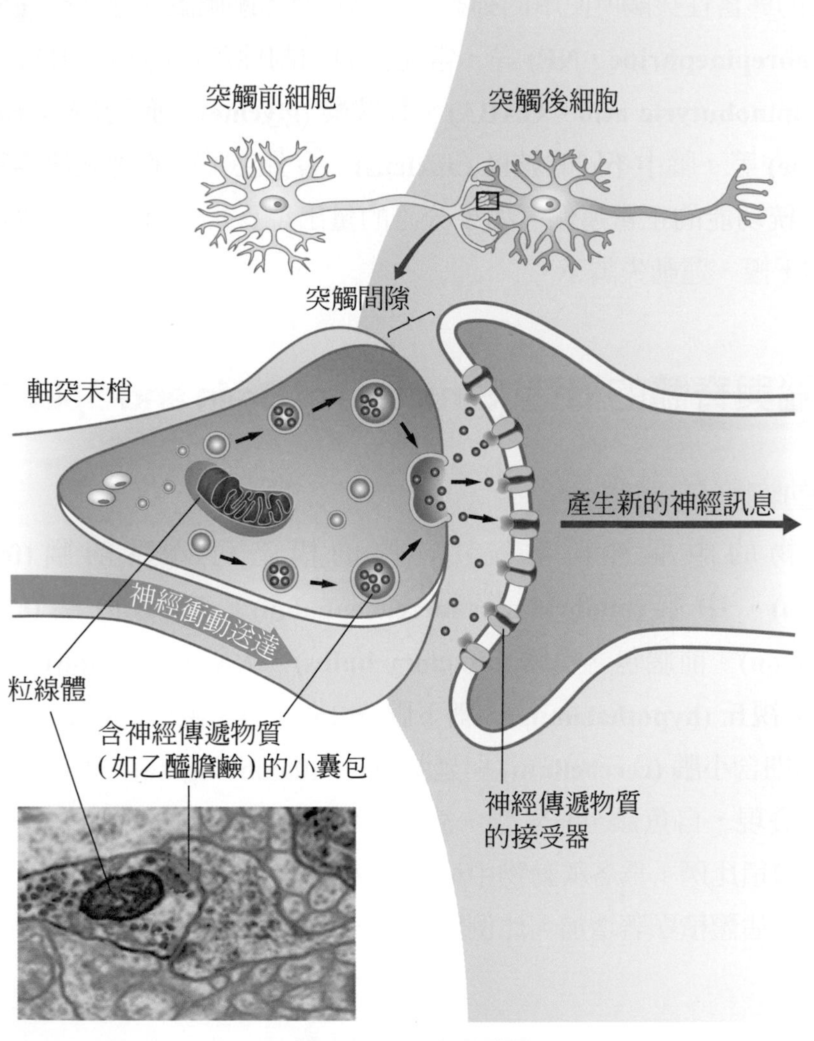

圖 15-5　突觸示意圖

以乙醯膽鹼 (acetylcholine，ACh) 為例，當動作電位傳至此處，使**突觸前細胞膜 (pro-synaptic membrane)** 興奮，會導致鈣離子進入突觸小節的細胞膜，令其朝突觸間隙以**胞吐作用 (exocytosis)** 的方式，釋放出乙醯膽鹼。乙醯膽鹼釋放以後，會結合至**突觸後細胞膜 (post-synaptic membrane)** 上的受體，此受體亦為鈉離子通道，與乙醯膽鹼結合之後會開啓導致鈉離子流入突觸後神經元，使其發生去極化，甚至可以引發下一個動作電位，於是動作電位可以在不同的神經元之間傳遞。

突觸間隙另外含有能夠分解乙醯膽鹼的酵素，**乙醯膽鹼酯酶 (acetylcholinesterase，AChE)**，能夠即時分解乙醯膽鹼，避免其累積導致突觸持續處於去極化狀態。突觸傳遞導致的結果，可能導致突觸後神經更易引發動作電位者，稱為**興奮性神經元 (excitatory neuron)**；若使突觸後神經元更難引發動作電位者，稱為**抑制性神經元 (inhibitory neuron)**。不同的神經傳導物質決定其神經元的性質，構成興奮性或抑制性突觸。常見的興奮性突觸所使用的神經傳導物質有**乙醯膽鹼**、**麩胺酸 (glutamate)**、**正腎上腺素 (norepinephrine，NE)** 等。常見扮演抑制性角色的神經傳導物質則有**γ-胺基丁酸 (γ-aminobutyric acid，GABA)**、**甘胺酸 (glycine)**、**血清胺 (serotonin)**、**多巴胺 (dopamine)** 等。腦中不同的**核區 (nucleus)**，會分泌不同的神經傳導物質，來維持中樞神經系統功能的正常運作，如果分泌的量出現異常，有可能導致神經系統疾病，例如認知干擾、運動失調等。

15-2 腦與脊髓的構造 (Structure of Brain and Spinal Cord)

(一) 脊椎動物腦的演化

脊椎動物的中樞神經系統中，腦的構造可分為**前腦 (forebrain,** or **prosencephalon)**、**中腦 (midbrain,** or **mesencephalon)**、以及**後腦 (hindbrain,** or **rhombencephalon)**。前腦包含**嗅球 (olfactory bulbs)**、**大腦 (cerebrum)**；中腦含**視丘 (thalamus)**、**下視丘 (hypothalamus)**、**腦下腺 (pituitary)**、**視葉 (optic lobe,** 或稱**頂蓋 tectum)**；後腦則含**小腦 (cerebellum)** 與**延腦 (medulla oblongata)**。追溯動物演化的歷史，研究人員發現，自魚類至哺乳類，演化的過程中有明顯的對比 (圖 15-6)。魚類的嗅球所佔的體積比例，為各種動物中最大，然而其大腦所佔的比例則相對地小；哺乳類的大腦，所佔體積顯著增加，比例為最大，而其他結構之發達程度相對較小。

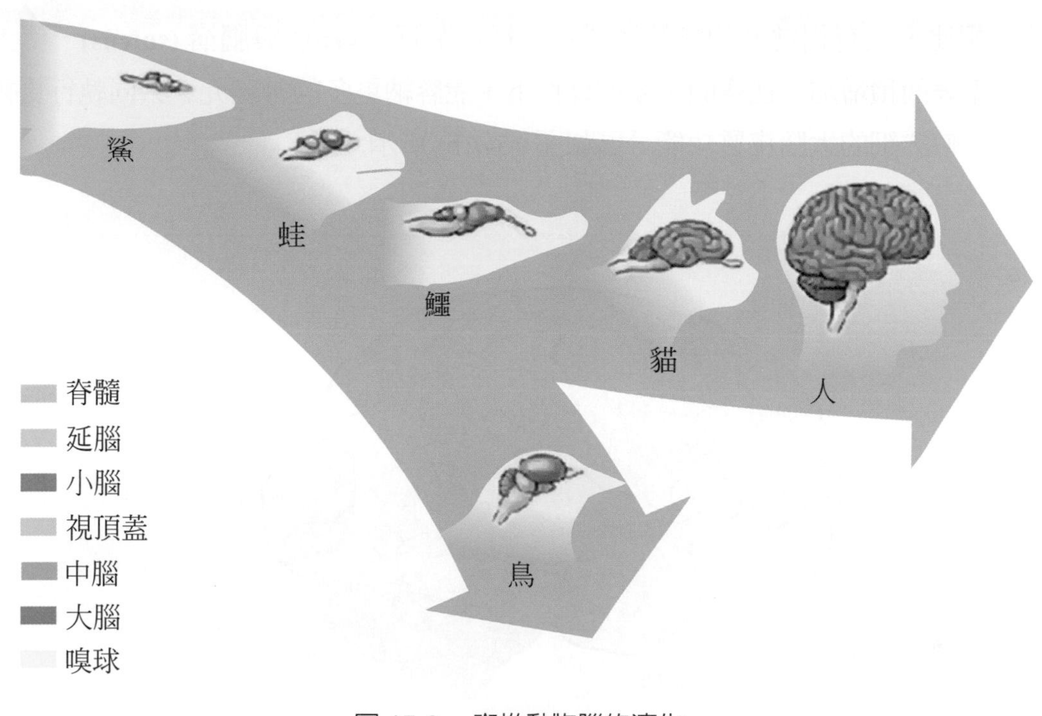

圖 15-6 脊椎動物腦的演化

(二) 腦的構造與功能

人類的腦，較為明顯的結構，有**大腦**、**視丘**、**下視丘**、**小腦**、**中腦**、**橋腦**、**延腦**。本節將逐一說明每一個構造及其功能。

大腦是人類腦最明顯的結構，分為左右大腦半球，左腦與右腦分工稍有不同，左腦較為偏向語文、數理認知，右腦較偏向藝術與創意。側面觀之，分為**額葉 (frontal lobe)**、**頂葉 (parietal lobe)**、**枕葉 (occipital lobe)**、以及**顳葉 (temporal lobe)**(圖 15-7(a))。額葉的功能包含思考與意識、記憶，以及運動執行；頂葉的功能包含感覺的輸入處理與整合；枕葉負責視覺訊息的輸入處理與整合；顳葉則與聽覺和語言，以及記憶功能相關。

大腦表面的**皮質 (cerebral cortex)**，尚具有詳細的功能性分區，大致可分為三種：**感覺區 (sensory area)**、**運動區 (motor area)** 與**整合區 (association area)**。感覺區能將傳入的感覺訊息進行接收與處理，運動區負責發出指令，藉運動神經元控制隨意運動的執行，整合區則被視為連接感覺區與運動區的中間區域，能將感覺與運動訊息進行整合，判讀感覺訊息的意義，以待下一步的行動，所有整合區的協同工作，其造成的組合結果，與人的思考、學習、語言、記憶、人格有相關性。人類的大腦皮質，與其他動物相比，具有相當多的皺褶狀構造，稱為**腦迴 (gyrus)** 與**腦溝 (sulcus)**，使大腦皮質的總表面積增加，在空間不變的條件下，能容納更多的神經元，共同執行更複雜的功能。較詳細的大腦皮質功能分區如圖 15-7(b) 所示。

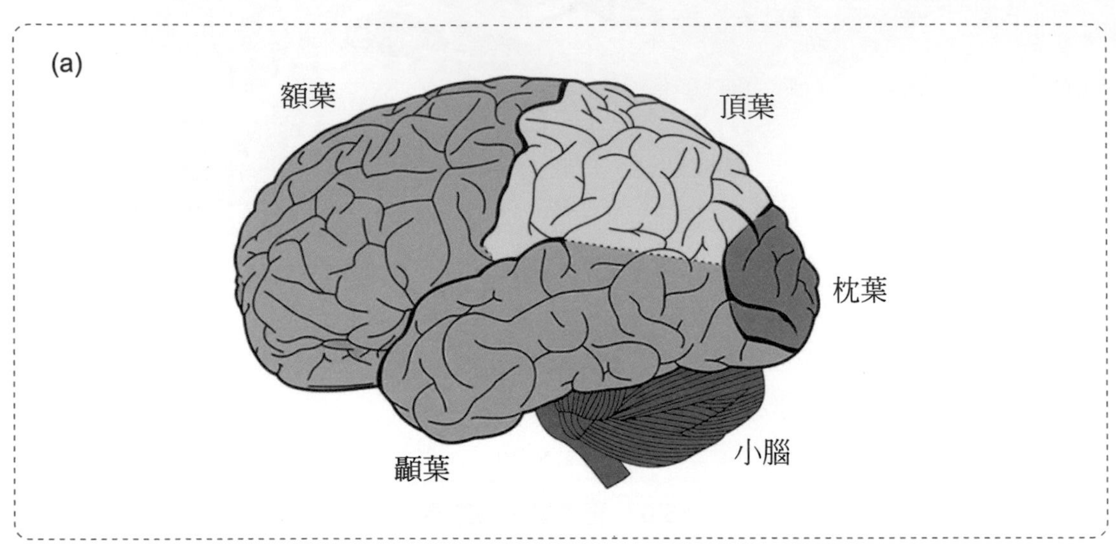

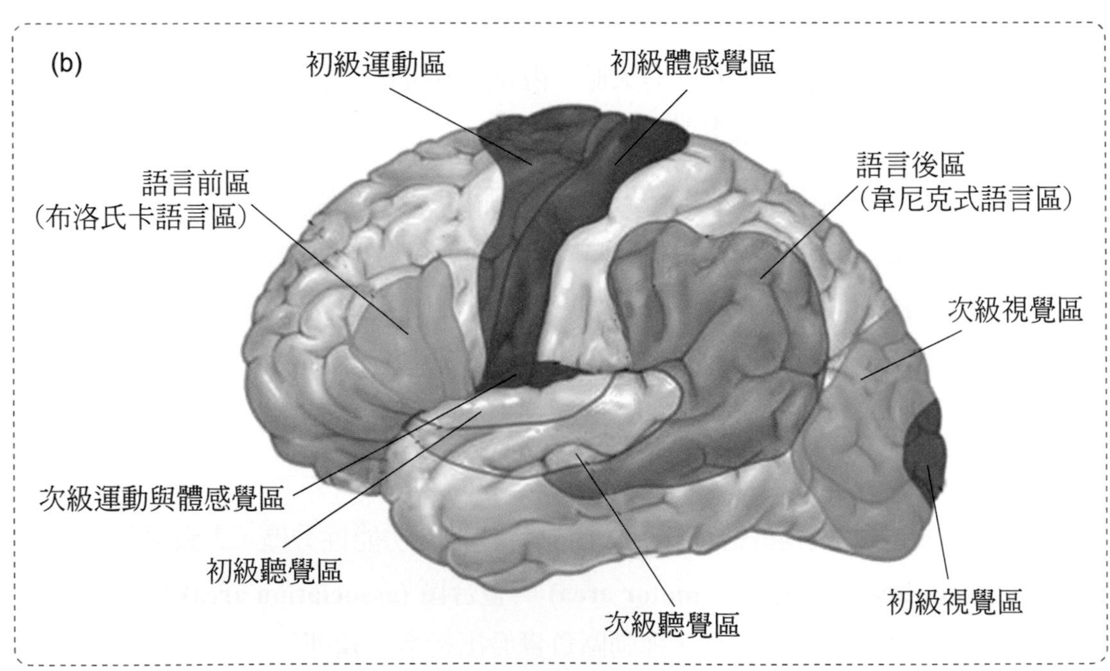

圖 15-7　(a) 大腦側面觀 (b) 大腦功能分區

若將大腦橫切，可以觀察到其內部有顏色深淺的分別，顏色較深的部分稱為**灰質 (grey matter)**，位於外側，為神經元細胞本體所在，厚度僅約 2 ～ 4 mm，卻具有極多數量的神經細胞本體，即為大腦皮質。內側顏色較淺的部分稱為**白質 (white matter)**，為神經纖維所構成。左右大腦半球之間，有一巨大的**神經束 (nerve tract)**，稱為**胼胝體 (corpus callosum)**，連接左右大腦半球，使神經衝動的訊息能夠彼此交換，使運動功能的協調與整合達到完善。胼胝體在胎兒 17 ～ 20 週時發育成型。在這段期間，有許多因素 (如藥物、遺傳、感染等) 會導致胼胝體的發育受到影響，所產生的結果便是所謂的**「胼胝體發育不良」**。此類的小孩在神經發展方面容易產生問題，常會合併動作與語言發展遲緩、智能障礙、癲癇症與腦性痲痺等。

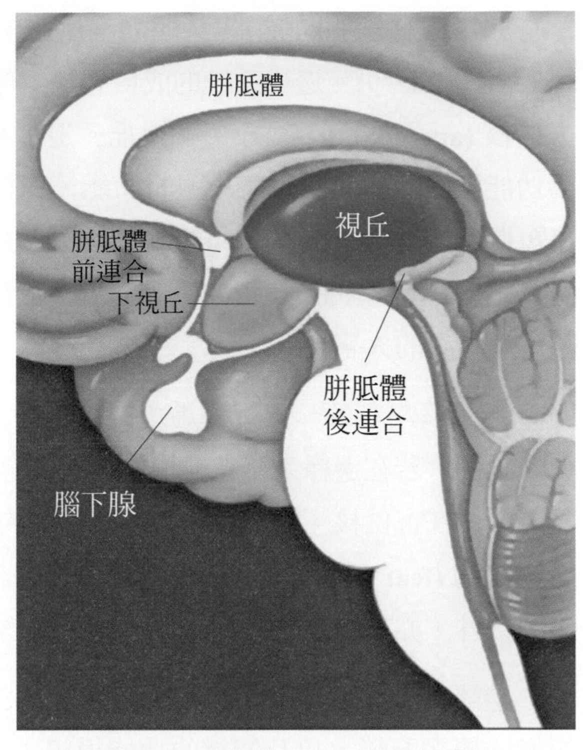

圖 15-8　視丘與下視丘位置示意圖

大腦的核心區域結構相當複雜。位於胼胝體以下，為**視丘**與**下視丘 (hypothalamus)** 所在 (圖 15-8)。視丘左右各一，其功能為負責**脊髓**與**腦神經 (cranial nerves)** 傳入至大腦之感覺訊息的轉接，包含視覺、味覺、觸覺、痛覺、以及聽覺，但嗅覺則是將神經訊息傳遞至嗅球，不需經過視丘即可將訊息傳遞至大腦的嗅覺皮質。視丘之下為下視丘，是體溫、體液平衡、以及食慾的中樞，並可釋放多種**釋放激素 (releasing hormones)**，參與內分泌，並調控腦下腺的活動。下視丘也與自律神經的活動相關，參與非常多範圍的體內恆定調控，以及**晝夜節律 (circadian rhythm)** 的調整。

在間腦的附近與周圍，有結構與連結網路極其複雜的**基底核 (basal ganglia)**，包含**紋狀體 (striatum)**、**蒼白球 (globus pallidus)**、**黑質 (substantia nigra)**。基底核主要參與運動功能的精細控制，與大腦皮質、視丘以及**腦幹 (brainstem)** 有密切的神經連接，如其出現損傷或其他問題，則將導致運動功能障礙。例如**帕金森氏症 (Parkinson's disease)** 的肢體**顫抖**即與黑質退化有關，**亨丁頓舞蹈症 (Huntington's disease)** 的病人則有明顯的紋狀體損傷。

腦中尚有一些區域，與學習、記憶、情緒的功能相關，命名爲**邊緣系統 (limbic system)**(圖 15-9)。邊緣系統的成員包括：部分的大腦皮質、**海馬迴 (hippocampus)**、**杏仁核 (amygdala)**、視丘、下視丘。邊緣系統並無明顯之解剖界線定義其範圍，僅爲功能性的結構名詞。海馬迴的功能，與**記憶固化 (memory consolidation)** 有關，爲將**短期記憶(short-term memory)**轉變成爲**長期記憶(long-term memory)**的關鍵構造。海馬迴的損傷，將損及新記憶的形成，於歷史上有多項研究，病人難以記住新的路線、學習新的人事物。

杏仁核左右各一，與海馬迴尾端相接，其功能爲情緒的整合與表現。多項動物實驗證明，若在邊緣系統造成損傷，動物會展現出強烈的情緒反應，如吼叫、攻擊，而若損傷在杏仁核，動物會失去判斷恐懼的能力，故杏仁核與恐懼的引發有關，亦與**恐懼制約 (fear conditioning)**，即恐懼的學習有關。杏仁核受損的病人，除了有情緒障礙以外，亦有情緒記憶的問題，不易將物件或經驗連結於情緒，從而產生學習。

邊緣系統並非獨立運作，而是接受來自各個區域的投射 (含大腦皮質)，整合而形成學習記憶，以及情緒的功能模組。許多生理以及心理的行爲連結，例如**成癮 (addiction)**、**獎賞 (rewarding)**、**注意力 (attention)**，被認爲與邊緣系統的神經連結及功能有關，目前仍在被積極地研究中。

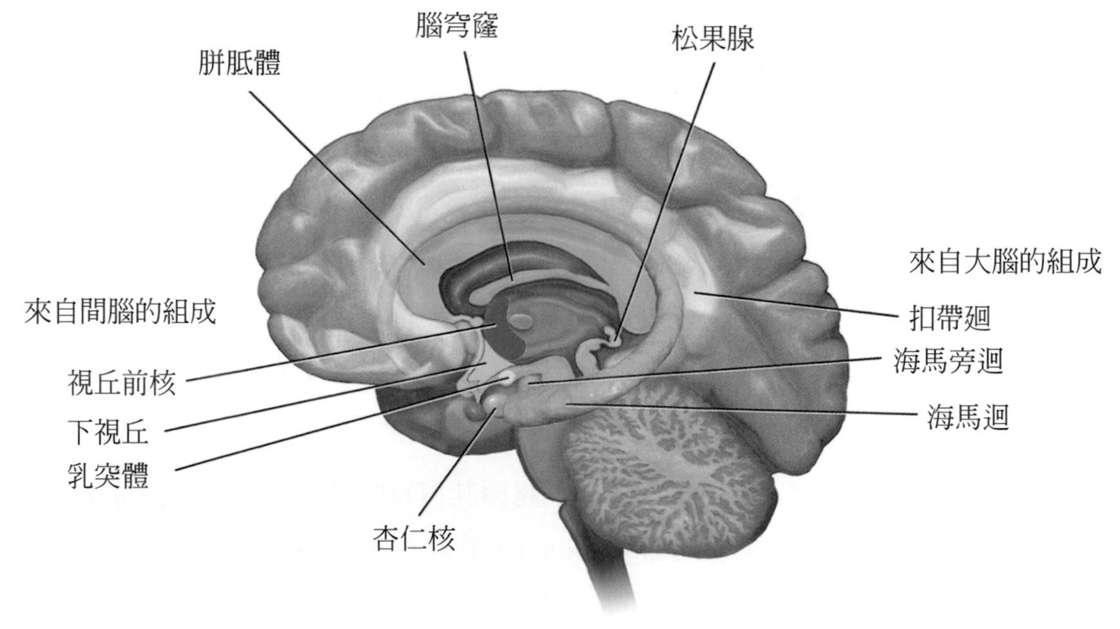

圖 15-9　邊緣系統

小腦位於大腦的後下方，其外觀皺褶更多，容納更多量的神經細胞。參與人類動作的平衡以及肌肉的協調，其並不主動發出運動訊號，但在執行運動的時候，不可缺乏。小腦受損的病人，將展現出運動協調障礙、步態異常，平衡感以及動作精確性的喪失 (圖 15-10)。另外，來自**比較解剖學**的研究顯示，鳥類的小腦爲動物之中最發達，以勝任其高速及精確運動的需求。

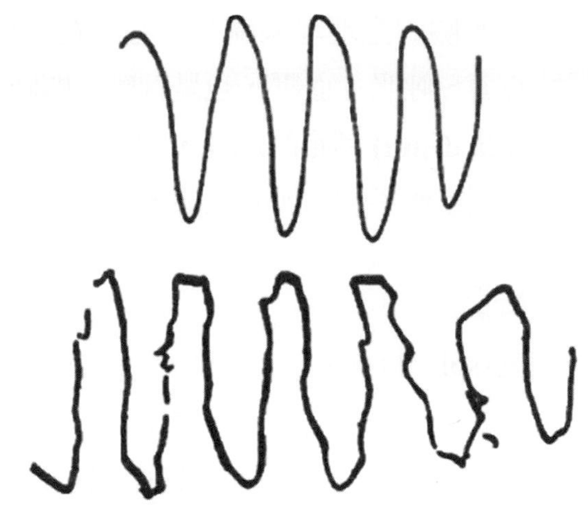

圖 15-10 1912 年的研究紀錄，小腦疾病患者模仿上方曲線的筆跡

中腦、**橋腦**、**延腦**，位於大腦正下方，小腦之前，合稱**腦幹** (圖 15-11)。中腦本身構成基底核的一部分，參與動作的協調，亦參與視覺和聽覺的轉接，尤其重要的，是能夠執行視覺與聽覺的**反射**。橋腦爲第五至第八對**腦神經 (cranial nerve)** 發出的起點，也是大腦與小腦之間的連結中介，並爲呼吸調節中樞所在，因此橋腦與諸多功能皆相關：睡眠、呼吸、聽覺、眼動、平衡……等。延腦上接橋腦，下連脊髓，因其爲

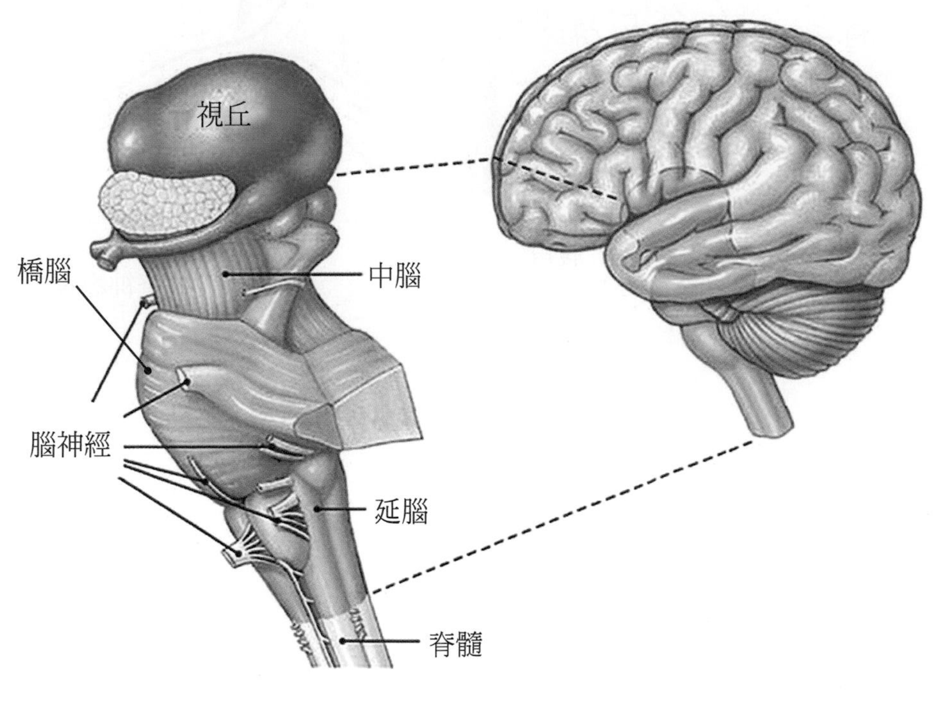

圖 15-11 腦幹

諸多生死攸關的生理現象調控中心所在，故經常被稱爲「生命中樞」。延腦可以參與調控心搏、呼吸、血壓，也是吞嚥、嘔吐、噴嚏、咳嗽等的反射中樞。綜合以上，**腦死 (brain death)** 判定的原理，即以嚴謹的評估，依據腦幹相關功能與反射的消失，所能測量到或觀察到的所有徵象，確認病人無法維生。

(三) 脊髓

脊髓 (spinal cord) 位於延腦以下，爲**脊椎骨**包圍串連保護，其側面有**脊神經**發出，其下漸消失，以**神經叢**的形式散布出去。脊髓的橫切面，可見外側的白質，與內側呈蝴蝶形狀的灰質，分別由神經纖維與神經細胞本體構成 (圖 15-12)。脊髓擔任身體周邊受器訊息傳入腦，以及腦的運動訊息發出至周邊動器的通路，並爲**體反射 (somatic reflex)** 的中樞。

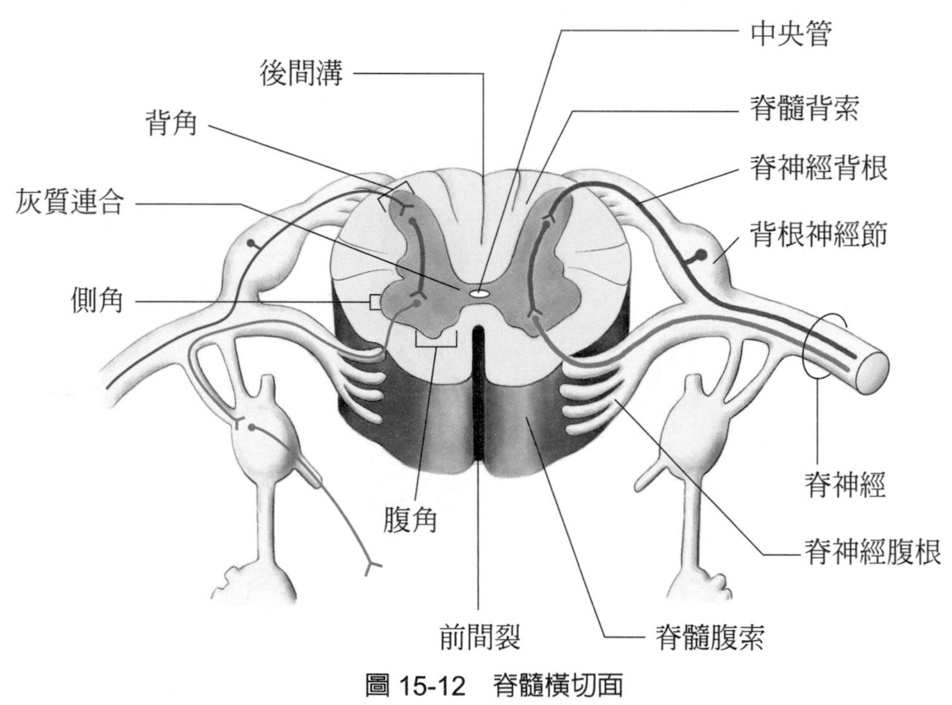

圖 15-12　脊髓橫切面

15-3 腦神經與脊神經 (Cranial Nerves and Spinal Nerves)

腦與脊髓分別透過腦神經與脊神經，自周邊的受器接收訊息，並發送命令至周邊動器。腦神經自前至後共有 12 對 (見本節末註)(圖 15-13)，分布範圍遍布眼、耳、口、鼻、顏面、咽喉，以及頸部，除了第十對之**迷走神經 (vagus nerve)** 能分布至內臟器官與周邊血管。腦神經之名稱與功能見表 15-1。脊神經自上至下共有 31 對，可依其高低位置區分為**頸神經 (cervical nerves)**、**胸神經 (thoracic nerves)**、**腰神經 (lumbar nerves)**、**薦神經 (sacral nerves)**，以及**尾神經 (coccygeal nerve)**，各自從脊髓兩側發出至頸部 (含) 以下之各處，支配動作，接收感覺。

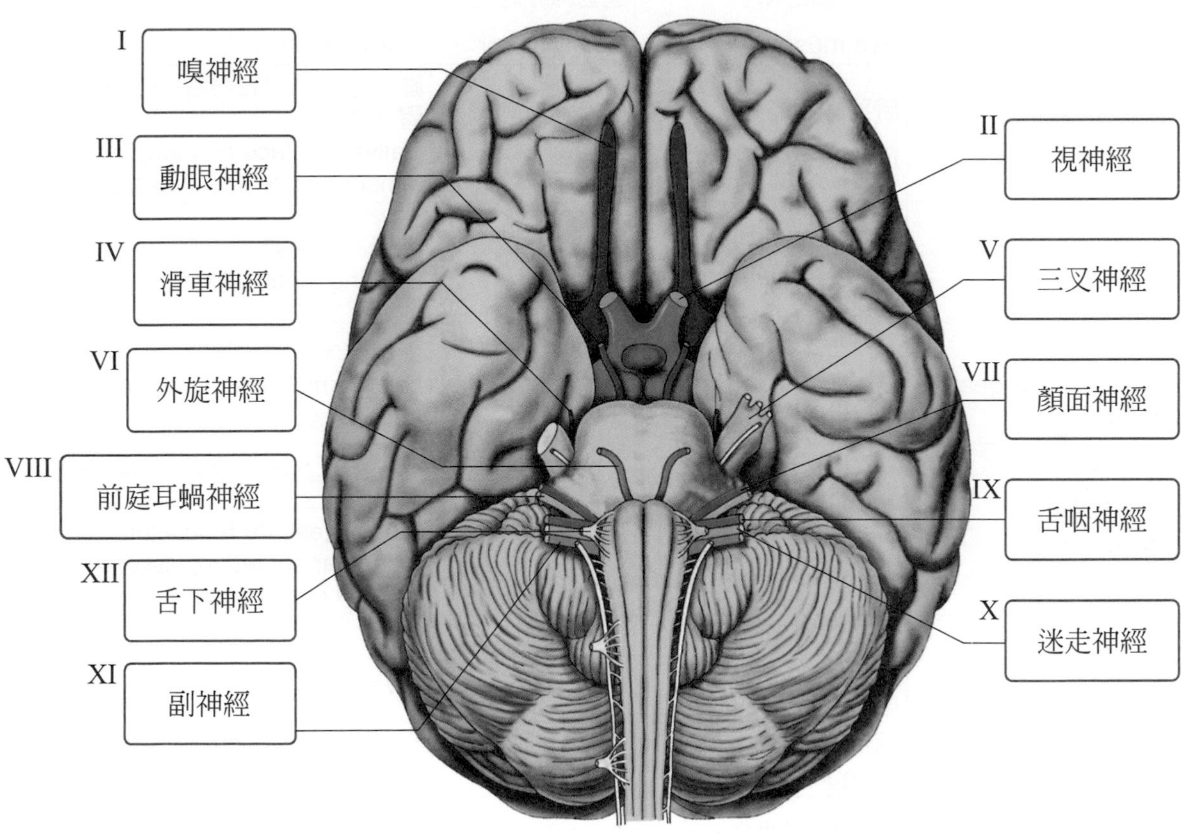

圖 15-13 腦神經

表 15-1 腦神經名稱、連接目標、組成、功能

	連接端 Connection	組成 Composition	功能 Functions
嗅神經 (I) Olfactory nerve	嗅球 Olfactory bulbs	感覺神經 Sensory	嗅覺傳導 Smell transmission
視神經 (II) Optic nerve	眼球 Eye	感覺神經 Sensory	視覺傳導 Vision transmission
動眼神經 (III) Oculomotor nerve	眼球部位肌肉 Eye muscles	運動神經為主 Mainly motor	眼球與眼瞼活動、對焦、瞳孔活動 Eye and eyelid movement, lens and pupil activity
滑車神經 (IV) Trochlear nerve	眼球部位肌肉 Eye muscles	運動神經 Motor	眼球轉動 Eye rotation
三叉神經 (V) Trigeminal nerve	眼眶、上頷、下顎 Orbit, palate, jaw	混合神經 Mixed	接收臉部與顎部感覺、支配咀嚼 Face and palate sensory reception, chewing
外旋神經 (VI) Abducens nerve	眼球部位肌肉 Eye muscles	運動神經為主 Mainly motor	眼球轉動 Eye rotation
顏面神經 (VII) Facial nerve	臉部與口腔 Face, oral cavity	混合神經 Mixed	唾液分泌、顏面與舌尖感覺、味覺、表情 Salivation, face and tongue sensory, taste, facial expression
前庭耳蝸神經 (VIII) Vestibulocochlear nerve	耳蝸與前庭 Cochlear and vestibule	感覺神經 Sensory	聽覺、平衡覺 Hearing, equilibrioception
舌咽神經 (IX) Glossopharyngeal nerve	舌根、咽喉 Posterior tongue, throat	混合神經 Mixed	舌運動、吞嚥、味覺 Tongue movement, swallowing, taste
迷走神經 (X) Vagus nerve	胸腹內臟器官、血管 Internal organs and arteries	混合神經 Mixed	血壓調控、腺體分泌、內臟平滑肌收縮 Blood pressure regulation, glandular secretion, visceral smooth muscle contraction
副神經 (XI) Accessory nerve	頸部與喉部肌肉 Neck and throat muscles	運動神經為主 Mainly motor	吞嚥、頸部活動 Swallowing, neck movement
舌下神經 (XII) Hypoglossal nerve	舌部肌肉 Tongue muscles	運動神經為主 Mainly motor	吞嚥、語言 Swallowing, speech

※ 註：西元 1878 年，德國解剖學家 Gustav Fritsch 於鯊魚腦中發現第一對腦神經之前方尚有一對腦神經，功能未明。西元 1914 年美國 J. B. Johnston 發現人類也具有此腦神經之後，生物學家 W. A. Locy 建議將其命名為**終末神經 (terminal nerves)**，編號第零對 (cranial nerve zero)。終末神經通往鼻腔，並不參與嗅覺的功能，在脊椎動物當中的研究，發現其可能與偵測**費洛蒙 (pheromones)** 以及生殖行為調節有關，於人類的功能尚未完全明瞭，本章未列入討論。

15-4　反射 (Reflex)

人體內的神經系統，按照意識控制的與否，被區分爲**體神經系統 (somatic nervous system)**，與**自律神經系統 (autonomic nervous system)**(見後述)。體神經系統，經由大腦**運動皮質 (motor cortex)** 發出指令，支配動器，完成依照意識控制的行動，例如肌肉收縮達成走路、游泳、語言發聲、寫字、演奏樂器等。然而，在人體當中，尙有一個機制，不經意識指揮，即可即刻引起並完成動器的反應，是爲反射。由脊髓主導的稱爲**體反射 (somatic reflex)**，其內涵如下：刺激自周邊傳入脊髓，不傳向大腦進行意識決策，脊髓即刻經由**反射弧 (reflex arc)** 的架構發出運動指令，傳向動器，達成反應。最簡單的反射弧爲**膝反射 (knee-jerk reflex)**(圖 15-14)。

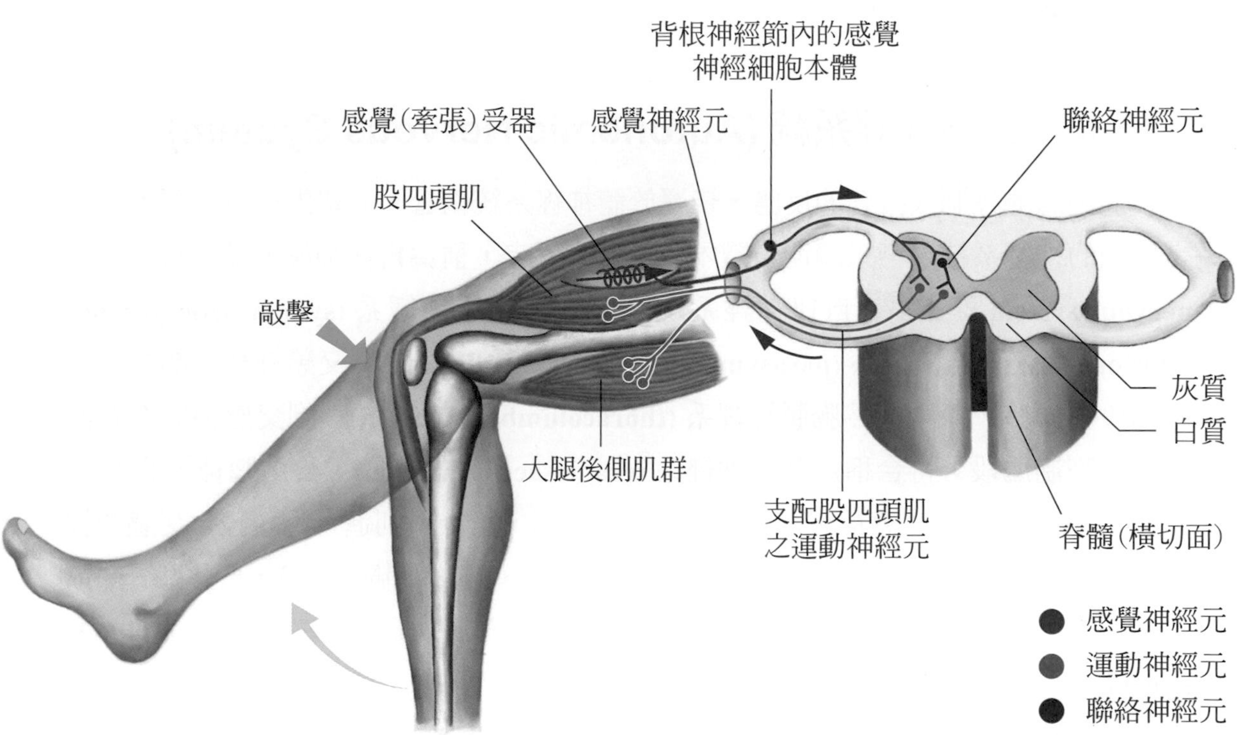

圖 15-14　膝反射之反射弧

牽張受器受到刺激形成受器電位，傳入感覺神經元，感覺神經元接收刺激訊息後，自**背根神經節 (dorsal root ganglion，DRG)** 傳回脊髓，而後經由，或不經由脊髓內聯絡神經元的中介，將訊息傳給脊髓**腹角 (ventral horn)** 的運動神經元，由運動神經元發出動作電位返回同一肢體，造成**拮抗肌群 (antagonistic muscles)** 的收縮與舒張，完成反射的動作。反射的執行由脊髓行使，因此脊髓被稱爲**體反射中樞 (somatic reflex center)**。反射的意義在於能藉由訊息傳遞路徑的縮短，減少反應所需的時間，對緊急應變有利。如踩中尖物或手指遇熱，產生的**縮回反射 (withdrawal reflex)**，皆能提早使肢體避開危險，減少傷害性，另也能藉由不同部位的體反射測試，評估脊髓個別區段是否受損。體反射至少需由一個感覺神經元與一個運動神經元構成其反射弧，其它由延腦、橋腦，或中腦執行的反射，則具有更加複雜的神經迴路。例如：瞳孔遇光縮小（瞳孔反射）、巨響的聽覺適應（減低聲音輸入的接收）皆是由中腦的視覺與聽覺反射中樞所主導；延腦則有心搏、呼吸、噴嚏、唾腺分泌、吞嚥、嘔吐、咳嗽等調節生理功能的反射。

15-5 自律神經系統 (Autonomic Nervous System)

能由意識控制或接管的反應，皆屬於體神經系統轄管。人體內另有一群不受意識控制的神經系統，可以調控身體內在環境的恆定，稱爲**自律神經系統 (autonomic nervous system，ANS)**。自律神經系統又可分爲**交感神經系 (sympathetic nervous division)** 與**副交感神經系 (parasympathetic nervous division)**。交感神經系起源於脊髓胸段與腰段，可合稱爲**胸腰神經系 (thoracolumbar division)**；副交感神經系起源於腦與脊髓薦段，可合稱爲**腦薦神經系 (craniosacral division)**，其中腦神經的 III、VII、IX、X 屬於副交感神經，前三對進入頭頸部，第十對則進入胸腹腔。交感神經系的神經，具有**交感神經節 (sympathetic ganglion)**，位於脊髓的旁邊，自此區分節前與節後神經元，以及節前與節後神經纖維。交感神經系之**節前神經元 (preganglionic neuron)** 位於脊髓內，分泌乙醯膽鹼爲神經傳導物質，**節後神經元 (postganglionic neuron)** 位於神經節內，具有較長的神經纖維支配**目標器官 (target organs)**，以正腎上腺素爲神經傳導物質。副交感神經的神經節位於目標器官，其節前與節後神經元皆分泌乙醯膽鹼，惟節前神經元之神經纖維較長。交感神經作用時，人通常處於高度專注或緊張的狀態；而副交感神經作用時，人通常展現出平靜的狀態。當交感與副交感神經作用至同一目標時，其效果常為相反，因此兩者之間具有**拮抗作用 (antagonism)** (圖 15-15)，平日需要處於適當的平衡，才能保持人體的健康狀態。

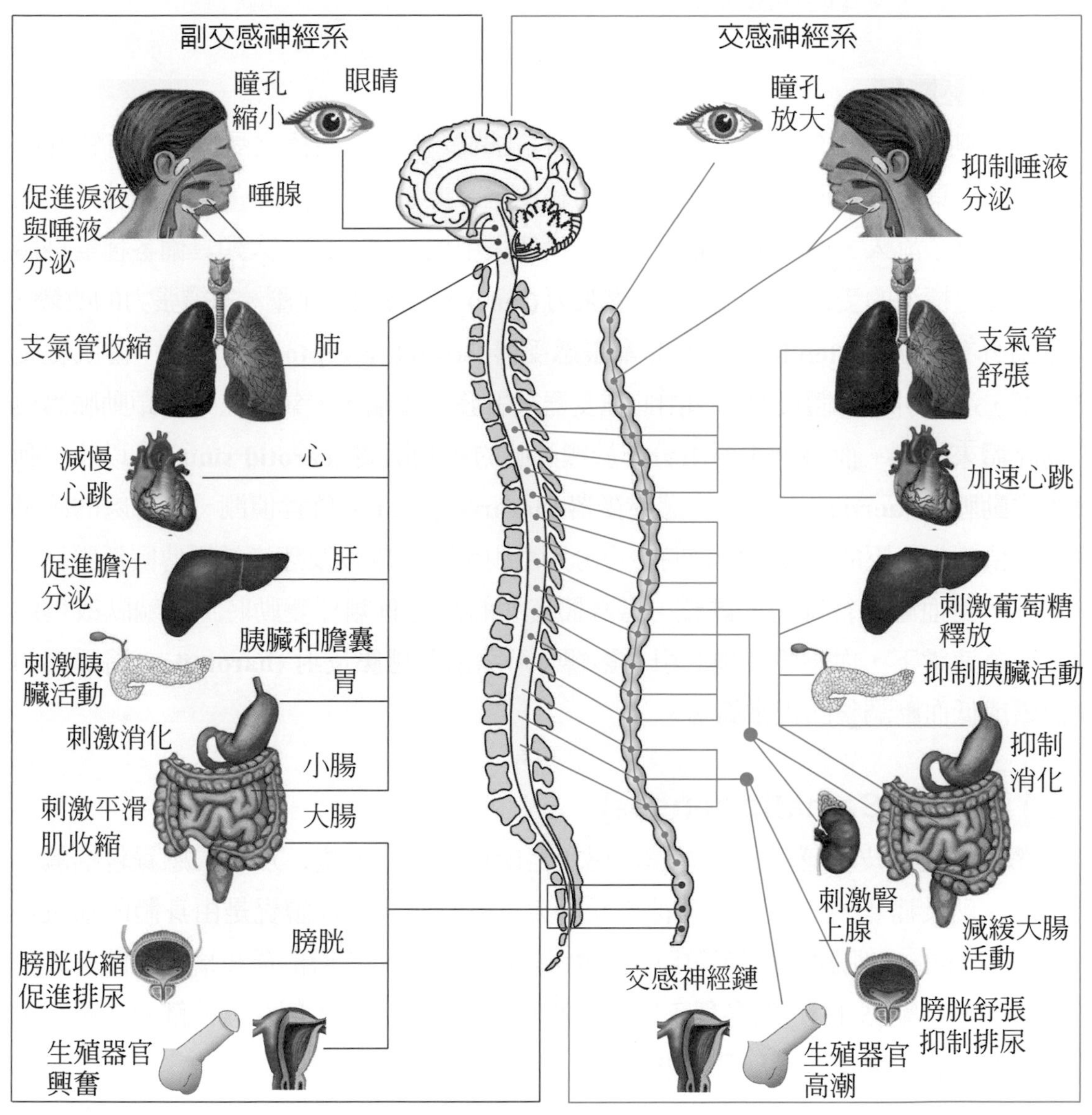

圖 15-15　交感神經系與副交感神經系作用圖

15-6 特殊感覺 (Special Senses)

人類與動物接受刺激，將電訊號傳入中樞神經系統，整合判定訊息性質以後，再傳回周邊作出反應。本節將說明體內各種物理化學感受器，以及觸覺、視覺、聽覺、平衡覺、味覺、嗅覺的作用原理。

(一) 感壓反射

所有刺激電訊號的產生，皆起源自於特化的受器。這些特化受器皆具有特殊的形態，其上具有各種形式的離子通道，可經由電、機械力、或化學的因素開啓，使鈉離子或鉀離子流入，形成動作電位，進一步傳入中樞神經系統。人類具備各種監控體內深處恆定情況的受器，可以監測組織**張力 (tone)**、氧分壓、血壓。組織張力的改變，可以由分布於**肌腱 (tendon)** 之內的**牽張感受器 (stretch receptor)** 來偵測，當肌腱受到敲擊，進而引起的體反射，即由此種受器來引發感覺輸入。氧分壓可由頸動脈體與主動脈體來偵測。血壓則主要由分布於頸動脈的**頸動脈竇 (carotid sinus)**，以及主動脈的**主動脈弓 (aortic arch)** 上的**感壓受器 (baroreceptor)** 來負責偵測。此二處的感壓受器在偵測到血壓的升高或降低時，會分別藉由舌咽神經以及迷走神經傳回延腦以及下視丘，對血壓進行即時的調整。當身體姿態的高低有劇烈變動時，如躺臥改爲站立，或急速蹲下，血壓將受地心引力影響，可藉由此**感壓反射 (baroreflex)** 將瞬間的高血壓或低血壓調整回正常範圍。

(二) 體感覺 (Somatic senses)

體感覺包括皮膚感受器及本體決感受器所接受到的感覺。皮膚的感覺包括觸、壓、冷、熱及痛覺，皆由不同的神經元樹突末梢所傳導。本體覺是由身體內部肌梭 (muscle spindle)、肌腱、關節等處的刺激所誘發的感覺。皮膚的眞皮層，埋藏著各種不同的受器 (圖 15-16)，對各種不同的刺激有專一性，例如不同深度的觸覺與壓覺，不同頻率的震動觸覺，以及溫度覺與痛覺。若條件吻合受器興奮的閾値，這些受器即會產生動作電位，將訊息傳往視丘以及體感覺區。不同區域傳入的體感覺，在體感覺皮質亦有不同的細部投射區域負責辨識，因此若體感覺皮質某細部區域受損，將無法辨識該處對應之皮膚感覺。本體覺使我們不用透過視覺便能知道軀幹與肢體的相對位置，且能感覺肌肉的收縮程度。

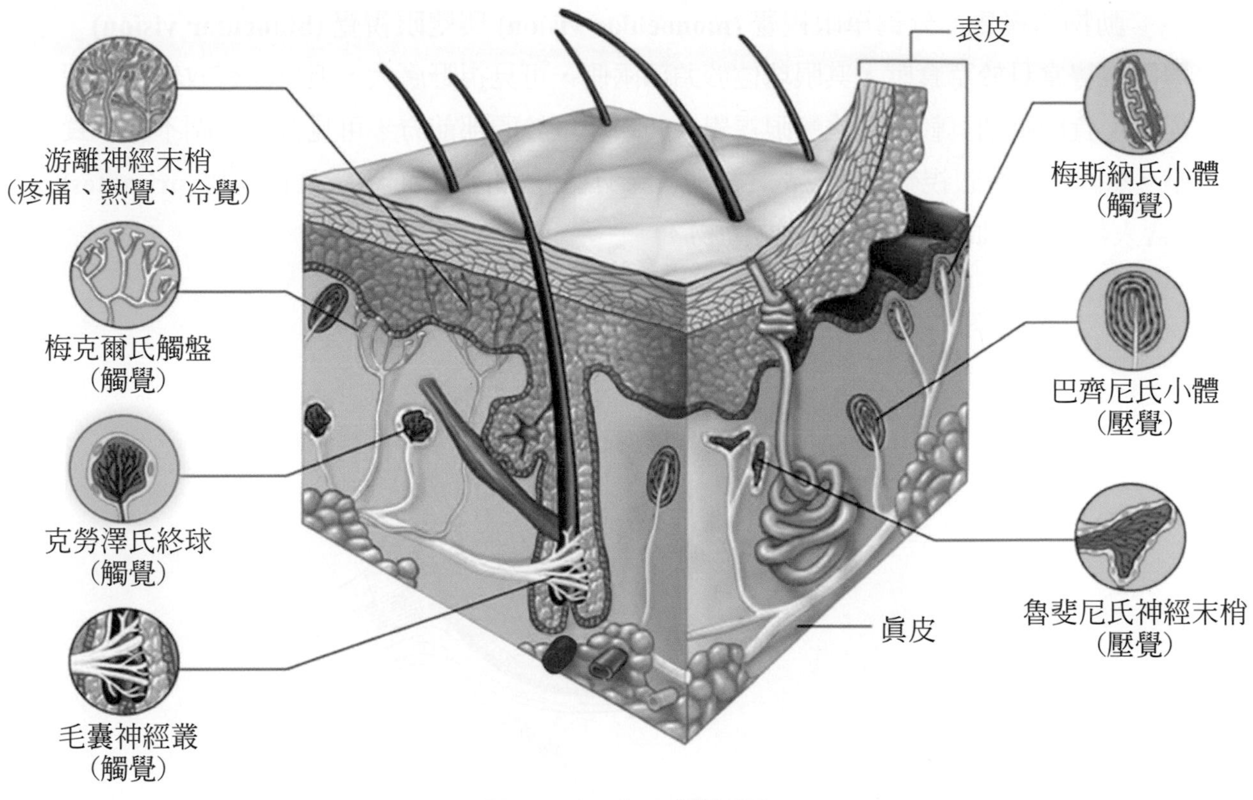

圖 15-16 皮下感覺受器

(三) 視覺

視覺的傳導，透過眼球諸多構造，到達視網膜 (圖 15-17)。視網膜內具備多層特化之細胞，其中直接偵測光線的是**視桿細胞 (rod cells)** 與**視錐細胞 (cone cells)**。視桿細胞負責偵測光線的強弱，但幾乎不偵測光線的色彩，因此在光線微弱的環境下，人的視野無法有效辨別顏色，爲黑白視野；視錐細胞則負責偵測光線的色彩，對光線的敏感度較差，因此在光線充足的環境下方可發揮其作用。

當人從明亮的環境當中，忽然進入暗室，最初無法看見視野內的任何物件，需要數分鐘或以上的時間才能漸漸視物，此爲視覺敏感度反應提升的結果，此過程稱爲**暗適應 (dark adaptation)**，主要是透過視紫質的逐漸合成讓眼睛對光的敏感度漸漸增加。反之，當人自暗處忽然步出至光照環境時，亦無法視物，需數秒至數十秒方能恢復，此過程爲**光適應 (light adaptation)**，這是因爲視桿細胞在暗處已經累積了大量的視紫質 (rhodospin)，遇見大量光線時只要將其迅速分解，即可恢復視覺。

動物的視覺，分爲**單眼視覺 (monocular vision)** 與**雙眼視覺 (binocular vision)**。單眼視覺常見於草食獸，其眼球位於頭部兩側，可見視野廣大，但無法有效辨別景深遠近；食肉獸則具較發達之雙眼視覺，其眼球位於頭部前方，可見視野範圍不如草食獸，然因左右雙眼視覺重疊之故，辨別景深與遠近之能力較佳。**靈長目動物 (primates)** (含人類) 爲雙眼視覺最爲發達之動物。

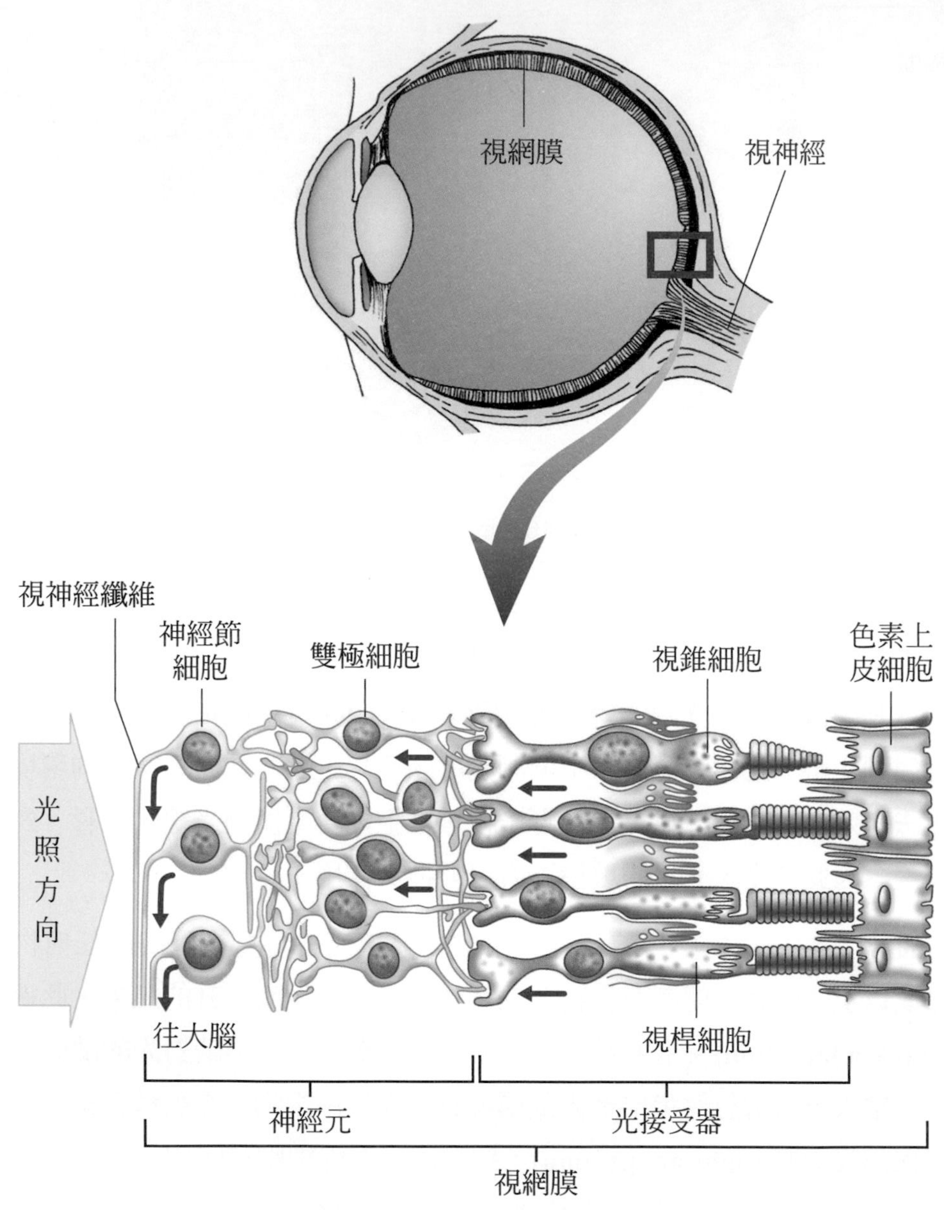

圖 15-17　視桿細胞與視錐細胞

(四) 聽覺

人的聽覺，乃聲音由外耳進入，自**鼓膜**傳入三塊**聽小骨 (ossicles)**，而後傳至**耳蝸 (cochlear)**，在耳蝸內引發**毛細胞 (hair cells)** 的振動，產生動作電位，由**耳蝸神經**傳入**聽覺皮質** (圖 15-18)，辨別聽覺。

聲音以空氣振動的形式，傳過聽小骨，自**卵圓窗 (oval window)** 進入耳蝸，當振動傳入耳蝸管時，連帶引發耳蝸內液體的振動，刺激毛細胞產生動作電位，將此動作電位自分布於耳蝸**基底膜 (basilar membrane)** 的神經纖維，匯聚入耳蝸神經，傳入聽覺皮質。耳蝸不同部位偵測聲音的頻率不同，其基部偵測高音頻，遠端則對低音頻敏感。**耳咽管 (Eustachian tube)** 位於中耳腔的前方延伸至鼻咽，主要功能是平衡耳膜內側及外側的壓力 、保護中耳避免鼻涕逆流或鼻部感染傳至中耳與清除中耳腔黏膜的分泌物。

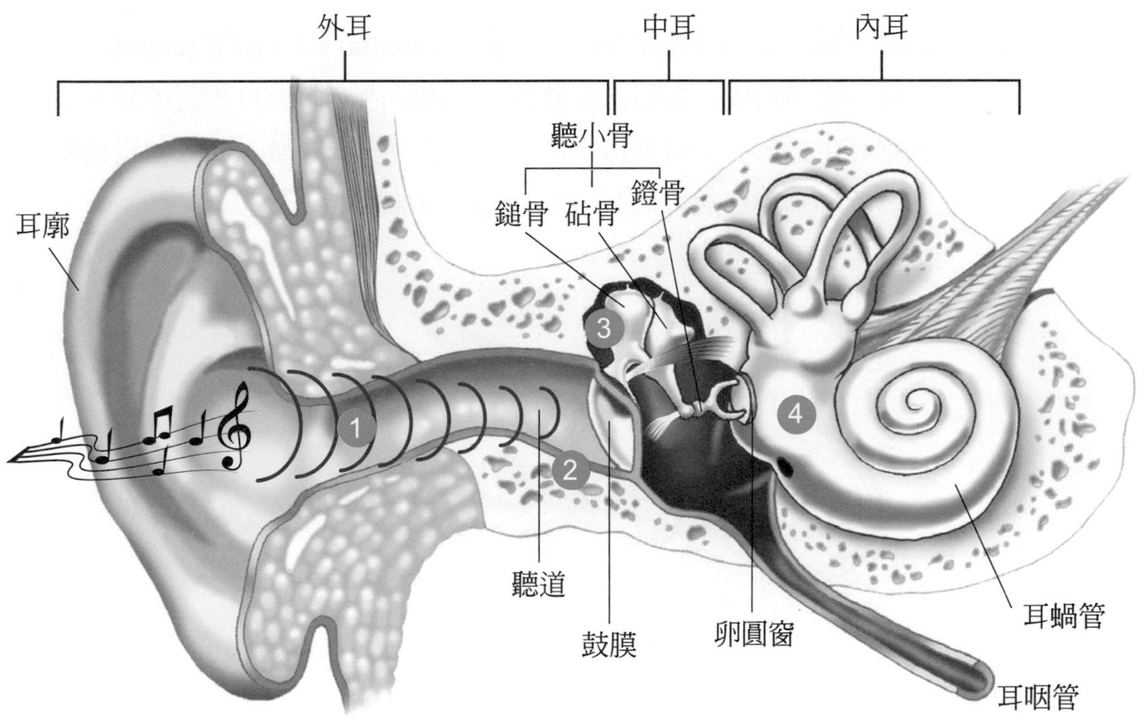

圖 15-18　聽覺器官與聲音傳導

(五) 平衡與方向

人的**平衡覺 (sense of balance,** or **equilibrioception)** 與**方向感 (sense of orientation)** 的產生，來自於**前庭系統 (vestibular system)**(圖 15-19) 的活動。前庭系統與耳蝸共同構成**內耳 (inner ear)**，由**耳石器 (otolith organs)** 與**半規管 (semi-circular canals)** 組成。耳石器聚集一群毛細胞，毛細胞有兩種形式，分別是**內毛細胞 (inner hair cells)** 也稱爲第一型毛細胞與**外毛細胞 (outer hair cells)** 也稱爲第二型毛細胞。

內毛細胞會把聲波振動轉變成能興奮聽神經的化學訊號，而外毛細胞主要是放大由聲波引起的內耳振動。最直接引起「聽覺」神經傳遞的是內毛細胞，因爲 90% 的聽神經只與內毛細胞形成突觸。爲膠狀物質所覆蓋，其上再覆蓋一層碳酸鈣成分之**耳石 (otolith)**。當人姿態改變，或是進行加速運動時，因慣性作用，毛細胞會發生偏折，於是產生動作電位，經前庭神經傳入腦中多處區域，協助維持人類運動的平衡與姿態的穩定。

半規管與橢圓囊相接，管內充滿液體，其**壺腹 (ampulla)** 內有**頂帽 (cupula)** 之構造，爲膠狀物質包覆毛細胞而成。當頭部旋轉時，半規管內液體會行相對流動，改變頂帽形狀，使毛細胞發生偏折，引發動作電位，傳入腦中多處區域，助人判定旋轉方向。半規管有三條，互相垂直，故可偵測三度空間的頭部旋轉。

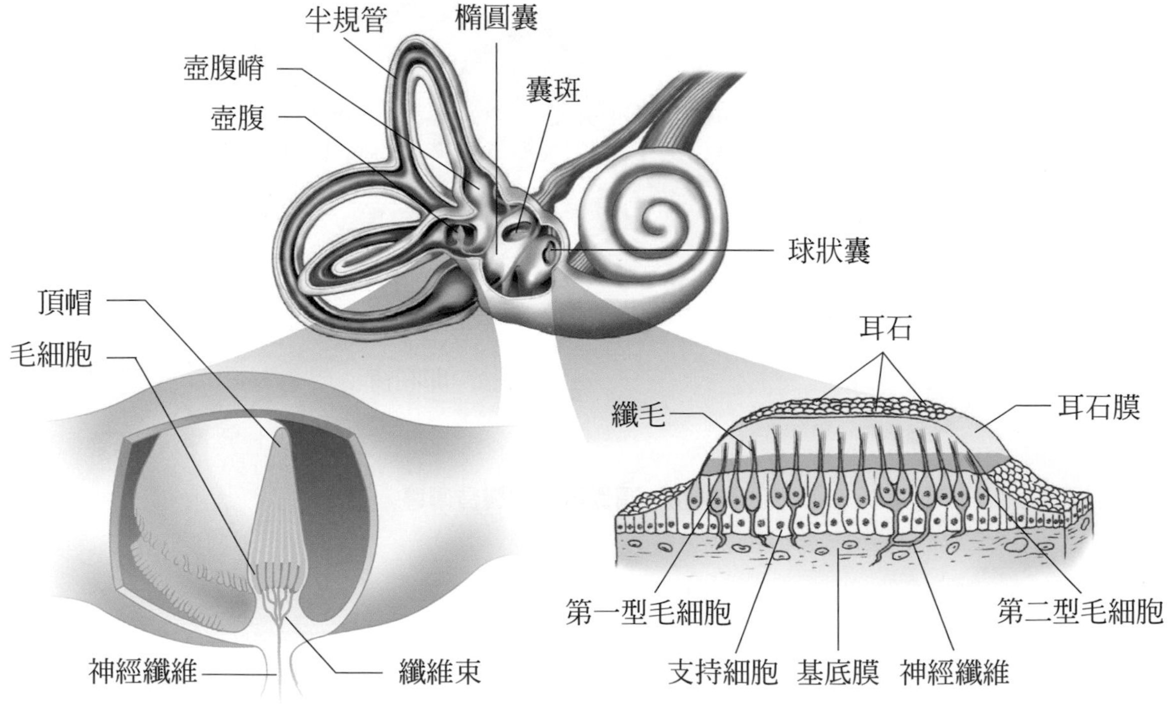

圖 15-19 前庭系統

(六) 味覺

味覺 (taste) 由舌感應，舌上具有許多的**味覺乳突 (taste papillae)**，內含**味蕾 (taste buds)**。**味覺受器 (taste receptor)** 即位於味蕾上 (圖 15-20)。味覺受器在接觸到飲食的分子以後，活化產生動作電位，將此訊息送入大腦**味覺皮質**。目前研究已鑑定出兩大群型式的味覺受器，能產生將近十數種的組合，偵測各種不同程度的味覺。過去認為人類的**基本味覺**為酸、甜、苦、鹹，直至 1980 年代，研究人員才將**鮮 (umami)** 列入基本味覺的行列，鮮味本於日文，原意為好味道，源自番茄醬、海帶湯內豐富的麩胺酸。辣的感覺，則源自於食物分子對神經末梢的刺激，產生的痛覺反應。

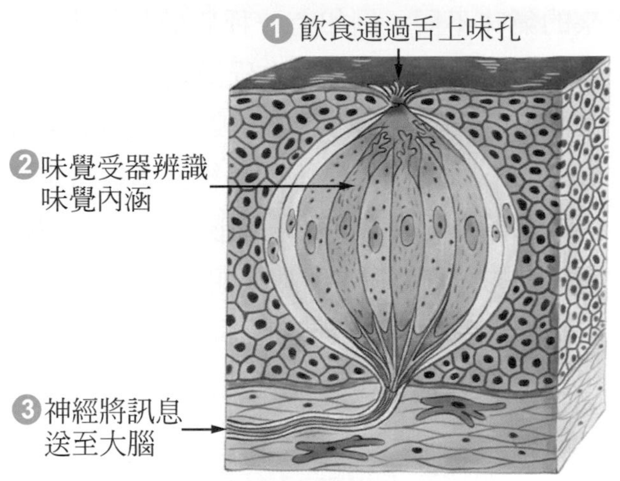

圖 15-20　味蕾作用原理

(七) 嗅覺

當空氣中出現氣味的分子，進入鼻腔，會與鼻黏膜接觸。**嗅覺上皮 (olfactory epithelium)** 位於鼻內頂端，其含有非常多的**嗅覺細胞 (olfactory cells)**，本質為感覺神經元，其黏膜端上有多條纖毛可以協助捕捉氣味分子。當分子與細胞膜上的**氣味分子受體 (odorant receptors)** 結合之後，會以一連串的細胞內化學反應引發神經衝動。神經衝動的訊號傳遞至**嗅球 (olfactory bulb)**，內含複雜神經迴路，訊號在此接受過濾與整理 (圖 15-21)，再傳至**嗅覺皮質 (olfactory cortex)**。狗的嗅覺很靈敏的原因是其嗅覺上皮比人類大十倍以上。

根據**基因體學 (genomics)** 的研究，人類具備的氣味分子受體種類約 1000 種，卻能偵測自然界不計其數的氣味分子，其原因為一種分子可能同時活化不同的氣味分子受體，不同種類與比例的氣味分子混合物，因此產生不同的排列組合，從而引發不同的神經衝動，再經由嗅球的處理之後，使人類可以感知分辨出如此眾多種類的氣味，此系列研究為 2004 年諾貝爾生理暨醫學獎的獲獎主題。同一種氣味分子會利用本身不同的結構面與不同的嗅覺受器結合，因此可活化數種嗅覺受器。當氣味分子的數量相當大時，可以和更多不同種類的受體結合，而讓人感受到不同的氣味。

這可說明爲何有些只要微量就能被嗅覺辨識的氣味分子，在不同濃度時，聞起來的氣味不同。例如有一種硫醇類的物質 thioterpineol 在低濃度時聞起來像葡萄柚香，但高濃度時就會讓人覺得是惡臭。然而氣味分子活化分子受體以後，並不代表其必定引發嗅覺衝動不休。**嗅覺適應 (olfactory adaptation)**，或稱**嗅覺疲勞 (olfactory fatigue)**，即是描述當人類持續暴露在特定氣味之下時，對其敏感性可能在數分鐘之內即降低的現象。嗅覺是五感中唯一不經過視丘，而直接將刺激傳到大腦中與記憶緊密連結的感覺傳遞，所以人類對氣味的感覺容易受到情感和環境的左右。因爲嗅覺細胞長期接受化學刺激，亦受毒性損傷，需要不斷更新以適應環境需求，因此人類的嗅覺細胞在成年後仍可不斷更新和再生。

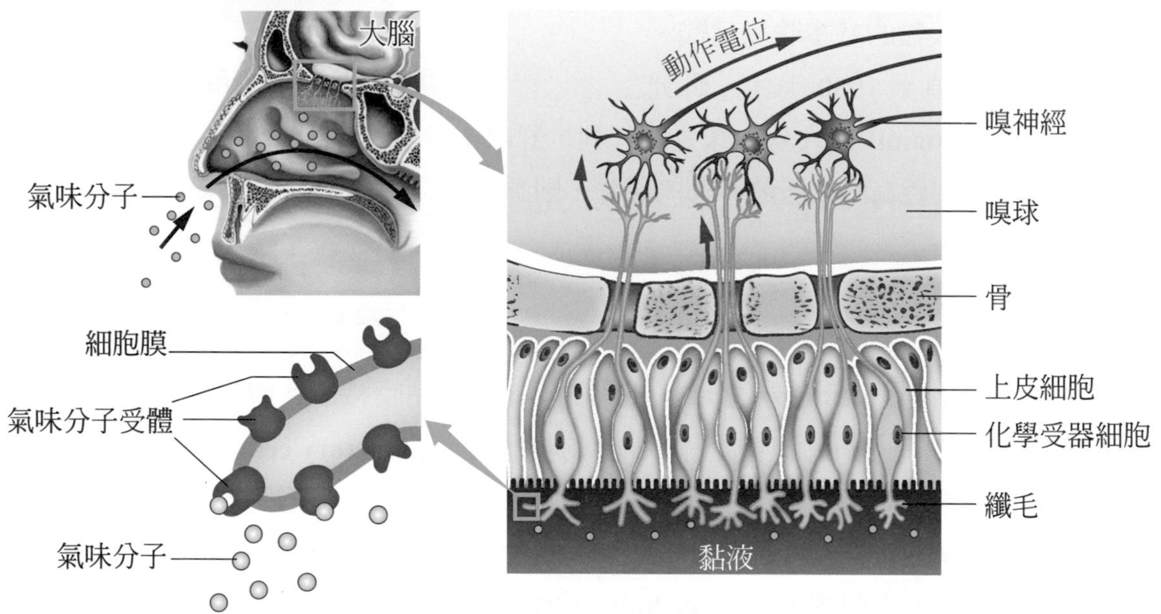

圖 15-21　嗅覺的形成

本章複習

■ 除了循環、免疫、呼吸、泌尿系統可以維持體內的恆定之外，動物以及人類尚需要以神經系統來快速傳遞訊息以達成移動或反應的目的。

15-1 神經元結構與神經衝動的傳導

■ 神經元結構

- 神經系統的基本單元是神經細胞 (nerve cell)，又稱爲神經元 (neuron)。其基本構造爲細胞核所在的細胞本體 (cell body)，以及神經突起 (neurites)。神經突起分爲軸突 (axon) 與樹突 (dendrite)。
- 神經元軸突經常會具有**髓鞘 (myelin sheath)** 的結構，幫助其傳導速度的提升。中樞神經系統的髓鞘由**寡突膠細胞 (oligodendrocytes)** 建構，周邊神經系統的髓鞘則由**許旺細胞 (Schwann cells)** 提供。爲人體最大的淋巴器官內部分爲**紅髓 (red pulp)**、**白髓 (white pulp)** 與**邊緣區 (marginal zone)**。
- 神經元通常可以藉由其形態，區分成**多極神經元 (multipolarneuron)**、**雙極神經元 (bipolar neurons)**， 以及**僞單極神經元 (pseudo-unipolar neuron)**。

■ 刺激－反應迴路

- 位於周邊的感覺神經元樹突遠端之**感覺受器 (sensory receptor)**，因物理性或化學性的刺激引發其興奮，並形成動作電位，傳往中樞神經系統，由中樞神經系統內含的大量感覺神經元與聯絡神經元，進行訊息整合，再由中樞神經的運動神經元做出指令，發出動作電位，藉**運動神經 (motor nerve)** 輸出通往**動器 (effector)**，即其所支配之肌肉或腺體，導致肌肉收縮或腺體分泌。此即簡單的**刺激－反應迴路 (stimulus-response circuits)**。

■ 突觸傳遞

- 神經細胞與神經細胞之間，需要靠**突觸 (synapse)** 的構造來維持動作電位的傳遞。突觸通常爲神經元的軸突，聯絡到另一個神經元細胞本體或是樹突的位置，其傳遞的原理，是透過化學物質的反應，間接引發動作電位。
- 每一個突觸皆由一個**突觸前神經元 (pre-synapticneuron)** 與一個**突觸後神經元 (post-synaptic neuron)** 構成，兩者之間有一寬度約 200Å 的空隙，稱爲**突觸間隙 (synaptic cleft)**。

- 突觸前神經元的軸突末梢，稱爲**突觸小節 (synaptic knob)**，內含許多的**突觸小囊 (synaptic vesicles)**，裝載著神經傳導物質其成分常爲胺基酸、蛋白質、或是胺類。

15-2 腦與脊髓的構造

- 大腦是人類腦最明顯的結構，可分爲**額葉 (frontal lobe)**、**頂葉 (parietal lobe)**、**枕葉 (occipital lobe)**、以及**顳葉 (temporal lobe)**。額葉的功能包含思考與意識、記憶，以及運動執行；頂葉的功能包含感覺的輸入處理與整合；枕葉負責視覺訊息的輸入處理與整合；顳葉則與聽覺和語言，以及記憶功能相關。大腦表面的皮質 (cerebral cortex)，尚具有詳細的功能性分區，大致可分爲三種：**感覺區 (sensory area)**、**運動區 (motor area)**、與**整合區 (association area)**。
- 左右大腦半球之間，有一巨大的神經束，稱爲**胼胝體 (corpus callosum)**，連接左右大腦半球，使神經衝動的訊息能夠彼此交換。
- **視丘 (thalamus)** 其功能爲負責脊髓與腦神經傳入至大腦之感覺訊息的轉接，包含視覺、味覺、觸覺、痛覺、以及聽覺。視丘之下爲**下視丘 (hypothalamus)**，是體溫、體液平衡、以及食慾的中樞，並可釋放多種釋放激素， 參與內分泌，並調控腦下腺的活動。
- **基底核 (basal ganglia)** 主要參與運動功能的精細控制，與大腦皮質、視丘以及腦幹有密切的神經連接，如其出現損傷或其他問題，則將導致運動功能障礙。
- **邊緣系統 (limbic ystem)** 包含部分的大腦皮質、海馬迴 (hippocampus)、杏仁核 (amygdala)、視丘、下視丘。與學習、記憶、情緒的功能相關。
- **小腦 (cerebellum)** 位於大腦的後下方，其外觀皺褶更多，容納更多量的神經細胞。參與人類動作的平衡以及肌肉的協調。
- **中腦 (midbrain)**、**橋腦 (pons)**、**延腦 (medulla oblongata)**，位於大腦正下方，小腦之前，合稱**腦幹 (brainstem)** 負責調節複雜的反射活動，包括調節呼吸作用、心跳、血壓等，對維持機體生命有重要意義。
- **脊髓 (spinal cord)** 位於延腦以下，擔任身體周邊受器訊息傳入腦，以及腦的運動訊息發出至周邊動器的通路，並爲**體反射 (somatic reflex)** 的中樞。

15-3 腦神經與脊神經

■ 腦神經自前至後共有 12 對，分布範圍遍布眼、耳、口、鼻、顏面、咽喉，以及頸部，除了第十對之迷走神經 (vagus nerve) 能分布至內臟器官與周邊血管。脊神經自上至下共有 31 對，可依其高低位置區分為頸神經、胸神經、腰神經 、薦神經，以及尾神經，各自從脊髓兩側發出至頸部 (含) 以下之各處，支配動作，接收感覺。

15-4 反射

■ 脊髓主導的反射稱為**體反射 (somatic reflex)**，其路徑如下：刺激自周邊傳入脊髓，不傳向大腦進行意識決策，脊髓即刻經由反射弧 (reflex arc) 的架構發出運動指令，傳向動器，達成反應。最簡單的反射弧為**膝反射 (knee-jerk reflex)**。

■ 反射的意義在於能藉由訊息傳遞路徑的縮短，減少反應所需的時間，對緊急應變有利。

15-5 自律神經系統

■ 自律神經系統又可分為**交感神經系 (sympathetic nervous division)** 與**副交感神經系 (parasympathetic nervous division)**。交感神經系起源於脊髓胸段與腰段，可合稱為**胸腰神經系 (thoracolumbar division)**；副交感神經系起源於腦與脊髓薦段，可合稱為**腦薦神經系 (craniosacral division)**。

■ 交感神經作用時，人通常處於高度專注或緊張的狀態；而副交感神經作用時，人通常展現出平靜的狀態。當交感與副交感神經作用至同一目標時，其效果常為相反，因此兩者之間具有拮抗作用 (antagonism)，平日需要處於適當的平衡，才能保持人體的健康狀態。

15-6 特殊感覺

■ 感壓反射： 當身體姿態的高低有劇烈變動時，如躺臥改為站立，或急速蹲下，血壓將受地心引力影響，可藉由此**感壓反射 (baroreflex)** 將瞬間的高血壓或低血壓調整回正常範圍。

■ 體感覺：體感覺包括皮膚感受器及本體決感受器所接受到的感覺。皮膚的感覺包刮觸、壓冷、熱及痛覺，皆由不同的神經元樹突末梢所傳導。而本體覺是由身體**內部肌梭 (muscle spindle)**、肌腱、關節等處的刺激所誘發的感覺。

- 視覺：視覺的傳導，透過眼球諸多構造，到達視網膜。視網膜內具備多層特化之細胞，其中直接偵測光線的是**視桿細胞 (rod cells)** 與**視錐細胞 (cone cells)**，視桿細胞負責偵測光線的強弱，視錐細胞則負責偵測光線的色彩。動物的視覺，分爲**單眼視覺 (monocular vision)** 與**雙眼視覺 (binocular vision)** ，單眼視覺可見視野廣大，但無法有效辨別景深遠近，雙眼視覺則反之。
- 聽覺：乃聲音由外耳進入，自鼓膜傳入三塊聽小骨，而後傳至**耳蝸 (cochlear)**，在耳蝸內引發**毛細胞 (hair cells)** 的振動，產生動作電位，由耳蝸神經傳入聽覺皮質 (auditory cortex)，產生聽覺。
- 平衡與方向：人的**平衡覺 (sense of balance)**，以及**方向感 (sense of orientation)** 的產生，則由前庭系統 (vestibular system) 的活動來產生。
- 味覺：味覺由舌感應，舌上具有許多的**味覺乳突 (taste papillae)**，內含**味蕾 (taste buds)**，味覺受器即位於味蕾上。味覺受器在接觸到飲食的分子以後，能夠活化產生動作電位，將此訊息送入大腦**味覺皮質 (gustatory cortex)**。
- 嗅覺：**嗅覺上皮 (olfactory epithelium)** 含有非常多的嗅覺受器細胞 (olfactory receptor cells)，其黏膜端上有多條纖毛可以協助捕捉氣味分子，當分子與細胞膜上的**氣味分子受體 (odorant receptors)** 結合之後，會引發神經衝動。神經訊號傳遞至嗅球 (olfactory bulb)，訊號在此接受過濾與整理，再傳至嗅覺皮質 (olfactory cortex) 產生嗅覺反應。

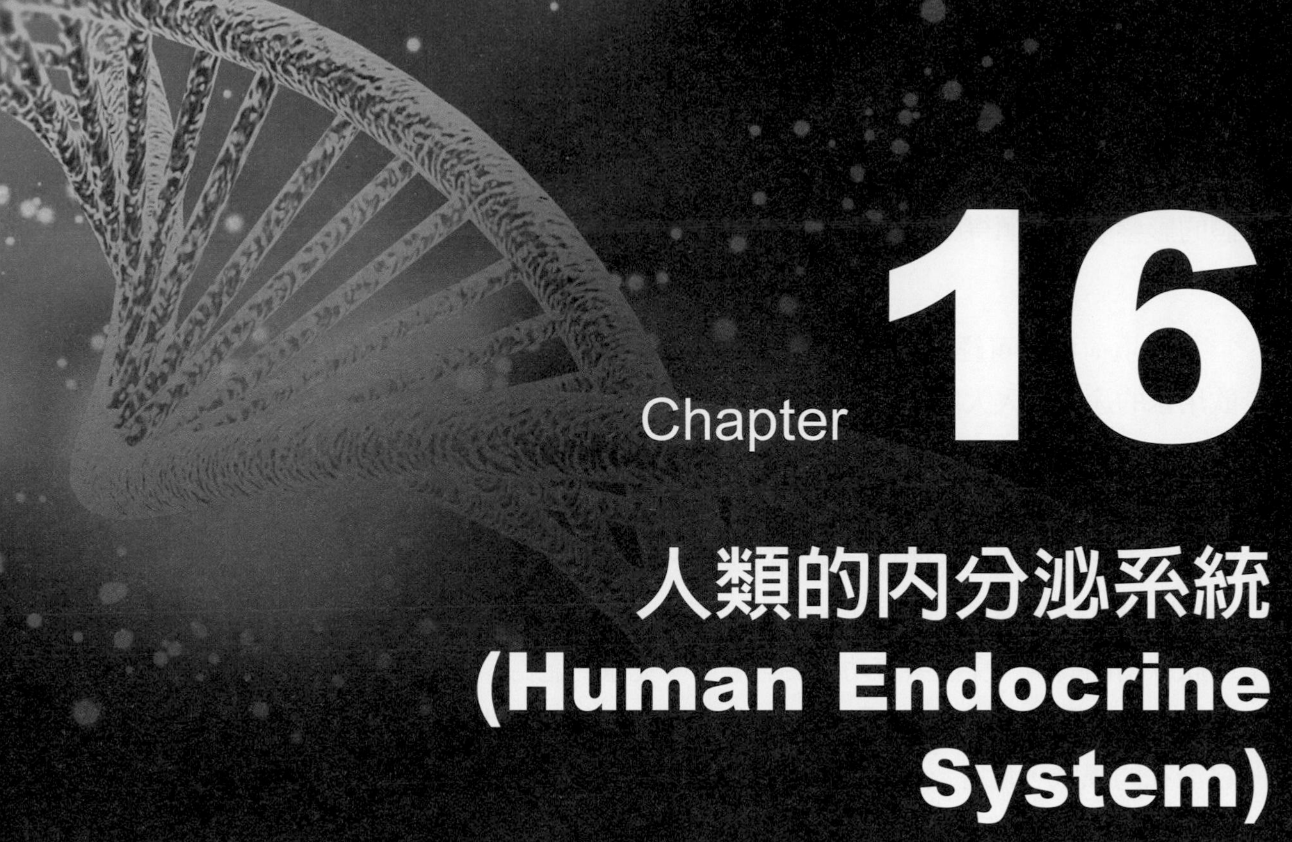

Chapter 16

人類的內分泌系統 (Human Endocrine System)

環境荷爾蒙 (Environmental hormones)

「環境荷爾蒙」也被稱爲「**內分泌干擾素 (Endocrine disrupter substance 簡稱 EDS)**」，根據美國環保署的定義：「環境荷爾蒙」是指干擾負責維持生物體內恆定、生殖、發育或行爲的內源性荷爾蒙之外來物質，會直接或間接影響人體荷爾蒙的合成、分泌、傳輸、結合、作用及排除。環境荷爾蒙並非特定種類的化學物質，只要可能影響內分泌系統作用的化學物質皆可包含在內，目前已知有多達七十幾種以上的化學物質被列爲環境荷爾蒙，主要包括**農藥殺蟲劑 (如 DTT)**、**工業產品 (如多氯聯苯)**、**塑化劑 (如鄰二甲苯類)**、**金屬汙染物 (如甲基汞、鉛)**、**其他化學副產物 (如戴奧辛) 等**。上述的環境荷爾蒙多數都可在環境中或生物體內長期存在，對生物體造成不同的影響，例如戴奧辛；半衰期約 7 ～ 8 年，意思就是說吃進人體內的戴奧辛，需經過 7 ～ 8 年才有一半會排出體外。而 DTT 在環境的半衰期也十分長，土壤中的半衰期爲 2 ～

15 年，水中的半衰期約爲 100 年，此現象會造成生物放大與累積作用，對環境與人體的影響巨大，値得慶幸的是這些種類的化學物質，尤其是農藥、殺蟲劑多已被禁用多年。

環境荷爾蒙可經由食物、灰塵、空氣、水及食用容器進入人體，其中經食物和飲用水的途徑進入人體的量最多，造成食物和水源被汙染的原因常常是含有該化學物質的產品在完成任務後，沒有被妥善回收，成爲汙染物而進入環境，經由農業或漁業中的生物吸收，最後進入食物和水源中。雖然環境荷爾蒙不會對人體造成立即危險的傷害，但它所造成的影響是長遠且持久的，目前已知可能造成的後遺症：包括男性生殖力降低、攝護腺癌、睪丸癌、女性生殖力降低、乳癌、子宮內膜異位、腦下垂體與甲狀腺功能異常、免疫系統功能受影響等；兒童的記憶、學習能力降低也和環境荷爾蒙有密切的關係。由於環境荷爾蒙不像傳統的毒藥或典型致癌物質，人們很容易忽略它潛在的風險，危害反而更大。就如**《失竊的未來》**(Our Stolen Future) 這本書所描述的一句話「它們可以不讓人生病，卻耗弱一個人的體能」揭露了環境荷爾蒙對人體的影響是慢慢地啃食你的身體機能，使你漸漸的衰弱且無法享受生活品質。

由於內分泌系統調控的機制相當繁瑣而複雜，因此，能夠影響內分泌系統的「環境荷爾蒙」可能造成的效應也難以預測，影響的對象不只包括人類，還涉及了幾乎所有層面的野生動物。

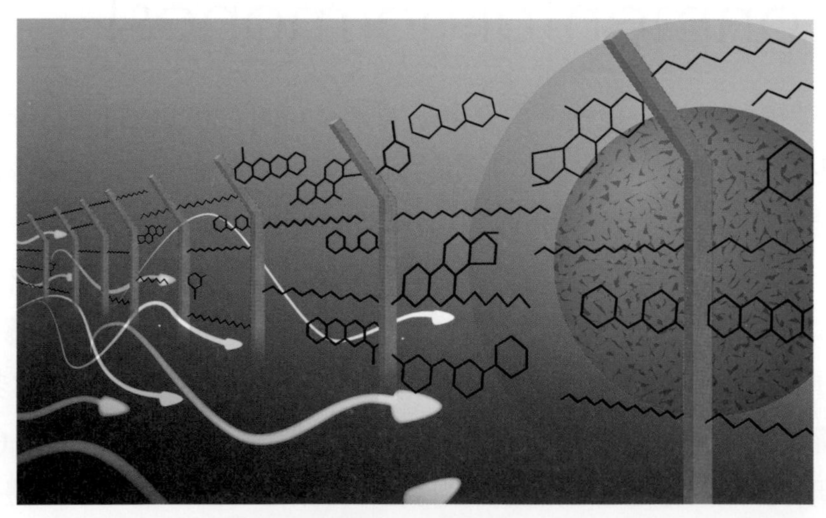

環境荷爾蒙造成人類生殖力下降

內分泌系統在維持人體內環境穩定的過程中與神經系統一樣扮演重要的角色，內分泌以緩慢長期的調控爲主，而神經系統以快速短期調控爲主。內分泌可獨立發揮其功能，也可與神經系統密切聯繫、相互協調來幫助人體適應內外環境的變化。人體的內分泌系統具有廣泛的功能，可概括爲以下四方面：

1. 維持體內環境的平衡：如水分、電解質、體溫、血壓、酸鹼值等等。
2. 協調新陳代謝：如體內醣類、蛋白質、酯質與核酸的代謝。
3. 協助組織細胞的發育與分化成熟。
4. 調控生殖器官發育與生殖活動。

爲什麼內分泌對人體如此重要，影響如此深遠且複雜，就讓本章的內容引導你認識內分泌的作用機轉以及如何巧妙地維持人體的生理平衡。

16-1 內分泌系統的作用原理 (The Fundamental Principles of Endocrine System)

與神經系統相比，內分泌系統傳遞訊息的速度緩慢許多，然而其僅需要微量或少量的參與，即可引發其效果，傳遞訊息所分布的範圍較神經系統廣泛，效果也較長。內分泌系統以**激素 (hormones)**，或稱**荷爾蒙**，作爲訊息傳導的憑藉。**內分泌腺 (endocrine glands)** 製造特定的激素，分泌至其周圍的**微血管**，藉由血液循環系統的運輸，使其到達目標器官。在目標器官的細胞，含有特定的**激素受體 (hormone receptor)**，與激素結合之後，可以產生一系列的細胞內反應，導致激素生效。

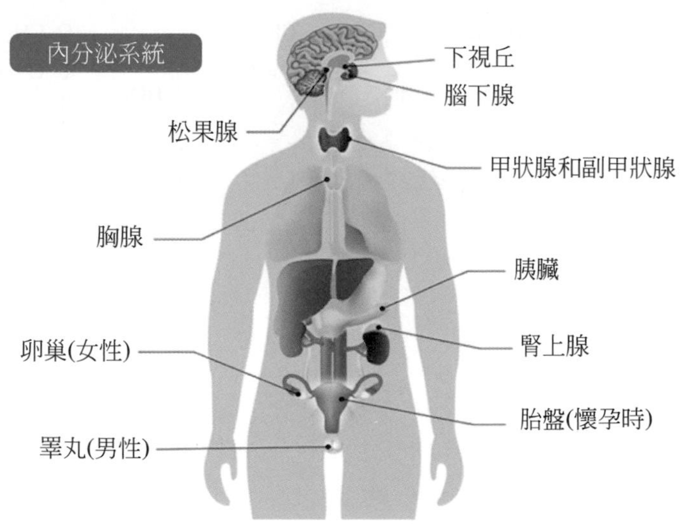

激素按照其化學分子結構，可分爲**胺類 (amines)**(圖 16-1(a))、**多肽類 (polypeptides)**(圖 16-1(b))、**醣蛋白 (glycoproteins)**，以及由脂肪酸代謝衍生的**固醇類 (steroids)**(圖 16-1(c))。按照其作用模式，又可分爲水溶性激素與脂溶性激素。

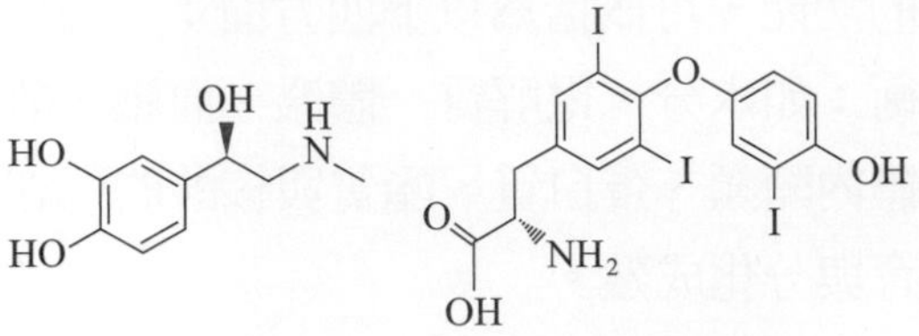

腎上腺素　三碘甲狀腺素

(a)

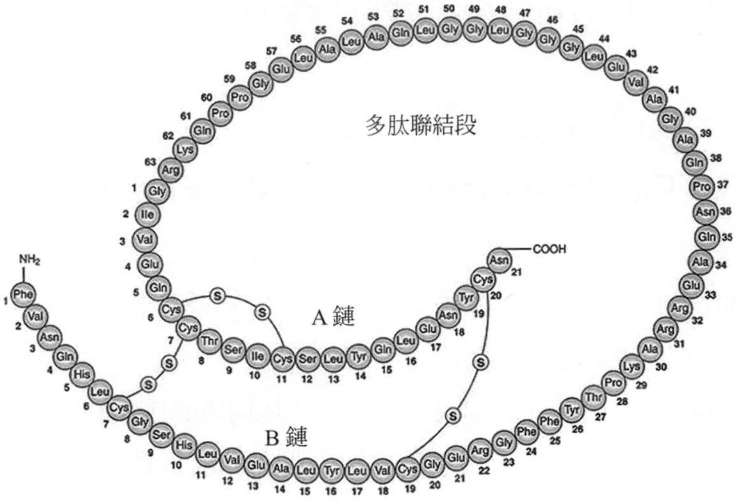

多肽聯結段　A 鏈　B 鏈

(b)

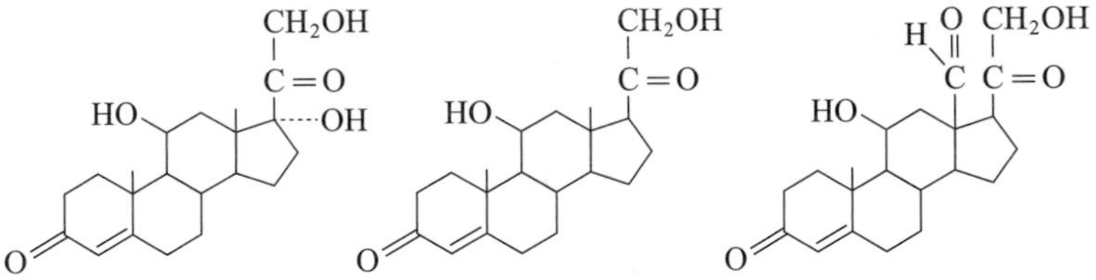

腎上腺皮質醇　腎上腺皮質酮　醛固酮

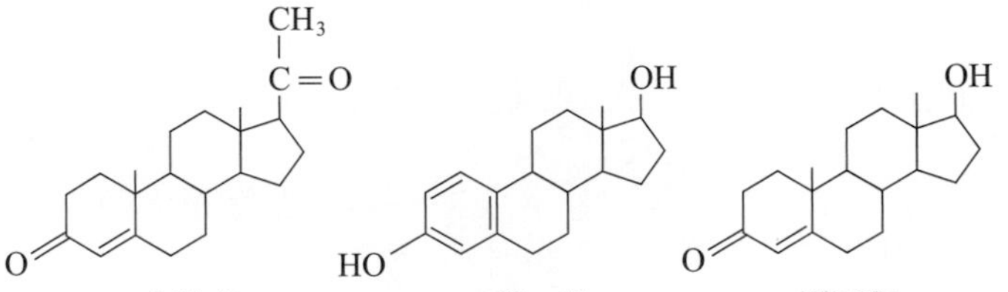

黃體素　β－雌二醇　睪固酮

(c)

圖 16-1　(a) 胺類激素；(b) 胰島素的分子結構；(c) 固醇類激素特殊的類固醇環狀結構

水溶性激素作用的方式，係與細胞膜上之**受體蛋白 (receptor proteins)** 接觸，受體蛋白的細胞質端，通常附隨著一種 **GTP 結合蛋白 (GTP-binding protein)**，簡稱 **G 蛋白 (G-protein)**，可將 GTP 分解為 GDP，引發細胞膜上的**腺嘌呤核苷酸環化酶 (adenylyl cyclase)** 的活化，將細胞內的 ATP 合成為 **cAMP(cyclic-AMP，環狀單磷酸腺苷)**，大量的 cAMP 將活化細胞質內的**蛋白質激酶 (protein kinases)**，進而將細胞內的諸多蛋白質**磷酸化 (phosphorylation)**，加以**活化 (activation)** 或**抑制 (inhibition)** (圖 16-2)。以上的過程，自激素分子開始，通過多種包含 cAMP 在內的**第二傳訊者 (second messenger**，或稱**第二信使)** 分子，引發的細胞內化學反應，稱為**細胞內訊息傳遞 (intracellular signal transduction)**，激素分子扮演的角色稱為**第一傳訊者 (first messenger**，或稱**第一信使)**。此類的激素受體，因與 G 蛋白密切相關，故常被稱為 **G 蛋白偶合受體 (G-protein-coupled receptor)**。激素藉此方式，即可以極微量或少量的方式達到效果。

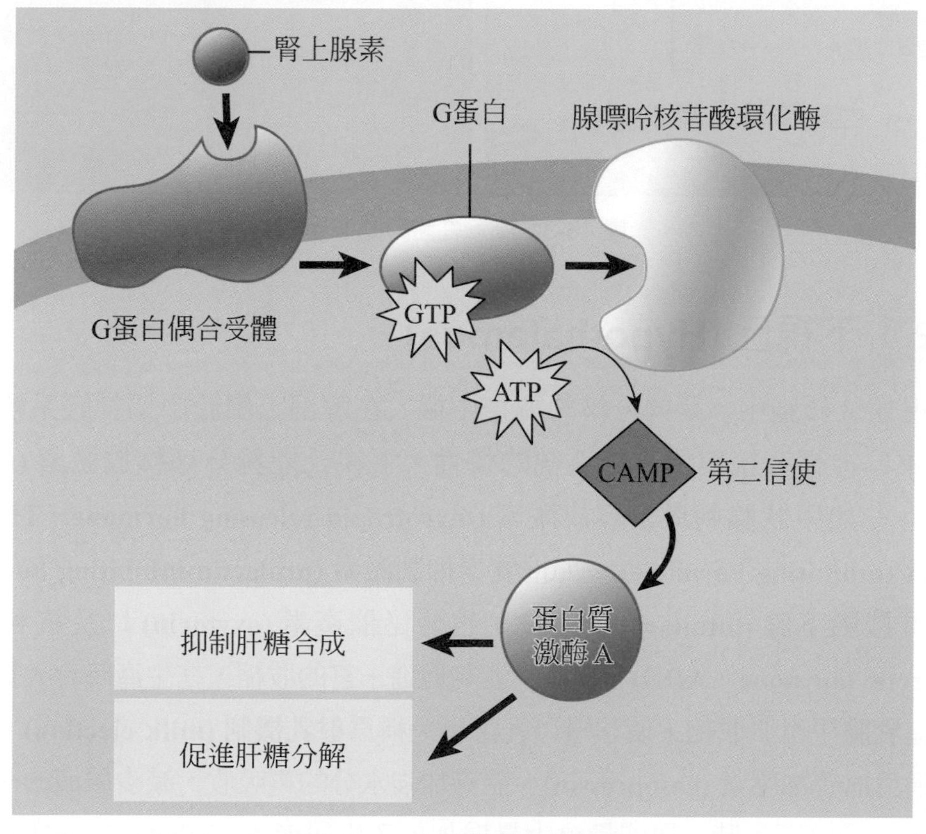

圖 16-2　水溶性激素的作用

脂溶性激素包含部分胺類激素如**甲狀腺素 (thyroid hormone)**，與固醇成分者。其作用原理為穿越細胞膜進入細胞質，與細胞質內的受體結合形成複合物，一起進入細胞核，在細胞核內與染色質特定區域結合，開啓DNA的**轉錄**，使mRNA合成增加，進而導致**轉譯**以及蛋白質產物的增加 (圖 16-3)，激素藉此方式，以極微量或少量的方式生效，並且能維持長遠的作用期。

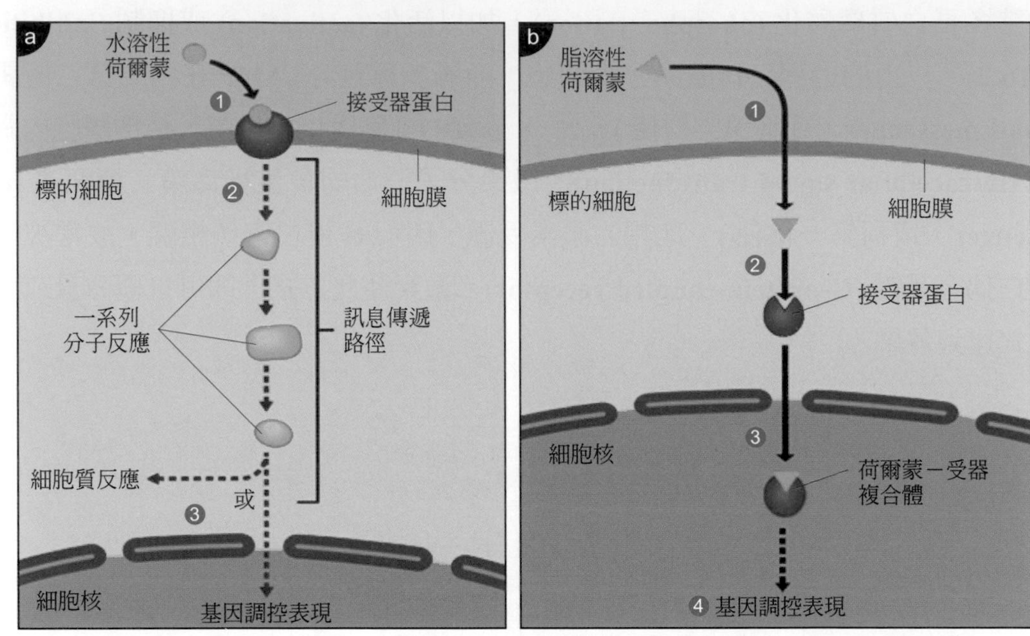

圖 16-3　脂溶性激素的作用

16-2　下視丘 (Hypothalamus)

下視丘位於腦中，是內分泌的調控中樞。在解剖上屬於中樞神經系統，在功能上則兼具神經系統與內分泌系統的特性。下視丘能夠分泌**釋放激素 (releasing hormone)** －如**甲狀腺刺激素釋放激素 (thyrotropin-releasing hormone，TRH)**，與**抑制激素 (inhibiting hormone)** －如**催乳素抑制激素 (prolactin-inhibiting hormone，PIH)**，調控**腦下腺 (pituitary)** 的活動；也分泌**催產素 (oxytocin)** 以及**抗利尿激素 (antidiuretic hormone，ADH)**。催產素能夠促進子宮的收縮，在生產時會大量分泌，並能促進**乳腺**平滑肌收縮，使孕婦母乳泌出，稱為**射乳機制 (milk ejection)**。抗利尿激素又稱為**血管加壓素 (vasopressin)**，能夠加強水分的再吸收，減少尿液的產生。當抗利尿激素分泌不足時，尿液量會大量增加，產生尿崩症 (diabetes insipidus)，當抗利尿激素分泌過多時，血液中水份會大量增加，產生低血鈉症。

16-3 腦下腺 (Pituitary)

腦下腺為一懸掛於下視丘之下的內分泌器官，亦稱腦下垂體，其內部結構與下視丘有非常密切之連結。腦下腺分為**前葉 (anterior lobe)** 與**後葉 (posterior lobe)**，前葉能製造並分泌多種激素，與下視丘之間有一特殊之**門脈系統 (portal vein system)**，以此方式接受下視丘分泌之釋放激素與抑制激素的作用，進而調整自己分泌的激素量；後葉儲存下視丘製造之催產素與抗利尿激素，待有需求再將其釋出 (圖 16-4)。

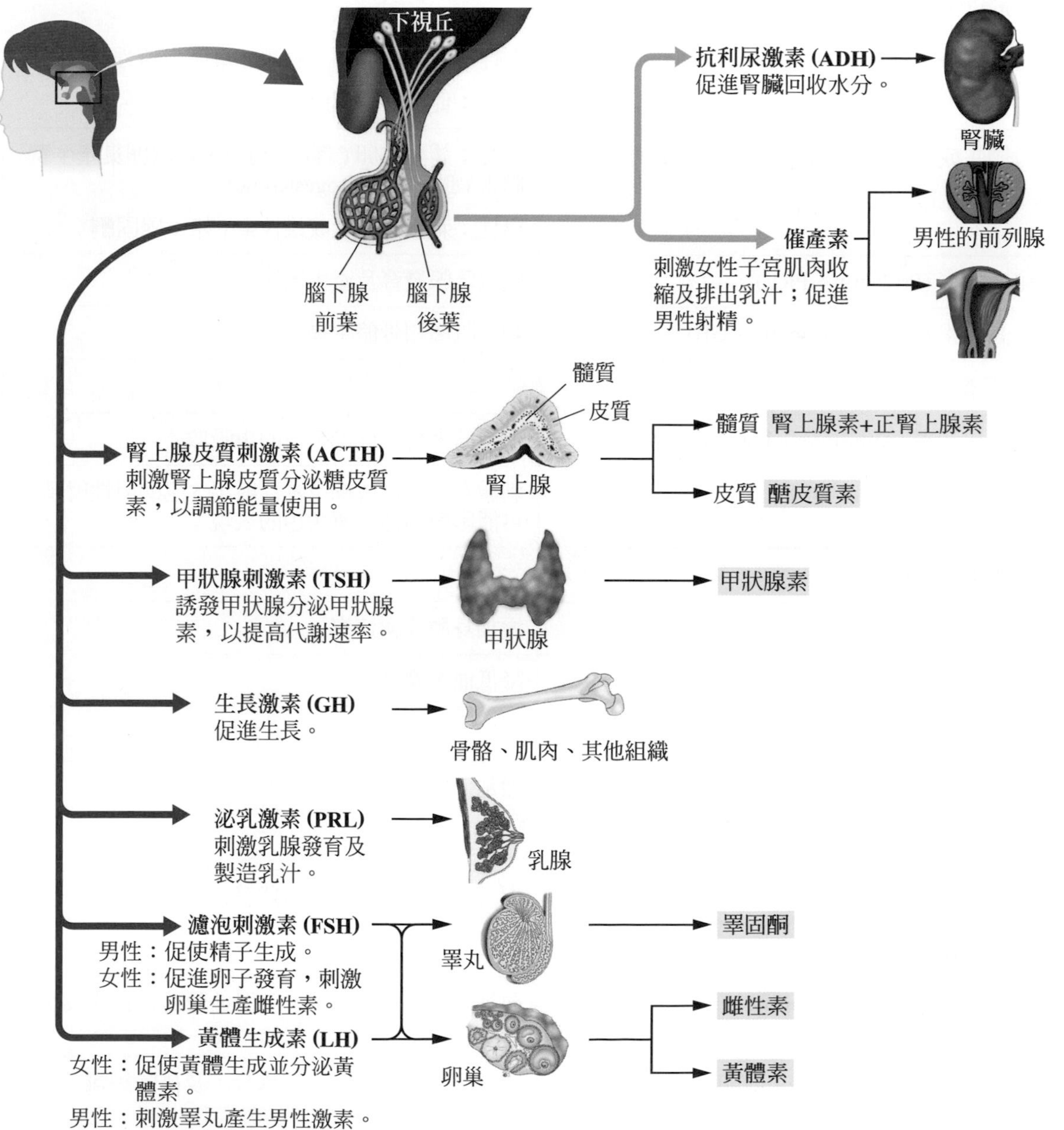

圖 16-4 腦下腺結構

腺體 / 激素	功能
下視丘	
釋放激素 (Releasing hormones)	促使腦下腺前葉合成激素
抑制激素 (Inhibiting hormones)	抑制腦下腺前葉合成激素
腦下線前葉	
甲狀腺刺激素 (Thyroid-stimulating hormone，TSH)	引發甲狀腺分泌甲狀腺素
腎上腺皮質刺激素 (Adrenocorticotropic hormone，ACTH)	促使腎上腺皮質分泌糖皮質素
濾泡刺激素 (Follicle-stimulating hormone，FSH)	女性：促進卵發育、刺激卵巢產生雌性素 男性：促進精子形成
黃體生成素 (Luteinizing hormone，LH)	女性：誘發排卵 (釋出卵子)、刺激卵巢產生黃體素 (助孕酮：progesterone) 男性：刺激睪丸生成雄性素 (如：睪固酮)
泌乳激素 (Prolactin，PRL)	刺激乳腺發育及產生乳汁
生長激素 (Growth hormone，GH)	刺激肌肉和骨骼生長
腦下線後葉	
抗利尿激素 (Antidiuretic hormone，ADH)	作用於腎臟，促進水份的再吸收
催產素 (Oxytocin，OT)	刺激女性子宮收縮及乳汁射出、協助男性射精、可能影響兩性社會角色的表現
甲狀腺	
甲狀腺素 (Thyroxine)	增加身體代謝速率
降鈣素 (Calcitonin)	降低血鈣濃度
副甲狀腺	
副甲狀腺素 (Parathyroid hormone，PTH)	增加血鈣濃度
胸腺	
胸腺素 (Thymosins)	促進未成年時期的白血球發育
腎上腺皮質	
糖皮質素 (Glucocorticoids)	包括皮質醇 (cortisol)，可促進葡萄糖合成及脂肪分解，是一種壓力反應激素
礦物皮質素 (Mineralocorticoids)	引發腎臟保存鈉離子與水分，及排除鉀離子

腺體 / 激素	功能
腎上腺髓質	
腎上腺素 (Adrenaline)	刺激儲存能量的釋出、增加心跳速率與血壓
正腎上腺素 (Noradrenaline)	作用與腎上腺素相同
胰臟	
胰島素 (Insulin)	降低血糖濃度
升糖素 (Glucagon)	增加血糖濃度
睪丸	
睪固酮 (Testosterone)	促進精子形成與男性特徵發育
卵巢	
雌性素 (Estrogens)	輔助卵子發育、子宮內膜生長及女性特徵發育
黃體素 (Progesterones)	促使子宮內膜增生以利胚胎著床
松果腺	
褪黑激素 (Melatonin)	建立身體的日夜週期

腦下腺於前葉製造並分泌多種激素如下：**生長激素 (growth hormone，GH)**、**甲狀腺刺激素 (thyroid-stimulating hormone，TSH)**、**腎上腺皮質刺激素 (adrenocorticotropic hormone，ACTH)**、**濾泡刺激素 (follicle-stimulating hormone，FSH)**、**黃體刺激素 (luteinizing hormone，LH)**，以及**催乳素 (prolactin)**。

生長激素能夠促進細胞的代謝與生長速度，因此與人的身高有關。若在幼年時期分泌不足，將導致**生長激素缺乏症 (growth hormone deficiency)**，舊稱**侏儒症 (dwarfism)**(圖 16-5(a))。若幼年時期分泌過多，生長過劇，則造成**巨人症 (gigantism)** (圖 16-5(b))。另若在成年分泌過量，則會造成末端肢體與骨骼的增生，患者有粗大的手指與凸出的臉部骨骼，為**肢端肥大症 (acromegaly)**(圖 16-5(c))。甲狀腺刺激素會刺激**甲狀腺 (thyroid)** 分泌**甲狀腺素 (thyroid hormone，TH)**，若分泌過多或不足，皆會影響甲狀腺的功能。腎上腺皮質刺激素對腎上腺皮質有促進的功能，使皮質激素分泌量增加，若不足或過量，亦會對健康造成影響。濾泡刺激素能夠促進女性卵巢的**濾泡 (follicles)** 發育，進而導致**雌激素**增加，對**排卵 (ovulation)** 有誘發的效果，也能促進男性的**精子生成 (spermatogenesis)**。黃體刺激素與卵巢的發育有正相關，並參與在女性生殖週期，能夠使**黃體素 (progesterone)** 增加分泌，並能促進排卵。催乳素促進乳腺以及乳房的發育，並在生產後促進乳汁的製造。

(a)

(b)

(c)

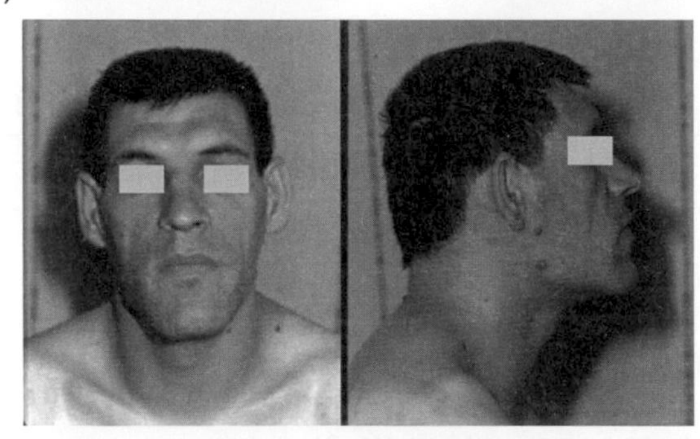

圖 16-5　(a) 中世紀侏儒藝人的畫像，由西班牙畫家 Diego Velázquez 繪於西元 1645 年；(b) 著名巨人症患者羅伯瓦德洛 (Robert Wadlow，1918-1940)，身高 272 公分；(c) 肢端肥大症之病人，可見其明顯之臉部骨骼增長

16-4 甲狀腺與副甲狀腺 (Thyroid and Parathyroids)

甲狀腺爲一馬鞍狀的內分泌腺，橫跨於氣管之上 (圖 16-6)。其能分泌由胺基酸與碘共同構成的**甲狀腺素**分爲兩種：**三碘甲狀腺素 (triiodothyronine，T_3)** 與**四碘甲狀腺素 (thyroxine，T_4)**，前者的生理功能較後者強，效果亦較後者迅速。甲狀腺素能夠增加細胞的**基礎代謝率 (basic metabolic rate)** 與耗氧量，如分泌過多，造成的症狀爲**甲狀腺亢進 (hyperthyroidism)**，病人易有體重減輕、發熱、神經緊張、心跳與呼吸增速、眼凸、肢體輕微顫抖等症狀，可藉由減少碘的攝取加以改進。當體內產生抗體對甲狀腺進行攻擊，因爲這些抗體的結構類似 TSH 一樣，會刺激甲狀腺分泌而不受控制，造成的甲狀腺亢進症狀則爲**格瑞夫氏症 (Grave's disease)**，女性罹病率較男性高，除上述症狀之外，生理週期亦不穩。**甲狀腺功能低落 (hypothyroidism)** 通常爲缺碘所引起，如發生在胎兒或嬰兒時期，會導致身心發育不良的**呆小症 (cretinism)**，如於成年時期，因碘的攝取量不足，則可能引發**甲狀腺腫 (goiter)**，可於飲食中添加

碘劑加以改善，此病症多見於居於內陸遠離海岸地區之居民。甲狀腺亦分泌**降鈣素 (calcitonin)**，藉由抑制**蝕骨細胞 (osteoclasts)** 的活性，能夠降低血中鈣的含量。

副甲狀腺 (parathyroids) 位於甲狀腺的背後，共有四個，爲甲狀腺組織完全覆蓋。其分泌的激素爲副甲狀腺素 **(parathyroid hormone，PTH)**，功能與血鈣調節相關，能促進鈣在小腸的吸收，以及在腎臟的再吸收，來提升血鈣。

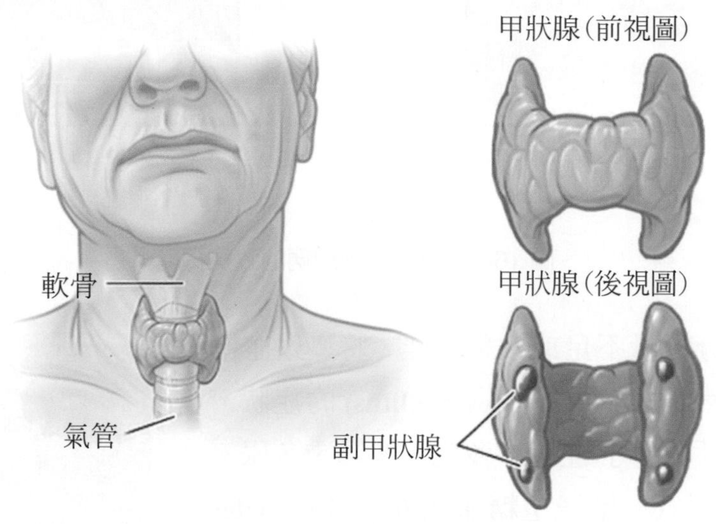

圖 16-6　甲狀腺與副甲狀腺

16-5　胰 (Pancreas)

胰臟在人體內相當特殊，具有胰腺與胰管，以**外分泌 (exocrine)** 形式參與在消化作用中，亦有內分泌的功能參與血糖的調節。胰臟中含有內分泌細胞的單元，稱爲**胰島 (pancreatic islets)**，又稱**蘭氏小島 (islets of Langerhans)**，爲德國醫師保羅蘭格罕 (Paul Langerhans，1847～1888) 在 1869 年發現。胰島內含有兩種細胞與血糖調控有關：**α 細胞 (alpha cells)** 與 **β 細胞 (beta cells)**。α 細胞能夠分泌**升糖素 (glucagon)**，作用於肝臟，藉由促進**肝糖分解 (glycogenolysis)** 與**葡萄糖新生作用 (gluconeogenesis)**，將血糖調升。β 細胞則分泌**胰島素 (insulin)**，作用於脂肪組織、肝臟、與骨骼肌，促進葡萄糖的吸收利用，從而降低血糖，通常在飲食之後分泌。胰島素與升糖素彼此功能相反，因此具有**拮抗作用**。

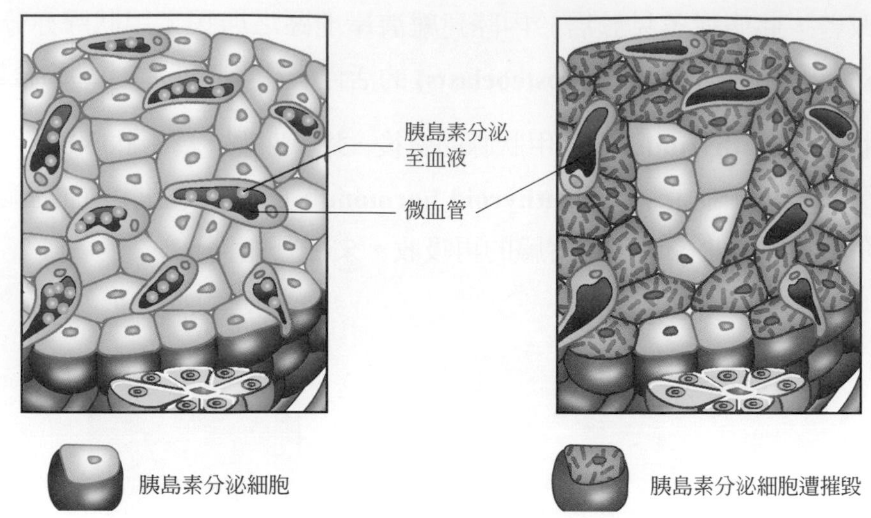

圖 16-7　第一型糖尿病的致病機轉

若胰島素分泌量不足或效果不佳，將導致血糖居高不下，是爲**糖尿病 (diabetes mellitus)** 的症狀，病人會表現出「三多」症狀：多吃、多喝、多尿。糖尿病有兩種型式。**第一型糖尿病 (type I diabetes mellitus)**，爲病人因不明原因產生抗體攻擊自身胰島 (圖 16-7)，使胰島素分泌不足所致，通常發生在孩童或青少年，因無法利用血糖，普遍身形削瘦。第一型糖尿病由於胰島素不足，故最簡單的治療方式，即爲胰島素的定期注射。加拿大學者弗德瑞克班廷 (Frederick G. Banting，1891 ～ 1941)(圖 16-8) 於 1921 年成功自牛的胰臟分離出胰島素，1922 年應用在病人身上獲得成功，使糖尿病不再無藥可醫，成爲可以治療改善病況的疾病。其研究成果爲後世持續投入使用，直至 1980 年代被基因工程胰島素取代。他與同事約翰麥里奧 (John Macleod，1876 ～ 1935) 共同獲得 1923 年的諾貝爾生理暨醫學獎。

圖 16-8　弗德瑞克班廷，發明胰島素療法的加拿大學者

第二型糖尿病 (type II diabetes mellitus) 的成因則相當多樣與複雜，病人的胰島素分泌量可能足夠，其細胞卻發生**胰島素阻抗 (insulin resistance)**，無法有效利用葡萄糖，故在飲食之後，葡萄糖於血液中發生累積。亦常見於中年以上，因胰島功能下降，導致分泌不足。第二型糖尿病的患者，**風險因素 (risk factors)** 包含年齡、性別、

飲食型態、肥胖、高血壓、以及遺傳。糖尿病一旦確診，必須終身控制，如控制不佳，其後續併發症相當嚴重，可分為三大類：**(1) 大血管病變**：可造成腦中風、心肌梗塞等病變。**(2) 小血管病變**：可造成視網膜、黃斑部病變而導致失明，亦可造成腎臟病變而導致洗腎。**(3) 神經病變**：如自律神經或周邊神經病變。

16-6 腎上腺 (Adrenal Gland)

腎上腺位於腎臟上方，大致成錐形，左右各一，分為皮質與髓質 (圖 16-9)，能分泌多種不同的激素。皮質能分泌至少三種激素。**葡萄糖皮質素 (glucocorticoids)** 為**腎上腺皮質 (adrenal cortex)** 分泌激素的其中一類，當中最具效果的成分為**皮質醇 (cortisol)**，主要功能為當血糖值降低時，促進血糖的增加，也能提高血壓。多項研究指出，當人處於環境或身心壓力當中時，ACTH 分泌增加，皮質醇也會增加，故可作為壓力的指標，稱為**壓力荷爾蒙 (stress hormone)**。

皮質醇濃度升高時，能抑制免疫系統，故在必要時會作為抗炎藥物使用。若皮質醇分泌量不夠，為**愛迪生氏症 (Addison's disease)**，病人會有低血糖、低血壓、疲倦、體重減輕等症狀。皮質醇如分泌過多，則會產生**庫欣氏症候群 (Cushing's syndrome)**，病人會有一系列典型的識別性症狀，包括肩頸以及臉部脂肪的 (如水牛肩和月亮臉)、肥胖體型、高血糖與高血壓、毛髮分布增加，如為女性，尚可能出現男性第二性徵，以及生理期紊亂的症狀。

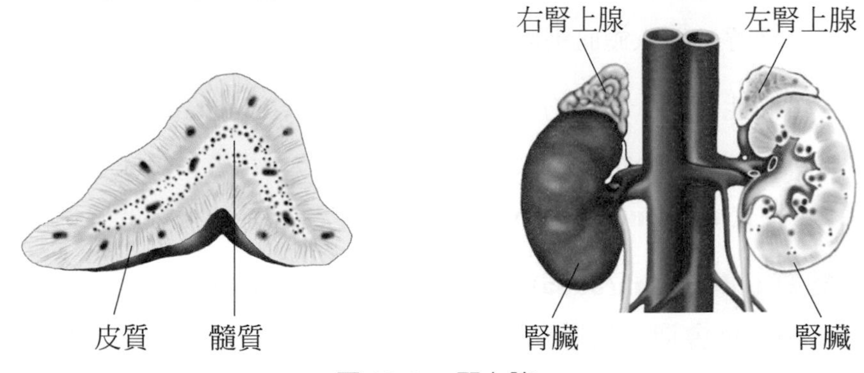

圖 16-9 腎上腺

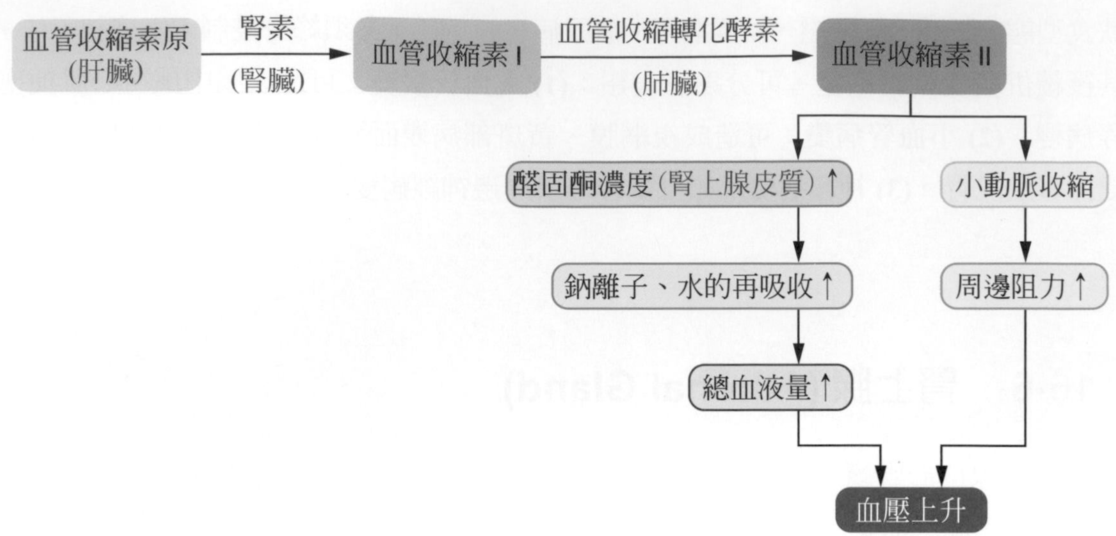

圖 16-10　腎素—血管收縮素—醛固酮系統可以在大失血或其他因素，造成血壓下降時，讓人體血壓回升

除皮質醇以外，腎上腺皮質尚能分泌**礦物性皮質酮 (mineralocorticoids)**，以**醛固酮 (aldosterone)** 爲主。醛固酮能夠增加腎臟對鈉離子與水分的再吸收，以及鉀離子的分泌。另外，醛固酮亦構成體內一重要的緊急恆定措施，稱爲**腎素－血管收縮素－醛固酮系統 (renin-angiotensin-aldosterone system，RAAS)**(圖 16-10)。此一現象能由腎絲球附近的組織偵測到並分泌出**腎素 (renin)**，腎素能將源自肝臟的**血管收縮素原 (angiotensinogen)**，活化爲**血管收縮素 I (angiotensin I)**，之後再經肺臟分泌的**血管收縮素轉換酶 (angiotensin-converting enzyme，ACE)** 轉換成**血管收縮素 II (angiotensin II)**，令周邊循環阻力升高，也增加 ADH 分泌。血管收縮素 II 最後使腎上腺皮質增加分泌醛固酮，增加對鈉離子與水分的吸收。以上的措施，皆可以在大失血或其他因素，造成血壓下降時，讓人體血壓回升。

腎上腺皮質尚能分泌一部份的**脫氫異雄固酮 (dehydroepiandrosterone，DHEA)**，爲雄性激素睪**固酮 (testosterone)** 的**前驅物 (precursor)**，亦具有雄性激素效用，如分泌過量，將導致**雄性化 (masculinization)**，即表現出體毛增加、聲音低沉化等男性特徵。

腎上腺髓質 (adrenal medulla) 分泌**腎上腺素 (epinephrine)** 與少數**正腎上腺素 (norepinephrine)**，皆會造成代謝率增加、血壓增加、血糖上升、以及交感神經活動相關反應增加。通常爲緊急狀況時，才會將腎上腺素大量分泌。如分泌過量，易造成神經緊張的相關症狀。

16-7　睪丸與卵巢 (Testes and Ovaries)

人類的生殖功能，在男性以**睪丸 (testis)**(圖 16-11(a)) 爲調控目標。睪丸**細精管**製造**雄性激素 (androgen)**，其中以**睪固酮 (testosterone)** 爲主，能促進**精子生成 (spermatogenesis)**，男性生殖器官的發育，以及男性第二性徵的展現，例如身高、肌肉與鬍鬚的生長，以及聲音的低沉化。女性亦分泌微量睪固酮，功能尚未完全明瞭。

卵巢內具有數百個**濾泡 (follicles)** 的構造 (圖 16-11(b))，當進入**青春期 (puberty)** 時，濾泡的其中之一會漸漸生長發育，開始週期性分泌**雌性激素 (estrogen** 或稱**動情素)**，以**雌二醇 (estradiol)** 效果最強。動情素能誘發**卵子生成 (oogenesis)**，以及女性生殖器官的發育。自青春期後，能增加子宮內膜的厚度，以及輸卵管的活動，爲受孕作準備。亦使女性第二性徵發育，如**月經週期 (menstrual cycle)** 的出現、乳房的發育，以及脂肪的堆積。男性亦製造微量動情素，功能尚未完全明瞭。當濾泡在女性生殖週期中因排卵，破裂之後形成黃體 **(corpus luteum)** 時，黃體內的組織除繼而代之分泌雌二醇之外，會開始分泌**黃體素 (progesterone)** 亦被稱爲助孕酮。黃體素能夠促進內膜的增生、維持子宮內膜的厚度，也抑制子宮的收縮。若是婦女黃體素分泌不足，便有可能發生早期流產的現象，甚至影響在更早期的時候，會使胚胎不易著床而導致不孕。

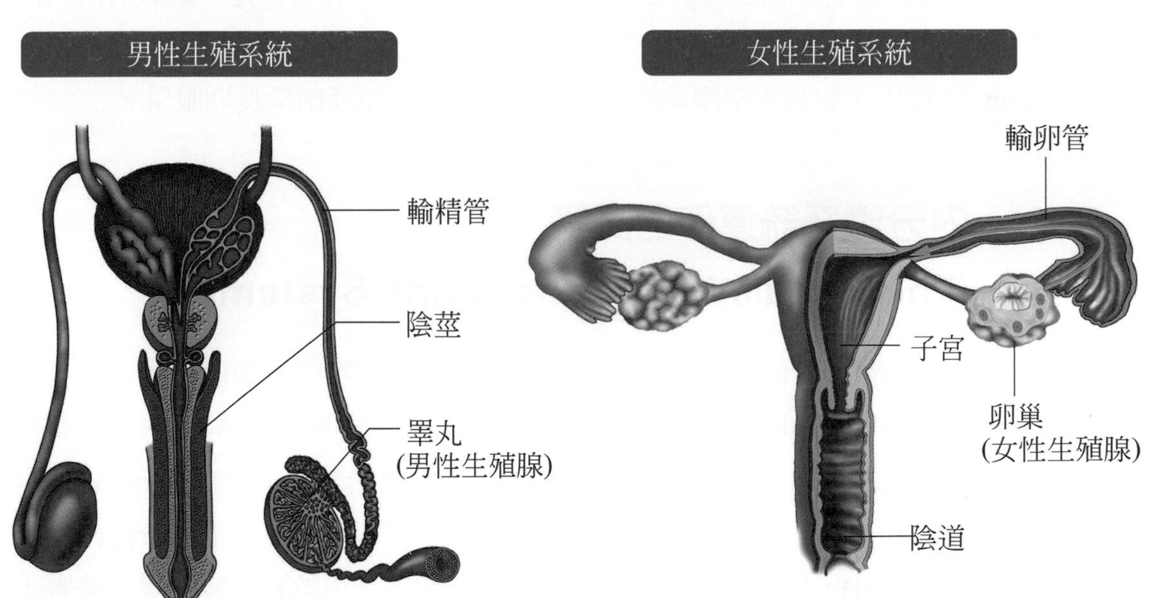

圖 16-11　(a) 睪丸與副睪矢狀切面圖；(b) 卵巢的構造

16-8 松果腺 (Pineal Gland)

松果腺位於視丘後方，胼胝體之下 (圖 16-12)，因其形狀有如松果鱗片而得名。松果腺分泌**褪黑激素 (melatonin)**，與人類的晝夜週期，或稱**晝夜節律 (circadian rhythm)** 有密切的關係。在光線微弱時，下視丘的**視叉上核 (suprachiasmatic nucleus，SCN)** 會將此訊息傳入松果腺，褪黑激素分泌量會升高，促進日行性動物的睡眠；反之，光照增強時，褪黑激素分泌量即降低，促進日行性動物的活動。由於與睡眠有關，褪黑激素被用來應用爲調整睡眠周期與時差的藥物。目前以口服、通過噴霧或經皮貼劑的方式給藥。褪黑激素在美國和加拿大是非處方藥，在中國大陸被用來當保健食品，在台灣是未經政府許可的藥物，若販售買賣營利涉及違法恐將受罰。另外，褪黑激素具有**抑制排卵 (inhibition of ovulation)** 的作用，對於希望懷孕的婦女，應該盡量避免高劑量長期服用。

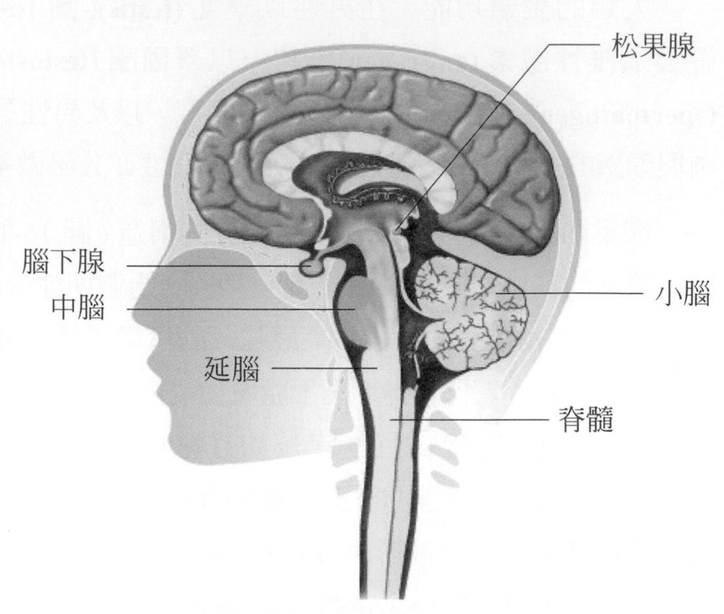

圖 16-12　松果腺在腦中的位置

16-9 內分泌系統運作的調節 (The Regulation of Endocrine System)

內分泌系統在體內運作時，遵守一個由上到下的階層制度，即由下視丘－腦下腺－內分泌腺，組成一個上游至下游的功能鏈。以腎上腺爲例 (圖 16-13)，下視丘接受其他腦區訊息的輸入，視情形分泌**腎上腺皮質刺激素釋放激素 (corticotropin-releasing hormone，CRH)**，此激素經血液循環作用至腦下腺，使腦下腺分泌出腎上腺皮質刺激素 (ACTH)，腎上腺皮質刺激素經血液循環，作用於腎上腺皮質，使腎上腺皮質分泌出葡萄糖皮質素，進而調整血糖的上升，以及其他反應。此作用的順序構成的架構稱為**下視丘－腦下腺－腎上腺軸 (hypothalamic-pituitary-adrenal axis，HPA axis)**。其他具有此架構的激素系統還有**下視丘－腦下腺－甲狀腺軸 (hypothalamic-pituitary-thyroid axis，HPT axis)**，由**甲狀腺刺激素釋放激素 (thyrotropin-releasing hormone，TRH)**、甲狀腺刺激素 (TSH)、甲狀腺素 (TH) 參與，以及**下視丘－腦下腺－生殖腺軸 (hypothalamic-pituitary-gonadal axis，HPG axis)**，由**促性腺激素釋放激素 (gonadotropin-releasing hormone，GnRH)**、濾泡刺激素 (FSH) 與黃體刺激素 (LH)、睪固酮與雌二醇共同參與。

以上軸內的激素，在日常運作時，尚遵行**負回饋 (negative feedback)** 原則。以 HPT 軸為例 (圖 16-13)，下視丘分泌甲狀腺刺激素釋放激素 (TRH)，使甲狀腺刺激素 (TSH) 分泌增加；甲狀腺刺激素的增加，則促使甲狀腺素分泌增加。當甲狀腺素分泌接近過量時，其在血液中的濃度會升高。甲狀腺素濃度的升高，會降低腦下腺分泌甲狀腺刺激素的活動，也能對下視丘分泌甲狀腺刺激素釋放激素產生抑制作用。此二者分泌量的減少，即可將最下游的甲狀腺素分泌量降低，此為典型的負回饋作用。腎上腺以及生殖腺相關的激素亦有此現象，可以自行調節激素的分泌量，避免過高或過低。

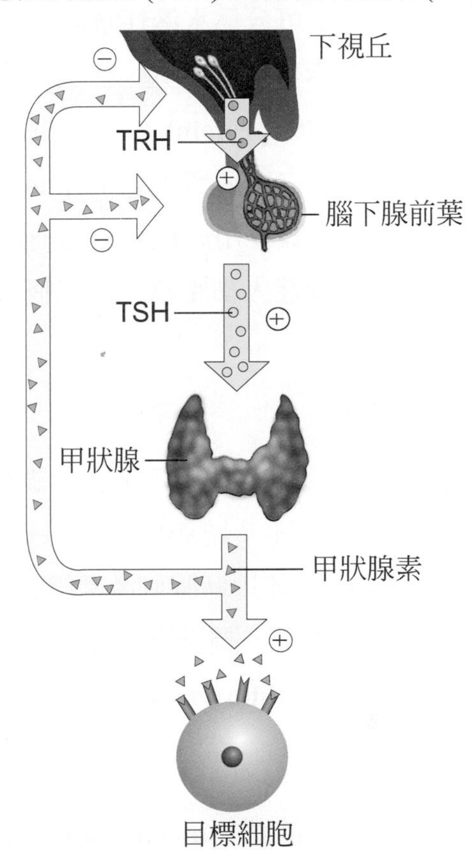

圖 16-13 甲狀腺素的負回饋調控

然而人體內的激素尚有另一套的**正回饋 (positive feedback)** 系統，在特定的時候會開啓運作以達成目的。懷孕末期**生產**時，催產素分泌量漸上升，使子宮收縮頻率與強度增加；子宮收縮的過程，將嬰兒推出產道，通過**子宮頸**時，子宮平滑肌內的牽張受器將感覺訊息傳回大腦，進而引發更多的催產素分泌，加強子宮的收縮，直到將胎兒產出為止。產後泌乳哺育幼兒時，當幼兒的口碰觸到母親的乳頭，感覺神經將訊息傳入大腦，會使下視丘增加分泌催產素與催乳素，催產素能促進乳腺平滑肌的收縮，將乳汁送出，稱為**射乳反射 (milk ejection reflex)**，催乳素則可以促使乳腺增加乳汁的製造，以上的運作皆有益於哺乳的日程增加。

本章複習

16-1 內分泌系統的作用原理

- 內分泌系統傳遞訊息的速度較爲緩慢許多，然而其僅需要微量或少量的參與，即可引發其效果，傳遞訊息所分布的範圍較神經系統廣泛，效果也較長。
- 內分泌系統以**激素 (hormones)**，或稱荷爾蒙，作爲訊息傳導的憑藉。按照其作用模式，又可分爲**水溶性激素與脂溶性激素**。
- 水溶性激素作用的方式，係與細胞膜上之**受體蛋白 (receptor proteins)** 接觸，透過 **G 蛋白 (G-protein)**，活化細胞質內的蛋白質激 (protein kinases)，進而將細胞內的諸多蛋白質**磷酸化 (phosphorylation)**，加以活化或抑制。
- 脂溶性激素其作用原理爲穿越細胞膜進入細胞質，與細胞質內的受體結合形成複合物，一起進入細胞核，在細胞核內與染色質特定區域結合，開啓基因 DNA 的轉錄。

16-2 下視丘

- 下視丘位於腦中，是內分泌的調控中樞。在解剖上屬於中樞神經系統，在功能上則兼具神經系統與內分泌系統的特性。下視丘能夠分泌**釋放激素 (releasing hormone)** －如甲狀腺刺激素釋放激素，與**抑制激素 (inhibiting hormone)** －如催乳素抑制激素，調控腦下腺 (pituitary) 的活動；也分泌**催產素 (oxytocin)** 以及**抗利尿激素 (antidiuretic hormone，ADH)**。

16-3 腦下腺

- 腦下腺分爲**前葉 (anterior lobe)** 與**後葉 (posterior lobe)**，前葉能製造並分泌多種激素，與下視丘之間有一特殊之門脈系統 (portal vein system)，以此方式接受下視丘分泌之釋放激素與抑制激素的作用，進而調整自己分泌的激素量；後葉儲存下視丘製造之催產素與抗利尿激素，待有需求再將其釋出。
- 腦下腺於前葉製造並分泌多種激素如下：**生長激素 (growth hormone，GH)**、**甲狀腺刺激素 (thyroid-stimulating hormone，TSH)**、**腎上腺皮質刺激素 (adrenocorticotropic hormone，ACTH)**、**濾泡刺激素 (follicle-stimulating hormone，FSH)**、**黃體刺激素 (luteinizing hormone，LH)**，以及**催乳素 (prolactin)**。

16-4 甲狀腺與副甲狀腺

- 甲狀腺其能分泌由胺基酸與碘共同構成的**甲狀腺素 (thyroid hormone)**，分爲兩種：三碘甲狀腺素 (triiodothyronine，T3) 與四碘甲狀腺素 (thyroxine，T4)，前者的生理功能較後者強，效果亦較後者迅速。
- 甲狀腺素能夠增加細胞的**基礎代謝率 (basic metabolic rate)** 與耗氧量。可促進細胞代謝，刺激組織生長、成熟和分化的功能，並且有助於腸道中葡萄糖的吸收。
- 副甲狀腺位於甲狀腺的背後，共有四個，爲甲狀腺組織完全覆蓋。其分泌的激素爲**副甲狀腺素 (parathyroid hormone，PTH)**，功能與血鈣調節相關，能促進鈣在小腸的吸收，以及在腎臟的再吸收，來提升血鈣。

16-5 胰

- 胰臟在人體內相當特殊，具有胰腺與胰管，以外分泌 (exocrine) 形式參與在消化作用中，亦有內分泌的功能參與血糖的調節。
- 胰島內含有兩種細胞與血糖調控有關 α **細胞 (alpha cells)** 與 β **細胞 (beta cells)**。α 細胞能夠分泌升糖素 (glucagon)，作用於肝臟，藉由促進肝糖分解與葡萄糖新生作用，將血糖調升。β 細胞則分泌**胰島素 (insulin)**，作用於脂肪組織、肝臟、與骨骼肌，促進葡萄糖的吸收利用，從而降低血糖。
- **第一型糖尿病 (type I diabetes mellitus)**，爲病人因不明原因產生抗體攻擊自身胰島，使胰島素分泌不足所致，通常發生在孩童或青少年。**第二型糖尿病 (type II diabetes mellitus)** 的成因則相當多樣與複雜，病人的胰島素分泌量可能足夠，其細胞卻發生**胰島素阻抗 (insulin resistance)**，無法有效利用葡萄糖，故在飲食之後，葡萄糖於血液中發生累積。

16-6 腎上腺

- **葡萄糖皮質素 (glucocorticoids)** 爲腎上腺皮質分泌激素的其中一類，當中最具效果的成分爲**皮質醇 (cortisol)**，主要功能爲當血糖値降低時，促進血糖的增加，也能提高血壓。
- **礦物性皮質酮 (mineralocorticoids)** 以**醛固酮 (aldosterone)** 爲主。醛固酮能夠增加腎臟遠曲小管對鈉離子與水分的再吸收，以及鉀離子的分泌。腎上腺皮質尙能分泌一部份的**脫氫異雄固酮 (dehydroepiandrosterone，DHEA)**，爲雄性激素睪

固酮 (testosterone) 的前驅物 (precursor)，亦具有雄性激素效用，如分泌過量，將導致雄性化 (masculinization)。

- 腎上腺髓質分泌**腎上腺素 (epinephrine)** 與少數正**腎上腺素 (norepinephrine)**，皆會造成代謝率增加、血壓增加、血糖上升、以及交感神經活動相關反應增加。

16-7 睪丸與卵巢

- 人類的生殖功能，在男性以睪丸爲調控目標。睪丸輸精管 (seminiferous tubules) 製造**雄性激素 (androgen)**，其中以睪**固酮 (testosterone)** 爲主，能促進精子生成 (spermatogenesis)，男性生殖器官的發育，以及男性第二性徵的展現。
- 卵巢成熟的濾泡可分泌雌性激素 (estrogen 或稱動情素)，以雌二醇 (estradiol) 效果最強。雌二醇能誘發胚胎的卵子生成 (oogenesis)，以及女性生殖器官的發育。

16-8 松果腺

- 松果腺可分泌褪黑激素 (melatonin)，與人類的晝夜週期，或稱日變節律 (circadianrhythm) 有密切的關係。在光線微弱時， 下視丘的視叉上核 (suprachiasmaticnucleus，SCN) 會將此訊息傳入松果腺，褪黑激素分泌量會升高，促進日行性動物的睡眠；反之，光照增強時，褪黑激素分泌量即降低，促進日行性動物的活動。

16-9 內分泌系統運作的調節

- 內分泌系統在體內運作時，遵守一個由上到下的**階層制度 (hierarchy)**，即由下視丘－腦下腺－內分泌腺，組成一個上游至下游的功能鏈。
- 以腎上腺爲例，下視丘接受其他腦區訊息的輸入，視情形分泌腎上腺皮質刺激素釋放激素 (corticotropin-releasing hormone，CRH)，此激素經血液循環作用至腦下腺，使腦下腺分泌出腎上腺皮質刺激素 (ACTH)，腎上腺皮質刺激素經血液循環，作用於腎上腺皮質，使腎上腺皮質分泌出葡萄糖皮質素，進而調整血糖的上升，以及其他反應。此作用的順序構成的架構稱爲**下視丘－腦下腺－腎上腺軸 (hypothalamic-pituitaryadrenal axis，HPA axis)** 遵行**負回饋 (negative feedback)** 原則。
- 懷孕末期生產 (labor) 時，催產素分泌量漸上升，使子宮收縮頻率與強度增加；子宮收縮的過程，將嬰兒推出產道，通過子宮頸 (cervix) 時，子宮平滑肌內的牽張受器將感覺訊息傳回大腦，進而引發更多的催產素分泌，加強子宮的收縮，直到將胎兒產出爲止，此爲內分泌的**正回饋 (positive feedback)** 機制。

Chapter 17

生殖系統 (Reproductive System)

試管嬰兒 (Test Tube Babies)

2010 年諾貝爾生醫獎頒給了英國學者羅伯特・愛德華(Robert Edwards)，他創建了體外人工受孕(In vitro fertilization，縮寫 IVF)又稱人工受孕(Artificial fertilization)，為全世界的不孕夫妻帶來新希望。當年頒獎的頌辭明白地指出，不孕不僅是一個醫學問題，也帶來精神創傷。愛德華治療的不只是人們的身體，也治癒他們的心。自 1978 年 7 月 25 日，全球第一名「試管嬰兒」誕生，至今全球約有八百多萬的試管嬰兒誕生，但是在接受治療之前，許多群眾依然對試管嬰兒是完全沒有概念的，有些民眾甚至詢問醫生，「試管嬰兒屬於有性生殖還是無性生殖？」。試管嬰兒的過程是將精子和卵子取到體外，並在合適環境的試管或培養皿內進行受精，將受精卵培養成胚胎，再將胚胎植回母體子宮，以發育成胎兒的複雜過程。簡言之，試管嬰兒就是體外受精和胚胎培養及移植的生殖科技。綜合上述試管嬰兒當然屬於有性生殖，它與生育正常的個體相比，只是受精方式不同而已，自然受孕是精子與卵子在母體內自行結合；試管嬰兒是將精子與卵子取出在人工控制下的環境結合，但共同之處是都必須擁有卵子和精子。

四十幾年來，試管嬰兒的技術經歷了三次重大的變革，從第一代的試管嬰兒技術針對女性不孕，方法是直接將精卵子放在同一個培養皿中，讓精子和卵子自由結合，第二代的技術爲單一精蟲顯微授精 (Intracytoplasmic Sperm Injection，ICSI) 針對男性不孕，方法是使用一個特殊的固定器將卵子固定，而後再用針管吸取一個精子，穿透卵細胞外面的透明帶和卵細胞膜，將針頭插入卵子的細胞質後再將精子注入。到第三代試管嬰兒以第二代技術爲基礎，配搭胚胎植入前遺傳學診斷，當胚胎發育到 4 ～ 8 個細胞的階段時，會取出 1、2 個細胞，通過分子診斷，進行遺傳學檢查，確認胚胎沒有遺傳疾病後再進行胚胎移植，藉此提升胎兒的安全性與穩定性。

雖然試管嬰兒帶給許多不孕夫妻希望與未來，但同樣也帶來不少的倫理爭議，例如 2015 年好萊塢華裔女性劉玉玲，在沒有結婚、沒有公開交往對象的情況下，在美國用試管嬰兒的方式成爲了一名媽媽。2016 年 4 月世界首個「一父二母」的試管嬰兒誕生 (胚胞轉移技術，Germinal Vesicle transfer，GVT)，該技術通過在老化卵子和年輕卵子之間做卵核置換，以老化卵子的基因加上年輕卵子的細胞質來組成新的卵子。所產生後代攜帶父親、母親以及第三方年輕女性的基因。雖然目前尙未在臨床上廣泛應用，但此項技術在醫學、倫理、安全等方面也引起了巨大爭議。

在本章中我們將從人體生殖的解剖和生理功能，來探討生殖的議題，並著重介紹男女生殖結構的差異以及人體生殖細胞如何發育成個體。

17-1 男性生殖生理 Male Reproductive Physiology

男性生殖系統由**外生殖器 (external genitalia)** 與**內生殖器 (internal genitalia)** 構成。外生殖器爲肉眼可見之構造，包含外露之**陰莖 (penis)**、**陰囊 (scrotum)**。內生殖器則包括**睪丸 (testis)**、**副睪 (epididymis)**、**輸精管 (vas deferens)**，以及**儲精囊 (seminal vesicles)**、**前列腺 (prostate gland)** 等附屬腺體 (圖 17-1)。

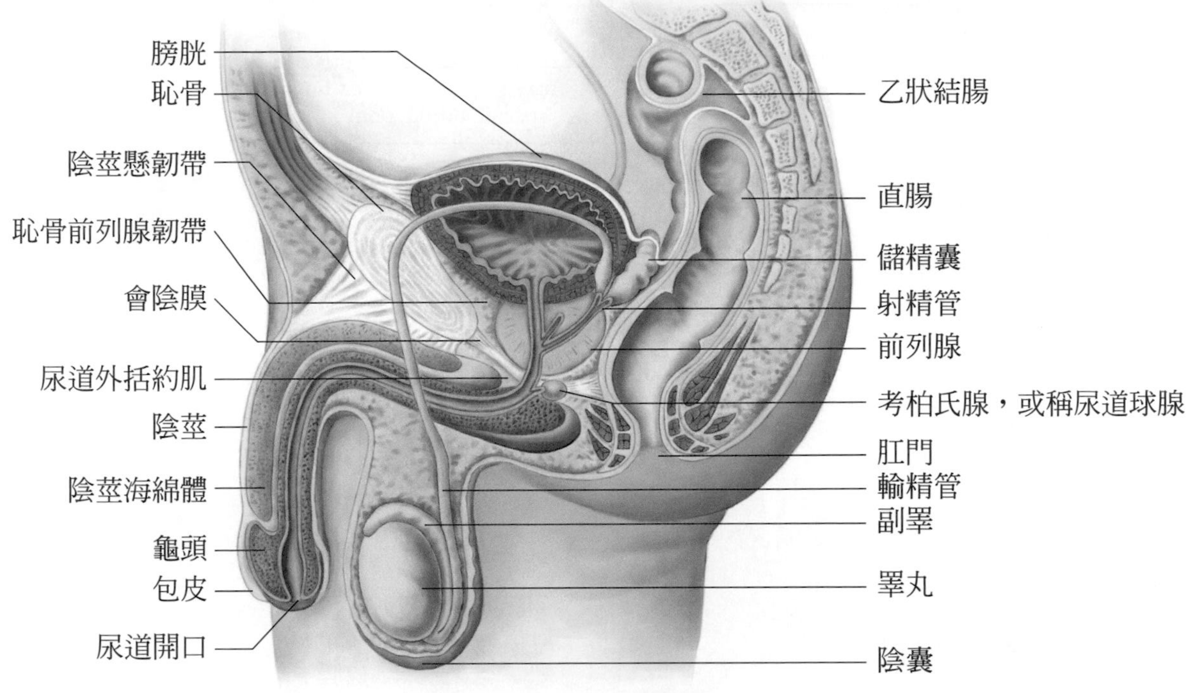

圖 17-1 男性生殖系統側面觀

睪丸 (testis) 共有兩粒，位於陰囊之中，懸於腹腔外，其所處環境較低的溫度有利於成年時期，精子的生成。睪丸內含極多細小彎曲的**細精管 (seminiferous tubules)** (圖 17-2a)，是**精子生成 (spermatogenesis)** 的場所。其管壁內有爲數眾多的**精原細胞 (spermatogonium)** 以及**賽氏細胞 (Sertoli cell)**，細精管之間則有另一群特殊的細胞稱爲**萊氏細胞 (Leydig cell，或稱 interstitial cell 間質細胞)**(圖 17-2b)。

精原細胞在細精管內進行發育、有絲分裂以及減數分裂，依序儲備產生**初級精母細胞 (primary spermatocyte)**、**次級精母細胞 (secondary spermatocyte)**、**精細胞 (spermatid)**、最後分化爲**精子 (sperm)**。細精管管壁的賽氏細胞，在此過程當中，會協助精子生成過程當中，對上述各階段生殖細胞的滋養，也控制養分與激素進入細精管，幫助精子發育與成熟。萊氏細胞的功能，則是合成與分泌**睪固酮 (testosterone)** 的所在，有助於生殖器官發育、精子生成，以及男性**第二性徵 (secondary sex characteristics)** 表達。

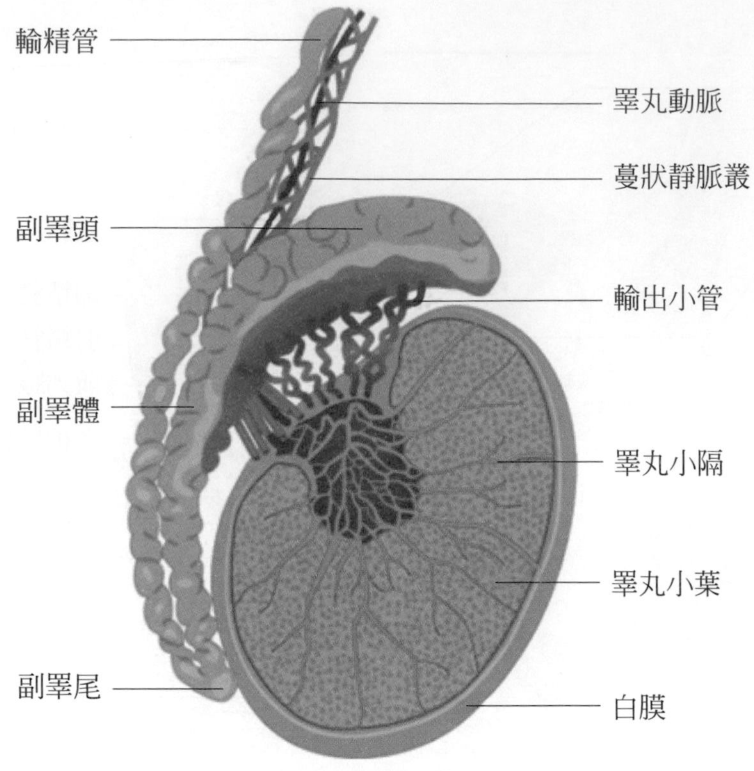

圖 17-2a 睪丸解剖圖

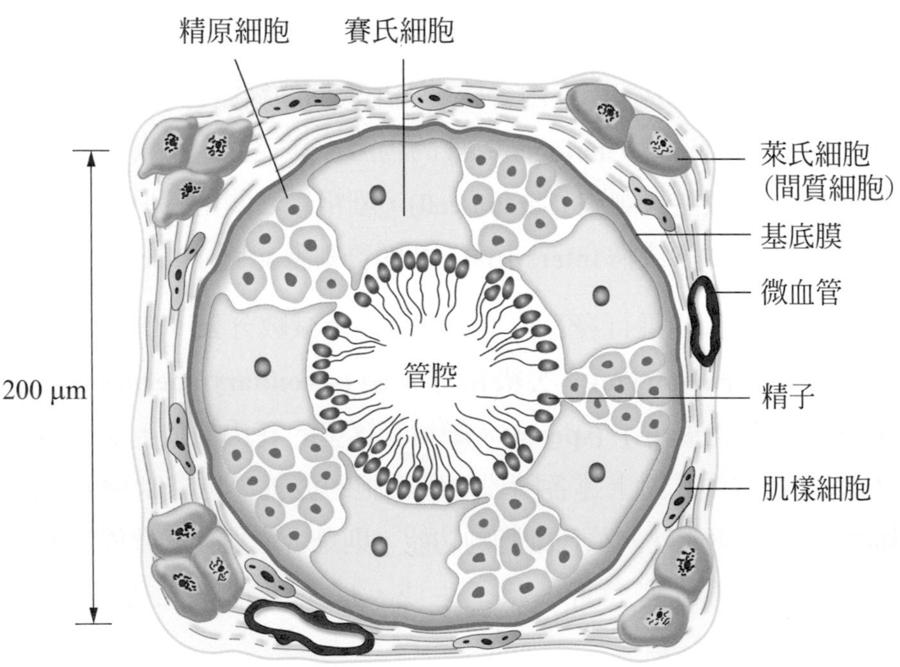

圖 17-2b 細精管橫切面

精子生成的最後階段，要將精細胞分化爲成熟的精子 (圖 17-3)。在一系列的細胞結構重整完成之後，成熟精子的頭部將幾乎只含有細胞核，攜帶遺傳物質。其頂端罩覆一層內含酵素的囊泡，稱爲**頂體 (acrosome)**。頂體內含的酵素，是爲了讓精子在受精作用發生之時，穿透卵所需。精子的尾部，爲一條**鞭毛 (flagellum)** 結構，讓精子可以快速游動前進，其動力由位於精子頭部後方的**粒線體 (mitochondria)** 提供，因此精子是高度功能特化的細胞。正常的男性，每日的精子製造數目大約是 **3,000** 萬個。

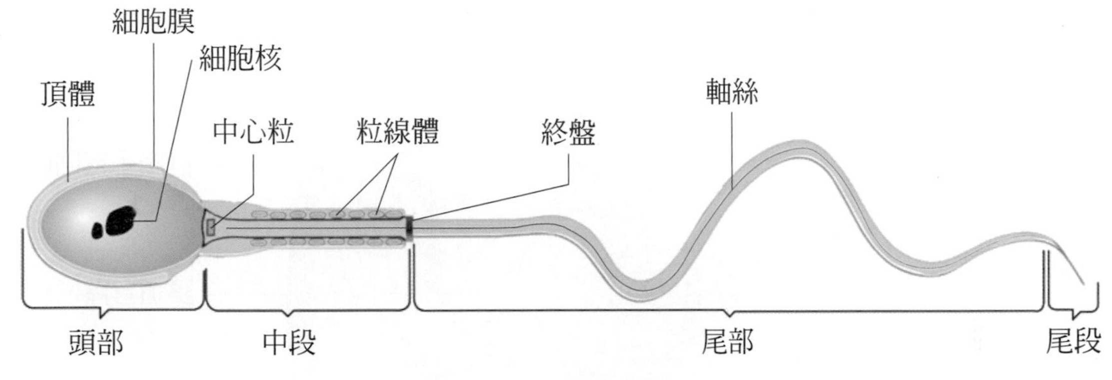

圖 17-3　精子構造

精子生成完畢之後，會從睪丸輸出進入**副睪 (epididymis)**，暫時儲存。當男性進入性興奮狀態時，將有陰莖的勃起，以及可能導致射精。**勃起 (erection)** 的成因，乃是因爲陰莖的海綿體血管腔充血所導致，同時有**副交感神經 (parasympathetic nerve)** 的興奮輸入，舒張陰莖動脈平滑肌，亦有助於充血。**射精 (ejaculation)** 發生時，透過**交感神經 (sympathetic nerves)** 的興奮，使內生殖器的平滑肌收縮，精子即一路從副睪，經由輸精管、儲精囊、射精管、前列腺，排放進入尿道，尿道平滑肌的收縮，則接手將精液排出體外。**精液 (semen)** 乃精子與源自儲精囊與前列腺分泌之液體的混合物，可延續精子的活性。男性生殖系統的功能，除了受到內分泌因素的控制之外 (見 16 章)，亦可能受到**脊髓損傷 (spinal cord injury)**，或是心理的因素影響。

17-2 女性生殖生理 Male Reproductive Physiology

女性生殖系統同樣由外生殖器與內生殖器構成。外生殖器包含爲肉眼可見之**陰阜 (mons pubis)**、**大陰唇 (labia majora)**、**小陰唇 (labia minora)**、**陰蒂 (clitoris)**、與**陰道開口 (opening of vagina)**(圖 17-4a)。內生殖器則包括**陰道 (vagina)**、**子宮頸 (cervix)**、**子宮 (uterus)**、**輸卵管 (fallopian tube)**、與**卵巢 (ovary)**(圖 17-4b)。

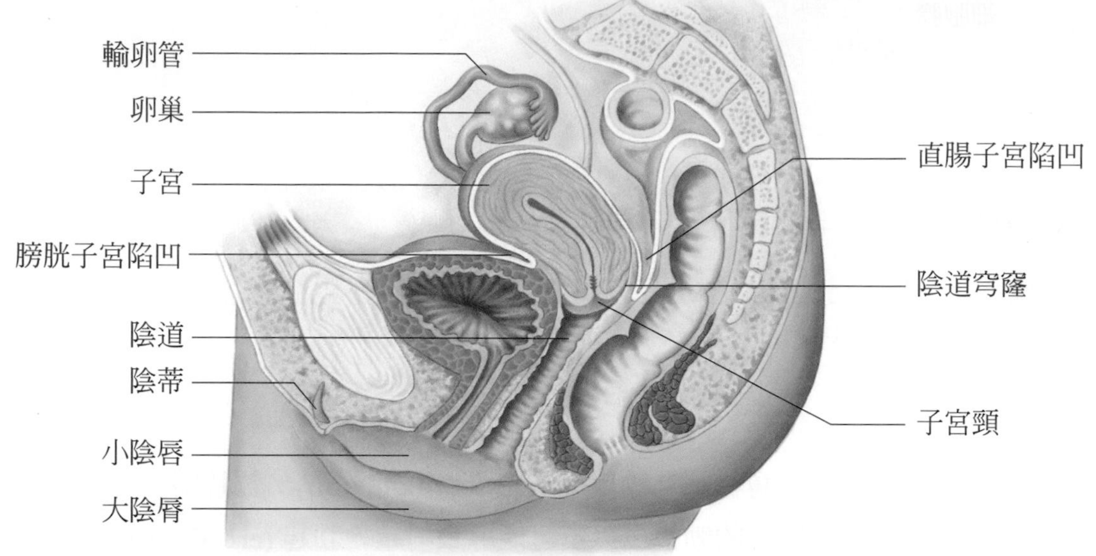

圖 17-4a 女性生殖系統側面觀

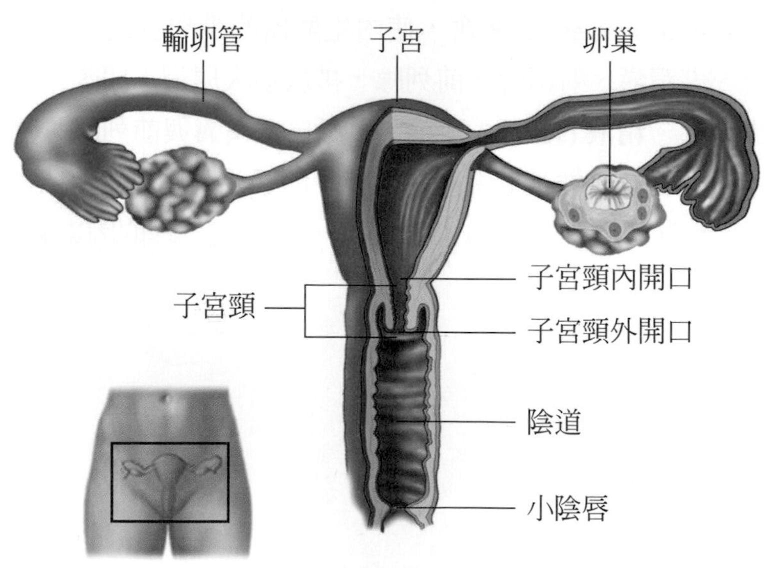

圖 17-4b 女性生殖系統腹面觀

卵巢 (ovary) 共有兩粒，左右各一，位於腹腔底部。內含的**卵原細胞 (oogonium)** 約於胚胎七個月大時，停止有絲分裂，發育成**初級卵母細胞 (primary oocyte)**，隨著胎兒出生。隨著成長，到了**青春期 (puberty)**，初級卵母細胞才才會重新進入減數分裂活動，產生**次級卵母細胞 (secondary oocyte)** 與**極體 (polar body)**(見第 6 章)。次級卵母細胞隨著女性生殖週期，自卵巢的成熟**濾泡 (follicle)** 排出，若與精子相遇發生受精，則將發生第二次減數分裂，形成**卵子 (ovum)**。

女性出生時，卵巢中的卵是數以百萬計，但一生當中，只約有 400 顆卵排出。當卵還在卵巢中時，會由濾泡的結構包裹著。最起始的濾泡稱爲**初始濾泡 (primordial follicle)**，在卵細胞的外層有一層**顆粒細胞 (granulosa cell)** 包裹。隨著青春期的到來，在激素的作用下，初始濾泡與內含的卵細胞漸漸長大，成爲**初級濾泡 (primary follicle)**，卵細胞的外面出現一層富含**醣蛋白 (glycoprotein)** 的結構包裹，稱爲**透明層 (zona pellucida)**。初級濾泡再發育成爲**成熟濾泡 (mature follicle)** 時，顆粒細胞層增加，並且會在卵細胞周圍出現一充滿液體的**空腔 (antrum)**，內含顆粒細胞持續分泌的**雌性激素 (estrogen，或稱動情素)**，用以維持卵子機能。在顆粒細胞層的外圍，則出現**濾泡鞘細胞 (theca cell)** 層，調節顆粒層細胞的活動 (圖 17-5)。

在每一個月經週期時，卵巢內會有選汰的活動發生，每一次從十幾個初級濾泡中，選出一個進行發育，此爲**優勢濾泡 (dominant follicle)**，作爲排卵之用。未選出的濾泡則漸漸凋亡。成熟濾泡在適當的時機到來，外層會發生破裂，將內含之卵細胞釋放，進入輸卵管，即爲**排卵 (ovulation)**。

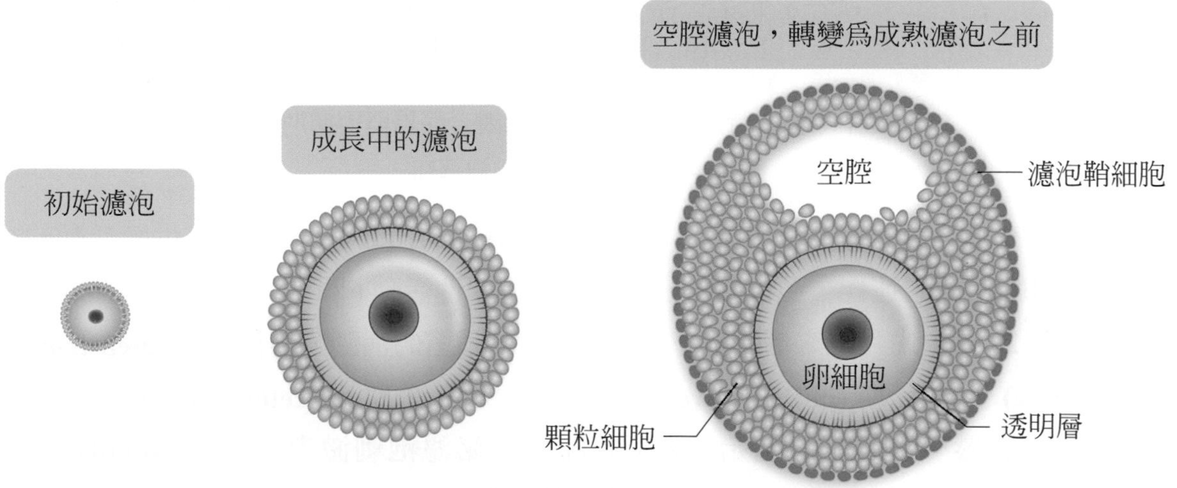

圖 17-5 卵巢中濾泡的發育示意圖

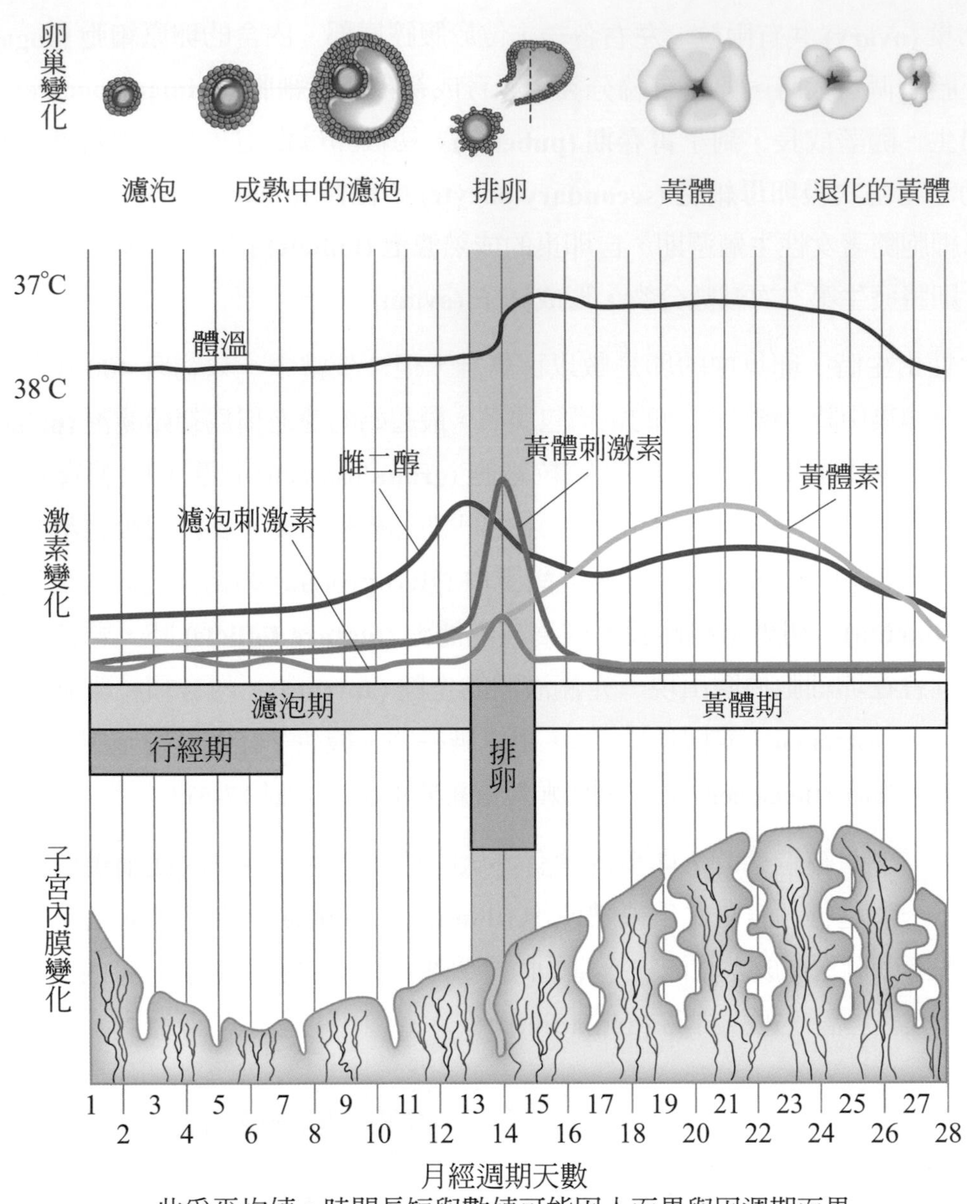

圖 17-6　人類女性的月經週期

女性在進入青春期後，開始出現**月經週期 (menstrual cycle)**，代表生殖活動的出現。月經週期的運作，源自於內分泌系統的週期性活動 (圖 17-6)。月經週期的日程平均為 28 日，由月經來潮的第一日開始起算，子宮的活動分為**行經期 (menstrual flow phase)**、**增生期 (proliferative phase)**、以及**分泌期 (secretory phase)**。受到下視丘的影響，自第一日開始，腦下腺開始分泌**濾泡刺激素 (follicle-stimulating hormone，FSH)**，促使濾泡生長，卵巢進入**濾泡期 (follicular phase)**，並由優勢濾泡大量分泌**雌性激素 (estrogen，或稱動情素)**，雌性素能增加子宮內膜的厚度，為日後受精卵的**著床 (implantation)** 作準備，此刻的子宮即處於增生期的狀態。大約在週期的中點，濾泡刺激素和**黃體刺激素 (luteinizing hormone，LH)** 會同時出現分泌量的升高，以黃體刺激素尤甚，稱為**驟升 (surge)**，之後即會導致排卵的發生，於排卵當日時，人的體溫會微幅上升，將近攝氏一度。排卵之後，濾泡轉變為黃體，卵巢進入**黃體期 (luteal phase)**。此時的卵巢除分泌雌性素以外，另分泌黃體素，使子宮內膜的腺體與組織血管持續增生，為準備迎接成功受精胚胎的著床，同時此時的子宮處於分泌期。如著床未發生，在負回饋機制的作用下，將導致黃體退化萎縮，雌性素與黃體素分泌量下降，無法維持子宮內膜的厚度，於是崩解以血液及碎片的形式排出，即為下一次的行經期。

月經週期的出現，代表女性的生殖機能的行使。由於精子在進入女性體內之後約有 2～3 日壽命，排卵之後的未受精卵壽命則約為 1～2 日。因此如有計畫**懷孕 (pregnancy)**，可考慮在排卵前 2～3 日，以及排卵後 1～2 日，引入精子。女性**排卵 (ovulation)** 之後，卵將由輸卵管的開口捕捉，進入管中之後，輸卵管內的纖毛會進行波浪式的擺動，將排出的卵，慢慢地自輸卵管向子宮傳送。如未在48小時之內受精，卵將死亡。當精子在性交之後進入子宮，多數只能依靠自身的鞭毛擺動，作為動力，朝輸卵管前進。此過程需要克服女性陰道內的酸性環境，還要通過子宮頸口的黏液屏障，因此精子半途的死亡率相當高，最後能抵達輸卵管區域的精子通常不足 200 個。精子在與女性生殖道中的分泌物接觸之後，會呈現**超活化 (hyperactivation)** 狀態，產生更強的動力向前。

在抵達輸卵管，與卵相遇之後，若干精子圍繞於卵的周圍，尾部的動力繼續向前推進，其頭部頂端的頂體漸漸破裂，釋放出酵素，分解卵細胞周圍的透明層。第一個穿透透明層，進入卵子的精子，將與卵融合，成為**受精卵 (fertilized egg)(圖 17-7)**。受精之後，受精卵馬上產生一連串的細胞內化學變化，使透明層硬化，阻止其他精子繼續穿透卵細胞，因而阻止了**多重受精 (multiple fertilization)**，防止將來胚胎染色體分配不均。受精之後，第二次減數分裂發生，排出極體 (見第 6 章)，精卵細胞核發生融合，開始進行**胚胎發育 (embryogenesis)**，並向前朝子宮推進，預備進行著床。在少見的情況下，胚胎著床於輸卵管，甚至是外逸至腹腔，此情形為**子宮外孕 (ectopic pregnancy)**。子宮外孕無助於成功生產，反而有造成母體嚴重大出血的風險，因此必須以手術加以移除。如卵未成功受精，則會逐漸死亡並瓦解。

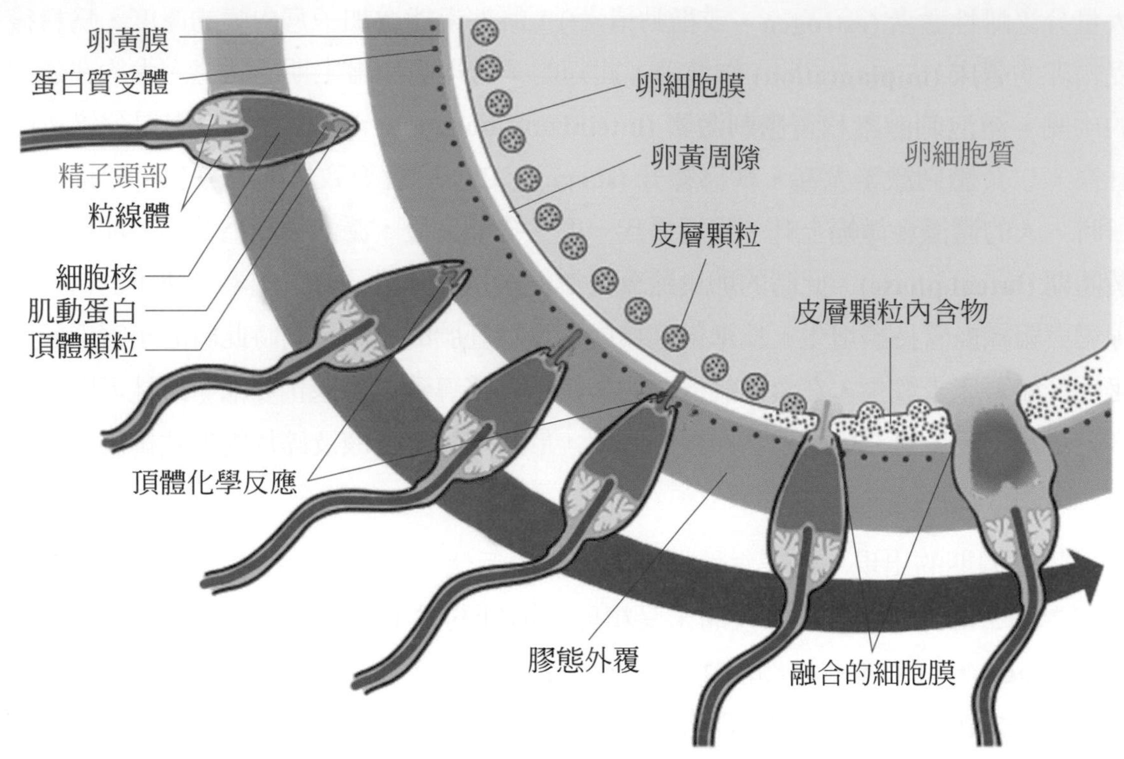

圖 17-7　受精的過程，頂體的化學反應過程

受精之後，受精卵進行胚胎發育。經由一連串內部的**卵裂 (cleavage)**，成為 16～32 個細胞的細胞團。之後持續進行**有絲分裂 (mitosis)**，成為**囊胚 (blastocyst)**，開始進行**細胞分化 (cell differentiation)**，並準備進行著床。囊胚著床於子**宮內膜 (endometrium)** 上，進一步長成**胎兒 (fetus)**，發展出**胎盤 (placenta)**。藉由高密度的微血管網路，母體與胎兒在胎盤處交換物質，母體提供氧氣與養分，並帶走胎兒產生的二氧化碳及代謝廢物。懷孕日程漸長，胎兒漸漸長成，漂浮於**羊膜腔 (amniotic cavity)** 內的**羊水 (amniotic fluid)** 之中，減緩受到撞擊的干擾，同時藉由**臍帶 (umbilical cord)** 連接胎盤，與母體進行物質交換 (圖 17-8)。

在懷孕時期，有許多因素可以影響胚胎以及胎兒的發育，例如營養、微生物感染、以及藥物的服用。營養不良或不均，將導致胎兒發育不良與成長障礙，微生物感染可能損及胎兒性命。藥物、酒精的服用，與有毒物質的接觸 (如香菸、毒品、以及環境汙染物)，因可能通過胎盤到達胎兒體內，有導致胎兒畸形的風險，因此在懷孕時期，母體需要特別注意健康的生活型態。

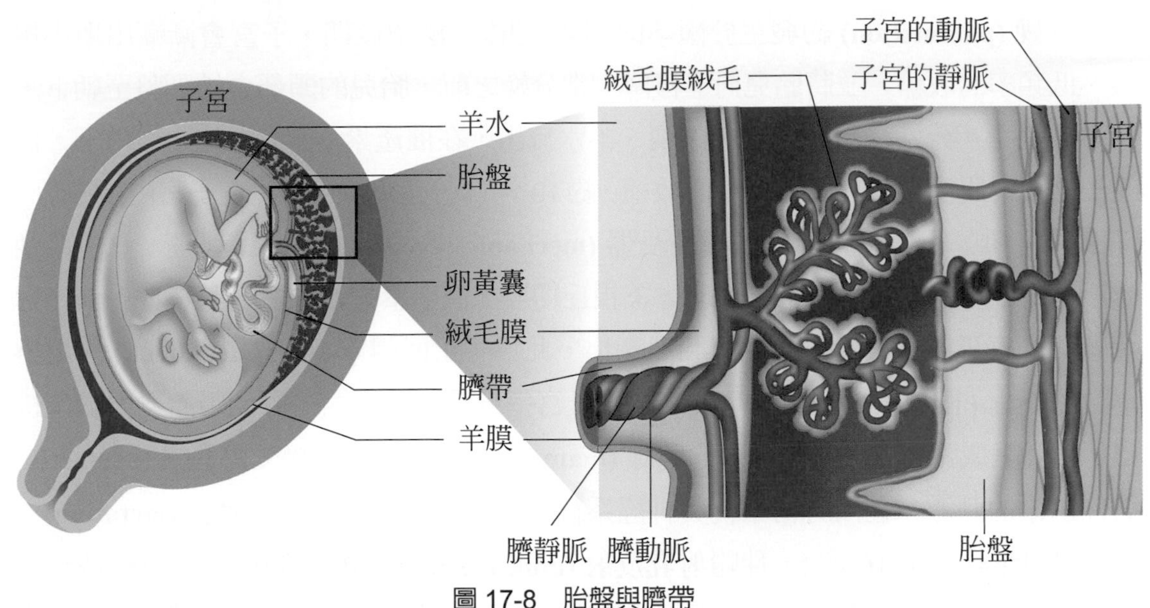

圖 17-8 胎盤與臍帶

懷孕期間，母體的血液中，雌性素與**黃體素 (progesterone)** 都會升高，維持子宮的穩定，也抑制濾泡刺激素與黃體刺激素的分泌，因此懷孕期間不會有月經週期的發生。另懷孕初期，著床的胚胎會分泌出一種特殊的激素，稱爲**人類絨毛膜性腺刺激素 (human chorionic gonadotropin，HCG)**，維持黃體的穩定，持續分泌黃體素，穩定子宮。此激素可透過胎盤進入母體血液，也可透過母體尿液排出，因此可以在懷孕初期，做爲驗孕的檢測目標。當懷孕約第二個月之後，人類絨毛性腺刺激素的分泌量會下降，由胎盤接續分泌雌性素與黃體素，繼續維持子宮的穩定，直到分娩 (圖 17-9)。

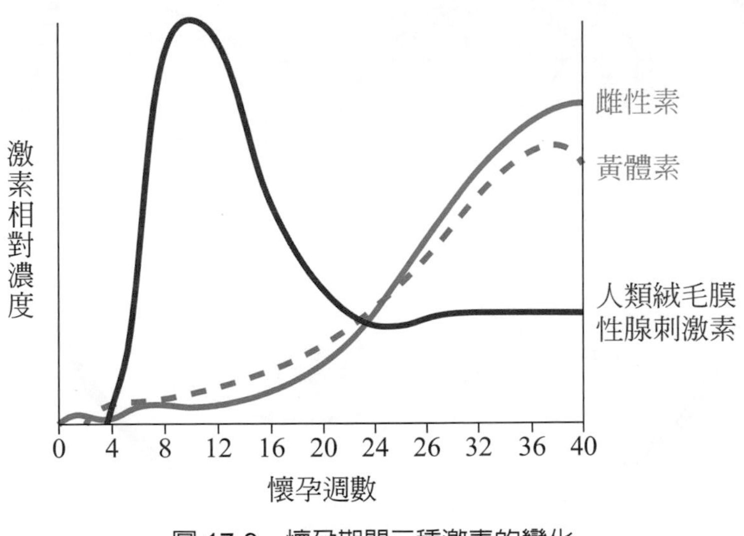

圖 17-9 懷孕期間三種激素的變化

分娩 (parturition) 約發生於懷孕的第 40 週後。懷孕後期，子宮會漸漸出現小規模、低頻率的收縮，並將胎兒向下移降。當分娩之前，胎兒的頭部會被調整至朝下，面對子宮頸。分娩發生時，羊膜破裂、羊水流出，在**催產素 (oxytocin)** 的作用下，伴隨子宮平滑肌出現強烈且規律性的收縮，約 10 ～ 15 分鐘一次。胎兒在子宮內被推動，撐開子宮頸。子宮頸的**神經機械性受器 (mechanic receptor)** 接受到刺激，會將此刺激訊息傳回**下視丘 (hypothalamus)**，下視丘即增加催產素的合成並令其釋放，催產素持續使子宮平滑肌收縮，直到將胎兒產出，此為一**正回饋 (positive feedback)** 作用所導致的過程 (圖 17-10)。胎兒產出之後，子宮平滑肌持續收縮，直到將胎盤與臍帶排出，才算完成生產。產後，乳房的**乳腺 (mammary glands)**，會接受**泌乳素 (prolactin)** 與催產素的刺激，在內分泌系統與神經系統的聯合作用之下，執行**泌乳 (lactation)**，分泌乳汁 (詳見第 16 章)。伴隨**射乳反射 (milk ejection reflex)** 的執行，可維持至嬰幼兒**斷奶 (weaning)** 為止。其主要成分為水分、蛋白質、脂肪、以及乳糖。乳汁亦含有抗體以及部分激素，有益於嬰兒後天健康發展。然而，某些藥物以及酒精也可以通過乳腺，將造成胎兒的健康損害。因此，懷孕以及哺乳期間，皆不宜飲酒，以及擅自服用藥物。

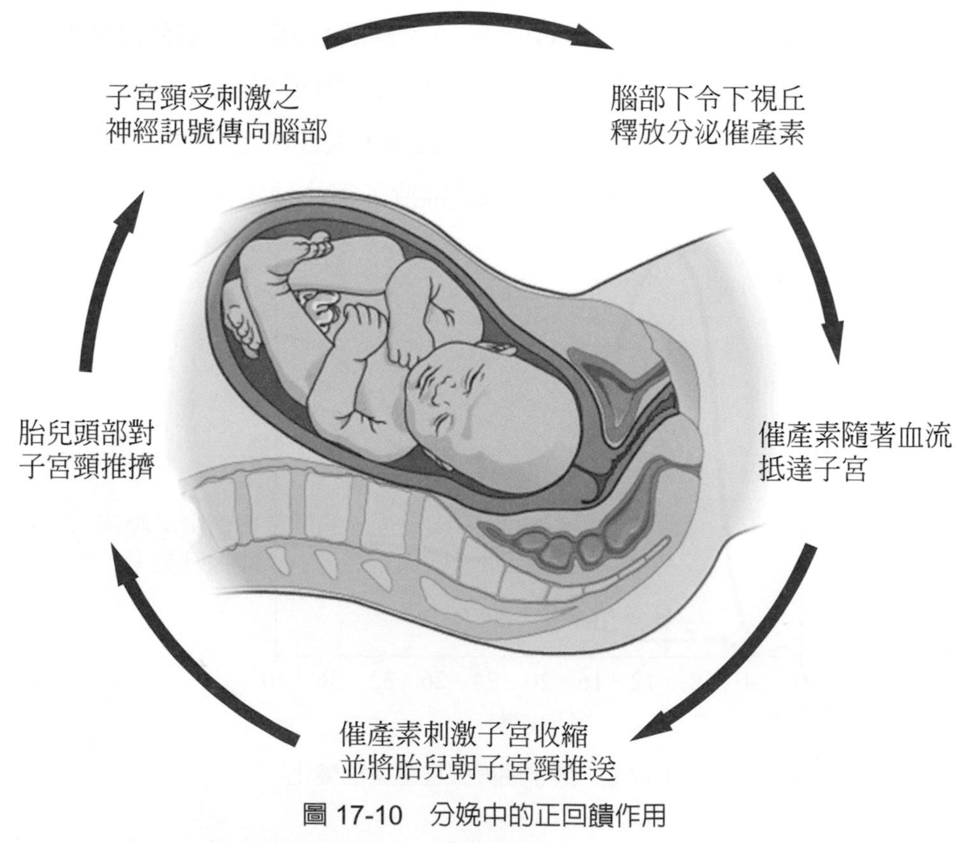

圖 17-10　分娩中的正回饋作用

懷孕的必要條件，是卵的受精、胚胎的發育與著床。因此若是阻斷或是中止上述任何一步驟，即可達成**避孕 (contraception)**。防止卵與精子相遇發生受精的方法眾多，包含男性**輸精管切除 (vasectomy)**、女性**輸卵管結紮 (tubal ligation)**、**殺精劑 (spermicide)**、以及**保險套 (condom)** 的使用。服用**口服避孕藥 (oral contraceptive)** 亦可達成避孕的目的，其原理為服用合成的雌性素與黃體素，抑制腦下腺釋放**促性腺激素釋放激素 (gonadotropin-releasing hormone，GnRH)**(見 16 章)，進一步阻止排卵。其他方法尚有透過專科醫師操作，置入**子宮內避孕器 (intrauterine device，IUD)**，干擾胚胎的著床，以及**安全期計算法 (rhythm method)**，在排卵期間禁慾，然由於個體生理差異之因素，安全期計算法的避孕失敗率頗高。上述之眾多避孕法，皆非完全保證避孕，僅男性輸精管切除與女性輸卵管結紮可靠性較高。然而如需恢復生殖能力，難度也較高。如無避孕，經歷多時卻無法成功懷孕，則有**不孕 (infertility)** 之可能。不孕的治療，除了藥物、手術的採用之外，亦可以選擇**體外受精 (in vitro fertilization，IVF)** 的方式。對欲懷孕的女性注射藥物刺激排卵，以手術器具自卵巢取出卵細胞，將卵細胞與精子共同置於培養皿內，待其受精，卵裂發生之後，將其轉殖入女性的子宮內，即**試管嬰兒 (test tube baby)**。

17-3 生殖功能的時間軸 The Timeline of Reproductive Function

性別的決定，由**性染色體 (sex chromosome)** 的遺傳基因及其組合執行。人類的男性性染色體組合為 XY，女性則為 XX。X 染色體較 Y 染色體為大。

胚胎受精之後，其性別的分化方向，由進入卵的精子攜帶的性染色體，是 X 染色體或是 Y 染色體，來加以決定。**性腺分化 (gonad differentiation)**，約在胎兒發育的第 7 週，帶有 XY 染色體的男性胎兒，其 Y 染色體上的 **SRY (sex-determining region on Y chromosome)** 基因，會開始表現，導致睪丸的發育，若不帶有 SRY 基因，則將在約 11 週，於同處發育為卵巢，即為女性胎兒。

在尚未出現性腺分化以前，胎兒的**原始泌尿生殖器 (primitive urogenital organ)**，包含兩種性別的內生殖系統，稱爲**沃爾夫氏管 (Wolffian ducts)**，以及**穆勒氏管 (Müllerian duct)**，由二者擇一發育。男性發育的關鍵是胚胎的睪丸細胞會分泌睪固酮以及**穆勒氏抑制因子 (Müllerian-inhibiting substance，MIF)**。因此男性胚胎發育時，會強化沃爾夫氏管發展，穆勒氏管退化。女性則相反，因無睪丸，故無睪固酮的分泌，將導致沃爾夫氏管退化，系統朝向穆勒氏管強化發展，亦即不會發展出男性生殖器官 (圖 17-11)。

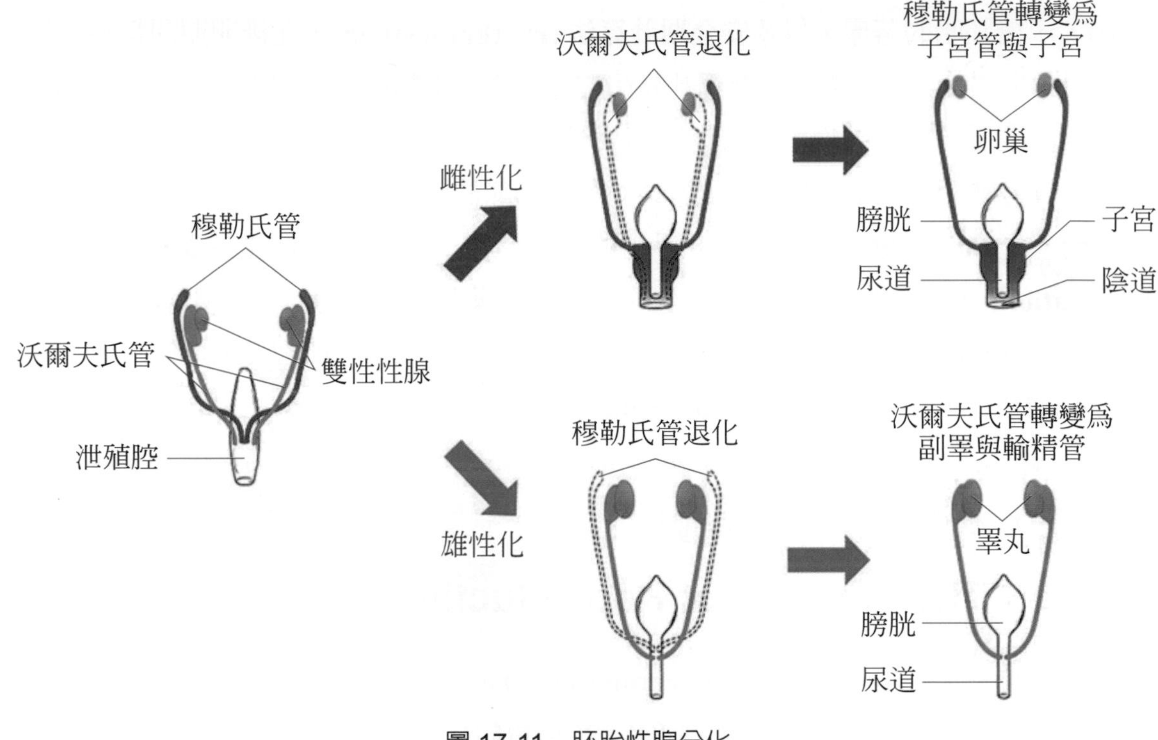

圖 17-11　胚胎性腺分化

在男性及女性孩童時期，生殖相關的激素，分泌量都很低，直到**青春期 (puberty)** 的啓動。青春期約發生於 10～14 歲間。由於生殖相關激素的增加與 **HPG 軸** (見 16 章) 的功能發揮，女性出現**初潮 (menarche)** 與月經週期，男性開始製造精子，並各自開始出現第二性徵。至大約 50 歲左右，女性進入**更年期 (menopause)**，月經週期不穩，最終消失，乃是由於卵巢功能的退化與喪失。雌性素的下降，也連帶影響骨質密度，造成**骨質疏鬆症 (osteoporosis)**，增加更年期後婦女發生骨折的風險。除了上述現象之外，**熱潮紅 (hot flash)** 也是更年期女性常見的症狀，伴隨表層微血管擴張、體溫升高，以及出汗。男性的生殖系統老化的狀況，則不如女性明顯，乃是由於睪固酮的分泌，自青春期開始，可持續達中年時期，直至中年之後才緩慢降低。因此部分的男性在老年時期，可能仍保有生殖力。

本章複習

- 生長成熟的動物個體，將會進入生殖活躍期，產生後代。後代的產生，必定有生殖器官內部進行的減數分裂 (meiosis)，產生雌雄配子 (gamete) 做爲準備，以及受精 (fertilization) 的發生。

17-1 男性生殖生理

- 男性生殖系統由外生殖器 (external genitalia) 與內生殖器 (internal genitalia) 構成。外生殖器爲肉眼可見之構造，包含外露之陰莖、陰囊。內生殖器則包括睪丸、副睪、輸精管，以及儲精囊、前列腺等附屬腺體。
- 睪丸內含極多細小彎曲的細精管 (seminiferous tubules)，是精子生成 (spermatogenesis) 的場所。其管壁內有爲數眾多的精原細胞 (spermatogonium) 以及賽氏細胞 (Sertoli cell)，細精管之間則有另一群特殊的細胞稱爲萊氏細胞 (Leydig cell，或稱 interstitial cell 間質細胞)。
- 賽氏細胞主要功能是在精子生成過程當中，對各階段生殖細胞的滋養，也控制養分與激素進入細精管，幫助精子發育與成熟。
- 萊氏細胞的功能，則是合成與分泌睪固酮 (testosterone) 的所在，有助於生殖器官發育、精子生成，以及男性第二性徵表達。
- 精子生成完畢之後，會從睪丸輸出進入副睪 (epididymis)，暫時儲存。當男性進入性興奮狀態時，將有陰莖的勃起，以及可能導致射精。

17-2 女性生殖生理

- 女性生殖系統同樣由外生殖器與內生殖器構成。外生殖器包含爲肉眼可見之陰阜、大陰唇、小陰唇、陰蒂、與陰道開口。內生殖器則包括陰道、子宮頸、子宮、輸卵管 (fallopian tube)、與卵巢。
- 卵巢 (ovary) 內含卵原細胞 (oogonium) 約於胚胎七個月大時，停止有絲分裂，發育成初級卵母細胞 (primary oocyte)，隨著胎兒出生。到了青春期，初級卵母細胞才才會重新進入減數分裂活動，產生次級卵母細胞 (secondary oocyte) 與極體 (polar body)。次級卵母細胞隨著女性生殖週期，自卵巢的成熟濾泡排出，若與精子相遇發生受精，則將發生第二次減數分裂，形成卵子 (ovum)。

- 濾泡生成會與卵細胞生成同時進行，濾泡會圍繞在未成熟卵細胞的周邊，從原始濾泡直至排卵前。成熟濾泡在適當的時機到來，外層會發生破裂，將內含之卵細胞釋放，進入輸卵管，即爲排卵 (ovulation)。
- 月經週期的日程平均爲 28 日，由月經來潮的第一日開始起算，子宮活動分爲行經期 (menstrual flow phase)、增生期 (proliferative phase) 與分泌期 (secretory phase)。
- 受精之後，受精卵馬上產生一連串的細胞內化學變化，使透明層硬化，阻止其他精子繼續穿透卵細胞，因而阻止了多重受精 (multiple fertilization)，防止將來胚胎染色體分配不均。受精之後，第二次減數分裂發生，排出極體，精卵細胞核發生融合，開始進行胚胎發生 (embryogenesis) 並向前朝子宮推進，預備進行著床。
- 懷孕期間，母體的血液中，雌性素與黃體素 (progesterone) 都會升高，維持子宮的穩定，也抑制濾泡刺激素與黃體刺激素的分泌，因此懷孕期間不會有月經週期的發生。
- 分娩 (parturition) 約發生於懷孕的第 40 週後。分娩發生時，羊膜破裂、羊水流出，在催產素 (oxytocin) 的作用下，伴隨子宮平滑肌出現強烈且規律性的收縮，約 10 ～ 15 分鐘一次，直到將胎兒產出。
- 產後，乳房的乳腺 (mammary glands)，會接受泌乳素 (prolactin) 與催產素的刺激，在內分泌系統與神經系統的聯合作用之下，執行泌乳 (lactation)，分泌乳汁。

17-3 生殖功能的時間軸

- 性別的決定，由性染色體 (sex chromosome) 的遺傳基因及其組合執行。人類的男性性染色體組合爲 XY，女性則爲 XX。
- 性腺分化 (gonad differentiation)，約在胎兒發育的第 7 週，帶有 XY 染色體的男性胎兒，其 Y 染色體上的 SRY(sex-determining region on Y chromosome) 基因，會開始表現，導致睪丸的發育，若不帶有 SRY 基因，則將在約 11 週，於同處發育爲卵巢，即爲女性胎兒。
- 胎兒的原始泌尿生殖器，包含兩種性別的內生殖系統，稱爲沃爾夫氏管 (Wolffian ducts)(強化男性胚胎發育)，以及穆勒氏管 (Müllerian duct) (強化女性胚胎發育)，由二者擇一發育。
- 在男性及女性孩童時期，生殖相關的激素，分泌量都很低，直到青春期的啓動。青春期約發生於 10 ～ 14 歲間。由於生殖相關激素的增加與 HPG 軸的功能發揮，女性出現初潮與月經週期，男性開始製造精子，並各自開始出現第二性徵。

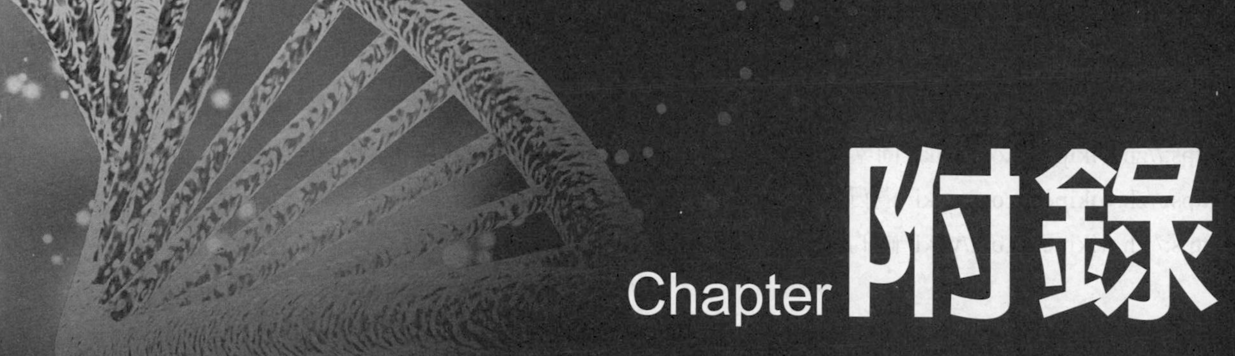

參考圖片

CH1

圖 1-1(a)：

https://zh.wikipedia.org/zh-tw/ 亞里斯多德

圖 1-1(b)：

https://www.timetoast.com/timelines/la-evolucion-de-la-medicina-e0636b98-a63f-46a6-90f6-345472acf40f

圖 1-1(c)：

https://zh.wikipedia.org/wiki/ 李時珍

圖 1-2：

https://www.alamy.es/imagenes/by-andreas-vesalius.html

https://www.pinterest.fr/pin/795729827881171172

圖 1-3：

https://www.slideshare.net/CarlosAlvarez302/micologia-clinica

https://docplayer.org/56847870-Lichtmikroskope-von-hund-geschichtliches-das-mikroskop-kontrastierverfahren-stativsysteme-dokumentation.html

圖 1-4：

https://en.wikipedia.org/wiki/Ernst_Ruska

https://www.timetoast.com/timelines/inventions-from-1930-1935

圖 1-5：

https://kids.britannica.com/students/assembly/view/217841

圖 1-7：

http://togreen.blogspot.com/2008/08/characteristics-of-living-things.html

CH2

圖 2-2：
https://zh.wikipedia.org/wiki/ 同素異形體
https://zh.wikipedia.org/wiki/ 鑽石
https://zh.wikipedia.org/wiki/ 碳的同素異形體

圖 2-20：
https://docplayer.es/88628280-Biofisicoquimica-de-metaloproteinas.html

圖 2-23：
https://www.freegreatpicture.com/animal-collection/bees-and-honeycomb-21394

CH3

奈米細胞：
https://www.semanticscholar.org/paper/Cell-membrane-based-nanoparticles%3A-a-new-biomimetic-Li-He/90217880dd2013bf4d15b9913fdbab18ab053b61

圖 3-2：
http://luverneband.com/cell-structure-and-function-diagram/cell-structure-and-function-diagram-unique-what-are-prokaryotic-cells-simplified-dbriers/

圖 3-3：
http://krupp.wcc.hawaii.edu/biol101/present/lcture16/sld014.htm

圖 3-4(a)：
https://en.wikipedia.org/wiki/Robert_Hooke

圖 3-4(b)：
https://grupoappeler.wordpress.com/2015/12/10/15-libros-de-ciencia-que-cambiaron-el-pensamiento-humano/

圖 3-5(a)：
https://it.wikipedia.org/wiki/Cellula

圖 3-5(b)：
https://danielwetmore.wordpress.com/tag/cells/

圖 3-6：
https://edition.cnn.com/2017/04/07/health/flu-pandemic-sanjay-gupta/index.html

圖 3-9(b)：
https://www.pinterest.com/pin/465207836482318241/

圖 3-11(a)：
https://slideplayer.com/slide/14999683/

圖 3-11(b)：
http://biomundociencia.blogspot.com/2013/12/celulas-y-organulos-al-miscroscopio.html

圖 3-11(c)：
https://schaechter.asmblog.org/schaechter/2014/12/merry-2.html

圖 3-11(d)：
https://plantcellbiology.masters.grkraj.org/html/Plant_Cellular_Structures13-The_Nucleus.htm

圖 3-14(b)：
https://www.the-scientist.com/foundations/palade-particles-1955-38022

圖 3-15(b)：
https://www.iuibs.ulpgc.es/servicios/simace/

圖 3-16：
http://www.bbioo.com/lifesciences/33-10215-1.html

圖 3-18：
https://zh.wikipedia.org/wiki/ 色素體

圖 3-19：
https://slideplayer.com/slide/3922332/

圖 3-20：
http://daneshnameh.roshd.ir/mavara/mavara-index.php?page=%D9%84%DB%8C%D8%B2%D9%88%D8%B2%D9%88%D9%85&PHPSESSID=fb1fa27e2a72cedf8725ad064a926e36&SSOReturnPage=Check&Rand=0

圖 3-21：
https://docplayer.es/58033654-2o-b-a-c-h-i-l-biologia-e-r-t-o-jose-reig-arminana.html

圖 3-22：
https://ja.wikipedia.org/wiki/ 細胞骨架

圖 3-23：
http://manabu-biology.com/archives/%E7%B4%B0%E8%83%9E%E9%AA%A8%E6%A0%BC%E3%81%AE%E7%A8%AE%E9%A1%9E.html

圖 3-24：
https://www.naturepl.com/stock-photo-nature-image01595515.html

圖 3-25(a)：
https://www.slideserve.com/petula/thanatochemistry

圖 3-25(b)：
http://www.krugozors.ru/foto-pod-mikroskopom.html

圖 3-26(a)：
http://www.yourarticlelibrary.com/biology/how-the-cell-wall-is-formed-answered/6656

圖 3-26(b)：
http://www.emeraldbiology.com/2013/07/

圖 3-29：
http://astarbiology.com/aqa_tags/cell-recognition-and-the-immune-system/

圖 3-30：
https://bookfanatic89.blogspot.com/2019/01/plant-and-animal-cells-in-hypertonic.html

圖 3-33：
https://www.quora.com/How-is-water-transported-through-the-cell-membrane

圖 3-35：
https://loigiaihay.com/nhap-bao-va-xuat-bao-c69a16251.html

圖 3-36：
https://es.slideshare.net/smallbogs/fisiologia-de-loslquidos-corporales-presentation

CH4

圖 4-3：
http://wps.prenhall.com/wps/media/objects/3082/3156859/blb1404.html

圖 4-4：
https://slideplayer.com/slide/13422925/

圖 4-6：
https://slideplayer.com/slide/3878522/

圖 4-16：
https://slideplayer.com/slide/9204658/

圖 4-17
https://iwil.ca/food/

CH5

綿羊桃莉：
https://zh.wikipedia.org/wiki/ 多利

圖 5-2：
https://slideplayer.com/slide/10931320/

圖 5-3：
https://www.quora.com/What-is-the-difference-between-a-human-karyotype-and-an-animal-karyotype-with-23-pairs-of-chromosomes
圖 5-4：
https://slideplayer.com/slide/10931320/
圖 5-6：
https://slideplayer.com/slide/13722816/release/woothee
圖 5-7：
https://slideplayer.com/slide/15733595/
圖 5-8：
https://huecrei.com.vn/thong-tin-chuyen-nganh/sinh-ly-sinh-san/su-phan-chia-te-bao-sinh-duc-1
圖 5-10(a)：
https://slideplayer.com/slide/15082163/
圖 5-10(b)：
https://slideplayer.com/slide/14155303/

CH6

圖 6-1：
https://zh-yue.wikipedia.org/wiki/ 鼂鼊
圖 6-2：
https://zh.wikipedia.org/wiki/File:Thomas_Andrew_Knight_(1758%E2%80%931838).jpg
圖 6-3：
https://zh.wikipedia.org/wiki/ 孟德爾
https://ru.depositphotos.com/stock-photos/ropox.html
圖 6-4：
http://www.esp.org/essays/mendelswork-02/index.html
圖 6-5：
https://redsearch.org/images/P/ 人類孟德爾遺傳學 #images-7
圖 6-12：
https://www.quora.com/What-are-the-characteristic-of-people-with-O+-blood-group
圖 6-14：
https://www.slideshare.net/richielearn/genetics-canine-module
圖 6-17：
https://dictionary.cambridge.org/us/dictionary/english/siamese
https://alchetron.com/Himalayan-rabbit
圖 6-22：
https://www.royal-menus.com/nicholas-ii-engagement-menu
圖 6-24：
https://slideplayer.com/slide/13246396/
圖 6-26：
https://slideplayer.com/slide/9796874/
圖 6-29：
http://internetsecuritysoftware.info/bari/f/fragile-x-syndrome-karyotype/
圖 6-30：
https://slideplayer.com/slide/8489184/
圖 6-31：
https://www.healthtap.com/topics/chromosome-analysis-follow-up
https://slideplayer.com/slide/14462735/

CH7

CRISPR/Cas9：
http://news.creaders.net/china/2018/11/26/big5/2022049.html

圖 7-2：
https://scitechvista.nat.gov.tw/c/sT6X.htm

圖 7-3：
https://blog.coquipr.com/2011/01/la-vida-en-arsenico-se-queda-corta-de-evidencia/

圖 7-4：
https:/slideplayer.com/slide/8271133

圖 7-8：
http://ppdhsinhhoc12.weebly.com/bagravei-1-gen-matilde-di-truy7873n-vagrave-quaacute-trigravenh-nhacircn-273ocirci-c7911a-adn.html

圖 7-13：
https://biologydictionary.net/trna/

圖 7-15：
https://www.chinatimes.com/hottopic/20151116004386-260805?chdtv

CH8

圖 8-1：
https://sites.google.com/site/it572061018/home/virus/chemical-composition-of-virus?tmpl=%2Fsystem%2Fapp%2Ftemplates%2Fprint%2F&showPrintDialog=1

圖 8-3：
https://www.forestryimages.org/browse/detail.cfm?imgnum=1402027
https://en.wikipedia.org/wiki/Plant_virus

圖 8-7、圖 8-8：
http://iwcc.edu.wiringdiagram.us/diagram/bacterial-cell-morphology-and-arrangement.html

圖 8-10：
https://jephmeuspensamentos.wordpress.com/tag/teoria-do-design-inteligente/

圖 8-12：
https://slideplayer.com/slide/14698900/

CH9

機械外骨骼：
https://kknews.cc/world/q5pn4gb.html

圖 9-5：
https://elifoneyrefleksoloji.wordpress.com/sistemler/iskelet-sistemi/

圖 9-7：
https://carolinedealy.org/oa/

圖 9-9：
https://i.pinimg.com/originals/66/54/bf/6654bfb70ed66f7d3654d51e6824c2a1.jpg

圖 9-10：
https://www.facebook.com/kneehope/

圖 9-13：
https://slideplayer.com/slide/14346320/

圖 9-14：
https://www.slideshare.net/AngelVega24/chapter-50-sensory-and-motor-mechansims

圖 9-15：
https://slideplayer.com/slide/15020749/

圖 9-16：
https://slideplayer.com/slide/14501621/

圖 9-17：
http://www.thehealthygamer.com/blog/page/9/

CH10

生酮飲食菜單：

http://tasty-yummies.com/omega-3-fatty-acids/

圖 10-2：

Guniita | Dreamstime.com

P10-5：

Mohammed Anwarul Kabir Choudhury、Elizaveta Galitskaya | Dreamstime.com

圖 10-3：

Ivan Trifonenko | Dreamstime.com

圖 10-4：

https://www.diagramlink.com/diagrams-of-the-mouth/

圖 10-8：

https://www.pinterest.com/pin/825636544156099501/

圖 10-9：

http://www.oncofisio.com.br/artigo/h-pylori-positivo-e-sinal-de-cancer

圖 10-10：

http://wiki.kmu.edu.tw/index.php/ 微生物臨床數據判讀

圖 10-13：

https://ib.bioninja.com.au/standard-level/topic-6-human-physiology/61-digestion-and-absorption/lipid-digestion.html

圖 10-14：

https://zh.wikipedia.org/wiki/ 膽石症

圖 10-15：

https://es.slideshare.net/a13xand3rboy/infecciones-del-intestino-delgado-2014-03-25-042914-utc

圖 10-17：

https://shh.tmu.edu.tw/page/HealthDetail.aspx?deptCode=AF&seqNo=20180126111713585319

CH11

葉克膜：

https://www.perfusion.com/category/ecmo-zone/

圖 11-1：

https://www.quora.com/What-is-the-circulatory-system-of-an-insect

圖 11-2：

Peter Junaidy | Dreamstime.com

圖 11-4：

Alila07 | Dreamstime.com

圖 11-6：

https://kknews.cc/zh-tw/health/2vl6b4y.html

圖 11-9：

https://eluc.kr-olomoucky.cz/verejne/lekce/2504

CH12

COVID-19：

(左) CD Humphrey，CDC

(右) https://www.flickr.com/photos/niaid/49534865371/

圖 12-2：

https://slideplayer.com/slide/9241431/

圖 12-10(a)：

https://www.ucl.ac.uk/immunity-transplantation/research/immune-regulation/liver-nk-cells-non-alocholic-fatty-liver-disease

圖 12-11：

http://www.brainimmune.com/pro-and-anti-inflammatory-effects-of-neuropeptide-y-induction-of-dendritic-cells-migration-and-th2-polarization/

圖 12-19：
https://www.pinterest.at/pin/258182991122046952/
圖 12-21：
https://obatasamuratditangan.wordpress.com/
圖 12-22：
https://www.infosalus.com/salud-investigacion/noticia-descubren-solo-gen-defectuoso-puede-conducir-lupus-20181220071034.html

CH13

戒菸及早，生命美好：
翻攝自董氏基金會粉絲專業
圖 13-2：
https://sheflow.nl/energie-coach/relatie-heupen-keel-en-stem
圖 13-6：
https://bedroomfurniture.club/search/lung-rib-diagram-cage.html

CH14

圖 14-1：
https://publicdomainq.net/salmon-fish-0003966/
圖 14-9：
http://www.accordionmedical.com/kidney-stones/
圖 14-10：
Airborne77 | Dreamstime.com

CH15

失智症：
http://portafoliovirtuakarlal.blogspot.com/2016/04/
圖 15-3：
http://droualb.faculty.mjc.edu/Course%20Materials/Physiology%20101/Chapter%20Notes/Fall%202011/chapter_7%20Fall%202011.htm
圖 15-4：
https://slideplayer.com/slide/14628668/
圖 15-6：
https://www.slideserve.com/arlen/sistema-nervoso
圖 15-7：
https://www.vix.com/es/btg/curiosidades/8040/cada-cosa-en-su-lugar-descubre-para-que-sirve-cada-parte-del-cerebro-humano
https://www.quora.com/What-part-of-the-brain-is-responsible-for-social-interaction
圖 15-8：
http://abdpvtltd.com/hypothalamus-diagram/hypothalamus-diagram-best-of-thalamus-hypothalamus-medical-art-library/
圖 15-9：
https://vitamindwiki.com/Off+topic%3A+Limbic+System+and+Brain+can+both+be+retrained+%28plasticity%29+%E2%80%93+March+2019
圖 15-10：
https://wiki.eanswers.net/en/Cerebellum
圖 15-11：
https://www.neurologyneeds.com/neuroanatomy/brain/cerebrum-cerebellum-and-brain-stem/
圖 15-16：
https://frontporch.club/galleries/types-receptors-skin.html

CH16

內分泌系統：

http://abdpvtltd.com/endocrine-diagram/endocrine-diagram-luxury-the-endocrine-system-12-organ-systems-biology-for-kids/

圖 16-1：

https://basicmedicalkey.com/diabetes-mellitus-9/

圖 16-2：

https://www.slideshare.net/FaisalShahid2/hormones-and-endocrine-system-59115788

圖 16-5(a)：

https://fr.wikipedia.org/wiki/Sebasti%C3%A1n_de_Morra

圖 16-5(b)：

https://www.cnnturk.com/fotogaleri/yasam/dunyanin-en-uzun-boylu-insani-robert-wadlow?page=3

圖 16-5(c)：

http://www.wikiwand.com/cs/Akromegalie

圖 16-6：

https://mydoctor.kaiserpermanente.org/ncal/structured-content/#/Procedure_Parathyroid_Surgery_-_General_Surgery.xml

圖 16-8：

https://zh.wikipedia.org/wiki/ 弗雷德里克・班廷

CH17

圖 17-2a：

http://tocacity.com/anatomy-of-the-scrotum/anatomy-of-the-scrotum-best-of-figure-testicle-vas-ductus-deferens-head-statpearls/

圖 17-7：

https://commons.wikimedia.org/wiki/File:Acrosome_reaction_diagram_en.svg

圖 17-10：

http://birthofanewearthblog.com/routine-birth-practices-exposed-as-medical-abuse-mds-trained-to-perform-felonies/

名詞索引

CH1

CH2

CH3

CH4

腺嘌呤核苷三磷酸酶　ATPase　4-1
驅動蛋白　Kinesins　4-1
動力蛋白　Dyneins　4-1
肌凝蛋白　Myosins　4-1
DNA 解旋酶　Helicase　4-1,7-9
能量　Energy　4-2
作功　Work　4-2
動能　Kinetic energy　4-3
位能　Potential energy　4-3
低能鍵　Low energy bond　4-3
高能鍵　High energy bond　4-3
磷酸鍵　Phosphate bond　4-3
腺嘌呤核苷三磷酸
Adenosine triphosphate，ATP　4-3
能量轉換器　Energy transducers　4-5
活化能　Activation energy　4-6
代謝作用　Metabolism　4-7
同化作用　Anabolism　4-7
異化作用　Catabolism　4-7
酶　Enzymes　4-7,4-8
活化區　Active site　4-7
反應物　Reactants　4-7
受質　Substrates　4-7,4-8
產物　Products　4-7
催化物　Catalysts　4-8
變性　Denature　4-8
尿素酶　Urease　4-9
酶－受質複體
Enzyme-substrate complex　4-9
乙醯膽鹼　Acetylcholine　4-9,9-18,15-8
乙醯膽鹼酯酶　Acetylcholinesterase，AChE
4-9,15-8
碳酸酐酶　Carbonic anhydrase　4-9,13-11
觸酶　Catalase　4-9
水解酶　Hydrolase　4-9
輔因子　Cofactor　4-9
輔酶　Coenzyme　4-9
硫胺　Thiamine　4-9
菸鹼酸　Niacin　4-9
核糖黃素　Riboflavin　4-9
吡哆醇　Pyridoxine　4-9
胃蛋白酶　Pepsin　4-11
胰蛋白酶　Trypsin　4-11
半胱胺酸　Cysteine　4-11
低限溫　Minimal temperature　4-11
最適溫　Optimal temperature　4-11
高限溫　Maximal temperature　4-11
競爭性抑制　Competitive inhibition　4-12
非競爭性抑制
Noncompetitive inhibition　4-12
細胞呼吸　Cellular respiration　4-14
有氧途徑　Aerobic pathways　4-14
去氫反應　Dehydrogenation　4-14
去氫酶　Dehydrogenase　4-14
糖解作用　Glycolysis　4-14
丙酮酸　Pyruvate　4-14
乙醯輔酶 A　Acetyl coenzyme A　4-14
檸檬酸循環　Citric acid cycle　4-14,4-16
電子傳遞鏈與氧化磷酸化作用
Electron transport chain and oxidative
phosphorylation　4-14
去羧反應　Decarboxylation　4-16
克拉伯循環　Krebs cycle　4-16
三羧酸循環
Tricarboxylic acid cycle，TCA cycle　4-16
化學滲透理論　Chemiosmotic theory　4-17
質子幫浦　Proton pump　4-17
電子載體　Electron carrier　4-17
輔酶 Q　Coenzyme Q，CoQ，Q10，UQ　4-18
細胞色素 c　Cytochrome c　4-18

CH5

CH6

性狀　Traits　6-1,6-4
遺傳　Heredity　6-1
遺傳變異性　Genetic variation　6-1
豌豆　Pea　6-3
自花受粉　Self-pollination　6-3
異花受粉　Cross pollination　6-3
純種　Pure breeding　6-4
圓平　Round　6-4
皺縮　Wrinkle　6-4
顯性　Dominant　6-4
隱性　Recessive　6-4
親代　Parent generation　6-4
第一子代　First filial generation　6-4
基因　Gene　6-4
同基因型　Homozygous　6-5
純種　Pure breeding　6-5
異基因型　Heterozygous　6-5
雜種　Hybrid　6-5
基因型　Genotype　6-5
表現型　Phenotype　6-5
機率　Probability　6-5,6-13
一對性狀雜交的遺傳
A monohybrid cross inheritance　6-6
配子　Gamete　6-6
試交　Test cross　6-7
分離律　Law of segregation　6-7
二對性狀雜交的遺傳
Dihybrid cross inheritance　6-8
獨立分配律
Law of independent assortment　6-8
豚鼠　Guinea pigs　6-10
不完全顯性　Incomplete dominance　6-11
紫茉莉　*Mirabilis jalapa*　6-11
複對偶基因　Multiple alleles　6-12
基因位　Locus　6-12
血型　Blood type　6-12,6-20
等顯性；共顯性　Codominance　6-12
多基因的遺傳　Polygenic inheritance　6-14
數量遺傳　Quantitative trait locus，QTL　6-14
黑色素　Melanin　6-15
常態分佈　Normal distribution　6-16
上位效應　Epistasis　6-18
酪氨酸酶　Tyrosinase　6-18
前驅物　Precursor　6-18
上位基因　Epistatic gene　6-18
水毛茛　*Ranunculus aquatilis*　6-19
Rh 因子　Rh factor　6-20
Rh 抗原　Rh antigen　6-20
蒙古族群　Mongoloid population　6-20
抗體　Antibody　6-20
新生兒紅血球母細胞增多病
Erythroblastosis fetalis　6-20
新生兒溶血症
Hemolytic discase of the fetus and newborn，
HDN　6-20
流產　Miscarriage　6-20
貧血症　Anemia　6-20
黃膽症　Jaundice　6-20
智力　Intelligence　6-20
智商　Intelligence quotient，IQ　6-20
精神分裂症　Schizophrenia　6-21
精神遲鈍　Mental retardation　6-21
唐氏症　Down's syndrome　6-21,6-39
苯丙酮酸型癡呆症
Phenyl pyruvic idiocy　6-21
苯丙胺酸羥化酶
Phenylalanine hydroxylase　6-21
酪胺酸　Tyrosine　6-21
苯丙酮酸　Phenylpyruvic acid　6-21
聯鎖群　Linkage groups　6-25

CH7

點突變 Point mutation 7-11
取代 Substitution 7-11
插入 Insertion 7-11
缺失 Deletion 7-11
框架位移突變 Fame-shift mutation 7-11
鐮形細胞貧血症 Sickle cell anemia 7-11
密碼子 Codon 7-11,7-13
轉譯 Translation 7-11,7-13,7-17
麩氨酸 Gutamic acid 7-11
纈胺酸 Valine 7-11
缺失 Deletion 7-11
重複 Duplication 7-11
倒位 Inversion 7-11
易位 Translocation 7-11
染色體重排
Chromosomal rearrangement 7-11
基因表現 Gene expression 7-11
互換 Crossover 7-11
中心法則 Central dogma 7-13
轉錄 Transcription 7-13,7-14,7-24
RNA 加工 RNA processing 7-13,7-14,7-19
mRNA messenger RNA 7-13
tRNA transfer RNA 7-13
rRNA ribosomal RNA 7-13
二級結構 Secondary structure 7-13
苜宿葉形 Cloverleaf 7-13
莖環構造 Stem & loop 7-13
反密碼子 Anticodon 7-13
次單位 Subunits 7-13
RNA 聚合酶 RNA polymerase 7-14,7-21
轉錄因子 Transcription factors 7-14
啓動子 Promoter 7-14
模板 Template 7-14
反義股 Antisense strand 7-14
非編碼股 Non-coding strand 7-14
意義股 Sense strand 7-14
編碼股 Coding strand 7-14
轉錄物 Transcript 7-14
內含子 Intron 7-16
外顯子 Exon 7-16
RNA 剪接 RNA splicing 7-16
選擇性剪接 Alternative splicing 7-16
成熟的 mRNA Mature mRNA 7-16
編碼序列 Coding sequence 7-17
起始 Initiation 7-17
延長 Elongation 7-17
終止 Termination 7-17
起始密碼 Start codon 7-17
終止密碼 Stop codon 7-17
釋放因子 Release factor 7-17
摺疊 Folding 7-17
停止訊號 Stop 7-17
起始訊號 Start 7-17
基因表現 Gene expression 7-20
調控 Regulate 7-20
編碼 Coding 7-20
血紅素 Haemoglobin A 7-20
編碼 DNA Coding DNA 7-20
非編碼 DNA Non-coding DNA 7-20
非編碼 RNA Noncoding RNA 7-20
操縱子學說 Operon theory 7-21
啓動子 Promotor 7-21
操縱者 Operator 7-21
構造基因 Structural genes 7-21
抑制物；抑制蛋白 Repressor 7-21
活化物 Activator 7-21
誘導型操縱子 Inducible operon 7-21
乳糖操縱子 Lac operon 7-21
抑制型操縱子 Repressible operon 7-21
色胺酸操縱子 Try operon 7-21,7-23

不活化型抑制蛋白
Inactive reperessor 7-21,7-23
有活性的抑制蛋白 Active repressor 7-23
基因工程 Genetic engineering 7-23
基因轉殖生物體 Genetically modified organism，GMO 7-23
螢光斑馬魚 Fluorencent zebrafish 7-23
限制酶 Restriction enzymes 7-24
聚合酶連鎖反應
Polymerase chain reaction，PCR 7-24
DNA 重組 DNA recombination 7-25
載體 Vector 7-25
DNA 連接酶 DNA ligase 7-25
重組 DNA Recombinant DNA 7-25
DNA 選殖 DNA cloning 7-25
性狀轉換 Transformation 7-25
基因槍 Gene gun 7-25
農桿菌 *Agrobacterium* 7-25
DNA 定序儀 DNA sequencer 7-25
桃莉羊 Dolly 7-26
胚胎幹細胞 Embryonic stem cell 7-26
全能性 Totipotent 7-26
體外組織培養 Tissue culture 7-26
基因療法 Gene therpy 7-26

CH8

病毒 Virus 8-1,8-2,8-3
嚴重急性呼吸道症候群
Severe acute respiratory syndrome，SARS 8-1,12-1
冠狀病毒 Coronavirus 8-1
豬流感 Swine flu 8-2
血球凝集素 Hemagglutinin 8-2
神經胺酸酶 Neuraminidase 8-2
感染物 Infectant 8-3
口蹄病 Footand-mouth disease，FMD 8-3
煙草嵌紋病病毒
Tobacco mosaic virus，TMV 8-3
螺旋狀 Helical 8-4
多面體 Polyhedral 8-4
脊髓灰質炎病毒；小兒麻痺病毒
Poliovirus 8-4
流行性感冒病毒 Influenza virus 8-4,12-17
脂質被膜 Lipid envelope 8-4
口蹄疫病毒 FMD virus 8-4
擬菌病毒 Mimivirus 8-4
巨大病毒 Megavirus 8-4
蛋白質外殼 Capsid 8-4
套膜 Envelope 8-4
基因體組 Genome 1-6,8-4
國際病毒分類學委員會 International committee on taxonomy of viruses，ICTV 8-5
細菌病毒 Bacterial viruses 8-5
植物病毒 Plant viruses 8-5
動物病毒 Animal viruses 8-5
黃熱病 Yellow fever 8-5
流行性感冒 Influenza 8-5
脊髓灰質炎 Poliomyelitis 8-5,12-18
小兒麻痺 Imfantile paralysis 8-5
普通感冒 Common cold 8-5
麻疹 Measles 8-5,12-18
流行性腮腺炎 Mumps 8-5
A 型肝炎；傳染性肝炎
infectious hepatitis 8-5
泡疹 Herpes 8-5
水痘 Chicken pox 8-5
狂犬病 Rabies 8-5
日本腦炎 Japanese encephalitis 8-5

附著　Attachment　8-6
穿透　Penetration　8-6
複製　Replication　8-6
組合　Assembly　8-6
釋放　Release　8-6
溶菌酶　Lysozyme　8-6,12-3
溶菌週期　Lytic cycle　8-6
潛溶週期　Lysogenic cycle　8-6
環境因子　Induction event　8-6
突變　Mutation　8-7
基因重組　Genetic recombination　8-7
鳥禽類流行性感冒　Avian Influenza，AI　8-7
病毒進入　Viral entry　8-8
出芽　Budding　8-9
致癌基因　Oncogene　8-9
反轉錄酶　Reverse transcriptase　8-9
卡波西肉瘤　Kaposi's sarcoma　8-9
體腔淋巴瘤　Body cavity lymphoma　8-9
鼻咽癌　Nasopharyngeal carcinoma　8-9
細菌　Bacteria　8-11
藍綠藻　Blue-green algae　8-11
球菌　Cocci　8-11
桿菌　Bacilli　8-11
螺旋菌　Spirilla　8-11
菌落　Colony　8-11
鏈桿菌　Streptobacillus　8-11
乳酸鏈球菌　Streptococcus　8-11
葡萄球菌　Staphylococcus　8-11
八聯球菌　Sarcina　8-11
二分裂法　Binary fission　8-12
擬核　Nucleoid　8-12
貯存粒　Storage granule　8-12
中質體　Mesosome　8-12
肽聚糖　Peptidoglycan　8-13
莢膜　Capsule　8-13
格蘭氏陽性菌　Gram positive　8-13
格蘭氏陰性菌　Gram negative　8-13
結晶紫　Crystal violet　8-13
鞭毛　Flagella　8-14
內孢子　Endospore　8-14
營養　Nutrition　8-15
異營細菌　Heterotrophs bacteria　8-15
腐生細菌　Saprophytic bacteria　8-15
細胞外酶　Extracellular enzymes　8-15
細胞內酶　Intracellular enzymes　8-15
寄生細菌　Parasitic bacteria　8-15
致病菌　Pathogens　8-15
自營細菌　Autotrophs bacteria　8-15
光合細菌　Photosynthetic bacteria　8-15
載色體　Chromatopore　8-15
綠硫菌　Green sulfur bacteria　8-15
紫硫菌　Purple sulfur bacteria　8-15
藍綠菌　Cyanobacteria　8-15
紫色素　Purple pigment　8-15
化合細菌　Chemosynthetic bacteria　8-15
固氮細菌　*azotobacter*　8-15
硝酸鹽　Nitrate　8-15
亞硝酸鹽　Nitrite　8-15
硝化作用　Nitrification　8-16
共生細菌　Symbiotic bacteria　8-16
根瘤　Root's nodules　8-16
根瘤細菌　Pseudomonas radicicola　8-16
互利共主　Mutulistic　8-16
片利共生　Commensalistic　8-16
乾酪　Cheese　8-16
人造凝乳　Yogurt　8-16
呼吸　Respiration　8-17
需氧菌　Aerobes　8-17
白喉桿菌　Bacillus diphtheriae　8-17
肺炎桿菌　Bacillus pneumoniae　8-17

絕對厭氧菌　Obligate anaerobes　8-17
破傷風桿菌　Clostridium tetani　8-17
腐敗　Putrefaction　8-17
兼性厭氧菌　Facultative anaerobes　8-17
生殖　Reproduction　8-18
接合作用　Conjugation　8-18
接合管
Conjugation pilus；mating bridge　8-18
性狀引入　Transduction　8-19
供給者　Donor　8-19
受納者　Recepient　8-19
性狀轉換　Transformation　8-20
疾病　Disease　8-20
梅毒螺旋體　Treponema pallidum　8-20
梅毒　Syphilis　8-20
棒狀桿菌屬　Corynebacterium　8-20
弧菌屬　Vibrio　8-20
霍亂　Cholera　8-20
黴漿菌　Mycoplasma　8-20
白喉　Diphtheria　8-20,12-19
百日咳　Whooping cough　8-20
細菌性赤痢　Dysentery　8-20
炭疽病　Anthrax　8-20

CH9

機械外骨骼　Robotic exoskeleton　9-1
組織　Tissues　9-2
器官　Organ　9-2
器官系統　Organ system　9-2
成體幹細胞　Adult stem cell，asc　9-2
上皮組織　Epithelial tissue　9-2
肌肉組織　Muscular tissue　9-2
神經組織　Nervous tissue　9-2
結締組織　Connective tissue　9-2
皮膚系統　Integumentary system　9-3
骨骼系統　Skeletal system　9-3,9-9
肌肉系統　Muscular system　9-3,9-15
消化系統　Digestive system　9-3
呼吸系統　Respiratory system　9-3
循環系統　Circulatory system　9-3
排泄系統　Excretory system　9-3
神經系統　Nervous system　9-3
內分泌系統　Endocrine system　9-3
生殖系統　Reprodutive system　9-3
表皮　Epidermis　9-6
真皮　Dermis　9-6
基底層細胞　Stratum basale　9-6
角質細胞　Keratinocyte　9-6
角質層　Stratum corneum　9-6
角質蛋白　Keratin　9-6
透明層　Stratum lucidum　9-6
顆粒層　Stratum granalosum　9-6
棘皮層　Stratum spinosum　9-6
橋粒　Desmosome　9-6
基底層　Stratum basale　9-6
黑色素細胞　Melanocyte　9-6
黑色素　Melanin　9-6
毛囊　Hair follicles　9-7
汗腺　Sweat gland　9-7
皮脂腺　Superficial sebaceous gland　9-7
立毛肌　Arrectores pilorummuscles　9-7
真皮乳頭　Dermal papillae　9-7
皮下結締組
Subcutaneous connective tissue　9-7
皮下脂肪　Adipose tissue　9-7
液壓式骨骼　Hydraulic skeleton　9-9
外骨骼　Exoskeleton　9-9
內骨骼　Endoskeleton　9-9
肌腱　Tendon　9-9,9-14,15-20

中軸骨骼　Axial skeleton　9-9
附肢骨骼　Appendicular skeleton　9-9
頭骨　Skull　9-10
脊椎骨　Vertebral column　9-10
肋骨　Ribs　9-10
胸骨　Sternum　9-10
胸廓　Thoracic cage　9-10
顱骨　Cranium　9-10
顏面骨　Facial-bone　9-10
耳小骨　Ear ossicles　9-10
舌骨　Hyoid　9-10
槌骨　Malleus　9-10
砧骨　Incus　9-10
鐙骨　Stapes　9-10
脊椎骨　Vertebral column　9-10
頸柱　Cervical　9-10
胸椎　Thoracic　9-10
腰椎　Lumbar　9-10
薦椎　Sacral　9-10
尾椎　Caudal　9-10
胸骨與肋骨　Sternum and ribs　9-10
鎖骨　Clavicle　9-10
肩胛骨　Scapula　9-10
肱骨　Humerus　9-10
橈骨　Radius　9-10
尺骨　Ulna　9-10
腕骨　Carpal
掌骨　Metacarpal　9-10
指骨　Phalanges　9-10
髖骨　Hip bone　9-10
腰帶　Pelvic girdle　9-10
髂骨　Ilium　9-10
坐骨　Ischium　9-10
恥骨　Pubis　9-10
股骨　Femur　9-10
髕骨，膝蓋骨　Patella　9-10
脛骨　Tibia　9-10
腓骨　Fibula　9-10
跗骨　Tarsals　9-10
蹠骨　Metatarsals　9-10
趾骨　Phalanges　9-10
軟骨　Cartilage　9-10
硬骨　Bone　9-10
軟骨細胞　Chondrocyte　9-10
細胞外基質　Extracellular matrix　9-10
膠原蛋白　Collagen　9-10
彈性蛋白　Elastin　9-10
透明軟骨　Hyaline cartilage　9-10
彈性軟骨　Elastin cartilage　9-10
纖維軟骨　Fibro cartilage　9-10
骨原細胞　Osteogenic cells　9-10
造骨細胞　Osteoblasts　9-10
骨質　Bone matrix or osteoid　9-10
骨細胞　Osteocytes　9-10
噬骨細胞　Osteoclasts　9-10
緻密骨　Compact bone　9-10
海綿骨　Spongy bone　9-10
骨膜　Periosteum　9-10
骨元系統　Osteon system　9-10
骨板層　Lamellae　9-10
骨窩　Lacuna　9-10
硬骨細胞　Bone cell　9-10
骨質　Bone matrix　9-10
哈氏管　Haversian canal　9-10
骨髓　Bone marrow　9-10
紅骨髓　Red marrow　9-10
造血幹細胞
Hemocytoblasts，Hematopoietic stem cells
9-12
造血作用　Hematopoiesis　9-12
關節　Articulations　9-12
樞軸關節　Pivot joint　9-14

CH10

肝臟　Liver　10-3
小腸腺　Intestinal gland　10-3
門齒　Incisor　10-4
犬齒　Canine　10-4
前臼齒　Premolar　10-4
臼齒　Molar　10-4
乳齒　Deciduous teeth　10-4
恆齒　Permanent teeth　10-4
牙冠　Crown　10-5
牙根　Root　10-5
琺瑯質　Enamel　10-5
牙本質　Dentine　10-5
牙髓　Pulp　10-5
牙骨質　Cement　10-5
耳下腺　Parotid glands　10-6
頷下腺　Submandibular glands　10-6
舌下腺　Sublingual glands　10-6
免疫球蛋白　Immunoglobulin　10-6
唾液澱粉酶　Salivary amylase　10-6
α-糖鍵　α-glycosidic bond　10-6
顏面神經　Facial nerve　10-6
舌咽神經　Glossopharyngeal nerve　10-6
食道　Esophagus　10-6
胃　Stomach　10-6
軟顎　Soft palate　10-6
會厭軟骨　Epiglottis　10-6
蠕動　Peristalsis　10-6
賁門　Cardia　10-6
胃食道逆流
Gastroesophageal reflux disease，GERD　10-6
火燒心　Heartburn　10-6
巴瑞氏食道　Barrett's esophagus　10-6
黏膜層　Mucosa　10-8
黏膜下層　Submucosa　10-8
外肌層　Muscularis externa　10-8
漿膜層　Serosa　10-8
縱肌　Longitudinal muscles　10-8
環肌　Circular muscles　10-8
結締組織　Connective tissue　10-8
胃小凹　Gastric pits　10-8
壁細胞　Parietal cells　10-8
主細胞　Chief cells　10-8
黏液細胞　Mucus cells　10-8
胃蛋白酶原　Pepsinogen　10-8
活化　Activation　10-8,16-5
胃蛋白酶　Pepsin　10-8
酪胺酸　Tyrosine　10-8
苯丙胺酸　Phenylalanine　10-8
食糜　Chyme　10-9
食欲中樞　Appetite center　10-9
迷走神經　Vagus nerve　10-9
G 細胞　Gastrin cells, G cells　10-9
胃泌素　Gastrin　10-9
酶原　Zymogen　10-10
胃潰瘍　Gastric ulcer　10-10
消化性潰瘍　Peptic ulcer　10-10
阿斯匹靈　Aspirin　10-10
幽門螺旋桿菌　Helicobacter pylori　10-10
蘭氏小島　Islets of Langerhans　10-11,16-11
胰島素　Insulin　10-11,16-11
升糖素　Glucagon　10-11,16-11
胰腺泡　Pancreatic acini　10-11
胰蛋白酶　Trypsin　10-11
胰凝乳蛋白酶　Chymotrypsin　10-11
羧肽酶　Carboxypeptidase　10-11
胰澱粉酶　Pancreatic amylase　10-11
胰脂酶　Pancreatic lipase　10-11
核糖核酸酶　Ribonuclease　10-11
去氧核醣核酸酶　Deoxyribonuclease　10-11
碳酸氫鹽　$NaHCO_3$　10-11

胰管　Pancreatic duct　10-11
胰蛋白酶原　Trypsinogen　10-12
胰凝乳蛋白酶原　Chymotrypsinogen　10-12
急性胰臟炎　Acute pancreatitis　10-12
膽汁　Bile　10-12
膽囊　Gall bladder　10-12
總膽管　Common bile duct　10-12
膽鹽　Bile salts　10-12
膽紅素　Bilirubin　10-12
膽綠素　Biliverdin　10-12
膽汁酸　Cholic acid　10-12
牛磺酸　Taurine　10-12
乳化　Emulsification　10-12
黃疸　Jaundice　10-13
膽結石　Gall stone　10-13
葡萄糖新生作用
Gluconeogenesis　10-13,16-11
脫胺作用　Deamination　10-13
血漿蛋白　Serum protein　10-13
白蛋白　Albumin　10-13,11-11
胰泌素　Secretin　10-13
膽囊收縮素　Cholecystokinin，CCK　10-13
歐迪氏括約肌　Sphincter of Oddi　10-13
十二指腸　Duodenum　10-14
空腸　Jejunum　10-14
迴腸　Ileum　10-14
腸繫膜　Mesentery　10-14
蠕動　Peristalsis　10-14
分節運動　Segmentation　10-14
腸抑胃激素　Enterogastrone　10-14
十二指腸腺，布倫納氏腺
Brunner's gland　10-14
迴盲瓣　Ileocecal valve　10-14
絨毛　Villi　10-14
單層柱狀上皮組織
Simple columnar epithelium　10-14
微絨毛　Microvilli　10-14
主動運輸　Active transport　10-14
三分子　Tripeptides　10-14
雙分子　Dipeptides　10-14
共同運輸　Co-transport　10-14
水溶性　Water-soluble　10-15
脂溶性　Fat-soluble　10-15
腸繫膜上靜脈
Superior mesenteric vein　10-15
肝門靜脈　Hepatic portal vein　10-15
肝靜脈　Hepatic vein　10-15
下腔靜脈　Inferior vena cava　10-15
乳糜小球　Chylomicron　10-15
乳糜管　Lacteal vessel　10-15
淋巴管　Lymphatic vessel　10-15,12-8
胸管　Thoracic duct　10-15
左鎖骨下靜脈　Left subclavian vein　10-15
上腔靜脈　Superior vena cava　10-15
盲腸　Cecum　10-16
結腸　Colon　10-16
闌尾　Appendix　10-16
急性闌尾炎　Acute appendicitis　10-16
腹膜炎　Peritonitis　10-16
昇結腸　Ascending colon　10-16
橫結腸　Transverse colon　10-16
降結腸　Descending colon　10-16
乙狀結腸　Sigmoid colon　10-16
集塊運動　Mass movement　10-16

CH11

葉克膜　Extracorporeal membrane oxygenation，ECMO　11-1

血液幫浦　Blood pump　11-1
氧合器　Oxygenator　11-1
氣體混合器　Gas blender　11-1
加熱器　Heat exchanger　11-1
開放式循環系統
Open circulatory system　11-2
閉鎖式循環系統
Closed circulatory system　11-2
無脊椎動物　Invertebrates　11-2
節肢動物　Arthropods　11-2
血淋巴　Hemolymph　11-2
管狀心　Tubular heart　11-2
心孔　Ostia　11-2
血管系統　Vasculature　11-2
蚯蚓　Earthworm　11-2
心肌　Cardiac muscle　11-3
心包膜　Pericardium　11-3
心包液　Pericardial fluid　11-3
心房　Atrium　11-3
心耳　Auricle　11-3
心房中膈　Interatrial septum　11-3
卵圓孔　Foramen ovale　11-3
卵圓窩　Fossa ovalis　11-3
心室　Ventricle　11-3
瓣膜　Valve　11-3
房室瓣
Atrioventricular valve，AV valve　11-3
二尖瓣　Bicuspid valve　11-3
僧帽瓣　Mitral valve　11-3
三尖瓣　Tricuspid valve　11-4
心腱索　Chorda tendineae　11-4
乳突肌　Papillary muscles　11-4
擾流　Turbulence　11-4
主動脈瓣　Aortic valve　11-4
肺動脈瓣　Pulmonary valve　11-4
半月瓣　Semilunar valves　11-4
主動脈　Aorta　11-4
左 / 右肺動脈
Left/right pulmonary arteries　11-4
上腔靜脈　Superior vena cava　11-4,11-5
下腔靜脈　Inferior vena cava　11-4,11-5
左 / 右肺靜脈
Left/right pulmonary veins　11-4
體循環　Systemic circulation　11-5
左心室　Left ventricle　11-5
動脈　Arteries　11-5
小動脈　Arterioles　11-5,11-9
微血管　Capillaries　11-5
小靜脈　Venules　11-5,11-10
靜脈　Veins　11-5
右心房　Right atrium　11-5
肺循環　Pulmonary circulation　11-5
右心室　Right ventricle　11-5
肺泡　Pulmonary alveoli　11-5,13-3
缺氧血　Deoxygenated blood　11-5
血紅素　Hemoglobin　11-5,11-11,13-9
充氧血　Oxygenated blood　11-5
肺靜脈　Pulmonary veins　11-5
左心房　Left atrium　11-5
門脈循環　Portal circulation　11-5
肝門脈系統　Hepatic portal system　11-5
腦下腺門脈系統
Hypophyseal portal system　11-5
腸繫膜上靜脈　Superior mesenteric vein　11-5
肝門靜脈　Hepatic portal vein　11-5
冠狀循環　Coronary circulation　11-5
心肌細胞　Cardiocytes　11-5
冠狀動脈　Coronary arteries　11-5
冠狀靜脈　Coronary veins　11-5
冠狀竇　Coronary sinus　11-5

心律不整　Arrhythmia　11-6, 11-8
心絞痛　Angina pectoris　11-6
心肌梗塞　Myocardial infarction　11-6
自發性去極化
Spontaneous depolarization　11-6
動作電位　Action potential　11-6
竇房結　Sinoatrial node，SA node　11-6
節律點　Cardiac pacemaker　11-6
心間盤　Intercalated disc　11-6
縫隙連接　Gap junction　11-6
房室結　Atrioventricular node，AV node　11-7
希氏束　Bundle of His　11-7
浦金氏纖維　Purkinje fibers　11-7
心縮期　Cardiac systole　11-7
心舒期　Cardiac diastole　11-7
心週期　Cardiac cycle　11-7
心房收縮　Atrial systole　11-7
心房舒張　Atrial diastole　11-7
心室收縮　Ventricular systole　11-7
心室舒張　Ventricular diastole　11-7
心搏量　Stroke volume　11-7
心音　Heart Sound　11-8
聽診器　Stethoscope　11-8
第一心音　1st heart sound　11-8
第二心音　2nd heart sound　11-8
脫垂　Prolapse　11-8
瓣膜閉鎖不全　Incompetence　11-8
心雜音　Heart murmurs　11-8
心電圖　Electrocardiogram，ECG/EKG　11-8
P 波　P wave　11-8
Q 波　Q wave　11-8
R 波　R wave　11-8
S 波　S wave　11-8
T 波　T wave　11-8
QRS 複合波　QRS complex　11-8
再極化　Repolarization　11-8
血壓　Blood pressure　11-9
血壓計　Sphygmomanometer　11-9
收縮壓　Systolic pressure　11-9
舒張壓　Diastolic pressure　11-9
高血壓　Hypertension　11-9
動脈硬化　Arteriosclerosis　11-9
血栓　Blood clot　11-9
腦中風　Stroke　11-9
血脂肪　Blood fats　11-9
血膽固醇　Blood cholesterol　11-9
斑塊　Plague　11-9
粥狀動脈硬化　Atherosclerosis　11-9
動脈　Arteries　11-9
靜脈　Veins　11-9
微血管　Capillaries　11-9
內膜層　Tunica interna　11-9
中膜層　Tunica media　11-9
外膜層　Tunica externa　11-9
內皮細胞　Endothelial cell　11-9
基底膜　Basement membrane　11-9
彈性纖維　Elastic fibers　11-9
平滑肌　Smooth muscles　11-9
纖維結締組織
Fibrous connective tissue　11-9
彈性纖維　Elastic fibers　11-9
脈搏　Pulse　11-9
內皮細胞　Endothelial cell　11-9
血漿　Plasma　11-9, 11-11
組織液　Interstitial fluid　11-9
微血管前括約肌　Pre-capillary sphincter　11-9
微循環　Micro-circulation　11-10
靜脈瓣　Venous valves　11-10
靜脈曲張　Varix　11-10
血液　Blood　11-11

CH12

CH13

肺餘積，殘氣量　Residual volume，RV　13-8
肺活量　Vital capacity，VC　13-8
功能儲備量
Functional residual capacity，FRC　13-8
吸氣量　Inspiratory capacity，IC　13-8
總肺容量　Total lung capacity，TLC　13-8
解剖無效腔　Anatomic dead space　13-8
結合位　Binding site　13-9
協同作用　Cooperativity　13-9
肌紅素　Myoglobin，Mb　13-10
血基質　Heme group　13-10
糖解作用　Glycolysis　13-10
2,3- 二磷酸甘油酸
2,3-bisphosphoglycerate，2,3-BPG　13-10
高海拔適應　High-altitude acclimation　13-10
帶氧血紅素　Oxy-Hb，HbO_2　13-11
去氧血紅素　Deoxy-Hb　13-11
親和力　Affinity　13-11
缺氧　Hypoxia　13-11
碳酸氫根
Bicarbonate，Hydrogencarbonate，HCO_3^-
13-11
碳酸　Carbonic acid　13-11
陰離子交換轉運蛋白
Anion exchanger　13-12
氯轉移　Chloride shift　13-12
中樞神經系統
Central nervous system，CNS　13-13,15-5
化學受器　Chemoreceptors　13-13
橋腦　Pons　13-13
呼吸中樞　Respiratory center　13-13
吸氣中樞　Inspiratory center　13-13
呼氣中樞　Expiratory center　13-13
呼吸調節中樞　Pneumotaxic center　13-13
長吸中樞　Apneustic center　13-13
機械力學受器　Mechanoreceptor　13-14
運動皮質　Motor cortex　13-14
運動神經　Motor nerves　13-14,15-5
中樞化學受器　Central chemoreceptors　13-14
周邊化學受器
Peripheral chemoreceptors　13-14
頸動脈　Carotid artery　13-14
主動脈　Aorta　13-14
恆定調控　Homeostatic regulation　13-14

CH14

恆定性　Homeostasis　14-3
排泄器官　Excretory organs　14-3
泌尿系統　Urinary system　14-3
含氮廢物　Nitrogenous wastes　14-3
脫胺作用　Deamination　14-3
碳骨架　Carbon skeleton　14-3
檸檬酸循環　Citric acid cycle　14-3
氨　Ammonia，NH_3　14-3
尿酸　Uric acid　14-3
尿液　Urine　14-3
尿素循環　Urea cycle　14-4
尿酸氧化酶　Urate oxidase　14-4
尿囊素　Allantoins　14-4
大麥町狗　Dalmatian dog　14-5
高等靈長類　High primates　14-5
高尿酸血症　Hyperuricemia　14-5
痛風　Gout　14-5
腎臟　Kidneys　14-6
輸尿管　Ureters　14-6
膀胱　Urinary bladder　14-6
尿道　Urethra　14-6
腎動脈　Renal artery　14-6

CH15

交感神經節　Sympathetic ganglion　15-18
節前神經元　Preganglionic neuron　15-18
節後神經元　Postganglionic neuron　15-18
目標器官　Target organs　15-18
張力　Tone　15-20
牽張感受器　Stretch receptor　15-20
頸動脈竇　Carotid sinus　15-20
主動脈弓　Aortic arch　15-20
感壓受器　Baroreceptor　15-20
肌梭　Muscle spindle　15-20
視桿細胞　Rod cells　15-21
視錐細胞　Cone cells　15-21
暗適應　Dark adaptation　15-21
光適應　Light adaptation　15-21
視紫質　Rhodospin　15-21
單眼視覺　Monocular vision　15-22
雙眼視覺　Binocular vision　15-22
靈長目動物　Primates　15-22
聽小骨　Ossicles　15-23
耳蝸　Cochlear　15-23
毛細胞　Hair cells　15-23
卵圓窗　Oval window　15-23
基底膜　Basilar membrane　15-23
耳咽管　Eustachian tube　15-23
平衡覺
Sense of balance，Equilibrioception　15-24
方向感　Sense of orientation　15-24
前庭系統　Vestibular system　15-24
內耳　Inner ear　15-24
耳石器　Otolith organs　15-24
半規管　Semi-circular canals　15-24
內毛細胞，第一型毛細胞
Inner hair cells　15-24
外毛細胞　Outer hair cells　15-24
耳石　Otolith　15-24
壺腹　Ampulla　15-24
頂帽　Cupula　15-24
味覺　Taste　15-25
味覺乳突　Taste papillae　15-25
味蕾　Taste buds　15-25
味覺受器　Taste receptor　15-25
鮮　Umami　15-25
嗅覺上皮　Olfactory epithelium　15-25
嗅覺細胞　Olfactory cells　15-25
氣味分子受體　Odorant receptors　15-25
嗅球　Olfactory bulb　15-25
嗅覺皮質　Olfactory cortex　15-25
基因體學　Genomics　15-25
嗅覺適應　Olfactory adaptation　15-26
嗅覺疲勞　Olfactory fatigue　15-26

CH16

環境荷爾蒙　Environmental hormones　16-1
內分泌干擾素
Endocrine disrupter substance，EDS　16-1
激素，荷爾蒙　Hormones　16-3
內分泌腺　Endocrine glands　16-3
激素受體　Hormone receptor　16-3
多肽類　Polypeptides　16-4
固醇類　Steroids　16-4
受體蛋白　Receptor proteins　16-5
GTP 結合蛋白，G 蛋白
GTP-binding protein，G-protein　16-5
腺嘌呤核酸環化酶　Adenylyl cyclase　16-5
環狀單磷酸腺　Cyclic-AMP，cAMP　16-5
蛋白質激酶　Protein kinases　16-5
蛋白質磷酸化　Phosphorylation　16-5
抑制　Inhibition　16-5

第二傳訊者，第二信使
Second messenger 16-5
細胞內訊息傳遞 Intracellular signal transduction 16-5
第一傳訊者，第一信使
First messenger 16-5
G 蛋白偶合受體
G-protein-coupled receptor 16-5
甲狀腺素 Thyroid hormone 16-6,16-9
甲狀腺刺激素釋放激素
Thyrotropin-releasing hormone，TRH 16-6,16-17
抑制激素 Inhibiting hormone 16-6
催乳素抑制激素
Prolactin-inhibiting hormone，PIH 16-6
催產素 Oxytocin 16-6,17-11
射乳機制 Milk ejection 16-6
前葉 Anterior lobe 16-7
後葉 Posterior lobe 16-7
門脈系統 Portal vein system 16-7
生長激素 Growth hormone，GH 16-9
甲狀腺刺激素
Thyroid-stimulating hormone，TSH 16-9
腎上腺皮質刺激素
Adrenocorticotropic hormone，ACTH 16-9
濾泡刺激素
Follicle-stimulating hormone，FSH 16-9,17-8
黃體刺激素
Luteinizing hormone，LH 16-9,17-9
催乳素 Prolactin 16-9
生長激素缺乏症
Growth hormone deficiency 16-9
侏儒症 Dwarfism 16-9
巨人症 Gigantism 16-9
肢端肥大症 Acromegaly 16-9
甲狀腺 Thyroid 16-9,16-10
濾泡 Follicles 16-9,16-15,17-7
排卵 Ovulation 16-9,17-7,17-9
精子生成 Spermatogenesis 16-9,16-15,17-3
黃體素 Progesterone 16-10,16-15,17-11
副甲狀腺 Parathyroids 16-10,16-11
三碘甲狀腺素 Triiodothyronine，T3 16-10
四碘甲狀腺素 Thyroxine，T4 16-10
基礎代謝率 Basic metabolic rate 16-10
甲狀腺亢進 Hyperthyroidism 16-10
格瑞夫氏症 Grave's disease 16-10
甲狀腺功能低落 Hypothyroidism 16-10
呆小症 Cretinism 16-10
甲狀腺腫 Goiter 16-10
降鈣素 Calcitonin 16-11
蝕骨細胞 Osteoclasts 16-11
副甲狀腺素
Parathyroid hormone，PTH 16-11
胰 Pancreas 16-11
外分泌 Exocrine 16-11
胰島 Pancreatic islets 16-11
α 細胞 Alpha cells 16-11
β 細胞 Beta cells 16-11
肝糖分解 Glycogenolysis 16-11
第一型糖尿病
Type I diabetes mellitus 16-12
第二型糖尿病
Type II diabetes mellitus 16-12
胰島素阻抗 Insulin resistance 16-12
風險因素 Risk factors 16-12
腎上腺 Adrenal gland 16-13
葡萄糖皮質素 Glucocorticoids 16-13
腎上腺皮質 Adrenal cortex 16-13
皮質醇 Cortisol 16-13
壓力荷爾蒙 Stress hormone 16-13

CH17

間質細胞　Interstitial cell　17-3
第二性徵　Secondary sex characteristics　17-3
頂體　Acrosome　17-5
鞭毛　Flagellum　17-5
勃起　Erection　17-5
副交感神經　Parasympathetic nerve　17-5
射精　Ejaculation　17-5
交感神經　Sympathetic nerves　17-5
精液　Semen　17-5
脊髓損傷　Spinal cord injury　17-5
陰阜　Mons pubis　17-6
大陰唇　Labia majora　17-6
小陰唇　Labia minora　17-6
陰蒂　Clitoris　17-6
陰道開口　Opening of vagina　17-6
陰道　Vagina　17-6
子宮頸　Cervix　17-6
子宮　Uterus　17-6
輸卵管　Fallopian tube　17-6
卵巢　Ovary　17-6,17-7
卵原細胞　Oogonium　17-7
卵子　Ovum　17-7
初始濾泡　Primordial follicle　17-7
顆粒細胞　Granulosa cell　17-7
初級濾泡　Primary follicle　17-7
透明層　Zona pellucida　17-7
成熟濾泡　Mature follicle　17-7
空腔　Antrum　17-7
濾泡鞘細胞　Theca cell　17-7
優勢濾泡　Dominant follicle　17-7
行經期　Menstrual flow phase　17-8
增生期　Proliferative phase　17-8
分泌期　Secretory phase　17-8
濾泡期　Follicular phase　17-8
著床　Implantation　17-9
驟升　Surge　17-9
黃體期　Luteal phase　17-9
懷孕　Pregnancy　17-9
超活化　Hyperactivation　17-9
受精卵　Fertilized egg　17-9
多重受精　Multiple fertilization　17-9
胚胎發育　Embryogenesis　17-9
子宮外孕　Ectopic pregnancy　17-9
卵裂　Cleavage　17-10
囊胚　Blastocyst　17-10
細胞分化　Cell differentiation　17-10
子宮內膜　Endometrium　17-10
胎兒　Fetus　17-10
胎盤　Placenta　17-10
羊膜腔　Amniotic cavity　17-10
羊水　Amniotic fluid　17-10
臍帶　Umbilical cord　17-10
分娩　Parturition　17-12
神經機械性受器　Mechanic receptor　17-12
乳腺　Mammary glands　17-12
泌乳素　Prolactin　17-12
泌乳　Lactation　17-12
斷奶　Weaning　17-12
避孕　Contraception　17-13
輸精管切除　Vasectomy　17-13
女性輸卵管結紮　Tubal ligation　17-13
殺精劑　Spermicide　17-13
保險套　Condom　17-13
口服避孕藥　Oral contraceptive　17-13
子宮內避孕器
Intrauterine device，IUD　17-13
安全期計算法　Rhythm method　17-13
不孕　Infertility　17-13
體外受精　In vitro fertilization，IVF　17-13
性染色體　Sex chromosome　17-13
性腺分化　Gonad differentiation　17-13

Y 染色體上的 SRY

Sex-determining region on Y chromosome

17-13

原始泌尿生殖器

Primitive urogenital organ　17-14

沃爾夫氏管　Wolffian ducts　17-14

穆勒氏管　Müllerian duct　17-14

穆勒氏抑制因子　Müllerian-inhibiting substance，MIF　17-14

初潮　Menarche　17-14

更年期　Menopause　17-14

骨質疏鬆症　Osteoporosis　17-14

熱潮紅　Hot flash　17-14

得 分

生物學

學後評量

CH01 緒論

班級：＿＿＿＿＿＿

學號：＿＿＿＿＿＿

姓名：＿＿＿＿＿＿

一、選擇題：共4題

(　　) 1. 下列何者不是生物體具有的生命現象？
(A)能形成結晶體　(B)新陳代謝　(C)生長發育　(D)繁殖

(　　) 2. 手觸含羞草使其葉片閉合，稱為
(A)睡眠運動　(B)觸發運動　(C)生長　(D)發育

(　　) 3. ①學說 ②實驗 ③觀察 ④假設 ⑤定律。正確的科學研究方法依序為
(A)31245　(B)23415　(C)15432　(D)34215

(　　) 4. 池塘中有天鵝、野鴨、魚及各種昆蟲，這些動物共同生活在一起，形成一個
(A)生態系　(B)社會　(C)群落　(D)族群

二、填充題：共3題

1. 古希臘名醫＿＿＿＿是歷史上第一位著名的實驗生理學家，他曾利用猿、豬的解剖來描述分析人類神經和血管的機能，所著的《＿＿＿＿》曾被認為是權威著作達1300年之久。
2. 明代李時珍以科學的精神研究中藥，編成《＿＿＿＿》一書；19世紀的達爾文曾稱此書為「＿＿＿＿」。
3. 就一生物個體而言，其體制的層次由小到大依序為：＿＿＿＿、＿＿＿＿、＿＿＿＿、＿＿＿＿、＿＿＿＿。

三、問答題：共7題

1. 說明以下學者對生物學的貢獻。
(1)亞里斯多德。
(2)蓋倫。
(3)李時珍。

（請沿虛線撕下）

(4)林奈。

(5)雷文霍克。

(6)許來登與許旺。

2. 何謂「人類基因體計劃」？

3. 生物具有哪些生命的特徵？

4. 人體由哪十個系統組成？

5. 解釋下列名詞。

(1)群落。

(2)族群。

(3)生態系

6. 如何區別「生長」與「發育」？舉例說明。

7. 何謂科學的研究方法？

得　分

全華圖書

生物學
學後評量
CH02 細胞的化學組成

班級：
學號：
姓名：

一、單選題：共10題

(　　) 1. 下列化學反應何者屬於同化作用？
(A)ATP→ADP＋Pi＋能量　(B)葡萄糖＋葡萄糖 → 麥芽糖
(C)澱粉＋水→ 葡萄糖　(D)中性脂肪 → 脂肪酸＋甘油

(　　) 2. 50 個分子的甘油和100 個脂肪酸化合時，可得多少個脂質？釋出多少個水分子？
(A) 50 個脂質、50 個水分子　(B) 99 個脂質、99 個水分子
(C) 99 個水分子、33個脂質　(D) 100 個脂質、100 個水分子

(　　) 3. 葡萄糖的分子式為$C_6H_{12}O_6$，由10 個葡萄糖所形成的寡醣，其分子式為何？
(A) $C_{60}H_{120}O_{60}$　(B) $C_{60}H_{102}O_{51}$　(C) $C_{60}H_{100}O_{60}$　(D) $C_{50}H_{120}O_{51}$

(　　) 4. 單醣分子不包含何種元素？
(A)C　(B)H　(C)S　(D)N

(　　) 5. 人類的雌、雄性激素是屬於何類分子？
(A)類固醇　(B)多肽類　(C)蛋白質　(D)醣類

(　　) 6. 核苷酸的組成不包含下列哪種物質？
(A)胺基酸　(B)五碳糖　(C)嘌呤類　(D)磷酸

(　　) 7. 水是一種極性分子，這種特性與水的下列何種物理特性有密切關係？
(A)內聚力　(B)表面張力　(C)比熱　(D)以上皆是

(　　) 8. 生物體中含量最多的無機物是
(A)氯化鈉　(B)鈣　(C)鐵　(D)水

(　　) 9. 脂溶性維生素不包括
(A)A　(B)D　(C)C　(D)K

(　　) 10.胺基酸序列是蛋白質第幾級結構？
(A)一　(B)二　(C)三　(D)四

(請沿虛線撕下)

<背面尚有試題>

二、填充題：共5題

1. 原生質的組成複雜，含有各種化合物與元素，而細胞中的________、________或________皆由原生質特化而來，但________為細胞的後生物質，並不屬於原生質。
2. 化學上常見的緩衝劑有三種：________、________以及________，將緩衝劑溶於水可製成緩衝溶液。人體血液內有一個重要的緩衝系統，由________及________所構成。
3. 單醣類由________、________、________三種元素所組成，其通式為________。
4. 肝醣、澱粉、纖維素屬於多醣，皆由多個________脫水化合而成，通式是________。
5. 脂肪酸分子內通常具有________個碳原子；若碳與碳之間的鍵結全為單鍵「－」稱為________，若碳與碳之間含有一個以上的雙鍵「＝」則稱為________。

三、問答題：共9題

1. 原生質中

   (1)有哪些無機物？

   (2)有哪些是有機物？

2. (1)水分子的氫鍵使其有何特性？

   (2)水對於生物體的重要性有哪些？

3. 雙醣有哪三種？ 如何形成？

4. 多醣類的

(1)通式為何？

(2)有哪些種類？

(3)如何合成的？

5. 說明碳酸在血液中如何具有酸鹼緩衝的功能。

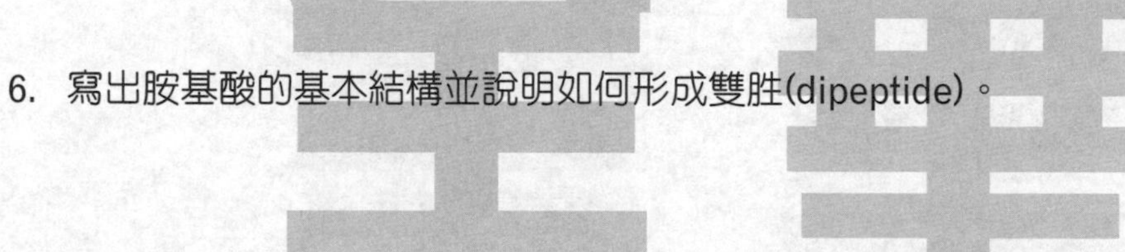

6. 寫出胺基酸的基本結構並說明如何形成雙胜(dipeptide)。

7. (1)解釋水解作用(hydrolysis)。

(2)下列各物質水解最後的產物是何種物質？

(a)蛋白質 (b)肝醣 (c)澱粉 (d)脂肪 (e)核酸

8. 中性脂肪是如何合成的？

9. (1)核酸分為哪兩種？

(2)構成核酸的單位是什麼分子？而它又是由什麼分子構成的？

(請沿虛線撕下)

得　分

全華圖書

生物學

學後評量

CH03 細胞的構造

班級：＿＿＿＿＿＿＿

學號：＿＿＿＿＿＿＿

姓名：＿＿＿＿＿＿＿

一、單選題：共10題

(　　) 1. 細胞膜上何種成分可作為辨認自我和非我的標籤？
(A)脂質　(B)膽固醇　(C)醣蛋白　(D)磷脂質

(　　) 2. 下列何種物質可藉簡單擴散(simple diffusion)經細胞膜自由進出細胞？
(A) H^+　(B)CO_2　(C)Na^+　(D)蛋白質

(　　) 3. 下列有關植物細胞的敘述，何者正確？
(A)細胞核中的DNA可控制細胞生理活動
(B)粒線體是唯一可合成ATP 之胞器
(C)葉綠體內的囊狀膜可進行光合作用暗反應
(D)細胞壁可控制物質進出細胞

(　　) 4. 下列何者可用來作為區別真核細胞或原核細胞的依據？
(A)有無細胞壁的存在　(B)細胞內是否具有複雜的膜狀胞器
(C)細胞中是否含有DNA　(D)細胞中是否具有核糖體

(　　) 5. 蝌蚪在變態過程中會失去鰓和尾，這種現象與下列何者有關？
(A)溶小體　(B)核糖體　(C)粒線體　(D)高基氏體

(　　) 6. 下列何種胞器在高等植物細胞中不會發現？
(A)過氧化體　(B)核糖體　(C)粒線體　(D)中心粒

(　　) 7. 能分解H_2O_2的觸酶存在於何種胞器中？
(A)過氧化體　(B)核糖體　(C)葉綠體　(D)液泡

(　　) 8. 人體中哪一種細胞內核糖體的數量比較多？
(A)紅血球　(B)表皮細胞　(C)骨細胞　(D)胰臟細胞

(　　) 9. 細胞骨架的成分為
(A)醣類　(B)核酸　(C)蛋白質　(D)脂質

(請沿虛線撕下)

<背面尚有試題>

(　　) 10.草履蟲的攝食方式稱為
(A)擴散作用　(B)胞飲作用　(C)主動運輸　(D)吞噬作用

二、填充題：共5題

1. ________包括細菌與藍綠藻，為較原始的細胞，這類細胞多數具有細胞壁，缺少________及________，細胞體積較小，構造簡單。
2. 細胞膜中親水性的頭部因含有帶負電的________，因此會與水分子產生吸引力，而位於膜的外側；疏水性的尾部因受到水分子排擠，彼此之間也會聚集在一起，位於膜的內側，這種現象稱為________。
3. 少數的胞器並非由膜組成。________的主要成分為蛋白質與rRNA；________的主要成分為微管蛋白。
4. 細胞膜上的蛋白質依其功能尚可分為________、________、________、________與________等。
5. 染色質是由________與________纏繞而成。平時細胞未分裂時，兩者纏繞鬆散。細胞分裂前期，染色質會透過彎折與螺旋纏繞得更加緊密，形成桿狀的________。

三、問答題：共9題

1. 原核細胞(prokaryotes)與真核細胞(eukaryotes)有何相似與相異處？
2. 細胞學說(cell theory)由何人發表？內容為何？
3. 比較動、植物細胞的差異，哪些胞器為動物細胞所特有？哪些胞器為植物細胞特有？

4. 解釋：(1)被動運輸(passive transport)、(2)簡單擴散(simple diffusion)、(3)滲透作用(osmosis)。

5. (1)與人類紅血球等張的食鹽水濃度為多少？
(2)若將紅血球置於9%NaCl溶液中會發生何種情形？何故？
(3)若將紅血球置於0.1%NaCl溶液中會發生何種情形？何故？

6. 解釋下列胞器的功能：
(1)粗糙內質網、(2)高基氏體、(3)核糖體、(4)過氧化體、(5)液泡。

7. 解釋何謂內共生學說(endosymbiotic theory)。

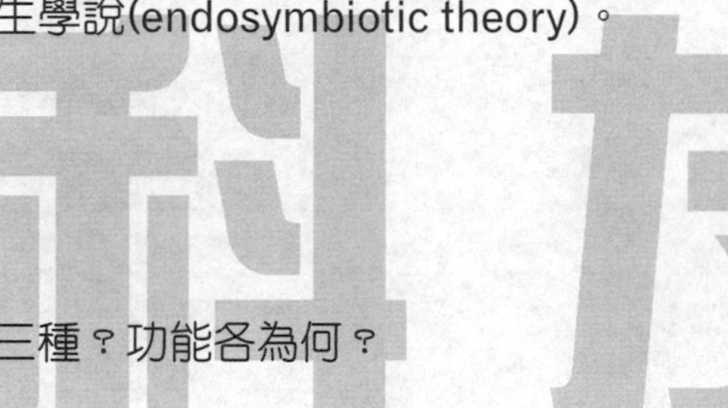

8. 細胞骨架有哪三種？功能各為何？

9. 內噬作用有哪幾種？說明其差異。

(請沿虛線撕下)

得 分

全華圖書 (版權所有，翻印必究)

生物學

學後評量

CH04 能量觀念和細胞呼吸

班級：＿＿＿＿＿＿

學號：＿＿＿＿＿＿

姓名：＿＿＿＿＿＿

一、單選題：共10題

( ) 1. 粒線體特有的電子傳遞鏈相關受體分布在下列何處？
(A)內膜所包圍的基質(matrix)內 (B)內膜
(C)外膜 (D)內、外膜兩膜間的空隙

( ) 2. 糖解作用合成ATP的方式稱為？
(A)化學滲透磷酸化 (B)受質階層磷酸化 (C)電子傳遞 (D)光合磷酸化

( ) 3. 在葡萄糖氧化過程中，糖解作用產生的丙酮酸須轉變成何種化合物才能進入克氏循環？
(A)乙醯輔酶A (B)三磷酸甘油酸 (C)檸檬酸 (D)乙醛

( ) 4. 經由下列何種呼吸作用過程所能合成的ATP 最多？
(A)糖解作用 (B)檸檬酸循環
(C)電子傳遞鏈與氧化磷酸化 (D)丙酮酸變為乙醯輔酶A

( ) 5. 克氏循環發生在粒線體
(A)基質(matrix)內 (B)內膜上 (C)外膜上 (D)內、外膜兩膜間的空隙

( ) 6. ATP、ADP 和磷酸肌酸分別含有幾個高能磷酸鍵？
(A) 3、2、1 (B) 2、1、1 (C) 2、1、0 (D) 2、2、1

( ) 7. 下列何者不是克氏循環後的最後產物？
(A) NADH (B) $FADH_2$ (C) CO_2 (D) H_2O

( ) 8. 細胞進行無氧呼吸時，將丙酮酸還原成乳酸或酒精的是
(A)NADH (B)NADPH (C)$FADH_2$ (D)H_2O

( ) 9. 當肌細胞內ATP / ADP 的比值下降時，細胞的代謝作用進行情形是：
(A)促進肝糖分解、氧化 (B)促進葡萄糖合成為肝醣
(C)促進ADP 水解為AMP (D)促進脂肪合成

(請沿虛線撕下)

<背面尚有試題>

(　　) 10.①乳酸 ②酒精 ③二氧化碳 ④NADH。酵母菌的醱酵作用會產生上述何種物質？

(A)1、3　(B)2、4　(C)2、3　(D)1、2、3

二、填充題：共5題

1. 化學能可看作是一種________。醣類、脂肪、蛋白質等分子在合成過程中將化學能儲存在________中，這些物質稱為________化合物；分解後產生的二氧化碳與水即使將其分子的鍵結打斷也只能釋出極少能量，稱為________化合物。
2. ATP是核苷酸的一種，是由________、________與三個________組成。
3. ________為克服能量障壁令反應發生所需的最低能量。這些能量用以切斷反應物的________，以便新鍵產生。
4. 在細胞中受酶作用的物質，稱為________。而此物質在酶上結合的區域稱為________。
5. 大部分的酶在0℃時活性很低；溫度昇至________時開始活動。溫度超過最適溫，酶的活性漸減，若超過________，酶即停止活動。

三、問答題：共11題

1. 從生物學的角度來看，何謂「低能鍵」？何謂「高能鍵」？兩個有何不同？

2. 試畫出 ATP的結構並說明其功能。

3. 酶(enzyme)有何重要性質？

4. (1)何謂輔因子(cofactor)？

   (2)ATP形成的輔酶(coenzyme)有哪幾種？功能為何？

5. 影響酶活性的因素哪些？

6. 呼吸作用分為哪四個步驟？ 各步驟生成的高能化合物為何？

7. 何謂化學滲透理論(chemiosmotic theory)？

8. 試說明ATP合成酶(ATP synthase)如何進行氧化磷酸化作用(oxidative phosphorylation)？

9. 試比較有氧呼吸與無氧呼吸的能量轉換效率。

10. (1)發酵作用在細胞中何處進行？
(2)常見的發酵作用有哪兩種？寫出其反應方程式。

11. 除了醣類外，細胞中還有哪些化合物可作為能量來源？舉例說明之。

（請沿虛線撕下）

得　分

生物學

學後評量

CH05　細胞的生殖

班級：＿＿＿＿＿＿＿＿

學號：＿＿＿＿＿＿＿＿

姓名：＿＿＿＿＿＿＿＿

一、單選題：共10題

(　　) 1. 無性生殖的優點為何？
(A)容易保留親代優良性狀　(B)提高物種遺傳的多樣性
(C)增加子代適應環境變動的能力　(D)容易發生遺傳基因的重組。

(　　) 2. 落地生根的葉緣可長出幼小植株，關於這樣的生殖方式下列何者正確？
(A)以此法繁殖的子代基因與親代並不相同　(B)過程需要有配子的結合
(C)可在短時間內大量繁殖子代　(D)子代將更容易適應環境。

(　　) 3. 下列何者為細胞進行分裂時才會出現的構造？
(A)核仁　(B)核膜　(C)紡錘體　(D)中心粒

(　　) 4. DNA複製發生在細胞週期的何期？
(A)M　(B)S　(C)G2　(D)G1

(　　) 5. 有絲分裂時，中節複製發生在何期？
(A)前期　(B)中期　(C)後期　(D)末期

(　　) 6. 某生物個體具有2 對染色體1^a 1^b 2^a 2^b，則經減數分裂後所產生的配子染色體組合不可能為
(A) 1^a1^b　(B) 1^a 2^b　(C) 1^b 2^b　(D) 1^b 2^a

(　　) 7. 下列為減數分裂過程的若干步驟：①染色體複製 ②同源染色體分離 ③姊妹染色分體互相分離 ④形成四分體，其發生的先後順序為
(A)1234　(B)1423　(C)2413　(D)1342

(　　) 8. ①染色體複製 ②中節複製 ③同源染色體分離 ④同源染色體配對。上述各項何者為有絲分裂和減數分裂共有的現象？
(A)3、4　(B)1、2、3　(C)2、3、4　(D)1、2

(　　) 9.下列何種細胞不具有同源染色體？
(A)精原細胞　(B)初級精母細胞　(C)次級精母細胞　(D)體細胞

（請沿虛線撕下）

<背面尚有試題>

(　　) 10.男性形成精子時，若不考慮互換，最多可形成幾種精子？
(A)4^{23}　(B)2^{46}　(C)2^{32}　(D)2^{23}

二、填充題：共4題

1. 細胞準備進行分裂時，所有染色體都會先進行複製，這個過程是在間期中的________期進行，複製後的染色體由2條________組成。
2. 植物細胞有細胞壁，在細胞質分裂時不會產生________，而是於母細胞中央(原中期板的位置)產生________，這是由________產生的囊泡融合而成的雙層膜系。
3. 第一次減數分裂前期，複製後的染色體濃縮，同源染色體集合成對，形成________，稱為________作用。
4. 月經週期來臨時，卵巢中隨機一個________會進行第一次減數分裂，形成一個________與一個________。

三、問答題：共7題

1. 舉例並說明生物無性生殖的方式有哪些？

2. 畫出細胞週期，說明其中各階段所代表的意義。
3. 解釋以下名詞：(a)姊妹染色分體(sister chromatids) (b)同源染色體(homologous chromosomes) (c)中節(centromere) (d)著絲點(kinetochore)。
4. 某細胞有三對同源染色體(1^a與1^b、2^a與2^b、3^a與3^b)，畫出其有絲分裂的詳細過程。
5. 某細胞有兩對同源染色體(1^a與1^b、2^a與2^b)，畫出其減數分裂的詳細過程。
6. 說明動物細胞與植物細胞在有絲分裂時有何相同與相異處。
7. 說明有性生殖時如何能產生具有大量變異特性的子代。

得 分

生物學

學後評量

CH06 生物的遺傳

班級：＿＿＿＿＿＿

學號：＿＿＿＿＿＿

姓名：＿＿＿＿＿＿

一、單選題：共10題

(　　)1. AA、I^AI^B、ss、Bb、I^Bi、Aa、BB、rr。以上基因組合屬於異基因型的有＿＿＿種。

(A) 2　(B) 3　(C) 4　(D) 5

(　　)2. 基因型為AaBbCCDd的個體，其產生配子型式最多有＿＿＿種。

(A) 5　(B) 6　(C) 8　(D) 9

(　　)3. 若以黃圓豌豆(YyRr)與某豌豆交配，子代中黃圓：黃皺＝1：1，則此豌豆親代基因型應為下列何者？

(A) yyRR　(B) Yyrr　(C) YyRR　(D) YyRr

(　　)4. 番茄的紅果(R)對黃果(r)是顯性，高莖(T)對矮莖(t)是顯性。設親代之一為紅果高莖且為異基因型，另一為黃果矮莖。依Mendel實驗程序，試預期F1之表現型有幾種？出現黃果高莖的機率為？

(A)2種、1/2　(B) 4種、1/2　(C)4種、1/4　(D)6種、1/3

(　　)5. 基因型AaBB 者與AaBb 者交配，遵照獨立分配律，所生子代基因型為AaBb之機率為

(A)1/2　(B)1/8　(C)1/3　(D)1/4

(　　)6. 附圖為一血友病遺傳，下列何者正確？

(A)丙與丁若再多生幾胎，可能生出正常男孩

(B)甲的基因型XY

(C)乙的基因型為XX^h

(D)乙與己的基因型不同

甲　乙

丙　丁

戊　己

(　　)7. 某夫婦視覺都正常，其長子為色盲男孩，則下一胎生一個視覺正常女孩的機會是

(A)1/4　(B)1/32　(C)1/16　(D)1/8

（請沿虛線撕下）

＜背面尚有試題＞

(　　) 8. 有關人類的血型敘述，下列何者正確？

(A) A 型者，因為有I^A 基因，其紅血球上有A 抗原

(B) Rh 血型也是由遺傳控制，多數人皆為 Rh 陰性

(C) I^BI^B 及I^Bi 者，因基因型不同，故表現型也不同

(D) O 型者，基因型為ii，血球上完全沒有任何抗原存在

(　　) 9. 一白眼雄果蠅與一異基因型的紅眼雌果蠅交配，所產生的子代眼色遺傳情形為何？

(A)皆為白眼

(B)雌者皆為紅眼，雄者一半紅眼、一半白眼

(C)雌者一半紅眼、一半白眼，雄者皆為白眼

(D)雌雄皆一半紅眼、一半白眼

(　　) 10.假定A型的男子與AB型的女子結婚，子女中出現何種血型，便可確定該男子為異基因型？

(A)AB　(B)A　(C)B　(D)O

二、填充題：共4題

1. 豌豆的雄蕊會釋出花粉而掉落在同一朵花的雌蕊上，稱為______。
2. 相對之性狀中，常有一方較具優勢而易於顯現，孟氏稱此優勢的特徵為______，勢力弱的一方隱而不現，稱為______。
3. 人類的身高、膚色和智力等性狀具有連續性的差異，屬於______遺傳，亦即一種性狀的形成是受到幾對不同基因的控制，但每一個顯性基因皆具有相同的影響，又稱做______遺傳。
4. 蘇頓推測聚集在一條染色體上的許多基因將成為不能分離與自由組合的基因群體，形成______。

三、問答題：共10題

1. 設T代表高莖，t代表矮莖，豌豆純種高莖與純種矮莖受粉，試依孟德爾遺傳實驗程序計算方式，逐步求出 (1)F_1之表現型與比例？(2)F_1自花受粉後，F_2之表現型及比例？(3)F_2之基因型及比例？

2. 依據孟德爾遺傳定律之要點，敘述(1)何謂分離律？(2)何謂獨立分配律？

3. 含有下列基因型之個體，將會產生哪些種類之配子？
(l)AaBB (2)YYRr (3)BBcc (4)AaBb (5)AaBbCc

4. 在下列之基因型中，AA、I^AI^B、ss、Bb、I^Bi、Aa、BB、rr、ii、I^BI^B。(1)何者是同基因型？(2)何者是異基因型？(3)哪些表現型相同？(4)何者是複對偶基因？

5. 番茄的紅果(R)對黃果(r)是顯性，高莖(T)對矮莖(t)是顯性。設親代之一為紅果高莖且為異基因型，另一為黃果矮莖。依Mendel實驗程序，試預期F_1之(1)表現型及其比例？(2)基因型及其比例？

6. 假如兩個初生嬰兒在醫院裡弄混了，(1)你可否從下列血型來決定哪一個嬰兒是屬於王姓，哪一個嬰兒是屬於張姓夫婦的？(2)推算這六個人各為何種基因型？

嬰兒甲	O 型
嬰兒乙	A 型
王太太	B 型
王先生	AB 型
張太太	B 型
張先生	B 型

（請沿虛線撕下）

7. 假定A型的男子與AB型的女子結婚，(1)子女中可能出現哪幾種血型？(2)子女中出現何種血型，便可確定該男子為異基因型？

8. 人類性別的決定與果蠅性別的決定有何不同？

9. 解釋下列名詞：

(1)性聯遺傳

(2)性染色體不分離現象

(3)不完全顯性遺傳

(4)複對偶基因

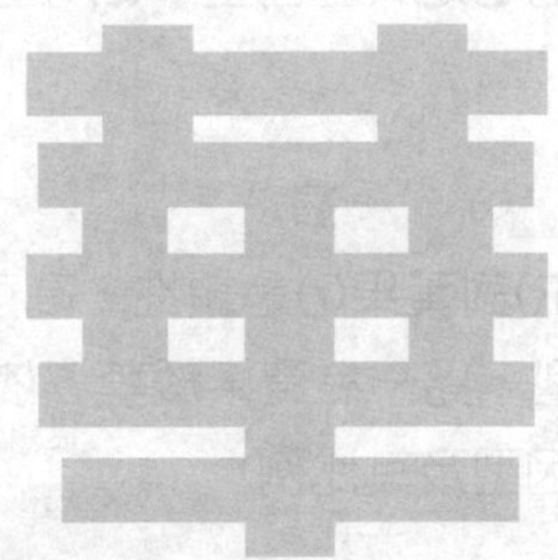

10. 下列不正常的染色體數目將引發何種病症？

(1)45X

(2)47XXY

(3)47XYY

(4)Trisomy2l

(5)第21對染色體單臂缺失

(6)Short 5

得　分

生物學
學後評量
CH07 基因的構造與功能

班級：________
學號：________
姓名：________

一、單選題：共10題

(　　) 1. 假設胺基酸的平均分子量為300，核苷酸的平均分子量為200，若有一段帶遺傳訊息之DNA分子，其分子量為9,600，請問經轉錄轉譯後，做出的蛋白質分子量為多少？
(A)2,400　(B)4,800　(C)9,600　(D)1,200

(　　) 2. 「遺傳密碼發生改變，不一定造成遺傳性狀的改變」該敘述是：
(A)對的，反密碼子不同的遺傳密碼，可能製造出相同的密碼子
(B)對的，反密碼子不同的tRNA，可能攜帶相同的胺基酸
(C)錯的，基因控制性狀相當嚴密，不容絲毫改變
(D)錯的，依據「一基因一酵素學說」，基因改變，酵素必改變，性狀隨之改變

(　　) 3. a.遺傳密碼、b.密碼子、c.反密碼子；在製造蛋白質過程中，各密碼出現的先後次序為？
(A)abc　(B)acb　(C)bca　(D)bac

(　　) 4. 已知某蛋白質分子上一段胺基酸排列為a-b-c，而細胞質中tRNA1(UUC)攜胺基酸a，tRNA2(UGU)攜胺基酸b，tRNA3(AGC)攜胺基酸c，則其DNA上相關之核酸排列應為：
(A)AAGACATCG　(B)TCGAAGACA　(C)TTCTGTAGC　(D)AAGTCGACA

(　　) 5. 基因表現的操縱組模式中，下列何者之作用有如「開關」？
(A)構造基因　(B)調節基因　(C)操作子　(D)誘導物

(　　) 6. 將噬菌體之DNA以^{32}P作標記，使其感染細菌(培養基之P為^{31}P)時，則：
(A)細菌內無放射性
(B)所有繁殖的噬菌體，其DNA皆具^{32}P
(C)絕大部分繁殖的噬菌體不具放射性
(D)所有繁殖的噬菌體，其DNA皆具^{31}P而不具^{32}P

(請沿虛線撕下)

<背面尚有試題>

( )7. DNA之二股，二股之氮皆為^{15}N以〰〰〰表示，一股^{15}N一股^{14}N以～～～ 表示，二股皆為^{14}N以＝＝＝表示，若親代為〰〰〰之細菌在^{14}N之培養基中繁殖，經第三次分裂後，培養基中的細菌，〰〰〰 比 ～～～比＝＝＝ 為何？

(A)1：1：1 (B)0：1：1 (C)0：1：3 (D)3：1：0

( )8. 構成DNA之核苷酸中，下列何者之比值為1：1？

(A)(A+T)：(C+G) (B)(A+C)：(T+G)

(C)(A+U)：(C+G) (D)(A+C)：(U+G)

( )9. 物種和物種之間DNA的差異主要是？

(A)組成的成分不同 (B)有的為單股，有的為雙股

(C)含氮鹼基的序列不同 (D)組成染色體的蛋白質不同

( )10. 下列哪個胞器內不含有tRNA？

(A)細胞核 (B)核糖體 (C)內質網 (D)粒線體 (E)葉綠體

二、填充題：共5題

1. 在基因工程中常以細菌的________作為載體(vector)，將DNA植入寄主細胞內；目前有哪些醫藥製品是藉由基因工程產生的？________。
2. 「中心法則」指的是：所有生物的遺傳訊息由DNA________，再由________蛋白質。
3. 基因工程中，常用來大量複製DNA片段的技術，稱為________。
4. 基因工程中，常需要剪接DNA。請問：用________剪DNA；用________接DNA。
5. 一個操縱子包含：________、________、________。

三、問答題：共10題

1. DNA分子之構造，似一雙股之迴旋形"樓梯(Spiral staircase)"試問此樓梯之縱柱與橫檔(Rungs)各由何種成分組成？

2. 何謂半保留複製(Semiconservative replication)？

3. 何謂(1)m-RNA，(2)r-RNA，(3)t-RNA。

4. 解釋

(1)轉錄作用(Transcription)。

(2)轉譯作用(Translation)。

5. 何謂基因療法？舉例說明。

6. 重點說明細胞中蛋白質合成的過程。

7. 如果有一DNA轉錄出mRNA，其核苷酸鏈是：

GGUGCUGUUCCUUUUAAAGAAGAUCGU，則

(1)轉譯的多胜鏈順序將如何排列？

(參照表7-1)製作此多胜鏈要花費多少GTP？

(2)又該DNA密碼股之核苷酸鏈如何排列？

(3) t-RNA之Anticodon順序又如何排列？

(4)胺基酸平均分子量為110 Dalton，此多胜鏈的分子量是多少？

需要幾條多胜鏈才有1克重？

8. 人類基因體3.23×10^9 b.p.，DNA鹼基對平均分子量700 Dalton，每10個鹼基對長度34 nm，請問：

(1)一個單核體細胞，其DNA長度是多少？

(2)一個單核體細胞，其DNA重量是多少？

9. 目前市面上有販賣多種GMO，請介紹3種GMO，並研究它們的轉殖過程，並評估是否對人體有害？

10. 許多電影中出現複製人情節，請找一部你喜歡的電影並用科學的角度來分析其複製人的情節是否有不合理的地方？

得 分

全華圖書

生物學

學後評量

CH08 病毒與細菌介紹

班級：________

學號：________

姓名：________

一、單選題：共10題

( ) 1. 病毒不具下列何種特性？

(A)可用人工培養基培養 (B)對寄主有專一性

(C)可通過細瓷濾器 (D)在寄主細胞內能增殖

( ) 2. 下列何項傳染病是細菌感染引起的？

(A)傷寒 (B)流行性感冒 (C)德國麻疹 (D)小兒麻痺

( ) 3. 細菌在惡劣的環境下，能夠形成具有抵抗劇烈溫度變化或乾燥氣候的孢子，稱為

(A)四分孢子 (B)分子孢子 (C)內孢子 (D)囊孢子

( ) 4. 細菌細胞壁的主要成分為何？

(A)纖維素 (B)木聚糖 (C)果膠 (D)肽聚糖(蛋白質和醣類)

( ) 5. 下列何者不是病原體使寄主產生疾病的方式？

(A)產生內毒素 (B)產生抗體

(C)分泌外毒素 (D)分泌酵素破壞寄主的組織

( ) 6. 根瘤菌和豆科植物共同生活在一起的方式是？

(A)寄生 (B)腐生 (C)互利共生 (D)自營

( ) 7. 噬菌體的生活史，包括下列步驟：1.附著於寄主(細菌)表面。2.細菌合成噬菌體的核酸和蛋白質。3.細菌破裂釋出噬菌體。4.噬菌體注入DNA於細菌體內。5.於細菌體內組合成噬菌體。依序應為

(A)1,2,4,5,3 (B)1,2,5,4,3 (C)1,4,5,2,3 (D)1,4,2,5,3

( ) 8. 病毒一離開寄主細胞，便呈現休眠狀態，無法繁殖，其原因是？

(A)失去養分的供應 (B)失去保護作用 (C)缺少酶系 (D)無法利用氧

( ) 9. 病毒在體制(organization)上屬於？

(A)原子等級 (B)分子等級 (C)細胞等級 (D)組織等級

(請沿虛線撕下)

<背面尚有試題>

(　　) 10. 下列有關細菌的敘述，何者錯誤？

(A)某些細菌含有質體，其具有自我複製的功能

(B)若在適宜的環境，細菌每隔20分鐘可分裂一次，3小時後將有2^9個細菌

(C)有些自營細菌能行光合作用

(D)細菌只能無性生殖，故無遺傳變異

二、填充題：共2題

1. 細菌依賴三種方式進行遺傳重組：__________、__________和__________。

2. 國際病毒分類學委員會將病毒分為：________、________、________、________、________。

三、問答題：共10題

1. 解釋：

(1)噬菌體(Bacteriophage)：

(2)質體。

2. 病毒的構造如何？

3. (1)病毒有哪些生物特徵？
   (2)有哪些非生物特徵？

4. 細菌細胞與真核細胞有何不同？ 它缺少哪些胞器？

5. 簡述G(+)、G(-)細菌其細胞壁有何不同？

6. 簡答細菌(1)依形狀可分哪些類別？(2)依其營養方式可分哪三類？

7. 細菌如何發生基因重組？

8. 解釋細菌的性狀引入(Transduction)。

9. 解釋“疾病”(Disease)的定義，疾病由哪些原因引起？

10. 除了造成疾病之外，細菌與病毒對人類社會是否有益處？舉例說明。

(請沿虛線撕下)

得 分

生物學

學後評量

CH09 人體的皮膚、骨骼與肌肉系統

班級：______

學號：______

姓名：______

一、單選題：共6題

( ) 1. 右圖為人體手臂骨骼肌的作用方式示意圖，在正常的情況下，肱二頭肌對橈骨的作用，屬於槓桿作用中的那一類？

(A)施力點在中間

(B)抗力點在中間

(C)支點在中間

(D)以上皆非

( ) 2. 當舉手發問時，上臂的肱二頭肌(甲)和肱三頭肌(乙)發生何種變化？

(A)甲收縮、乙舒張　(B)甲舒張、乙收縮

(C)甲、乙皆收縮　(D)甲、乙皆舒張

( ) 3. 肌細胞收縮時，肌細胞上的哪些部分的長度會縮短或消失？

(A)肌原纖維　(B)肌小節　(C)暗帶　(D)明帶　(E)H區

( ) 4. 肌小節的構造有：(1)粗肌絲(2)細肌絲(3)明帶(4)暗帶(5)Z線，則當肌小節收縮時，上述那些構造的長度保持不變：

(A)1、2、4、5　(B)1、3、4、5　(C)1、2、5　(D)2、4、5

( ) 5. 小兒麻痺病患常有肌肉萎縮之現象，原因為何？

(A)病毒傷害肌肉細胞　(B)控制肌肉的神經受損

(C)肌肉之協調作用失常　(D)肌肉之能量無法供應

( ) 6. 有關肌肉的敘述，何者正確？

(A)一對拮抗肌的作用能夠使肢體彎曲與伸直

(B)肌纖維收縮是遵守「全有全無律」

(C)肌纖維參與收縮的數目愈多，則肌肉收縮力愈強

(D)我們所吃極細的豬肉絲，就是一條的肌纖維

(E)一條運動神經末端所連接的肌纖維數目與控制運動精密度成反比

(請沿虛線撕下)

<背面尚有試題>

二、填充題：共4題

1. 硬骨內有四種細胞：＿＿＿＿＿，＿＿＿＿＿，＿＿＿＿＿和＿＿＿＿＿。

2. 動物的骨骼系統可以分為三大類：＿＿＿＿＿，＿＿＿＿＿和＿＿＿＿＿。

3. 軟骨可以分為三種：＿＿＿＿＿，＿＿＿＿＿和＿＿＿＿＿。

4. 黑色素細胞位於皮膚的＿＿＿＿＿層。

三、問答題：共10題

1. 寫出人體10個器官系統(Organ system)的名稱。

2. 人體皮膚的
   (1)表皮自外向內順序分哪幾層？
   (2)最內的一層細胞有何作用？

3. 人體皮膚的真皮包括哪些構造？

4. 長骨的緻密骨的部分，由哪些構造組成的？

5. 人體的肌肉主要

(1)分哪三大類？

(2)各分佈於哪一部位？

6. 當骨骼肌收縮時，

(1)何種原因導致肌肉疲勞？

(2)此種物質又將如何處理？

7. 肌肉收縮時磷酸肌酸(Creatine phosphate)與細胞中之ADP有何關係？

8. 何謂運動單位？包括那些構造？

9. 何謂全或無定律？何謂強直？

10. 所有哺乳動物身上或多或少都有體毛，而且大多數相當濃密。毛髮能隔熱防寒，並避免皮膚受到摩擦、水氣、陽光和有害寄生蟲及微生物的傷害，它也可做為保護色來混淆掠食者，獨特的花紋有助同類生物互相辨識，有些哺乳動物還會利用毛髮來表現牠們的侵略行為或焦躁情緒，例如當狗豎起頸部和背部的毛時，就是警告挑釁者別靠近的鮮明信號。請問人類的體毛為何如此稀疏？就演化上來看，有何益處？請找資料，並與同學討論。

（請沿虛線撕下）

＜背面尚有試題＞

得 分

生物學

學後評量

CH10 人類的消化系統

班級：＿＿＿＿＿＿＿

學號：＿＿＿＿＿＿＿

姓名：＿＿＿＿＿＿＿

一、單選題：共9題

(　　) 1. 小腸絨毛吸收的養分須經何種途徑送至肝臟儲存？
(A)體循環　(B)肺循環　(C)肝門脈循環　(D)冠狀循環

(　　) 2. 能分泌胃液的細胞，位於下列何處？
(A)漿膜層　(B)外肌層　(C)黏膜下層　(D)黏膜層

(　　) 3. 膽囊收縮素由下列何者分泌？
(A)膽囊　(B)小腸　(C)胰臟　(D)肝臟

(　　) 4. 人體自飲食當中攝取的水分，主要在下列何處吸收？
(A)胃　(B)小腸　(C)大腸　(D)腎臟

(　　) 5. 下列何者於進入口腔即開始消化？
(A)蛋白質　(B)維生素　(C)澱粉　(D)脂肪

(　　) 6. 下列何種微生物與胃潰瘍的引發有關？
(A)大腸桿菌　(B)幽門螺旋桿菌　(C)乳酸桿菌　(D)金黃葡萄球菌

(　　) 7. 下列有關脂肪的敘述，何者正確？
(A)脂肪經消化分解成胺基酸與甘油
(B)脂肪在胃部進行消化
(C)能分解脂肪的酵素，由胰臟與小腸分泌
(D)脂肪經膽鹽乳化以後，即可進入被小腸細胞吸收

(　　) 8. 下列何者可避免食物誤入氣管？
(A)幽門　(B)賁門　(C)會厭軟骨　(D)軟顎

(　　) 9. 將小腸液自實驗動物體內取出，分為四組，分別加入以下物質，何者尚能被分解成更小的單元？
(A)蛋白質　(B)纖維素　(C)葡萄糖　(D)脂肪酸

（請沿虛線撕下）

二、填充題：共5題

1. 胃蛋白酶活化之前，以________的形式存在。
2. 小腸消化作用進行時，有________及________兩種形式。
3. ________是膽汁針對脂肪進行的消化過程。
4. 澱粉在口腔中進行消化時，將被分解為________與________。
5. 葡萄糖新生作用執行的地點位於________。

三、複選題：共1題

(　　) 1.下列何者的消化液呈現鹼性？(應選兩項)
(A)胰液　(B)胃液　(C)小腸液　(D)唾液

四、問答題：共9題

1. 請指出胃液的成份及其作用。

2. 請指出胰液當中的酵素與及作用。

3. 請指出小腸液中的酵素及其作用。

4. 請指出小腸有何特殊構造，及其對於營養吸收的貢獻。

5. 請說明葡萄糖、胺基酸、水溶性維生素的吸收與運輸。

6. 請說明脂肪酸、脂溶性維生素的吸收與運輸。

7. 請說明膽汁分泌來源、成份、及消化模式。

8. 請說明胃液、胰液、膽汁分泌的調控方式。

9. 請比較大腸與小腸吸收對象之異同。

得　分

生物學
學後評量
CH11　人類的循環系統

班級：
學號：
姓名：

一、單選題：共10題

(　　) 1. 下列何者當中所含為充氧血？
(A)四肢靜脈　(B)冠狀靜脈　(C)下腔靜脈　(D)肺靜脈

(　　) 2. 下列何者當中所含為缺氧血？
(A)主動脈　(B)肺動脈　(C)肺靜脈　(D)冠狀動脈

(　　) 3. 心肌梗塞與下列何者病變有關？
(A)冠狀動脈　(B)主動脈　(C)上腔靜脈　(D)下腔靜脈

(　　) 4. 心搏的引發，由下列何者驅動？
(A)浦金氏纖維　(B)房室結　(C)竇房結　(D)希氏束

(　　) 5. 下列何者具有瓣膜？
(A)動脈　(B)靜脈　(C)微血管　(D)以上皆非

(　　) 6. 下列何者血壓最低？
(A)主動脈　(B)肺動脈　(C)下腔靜脈　(D)微血管

(　　) 7. 正常人血液的pH值為何？
(A)7.4　(B)7.2　(C)7.0　(D)6.8

(　　) 8. 老化的紅血球可在下列何處被摧毀？
(A)腎臟　(B)骨髓　(C)淋巴結　(D)脾臟

(　　) 9. 凝血的最後步驟，是下列何者的活化？
(A)血小板　(B)凝血酶　(C)纖維蛋白　(D)凝血第九子

(　　) 10.血型為B型Rh陰性者，如需輸血，其應接受下列何者的血液最佳？
(A)A型Rh陽性　(B)B型Rh陽性　(C)B型Rh陰性　(D)O型Rh陰性

(請沿虛線撕下)

<背面尚有試題>

二、填充題：共5題

1. 心週期中，________ 的關閉與第一心音有關；________ 的關閉與第二心音有關。
2. 粥狀動脈硬化與過量的 ________ 與 ________ 堆積有關。
3. 血清與血漿相比，不具有 ________ 。
4. ________ 與寄生蟲感染有關。
5. Rh血型的鑑別，是由紅血球的 ________ 有無決定。

三、問答題：共14題

1. 請說明開放式循環系統與閉鎖式循環系統的不同。

2. 請指出心臟各腔室、各血管、各瓣膜之位置與名稱。

3. 請比較體循環、肺循環、門脈循環、冠狀循環的特點。

4. 請說明竇房結與心臟傳導系統的構造。

5. 請說明單一心週期內所發生的事件。

6. 請比較第一心音與第二心音之差異。

7. 請說明心電圖的P、Q、R、S、T波。

8. 請說明粥狀動脈硬化之成因。

9. 請比較動脈、靜脈、微血管結構之異同。

10. 請說明血液之成分。

11. 請比較三種血球與五種白血球之差異。

12. 請說明血紅素之結構。

13. 請說明血友病的成因。

14. 請比較ABO血型的差異，與說明Rh陰性血液的重要性。

(請沿虛線撕下)

<背面尚有試題>

得 分

生物學

學後評量

CH12 人類的免疫系統

班級：＿＿＿＿＿＿

學號：＿＿＿＿＿＿

姓名：＿＿＿＿＿＿

一、單選題：共10題

( ) 1. 下列何者不屬於先天性免疫？
(A)皮膜組織 (B)白血球 (C)抗體 (D)補體

( ) 2. 下列何者能引發血管擴張與血管通透性增加？
(A)干擾素 (B)組織胺 (C)介白素-1 (D)溶菌酶

( ) 3. 記憶型B細胞可在淋巴結何處找到？
(A)生發中心 (B)副皮質 (C)皮質 (D)髓質

( ) 4. 下列何者為初級淋巴器官？
(A)淋巴結 (B)胸腺 (C)脾臟 (D)扁桃腺

( ) 5. 細胞媒介性免疫主要由下列何者執行？
(A)輔助型T細胞 (B)胞毒型T細胞 (C)記憶型B細胞 (D)巨噬細胞

( ) 6. 抗體由下列何者製造？
(A)巨噬細胞 (B)樹突細胞 (C)漿細胞 (D)胞毒型T細胞

( ) 7. 器官移植手術的其中一項挑戰是免疫的排斥作用，與下列何者有最大關聯？
(A)巨噬細胞 (B)嗜伊紅性球 (C)胞毒型T細胞 (D)肥大細胞

( ) 8. 注射疫苗，是利用下列何者的功能以達成主動免疫的目標？
(A)記憶型B細胞 (B)記憶型T細胞 (C)巨噬細胞 (D)嗜中性球

( ) 9. 愛滋病毒攻擊的對象為下列何者？
(A)記憶型B細胞 (B)記憶型T細胞 (C)輔助型T細胞 (D)胞毒型T細胞

( ) 10.下列何者為減毒疫苗？
(A)蛇毒血清 (B)肺結核 (C)沙賓疫苗 (D)白喉

（請沿虛線撕下）

<背面尚有試題>

二、填充題：共5題

1. 發炎反應發生時，有＿＿＿＿、＿＿＿＿、＿＿＿＿、＿＿＿＿的現象。
2. 補體活化引發白血球聚集的現象，稱為＿＿＿＿。
3. 下肢的淋巴液在淋巴循環中將匯聚至＿＿＿＿，而後進入血液循環。
4. 抗體結合病原，使其失效，稱為＿＿＿＿。
5. 全身紅斑性狼瘡屬於＿＿＿＿。

三、問答題：共16題

1. 請指出人體防禦機制的三道防線。

2. 請說明補體的作用機制。

3. 請說明發炎反應的機轉。

4. 請指出先天性免疫與後天性免疫的區別。

5. 請說明淋巴循環的內容。

6. 請指出淋巴結、脾臟、以及胸腺在免疫學上的功用。

7. 請說明T淋巴球與B淋巴球的區別，並請指出輔助型T細胞與抗原呈現細胞的功能。

8. 請說明抗體的結構與作用機制。

9. 請說明抗體分類以及各類型抗體的功能。

10. 請說明疫苗接種以及抗蛇毒血清的原理。

11. 請說明過敏的發生以及治療原理。

12. 關於抗體檢測應用，請至圖書館或使用網際網路查詢更多的實例。

13. 請至衛生福利部疾病管制署網站，追蹤查詢COVID-19的歷史、傳播方式、疾病表現、疫苗資訊，以及防治方法。

14. 請說明愛滋病毒的特性，以及愛滋病的症狀。

15. 請指出愛滋病毒的傳染途徑與檢測方式。

16. 請說明自體免疫疾病發生的原理。

（請沿虛線撕下）

<背面尚有試題>

得 分

生物學

學後評量

CH13 人類的呼吸作用

班級：__________

學號：__________

姓名：__________

一、單選題：共10題

( ) 1. 氣管與支氣管中的黏液，由下列何者掃除？
(A)杯狀細胞 (B)纖毛上皮細胞 (C)肺泡 (D)以上皆是

( ) 2. 正常呼吸時，下列何者收縮？
(A)外肋間肌 (B)內肋間肌 (C)胸鎖乳突肌 (D)斜角肌

( ) 3. 正常呼吸曲線中，下列何者之數值為最大？
(A)潮氣容積 (B)吸氣儲備容積 (C)肺活量 (D)肺餘積

( ) 4. 呈上題，下列何者之數值最小？
(A)潮氣容積 (B)吸氣儲備容積 (C)肺活量 (D)肺餘積

( ) 5. 瓦斯或煤氣中毒致死的原因，最可能為下列何者？
(A)二氧化碳殺死組織細胞 (B)一氧化碳減低血紅素攜氧能力，導致缺氧
(C)一氧化碳殺死紅血球 (D)以上皆是

( ) 6. 呼吸中樞位於下列何者？
(A)大腦 (B)小腦 (C)延腦 (D)中腦

( ) 7. 血液之氧分壓可由下列何處偵測？
(A)延腦 (B)頸動脈 (C)大腦 (D)肺泡

( ) 8. 下列何者為二氧化碳在血液中運輸的形式？
(A)以HCO3–形式溶於血漿 (B)以氣體形式溶於血漿
(C)與血紅素結合 (D)以上皆是

( ) 9. 吸氣時，下列何者下降？
(A)橫膈 (B)肋骨 (C)胸腔體積 (D)肺內體積

( ) 10. 呼氣時，下列何者提升？
(A)橫膈 (B)肋骨 (C)胸腔體積 (D)肺內體積

（請沿虛線撕下）

<背面尚有試題>

二、填充題：共5題

1. 肺泡中的氣體交換以 ________ 達成。
2. 若海平面大氣壓為760mmHg，則此時此地肺泡中的氧分壓約為______ mmHg。
3. 鯨魚及海豹等動物，長期深潛不需換氣，與其體內豐富之________ 有關。
4. 延腦的吸氣中樞，位於其________ 。
5. 呼吸進行時，二氧化碳的增加，可由________ 偵測。

三、問答題：共9題

1. 請自鼻孔開始，指出呼吸系統的構造。

2. 請說明會厭軟骨的功能。

3. 請說明呼吸運動的過程。

4. 請自行查詢肺容量各數值的意義。

5. 請說明氧氣、二氧化碳運輸的原理。

6. 請說明一氧化碳中毒的原理及危險性。

7. 請說明呼吸的神經調控及化學調控原理。

得 分

生物學

學後評量

CH14 人類體液恆定與泌尿系統

班級：__________

學號：__________

姓名：__________

一、單選題：共10題

( ) 1. 尿素於下列何處合成？
(A)腎臟 (B)腎上腺 (C)肝臟 (D)腎元

( ) 2. 痛風是由於下列何者過高，堆積所致？
(A)尿素 (B)尿酸 (C)氨 (D)重金屬

( ) 3. 自何處開始，流經腎臟之體液被稱為濾液？
(A)腎絲球 (B)鮑氏囊 (C)近曲小管 (D)集尿管

( ) 4. 下列何者不可於濾液中出現？
(A)葡萄糖 (B)鈉離子 (C)大分子蛋白質 (D)尿素

( ) 5. 水分的再吸收，主要發生於下列何處？
(A)腎絲球 (B)近曲小管 (C)遠曲小管 (D)亨利氏環

( ) 6. 下列何者，可以避免酸中毒或鹼中毒的發生？
(A)鉀離子的再吸收 (B)鉀離子的分泌
(C)氫離子的再吸收 (D)氫離子的分泌

( ) 7. 尿崩症的發生，與下列何者的功能失常有關？
(A)腎上腺素 (B)醛固酮 (C)抗利尿激素 (D)胰島素

( ) 8. 逆流放大機制，位於下列何處？
(A)近曲小管 (B)亨利氏環 (C)遠曲小管 (D)集尿管

( ) 9. 藥物與毒物代謝後，如不經腎絲球，可由下列何處排除？
(A)近曲小管 (B)亨利氏環 (C)遠曲小管 (D)集尿管

( ) 10.尿毒症為下列何者堆積於血液中，造成之疾病？
(A)葡萄糖 (B)鹽類 (C)尿酸 (D)尿素

（請沿虛線撕下）

<背面尚有試題>

二、填充題：共4題

1. 腎臟之超濾作用，發生於 ________；葡萄糖之再吸收，發生於 ________。
2. 腎結石引發的疼痛症狀稱為 ________。
3. 腎絲球於腎臟中，位於 ________。
4. 葡萄糖的再吸收，經常伴隨 ________ 的共同運輸。

三、問答題：共11題

1. 請說明含氮廢物的排泄方式。

2. 請說明尿素循環的重要性。

3. 請說明痛風的成因。

4. 請說明泌尿系統的構造。

5. 請查詢慢性腎臟病的GFR參考診斷值。

6. 請說明再吸收作用的重要性。

7. 請說明亨利氏環在尿液濃縮的重要性。

8. 請說明分泌作用的重要性。

9. 請說明人體透過哪些方式來保留水分。

10. 請自行查詢常見的泌尿系統疾病及其成因。

11. 請自行查詢尿液常規檢查的內容，指出當葡萄糖與蛋白質升高，以及出現血球時的意義。

得　分

全華圖書

生物學

學後評量

CH15 人類的神經系統

班級：________

學號：________

姓名：________

一、單選題：共10題

(　　) 1. 神經細胞的靜止膜電位數值約為多少mV？
(A)70 (B)55 (C)-70 (D)-55

(　　) 2. 神經細胞膜上之鈉離子通道開啟，將產生下列何現象？
(A)極化 (B)去極化 (C)再極化 (D)過極化

(　　) 3. 神經細胞在突觸進行訊號傳遞時，以何種方法釋出神經傳導物質？
(A)擴散作用 (B)通道開啟 (C)加成作用 (D)胞吐作用

(　　) 4. 大腦的聽覺皮質位於下列何處？
(A)額葉 (B)顳葉 (C)頂葉 (D)枕葉

(　　) 5. 視神經屬腦神經第幾對？
(A) I (B) II (C) IV (D) VIII

(　　) 6. 學習與記憶，與下列何處有重大關連？
(A)邊緣系統 (B)基底核 (C)中腦 (D)下視丘

(　　) 7. 反射弧的感覺神經元，其細胞本體位於下列何處？
(A)脊髓背角 (B)脊髓背根神經節 (C)脊髓腹角 (D)脊神經腹根

(　　) 8. 下列何者可以導致離子通道的開啟？
(A)電位變化 (B)藥物作用 (C)外力牽扯 (D)以上皆是

(　　) 9. 某生在顯微鏡下觀察一神經細胞，發現其有明顯的單一長軸突，則此神經細胞較可能為
(A)運動神經元 (B)雙極神經元 (C)感覺神經元 (D)以上皆非

(　　) 10. 縮回反射並未有下列何者的參與？
(A)運動神經 (B)脊髓 (C)感覺神經 (D)大腦

(請沿虛線撕下)

<背面尚有試題>

二、填充題：共5題

1. 視覺的光暗偵測由視網膜中的 ________ 負責，色彩由________ 負責。
2. 人類的平衡覺與方向感，與 ________ 的功能有關。
3. 交感神經與副交感神經作用至同一目標時，其效果常為相反，稱為 ________。
4. ________的執行，可以協助調節瞬間的高／低血壓。
5. 神經纖維上可增加神經傳導速度，導致跳躍式傳導的構造為________。

三、問答題：共17題

1. 請指出一個神經元應具有的構造。

2. 請說明動作電位產生的原理。

3. 請說明細胞內液與細胞外液的差異，以及選擇性通透的意義。

4. 請指出離子通道開啓的三種方法。

5. 請說明全有全無律與不反應期的意義。

6. 請說明髓鞘的功能。

7. 請說明突觸傳遞的功能與原理。

8. 請說明大腦、視丘、下視丘、邊緣系統、基底核、小腦、中腦、橋腦、延腦的功能。

9. 請說明脊髓的構造，以及反射弧運作的原理。

10. 請列出十二對腦神經的名稱，並指出第X對腦神經的功能。

11. 請說明自律神經系統，並指出交感神經系與副交感神經系的差異。

12. 請說明何謂感壓反射。

13. 請指出視覺傳遞的路徑，並說明人類對光線適應的過程，需要何種細胞的參與。

14. 請說明聽覺產生的原理。

15. 請說明平衡與方向感產生的原理。

16. 請指出人類的基本味覺。

（請沿虛線撕下）

<背面尚有試題>

17. 子曰：「如入芝蘭之室，久而不聞其香；如入鮑魚之肆，久而不聞其臭。」(出自《孔子家語・六本》)最可能的生理學解釋為何？

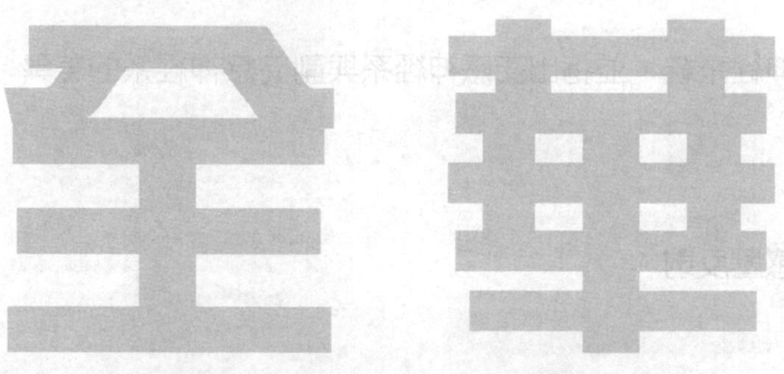

得 分

全華圖書

生物學

學後評量

CH16 人類的內分泌系統

班級：________

學號：________

姓名：________

一、單選題：共10題

(　　) 1. 下列何者為脂溶性激素？
(A)睪固酮　(B)腎上腺素　(C)胰島素　(D)生長激素

(　　) 2. 下列何者之受體位於細胞膜表面？
(A)睪固酮　(B)醛固酮　(C)胰島素　(D)以上皆非

(　　) 3. 下列何者為下視丘製造分泌？
(A)甲狀腺刺激素釋放激素　(B)甲狀腺刺激素　(C)甲狀腺素　(D)以上皆是

(　　) 4. 女性之排卵與下列何者有最強關聯？
(A)促性腺激素釋放激素　(B)黃體刺激素　(C)濾泡刺激素　(D)動情素

(　　) 5. 下列何者被稱為壓力賀爾蒙？
(A)甲狀腺素　(B)胰島素　(C)腎上腺皮質醇　(D)昇糖素

(　　) 6. 庫欣氏症候群為下列何者分泌過度所致？
(A)腎上腺素　(B)睪固酮　(C)甲狀腺素　(D)腎上腺皮質醇

(　　) 7. 褪黑激素由下列何處分泌？
(A)下視丘　(B)松果腺　(C)腦下腺　(D)腎上腺

(　　) 8. 下列何者非由腎上腺皮質分泌？
(A)腎上腺素　(B)腎上腺皮質醇　(C)醛固酮　(D)脫氫異雄固酮

(　　) 9. 昇糖素的主要作用，與下列何者相似？
(A)胰島素　(B)甲狀腺素　(C)生長激素　(D)腎上腺素

(　　) 10.行經期至排卵期之間，下列何者並不持續生長或是升高？
(A)動情素　(B)子宮內膜　(C)律泡　(D)黃體素

(請沿虛線撕下)

<背面尚有試題>

二、填充題：共5題

1. ________ 的病因是胰島細胞受損，胰島素分泌不足所致。
2. 由於基礎代謝率的增加，________ 的病人常有心律加快、呼吸頻續增加、體重減輕、肢體顫抖的困擾，嚴重者有眼凸之症狀。
3. 睪固酮由睪丸的 ________ 製造，動情素由卵巢的 ________ 製造。
4. 女性生理週期之中，排卵之後，濾泡將轉變為 ________ 。
5. ________ 具有提升血鈣的功能。(提示：激素名稱)

三、問答題：共15題

1. 請說明水溶性激素與脂溶性激素的作用模式。

2. 請指出哪些激素為脂溶性？

3. 請指出腦下腺與下視丘之間的關係。

4. 請指出甲狀腺與副甲狀腺的功能。

5. 請指出胰的功能。

6. 請說明第一型與第二型糖尿病的差異。

7. 請嘗試解釋糖尿病「三多」症狀的成因。

8. 請指出腎上腺皮質與髓質所分泌激素的功能。

9. 請說明RAAS的運作原理。

10. 請說明睪固酮與雌二醇的生理功能。

11. 請指出松果腺的功能。

12. 請說明何謂負回饋作用？

13. 請說明何謂正回饋作用？

14. 請說明黃體素與女性生殖週期的關係。

15. 請簡述量測基礎體溫(basic body temperature)以計算最佳受孕日的原理。

（請沿虛線撕下）

<背面尚有試題>

得 分

全華圖書

生物學

學後評量

CH17 生殖系統

班級：

學號：

姓名：

一、單選題：共10題

( ) 1. 月經期間的子宮內膜剝落，原因為何？
(A)由於動情素及黃體素分泌突然增加之故
(B)由於動情素及黃體素分泌突然減少之故
(C)由於抑制素(inhibin)分泌增加之故
(D)由於FSH及LH分泌減少之故

( ) 2. 提供精子運動能量的粒線體主要位於何處？
(A)尖體 (B)頭部 (C)中段 (D)尾部

( ) 3. 男性睪固酮的分泌主要是透過下列何種細胞？
(A)由賽氏細胞分泌 (B)由萊氏細胞分泌
(C)由細精管分泌 (D)由精母細胞分泌

( ) 4. 下列何者緊密相連形成血睪障壁？
(A)間質細胞 (B)精細胞 (C)賽托利細胞 (D)精原細胞

( ) 5. 初級卵母細胞何時開始進行第一次減數分裂？
(A)出生前 (B)青春期 (C)排卵前 (D)受精時

( ) 6. 有關陰莖勃起的敘述，下列何者錯誤？
(A)青春期前陰莖也會勃起 (B)主要是陰莖動脈舒張引起
(C)副交感神經衝動引起 (D)交感神經衝動引起

( ) 7. 一位生理正常之未孕女性，終其一生大約共排出幾個卵？
(A) 100 (B) 200 (C) 400 (D) 800

( ) 8. 青春期前，卵子發生停留在哪一階段？
(A)第一次減數分裂前期 (B)第一次減數分裂中期
(C)第二次減數分裂前期 (D)第二次減數分裂中期

（請沿虛線撕下）

<背面尚有試題>

(　　) 9. 精子在進入女性體內之後約有多少天的壽命？
(A) 2~3天　(B) 4~5天　(C) 10~20天　(D) 1個月

(　　) 10.著床的胚胎會分泌何種激素來維持黃體的穩定，使其持續分泌黃體激素？
(A)動情素　(B)絨毛性腺刺激素　(C)催產素　(D)雌激素

二、填充題

1. 動物要進行有性生殖產生後代，必須要在生殖器官內部先進行 ________，產生 ________ 並有 ________ 的發生。
2. 男性的內生殖器包括：睪丸、 ________ 、 ________ ，以及儲精囊、 ________ 。
3. ________ 乃是精子與源自儲精囊與前列腺分泌之液體的混合物。
4. 女性在進入青春期後，開始出現 ________ ，代表生殖活動的開始。
5. 成熟的濾泡在適當的時機，外層會發生破裂，將內含之卵細胞釋放，進入輸卵管即為 ________ 。

三、問答題

1. 試述雄性素的生理作用及其分泌調節。
2. 睪丸是怎樣產生精子的？
3. 睪丸賽托利細胞有哪些作用？
4. 簡述動情素和黃體素的生理作用。
5. 試述月經週期中激素、卵巢和子宮內膜的變化。
6. 試述月經週期形成的機制。
7. 若夫妻有計畫懷孕，可考慮在甚麼時候行房可達最好的效率，原因為何？

生物學/王愛義，朱于飛，施科念，黃仲義，蔡文翔，鍾德磊編著. -- 再版. --
新北市 : 全華圖書股份有限公司，2021.10
面 ;　公分
ISBN 978-986-503-906-6(平裝)
1.生命科學

361　　　　　　　　　　　　110015892

生物學

作者 / 王愛義、朱于飛、施科念、黃仲義、蔡文翔、鍾德磊

發行人 / 陳本源

執行編輯 / 張雅琇

封面設計 / 楊昭琅

出版者 / 全華圖書股份有限公司

郵政帳號 / 0100836-1 號

印刷者 / 宏懋打字印刷股份有限公司

圖書編號 / 0634501

再版一刷 / 2022 年 2 月

定價 / 新台幣 750 元

ISBN / 978-986-503-906-6 (平裝)

全華圖書 / www.chwa.com.tw

全華網路書店 Open Tech / www.opentech.com.tw

若您對書籍內容、排版印刷有任何問題，歡迎來信指導 book@chwa.com.tw

臺北總公司(北區營業處)
地址：23671 新北市土城區忠義路 21 號
電話：(02) 2262-5666
傳真：(02) 6637-3695、6637-3696

南區營業處
地址：80769 高雄市三民區應安街 12 號
電話：(07) 381-1377
傳真：(07) 862-5562

中區營業處
地址：40256 臺中市南區樹義一巷 26 號
電話：(04) 2261-8485
傳真：(04) 3600-9806

（請由此線剪下）

歡迎加入 全華會員

● 會員獨享

會員享購書折扣、紅利積點、生日禮金、不定期優惠活動…等。

● 如何加入會員

掃 QRcode 或填妥讀者回函卡直接傳真（02）2262-0900 或寄回，將由專人協助登入會員資料，待收到 E-MAIL 通知後即可成為會員。

如何購買 全華書籍

1. 網路購書

全華網路書店「http://www.opentech.com.tw」，加入會員購書更便利，並享有紅利積點回饋等各式優惠。

2. 實體門市

歡迎至全華門市（新北市土城區忠義路 21 號）或各大書局選購。

3. 來電訂購

(1) 訂購專線：(02) 2262-5666 轉 321-324
(2) 傳真專線：(02) 6637-3696
(3) 郵局劃撥（帳號：0100836-1　戶名：全華圖書股份有限公司）
※　購書未滿 990 元者，酌收運費 80 元。

OpenTech 全華網路書店 .com.tw

全華網路書店 www.opentech.com.tw
E-mail: service@chwa.com.tw

※ 本會員制如有變更則以最新修訂制度為準，造成不便請見諒。

廣　告　回　信
板橋郵局登記證
板橋廣字第540號

行銷企劃部　收

23671
新北市土城區忠義路21號
全華圖書股份有限公司

（請由此線剪下）

讀者回函卡

掃 QRcode 線上填寫 ▶▶▶

姓名：＿＿＿＿＿＿ 生日：西元＿＿＿年＿＿＿月＿＿＿日 性別：□男 □女

電話：（ ）＿＿＿＿＿ 手機：＿＿＿＿＿＿

e-mail：（必填）＿＿＿＿＿＿＿＿＿＿

註：數字零，請用 Φ 表示，數字 1 與英文 L 請另註明並書寫端正，謝謝。

通訊處：□□□□□＿＿＿＿＿＿＿＿

學歷：□高中・職 □專科 □大學 □碩士 □博士

職業：□工程師 □教師 □學生 □軍・公 □其他

學校／公司：＿＿＿＿＿＿ 科系／部門：＿＿＿＿＿＿

・需求書類：

□ A. 電子 □ B. 電機 □ C. 資訊 □ D. 機械 □ E. 汽車 □ F. 工管 □ G. 土木 □ H. 化工 □ I. 設計

□ J. 商管 □ K. 日文 □ L. 美容 □ M. 休閒 □ N. 餐飲 □ O. 其他

・本次購買圖書為：＿＿＿＿＿＿ 書號：＿＿＿＿＿＿

・您對本書的評價：

封面設計：□非常滿意 □滿意 □尚可 □需改善，請說明＿＿＿＿

內容表達：□非常滿意 □滿意 □尚可 □需改善，請說明＿＿＿＿

版面編排：□非常滿意 □滿意 □尚可 □需改善，請說明＿＿＿＿

印刷品質：□非常滿意 □滿意 □尚可 □需改善，請說明＿＿＿＿

書籍定價：□非常滿意 □滿意 □尚可 □需改善，請說明＿＿＿＿

整體評價：請說明＿＿＿＿＿＿

・您在何處購買本書？

□書局 □網路書店 □書展 □團購 □其他＿＿＿＿

・您購買本書的原因？（可複選）

□個人需要 □公司採購 □親友推薦 □老師指定用書 □其他＿＿＿＿

・您希望全華以何種方式提供出版訊息及特惠活動？

□電子報 □ DM □廣告（媒體名稱＿＿＿＿＿＿）

・您是否上過全華網路書店？（www.opentech.com.tw）

□是 □否 您的建議＿＿＿＿＿＿

・您希望全華出版哪方面書籍？＿＿＿＿＿＿

・您希望全華加強哪些服務？＿＿＿＿＿＿

感謝您提供寶貴意見，全華將秉持服務的熱忱，出版更多好書，以饗讀者。

填寫日期： / /

2020.09 修訂

親愛的讀者：

感謝您對全華圖書的支持與愛護，雖然我們很慎重的處理每一本書，但恐仍有疏漏之處，若您發現本書有任何錯誤，請填寫於勘誤表內寄回，我們將於再版時修正，您的批評與指教是我們進步的原動力，謝謝！

全華圖書 敬上

勘 誤 表

書 號		書 名		作 者	
頁 數	行 數	錯誤或不當之詞句		建議修改之詞句	

我有話要說：（其它之批評與建議，如封面、編排、內容、印刷品質等・・・）